標準 ウェブ制作完全ガイド
Standardized Web Production Complete Guide

松岡清一 監修　　エムディエヌコーポレーション

プランニングからデザイン、そしてシステム構築まで。
Webの「仕事」がトータルに理解できる
プロフェッショナル養成講座。

www.MdN.co.jp
MdN

はじめに
Foreword

インターネットが誕生してから20年の歳月を経て生まれたWeb。
今まで分散していた文書同士をハイパーリンクという機構で結びつけることが可能となり、
人類は知の集積への一歩を踏み出した。この一歩は大きな変革である。
そしてさらに20年を経た2009年。
Google Android、ソーシャルアプリ、Twitter、facebook、MySpace、
Amazon Kindle、AR…といずれも2009年のWebトレンドであるが、
20年後に振り返ってみても色褪せないイノベーションはあったのだろうか。

前世紀に描かれたサイエンスフィクションの世界では、
空中を自在に近未来型自動車が駆け回り、
我々は宇宙旅行を楽しむといった頃合いのはずであるが、
はたして2010年現在、まだそれらは実現されてはいない。
その一方、Webを取り巻くITの著しい発達は前世紀の想像をはるかに上回っているように感じる。
世界をかけめぐる情報の速度と量の増大が、世の中を目まぐるしく変化させ、
人々の生活や経済活動に大きな影響を与える。
このようなプラットフォームとしてのWebの全容を理解するのはたいへんに困難な作業である。

本書は最新技術のソリューションを紹介する解説書ではなく、
Web業界になんらかの関わりのある読者が、
これまでに起こったことを体系的に理解してもらうことを目的とした教科書である。

体系を構築するにあたり、
本書の対象読者をマーケッター、Webクリエイター、システムエンジニアの3つのカテゴリに分類し、
Webの構築プロセスとタスクをPlan、Do、Seeの3段階に整理した。
並走するタスクを把握し、構築プロセスを理解することで、
読者が自身のカテゴリの垣根を超え、知らない世界に触れていくきっかけになれば幸いである。

松岡 清一

Table of Contents

はじめに …… 003
本書について …… 008

Part 0 — Introduction

PREFACE
Web制作とは何か？ その仕事の概要とワークフロー

- 001　WWWとはなにか …… 010
- 002　インターネットとは …… 012
- 003　Webサイト構築プロジェクトの立ち上げ …… 014
- 004　Webサイトの構築体制 …… 016
- 005　Web制作におけるプロジェクトメンバーの役割 …… 018

Column
スマートフォンの種類 …… 020

Part 1 — Business & Marketing

PLAN
Webサイト制作の企画・設計・ビジネスプランニングからシステム設計まで

要件定義
- 006　依頼から契約締結までの流れと提案依頼書（RFP）の作成 …… 022
- 007　オリエンテーションとヒアリングでプロジェクトの目的や背景を把握する …… 024
- 008　事前の情報収集と仮説立案 …… 026
- 009　要件定義でクライアントからの要求事項を整理 …… 028

調査
- 010　クライアント企業と事業戦略を理解する …… 030
- 011　Webサイト調査（1）―Web解析による流入経路と導線の分析 …… 032
- 012　Webサイト調査（2）―ユーザビリティとユーザー利用状況の調査 …… 034

戦略
- 013　マーケティングの基礎知識 …… 036
- 014　プロダクトの価値を伝えるコミュニケーション戦略 …… 038
- 015　インターネットにおけるマーケティング手法 …… 040
- 016　セグメンテーションとターゲットユーザーの選定 …… 042
- 017　Webサイトのゴール設定と評価 …… 044

企画
- 018　会議の進行と種類 …… 046
- 019　アイデアを生み出す発想法 …… 048
- 020　問題解決とコミュニケーションに役立つロジカル・シンキング …… 050
- 021　ECビジネスの展開 …… 052
- 022　ソフトウエアビジネスの展開 …… 054
- 023　ソーシャルメディアの展開 …… 056
- 024　モバイルコンテンツの動向 …… 058
- 025　コーポレート・コミュニケーション …… 060
- 026　ブランディングとインターネットの活用 …… 062

提案
- 027　説得力のある企画書・提案書を作る …… 064
- 028　プレゼンテーションの基本 …… 066

見積もり・契約
- 029　見積もりの種類と役割 …… 068
- 030　契約の締結と必要書類 …… 070

Design
コンテンツ企画
- 031　プロジェクト計画、計画書 …… 072

	032　Webサイトのコンセプトをはっきりさせよう	076
	033　目的に合わせたサイトのタイプや機能	080
	034　コンテンツの企画	082
	035　素材・ドキュメント管理	084

Webサイト設計

	036　Webサイトの出来不出来を左右する情報アーキテクチャとは何だろう	086
	037　ペルソナとユーザーシナリオ	090
	038　ユーザビリティを考えた設計を心がけよう	092
	039　コンテンツ分析とハイレベルサイトマップ	094
	040　詳細サイトマップの作成	098
	041　ワイヤーフレームの作成	100
	042　ユーザーインターフェイス設計（UI設計）	104
	043　ナビゲーションシステムとリンク表示	108
	044　デザインガイドラインの策定	110
	045　配色・トーンの計画	112
	046　コンテンツ仕様書の作成	114
	047　制作の効率化と認識違いを防ぐ制作仕様書	116
	048　画面プロトタイプの作成	120
	049　デザインカンプの作成	122

System

企画

	050　Webシステムとは	124
	051　Webシステムの利点	126
	052　Webサイトの裏側	128
	053　RIA・Ajaxで変わるWebシステムの重要性	130
	054　モバイルの重要性と特異性	132
	055　スマートフォンとモバイルの進化	134
	056　Webシステム開発のチーム編成とディレクション	136
	057　Webシステムの開発プロセス	138
	058　アジャイル開発	140

システム要件定義

	059　システム要件定義	142
	060　進むオープンソースの利用	144
	061　オープンソースのWebシステム	146

システム設計

	062　外部設計（基本設計）	148
	063　ソフトウエア・アーキテクチャ設計	150
	064　進む設計作業の標準化とUML	152
	065　ユースケース分析	154
	066　画面設計	156
	067　HTMLモックアップとは	158
	068　帳票設計・そのほかの外部設計	160
	069　内部設計（詳細設計）	162
	070　データベースとは	164
	071　データベース設計	166

戦略

	072　開発言語の策定	168
	073　個人情報の取り扱いと個人情報漏洩保険	170
	074　テスト計画の策定	172
	075　品質管理のために	174
	076　外部パートナーとの連携	176
	077　保守・メンテナンス計画	178

Column

デザインの修正指示に必要な情報	180

Part 2

DO
制作の実際。
プロジェクト体制の整備とデザイン、実装、テストまで

Business & Marketing

プロジェクト計画
- 078 プロジェクト体制を整理しよう … 182
- 079 スケジュール管理 … 184
- 080 予算／コスト管理 … 188
- 081 コミュニケーションルールを策定しよう … 190
- 082 外注管理 … 192

集客施策
- 083 インターネット広告について … 194
- 084 検索エンジン最適化（SEO）について … 196
- 085 モバイル・マーケティングについて … 198
- 086 クチコミ・マーケティングについて … 200
- 087 メール・マーケティングについて … 202

公開
- 088 サイト公開時の告知活動 … 204

Design

制作
- 089 ますます多様化していくWebブラウズ環境 … 206
- 090 Webを使った情報公開で気をつけたいこと … 208
- 091 視覚的に情報を伝達するデザインカンプの作成 … 210
- 092 ブランディングの一環としてのCIとVI … 212
- 093 Webサイトのビジュアルデザイン … 214
- 094 ビジュアルを左右するタイポグラフィ … 218
- 095 Webサイトの配色設計 … 220
- 096 レイアウトパターンとグリッドデザイン … 222
- 097 ユーザーインターフェイスデザインとは … 224
- 098 インタラクティブデザイン … 228
- 099 Webコンテンツを構成する素材 … 230
- 100 テキスト素材の準備 … 232
- 101 Webで使用する画像素材について … 234
- 102 映像素材と配信スタイル … 238
- 103 音声素材について … 240
- 104 Webを構成するそのほかのコンテンツ … 242
- 105 コンテンツ素材の発注と使用について … 244
- 106 Webコンテンツにおけるテキストの役割と表現 … 246
- 107 Webで利用する文字コード体系と特殊記号 … 248
- 108 Web標準に準拠したコンテンツ制作 … 250
- 109 HTMLを使った情報伝達と構造化 … 252
- 110 CSSの役割と基礎知識 … 256
- 111 HTML＋CSSの基本設計 … 260
- 112 目的やターゲットに合わせたリッチコンテンツ … 264
- 113 JavaScriptでできること … 266
- 114 Webのアクセシビリティについて … 268
- 115 サイト構築に利用するさまざまなツール … 270

System

開発
- 116 Webアプリケーション構築言語の種類と特徴 … 272
- 117 クライアントサイドスクリプト … 274
- 118 サーバサイドスクリプト … 276
- 119 Ajaxについて … 278
- 120 Webサービス（Web API）の基礎とマッシュアップ … 280
- 121 フレームワークとライブラリ … 282

122 ソースコード自動生成への応用 …… 284
テスト
123 セキュリティホールと防衛手法 …… 286
124 性能評価 …… 288

Column 音声を活用するUIの可能性 …… 290

Part 3

SEE ──
Webの効果・検証・保守。
解析とリニューアルなど

Business & Marketing

効果検証
125 Webマーケティングを検証するためのポイント …… 292
126 アクセス解析（1）アクセス解析とは …… 294
127 アクセス解析（2）混同しやすい指標の違い …… 296
128 アクセス解析（3）滞在時間と直帰率 …… 298
129 アクセス解析ツールの方式と選び方 …… 300
130 アクセス解析の分析項目とその分類 …… 302
131 ネット視聴率の現状と生かし方 …… 304
132 エキスパート（ヒューリスティック）評価の着眼ポイント …… 306
133 ランディングページの最適化とそのチェックポイント …… 308

運営
134 企業におけるWebサイトの運営ポイント …… 310

Design

運用
135 運用保守ルールとガイドラインを作成しよう …… 312
136 日常的なサイトのチェックとユーザー対応 …… 314

サイト評価
137 運用時のユーザビリティテスト …… 316

リニューアル
138 デザインリニューアル案作成 …… 318
139 コンテンツリニューアル案作成 …… 320

System

システム監視・リニューアル
140 リソース監視、セキュリティ監視・対策 …… 322
141 システムの不具合修正と機能追加 …… 324
142 Webサイトのバージョン管理 …… 326
143 ユーザーテスト …… 328
144 新システムへの移行 …… 330

索引 …… 332
執筆者紹介 …… 338

[本書について]

本書は、Webサイト制作の現場の方、あるいはこれから現場に入っていこうという方に向けて、Webサイト制作の企画・設計から、制作の実際、そしてWebの効果・検証・保守まで、最前線のプロの現場で知っておかなければいけない知識を解説するために、Webの構築プロセスとタスクをPlan、Do、Seeの3段階に分け、それぞれをWeb制作にかかわるマーケッター（Business & Marketing）、Webクリエイター（Design）、システムエンジニア（System）の観点から3つのカテゴリに分類・構成している。各カテゴリ内では、基本的に説明の流れにそって項目を並べているが、知っておくべき項目をトピック的に集めた箇所もある。頭から通して読み進めても、興味のあるテーマを拾い読みをしてもかまわないので、目的や用途に合わせてお読みいただきたい。

[本書のページ構成]

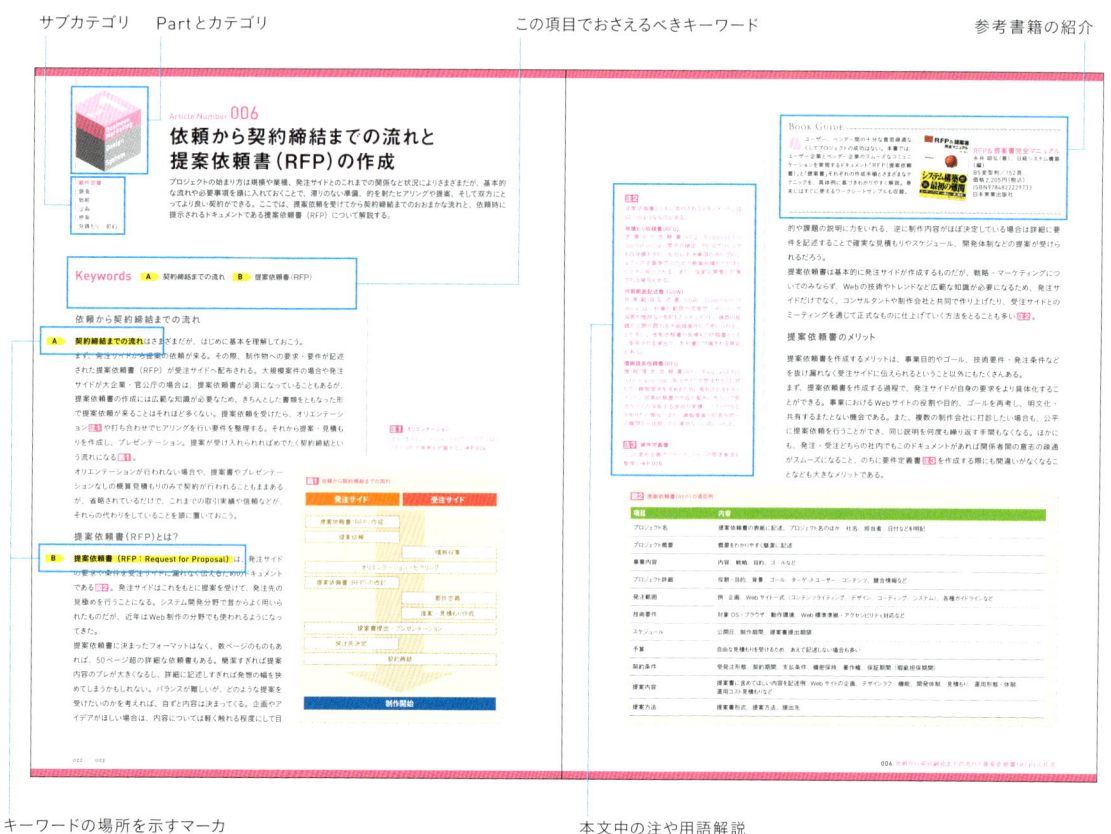

[本書記載の内容について]

本書に記載されている内容（技術情報、具体的な固有名詞や実例のURLなど）は、本書執筆時点の情報にもとづくものであり、その後予告なく変更されている場合があります。ご了承ください。また、本書で紹介されている参考書籍についても、調査時の情報がもとになっているため、売り切れ、絶版、価格変更などになっている場合があります。あらかじめご了承ください。

Introduction

Preface ──
Web制作とは何か？
その仕事の概要とワークフロー

本書は、Web サイト制作の現場の方、そしてこれから学びたい方に向けて、
最前線のプロの現場で知っておかなければいけない知識を網羅している。
ここでは、膨大な知識を仕入れて実際に生かしていかなければいけない
Webサイト制作とは何か、インターネットとは何か、そしてWeb制作の仕事とは何かを、
仕事の実際に入る前に考えてみたい。

Introduction _Article Number 001
WWWとはなにか

ハイパーテキストシステムとは

ヴァネヴァー・ブッシュ 用語1 が 1945 年に The Atlantic Monthly 誌の記事 "As We May Think" で発表したコンピュータシステムの概念には、すでに現在の Web 検索システムを思わせる記述があり、のちにハイパーテキストの発想のもととなった。このハイパーテキストによる文書閲覧の仕組みをインターネット上で提供しているのが WWW である。

Web（World Wide Web）は、インターネット上で提供されるハイパーテキストシステムの略称であり、ハイパーテキストは、複数のテキストを相互に関連付け、結びつける仕組みである。つまり、Web とは、インターネット上に散在する文書同士を結びつけるサービスのことであり、インターネットのサービスのひとつにすぎない。同様に、インターネットメールもインターネット上で展開されるサービスのひとつである。

WWWの仕組み

インターネット上のサービスは TCP/IP 用語2 という通信規約によって呼び出すことができる。その仕組みをホームページの閲覧をする際に記述する URL を使って説明しよう。たとえば、ブラウザのアドレス欄に

　　http://www.mdn.co.jp/index.html

と入力したとしよう 注1 。
この例では、情報の閲覧者であるユーザーが PC 上のブラウザ使って www.mdn.co.jp というサーバに対し、ポート番号 80 である Hyper Text Transfer Protocol（ハイパーテキスト・トランスファー・プロトコル、略称 HTTP）のサービスを要求していることを表す。TCP/IP という通信規約では、IP アドレス 用語3 により通信相手のコンピュータを指定し、そのコンピュータ上で動いているプログラムのうちのひとつを特定するために、ポート番号を指定する。
A というサーバに B というサービスを要求する場合は、A の IP アドレスと B のポート番号をセットで指定すればよい。
HTTP はリクエストーレスポンス型のプロトコルであり、クライアントがサーバにリクエストメッセージを送信すると、サーバがこれにレスポンスメッセージを返す。
クライアントであるブラウザが http://www.mdn.co.jp/index.html というリクエストを送ると、サーバである www.mdn.co.jp は、ポート番号 80 番のサービスである HTTP を使ってリクエストされた index.html というファイルを返す。
これが Web の基本原理である。このとき、サーバの通称である www.mdn.co.jp という文字列を IP アドレスに変換するのが DNS 用語4 である 図1 。
同様に、ブラウザのアドレス欄に ftp://www.mdn.co.jp/index.html と入力すると、www.mdn.co.jp というサーバに対して index.html というファイルを FTP（File

---

用語1 ヴァネヴァー・ブッシュ
Vannevar Bush（1890-1974）。アメリカの技術者。"As We May Think" は 1945 年にアトランティック・マンスリー誌に発表。「メメックス」（memex）と呼ばれるドキュメント検索システムを構想した。ハイパーテキストを構想したテッド・ネルソン（Ted Nelson）に影響を与える。

用語2 TCP/IP
インターネットやイントラネットで標準的に使われるプロトコル。OSI 参照モデルでは IP が第 3 層（ネットワーク層）、TCP が第 4 層（トランスポート層）にあたり、HTTP や FTP などの基盤となるプロトコルである。

注1
これはあくまでも例であり、実際に『http://www.mdn.co.jp/index.html』にアクセスしても、表示されない場合があるので注意してほしい。

用語3 IPアドレス
TCP/IP によるインターネット通信において、ネットワーク上のコンピュータ 1 台 1 台を識別するために、設定されている番号。
例）192.168.0.1

用語4 DNS
インターネット上のコンピュータの名前にあたるドメイン名を、IP アドレスに変換する仕組み。インターネット上には無数の DNS サーバが存在しており、世界に 13 台あるルートサーバと呼ばれる最上位のサーバから、ドメイン名に対応した階層構造に分散配置されている。

Webはインターネット上で提供されるハイパーテキストシステムである。
本書の導入として、ハイパーテキストの基本概念とWebブラウザによる閲覧の仕組みを理解しよう。

用語5 FTP
TCP/IPによるインターネット通信において、ファイルを転送するときに利用されるプロトコル。

Transfer Protocol）**用語5**を使って要求することになるが、サーバ側でFTPサービスを要求できるクライアントを制限しているため、この要求に対する応答はない。

Webブラウザの仕組み

次に、Webブラウザの仕組みを見てみよう。

先ほどの例で、サーバwww.mdn.co.jpからリクエストしたindex.htmlというファイルを受け取ったWebブラウザはファイルの中に記述されているHTML構文を解析し、表示すべきテキストや画像などのオブジェクトの表示位置や表示方法などを決定して、コンピュータ画面上に表示する。このHTML構文解析と画面への表示処理のことを「レンダリング」（rendering）と呼ぶが、レンダリングの方式はブラウザによって異なるため、ブラウザによって画面上に表示される描画の順番が違って見えたり、最悪の場合、制作者が意図した画面表示を再現できない問題が発生する。このため、制作者はWebサイトの利用規約やサイトポリシーで保証している閲覧環境での表示テストを繰り返しながら制作を進めることになる。

かつてブラウザのシェアを争って、ブラウザ提供ベンダーが独自仕様のHTML拡張を行った結果、別なベンダーの提供するブラウザで閲覧したユーザーがその拡張仕様で提供されているサービスを利用できなくなるなどの問題が発生したため、近年、Web標準に準拠することが重要視されるようになってきている。このWebの標準化はW3C **用語6** の勧告をもとに進められているため、HTML制作に関わるすべての制作者は、W3Cの技術仕様やガイドラインを意識して、最新情報を常にチェックする習慣を身につけておくべきである。

用語6 W3C
World Wide Webの各種技術の標準化を推進するために設立された非営利団体。World Wide Webのハイパーテキストシステムを考案・開発したティム・バーナーズ＝リーが創設し、率いている。

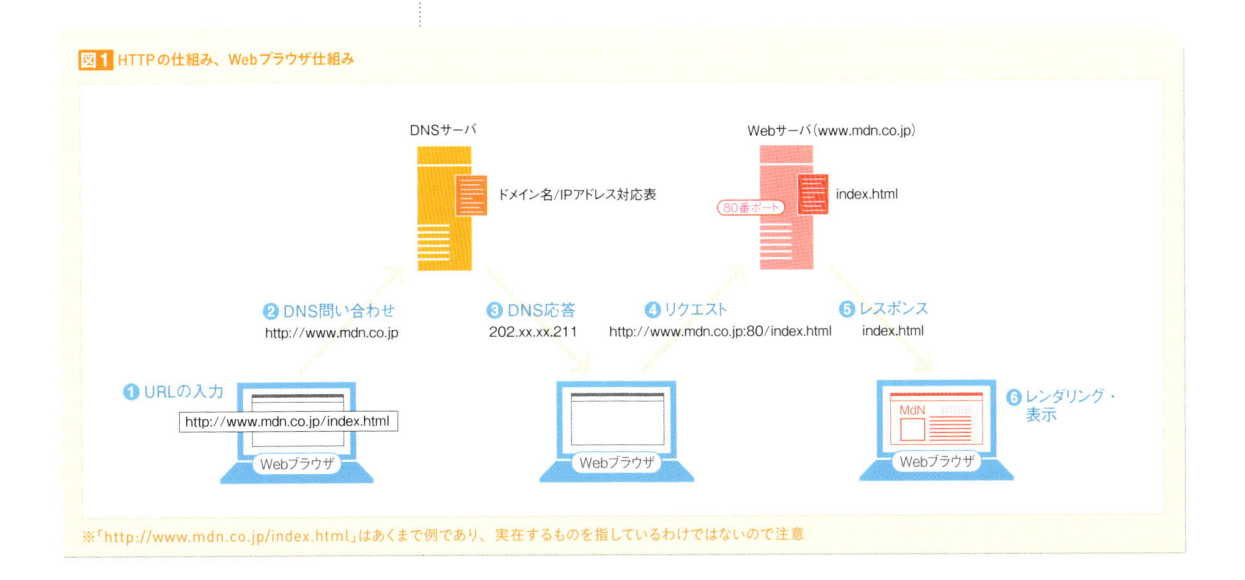

図1 HTTPの仕組み、Webブラウザ仕組み

DNSサーバ　ドメイン名/IPアドレス対応表

Webサーバ（www.mdn.co.jp）　80番ポート　index.html

❷ DNS問い合わせ　http://www.mdn.co.jp
❸ DNS応答　202.xx.xx.211
❹ リクエスト　http://www.mdn.co.jp:80/index.html
❺ レスポンス　index.html

❶ URLの入力　http://www.mdn.co.jp/index.html　Webブラウザ

Webブラウザ

❻ レンダリング・表示　MdN　Webブラウザ

※「http://www.mdn.co.jp/index.html」はあくまで例であり、実在するものを指しているわけではないので注意

001 WWWとはなにか

Introduction _Article Number 002
インターネットとは

インターネットとはなにか

今さらではあるが、インターネットとは世界中に広がるネットワークシステムの名称である。一般の生活者が日常的に使う「インターネット」「ネット」「Web」などの言葉のイメージには、インターネット上で展開されるさまざまなコミュニケーションやサービスを漠然と総称してしまっているかのようなあいまいなニュアンスがあるが、インターネットの前身はアメリカの国防のために開発されたネットワークシステムであり、初期の頃は学術用ネットワークとして大学間の接続に利用されていた。

インターネット上に存在する「Web」は、散在するドキュメント同士を相互に参照可能にするハイパーテキストシステムの呼称である。今やインターネットの代名詞のような存在感さえあるWebのシステムがインターネットの上に初めて登場したのは、インターネットというネットワークシステムが構築されてからから20年以上も経過してからのことである。

ではインターネットとはどんなネットワークなのか、まずはその起源からみてみよう。

インターネットの起源

インターネットの歴史は、いわゆるシリコンバレーからスタートしている。インターネットの前身であるARPANET（アーパネット）は、アメリカ国防総省の研究プロジェクトの受託先だけを接続するネットワークとして構築された。起源となる1969年当初はUCLA、スタンフォード研究所、UCサンタバーバラ、ユタ大学の4つのノードが接続されていた。そして1980年代にセキュリティを重視したARPANETの一部が国防専用のネットワークとなり、残りの学術研究用ネットワークが発展して現在のインターネットになった。

インターネット初期の歴史において、その普及に大きく貢献したのはTCP/IPというプロトコルの採用である。1960年代から70年代に発展していたLAN（Local Area Network）**用語1** は、それぞれが独自の通信方式によって接続されており、なかには複雑な通信手順で接続されるものもあった。これに対してTCP/IPは、オープン・アーキテクチャを目指して設計されており、しかも通信手順がシンプルであったおかげで、バラバラだったネットワークをひとつにつなぐのに大きく貢献した。インターネット技術者の間で今でも尊重される「オープン」な思想は、当初の設計の段階から備わっていたのである。

日本でのインターネットの起源は、アメリカ同様、大学の学術ネットワークとして1984年に慶應義塾大学、東京工業大学、東京大学が接続されたJUNETであるとされている。その一方で、インターネットが個人に普及する以前から、日本ではパソコン通信と呼ばれるサービスが利用されていた。パソコン通信の代表的なサービスには、1987年に開始された「NIFTY-Serve」**用語2** やNECの「PC-VAN」等があり、キャラクタ（文字）ベースのサービスであったが、大手は数百万人規模の会員数を集めた。そして、1990年代のインターネット普及期には、このパソコン通

用語1 LAN
同じ建物にある機器を接続しデータをやり取りするネットワーク。ルータやスイッチと呼ばれる機器を利用して構築される。

用語2 NIFTY-Serve
1896年から2006年までニフティ株式会社が運営していたパソコン通信サービス。パソコン通信とはホストコンピュータとパソコンを電話回線で接続し、情報をやり取りするサービス。

メディアとして、コミュニケーションツールとして、現在のビジネスや生活の中心に位置するWebは、
「インターネット」というコンピュータネットワークシステムの上で動いている。
そのためにITの専門用語や技術用語に翻弄されることもあるかもしれない。
まずはインターネットの歴史と仕組みの概略をおさえておこう。

用語3 UUCP
UNIXマシン同士でデータ転送を行う通信プロトコルの一種。通信費用が高額であった時代に、転送すべきデータが一定以上蓄積されたら転送するなどダイヤルアップを想定したプロトコルになっている。

用語4 Netscape Navigator
ネットスケープコミュニケーションズが開発していたWebブラウザ。NCSAで世界初のグラフィカルなWebブラウザMosaicを開発したチームがNetscapeに移籍し、Mosaicを超える新たなWebブラウザとして開発された。

用語5 ADSL
電話線を使い高速なデータ通信を行う技術。電話線を使うため低コストで高速なインターネット接続環境を提供できるため一般家庭に広く普及している。

信ユーザーがインターネットへと移行していったのである。

商用インターネット普及の歴史

1993年国内で商用のインターネットサービスが開始された頃は、UUCP 用語3 によるメール転送やNetNews（あるテーマについて情報を交換する現在の掲示板のようなシステム）のようなテキストベースのサービスが利用されていたが、同年「NCSA Mosaic」がリリースされ、テキストと画像が同一ウィンドウ内に表示されるようになり、翌年の1994年にはNetscape Navigator 用語4 、さらに1995年にWindows 95がリリースされると、個人のインターネット接続が爆発的に広まっていった。

当時は、一般の電話回線によるダイヤルアップ接続が主流であり、接続中は電話料金が加算されたため、必要に応じて接続と切断を繰り返していた。現在のような常時接続型の利用はNTTが開始したテレホーダイ（23時～翌日8時の時間帯で予め指定した電話番号への接続料金が一定となるサービス）がきっかけとなって普及したが、回線速度は低速で64kbp程度のいわゆるナローバンド接続が主流であった。そして、1990年代後半になると、いわゆるドットコム企業が台頭し、インターネット上にさまざまなサービスが提供されはじめた。その後、一般家庭へのPCの普及とインターネット接続はますます広まり、2000年には利用者が5000万人を超えた。ブロードバンド元年と言われた2001年にNTTの「フレッツADSL」や「Yahoo!BB」などのADSLサービス 用語5 が開始されると、ADSLやCATVインターネットの利用者が増加し、常時接続・高速通信を前提とするブロードバンド向けサービスが提供されるようになった。

メディアとしてのインターネット

一般家庭への普及とともに、テレビ、新聞、雑誌、ラジオの4マスと呼ばれるマスメディアに対して、インターネットは5番目のメディアと呼ばれるようになった。そして、日本企業の総広告費の推計において、2004年にはラジオを、2006年に雑誌を追い抜き、いまやテレビ、新聞につぐメディアとなっている。先進国の中ではイギリスで2007年にインターネット広告費がテレビ広告費を上回っており、インターネットメディアの期待はますます高まっていくものと思われる 図1 。

図1 電通「日本の広告費」より

順位	媒体種別	1995年	1996年	1997年	1998年	1999年	2000年	2001年	2002年	2003年	2004年	2005年	2006年	2007年	2008年
1	テレビ	17,553	19,162	20,079	19,505	19,121	20,793	20,681	19,351	19,480	20,436	20,411	20,161	19,981	19,092
2	新聞	11,657	12,379	12,636	11,787	11,535	12,474	12,027	10,707	10,500	10,559	10,377	9,986	9,462	8,276
3	雑誌	3,743	4,073	4,395	4,258	4,183	4,369	4,180	4,051	4,035	3,970	4,842	4,777	4,585	4,078
4	ラジオ	2,082	2,181	2,247	2,153	2,043	2,071	1,998	1,837	1,807	1,795	1,778	1,744	1,671	1,549
6	インターネット	-	16	60	114	241	590	735	845	1,183	1,814	3,777	4,826	6,003	6,983

Introduction_ Article Number 003
Webサイト構築プロジェクトの立ち上げ

「① 提案・契約フェーズ 用語1」では営業的な役割のメンバーによって、契約条件（プロジェクトの規模、予算、納期など）が固められ、プロデューサー的な役割のメンバーによって提案内容がとりまとめられる。契約締結前に営業メンバーが語る「提案の骨子」や「企画・戦略」と、契約締結後に「② 制作・開発フェーズ」の段階から参画するメンバーが考える「サイト制作のコンセプト」にずれが生じると、プロジェクトの成功は危うくなる。提案時に語られていた壮大な企画やアイデアが、実際に構築されたWebにまったく反映されていなかったり、提案段階の与件の確認があいまいすぎて制作チームによる与件調整の工数がかかりすぎてしまうなどの現象がこれにあたる。そうならないためには、営業を含むプランニングチームと、制作チームの間での情報共有と合意形成が重要となるが、受注者としての開発チーム内のコンセンサスが、発注者としてのクライアント側のコンセンサスとなるように、両者間で調整をする必要がある。

「② 制作・開発フェーズ」以降からプロジェクトに参画するスタッフの中には、そもそものWebサイト構築の目的やビジネス的なゴール、達成すべきKPI 用語2、費用対効果などを理解せずに「タスク」としてデザイン制作や開発作業に関わってしまっているケースが見受けられる。当然のことながら、ビジネスとしてのWebサイト構築にはさまざまな制約がある。その制約を理解したうえで成果を出せるクリエイターが求められているのであって、制約を無視した成果の定義のないアーティスト活動のような制作は、ビジネスとして進行されるプロジェクトのメンバーには不要である。このフェーズ間の意識のずれは、プロジェクト編成のスキーム 用語3 によって生じることもある。たとえば、「① 提案・契約フェーズ」を担当する会社と、「② 制作・開発フェーズ」を担当するのが別な会社であるような場合、会社間のコミュニケーションを円滑にし、共通のゴール設定を共有してプロジェクト運営を行うことが特に重要となる。

このように、クライアントの満足、制作現場の満足の両立がプロジェクト成功のカギを握るが、まずは「① 提案・契約フェーズ」の流れを見てみよう 図1。

提案依頼・RFP提示・オリエンテーション

プロジェクトは、クライアントの提案依頼をきっかけに始まる。電話1本、メール1通で提案を依頼されることもあれば、競合コンペを前提に、複数社合同オリエンテーションの場でRFP 用語4（提案依頼書）による提案依頼を受ける場合もある。RFPには、プロジェクトの目的から、解決すべき課題、依頼事項、保証要件、契約事項などが記述されている。提案者は、これらの条件をもとに提案書を作成する。小規模なプロジェクトや古い商習慣がまかりとおる業界では、口約束やあいまいな口頭発注による契約トラブル、納期の遅れや仕様の認識違いによるシステム障害などが問題となってきた。これらの問題をふせぐために、事前にRFPのやり取りを通じて、契約条件や依頼内容を明確にしておくことが重要である。

提案者は、提案依頼書に沿って企画・提案を行い、提案書を提出する。提案書

用語1 フェーズ
プロジェクト全体を小さな期間・規模の段階で区切った単位をフェーズと呼ぶ。

用語2 KPI
組織の目標達成度合いを定義する評価指標。Webサイトにおいてはコンバージョンレート、ROI（return on investment ＝投資利益率、投資収益率、投資回収率）、ユニークユーザー数、セッション数などを利用する。
「125 Webマーケティングを検証するためのポイント」→ P.292

用語3 スキーム
体系立てられた枠組みとしての計画。

用語4 RFP
情報システムの導入や業務委託を行うにあたり、発注先候補の業者に具体的な提案を依頼する文書。事前にRFPを通じて調達条件や契約内容を明らかにしておくことで、混乱を未然に防ぐことの重要性が注目されている。
「006 依頼から契約締結までの流れと提案依頼書（RFP）の作成」→ P.022

Webサイト構築の流れは大まかにとらえると、
① 提案・契約フェーズ、② 制作・開発フェーズ、③ 納品・運用フェーズ
の3つのフェーズに分けられる。
このうち、① 提案・契約フェーズからプロジェクト計画策定までのポイントを理解しよう。

の提出後、提案者によるプレゼンテーションや発注者の審査によって発注先が決定されるが、受注確定後から本契約を締結する間のミーティングでRFPに記載のない要求仕様の追加を依頼されることも多いため、提案段階の提案内容と、契約段階の契約内容に認識のずれがないよう、特に注意が必要である。

プロジェクト計画の策定

発注が内定したら、プロジェクトをスタートするべくプロジェクト計画書の策定を行う。このプロジェクト計画書の精度によって、プロジェクトの成否が決まると言っても過言ではない。Webサイト構築の現場が悲鳴をあげるのは、プロジェクト計画時点でプロジェクトの性格をつかめていなかったり、発注者であるクライアントと認識の共有をはかれていない場合が多い。

発注者が求めるのは「うまく、安く、早い」プロジェクトである。つまり、高品質、低コスト、短納期を求められるわけであるが、受注者の努力で3つの要素を高めるのにも限界がある。受注者の観点に立つと、「うまく」作るためには予算と時間が必要で、「安く」作るためには品質が犠牲になるケースもある。「早く」作るためにもやはり品質が犠牲になる場合もあるし、「うまく」「早く」作るためにコストが高くなるケースもある。これらの矛盾が受注者の悲劇とならないように、受注（提案）責任者は、発注者が重用視するポイントを見極め、適切な提案と適正なプロジェクト計画の策定を行わなくてはならない。そのプロジェクトで求められていることは「うまさ」なのか「安さ」なのか「早さ」なのか。これを見極め、プロジェクトの管理に適用する概念をQuality（品質）、Cost（コスト）、Delivery（納期）の頭文字をとって「QCDの管理」と呼ぶ。

正しいQCDの管理のもと、適正なメンバーのアサイン（質を高めることのできるメンバーと手の早いメンバーの確保とその割合）を行うこと、プロジェクトスコープ 用語5 の明確化（請負範囲の明確化）、精緻なスケジュール策定と正確なスケジュール管理を行うことが、Webサイト構築を成功に導く出発点となる。

用語5 プロジェクトスコープ
プロジェクトでの対応範囲のこと。プロジェクトのスタート段階において、プロジェクトのタスクと成果物の定義をユーザーと確認をとることがスコープ管理の基本となっている。
「031 プロジェクト計画、計画書」→P.072

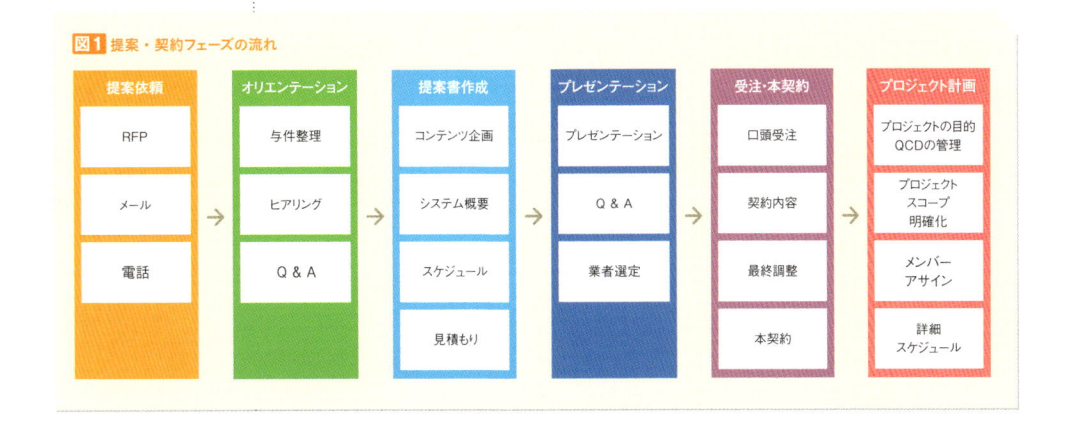

図1 提案・契約フェーズの流れ

提案依頼	オリエンテーション	提案書作成	プレゼンテーション	受注・本契約	プロジェクト計画
RFP	与件整理	コンテンツ企画	プレゼンテーション	口頭受注	プロジェクトの目的 QCDの管理
メール	ヒアリング	システム概要	Q&A	契約内容	プロジェクトスコープ明確化
電話	Q&A	スケジュール	業者選定	最終調整	メンバーアサイン
		見積もり		本契約	詳細スケジュール

Introduction _Article Number 004
Webサイトの構築体制

Webサイトを構築していくにあたって求められる人材は、プロデューサー、ディレクター、プランナー、デザイナー、プログラマー、エンジニアなど多岐にわたる。ここでは構築に際する体制について、そうしたさまざまな役割を整理していく。

中心的な役割について

一般的にプロダクションなどでは、サイト構築における責任者をWebプロデューサーと呼び、Webディレクターはプロジェクトマネージャーを指すことが多い。いずれにしても"構築"というポイントに視点を向けた場合、最も重要なタスクと言えるのがWebディレクションである。Webディレクションのタスクは幅広く、能力的にもWeb全般に通じたリテラシーとノウハウが求められ、プロジェクト全体をまとめるコミュニケーション力とマネージメント 用語1 スキルも欠かせない。

発注側・受注側それぞれに、Webサイトの目的達成に向けて、課題解決へのリーダーシップを発揮できる人材を配置できることが成功の重要なカギとなる。

発注側の体制について

発注側つまりクライアント企業においてWebディレクションを行う役割は、「Webマスター／プロジェクトマネージャー」と呼ばれる。主な役割として、社内各部署のWeb担当者から意見や要望を受け付けて集約し、Webサイトの目的と要件を明確にしていく。そのうえで、予算の承認を受けて発注をする。

受注側の体制について

受注側である制作サイドにおいてWebディレクションを行う役割は、「Webプロデューサー／プロジェクトマネージャー」などと呼ばれる。主な役割は、発注された内容をもとに、目的を実現するための企画設計を行っていき、それを発注側に承認してもらったうえで、制作スタッフに指示して納品まで行っていく。また、予算管理も含めてクライアントとの窓口となる役割に、「アカウントマネージャー」がある。

基本的にWebプロデューサー／プロジェクトマネージャーあるいはアカウントマネージャーの役割を担う人がクライアントの前面に立ち、プロジェクトの指揮をとっていくことになる。この際、制作サイドの業務状況に応じて内製と外注 用語2 の判断も行う。

フェーズごとのスタッフィング 用語3 について

フェーズに応じてチームは適切な体制に変えていくことになる。具体的には、下記ステップごとにスタッフがアサイン 用語4 されてフォーメーションを組む。

① 企画提案時のフォーメーション
Webプロデューサー／プロジェクトマネージャー、アカウントマネージャー、ディレクター、プランナー

用語1 マネージメント
クライアントと制作スタッフを調整し、目標達成に向けて管理調整を行っていくこと。

用語2 内製と外注
自社内で制作を行うことを「内製」と言い、制作を外部に発注することを「外注」と言う。内製か外注の判断は、プロジェクトに必要なスキルやスタッフの状況をもとに行う。

用語3 スタッフィング
プロジェクトにおいて適材適所にスタッフを配置すること。

用語4 アサイン
英語で「割り当て」を意味し、プロジェクトへスタッフが参加すること。

Webサイト構築には、目的とゴールを明確にし、設定した課題をクリアするために最適な体制が求められる。そのための主な位置付けを整理し、プロジェクトを進めるための重要なポイントを説明する。

② 初期制作・開発フェーズのフォーメーション
Webプロデューサー／プロジェクトマネージャー、アカウントマネージャー、ディレクター、インフォメーションアーキテクト、アートディレクター（含デザイナー）、コピーライター、システムエンジニア（含プログラマー）、マークアップエンジニア（含デベロッパー）

③ 運用フェーズのフォーメーション
アカウントマネージャー、ディレクター

基本的には、上記のように関わるスタッフは変わっていく。ただミッションや状況に応じて、求められるタスクも変わることは往々にしてある。その際には、柔軟なスタッフィングが重要となる。

責任の所在について

プロジェクトが進んでいく中で、企画や仕様の細部に入ってくると、クライアントのWeb担当者と制作スタッフで進行していってしまうことがある。そうした進行で、制作物のズレやスケジュールの遅れが出てきたとき、責任者であるWebマスターやWebプロデューサーは現状を把握できず、効果的な対応を行うことが難しくなってしまう。それを避けるためにも「どういったレベルの情報を、誰が判断するのか」といった原則ルールを設定しておくことが肝心となる。

構築体制の変化について

最近のWebサイト構築は、単に情報を載せて公開するといったシンプルなものだけではなく、顧客情報データベースにアクセスしたり、ECサイトのように、商品の購入・決済・発送といったクライアントの業務システムと連動することも少なくない。
そうした複雑なWebディレクションにおいては、特別なスキルを持ったスペシャリストに依頼することも多くなる。今後のWeb構築においては、クライアントのビジネスゴール 用語5 を踏まえた戦略プランニングをもとに、スタッフィング、マネジメントをしっかりと行うことが不可欠である。

用語5　ビジネスゴール
クライアントがビジネス上達成するべき指標。通常は数値で設定される。

図1　Webサイトの構築体制

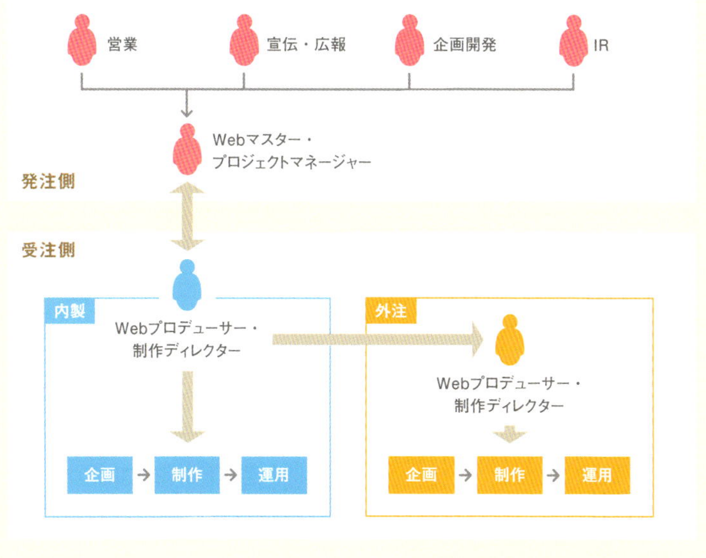

Introduction_Article Number 005
Web制作におけるプロジェクトメンバーの役割

Webサイトの制作現場では、異なる技術・知識を持つ複数のスタッフが、役割を分担してプロジェクトを進行させる。ここではWebサイト制作における受注側の体制について、職種別に各々のタスクを説明する。その職種別タスクから、企画・サイト構築・システム開発といった流れでプロジェクトチームが編成され、Webサイト制作が行われていくことになる 図1 。

なお実際のプロジェクトにおいては、規模・内容に合わせて、複数の職種を1人の人間が兼任することもあったり、逆にひとつの職種を複数の人間で分担して行うこともあったりと、請け負うタスクの幅はプロジェクトによって異なることもある。

■プロデューサー
プロジェクトの最高責任者。クライアントの課題を解決するためにプロジェクトを動かしていく。また、制作するWebサイトの方向性を決めながら予算やスケジュールの設定をし、これらを踏まえてチームのスタッフィングを行う。

■アカウント
クライアントとの直接交渉を行う。営業、アカウントエグゼクティブ、アカウントプランナーなど、役割に応じてさまざまな呼称が使われる。

■プロジェクトマネージャー
プロジェクト全体の進行管理者。プロジェクトを円滑に進行させるため、制作の各過程（企画・サイト構築・システム開発）にて管理を行う。また、制作現場の状況によっては、クライアントとの調整を行うこともある。

■インフォメーションアーキテクト
Webサイトの情報整理・設計を行う。ユーザーの行動心理を踏まえ、効率よく情報を伝達するために最適なサイト構造を設計する。

■プランナー
課題解決に向けて、ターゲットのインサイト 用語1 を汲み取り、クライアントのブランド価値を向上させるために具体的な施策を考える。また、メディアプランナーの場合、ブランドにとって効果的と思われる媒体の選定、設計を行う。

■クリエイティブディレクター
クリエイティブにおけるコンセプトを設計し、その全体の品質を管理する。作品のトーン＆マナー 用語2 を決め、デザインやコピーなどの各要素が、それに合っているか総合的に判断する。

■アートディレクター
クリエイティブ制作フェーズにおける監督者。デザイナーやカメラマンに対し制作物の完成イメージを説明し、具体的な指示を行う。

■デザイナー
ビジュアルやユーザーインターフェイス 用語3 のデザインを行う。制作物にはデザイン性のみでなく、使いやすさを考慮したユーザーインターフェイスの設計能力が必要とされる。

用語1 インサイト
コンシューマー・インサイト（消費者洞察）ともいう。消費者自身さえ自覚していない心理の奥にある消費行動を促すボタンのようなものを指す。

用語2 トーン＆マナー
Webサイト全体の雰囲気を統一するために定められるデザイン上のルール。トンマナと略されることもある。

用語3 ユーザーインターフェイス
ユーザーがWebサイトを使う際の操作感のこと。UIと表記されることもある。

一般的にWebサイト構築は、複数のスタッフによって構成されるチーム体制で行われる。
クライアントの意図・要望に沿ったWebサイトを完成させるには、
プロジェクトの趣旨、規模に対して適切なスキルを持った人材がプロジェクトに携わり、
それぞれの役割を遂行することが必要となる。

■**コピーライター**
クライアントの商品やサービスを、ターゲットに適切に伝える言葉を考える。コンテンツの見出しや本文、Webサイトのメニューにあたるグローバルナビゲーション **用語4** といったものまで、ユーザーに伝わりやすくするための、あらゆる言葉を検討する。

■**制作ディレクター**
撮影の手配などから、素材の管理まで、クリエイティブにおける各作業の進行管理・指示を行う。

■**システムアーキテクト**
システムの要件定義をし、システム開発部門の管理を行う。

■**システムエンジニア**
システム開発フェーズにおける管理者。要件に合ったシステムやサーバの設計を行い、システム開発フェーズでの進行管理を担う。

■**マークアップエンジニア**
決定したデザインに基づき、HTMLやCSSなどのコンピュータ言語での変換作業をする。多様化するブラウザに対応する言語記述の知識が必要とされる。HTMLプログラマー、コーダーとも呼ばれる。

■**デベロッパー**
決定したデザインに基づき、Flashなどのソフトを使用しオーサリング **用語5** を行う。デザインに動きをつけて演出したり、ゲームやアプリなどのプログラムを組むことが可能。Flashエンジニア、インタラクティブエンジニア等と呼ばれることもある。

■**プログラマー**
システムエンジニアが作成した設計書に基づき、PHPやJavaなどといったコンピュータ言語を使ってプログラミングを行う。

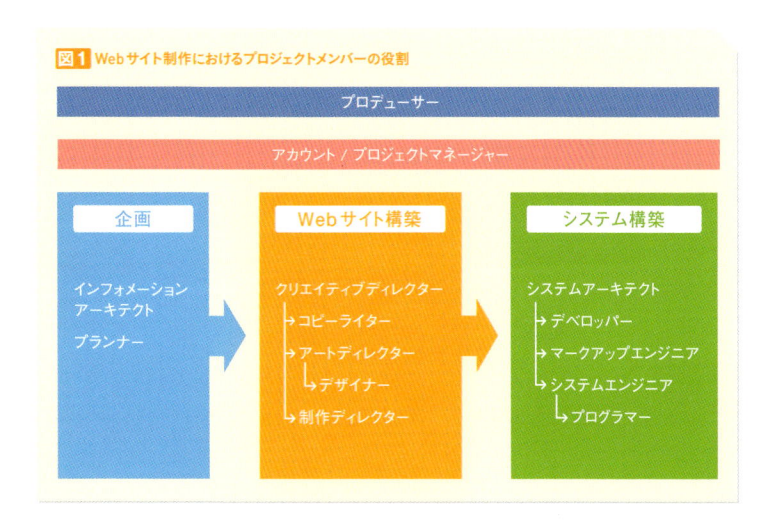

用語4 グローバルナビゲーション
サイト内の各ページに共通して表示されるコンテンツメニューのこと。コンテンツ間の遷移が容易で、サイト全体の構造も理解しやすいため、Webサイトのユーザビリティを向上させるのに有効とされる。

用語5 オーサリング
テキストや動画、アニメーションなどをひとつのプログラムでまとめる作業。昨今のWebサイト制作では、Flashを使ったオーサリングのことを指すことが多い。

図1 Webサイト制作におけるプロジェクトメンバーの役割

プロデューサー
アカウント / プロジェクトマネージャー

企画
　インフォメーションアーキテクト
　プランナー

Webサイト構築
　クリエイティブディレクター
　→コピーライター
　→アートディレクター
　　→デザイナー
　→制作ディレクター

システム構築
　システムアーキテクト
　→デベロッパー
　→マークアップエンジニア
　→システムエンジニア
　　→プログラマー

Column 00

スマートフォンの種類

PC並みの処理性能を持つことで知られる高機能携帯電話、スマートフォンには多数の種類がある。それらには世代の違いにより搭載する機能にも大きな隔たりがあり、すべてを同じ「スマートフォン」という言葉でくくるのは難しいこともある。

広義な意味でスマートフォンとは「キーボード付きの電話」図1 であったり「PDA的な機能のついた電話」といえる。通常端末メーカーごとに独自のOSを搭載しているか、MicrosoftによるWindows OSのモバイル版（Windows Mobile）を採用した製品となる。2000年前半から次第に種類を増やしてきたスマートフォンだが、2008年までは法人向けの市場展開が中心だった。個人への販売が加速しはじめたのは2007年のiPhone発売が発端だ。

iPhoneは性能上の2つの特徴と、ビジネス上の1つの特徴をもって世間を驚かせた。1つはハードキーボードを撤廃し、タッチパネルのみを搭載した点である。スマートフォンといえばフルキーボードを搭載しているのが当たり前だった当時は、iPhoneのソフトウエアキーボードを使いものになると考えた人は少なかった。もう1つ、iPhoneはマルチタッチ操作ができるという性能を持っていた。この性能で、タッチパネルからのキー入力に関する使い勝手の疑問は払拭されてしまった。そのうえ翌年から他のメーカーもタッチパネル式に追随し、市場はiPhoneタイプの端末で溢れた 図2。

さらにビジネス上の特徴である、アプリケーションマーケット（App Store）の開設が、コンテンツビジネスの新しい可能性を開いた。端末と、プラットフォームごとのアプリケーションマーケットの開設という取り合わせは以降スマートフォン戦略の核に位置付けられるようになり、スマートフォン＝アプリケーションマーケットの入り口という認識が一般化した。携帯端末というハードの普及度がアプリケーションの市場の動向を左右するとして、現在はハードとアプリを両輪として捉える必要が出てきている。特にコンテンツ制作者はマーケットを持ったスマートフォンに注目し、常にそのスペックを把握する必要がある。

図1 RIM BlackBerry

フルキーボード付きの携帯電話として人気の高いモデル
http://na.blackberry.com/eng/

図2 Sony Ericsson

Android搭載の高性能端末xperia X1。日本でも発売される
http://www.sonyericsson.com/x1/

Part 1

要件定義
調査
戦略
企画
提案
見積もり・契約

コンテンツ企画
Webサイト設計
企画
システム要件定義
システム設計
戦略

Plan ──
Webサイト制作の企画・設計・ビジネスプランニングからシステム設計まで

プロジェクトを狙い通りのゴールへ導くための
Webサイトの設計・プランニングとはどういうものか?
Part 1では、実際の制作作業に入る前の、
クライアントとの関わり方からマーケティング、企画、プレゼンテーションから、
デザイン設計、システムの設計作業まで、
サイト制作に必要な設計の工程を
ビジネス、デザイン、システムの3つの役割から詳しく解説する。

Article Number **006**

依頼から契約締結までの流れと提案依頼書（RFP）の作成

プロジェクトの始まり方は規模や業種、発注サイドとのこれまでの関係など状況によりさまざまだが、基本的な流れや必要事項を頭に入れておくことで、滞りのない準備、的を射たヒアリングや提案、そして双方にとってより良い契約ができる。ここでは、提案依頼を受けてから契約締結までのおおまかな流れと、依頼時に提示されるドキュメントである提案依頼書（RFP）について解説する。

要件定義
調査
戦略
企画
提案
見積もり・契約

Keywords　**A** 契約締結までの流れ　**B** 提案依頼書（RFP）

依頼から契約締結までの流れ

A **契約締結までの流れ**はさまざまだが、はじめに基本を理解しておこう。

まず、発注サイドから提案の依頼が来る。その際、制作物への要求・要件が記述された提案依頼書（RFP）が受注サイドへ配布される。大規模案件の場合や発注サイドが大企業・官公庁の場合は、提案依頼書が必須になっていることもあるが、提案依頼書の作成には広範な知識が必要なため、きちんとした書類をともなった形で提案依頼が来ることはそれほど多くない。提案依頼を受けたら、オリエンテーション注1や打ち合わせでヒアリングを行い要件を整理する。それから提案・見積もりを作成し、プレゼンテーション。提案が受け入れられればめでたく契約締結という流れになる 図1。

オリエンテーションが行われない場合や、提案書やプレゼンテーションなしの概算見積もりのみで契約が行われることもままあるが、省略されているだけで、これまでの取引実績や信頼などが、それらの代わりをしていることを頭に置いておこう。

提案依頼書（RFP）とは？

B **提案依頼書（RFP：Request for Proposal）** は、発注サイドの要求や条件を受注サイドに漏れなく伝えるためのドキュメントである 図2。発注サイドはこれをもとに提案を受けて、発注先の見極めを行うことになる。システム開発分野で昔からよく用いられたものだが、近年はWeb制作の分野でも使われるようになってきた。

提案依頼書に決まったフォーマットはなく、数ページのものもあれば、50ページ超の詳細な依頼書もある。簡潔すぎれば提案内容のブレが大きくなるし、詳細に記述しすぎれば発想の幅を狭めてしまうかもしれない。バランスが難しいが、どのような提案を受けたいのかを考えれば、自ずと内容は決まってくる。企画やアイデアがほしい場合は、内容については軽く触れる程度にして目

注1 オリエンテーション
「007 オリエンテーションとヒアリングでプロジェクトの目的や背景を把握する」→P.024

図1 依頼から契約締結までの流れ

発注サイド	受注サイド
提案依頼書（RFP）作成	
提案依頼	
	情報収集
オリエンテーション・ヒアリング	
提案依頼書（RFP）の改訂	
	要件定義
	提案・見積もり作成
提案書提出・プレゼンテーション	
発注先決定	
契約締結	

制作開始

BOOK GUIDE

ユーザー、ベンダー間の十分な意思疎通なくしてプロジェクトの成功はない。本書では、ユーザー企業とベンダー企業のスムーズなコミュニケーションを実現するドキュメント「RFP（提案依頼書）」と「提案書」それぞれの作成手順とさまざまなテクニックを、具体例に基づきわかりやすく解説。巻末にはすぐに使えるワークシートサンプルも収録。

RFP&提案書完全マニュアル
永井 昭弘（著）、日経システム構築（編）
B5変型判／152頁
価格2,205円（税込）
ISBN9784822229733
日本実業出版社

的や課題の説明に力をいれる、逆に制作内容がほぼ決定している場合は詳細に要件を記述することで確実な見積もりやスケジュール、開発体制などの提案が受けられるだろう。

提案依頼書は基本的に発注サイドが作成するものだが、戦略・マーケティングについてのみならず、Webの技術やトレンドなど広範な知識が必要になるため、発注サイドだけでなく、コンサルタントや制作会社と共同で作り上げたり、受注サイドとのミーティングを通じて正式なものに仕上げていく方法をとることも多い 注2。

提案依頼書のメリット

提案依頼書を作成するメリットは、事業目的やゴール、技術要件・発注条件などを抜け漏れなく受注サイドに伝えられるということ以外にもたくさんある。

まず、提案依頼書を作成する過程で、発注サイドが自身の要求をより具体化することができる。事業におけるWebサイトの役割や目的、ゴールを再考し、明文化・共有するまたとない機会である。また、複数の制作会社に打診したい場合も、公平に提案依頼を行うことができ、同じ説明を何度も繰り返す手間もなくなる。ほかにも、発注・受注どちらの社内でもこのドキュメントがあれば関係者間の意志の疎通がスムーズになること、のちに要件定義書 注3 を作成する際にも間違いがなくなることなども大きなメリットである。

> **注2**
> 提案依頼書とともに添付されるドキュメントには以下のようなものがある。
>
> **見積もり依頼書（RFQ）**
> 見積もり依頼書（RFQ：Request for Quotation）は、要件が確定しているプロジェクトの見積もりや、反対に未決事項の多いプロジェクトの予算策定のための概算見積もりがほしいときに発行される。また、提案依頼書に付属される場合もある。
>
> **作業範囲記述書（SOW）**
> 作業範囲記述書（SOW：Statement of Work）は、作業の範囲や成果物、メンバーの役割や権限などを記したドキュメント。複数の組織や人間が関わる大規模案件にて用いられることが多い。提案依頼書や見積もり依頼書とともに配布される場合や、契約書に付属される場合がある。
>
> **情報提供依頼書（RFI）**
> 情報提供依頼書（RFI：Request for Information）は、発注サイドが受注サイドに対して、情報提供を求めるために発行されるドキュメント。提案依頼書の作成や配布に先立って受注サイドの保有する技術や実績、ノウハウなどを知りたい場合や、また、複数業者の回答を同一の質問から比較したい場合などに用いられる。
>
> **注3** 要件定義
> 「009 要件定義でクライアントからの要求事項を整理」→ P.028

図2 提案依頼書（RFP）の項目例

項目	内容
プロジェクト名	提案依頼書の表紙に記述。プロジェクト名のほか、社名、担当者、日付などを明記
プロジェクト概要	概要をわかりやすく簡潔に記述
事業内容	内容、戦略、目的、ゴールなど
プロジェクト詳細	役割・目的、背景、ゴール、ターゲットユーザー、コンテンツ、競合情報など
発注範囲	例：企画、Webサイト一式（コンテンツライティング、デザイン、コーディング、システム）、各種ガイドラインなど
技術要件	対象OS・ブラウザ、動作環境、Web標準準拠・アクセシビリティ対応など
スケジュール	公開日、制作期間、提案書提出期限
予算	自由な見積もりを受けるため、あえて記述しない場合も多い
契約条件	受発注形態、契約期間、支払条件、機密保持、著作権、保証期間（瑕疵担保期間）
提案内容	提案書に含めてほしい内容を記述 例：Webサイトの企画、デザインラフ、機能、開発体制、見積もり、運用形態・体制、運用コスト見積もりなど
提案方法	提案書形式、提案方法、提出先

Article Number **007**

オリエンテーションとヒアリングでプロジェクトの目的や背景を把握する

プロジェクト開始前に行われるオリエンテーションは単なる説明会ではない。受注サイドにとっては、より的確な提案を行うための貴重な情報収集の機会である。しっかりとヒアリングを行い、プロジェクトの目的や背景、方針、状況、提案範囲などを把握しよう。オリエンテーションが受注決定後に行われる場合は、より詳細にコンテンツや技術、制作手法などをヒアリングすることになる。オリエンテーションはキックオフミーティングと呼ばれることもある。

■要件定義
調査
戦略
企画
提案
見積もり・契約

Keywords　　A　オリエンテーション　　B　ヒアリング　　C　ヒアリングシート

オリエンテーションとは？

A **オリエンテーション** 用語1 とは、発注サイドが提案依頼のときに開催する説明会のことだ。依頼内容についての詳細な説明と質疑応答が行われ、前項で説明した提案依頼書（RFP）が同時に配布される場合もある。

オリエンテーションに決まった形式はない。提案依頼先ごとに個別で行われることが多いが、コンペ 用語2 の場合や関係者が多い場合、発注先候補が多い場合などはまとめて行われることもある。

オリエンテーションは、受注サイドにとっては提案内容を左右する重要な情報収集の機会であるので、準備万端で臨みたい（オリエンテーション前の情報収集については次項で説明する）。

ヒアリングで大切なこと

オリエンテーションでは発注サイドからプロジェクトの背景や目的など詳細内容の説明が行われたあとで、質疑応答の時間が設けられることが多い。その質問如何で
B 提案内容に差が出る。**ヒアリング** 注1 はビジネスパーソンには欠かせないスキルであり、もちろんWeb制作においても同様だ。

オリエンテーションにおけるヒアリングで大切なことは抜け漏れなく必要事項を聴くことだけではない。発注サイドによる説明資料は建前で書かれている場合もあるので、プロジェクトの真の目的やゴールを把握することや、プロジェクトを通じて解決したがっている問題を見つけることが、より的確な提案には必要なのである。

C それにはWebやビジネスに関する深い知識や経験が必要だが、**ヒアリングシート** 図1 を利用することで補える部分もある。あらかじめ考えておいた質問項目をもとにさまざまな角度で質問を行えば、枝葉末節に囚われることなく全体を見渡すことができるからだ。ただ質問項目を順番に読み上げていくことは避けたい。ヒアリングシートは網羅的な質問を行うためのリマインドとして、また、事前に発注サイドに提出し確認を促すためのものとして活用するとよいだろう。

用語1 オリエンテーション（orientation）
語源は方位、指標などで、自己の位置付け。学校などで、新入者が早く適応するための行事。ビジネスにおけるオリエンテーションは、発注者が受注者に対して行うもので、依頼内容の考え方や内容説明、予算やスケジュールなどの条件を示すこと。

用語2 コンペ
コンペティション（competition）の略。競争、競技、競技会という意味。複数の発注先候補を提案内容や見積もり金額で競わせ、発注先を決める方法のこと。

注1 聞く・聴く・訊く
「きく」には3つの漢字があり、それぞれ別の意味を持っている。ヒアリングにおいては「聴く（注意して耳を傾ける）」と「訊く（質問する）」を意識しよう。

用語3　コーチング
質問主体のコミュニケーションで人材開発していく手法。ビジネス、スポーツ、教育、家庭などさまざまな状況で活用されている。

用語4　カウンセリング
心理的な問題や悩みについて、対話を用いて解決や援助を行うこと。「傾聴」はカウンセリングの基礎技法である。

用語5　NLP
神経言語プログラミング（Neuro-linguistic programming）。コミュニケーション技法・自己啓発技法・心理療法技法を中心としたテクニック。

ヒアリングスキルの向上を目指す

ヒアリングスキルは、オリエンテーションなどのミーティング時はもちろん、プロジェクトメンバー間のコミュニケーションを円滑にするためにも必要とされる。

目を見て話す、身体を向けて話すなど「傾聴」の姿勢を示し、相手の真のニーズや伝えたがっていることを受容と共感の態度で聴くことが大切だ。ヒアリングスキルの向上には、コーチング 用語3 やカウンセリング 用語4 、NLP 用語5 の学習などが役に立つだろう。

図1　ヒアリングシートの項目例

項目	内容
事業内容について	事業内容
	企業規模
	特徴や強み
プロジェクト概要	プロジェクトの背景
	プロジェクトの目的（Webサイトの役割）
	プロジェクトのゴール
	目的を達成するためのアイデアや機能
	既存サイトの有無（リニューアルか新規か）
	既存サイトの長所・短所
	ターゲット層（事業全体、プロジェクトにおいて）
	プロジェクトの体制（現在の体制と今後）
競合他社について	競合他社の会社名とURL
	競合他社との関係性（ポジションマッピング）
	競合他社との差別化点
マーケティング関連	マーケティング手法
	マーケティング時期
	プレスリリース
デザイン・制作について	CIデザインやコーディングに関するガイドラインや規定の有無
	ユーザーに与えたい印象
	キーカラーや配色
	原稿や素材（文章・図・写真・ロゴデータなど）の有無と受け渡し方法
	ユーザー閲覧環境（OS・ブラウザ・ハード・回線環境）
	ドメイン名（新規取得・既得）
	サーバ（新規取得・既得、スペック、予算）
	テスト環境の有無と内容
	CMSの利用の有無と内容
納品形態	納品物について（Webサイトのほかに、ガイドラインやマニュアルなど）
	納品方法について（サーバ上かCD・DVDなどのメディア納品か）
運用について	更新頻度と内容
	社内で更新するか、また、スキルトランスファーが必要か
	更新担当者のスキル
	定期コンサルティングやアクセス解析レポートが必要か
予算・期間	予算（初期予算・運用予算・マーケティング予算）
	公開時期（フェーズ分けの有無）

Article Number **008**

事前の情報収集と仮説立案

オリエンテーションや初めての会議の前に、ある程度の情報収集をしておくべきだ。発注サイドからの信頼度がアップするのはもちろん、会議の進行や深度も変わる。発注元企業、競合企業、業界、Webサイトなどが調査の対象となる。具体的には「企業概要の調査」や「現状サイト・競合サイト分析」、「業界の動向調査」、「クチコミ調査」などだ。ここでは調査方法や参考サイトなどを紹介する。

要件定義
調査
戦略
企画
提案
見積もり・契約

Keywords　**A** 業界動向調査　**B** 現状サイト・競合サイト分析

事前調査は良いプロジェクトへの第一歩

事前調査のメリットはたくさんある。「発注サイドからの信頼度があがる」「会議の進行が早くなる」「より有意義な会議ができる」「プロジェクトの理解が深まる」「発注サイドが気づかなかった課題や対策を提示できることがある」などなど。その後のプロジェクトの展開にも大きく関わってくる。

前ページのヒアリング項目のうち調査できる点は先に調査しておこう。特に「企業概要の調査」や「現状サイト・競合サイト分析」などは最低限実施したい。加えて、「業界の動向調査」や「クチコミ調査」**用語1** も行い、現状の課題の仮説と改善策、疑問点などをまとめておければなおよい。

企業概要と業界動向調査で環境を分析する

企業の基礎情報の調査としては、Webサイトに掲載されている情報や「Yahoo!ファイナンス」**図1** などで企業情報を確認するとよいだろう。「帝国データバンク」**用語2** や「東京商工リサーチ」などの企業情報提供サービスを利用すれば業績まで含めたさらに詳しい情報が入手できる。

A **業界動向調査**は、上記のようなWebサイトでの自社・競合他社検索に加え、業界誌や業界新聞、業界情報サイトに目を通すとよい。その業界における最新ニュースや技術などの動向を知ることで発注元企業やプロジェクトへの理解を深めることができるだろう。

現状サイト・競合サイト分析でサイトを評価する

B **現状サイト・競合サイト分析**は大きく2つに分けられる。Webサイト内部の分析と、Webサイトの訪問者数や検索順位など外部からの分析だ。

内部分析で確認すべき点は、「サイトの目的」「そのための導線」「サイトの構造」などがわかりやすい設計になっているか、「ビジュアルデザイン」はサイトの目的に沿っているか、「使われている技術」はどのようなものか、「ユーザビリティ」「アクセシビリティ」に配慮されているか、などがあげられる。

訪問者数や検索キーワードは、正確にはWebサイトの管理者でないとわからない

用語1 クチコミ調査
クチコミがインターネットにおいて重要な広告手段だという前提で、事前に操作されていないネット上の生活者によって書かれているサイト（ブログ、掲示板、Q&Aサイトなど）を専門の担当者が商材やサイトの調査をすること。
「086 クチコミ・マーケティングについて」→ P.200

図1 Yahoo!ファイナンス

企業情報での検索結果例
http://finance.yahoo.co.jp/

用語2 帝国データバンク
経営者の動向、社員の動き、財務諸表や主要銀行の状況、販売先や仕入先から不良在庫なども含めた企業情報を提供する国内大手の企業信用調査会社。

図2 Alexa

http://www.alexa.com/
ページビューやユーザーごとの平均ページビューなどを比較して表示できる

用語3 インターネット視聴率
特定のWebサイトの閲覧状況を数値で表したもの。
「131 ネット視聴率の現状と生かし方」→P.304

が、「Alexa」**図2** や「Google Trends for Websites」**図3** などの<u>ネット視聴率</u> **用語3** 調査サイトでおおよその目安を知ることができる。

検索については、「Google Trends」や「Google Insights for Search」**図4** で検索ボリュームの動向を調査・比較できる。社名や製品名を発注元企業と競合で比べてみると新たな発見や裏付けが得られる。また、特定のキーワードをもとにした検索結果の調査には、さまざまなSEOツールが無料で提供されているので試してみるとよいだろう。

日ごろの情報収集も大切

プロジェクトに関連する情報だけでなく、新しい技術やWebで話題になっているコンテンツ、デザインなどインターネット全般のトレンドにも日ごろから目を通しておきたい。

最新情報はインターネット関連のニュースサイト**図5**をチェックしておくのが近道だ。また、識者のブログやソーシャルブックマークでは、マニアックな情報やこれから話題になりそうなトピックも発見できる。まとまった情報としては雑誌が、深く網羅的に知るには書籍が役に立つ。また、Webや広告、デザイン関連のアワードにも注目したい。

調査結果をもとに仮説を立てる

上記のような調査を行うだけでなく、その結果から「仮説」を立てておくとなおよい。あらかじめ提案依頼書（RFP）が配られプロジェクトの概要が共有されていたとしても、「現状のWebサイトの問題点と改善策」や「プロジェクトのゴール」、「プロジェクトにおいて求められている役割」などを自分の言葉で考えておくことで、会議の進行や深さに大きな差が出る。ただし、自分の作った仮説に引きずられ、オリエンテーション時に発注サイドの説明を聞き流してしまわないよう注意しよう。

図3 Google Trends for Websites

http://trends.google.com/websites
訪問者数を国別・期間別に絞り込んで比較できる

図4 Google Insights for Search

http://www.google.com/insights/search
検索ボリュームの推移を時間・地域別に見られるほか、関連キーワードや人気キーワードも表示してくれる

図5 インターネット関連のニュースサイトの例

http://japan.cnet.com/
「CNET Japan」は、テクノロジーやWeb関連のニュースやコラムが充実している

Article Number 009

要件定義でクライアントからの要求事項を整理

要件定義は、クライアントの要望を整理し必須事項や優先事項を切り分け明文化する作業のことで、受注サイドによって要件定義書としてドキュメントにまとめられる。この工程を丁寧に行うことで制作が円滑になりトラブルも低減される。ここでは要件定義の意味・目的、注意点などを解説する。

要件定義
調査
戦略
企画
提案
見積もり・契約

Keywords   A 要件定義   B 要件定義書   C 要求定義

要件定義とは

提案依頼書やオリエンテーション、打ち合わせでヒアリングしたクライアントの要望は、あいまいな内容があったり、必須事項や優先事項が明確になっていないことがあるため、一度整理して明文化し受発注双方で確認する必要がある。それを **要件定義** 用語1 といい、要件定義書 図1 というドキュメントにまとめられる。

要件定義書 の作成は一般に受注サイドが行い、クライアントの承認を得る。これを十分に行うことで、制作中の仕様変更や追加要求、言った・言わないトラブルなどのリスクを減らすことができることがメリットだ。

要件定義の内容はプロジェクトによりさまざまだが、基本的には提案依頼書の内容 注1 と同様のプロジェクトの背景や目的、ゴール、制作要件、予算、スケジュールなどに加え、事業環境や事業戦略、マーケティング戦略、効果予測なども含めて深堀し、明文化されることが多い。

要件の仮定義と再定義

要件定義には2つの段階がある。

正式発注より前に要求を整理する一度目の要件定義は、「要件の仮定義」または「**要求定義**」用語2 と呼ばれることもある。要求定義は、要件を定義するにあたってクライアントの要求を整理しまとめることだ。ウォーターフォールモデル 用語3 の大規模開発などでは要件定義書とは別に「要求定義書」用語4 というドキュメントとして必要とされたり、発注サイドより提出されたりすることもあるが、通常のWeb制作プロジェクトでは要件定義のプロセスの一部となっていることが多い。

二度目は「要件の再定義」だ。はじめに定義された要件をもとにした企画・提案、契約、各種会議を経て、制作開始時に行われる。再定義され承認された要件定義書は、プロジェクト計画 用語5 に組み込まれ、基本的に完成まで変更されることはない。

「要件定義」という言葉がどの段階のものを指しているかはその時々の文脈によるので、プロセスのどの段階で行われたものなのかを明確にしておく必要がある 図2 。

用語1 要件定義
もともとシステム開発で使われていた。システムやソフトウエアの開発において、どのような機能が要求されていて、実装されるべきなのかを明確にしていく作業のこと。それを明文化して文書にしたものが要件定義書である。Web制作ではさまざまなフェーズで要件定義がある。

注1 提案依頼書の内容
「006 依頼から契約締結までの流れと提案依頼書(RFP)の作成」→P.022

用語2 要求定義
要件定義では主にクライアントの「やりたいこと」を記述する。それをもとに要件が定義される。

用語3 ウォーターフォールモデル
古典的なソフトウエア開発プロセスのひとつ。プロジェクトをいくつかの作業工程に分割し、ひとつの工程の終了時に成果物などの綿密なチェックを行い、前工程へのあと戻りをしないことを特徴としている。水が流れ落ちるように工程が進むので「ウォーターフォール」と名付けられた。
「057 Webシステムの開発プロセス」→P.138

用語4 要求定義書
システム開発の上流工程のひとつで、クライアント側からのシステムの機能や性能の要望を整理し、それを文書としてまとめたもので、工程確認に使われる。

用語5 プロジェクト計画
プロジェクト計画とは、要件定義をより具体的に落とし込み、戦略や成果物、作業範囲(スコープ)として計画・定義するもの。
「031 プロジェクト計画、計画書」→P.072

BOOK GUIDE

システム開発の上流工程の3局面である要件定義、基本設計、現状分析といった上流工程の仕事が現場の流れに沿ってわかりやすく解説されている。要件定義とは何か、要件定義書とは何かについて基本的な知識を理解することができる。システム開発における要件定義であるが、何が要件であり、何を定義して仕事を進めていくかの手がかりになる。

業務システムのための上流工程入門
要件定義から分析・設計まで
渡辺 幸三（著）
A5判／262頁
価格 2,520円（税込）
ISBN9784534036551
日本実業出版社

要件定義書作成における注意点

要件定義書は受注サイドにより作られるため専門用語が多くなりがちだが、クライアントが理解できない要件定義書では存在の意味がない。どうしても必要な技術用語には用語説明をつけるなどの工夫が必要だ。また、クライアントの業務内容や手順に対する理解がないと正確な記述ができないので、注意してヒアリングを行おう。

基本的にはどんなドキュメントでも、何のために作られるのかを考えれば自ずとどういった体裁にすべきかわかるはず。要件定義書は、受発注双方が意味を理解し承認するプロセスを経ること、双方の上司など打ち合わせに出席していない人への説明書類としても用いられることを念頭に置き作成しよう。そのためにも、要件定義書のはじめのページで、「プロジェクトが何の目的で行われ、何が作成されるのか、その結果何が起こるのか」という概要をわかりやすく短い文章で記述しておくとよいだろう。その後、その詳細と実現するための要件を記述していけばわかりやすい要件定義書になる。

図1 要件定義書目次ページの例

```
ABC プロジェクト要件定義書
                                作成日 2009年12月1日
                                作成者 会社名 氏名
目次
表紙 ............................................................ 1
1 プロジェクト概要 ........................................... 2
2 プロジェクトの目的とゴール ................................ 3
  2-1 プロジェクトの背景 ..................................... 3
  2-2 現状の課題 ............................................. 4
  2-2 プロジェクトのゴール ................................... 5
3 戦略と効果 .................................................. 6
  3-1 事業戦略 ............................................... 6
  3-2 マーケティング戦略 ..................................... 7
  3-3 効果予測 ............................................... 8
  3-4 事業戦略 ............................................... 9
4 作業範囲と成果物 ........................................... 10
  4-1 プロジェクトにおける作業範囲 .......................... 10
  4-2 作業に含まれないもの .................................. 11
  4-3 成果物一覧 ............................................ 12
5 スケジュール ............................................... 13
6 体制図 ..................................................... 14
  6-1 制作体制 .............................................. 14
  6-2 運用体制 .............................................. 15
7 要件一覧 ................................................... 16
  7-1 コンテンツ要件 ........................................ 16
  7-2 デザイン要件 .......................................... 17
  7-3 システム要件 .......................................... 18
  7-4 機能要件 .............................................. 19
  7-5 品質要件 .............................................. 20
8 制約条件 ................................................... 21
```

図2 要件定義の2つの段階

発注サイド	受注サイド
提案依頼書（RFP）作成	
提案依頼	
	情報収集
オリエンテーション・ヒアリング	
提案依頼書（RFP）の改訂	
	要件定義（仮定義）
	提案・見積もり作成
提案書提出・プレゼンテーション	
発注先決定	
契約締結	
打ち合わせ等	
	要件定義（再定義）

↓

制作開始

Article Number 010

クライアント企業と事業戦略を理解する

プロジェクトの初期段階で企画・提案に向けて行う調査はクライアントの事業とWebサイトの現状を把握し、課題や解決策をみつけるためものだ。ステップは大きく「クライアントを知る」「Webサイトを知る」「ユーザーを知る」の3段階に分かれる。大きな視点から小さな視点へ移動するのがポイントだ。ここではまずクライアント企業の経営戦略、事業戦略について理解を深めるため、フレームワークを用いて分析する方法を紹介する。

要件定義
調査
戦略
企画
提案
見積もり・契約

Keywords

- **A** 経営戦略
- **B** 戦略フレームワーク
- **C** マクロ環境分析
- **D** 業界構造分析
- **E** 3C分析
- **F** 3つの基本戦略
- **G** ランチェスター戦略

経営理念と経営戦略の関係

クライアント企業を理解しようとするとき、まず見るべきは「経営理念」である。経営理念というと抽象的に過ぎたり、きれいごとのように思えることもあるかもしれないが、企業の芯として貫かれているものだからだ。そして経営理念とそれに基づくビジョンを達成するために**経営戦略**が存在する。

経営戦略とは、ひとことで言えば「企業のビジョン達成のための方針・計画」のことで、さらに複数の事業を展開する場合それらをとりまとめた「全社戦略」と各事業固有の「事業戦略」がある。**戦略フレームワーク**を使えば、これらの関係性を把握し、企業の核となる力であるコア・コンピタンス 用語1 は何なのか、企業ドメイン 用語2 は何なのか、戦略は妥当なのか、分析することができる 図1。古くは孫子の兵法から現代に至るまでたくさんの戦略フレームワークが生み出されているので目的に応じて活用するとよいだろう。

外部環境を分析する「マクロ環境分析」「業界構造分析」

今がどのような時代で、クライアントの属する業界の状況はどうなのかという外部環境分析を行おう。

企業活動に影響を与える外部要因を知るための**マクロ環境分析** 用語3 では、PEST 用語4 というフレームワークを使い、「政治的要因（Political factors）、経済的要因（Economic factors）、社会・文化的要因（Socio-cultural factors）、技術的要因（Technological factors）」という4つの観点から、自社に直接または間接的に影響を与える要因を洗い出すことができる。

業界構造分析では、企業が属する業界の動きや特性をつかむため、「5つの力」という業界構造分析のフレームワークが使われる。「新規参入」「売り手（供給業者）」「買い手」「代替品」「競合」という5つの力関係から分析することで、業界の魅力度や業界における自社の位置付けを検討できる 図2。

用語1 コア・コンピタンス (core competence)
他社に真似できないその企業ならではの核となる能力のこと。G・ハメルとC・K・プラハラードの著書『コア・コンピタンス経営』によって広められた概念。

用語2 企業ドメイン
ドメインは領土や領域の意味。企業ドメインとは「企業の活動の範囲や領域のこと」で、経営理念やコア・コンピタンスによって定義される。

用語3 マクロ環境分析
自社ではコントロールできない、企業活動に影響を与える外部環境要因の分析。

用語4 PEST
経営戦略や事業計画立案、市場調査におけるマクロ環境分析の基本ツール。マクロ環境を網羅的に見ていくためのフレームワーク。

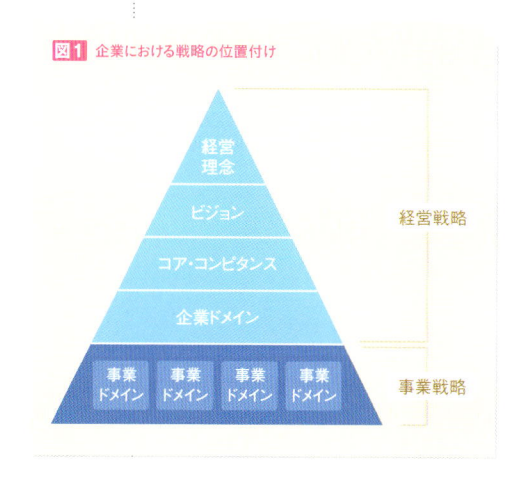

図1 企業における戦略の位置付け

（ピラミッド図：経営理念／ビジョン／コア・コンピタンス／企業ドメイン＝経営戦略、事業ドメイン×4＝事業戦略）

BOOK GUIDE

「競争戦略」を提唱したマイケル・ポーターの代表的著作。10年以上もロングセラーを続けており、ビジネスプロフェッショナルには欠かせない本とされる。戦略論の古典として今日でも多くの経営者や、経営学を学ぶ学生の間で利用されており、MBA取得者が選ぶお薦め経営学書ランキングで第1位を獲得している。

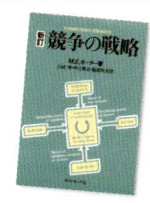

[新訂]競争の戦略
M・E・ポーター（著）、土岐 坤、中辻 萬治、服部 照夫（訳）
A5判／500頁
価格 5,913円（税込）
ISBN9784478371527
ダイヤモンド社

「3C分析」で事業のKSFを導く

マクロ環境、業界と目を近づけていくと、次に自社と顧客、外部環境の接点が見えてくる。その関係性を分析し、KSF 用語5 を導くのが **3C分析** だ。これは経営戦略にもマーケティング戦略にも大きな意味を持つ。「顧客・市場（Customer）」「競合（Competitor）」「自社（Company）」という3つのCの特性を洗い出し、顧客が持つKBF 用語6 をもとに「顧客」と「自社」、または「顧客」と「競合」、「自社」と「競合」の関係を分析することで自社のKSFを導くことができる。こうして事業やプロジェクトのKSFを背景とともに理解することで、KSFと戦略の整合性や顧客に対しより強調すべき点、競合との差別化点などが明確になる 図3 。

事業戦略の類型を知る

戦略の型はさまざまな分け方がある。最も有名なものはマイケル E. ポーターの提唱した **3つの基本戦略** である。事業戦略を「コスト・リーダーシップ戦略」「差別化戦略」「集中戦略」3つに大別し、それぞれ異なるアプローチが必要としている。また、ランチェスターの法則 用語7 をもとにした **ランチェスター戦略** では、業界トップシェアの企業を強者、それ以外を弱者として、「強者の戦略」と「弱者の戦略」それぞれに適した5大戦略が展開されている。こういった類型を知っておくことで、選択すべき戦略やアプローチ方法が変わってくる。

用語5 KSF
KSFとはKey Success Factor、つまり成功要因のこと。KSFは環境や顧客の変化に伴い変わっていくので、常に確認が必要。

用語6 KBF
KBFとはKey Buying Factor、つまり購買要因のこと。顧客が購買を決める際に重視する要素のことである。

用語7 ランチェスターの法則
英国人フレデリック・ランチェスターにより考案された軍事作戦における方程式の一種で、勝つための法則としてマーケティングで使われている。

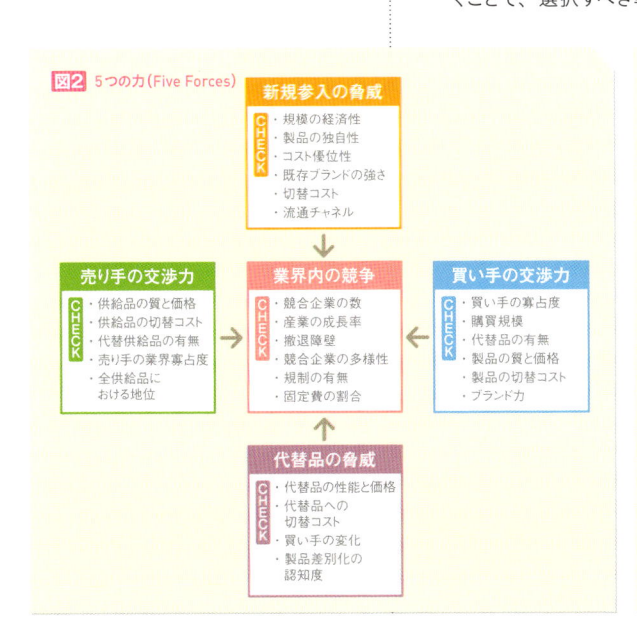

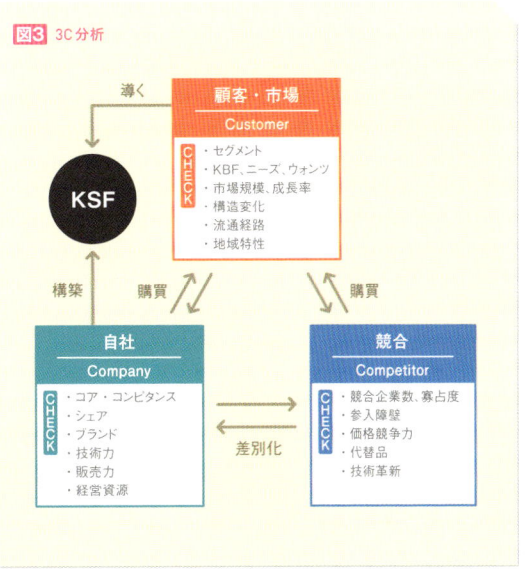

図2 5つの力（Five Forces）

- 新規参入の脅威
  - 規模の経済性
  - 製品の独自性
  - コスト優位性
  - 既存ブランドの強さ
  - 切替コスト
  - 流通チャネル
- 売り手の交渉力
  - 供給品の質と価格
  - 供給品の切替コスト
  - 代替供給品の有無
  - 売り手の業界寡占度
  - 全供給品における地位
- 業界内の競争
  - 競合企業の数
  - 産業の成長率
  - 撤退障壁
  - 競合企業の多様性
  - 規制の有無
  - 固定費の割合
- 買い手の交渉力
  - 買い手の寡占度
  - 購買規模
  - 代替品の有無
  - 製品の質と価格
  - 製品の切替コスト
  - ブランド力
- 代替品の脅威
  - 代替品の性能と価格
  - 代替品への切替コスト
  - 買い手の変化
  - 製品差別化の認知度

図3 3C分析

- 顧客・市場 Customer
  - セグメント
  - KBF、ニーズ、ウォンツ
  - 市場規模、成長率
  - 構造変化
  - 流通経路
  - 地域特性
- 自社 Company
  - コア・コンピタンス
  - シェア
  - ブランド
  - 技術力
  - 販売力
  - 経営資源
- 競合 Competitor
  - 競合企業数、寡占度
  - 参入障壁
  - 価格競争力
  - 代替品
  - 技術革新

KSF ← 導く（顧客・市場）／構築（自社）／購買／差別化

Article Number 011

Webサイト調査（1）—Web解析による流入経路と導線の分析

Webサイトの現状と課題の把握のために、Webサイトがどこで認知され、どのような経路で流入し、どのように利用されているのかという一連の流れを把握する必要がある。この調査には主にWeb解析（アクセスログ解析）が利用される。Web解析についてはのちほど詳しく解説するが 注1 、ここでは特に企画・提案前の現状把握のためのWeb解析で必要な視点、注目すべき点などを解説する。

要件定義
調査
戦略
企画
提案
見積もり・契約

Keywords　A　Web解析　B　流入経路分析　C　導線分析　D　定量調査　E　定性調査

注1
「126 アクセス解析（1）アクセス解析とは」→P.294 から「130 アクセス解析の分析項目とその分類」→P.302 を参照。

Webサイトを巡るユーザーの動き

ユーザーがWebサイトに訪れ、何らかのアクションを行うまでのプロセスはさまざまだ。これを、Webサイトに訪れるまでの「流入経路分析」、訪れてから離脱までの「導線分析（サイト内経路分析）」の2つに分けて調査する。調査・分析には、**Web解析** 用語1 を利用し、その状況が生まれている理由と、問題を解決のための仮説を立てる 図1 。

また、予測や目標との差も確認しよう。差を埋めるためには、また、想定外の状況をいかすには、どのような施策が考えられるだろうか。このような状況の把握と問題発見、仮説検証がマーケティングやコンテンツ設計のひとつの突破口になる。

用語1　Web解析
アクセスログをベースにWebサイトを解析すること。マーケティング上の数値なども組み合わされる。「アクセスログ解析」、「アクセス解析」とも呼ばれる。

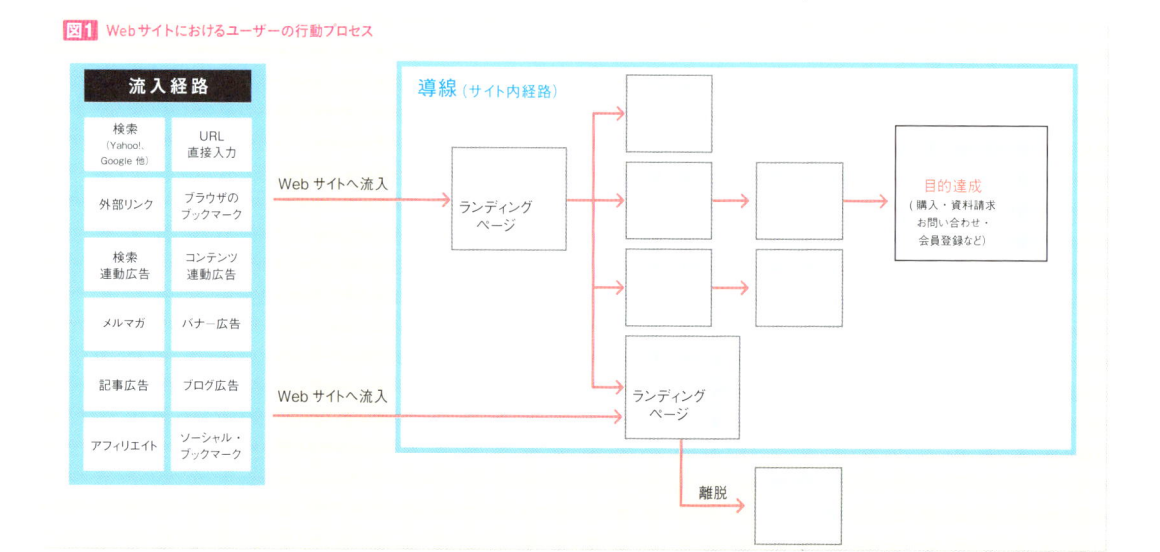

流入経路分析の方法

B　ユーザーの**流入経路分析**とは、どこからのアクセスが多いのかを調べることだ。主

図1　Webサイトにおけるユーザーの行動プロセス

となる流入元は先ほどの 図1 のようなもので、Web解析ツールであるGoogle Analyticsを例に解説すると「トラフィック」カテゴリで調査することができる 図2。「全ての参照元」で流入元を総合的に俯瞰できるほか、「ノーリファラー」でブラウザのブックマークからのアクセスやアドレスバーへのURL直接入力などリファラー情報のつかない流入を、「参照サイト」で外部サイトのリンクからの流入を、「検索エンジン」で各検索エンジンからの流入を詳しく調査できる。

分析のポイントは、流入元が同じでも動機が違うユーザーがいることを理解することだ。たとえば、検索エンジンを経由したユーザーでも、入力したキーワードによってユーザー層が違う。サイト名や固有名詞で検索したユーザーは明確にサイトに用事がある人であるリピーターかもしれないし、一般的な名詞ならば新規ユーザーである可能性が高く、その名詞がニッチなものなら見込み客となる可能性が高い、などの仮説が立てられる。

導線分析（サイト内経路分析）の方法

導線分析のために、すべてのページや動きを確認していては時間がどれだけあっても足りない。コンバージョン 用語2 に向けた導線をいくつか想定し、その導線と実際との差を検証する方法が効果的だ。まずランディングページから確認する。ランディングページとはユーザーが最初に訪れるページのことで、着地ページ、閲覧開始ページとも呼ばれる。ユーザーが最も多くランディングしているページはどこか、それは想定と同じか。そのユーザーたちは無事にコンバージョンしているか、また、結果的にコンバージョン率の高いランディングページはどこか、などを調査する。

次に離脱ページの調査だ。離脱率を調査すれば問題を抱えたページが一目瞭然になる。離脱率が高いページが悪いページとは一概に言えないが、導線途中ではできるだけ離脱されないよう工夫する必要がある。

Google Analyticsでは「コンテンツ」カテゴリで「閲覧開始ページ」を確認できるほか、「目標と目標到達プロセスの設定」をしておくことで、コンバージョンのステップも確認できる。

導線分析の際、注目すべきはページ遷移だけではない。ページ内で「どのリンクがクリックされたのか」という情報も取得できる方法やツールがあるので活用しよう 注2。

定量調査と定性調査

このようなWeb解析はアクセスログなどをベースとした**定量調査**である。定量調査ではユーザーがどのような行動をとったかということはわかるが、その理由まではわからない。Web解析をもとに立てた仮説を検証するには、ユーザーインタビューやフィールド調査などで生の声を聞くとよい。そういった量より質を目的とした調査を**定性調査**という。どちらがより大切というわけではなく、両方行って初めて効果を発揮できる事柄も多い。たとえば、どのページに注力すればよいのかを定量調査で把握し、どのように改善するかを定性調査で調べるといった具合である。定性調査については次ページで解説する。

Article Number 012

Webサイト調査（2）——ユーザビリティとユーザー利用状況の調査

現状Webサイトのユーザビリティやユーザーの利用状況を把握することは、課題発見のために欠かせない。そのためにはユーザーアンケートやユーザーインタビュー、ユーザビリティテストなどの調査が有効だ。「誰」が「どのように」利用しているのか、「使い勝手」はどうか、コンテンツに対する「要望」は何かというような、ユーザーを中心とした調査を行おう。

Keywords
- A ユーザー調査
- B ユーザビリティ調査
- C ユーザーアンケート
- D ヒューリスティック評価

ユーザーを中心とした調査・評価法

ユーザー視点でものごとを評価したり設計したりすることをユーザー中心デザイン（UCD）用語1と呼ぶ。このUCDの考え方に基づいた調査・評価手法は、「ユーザーアンケート」「ユーザーインタビュー」「フィールド調査」などの**ユーザー調査**、「ユーザビリティテスト」注1、「ヒューリスティック評価」注2などの**ユーザビリティ調査**の大きく2つに分けられる図1。

このような調査や評価には、時間的・費用的コストがかかる。企画提案前、つまり契約締結以前にできる調査には限りがあるので、まずは調査を行う目的を明確にし、何をどこまで行うか判断しよう。短期間で効率よく情報を集められるため、この段階では「ユーザーアンケート」と「ヒューリスティック評価」がよく行われる。手法に踊らされず、目的に合わせた調査を行うことがポイントだ。

用語1 ユーザー中心デザイン（User-centered design、UCD）
プロダクトを利用するエンドユーザーの要求、制限、使い勝手などを中心に考えて設計を行うこと、またはその考え方。ユーザー中心設計、ヒューマン中心設計と呼ばれることもある。

注1 ユーザビリティテスト
「137 運用時のユーザビリティテスト」→P.316

注2 ヒューリスティック評価
「038 ユーザビリティを考えた設計を心がけよう」→P.093
「132 エキスパート（ヒューリスティック）評価の着眼ポイント」→P.306

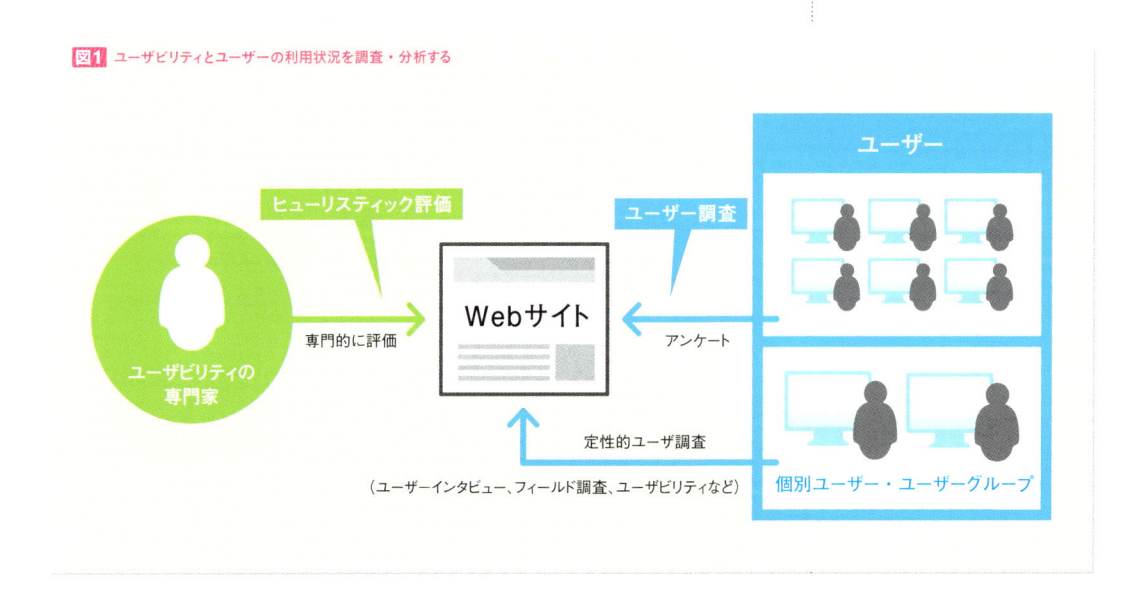

図1 ユーザビリティとユーザーの利用状況を調査・分析する

調査・評価の目的

企画提案に向けた調査の目的は、「Webサイトの現状把握を行うため、ユーザー視点で通してWebサイトの課題と解決策を探ること」であることが多い。具体的には、「ユーザー像の明確化」、「ユーザーの要求の把握」、「ユーザビリティの評価」という分け方ができる。

「ユーザー像の明確化」とは、Webサイトを現在利用しているユーザーの姿をありありと描けるほど詳細に知ることだ。「ユーザー」という記号ではなく、ひとりの「人」として見ることができれば、プロジェクトの方向性にブレがなくなる。想定のユーザー像との差があるならば、それは課題となる。「ユーザーの要求の把握」とは、ユーザーがWebサイトに訪れた目的と、目的達成のために必要なことを把握することで、ユーザーの目的とWebサイトの目的の整合性も評価も重要項目となる。「ユーザビリティの評価」とは使い勝手の評価で、ユーザーがスムーズに目的を達成できたか、どこで躓いたかを評価することだ。

ユーザーアンケートは設問次第

これらを目的とした調査として多く使われているのが「**ユーザーアンケート**」だ。ほかのユーザー調査手法に比べ時間的・費用的コストが低いため、初期の調査として手軽に行うことができる。

多数のユーザーに向けてアンケートを行い、回答を解析する。既に顧客であるユーザーに対して行われる場合と、顧客に限らず広くターゲット層に対して行われる場合がある。後者は新規事業や新規顧客層開拓の際にインターネットリサーチ会社 用語2 を通して行われることが多い。

アンケートは手軽な反面、設問設定によって得られる効果に違いが出る。

「ユーザー像の明確化」のための設問の内容としては、年齢・性別などの基本情報から性格や趣味・嗜好、学歴にいたるまで、さまざまなものが考えられる。「ユーザーの要求の把握」の設問はサイトの種類によって大きく変わるだろう。「ユーザビリティの評価」のためには目的達成までの行動をさまざまな側面から質問するとよい。

ヒューリスティック評価で使いやすさをチェック

ユーザビリティを総合的に診断する方法のひとつとしては、「**ヒューリスティック評価**」が使われる。

ヒューリスティックとは「経験則」という意味で、ユーザビリティの専門家がユーザーインターフェイスのデザイン原則やガイドラインに基づいて調査を行う。評価はひとりで行う場合もあれば、専門分野ごとに分担して行う場合もある。結果が評価者のスキルに左右されるので絶対的な評価方法ではないが、短期間で効率よく調査が可能であり、コストも低く抑えられるのがメリットであるため、この段階での調査としてマッチしている。Web解析で問題と思われたページや、導線に注目して評価を行うことで、さらに短期間・低コストで評価を行える。

用語2 インターネットリサーチ会社
インターネットを介してリサーチやアンケートを代行して行ってくれる企業のこと。ターゲットを詳細にセグメント分けできたり、解析リポートを作成してくれるサービスもある。

Article Number **013**

マーケティングの基礎知識

マーケティングは「販売（セリング）」のためのものだと誤解されがちだが、その役割と機能は販売促進だけでなく企業全体に及ぶ。「どの市場で、誰に、どういった特徴を持つプロダクトを、どのようにして売るのか」という戦略を練るのがマーケティングなのだ。ここではマーケティングの定義とプロセス、そしてSWOT分析やポジショニング・マップ、4P、4Cなどのマーケティングに使える代表的なフレームワークを紹介する。

要件定義
調査
戦略
企画
提案
見積もり・契約

Keywords

- **A** SWOT分析
- **B** ポジショニング・マップ
- **C** マーケティングの4P
- **D** 4C

マーケティングとは何か

「マーケティングとは何か？」という問いにはさまざまな答えがある **注1**。マーケティングというと、広告や短期的なプロモーション計画のことを頭に浮かべる人も多いかもしれないが、本来はもっと広く深い範囲を指す。端的に言えば、戦略が「勝つ仕組みを作ること」だとしたらマーケティングとは「売れる仕組みを作ること」だ。無理に売りつけるのではなく、顧客自ら買いたいと思ってもらえるようにすることがマーケティングの目的なのである。従って、マーケティング施策に対する評価は「どれだけ売れたか」ではなく「どれだけ顧客に満足してもらえたか」、つまり顧客満足度であることを忘れないようにしたい。

マーケティングのプロセス

「売れる仕組み作り」と考えると、マーケティングが経営にも企画にも開発にも販売にも深く関連していることがわかる。マーケティング担当部署は企業の各部署と密接な情報のやりとりを行いながら仕事を進める必要がある。
プロセスとしては、順番が前後することもあるがおおまかに以下のようになる。

(1) 市場と環境を分析し、市場機会を見つける
(2) 顧客をセグメント分けし、適切かつ明確なターゲティングを行う
(3) プロダクトのポジショニングを行い、顧客から見た立ち位置を明確にする
(4) マーケティングの4Pをマーケティング・ミックスし戦略を立てる
(5) 立案した戦略を実施し、検証する

「SWOT分析」で強みを生かせる市場機会を見つける

A **SWOT分析** **図1** は事業の分析によく使われるフレームワークで、意志決定や市場機会の発見に役立つ。内的要因である強み（Strengths）と弱み（Weaknesses）、外的要因である機会（Opportunities）と脅威（Threats）、この4項目について洗い出し、そこから強みを生かす方法、弱みを克服する方法、機会を利用する方法、脅威を取り除く方法を考える。このフレームワークは強力でわかりやすいためよく使われるが、主観的に過ぎることがあったり、項目ごとに内容の重要性にばらつき

注1 マーケティングとは？
経営学者で現代マーケティングの第一人者であるフィリップ・コトラーは「マーケティングとは、製品と価値を生み出して他者と交換することによって、個人や団体が必要なものや欲しいものを手に入れるために利用する社会上・経営上のプロセス」と定義した。
また、現代経営学の父と呼ばれるピーター・ドラッカーは「マーケティングの目的は、販売を不必要にすることだ。マーケティングの目的は、顧客について十分に理解し、顧客に合った製品やサービスが自然に売れるようにすることなのだ」と言っている。

図1 SWOT分析

	内的要因	
	強み (Strengths)	弱み (Weaknesses)
	機会 (Opportunities)	脅威 (Threats)
	外的要因	

Book Guide

コトラーのマーケティング書のなかでも最も初心者向けの入門書。マーケティングについての基本知識から各種フレームワークまで、事例とともに紹介されている。

コトラーのマーケティング入門
フィリップ コトラー 、ゲイリー アームストロング（著）、恩藏 直人（監修）、月谷 真紀（訳）
B5変型判／685頁
価格7,980円（税込）
ISBN9784894716278
ピアソン・エデュケーション

が出たりしやすい。各項目の内容を客観的に出していくには、フレームワークを用いて考えるとよい。外部環境分析のPESTや自社と外部の関係性がわかる**5つの力**[注2]、事業をプロセスに分けて考えるバリュー・チェーン[用語1]、そして後述するマーケティングの4Pが役に立つだろう。

「ポジショニング・マップ」で立ち位置を明確にする

ポジショニング・マップは、顧客視点でプロダクト（または企業）の価値やイメージを明確にポジショニングするために使われる。十字に評価軸を伸ばし、自社プロダクトと競合プロダクトを配置していく。どのような評価軸にするかでポジションが変わる。「ターゲット顧客が重視しているものは何か」という顧客視点で軸を選ぶことが大切だ。いくつもマップを作りながら、最もポジショニングが明確になる評価軸を探そう**図2**。

ポジショニング・マップは競合との比較だけでなく、自社内でのプロダクトをポジショニングして自社競合を避けたり、特徴を明確にするのにも有効だ。

「マーケティングの4P」からマーケティング戦略を立てる

マーケティングの4Pとは、1961年にマーケティング学者の**ジェローム・マッカーシー**[注3]が提唱したもので、マーケティングに必要な要素を「製品（Product）」「価格（Price）」「流通（Place）」「プロモーション（Promotion）」の4つに分類したものだ。これらを効果的に組み合わせることを「マーケティング・ミックス」と呼ぶ。近年では、これを顧客視点でとらえ直した「**4C**」がロバート・ラウターボーン[注4]によって提唱された。4Cとは「顧客価値（Customer value）」「顧客コスト（Customer cost）」「利便性（Convenience）」「コミュニケーション（Communication）」の4つである**図3**。マーケティングは常に顧客指向であるべきで、4Cから戦略を練ったほうが顧客視点を忘れずにいられるという利点がある。

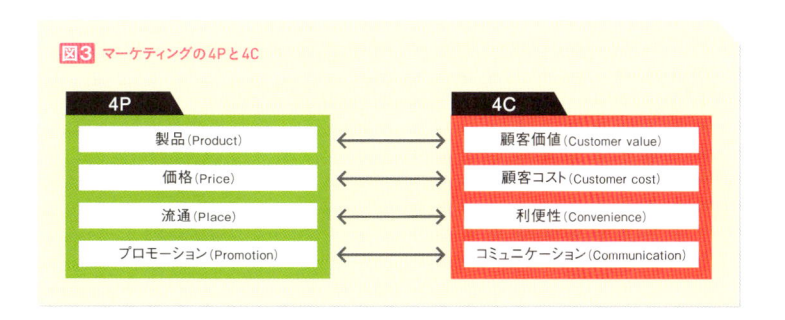

[注2] **5つの力**
「010 クライアント企業と事業戦略を理解する」
→P.030

[用語1] **バリュー・チェーン (Value Chain)**
日本語では「価値連鎖」。企業の内部環境を分析するためのフレームワーク。事業には主活動（購買物流、製造、出荷物流、マーケティングと販売、サービス）と支援活動（全体管理、人的資源管理、技術開発、調達）があり、各プロセスでそれぞれ価値とコストを付加しながら連鎖しているといった考え方。

図2 コーヒーショップのポジショニング例

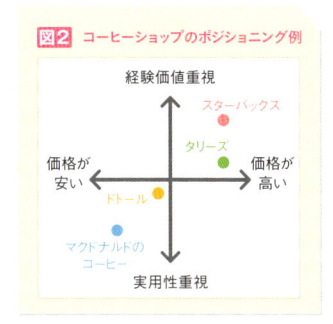

[注3] **ジェローム・マッカーシー**
Jerome McCarthy。米国のマーケティング学者。4Pの提唱者。1961年に、マーケティングミックスの代表格である「4P」を提唱。その後50年近く経った今でも、マーケティングミックスのフレームワークとして定着している。

[注4] **ロバート・ラウターボーン**
Robert F.Lauterborn。米国の広告学者。4Cの提唱者。1980年代、マーケティングミックスの新たな発想である「4C」を提唱した学者。4Cは今までのマーケティングの概念を大きく転換した。

図3 マーケティングの4Pと4C

4P	4C
製品 (Product)	顧客価値 (Customer value)
価格 (Price)	顧客コスト (Customer cost)
流通 (Place)	利便性 (Convenience)
プロモーション (Promotion)	コミュニケーション (Communication)

Article Number **014**

プロダクトの価値を伝える
コミュニケーション戦略

ただプロダクトを作るだけでは誰も使ってくれない。Webサイトを訪問してくれないし、もちろん購入も資料請求も会員登録もしないだろう。価値が伝わっていないからだ。製品やサービスの価値を顧客に伝えるための戦略を「コミュニケーション戦略」という。コミュニケーションを手段で分け、顧客のいるステージに応じて組み合わせながら戦略を立てよう。

要件定義
調査
戦略
企画
提案
見積もり・契約

Keywords

A コミュニケーション戦略　**B** マーケティング・コミュニケーション戦略　**C** コミュニケーションミックス　**D** 4マス

コミュニケーション戦略の必要性

コミュニケーションという言葉はやや抽象的で、誰と誰の間でのコミュニケーションなのかという観点次第で意味するところが大きく変わる。事業戦略やマーケティングにおいてコミュニケーション戦略という言葉が使われた場合、「企業」と「顧客」間のコミュニケーションと考えよう。**A**「**コミュニケーション戦略**」**用語1**とは、企業が顧客にプロダクトの価値をより明確に、効果的に、効率的に伝えるための戦略のことで、**B マーケティング・コミュニケーション戦略**と呼ばれることもある。

店頭に並べるだけでモノが売れた時代もあったかもしれないが、現代においてはモノがあふれ、ユーザーの嗜好は多様化している。そんな中、コミュニケーション戦略の必要性は年々高まっていると言える。

用語1 コミュニケーション戦略 (Communication Strategy)
コミュニケーション戦略の立案には以下の4つのプロセスがある。1)コミュニケーション目標の設定　2)コミュニケーションミックスの決定　3)具体的な方法論の決定　4)実践とモニタリング・評価・フィードバック。

図1 5つのコミュニケーション手段

チャネル	内容	目的	主な媒体・手段	コミュニケーション方向
広告	媒体に費用を払って情報を掲載する	・プロダクトまたは企業の認知向上 ・潜在ニーズの顕在化	テレビ、ラジオ、新聞、雑誌、交通広告、屋外広告、Webサイト、メールマガジン	一方向
販売促進	インセンティブをユーザーに与える	・短期的・直接的な購買意識向上 ・プロダクトまたは企業の認知向上 ・潜在ニーズの顕在化	値引き、サンプル、クーポン、コンテスト、ノベルティ	一方向
人的販売	プロダクトを販売する	・見込み客の顧客化 ・顧客単価アップ ・購買頻度増加 ・リピーター増加	店舗、顧客訪問、説明会、電話、カタログ、Webサイト	双方向
パブリシティ	プロダクトに関するニュースを、媒体が掲載する。費用負担はなく公平に行われる	・プロダクトまたは企業の認知向上 ・潜在ニーズの顕在化	テレビ、ラジオ、新聞、雑誌、インターネットのニュース記事	一方向
クチコミ	ユーザーが自分の言葉でプロダクトを説明する。クチコミは1対1（または少数）であることがほとんどだったが、インターネットによって1対多のクチコミも増加した	・短期的・直接的な購買意識向上 ・プロダクトまたは企業の認知向上 ・潜在ニーズの顕在化	口頭、電話、Webサイト、メール、メッセンジャー	双方向

BOOK GUIDE

① ハーバード・ビジネススクールの機関誌、Harvard Business Review の名著論文集。リスニング能力の開発、会議の生産性向上、最前線社員へのコミュニケーションなど、組織のさまざまな場面で必要とされるコミュニケーションのスキルについて論じたもの。実践的であることとアカデミックであることのバランスがとれていて、いずれもハイクオリティであるという点で必読の一冊。

コミュニケーション戦略スキル
ハーバード・ビジネス・レビュー・ブックス
DIAMONDハーバード・ビジネス・レビュー編集部（訳）
B5判／260頁
価格2,310円（税込）
ISBN9784478770115
ダイヤモンド社

コミュニケーション手段は大きく5つ

コミュニケーション戦略において、コミュニケーションの手段は大きく5つに分かれる。「広告」「販売促進（プロモーション）」「販売」「パブリシティ」「クチコミ」である。図1のように、それぞれ特徴や使用する媒体に違いがある。顧客の状態に応じたメッセージを考え、最適なコミュニケーション手段で伝えられるようにしたい。メッセージも手段も最適なものを組み合わせ、**コミュニケーションミックス**する必要がある。媒体自体にも特徴がある。**4マス**と呼ばれる「テレビ」、「新聞」、「雑誌」、「ラジオ」、それに加えて「インターネット」が主要メディアと言える 図2 。各種メディアを組み合わせて利用することを「メディア・ミックス」用語2 と呼ぶ。

コミュニケーション戦略の立案プロセス

コミュニケーション戦略の立案もほかの戦略立案と同じで、目的を明確化・具体化にすることから始まる。5W2H 用語3 を使うとわかりやすい。「Who」で顧客とその状態を、「When」で時期や期間を、「Where」で媒体を、「What」でメッセージを、「How」で手法を、「Why」で目的と目標値を、「How much」で予算を、というように考えていくことで目的と方法が見えてくる。

そこから詳細なコミュニケーション内容を考え、実施、効果検証、そして検証結果をフィードバックし戦略をさらに改善していくというのがプロセスの流れだ。

Webサイトはこのようなコミュニケーション戦略の一部である。どのような戦略をとるかでWebサイトの役割も変わる。Webサイトにおいて、いつ何をどのようにユーザーへ伝えるべきなのかがこうしたコミュニケーション戦略から見えてくるのである。

用語2　メディア・ミックス（media mix）
広告業界の用語で商品を宣伝する際に異種のメディアを組み合わせることによってそれぞれの弱点を補う手法のこと。娯楽作品を複数の手法や二次的利用によって制作することで、宣伝・販促的な効果を狙うことも指す。

用語3　5W2H
「Who」、「When」、「Where」、「What」、「Why」、「How」、「How much」の頭文字。これに基づいて考えることで、状況を整理したり、考えを深めたり、漏れをなくしたりできるフレームワーク。「How much」を抜いた5W1Hや、「How many」を加えた5W3Hもある。

図2 主要メディアの特徴

メディア	長所	短所
テレビ	マスメディアの代表的存在。映像と音で五感に訴える広告が可能。ユーザー、地域のカバー範囲が広い	コストが非常に高い。短命。見たいときに見直すことができない。ターゲティングが難しい。効果測定が難しい
新聞	全国または地域全体に広くリーチできる。信頼性が高い	コストが高い。短命。広告閲覧者が少ない。効果測定が難しい
雑誌	地域や嗜好、属性などで比較的詳細にターゲティングできる。広告の質が高い。比較的長く閲覧される	企画から実施までが長い。ターゲティング範囲が狭いため幅広い層には訴求できず、リーチに対するコストが高い。効果測定が難しい
ラジオ	地域選択可能。低コストでメディア・ミックスしやすい	短命。聴覚のみ。ターゲティングが難しい。効果測定が難しい
インターネット	詳細なターゲティングが可能。低コスト。効果測定が容易。企画から実施までが短い。長期的な広告が可能。双方向性がある	属性に偏りがある。短期間に多くの人にリーチできない

Article Number 015

インターネットにおける
マーケティング手法

マーケティングにインターネットを活用するには、その特性や技術・サービスなどを知る必要がある。Webマーケティングの広告手法、プロモーション手法は多種多様であり、さらに日夜、新しく生まれ続けているからだ。常にアンテナを高く持ち情報収集を怠らないようにしたい。また、施策を考えるうえでは、ユーザーの購買行動の心理プロセスにそってコミュニケーションの目標と施策を考えることがポイントとなる。

要件定義
調査
戦略
企画
提案
見積もり・契約

Keywords
- A　Webマーケティング
- B　AIDMA
- C　AIDA
- D　AISAS
- E　AISCEAS
- F　インターネット広告

Webマーケティングのメリット

コミュニケーション戦略においてインターネットは新しいメディアではあるが、「ほかのメディアよりもコストが低くおさえられる」「費用対効果が数字で見えやすい」「ターゲットが絞りやすい」「顧客と双方向のコミュニケーションが可能」「今までリーチできなかった層にリーチできる」などたくさんのメリットがある。また、インターネットでは常に新しい技術やアイデア、サービスが生まれており、**Webマーケティング**の手法は日々増え続けている。2006年前後に「Web2.0」**用語1**という言葉が注目を浴びてからは、特に、インターネットでユーザーの声を集めたり、ユーザーと会話をしたり、コンテンツを一緒に作ったりといった双方向のコミュニケーションを行

用語1 Web2.0
オライリーメディアの創立者であるティム・オライリーによって広められた言葉。情報の送り手と受け手が流動化し、誰もが情報発信できる状態に進化したWebのことを指す。

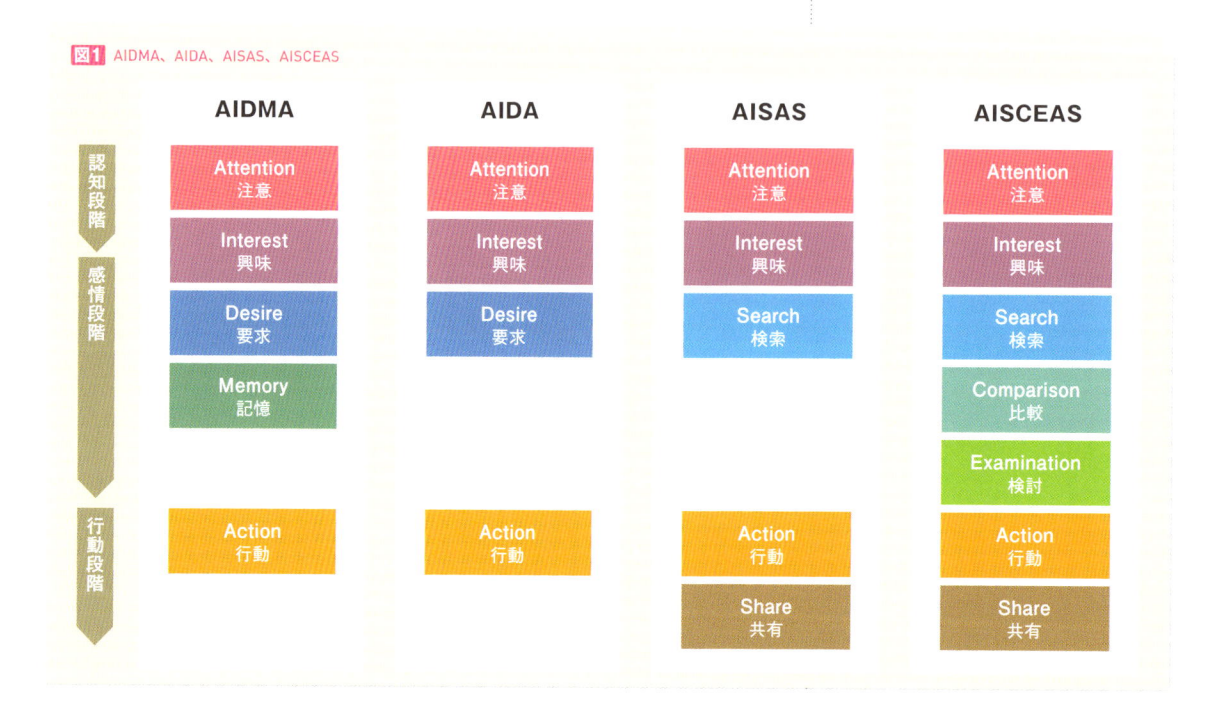

図1 AIDMA、AIDA、AISAS、AISCEAS

段階	AIDMA	AIDA	AISAS	AISCEAS
認知段階	Attention 注意	Attention 注意	Attention 注意	Attention 注意
感情段階	Interest 興味	Interest 興味	Interest 興味	Interest 興味
	Desire 要求	Desire 要求	Search 検索	Search 検索
	Memory 記憶			Comparison 比較
				Examination 検討
行動段階	Action 行動	Action 行動	Action 行動	Action 行動
			Share 共有	Share 共有

う形のマーケティング戦略も増加している。

逆にデメリットとしては「一度に多くのユーザーにリーチできない」、「ユーザー層に偏りがある」などがあげられる。インターネットにできることは多いが万能ではないことを理解して、適切な目的で利用することが必要だ。

ネットにおけるユーザーの心理プロセス

ユーザーがWebサイトで何らかのアクションを起こすまで、どんな心理プロセスを経るかを示した法則がある。

消費者の心理段階をあらわした法則として、「**AIDMA**」または「**AIDA**」**用語2**が有名だが、近年、Webマーケティングにおいては、ネット特有の購買行動の心理段階を示した「**AISAS**」や「**AISCEAS**」**用語3**が使われることが多い **図1** **注1**。

このようなプロセスのどの段階にいるかによって、ユーザーの求めるものは変わるし、マーケティングの手法も変わる。「Attention」の段階にいるユーザーにはいかに認知してもらうか、「Interest」段階にいるユーザーにはより興味を持ってもらうにはどうするか、「Search」段階ならどのようなキーワードを覚え検索してもらうか、「Action」段階なら購買などの行動を起こすための最後の一押しや心理障壁を取り除く方法は何か、「Share」段階ではクチコミをしてもらうための道具立ては何か、というようにユーザーの状態に沿ったマーケティングの目的や方法を考えるのである。

AISAS、AISCEASなどの法則をそのまま使ってもよいが、プロジェクトに即してカスタマイズして使うとなお現実に即したフレームワークとなるだろう。

インターネットならではの手法

Webマーケティングの中でも、**インターネット広告** **図2** は表示フォーマットやターゲティング方法、課金方法が多様だ**注2**。インターネットの特性を生かした広告で代表的なものに「検索連動広告」がある。この広告は、検索サイトで特定キーワードでの検索結果ページに広告を出せる仕組みで、キーワードの選定しだいで高い効果が期待できること、低コストで始められることがメリットだ。また、バナー広告やテキスト広告は、数年前まではページごとにただ表示されるだけだったが、今では、訪れるユーザーのコンテクスト（閲覧履歴や購買履歴など）によってそのユーザーに即した広告が表示される「行動ターゲティング」という仕組みが普及してきている。これも従来の4マス広告では考えられないインターネットならではのものだ。ほかにも、動画広告やリッチメディア広告、アフィリエイト、メール広告などさまざまな広告手法がある。

プロモーションにおいては、スペシャルサイトやSNS、ブログ、ブログパーツなどが制作される。SNSではユーザーの囲い込みに有効、ブログはユーザーのファン化やリピーターの増加に有効とされる。

用語2 AIDA
消費者が消費を行うまでのプロセス（心理的過程）として最初にモデル化された考え方でこの発展にAIDMAなどがある。

用語3 AISCEAS
アンヴィコミュニケーションズという会社が提唱したAISASをもっと細かく区分けした概念でAttention（注意）、Interest（関心）、Search（検索）、Comparison（比較）、Examination（検討）、Action（購入）、Share（共有）の頭文字を取ったもの。

注1 AIDMAからAISASへ
AIDMAでは認知の各段階を経る必要があったが、AISASでは認知から行動して購入するという過程が省略され、瞬間的で直接的な消費行動をとることが多くなる。ネットが普及するにつれ、AISASなどの理論が広く使われるようになった。

注2 課金方法の変化
課金方法についてもネットの要求にしたがって、表示課金からクリック課金、クリック課金から成果報酬型（CPA）へという流れに変化している。これはネットの消費行動が直接的消費に結びついていることが大きな理由であろう。

図2 インターネット広告の種類

広告フォーマットによる分類
- バナー広告
- テキスト広告
- 動画広告
- リッチメディア広告
- 企画・タイアップ記事広告
- アフィリエイト広告
- メール広告
- Feed広告

ターゲティングによる分類
- 検索連動広告
- コンテンツ連動広告
- 属性別広告
- 地域別広告
- 行動ターゲティング広告

課金形態による分類
- 期間課金型広告
- インプレッション課金型広告
- クリック課金型広告
- 配信件数課金型広告
- 成果報酬課金型広告

Article Number 016

セグメンテーションと
ターゲットユーザーの選定

ターゲットユーザーの選定は、事業やプロジェクトの成功の決め手となる重要なものだ。自社の強み（KSF）とユーザーの望み（KBF）が合致している必要があるし、ユーザーの総数（市場規模）がある程度なければ売り上げがあがらない。ユーザー数の今後の見込み（市場成長率）がマイナスならば事業としてはすぐに立ち行かなくなるだろう。もちろん競合状況も大切だ。丁寧なセグメンテーションとターゲティングが必要なのである。

Keywords　**A** セグメンテーション　**B** ターゲティング

ターゲティングの必要性

デザインプロセスではユーザーが一番重要というのはよく言われていることだが、マーケティングにおいても同様で、最も注目すべきはクライアントの意向でもプロダクトでもなく、ユーザーである。ユーザーは市場と言い換えることもできる。適切なユーザーに適切なメッセージを伝えることがマーケティングの成功のポイントとなる。そのためには、ユーザーのセグメンテーションとターゲティング **用語1** を行い、事業としてまたはプロジェクトとして、どのユーザー、どの市場をターゲットとするか狙いを定めなければならない。

もしターゲティングを行わなかったらどうなるだろうか。万人向けのプロダクト、万人向けの広告……万人のニーズを満たすためには非常に多くの種類のプロダクトを作るか、個性をできる限り消す必要がある。しかし、企業のリソースは有限であるし、価値感が多様化・個性化している今日のユーザーは無難なものでは興味を持てず素通りしてしまうだろう。

ユーザーのセグメンテーション

A ターゲットユーザーを決めるには、まずは**セグメンテーション**を行う必要がある。セグメンテーションとは、区分けや分割という意味で、ユーザーを細かいセグメント（区分）に分けることだ。どのような分け方をするかはさまざまだが、切り口は大きく分けて「行動や状況（既存顧客・見込み客・購買状況など）」、「個人の属性（年齢・性別など）」、「地域」、「嗜好（好みや性格など心理的側面）」などが考えられ、組み合わせて利用される。属性や地域は切り分けが容易な反面、ユーザーの多様性に追いつくことが難しく、現在では行動特性や嗜好が注目されている。セグメンテーションにはグリッド図やツリー図が用いられる **図1**。特にツリーの場合は、ユーザーが重視している事項からツリーを始めると実用的なセグメンテーションになる。ユーザーのKBF **注1** から考えるとよいだろう。

ターゲット選定の方法

セグメンテーションを行っているうちに、どんどん自社や競合他社のターゲットが明

用語1 ターゲティング
企業活動において事業および製品が対象にするターゲット市場を選ぶことをターゲティングという。誰のための製品かが（ターゲット）定まらなければ、マーケティング戦略も商品設計も成立しない。

注1 KBF
「010 クライアント企業と事業戦略を理解する」
→ P.031

BOOK GUIDE

① コンピュータは、むずかしすぎて使えない！

ソフト業界のすべてを知り尽くしたカリスマエンジニア、アラン・クーパーがコンピュータ業界や、周辺のデジタル業界を覆うあまりにもバカバカしい「勘違い」を明らかにし、ユーザーには安心と希望を、業界人には怒りと「ほんとうに使いやすいソフトウエア」を作る秘訣を与える衝撃の一冊。

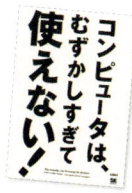

アラン・クーパー（著）、山形 浩生（訳）
B5変型判／504頁
価格2,310円（税込）
ISBN9784881358269
翔泳社

らかになっていくはずだ。そのターゲットユーザーが本当に外部環境・内部環境に整合しているのかをチェックする必要がある。たとえプロダクトとぴったりのユーザーを見つけることができたとしても、市場成長率がマイナスであればあっという間にユーザーはいなくなってしまうからだ <注2>。このようにセグメントから真のユーザーを見極めることを**ターゲティング**という。

「**SWOT分析**」<注3>での自社の強み・弱みや外部環境である機会・脅威との整合性を確認したり、「**5つの力**」<注4>フレームワークから「新規参入」「売り手（供給業者）」「買い手」「代替品」「競合」の5つの視点でユーザーおよび市場を確認するとよいだろう。

ターゲットをより具体化する

従来、マーケティングで行うターゲット選定は上記のような「ターゲット層」までであったが、昨今はそこからさらにユーザー調査を行い具体的な仮想ユーザー像（**ペルソナ** <用語3>）を作りあげ、認知から購買後、または再購入やリピーター化までの行動シナリオを作成する「**ペルソナ・シナリオ法**」<注5>も普及してきている。

ターゲティングは行えばよいというものではなく、ターゲット像をプロジェクト全体で共有しなければならない。広告における対象ユーザーと制作における対象ユーザーが分離してしまうなどの問題も起こりがちだ。ペルソナを利用することで、ターゲット像が明確かつ覚えやすくなることも大きなメリットのひとつである。

注2　PPMから市場を考える
PPM（プロダクト・ポートフォリオ・マネジメント）のフレームワークで、市場成長率とマーケットシェアで事業を「花形（Star）」、「金のなる木（Cash Cow）」、「問題児（Question Mark）」、「負け犬（Dog）」の4つに分類できる。

注3　SWOT分析
「013 マーケティングの基礎知識」→P.036

注4　5つの力
「010 クライアント企業と事業戦略を理解する」→P.030

用語3　ペルソナ
ユング派の心理学用語。人が他者と接するときに用いる表層的な人格のこと。どんな顧客がどう利用するのか想像力を喚起するための架空の顧客像を指していたが、アラン・クーパーが複数の顧客でなく個人を想定することを説いた。

注5　ペルソナ・シナリオ法
「037 ペルソナとユーザーシナリオ」→P.090

図1　「新築マンション販売」のセグメンテーション例

グリッド図

	1人用	1〜2人用	3〜4人用	2世帯
1,000万円台	A社			
2,000万円台	B社	A社 / B社	B社	
3,000万円から4,000万円台	自社	B社	B社 / C社	C社
5,000万円から7,000万円台	自社	D社 / E社	D社	C社
8,000万円以上		E社	D社 / E社	D社 / E社

ツリー図

顧客
- ハイグレード
  - 駅近
    - 一人暮らし
    - 夫婦
    - 家族
  - 環境重視
    - 一人暮らし
    - 夫婦
    - 家族 ←ターゲット
- 通常グレード
  - 駅近
    - 一人暮らし
    - 夫婦
    - 家族
  - 環境重視
    - 一人暮らし
    - 夫婦
    - 家族

Article Number **017**

Webサイトのゴール設定と評価

要件定義
調査
戦略
企画
提案
見積もり・契約

事業にはゴールがあるはずだ。指標がなければどこをどんなペースで走ればよいのかがわからないし、成功したか否かもあいまいになってしまう。事業の一環であるWebサイトにもその役割に応じたゴールが必要なのだが、明文化・数値化されていないことも多い。バランス・スコアカードとKPIを利用することでゴールの設定と評価を行うことができる。

Keywords　A バランス・スコアカード　B KPI　C PDCA

Webサイトの成功を何で測るか

たとえばECサイト **用語1** の場合、Webサイトの目的は「販売」だ。ではゴールは何だろうか。年間の売上金額やコストダウン額、というような財務上の目標を設定するのは比較的簡単かもしれない。短期的にはそれだけでもよいかもしれないが、長期的に見るとほかの視点も持たなければ戦略の正否を総合的に評価できない。そのための手法が「**バランス・スコアカード**」図1 **用語2** である。

バランス・スコアカードは、「財務」、「顧客」、「業務プロセス」、「学習と成長」の4つの視点を持っているのが特徴だ。各視点ごとにKPI（業績評価指標）や数値目標、施策を書き出し、それに対して評価とフィードバックを行い、戦略を改善するという流れで行われる。

「財務の視点」では、財務的に成功するための指標を、「顧客の視点」では顧客に対する行動の指標を、「業務プロセスの視点」では優れた業務プロセスを構築するための指標を、「学習と成長の視点」では組織や個人の能力向上のための指標を設定する。事業のビジョンをベースにした指標にすべきであることは言うまでもない。そしてそれぞれの指標に対する数値目標と施策を記入しよう。

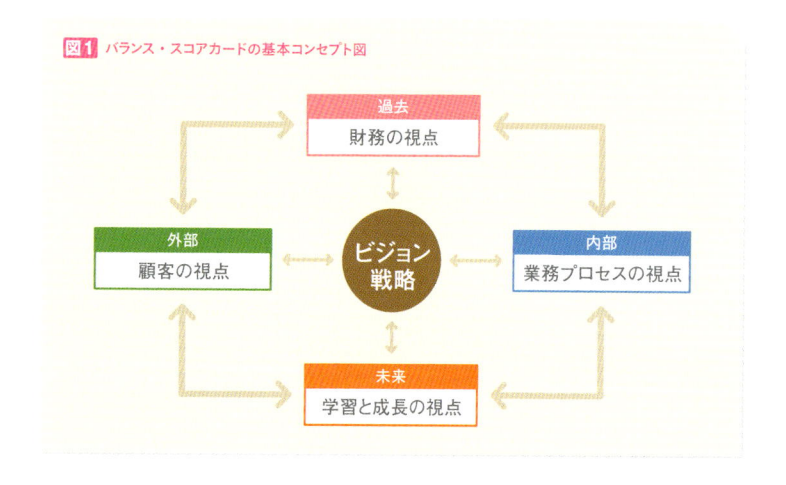

用語1 ECサイト
インターネット上で商品やサービスの販売を行うWebサイトのこと。ECとは、Electronic Commerce（電子商取引）の略。

用語2 バランス・スコアカード
1992年ロバート・S・キャプラン教授とデビット・P・ノートン氏により「ハーバード・ビジネス・レビュー」誌上に発表された業績評価システム。企業や組織のビジョンと戦略を、4つの視点から戦略の立案と実行を支援する。また、経営戦略立案・実行評価のフレームワーク。

図1 バランス・スコアカードの基本コンセプト図

過去　財務の視点
外部　顧客の視点
ビジョン　戦略
内部　業務プロセスの視点
未来　学習と成長の視点

BOOK GUIDE

① バランスト・スコアカード（BSC）は、戦略分野で欠かせない経営ツールとして定着しているが、それを世の中に知らしめたのがキャプラン＆ノートンである。戦略を個別の仕事に落とし込み、呼吸のごとく当たり前の機能とする方法論。世界的な大家キャプラン＆ノートンによるBSC（バランスト・スコアカード）理論の総仕上げとなる書物。

バランスト・スコアカードによる戦略実行のプレミアム
競争優位のための戦略と
業務活動とのリンケージ
ロバート S. キャプラン、デビッド P. ノートン（著）、櫻井 通晴、伊藤 和憲（監訳）
A5判／408頁
価格3,990円（税込）
ISBN9784492556399
東洋経済新報社

KPI（業績評価指標）を設定する

評価指標は、バランス・スコアカードの視点ごとに、5から10ほど持つとよいとされている。戦略上、重要な視点ほど指標数が増える。その業績評価指標のことを「**KPI**（Key Performance Indicator）」と呼ぶ 注1 。 ◀ B

KPIは業界や設定目標によってさまざまだが、設定にあたり確認すべき点として「**SMART**」用語3 があげられる。Specific（明確性）、Measurable（計量性）、Achievable（達成可能性）、Result-oriented or Relevant（結果指向または関連性）、Time-bound（期限）の5点である。数値化しにくいものはKPIとして設定しにくいが、重要だと思われる指標を計量が難しいからといって避けないよう注意しよう。また、設定したKPIが事業のビジョンと整合性があるかも確認しよう。

改善のPDCAサイクルをまわす

バランス・スコアカードを作りKPIを設定するだけで、戦略がうまくいくようになるわけではない。評価とそのフィードバックが行われていないからだ。指標を役立たせるためには「**PDCA**」用語4 と呼ばれるサイクルに組み込むことが重要だ。Plan（計画）、Do（実施）、Check（確認）、Action（改善）のサイクルに乗せることで評価のみならず改善までの流れができる 図2 。バランス・スコアカード設計（Plan）、戦略実行（Do）、検証・評価（Check）、戦略改善・是正（Action）というサイクルである。重要なのは「Action」のあとでまた「Plan」に戻り、戦略をアップデートしていくことだ。 ◀ C

PDCAは継続的な「改善」を行うためのもので、業務改善や品質改善だけでなく、個人的な目標達成のためにも利用できる汎用的なサイクルである。

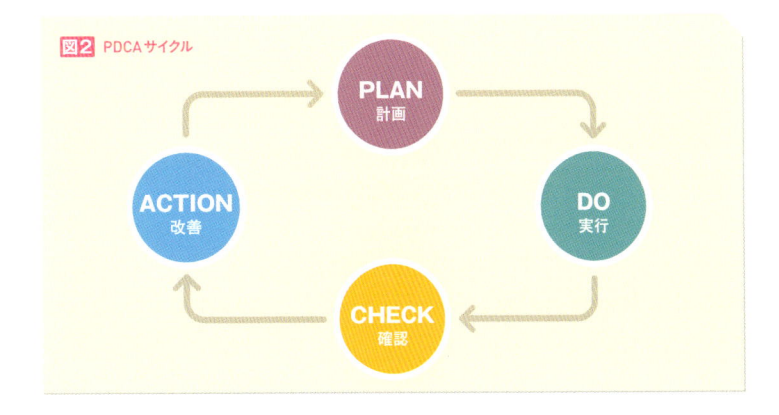

注1 評価指標の数
多くの評価指標を持つことが混乱につながるような小規模または短期間のプロジェクトの場合は、重要な指標を3つだけ決めて実施してみるのも有効だ。

用語3 SMARTの法則
目標設定＆達成の有名なフレームワークとして、経営コンサルタントで講演家のブライアン・トレーシーが提唱した。

用語4 PDCAサイクル
第二次世界大戦後に、品質管理を構築したウォルター・シューハート、エドワーズ・デミングらによって提唱された品質管理、業務管理の改善するための評価サイクル。このため、シューハート・サイクルまたはデミング・サイクルとも呼ばれる。
「125 Webマーケティングを検証するためのポイント」→P.292

図2 PDCAサイクル

PLAN 計画 → DO 実行 → CHECK 確認 → ACTION 改善 →（PLANへ戻る）

Article Number **018**

会議の進行と種類

要件定義
調査
戦略
企画
提案
見積もり・契約

プロジェクトの過程ではいくつもの会議が行われるが、一定の作法を身につけておくことでスムーズな実りある会議が実現できる。会議を分類すると、定例や報告会などの「情報共有型会議」、議論を行う「問題発見・解決型会議」、アイデア出しの「ブレインストーミング型会議」の3つに分かれる。共通して必要なものが、議題、進行役、議事録である。それぞれの役割や注意点を紹介する。

Keywords
- **A** アジェンダ
- **B** モデレーター
- **C** ファシリテーター
- **D** 議事録

会議前に目的・議題・時間割を作る

A 会議の議題は「**アジェンダ**」用語1と呼ばれる。アジェンダには会議の目的と議題、時間割などが記され、事前に配布されたり、ホワイトボードに書かれる。アジェンダの役割は、予定の時間で予定の会議をすべて終了させることだ。会議は長くなりがちなものだが、その会議で話すべきことの全体像と時間割がはじめにわかっていれば、コントロールしやすい。話が脱線してしまったときに、「あと3つ議題がありますね。そろそろ次の議題に移りましょう」と遮りやすくなる。また、アジェンダを作成する過程で、何を決定すべきか、報告すべきかという会議の目的が明確になるのもポイントだ。

「アジェンダ」という言葉に慣れていないクライアントとの会議の場合など、無理に英語やカタカナで言う必要はなく、「議題」や「進行表」という呼び方をしよう。

進行役がやるべきこと・注意すべきこと

会議の進行役は重要な役割だ。進行次第で、より良い解決策やアイデアが導かれたり、参加者の意識が高まったり、時間より早く終了できたりする。進行役は「**モ**
B **デレーター**」（司会）と呼ばれることもあるが、最近ではもっと進んだ役割を担う「**ファ**
C **シリテーター**」が必要とされることが多い。ファシリテーターは司会や進行も行うが、本質は「促進者」の意で、参加者の発言を促したり、話の流れを整理したりと、会議の成功のために働くという役割を持つ。言葉だけではなく、会議内容に合わせて席の配置や会議形式を工夫したり、発言や議論を活発にするためにKJ法 用語2やアイスブレーク 用語3を活用したりとテクニックを駆使しながら、会議を促進する。

ファシリテーターには、問題を整理し構造化するためのロジカル・シンキング 用語4をはじめ、場作りの知識や質問する力、聴く力、コミュニケーションスキルなどが要求される。これらは一朝一夕に身につくものではないが、ビジネスパーソンとして重要なスキルなので学習しておきたい。

用語1 アジェンダ
会議における検討課題、議題、議事日程、スケジュール、行動計画、日程表を指す。

用語2 KJ法
文化人類学者である川喜田二郎氏が考案したデータをまとめる手法。細分化したデータをカードや付箋紙などに1枚につきひとつ記入し、カードをグループ化し、まとめていく。
「019 アイデアを生み出す発想法」→ P.048

用語3 アイスブレーク
会議やセミナー、ワークショップなどで緊張感や抵抗感をなくすために行う短いワークの総称。近くの席の人と自己紹介を行ったり、クイズやじゃんけん、身体を使うゲームを行う場合もある。

用語4 ロジカル・シンキング
論理的思考のこと。物事を構造化し論理的に考えることで、複雑なものをシンプルにしたり、漏れやダブリのない思考を行う。
「020 問題解決とコミュニケーションに役立つロジカル・シンキング」→ P.050

BOOK GUIDE

1. 組織のパワーを引き出し、すぐれた問題解決に導く技術であるファシリテーションの入門書。「場のデザイン」「対人関係」「議論の構造化」「合意形成」の4つの基本スキルが解説されている。

ファシリテーション入門
堀 公俊(著)
新書判／200頁
価格872円(税込)
ISBN9784532110260
日本経済新聞社

議事録

議事録 図1 は、会議内容を記録するもので、決定事項に間違いがないか確認したり、あとから内容を振り返ったり、会議内容を参加者以外と情報共有したりということのために使われる。

基本的には、「日時」「場所」「出席者」などの基本情報、「議題」「要旨（決定事項・期日と担当）」「詳細内容」など会議の内容、次がある場合は「次回会議日程」「次回の議題」などが記される。

議事録のフォーマットをあらかじめ作成し会議の目的や議題を記入しておけば、そのままアジェンダとして使うことも可能だ。

D

図1 議事録のフォーマット例

[1/2ページ] 会議名、日時、場所、出席者、議題(1)(2)(3)、要旨（決定事項 (1)(2)(3) 期日・担当）、議事録担当者

[2/2ページ] 会議名、詳細内容（決定事項・決定理由・保留事項・検討事項など）、議事録担当者

Article Number **019**

アイデアを生み出す発想法

企画・提案のためにさまざまな調査や分析を行っても、そこから一歩踏み込んで企画にするためには、何らかのアイデアが必要だ。それを導き出すための発想法を知っておきたい。発想には、拡散し収束させるという流れがある。複数人数で行うブレインストーミングやワールドカフェなどの会議手法、アイデアを収束させるKJ法、ひとりでも発散と収束が可能なマインドマップなどがよく使われる。

要件定義
調査
戦略
企画
提案
見積もり・契約

Keywords A ブレインストーミング   B ワールドカフェ   C KJ法   D マインドマップ

アイデア出しのための会議「ブレインストーミング」

A **ブレインストーミング** 用語1 （ブレスト）はアイデアを出すための会議形式で、集団で行うことによって発想の連鎖や誘因を期待するものだ。

テーマを決めて思いつくままどんどん発言していく。一番大切なルールは「出てきたアイデアの批評や批判をしないこと」だ。否定されないという安心感や、リズムを遮られないことによって発言が促進される。どんなアイデアでも受け入れて、整理はのちほど行う。自由な発言のために、人数は少なめ、立場は近めがよい。発言が出にくい場合は、紙に書いてから順に発表してもらったり、付箋に書いて貼り出すなどの手法も使われる。

大人数でシャッフルしながら会話を行う「ワールド・カフェ」

B ブレストが比較的少人数に向いている方法であるのに対して、**ワールド・カフェ** 用語2 は逆に大人数に向いた会議形式だ。カフェのようなリラックスした空間を作り、意識を活性化させる。

少人数のグループを複数作り、グループごとにテーブル上の模造紙などにメモを書きながら数十分議論を行う。それをメンバーを変えて3回ほど繰り返すことによって、アイデアが花粉のように運ばれ、また新たなアイデアを生み出すというコラボレーションの手法である。アイデア出しに限らず、意見交換や意識あわせ、知識探求など幅広い利用ができる。

「KJ法」で発散させたアイデアを整理

C **KJ法** 図1 は文化人類学者川喜田二郎氏が考案した情報を整理する手法。出したアイデアなどの情報を収束させる目的で使われる。

まずアイデアをカードや付箋紙などに記入する。その際、ひとつのカードにはひとつの内容を書くのが原則だ。多めのノルマを課しておくと多くのアイデアが出やすい。その後、カードをグループ化し、そのグループを表す文章ラベルをつける。そして、そのグループを関係の近い順に配置しなおし、矢印で順序を示しながら図解、最後に文章化する。

用語1 ブレインストーミング
Brainstorming。主にブレストと略され、BS法、集団発想法などと呼ばれる場合もある。アレックス・F・オズボーンによって考案された会議方式のひとつ。

用語2 ワールド・カフェ
自由な会話をオープンに行うことができる「カフェ」のような空間でこそ知恵や知識は生まれるという考え方に基づいた、話し合い・ファシリテーションの手法。1995年にアニータ・ブラウンとデイビッド・アイザックスによって開発・提唱された。

Book Guide

①　ワールド・カフェを実践するための具体的な運用方法や結果、また、ワールド・カフェの根幹となる7つの原理を、世界中の人々が組織や社会の変化に取り組んだ19の物語を通じて解説している。

ワールド・カフェ
カフェ的会話が未来を創る
アニータ ブラウン、デイビッド アイザックス、ワールド・カフェ・コミュニティ（著）、香取 一昭、川口 大輔（訳）
菊判／320頁
価格 2,940円（税込）
ISBN9784990329839
ヒューマンバリュー

グループごとのアイデアの数や近接度などが可視化されるため全体像が把握しやすいことや、アイデアをグループ化し図解する課程で新しい発想が生まれることがメリットだ。

連鎖的にアイデアを生み出せる「マインドマップ」

マインドマップ 注1 は発想や思考、整理、記憶を助ける図解技法だ。横位置の紙の中央に、キーワードとイメージを描き、そこから放射状に枝を伸ばしながらキーワードやイメージを繋げながら発想を展開していく。

枝を繋げながら連想していくため、発想に広がりが出ること、色やイメージが発想をさらに活性化してくれることがポイントとなる。アイデアを出すためにも、整理するためにも使える。紙に手描きされることが多いが、パソコン上でマインドマップを描くソフトウエアも多数存在する。

日頃から観察力をつける

このように発想法はさまざまなものが開発されているが、発想の種はそれぞれ個人が持っている。各手法で**コラボレーション** 用語3 しながら発展させていくことはできるが、各自の引き出しを増やす努力は欠かさないようにしよう。そのためには好奇心を持つことが一番だ。何かについて考えていると、それに関する事象や情報が自然と入ってくるものだ。また、感動したとき、不便だと思ったとき、理由や解決策を考えメモを取る癖をつけるとよい。日頃から考える筋肉を鍛えておこう。

注1　マインドマップ
「032 Webサイトのコンセプトをはっきりさせよう」→ P.078-079

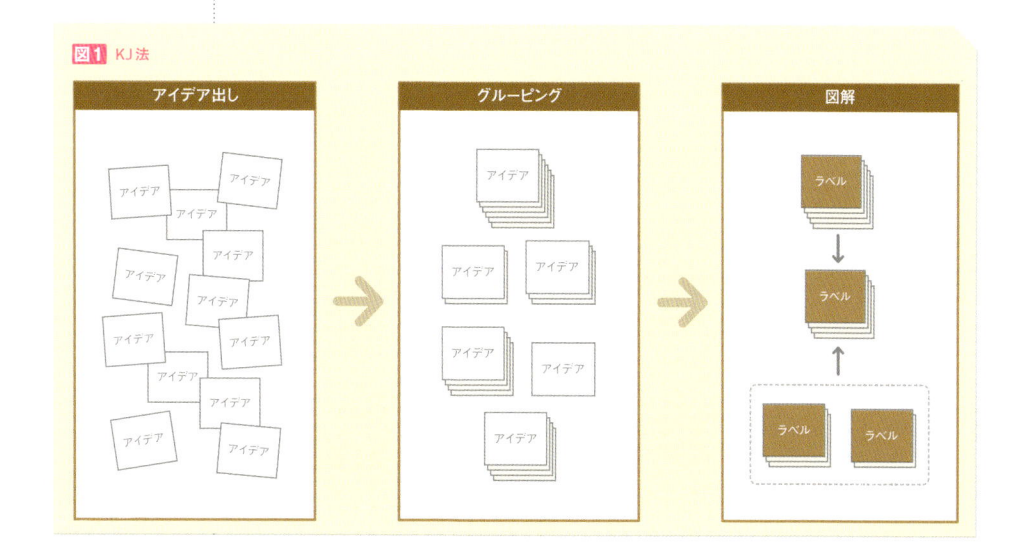

用語3　コラボレーション（Collaboration）
コラボと略されることも多い。共に働く、協力しあうという意味で、Web制作の現場でも近年特に注目されている言葉。

図1　KJ法

アイデア出し → グルーピング → 図解

019　アイデアを生み出す発想法

Article Number 020

問題解決とコミュニケーションに役立つロジカル・シンキング

ロジカル・シンキングはコンサルタントだけに必要なスキルではない。Web制作のプロジェクトではクライアントや制作チームでの会議、企画書・提案書や報告書作りなど、論理的な思考と説明を求められるシーンは非常に多い。ここでは、ロジカル・シンキングを身につける第一歩として基本の考え方と方法を紹介する。

Part 1 Business Marketing Design System

要件定義
調査
戦略
企画
提案
見積もり・契約

Keywords
- A ロジカル・シンキング
- B ピラミッド・ストラクチャー
- C ロジックツリー
- D 帰納法
- E 演繹法
- F MECE

ロジカル・シンキングは物事をわかりやすくする

A ロジカル・シンキングとは論理的思考のことだ。小難しく考えるためのものという印象を持たれていることも多いが、実際はその逆で、複雑なものを構造化してシンプルにしたり、伝わりやすく整理したり、漏れやダブリをなくすものである。ロジカル・シンキングは「情報や思考を整理すること」と、「わかりやすく再構成すること」ができるのだ。それによって、伝えたいことが明確になり相手にも理解されやすくなるし、問題を発見し解決する道をいち早く見つけられるようにもなる。

論理の基本構造はピラミッド型

B 論理の基本構造はピラミッド型で、**ピラミッド・ストラクチャー** 用語1 または**ロジッ**
C クツリーと呼ばれる 図1 。
ピラミッドの頂上に主題（疑問）を置き、「Why so?（なぜ）」という観点で下へ枝を広げるのだ。また、下からは「So what?（それゆえに、したがって）」で上へつながる。これが構造の基本形態で、階層に制限はないが、**なぜなぜ5回** 用語2 の

用語1 ピラミッド・ストラクチャー
主張とその根拠の構造のことで、通常は主張を頂点として根拠がピラミッド上に配置されるためピラミッドと呼ばれる。構成要素はMECEであることが基本である。

用語2 なぜなぜ5回
トヨタ自動車で、業務改善を目指して生まれた言葉。「なぜ」を繰り返して原因を掘り下げることで、根本的な問題をみつけることができるという意味。

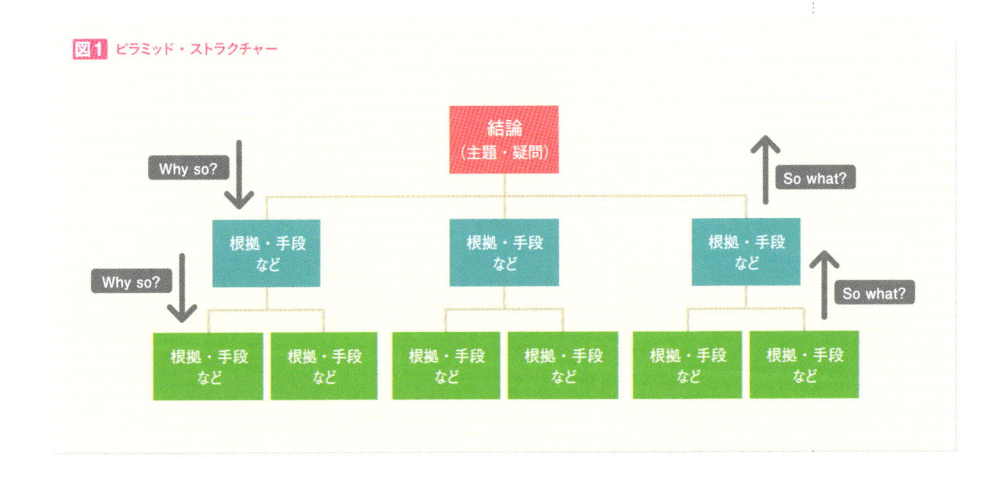

図1 ピラミッド・ストラクチャー

ように、「Why so?（なぜ）」を5回行って掘り下げることで確度を高めることができる。また、同階層とひとつ上の要素は、帰納的または演繹的に構成されている必要がある。帰納法と演繹法は仮説を立てたり、論理を展開するにあたり必要な考え方なので覚えておこう。

まず**帰納法**は、個別の事例から普遍的な法則を見いだそうとする推論方法。有名な例では、「ソクラテスは死んだ」「プラトンは死んだ」「アリストテレスは死んだ」よって「人間は必ず死ぬ」というものがある。導かれる結果の正しさは、事例の豊富さや確かさに左右されるが、理解が容易なのがメリットだ 図2。

演繹法は、三段論法とも呼ばれ、一般論やルールなどの大前提と、観察からわかった小前提から、結論を導き出す方法。つまり、「すべての人間は死ぬ」そして「ソクラテスは人間である」よって「ソクラテスは死ぬ」ということになる。順番に論理が展開されていくので、ひとつ間違うと論理がすべて破綻してしまう危険があるが、前提が正しければ結論も正しいものになる 図3。

ダブりなく、モレがないよう考える

ピラミッドの同一階層に、ダブりやモレがあったり、突飛なものがあったりすると論理が破綻し、結論が導き出せないか、説得力のないものになる。ダブりなく、モレがないよう考えることを、**MECE**（Mutually Exclusive and Collectively Exhaustive）という。たとえば、人間を、男性・女性で分けるのはMECEだが、幼児・子ども・大人と分けるとMECEではないということになる。また、人間を、Aさん・Bさん・Cさん……と分けると、膨大になりすぎるので、同階層の要素が増えすぎないような分け方をすることが、MECEのポイントだ。

MECEに考えるためにはフレームワークを活用するとよい。戦略やマーケティングの項で解説した「3C分析」、「SWOT分析」、「4P」、「バリュー・チェーン」用語3 などを使えば網羅的に考えることができる 図4。議論や思考において、常にMECEかどうかを確認する癖をつけておきたい。

用語2 バリュー・チェーン
ハーバードビジネススクールのマイケル・ポーター教授が提唱した概念で、製造業者において製品が消費者に届くまでの付加価値を生み出す連続したプロセスのこと。
「013 マーケティングの基礎知識」→P.036

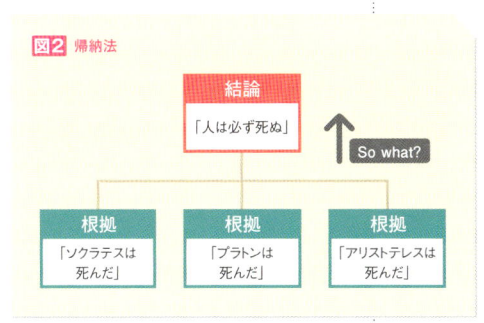

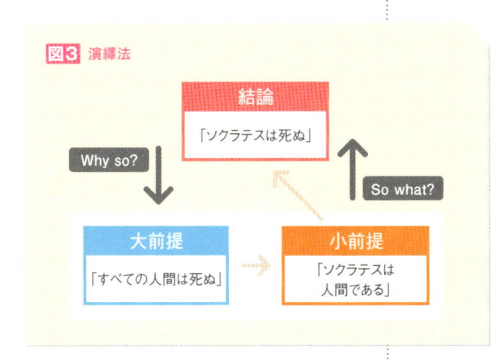

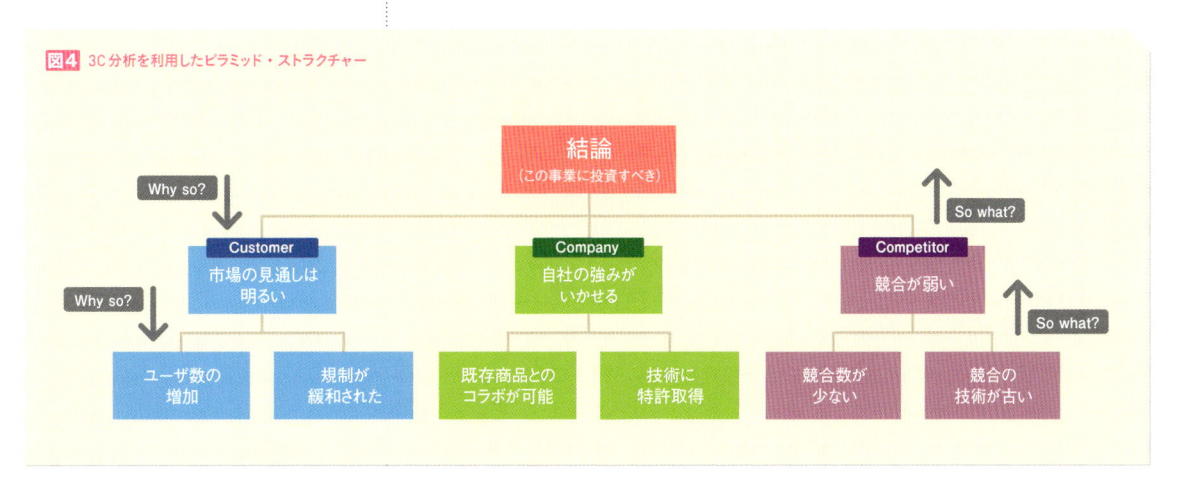

図2 帰納法

図3 演繹法

図4 3C分析を利用したピラミッド・ストラクチャー

Article Number 021

ECビジネスの展開

要件定義
調査
戦略
企画
提案
見積もり・契約

ECビジネスは成熟期を迎えつつあり、店舗やカタログ等で商品やサービスの販売を行っている企業や、インターネットならではのビジネスモデルで販売を行う企業などが参入しているほか、決済システムや物流システムなども新しいモデルやシステムが開発され、普及していっている。ECビジネスは一般的にコストが低く抑えられたり、集客がしやすかったりとメリットが多いが、参入しさえすれば売れるわけではない。信頼のおけるセキュアなWebサイトを構築・運営し、自社に合った戦略を立てる必要がある。

Keywords

- **A** eコマース
- **B** インターネットオークション
- **C** ドロップシッピング
- **D** マイクロペイメント
- **E** フルフィルメント

ECビジネスの種類

A ECとは、Electronic commerce（電子商取引）の略で、**eコマース**とも呼ばれる。主にインターネット上で商品やサービスの売買を行うことを指し、販売を行うWebサイトのことをECサイトという。

ECビジネスを売り手・買い手の関係から分類すると、従来の「B to B」（企業間取引：Business to Business）や「B to C」（企業・消費者間取引：Business to Consumer）のほか、インターネットオークションに代表されるような個人同士の取引である「C to C」（消費者間取引：Consumer to Consumer）も活発に行われている。取り扱い商品点数の面から分類すると、数種類のみ取り扱う特化型の小規模サイト、数十から数百商品取り揃えた中規模サイト、既存の店舗やブランドと連動し多数の商品を取り扱う大規模ブランド型サイト、多数のECサイトが集まったモール型サイトの大きく4つに分かれる。販売形態では、通常の販売のほか、

B-C **インターネットオークション** 用語1 や**ドロップシッピング** 用語2 なども活発に行われている。

ECビジネスとひとことで言っても、顧客の種類やサイト規模、販売形態、業種などさまざまであり、戦略・戦術も大きく異なる。

ECビジネスのメリット・デメリット

インターネットで商品・サービスの販売を行うメリットはたくさんあるが、代表的なものは以下の5つである。第一には実店舗がなくても販売が可能、人件費が少なくてすむ、取り寄せ対応にして在庫を抱えなくてもすむ形態にしやすい、などの点から「コストが低く抑えられる」こと。第二に商圏 用語3 が限定されないため、「全世界をターゲットにできる」こと。第三に訪問者が自ら検索して訪れるため「見込み客が捕まえやすい」こと。第四に一度購買を行った顧客の個人情報を獲得できるため「顧客へのフォローが行いやすい」こと。第五に既存店舗がある場合はクーポン券を発行したり、サポートをWebサイトで行ったりなどの連携によって「シナジーを生み出せる」ことだ。

用語1 インターネットオークション
インターネットを媒介に競売（オークション）を行うこと。ネットオークションとも呼ばれる。代表的なC to CのECビジネス。日本ではYahoo!オークションが有名。

用語2 ドロップシッピング
広告または販売の形態のひとつ。Webサイトを通じて商品が購入されたあとの商品の発送を、製造元や卸元などの商品提供業者が行う取引方法。卸値に上乗せをした差額分が販売者の利益となる。

用語3 商圏
販売店舗が影響を及ぼすことができる（集客することができる）地理的な範囲のこと。

買い手から見てもメリットは多い。商品の性能や価格、評判などを比較してから購入が可能なこと、流通のステップが省略できるため通常より低価格で購入ができる場合があること、探し物を見つけるのが容易なことなどだ。

このように実店舗では実現できない多数のメリットを享受できるECビジネスであるが、注意点も多い。

何よりも、メールアドレスや住所、氏名、クレジットカード番号などの個人情報の漏洩トラブルが多い。SSLなどの暗号化通信でデータの経路を守ること、フォーム等プログラムのセキュリティを確保すること、入手した個人情報を慎重に取り扱うことなどが重要となる。買い手側も、クレジットカード番号や銀行口座番号、パスワードなどを騙し取るフィッシング詐欺にひっかからないよう、URLを確認するなど自衛が必要である。

また、インターネットオークションでは出品者や入札者の身元確認が難しいため、詐欺や違法出品、悪質な転売行為などトラブルが起こりやすいことも注意である。

ECサイトの構築や運営、決済のシステム

ECサイトの制作では、ECサイトの構築・運営ができるサービス（SaaS）**図1 注1** を利用するか、ショッピングカート機能などが利用できるCMS **図2** を用いることが多い。また、モールに入店する場合は、そのモール独自のシステムやガイドラインに沿った制作が必要だ。

SaaSやモールは決済システムまで付属したサービスが多い。CMSで構築する場合も、クレジットカード、コンビニ、銀行、電子マネーなどが利用できる決済代行サービスが多数あり、ECビジネスを行うハードルは年々下がっている。数百円程度までの少額決済では、クレジットカードなどでは手数料等の決済コストが高すぎて利用が難しいが、その解決策として**マイクロペイメント 用語4** のサービスが注目を集めている。初めに一定金額以上で仮想紙幣やプリペイドカードを購入しそれを少しずつ引き出して使う形式や、ある程度の購入金額を集積してから決済を行う形式、一定期間での購入をまとめる形式などがある。

決済だけでなく、受注から梱包、発送、在庫管理、返品・交換などの業務を一括して代行する**フルフィルメント 用語5** のサービスも増加してきている。

注1 SaaS
「022 ソフトウエアビジネスの展開」→P.054

用語4 マイクロペイメント
クレジットカードでは決済や手数料コストが高すぎて支払うことができない少額な商品を購入するための電子的な決済手段。または、そのような少額決済に対応したサービスの総称。決済手数料を購入対価の数パーセントに抑えることで過度の負担をなくし、小額での電子決済を成立可能とする。マイクロペイメントを利用した商取引は「マイクロコマース」（microcommerce）などと呼ばれる。

用語5 フルフィルメント
本来の意味は「実現」「達成」だが、EC販売において、商品の発注から決済、ピッキング、配送までの流通サービスのことを指すことが多い。このようなサービスを提供をフルフィルメントサービスともいう。

図1 ECサイトの構築・運営ができるサービスの例

Color Me Shop! Pro（http://shop-pro.jp/）

図2 ECサイト構築に特化したオープンソースCMSの例

osCommerce（http://www.oscommerce.com/）

Article Number 022

ソフトウエアビジネスの展開

要件定義
調査
戦略
企画
提案
見積もり・契約

ソフトウエアはパソコンやインターネットの利用に不可欠なものだ。そのため、時代や流行の変化、技術の進化が激しくドッグイヤーと言われる。ソフトウエアビジネスも多様化し、販売・提供の形態も増加している。それぞれメリット・デメリットがあり、どの形式がベストということはない。ソフトウエアの性質上、コピーされやすいこと、メンテナンスやバージョンアップが必要なことなど、解決したい問題は多い。さまざまなビジネスモデルを吟味してより良い選択を行いたい。

Keywords
- A パッケージ型ソフトウエア
- B 受託開発型ソフトウエア
- C サービス型のソフトウエア
- D SaaS
- E オープンソース・ソフトウエア

ソフトウエアビジネスの3つのモデル

ソフトウエアの販売形態は大きく3つに分類することができる。Adobe IllustratorやPhotoshopのように製品化して販売される「**パッケージ型ソフトウエア**」、クライアントから依頼を受けてイチから設計・開発する「**受託開発型ソフトウエア**」、開発したものをインターネットなどのネットワーク経由のサービスとして提供する「**サービス型のソフトウエア**」で、それぞれビジネスモデルも大きく異なる。

パッケージ型は、製品をひとつ作ればそれをより多く販売することでより大きな利益を出すことができる。いわゆる「規模の経済 用語1」が働きやすいモデルである。その反面、高価なパッケージはクラックされたり、違法コピーされたりという問題が起こりやすい。

受託開発型は、クライアントの要望に沿って作られるため顧客満足度が高い。料金は人月で計算されることがほとんどで、いわゆる労働集約型であり、着実だが大儲けするのは難しい。

サービス型は、インターネットなどを介してソフトウエアをサービスとして提供し、利用料を受け取る形だ。料金は月払いや年間払いなどで計算されることが多い。パッケージ型と同じくひとつのソフトウエアを多数に販売する形なので規模の経済は働きやすいが、高価格のものは売れにくい。

サービス型のソフトウエア「SaaS」

これら3つのうち、現在注目を集めているのがサービス型のソフトウエアで「**SaaS** 用語2 (Software as a Service：サース)」と呼ばれる。

SaaSが持つビジネス上の利点は、高価格の製品を一括料金で販売するパッケージ型や受託開発型に比べ、月額制などの形式で料金徴収できるため売り上げの安定が見込める点、短期利用にも向いた料金形態なので新規ユーザーの獲得が比較的容易な点、規模の経済が期待できる点、メンテナンスやバージョンアップのコストを抑えられる点などがあげられる。ソフトウエア開発の視点でも、完成させてから販売するのではなく「ベータ版」として開発段階のものを早期に公開したり、次々

用語1 規模の経済
生産量や事業規模の拡大につれて、1プロダクト当たりのコストが減少し、利益率が高まる傾向のこと。スケールメリット。

用語2 SaaS
アプリケーションやデータベースをネットワーク内のサーバに置き、利用者がデスクトップ用のソフトウエアパッケージを購入するのではなく、サーバ上にあるWebアプリケーションをサービスとして利用するソフトウエア。Googleの検索、Google MAP、Gmail等がSaaSにあたる。

と新機能を追加していったりということもSaaSならばパッケージ型や受託開発型より容易に行える。技術の進化や流行の変化に追いつくためにはSaaSという形態が適していると言える。

SaaSには「シングルテナント方式」と「マルチテナント方式」がある 図1 。シングルテナント方式とはユーザーごとに独立したソフトウエアを提供する方式で、ASP 用語3 と同義とも言われる。ユーザーごとにソフトウエアをカスタマイズすることもある。

一方、マルチテナント方式は、ひとつのソフトウエアを多数のユーザーに向けて提供する方式で、管理コストが低いため「規模の経済」が働きやすく、SaaSのメリットをより強く享受できる。よって、このマルチテナント方式のSaaSが、提供側、利用側双方にとって利点が大きいとして、ソフトウエア業界の新しい主流になりつつある。また、これを受けてパッケージ型ソフトウエアも、一括料金での販売から、一定期間の利用に対しライセンス料金を徴収するなどの導入しやすい料金形態へ移行する流れもある。

オープンソース・ソフトウエアのビジネス

オープンソース・ソフトウエア 用語4 は、無償で公開されているためにビジネスではないと思われがちだが、実際は「販売」とはまた違ったビジネス形態のひとつである。オープンソース・ソフトウエアをビジネスとして考える場合、ソフトウエアそのものは無償で提供するが、保守やコンサルティング、関連ソフトウエア、関連サービスなどで利益を出す方法や、デュアルライセンス 用語5 化などの方法がとられる。ビジネスとして成功しているオープンソース・ソフトウエアでは「RedHat」や「MySQL」などが有名だ。

自社開発のソフトウエアをオープンソース化する場合の忘れてはならない大きなメリットは、ソフトウエアの普及するスピードが格段に早くなることと、業界の標準ソフトウエアになれる可能性が高まることだ。これは企業のブランディング戦略として非常に大きな意味を持つ。

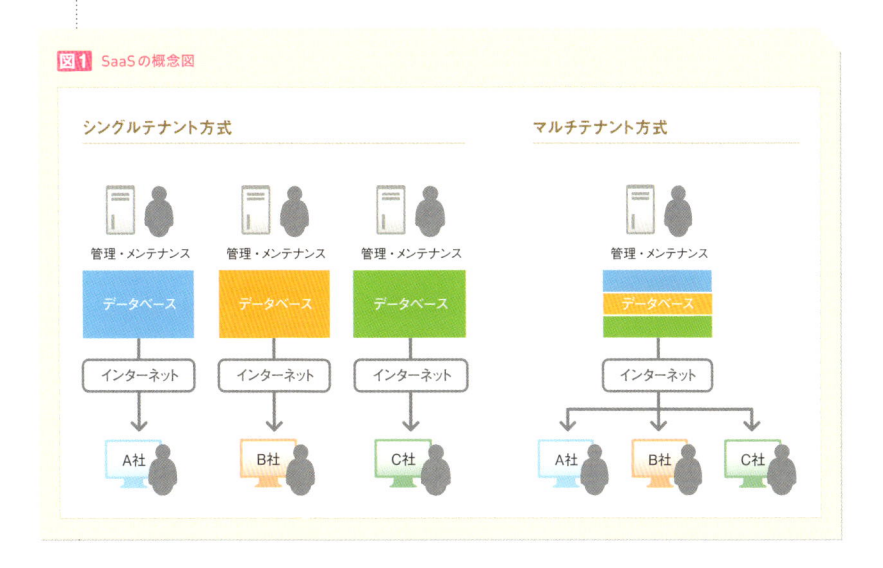

用語3 ASP
ASPとはApplication Service Providerの略で、インターネットを通じてユーザーにソフトウエアサービスを提供する事業者のこと。SaaSと同義で使われることもあるが、ASPはシングルテナントのことを指すことが多い。

用語4 オープンソース・ソフトウエア
ソースコードをインターネットを通じて無償で公開しているソフトウエアのこと。
「060 進むオープンソースの利用」→P.144

用語5 デュアルライセンス
ひとつのソフトウエアを複数のライセンスで利用許諾すること。ソフトウエアの配布者あるいは利用者は、利用する目的や再配布形態によって適切なライセンスを選択することができる。

図1 SaaSの概念図

シングルテナント方式	マルチテナント方式
管理・メンテナンス／データベース／インターネット → A社、B社、C社（それぞれ独立）	管理・メンテナンス／データベース／インターネット → A社、B社、C社（共有）

Article Number **023**

ソーシャルメディアの展開

SNSやSBM、ブログなどのソーシャルメディアを活用することは企業のマーケティングやブランディングに大いに貢献する。特に新商品やサービスの広告、販売促進、リサーチなどに積極的に使われ始めている。反面、ユーザーの反応はコントロールできるものではないため、ソーシャルメディア慣れしていない場合はトラブルが起こることも多々ある。利点や注意点をしっかりと見極め、誠実に正直にユーザーとコミュニケーションしていきたい。

要件定義
調査
戦略
企画
提案
見積もり・契約

Keywords
- A ソーシャルメディア
- B ソーシャルネットワーキングサービス（SNS）
- C CGM
- D クチコミ
- E ソーシャルメディア最適化（SMO）

ソーシャルメディアとは何か

A **ソーシャルメディア**とは、特定の企業や個人ではなく、不特定多数が不特定多数に向けて情報を発信できるメディアのことだ。テレビや新聞、雑誌などに代表されるような一方通行のメディアとは大きく異なり、ユーザー同士がつながり、会話をし、相乗効果を生み出しながらメディアを形成していく。また、それをサポートする仕組みやサービスは日々新しく生まれている 図1。

B ソーシャルメディアの代表的な例は、「**ソーシャルネットワーキングサービス（SNS）**」だ。これは、人のつながりを促進するコミュニティ型のWebサイトのことで、日本では「mixi」や「GREE」、海外では「Facebook」や「MySpace」が有名だ。ほかにも、お気に入りのWebサイトの一覧をほかのユーザーと共有する「ソーシャルブックマーク（SBM）」や、一般のユーザーからの投稿やコメントをもとにした「ソーシャルニュースサイト」、「YouTube」に代表されるような「ビデオ投稿共有サイト」、「写真共有サイト」、「FAQサイト」、「クチコミサイト」、「フォーラム」、そして「ブログ」もソーシャルメディアのひとつである。

C ソーシャルメディアという言葉が普及する前に、**CGM** 用語1（コンシューマー・ジェネレーテッド・メディア）という言葉が広まったが、同義と考えて問題ない。

ソーシャルメディアをマーケティングに活用する

ソーシャルメディアでは、不特定多数が不特定多数に向けて情報発信できるため、情報の量と伝播の速度が従来のメディアと比べものにならない。またマスメディアでの著名人の発言は「どうせ広告だろう」と思われるのに対して、知人の発言は信頼
D 度が高い。これらのことから、以前は狭い範囲でしか機能していなかった「**クチコミ**」が、今では大きな影響力を持つようになっている。企業のマーケティング戦略でも、ソーシャルメディアを利用したバイラル・マーケティング 用語2 が重要視されている。
ソーシャルメディアを利用したマーケティングの例では、SNSでコミュニティを作って販売促進やリサーチを行ったり、有名ブロガー 用語3 に製品の広告記事を書いて

用語1 CGM
インターネットなどを活用して消費者が内容を生成していくメディアの総称。「消費者発信型メディア」と訳されることもある。クチコミサイト、SNS、ブログなどがそれにあたる。

用語2 バイラル・マーケティング
商品やサービスの利用者をクチコミで広げるマーケティング戦略。バイラルとは「ウイルスの、感染的な」という意味で、クチコミが伝播していく様子をウィルスの感染に例えている。

用語3 ブロガー
ブログを書く人のこと。影響力のある有名ブロガーのことをアルファブロガーと呼ぶこともある。

もらったり、ソーシャルメディアを通じて一緒に商品開発を行ったりという手法がある。しかし、お金が絡んだ発言を嫌がるユーザーがいたり、企業による誘導に反発するユーザーがいたり、反発が盛り上がって「炎上」したりと、問題も起こりがちだ。ソーシャルメディアの活用を目指す企業は、「ユーザーはコントロールできないもの」と肝に銘じたい。特に広告であることを隠蔽したり、間違ったときに謝罪を行わなかったりといったごまかしに、ユーザーは敏感である。逆に言えば、誠実であること、情報をオープンにすること、そしてユーザーの立場に立つことができれば、より強い信頼関係を築くことが可能だ。

ソーシャルメディア最適化（SMO）を行う

心構えだけでなくテクニック面で、よりソーシャルメディアに取り上げられやすくするよう工夫もほどこしたい。これを「**ソーシャルメディア最適化（SMO）**」**用語4**という。最も重要なことは、コンテンツは1トピックにつき1ページとし、**パーマリンク 用語5**を与えることだ。これによって、クチコミする際にリンクがしやすくなるとともに、ソーシャルブックマークなどにも登録されやすくなる。さらに、クチコミの際に画像や音声、動画などを持ち出せるよう工夫できればなおよい。たとえば、YouTubeのように動画そのものを表示できたり、コンテンツをブログパーツ化して各自のサイトやブログに埋め込めれば、より効果的なクチコミが期待できる。

ソーシャルメディアの構築

既存のソーシャルメディアを利用するだけでなく、企業がソーシャルメディアを構築してビジネスに生かすこともできる。たとえば、高額不動産の売買物件を扱う企業が富裕層向けのSNSをしたり、離乳食を販売しているサイトが新米父母向けのFAQサイトを作ったりと、自社の顧客層が望むコミュニティを作りサポートする形が一般的だ。そこまでコストをかけなくても、社長ブログやスタッフブログなどのビジネスブログを作って、ユーザーと双方向のコミュニケーションをしていくことも、ブランディングに大きな効果を発揮する。

用語4　SMO
サイトのアクセスアップ対策のひとつで、ユーザーが情報を発信するCGMでの認知度や評判を高め、サイトへのアクセスや評価を向上させる施策のこと。Ogilvy Public RelationsのRohit Bhargava氏が提唱した概念。

用語5　パーマリンク
Permalink。ひとつのWebページに与えられた永続的に変わらない固定URLのこと。Permanent（永久の、不変の）Linkの略。

図1　ソーシャルメディアの例

動画投稿・共有サイト「YouTube」　http://www.youtube.com/
ブログ＋SNSの「Twitter」　http://twitter.com/

Article Number **024**

モバイルコンテンツの動向

ここ数年で携帯コンテンツ市場に注目が集まっている。もはやPCサイトのみの展開では主要なターゲット層にリーチできない可能性すら考えられる。若年層に限った話ではなく、全世代での携帯使用率や市場の動向などにも注目しておきたい。国内主要携帯キャリアの携帯電話だけではなく、スマートフォンに代表されるモバイルデバイスをも視野に入れたコンテンツ展開やモバイル対応が進む検索市場の動向もチェックが必要だ。

要件定義
調査
戦略
企画
提案
見積もり・契約

Keywords　A 携帯電話　B 公式コンテンツ
　　　　　　　C 一般サイト（非公式コンテンツ）　D モバイルeコマース

発展していくモバイルコンテンツ市場

A iモードの登場以降、インターネットへのアクセス手段を得た**携帯電話**は年々コンテンツの市場規模が増大している。国内におけるIP接続可能な携帯電話の契約数は2009年10月末にはおよそ9,000万にものぼり[注1]、PCの所有率を大きく上回ると考えられる。

インターネットへのアクセス手段はもはやPC環境だけではなく、携帯電話のみの利用者、PCと携帯電話を併用する利用者などが増えているのが現状だ。

B これまで国内の携帯コンテンツ市場は、国内主要携帯キャリアの**公式コンテンツ**の提供によってその市場の大半を形成していた。公式コンテンツへの参入にはキャリアごとのコンテンツプロバイダ契約が必要となるうえ、コンテンツの公開までには企画段階から複数の審査を受けなければならない。

キャリアが抱える顧客の母数が多いため、ある程度の利用者のアクセスは見込めるもののコンテンツの自由度は低くなりがちだ。特に同種のコンテンツが競合する場合、参入の遅れは内容の差別化が図りにくく直接的な収益に結びつきにくくなってしまう。

C しかし、ここ数年で携帯コンテンツ市場にも変化が訪れている。そのひとつが各携帯キャリアの携帯電話に対応した**一般サイト（非公式コンテンツ）**の増大があげられる。さらに携帯電話のブラウザに搭載された検索機能が大手検索ポータルのエンジンを採用し始めることにより、これまで公式コンテンツ内のみの遷移であった利用者が外部の非公式コンテンツを閲覧する機会も増えている。

検索ポータルでは、モバイルデバイスに最適化されたWebサイトの集積にも力を入れている。モバイルコンテンツ市場は、携帯電話に特化したゲームなどの一部を除き、従来のコンテンツ課金を主体とする市場からチケットや証券取引のようなサービ

D ス・トランザクション系、物販を主体とする**モバイルeコマース**市場が拡大している現状である 図1 図2 。

クロスメディアを意識したコンテンツ展開

インターネット接続形態が多様化しているため、従来型の既存メディアとWebコン

[注1]
MCF／モバイル・コンテンツ・フォーラム（http://www.mcf.to/）。TCF（社団法人電気通信事業者協会）調べ。

BOOK GUIDE

モバイルSEO&SEMの教科書
（株）ヴイワン（著）、鈴木 将司（監修）
A5判／240頁／価格1,995円
ISBN9784798114439
翔泳社

国内主要3キャリアに対応したモバイルコンテンツのためのSEOとSEMの解説書。SEO／SEMに関する基礎知識から、モバイルコンテンツにおける特徴、コンテンツの最適化までを幅広く網羅している。

用語1　クロスメディア
ひとつの情報（コンテンツ）を文字や音、あるいは手紙や電子文書などの、さまざまな表現媒体（メディア）で表現する方法のこと。

用語2　SEM
Search Engine Maketingの略。検索エンジンから自社Webサイトへの訪問者を増やすマーケティング手法。

注2　デバイスの持つ特性
携帯電話のようなモバイルデバイスは、コンテンツ閲覧や操作に十字キーと数字キー、ソフトキーを使用する。端末によっては、十字キーは縦方向の移動のみに制限され横方向はリンクテキストに追随するなど、コンテンツ設計時には画面解像度の違いも含め操作性なども考慮しなければならない。

テンツの融合であるメディアミックスから、さまざまなデバイスを視野に入れた「クロスメディア」用語1 の展開とそのソリューションが求められている。これは単純にWebコンテンツが閲覧できればよいというわけではない。クロスメディアとは、異なるメディア間での補完関係を築くメディアミックスとは異なり、その先の購買行動のようなアクションまでも視野に入れたマーケティング戦略を指す。

クロスメディアの代表的な例としては、PCコンテンツとの会員サービスの連動に加えて、GPSを使った位置情報サービスの提供、広告や携帯電話専用のクーポンや会員証の発行といったものがあげられる。携帯電話は常に持ち歩くという性格のデバイスであり、PCコンテンツ以上にリアルタイム性が求められてくる。そのため、PCコンテンツの展開と同時に国内の主要携帯キャリア向けのコンテンツを生成するようなシステムの導入も進んでいる。

今後、国内の携帯電話市場の変化が予測はできないものの、これまで以上に多様化していくデバイスを視野に入れたクロスメディア展開ができるかどうかが鍵となってくるはずだ。さらにモバイルeコマース関連の市場規模が増加している現状から、モバイルデバイスに向けたSEM 用語2 にも注目が集まっている。モバイルデバイス向けの検索エンジン最適化の手法は、PC向けのそれと大差はないため基本的にはこれまでの手法を応用する。しかし着地点となるコンテンツの設計には、そのデバイスの持つ特性を十分に考慮したナビゲーション設計などが求められると言える 注2 。

図1　モバイルコンテンツとモバイルコマースの市場規模の比較
近年では、モバイルコマース市場の増加が目立つ

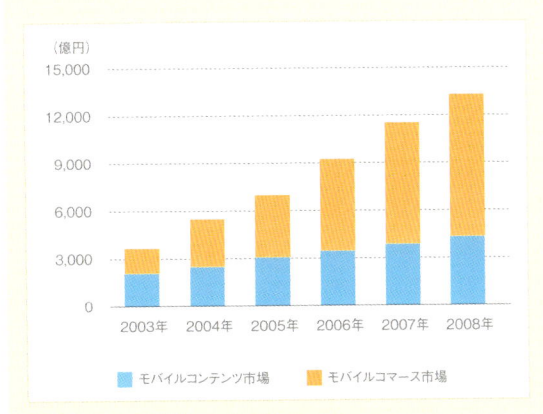

モバイルビジネス市場は13,524億円（2008年）。前年比1,923億円（17%）増加。うち、モバイルコンテンツ市場は4,835億円（前年比13%増）。また、モバイルコマース市場は8,689億円（前年比19%増）

出典：モバイルコンテンツの産業構造実態に関する調査結果
http://www.soumu.go.jp/menu_news/s-news/02ryutsu04_000016.html

図2　モバイルコマース市場の業種内訳
市場全体が活性化する中、特に物販系のコマースの伸びが目立っている

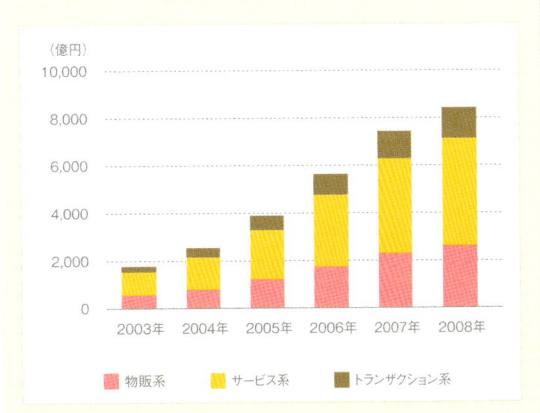

物販系：3,770億円（前年比15%増（＋ 478億円））
サービス系：3,497億円（前年比25%増（＋ 691億円））
トランザクション系：1,422億円（前年比16%増（＋ 191億円））

出典：モバイルコンテンツの産業構造実態に関する調査結果
http://www.soumu.go.jp/menu_news/s-news/02ryutsu04_000016.html

Article Number **025**

コーポレート・コミュニケーション

企業が自社のメッセージを伝えるべき相手は顧客だけではない。ステークホルダーと呼ばれる利害関係者全員に、適切なメッセージをわかりやすく伝える責務がある。そのようなコーポレート・コミュニケーションにおいて、Webサイトは重要な役割を持つ。Webサイトに掲載されている企業についてのさまざまな情報を、ユーザーは必要なときに閲覧し、ときには質問や問い合わせを行いながら理解を深めることができるからだ。ほかにこのような最新情報を含む網羅的な情報をいつでも閲覧できる状態にしておけるメディアはない。

要件定義
調査
戦略
企画
提案
見積もり・契約

Keywords
A ステークホルダー　B コーポレート・コミュニケーション
C コーポレートサイト　D IR情報サイト
E 採用情報サイト

コーポレート・コミュニケーションの目的

A 企業のコミュニケーションは従来 **ステークホルダー** 用語1 ごとに分割され独自に行われることが多かったが、現在では、統一されたメッセージやイメージ、価値を効率よく伝えるために「**コーポレート・コミュニケーション**」用語2 の名の下で統合
B され戦略展開されている。ステークホルダーは顧客や投資家だけでなく、社員と家族、ビジネスパートナー、地域社会、団体、メディアなど直接・間接的に利害があるすべての関係者を指す。コーポレート・コミュニケーションは「広報」の昔ながらのイメージである一方通行の情報発信ではなく、双方向にコミュニケーションを行いながら企業のメッセージを伝えることを旨としている。コーポレート・コミュニケーションには、PR 用語3 やIR 用語4 をはじめとして、さまざまな活動が含まれ、そのなかでも、Webサイトの活用は主軸となるものだ。

コーポレートサイトに掲載する内容

C 一般的な **コーポレートサイト** に掲載される内容は、おおまかに、以下のように分割することができる。製品やサービス、料金、サポート情報などを含む「事業内容」、会社概要やIR、CSR、採用情報などを含む「企業情報」、新情報やイベント情報などを伝える「ニュース」、そのほかスペシャルコンテンツやブログなどを含む「特化情報」だ 図1 。

これらを適切に情報設計し、ステークホルダーに対してどのようなメッセージを伝えたいのか、どのような導線で情報にたどり着くのかをシミュレーションしたい。より明確にメッセージを伝えたい場合には、ステークホルダーごとに、スペシャルコンテンツや採用情報、IR情報などをそれぞれ独自のWebサイトとして独立させることも多い。そうすることで、訪問者がより素早く確実に情報にたどり着くことができるからだ。その場合も、コンテンツごとにやたらとイメージを変えるのではなく、統一されたコーポレート・イメージをある程度守る必要がある。それがブランド構築の一環でもある。

用語1 ステークホルダー (stakeholder)
企業の利害と行動に直接または間接的な利害関係を有する者のこと。具体的には、顧客、投資家、債権者、社員とその家族、地域社会、政府・行政など、企業がかかわるさまざまな利害関係を担う相手のことをいう。ただし、実際にはかなり広義に解釈され、企業活動を行ううえでかかわるすべての人のことを指すことも多い。

用語2 コーポレートコミュニケーション
企業が、主に社会などに対して、経営理念や目標、活動内容を公開し、相互の理解を深めようとする行為。CIと関連して用いられることも多いが、狭義的には企業の各部門のコミュニケーションを統合化する統一的なコミュニケーション活動を指す。

用語3 PR
Public Relationsの略。公的な信頼と理解を得るための活動のこと。広報と同義に使われることも多い。

用語4 IR
Investor Relationsの略。企業の経営や財務、業績などの情報を発信し理解を得るための活動のこと。

IR情報サイトの構築

IR情報サイトの主たる目的は、ターゲットユーザーに企業を理解してもらうこと、投資判断をしてもらうことである。ターゲットユーザーは投資家や格付け機関、証券アナリスト、各種メディア、ビジネスパートナーなどで、特に投資家の中でも、企業そのもののファンになり、株の保有期間も長い個人投資家に注目が集まっている。掲載内容は、決算や業績、財務に関する情報などのIRライブラリ、企業の経営理念やビジョン、戦略、CSR 用語5 などの企業情報、IRに関連するニュースやイベントなどの新着情報、株式情報などである。もちろんユーザーが問い合わせできるよう専用の問い合わせ先を設けよう。

作りとしては、IR情報サイトはPDFのリンク集のようになっている場合も多いが、PDFは通常のHTMLに比べ確認するのに手間がかかる。ユーザーのことを考え、PDFに頼らない構築が必要だ。また、IR情報は専門的な内容が多く一般人にはわかりづらい。個人投資家にも理解できるよう専門用語を減らしたり、用語解説を設けたり、データに頼らない熱い想いやビジョンを表したりと、コンテンツに工夫をすることで理解が深まるようにしたい。

採用情報サイトの構築

採用情報についても、IR情報と同様にほかのステークホルダーとは異なるコンテンツ作りが必要となる。**採用情報サイト**の主たる目的は、企業の理念に合致した優秀な採用希望者を増やすことだ。そのために自社の魅力や信念を伝え、憧れや共感を抱いてもらう必要がある。

採用情報サイトを構築するうえで、忘れてはならないのが採用ポータルサイトの存在である。採用ポータルサイトでは、就職活動の情報が揃い、さまざまな企業を比較したり、エントリーしたりできる。採用活動においてそのようなポータルサイトを利用することは不可欠であるが、そのサイト上だけでは企業の魅力を伝えることはできない。採用ポータルサイトを経由してアクセスしてきた就職活動者にどのようにアプローチするべきかを考えよう。

一般的な掲載内容は、新卒や中途の募集要項、採用に関するスケジュール、エントリー方法などの採用情報のほか、企業の基本情報とビジョン、そして企業の魅力を伝えるコンテンツである。たとえば、先輩社員からのメッセージや仕事風景写真、社長メッセージなど。動画で掲載してあることも多い。

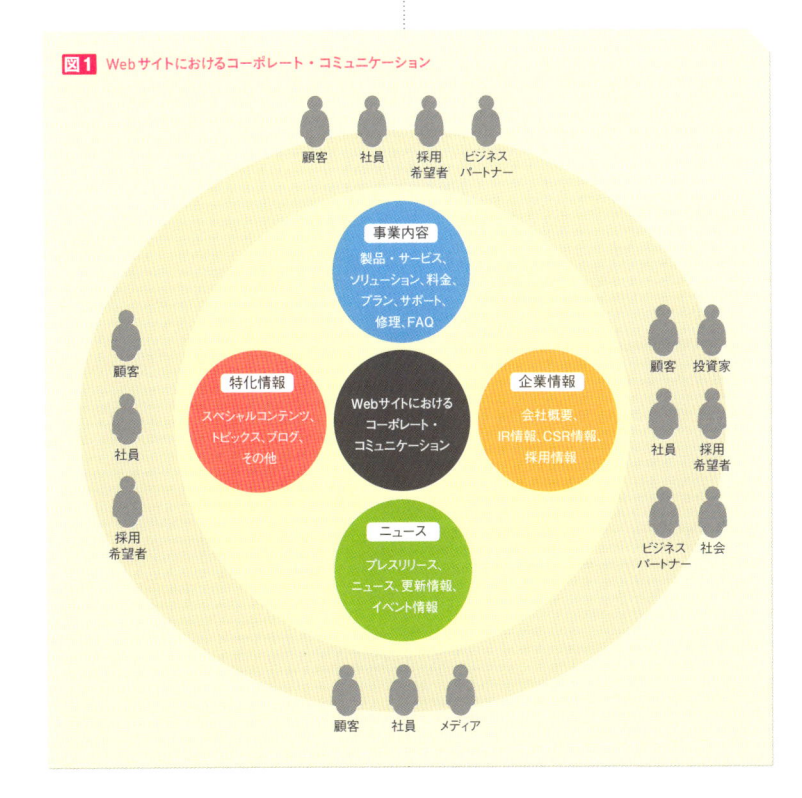

用語5 CSR
Corporate Social Responsibilityの略。「企業の社会的責任」と訳されることが多い。具体的なCSRの内容は、コンプライアンス（法令遵守）、コーポレートガバナンス（企業統治）、ディスクロージャー（情報開示）など企業が社会に対して果たすべき「責任」の総称。

図1 Webサイトにおけるコーポレート・コミュニケーション

Article Number **026**

ブランディングとインターネットの活用

現代においてブランド戦略は企業に欠かせないものとなっている。インターネットも双方向性と即効性、持続性という特徴から、ブランディングに重要な役割を持つようになった。ブランド戦略ではブランド・アイデンティティ（BI）を確立し、Webサイトだけでなくすべてのコンタクトポイントで全社的にブランディングを実行する必要がある。ここでは、ブランド戦略の必要性やブランド・アイデンティティの確立、インターネットの活用、注意点について解説する。

要件定義
調査
戦略
企画
提案
見積もり・契約

Keywords　**A** ブランド　**B** ブランディング
　　　　　　　C ブランド・アイデンティティ（BI）　**D** ネットブランディング

ブランディングとは何か

A もともと、**ブランド**とは家畜への焼き印（brand）のことで、他者の家畜と区別し所有者を明確にするためのものだ。そこから「識別するための印」という意味を持つようになり、ビジネスにおいても「売り手やその製品・サービスを、他者のものと差別化するための概念・イメージ（名称、言葉、デザイン、シンボル、その他特徴）」とされる。つまり、競合よりも優れた（あるいは特徴的な）プロダクトやサービスがあることを、企業名やプロダクト名、コピー、特徴的な色、形などによってユーザー

B が思い描けるようにすることが**ブランディング** 用語1 だと言える。
ブランドの確立によって付加価値が生まれ、同一性能のプロダクトでも他社より高く販売することができたり、そのプロダクトの所有そのものがユーザーの喜びになったりということが起きる。品質や性能で差別化することが難しい現代では、無形の価値を付加できるブランディングはすべての企業において検討すべき戦略なのである。

ブランド・アイデンティティの確立

ブランド戦略は企業全体で行われるべきものであり、Webサイト単体で実施してもうまくいかない。他媒体への広告、店舗での接客、各種販売プロセス、サポート、パンフレット、DM、ニュースなどなど、企業とユーザーとのコンタクトポイント（接触点）のすべてで統一したブランドを打ち出していく必要がある。たとえば、高級感のあるWebサイトで購入した一点物の陶器が、アニマル柄の包装紙に包まれて届いたとしたら、ユーザーはその企業に一貫したイメージを抱くことができない。

C ブランディングにはまず、**ブランド・アイデンティティ（BI）**の確立が必要だ。ブランド・アイデンティティとは、ブランドが表現したいことを明確に、簡潔に表したもので、そのブランド特有の物だ。プロダクトの強みや戦略、市場に置けるポジショニング 注1 を深く理解することで、コンタクトポイントでユーザーにどう伝えるべきかがわかる。ブランド・アイデンティティは、ロゴ、色、形、書体、ネーミングなどのイメージの側面だけではなく、文章のトーンや接客態度などコンタクトポイントにおける経験の側面も規定する必要がある。ガイドラインとして明文化し情報共有するのはもちろんのこと、販売やサポートなどのユーザーと直接の接点を持つ部署、企画・

用語1 ブランディング
企業が顧客にとって価値のあるブランドを構築するための活動。ブランディングとは、ロゴやデザイン、ブランドネーム、パッケージなどのブランド要素とブランド価値を結びつける活動を行うこと。Web（ネット）ブランディングとはWeb制作を行う中でブランディングを行うこと。

注1 プロダクトの強みやポジショニング
強みやポジショニングを明確にするには、戦略・マーケティングのフレームワークが利用できる。3C分析やSWOT分析でKSFや強みが、ポジショニング・マップで自社またはプロダクトの立ち位置がわかる。
「010 クライアント企業と事業戦略を理解する」
→P.030
「013 マーケティングの基礎知識」→P.036

Book Guide

① ブランド論の大家であるデービッド・A.アーカーが、全社視点に立ち、複数のブランドをどう組み合わせ相乗効果を生み出すかという「ブランド・ポートフォリオ戦略」を語る。

ブランド・ポートフォリオ戦略
デイビッド・A.アーカー（著）、阿久津聡（訳）
A5判／432頁
価格3,990円（税込）
ISBN9784478502419
ダイヤモンド社

デザインやマーケティングなど接点を作る部署においてはより深い理解と実行が求められる。

ブランディングにおけるインターネットの活用

ブランディングを、「認知時にブランドイメージを高めること」と「経験時にブランドイメージを高めること」の2つに分けると、インターネットが得意とするのは後者である。ユーザーがWebサイトに訪れて経験するすべてのことが、ブランディングになる。インターネットでは他広告媒体のような一方通行ではなく、双方向のコミュニケーションが実現できるためブランディングが効果を発揮しやすいと言われている。丁寧に、ブランド・アイデンティティにのっとって企画・設計・デザインを行おう。インターネットにおけるブランディングは、**ネットブランディング**と呼ばれ、ほかと区別されることもある。ネットブランディングで特徴的なことは、誠実さや透明性が大きな意味を持っている点だ。いったんWebサイトで公開したものは、サーバから削除してもどこかにアーカイブされている 図1 ことも多く、ユーザーはそれに対して意見を述べる場を持っている。たとえば、企業が何かミスをして謝罪文をWebサイトに掲載したとして、その文章が不誠実なものなら、悪評はソーシャルブックマークやSNS、各種ブログ、ニュースサイトなどを通じて瞬く間に広まる。人の噂は75日で沈静化するかもしれないが、インターネットでは検索されればヒットしてしまう。インターネットは「嘘がつけない、ごまかせない」メディアであることを十分理解して、本来のブランディングを行おう。

図1 Internet Archive

この「Internet Archive」では、インターネット上のさまざまなWebサイトのある時点でのコピーを保存している。日本でも「ウェブ魚拓」というスナップショットを保存するサービスがあり、こちらはユーザーが任意に保存する形式だ

Article Number **027**

説得力のある企画書・提案書を作る

企画書や提案書は、報告書や資料などとは違って、何らかのメッセージを伝えるためのものだ。「こんな企画を考えました」とただ解説するのではなく、その企画を行う理由や効果などを伝え、相手側に納得してもらうことを目的としている。どのようにすれば、よりわかりやすく、説得力のある、「伝わる」提案書の作成ができるだろうか。企画書と提案書は違うものを指すこともあるが、ここでは、企画を提案する書類ということで、提案書と呼称している。

要件定義
調査
戦略
企画
提案
見積もり・契約

Keywords　Ａ 提案書　Ｂ 図解

提案書には判断材料が必要

A **提案書**を作る際、いきなりPowerPointを開いて真っ白い画面の前でうんうん悩むことはやめよう。そうやってできあがる提案書は、たいてい「Aを作ることを提案します。詳細はこれこれです。費用はいくらです」というようなものだ。これでは、提案を受ける側は判断のしようがない。

提案書には、「提案内容」のほかに「理由」「効果（目標）」「手段」「コスト（期間・費用）」が盛り込まれている必要がある。これらを掘り下げ、強調すべきところや省いてかまわないところなどを調整し、展開を決め、アウトラインを作る。そこまでやってから白い画面と向かい合えば、説得力のある提案書が作れるはずだ。

論理の構築とストーリー展開

論拠が確かであれば、それだけ提案が受け入れられやすくなる。提案の良し悪しを感情や好みで決めてしまうと、クライアント社内でも食い違いが出るが、「なぜ必要なのか」がきちんと語られていれば、「確かに必要だ」と肯定しやすくなるからだ。論理の構築には、「020 問題解決とコミュニケーションに役立つロジカル・シンキン

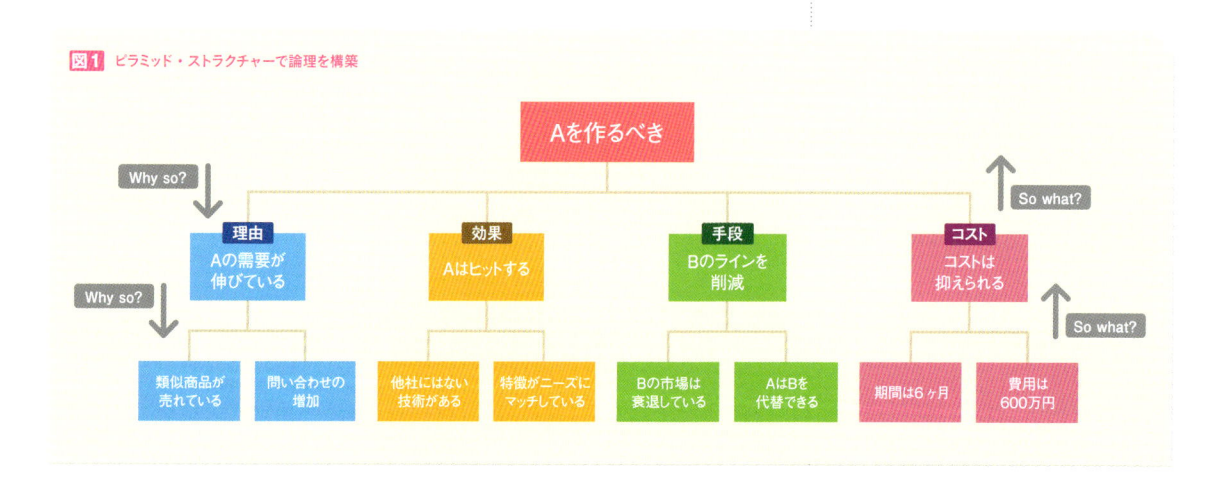

図1 ピラミッド・ストラクチャーで論理を構築

Aを作るべき

Why so? ／ So what?

| 理由 | 効果 | 手段 | コスト |
| Aの需要が伸びている | Aはヒットする | Bのラインを削減 | コストは抑えられる |

Why so? ／ So what?

- 類似商品が売れている
- 問い合わせの増加
- 他社にはない技術がある
- 特徴がニーズにマッチしている
- Bの市場は衰退している
- AはBを代替できる
- 期間は6ヶ月
- 費用は600万円

グ」→P.050 で説明したピラミッド・ストラクチャーを使うとよい。頂点に「Aを作るべき」というメッセージを置いて、提案書に必要な内容を下に伸ばしていく 図1 。論理に隙がなくなったら、ストーリーをどう展開するかを考えよう。ピラミッドすべてを並列に説明していては、時間も足りないし、相手も退屈。しかも一番大切なメッセージがぼやけてしまう。事前にヒアリングした情報をもとに、クライアントが気になっていることについては論拠まで説明し、ほかはさらりと箇条書きにするなどの強弱をつけよう。順序もいろいろあるが、わかりやすいのは、「導入部（問題点、背景）」、「結論（解決方法、提案）」、「それを行う理由」、「期待できる効果」、「実現可能性（手段、期間、費用など）」という流れである。

提案書は解説書ではない

提案書においてありがちな失敗は、ただ企画や自社のプロダクトについて解説をしていく形式だ。たとえば、「Aを作ることを提案します。Aは問題解決ツールです。Aはこのような結果を出しています。Aはいくらです」というもの。必要事項がそろっていて、論理的で理にかなっていたって、これが共感を呼ぶことは難しい。

自分自身のこととして考えてもらうために、主語はクライアントにするべきである。「Aは問題解決ツールです」ではなく、「御社はAでこの問題を解決できます」というようにパーソナライズするのである 図2 。Aの自慢ではなく、クライアントにとってのメリットを語るのがポイントだ。そして、ロジックに偏った説明にならないように、「導入部」に背景や現在の状況、問題点などを盛り込みストーリー性を持たせよう。こういった工夫でクライアントにとって興味の引かれる提案書にすることができる。

ビジュアルで気をつける点

ビジュアル面では、単調な文字の羅列にならないように気をつけよう。重要なところは強調し、図解できるところは図解する。そのためにはまず、図の種類を知ろう。よく使われるものでは、グラフ（円グラフ、棒グラフ、折れ線グラフなど）、概念図、マトリックス、ピラミッド（ツリー）などがある 図3 。図をどう解釈すべきかわかるよう、重要な部分の色を変えたり、注釈をつけたり、不必要な情報は省いたりという調整も必須だ。図によって伝えたい事柄を中心に考え、よくばらず、シンプルに表現するのが図解のコツである。

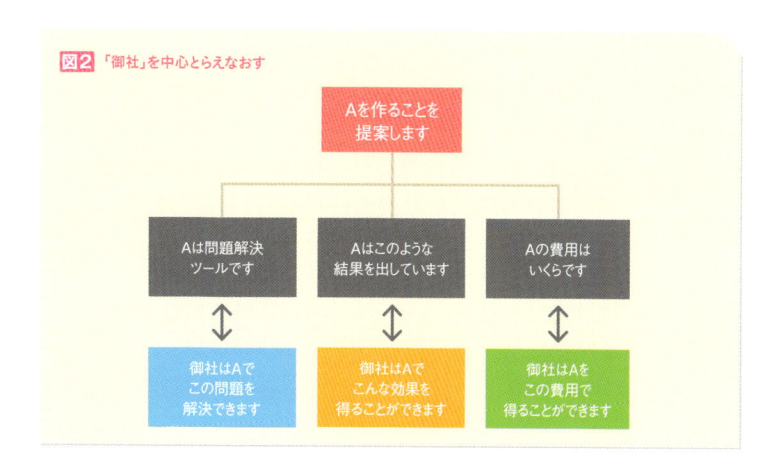

図3 図解の種類
グラフ
概念図
マトリクス
ピラミッド

図2 「御社」を中心とらえなおす

Article Number 028

プレゼンテーションの基本

たとえ提案内容が良くとも、プレゼンテーションに失敗すればチャンスを逃してしまう。特に発注先を選ぶためのプレゼンテーションは見る目が厳しいものだ。ありがちな失敗は、「専門用語だらけ」、「長すぎる」、「枝葉末節が多すぎる」、「論理展開がおかしい」、そして「結局、何が言いたいのかわからない」というものだ。目指すは説得力のあるプレゼンテーション。大切なチャンスをものにできるよう、プレゼンテーションの基礎とテクニックを身につけ、準備万端で臨みたい。

要件定義
調査
戦略
企画
提案
見積もり・契約

Keywords
- **A** プレゼンテーション
- **B** PIPの法則
- **C** アテンション・マネジメント

プレゼンテーションの事前準備

A ビジネスの場における**プレゼンテーション** 用語1 （プレゼン）は何らかの意志決定のために行われる。普段の打ち合わせには出てこないお偉方が揃い、厳しい目で提案内容や会社、人を判断する。プレゼンが契約の成否を握る場合は緊張すること甚だしいが、入念な準備さえ行えば恐れることはない。事前に確認しておくことは、プロジェクタやスクリーン、座席位置、音響などの設備関係、出席人数や時間配分、順番などの進行関係、そして一番大切なのは「意志決定者は誰か」ということだ 図1 。その人が納得しているかどうか、興味を持っているかどうか、プレゼンの最中も随時確認しておきたい。あとは練習につきる。可能ならば練習をビデオ撮影し、自分の声や話し方、表情、ボディランゲージをチェックしておきたい。どう見えているかがわかれば、どう見せるかをコントロールできるからだ。

オープニングとエンディングにすべきこと

プレゼンの内容が重要なことは言うまでもないが、オープニングとエンディングに労力を注ぐことで、聞き手はより内容にフォーカスできる。

B オープニングに話すべきこととして、**PIPの法則**を覚えておこう。PIPとは、目的（Purpose）、重要性（Importance）、予告（Preview）の頭文字である。この3点をプレゼンの始めに盛り込むことで、聞き手は「何のために長時間じっと人の話を聞いておかねばならないのか（目的）」、「このプレゼンが自分たちにどんな重要な関わりがあるのか（重要性）」を確認でき、「プレゼンの全体像や構成、何を期待しておけばよいのか（予告）」がわかり心の準備ができるというわけだ 注1 。
それに対してエンディングの役割は、プレゼン全体を通して伝えてきたキーメッセージと重要事項をまとめて、聞き手の頭にしっかりと植えつけることだ。そして必要ならばその後質疑応答や議論に移行する。

話に引き込む技術

C 聞き手を話に引き込み夢中にさせるような**アテンション・マネジメント** 用語2 は経験がものを言う。絶妙なタイミングでジョークを入れるようなことは、見よう見まねで

用語1 プレゼンテーション
情報の送り手（報告者）が、受け手（聞き手）に対して、「情報」や「提案」を正確に効果的に伝達すること。ビジネスの現場においてプレゼンテーションは企画提案の機会であり、企画書やデザイン見本など、プレゼンする相手によりわかりやすいツールを用いて提案をすることを指す。

注1 目的(Purpose)、重要性(Importance)、予告(Preview)の順番は、プレゼン内容や持っていきたい論調に合わせて変更できる。プレゼンの目的に合ったストーリーを作ろう。

用語2 アテンション・マネジメント
アテンション（注意）を管理すること。プレゼンにおけるアテンション・マネジメントは聞き手の注意をそらさないことと、反応をコントロールすることを含む。

BOOK GUIDE

① 聴衆に伝わりやすい効果的なプレゼンテーションのための原則や概念を、「抑制」「シンプル」「自然さ」といった観点からわかりやすく解説。プロのプレゼンテーションの具体的な事例が豊富に紹介されている。パワーポイントを用いた従来どおりの「退屈な」プレゼンテーションに異議を唱え、プレゼンテーションの実施やデザインに発想の転換を促す注目の一冊。

プレゼンテーション ZEN
ガー・レイノルズ（著）、熊谷 小百合（訳）
菊版／256頁
価格 2,415円（税込）
ISBN9784894713284
ピアソン・エデュケーション

できることではない。しかし、話の引き出しを用意しておけば「何か面白そうだな」と興味を持たせることは可能だ。たとえばプレゼンテーションが始まる前に、プレゼン内容に関連する新事実やエピソードを話したり、軽い質問や挙手アンケートを行ったり、著名人の言葉を引用したり。場の雰囲気によって決めよう。

プレゼンの最中はできるだけ下を向かないこと。話し手の視線が落ちれば、聞き手の視線も手元の資料に落ち、やがて興味は薄れてしまう。スクリーンを見過ぎて、常に聞き手に背中を向けてしまうのも避けよう。手元やスクリーンは確認のために見るのみで、あとは意志決定者や聞き手とアイコンタクトをとることが大切だ。

スライドの注意点

スライドをプロジェクタでスクリーンに映しながらプレゼンを行う場合、スライドの完成度が低いと興味がそがれてしまう危険がある。

最低限、可読性 **用語3** は確保するべきだ。文字は小さすぎないか、書体は適切か、背景色と文字色のコントラストは十分か、専門用語やカタカナ言葉を使いすぎていないか、文字量は多すぎないかなど。文字量を減らすには、できるだけ簡潔に箇条書きで表現するとよい。スライドをただ読むだけの退屈なプレゼンになってしまわないためにも重要だ。

ほかには、統一感を出す、ごちゃごちゃ詰め込まず余白を大切にするなど、ビジュアルデザインの基礎を知っておくといいだろう。内容は、1スライドにつき1コンセプトで作成するとわかりやすい。

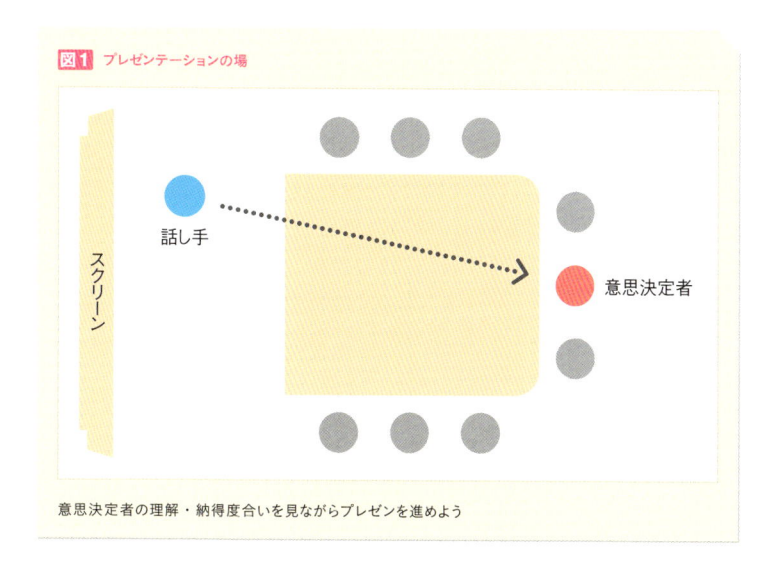

用語3 可読性
文章の読み取れる度合いのこと。文字自体のことだけでなく、文章の複雑さ難易度も含まれる。

図1 プレゼンテーションの場

意思決定者の理解・納得度合いを見ながらプレゼンを進めよう

Article Number **029**

見積もりの種類と役割

要件定義
調査
戦略
企画
提案
見積もり・契約

見積もりにあたっては、作業内容や期間、各種リソースなど考慮すべき事柄が多い。一刻も早く金額を知り予算を確定したいクライアントの気持ちもわかるが、見積もり自体に労力が必要な場合もある。ただし見積もりには種類があるので、詳細な見積もりを毎回作成しなければならないとは限らない。そのときどきで、どのレベルの見積もりが期待されているのかを把握し、スピーディに提出したいものだ。そのためにも、見積もりの種類や役割を覚えておこう。

Keywords
- **A** 見積書
- **B** 超概算見積もり
- **C** 概算見積もり
- **D** 相見積もり
- **E** 確定見積もり

見積もりに期待されているもの

A 契約における見積もりとは、作業にかかる費用を算出することで、一般的に受注サイドが「**見積書**」と呼ばれる書類を作成し、発注サイドへと提出する。プロジェクトの規模や要求される見積もりの精度によっては、見積もり自体にも作業時間がかかるがその費用は請求されない場合が多い。また初期段階では詳細な項目も出せないため、はじめから詳細な見積もりを作るのではなく、ざっくりとした金額を口頭またはメールベースで伝え、双方の相場感を確認することになる。そういった、50万なのか100万なのか、500万なのか1000万なのかという大きな単位でのざっくり

B とした見積もりのことを「**超概算見積もり**」と呼ぶ。このように、見積もりにはその時々に応じて、求められている精度が異なることを念頭において、見積もりを行おう。

見積もりの種類と役割

見積もりの種類は大きく分けて3つある**図1**。上記のような、金額の相場を確認するための「超概算見積もり」の次は、内容や期間などがおおまかに決まった段階で

C の「**概算見積もり**」だ。これはある程度の必要事項をヒアリングしたあとに行われ

D る見積もりで、ここから大きな変動はないようにしたい。複数の会社による**相見積もり 用語1** が行われる場合もこの段階が多い。最終の見積もりは、単に「見積もり」

E または「**確定見積もり**」と呼ばれ、ここで算出された金額は契約が成立したのち、契約書や発注書にも記載される。基本的にはここからの金額変動はないが、要件に変動があった際は、追加見積もりや修正見積もりで対応することになる。
これら3つの段階の見積もりがあることを、受注サイド、発注サイドの双方で理解しておこう。見積書に、「現時点での概算であり、作業内容・量・期間などにより変動する可能性があります」など、注意書きしておくのも重要だ。

見積書のフォーマット

見積書のフォーマットはさまざまだ。会計ソフトに付属しているものを利用することも、市販の見積書を利用することも、表計算ソフトで自社フォーマットを作ることも

図1 見積もりの流れ

超概算見積もり
↓
ヒアリング
↓
概算見積もり
↓
要件定義
↓
確定見積もり
↓
契約締結
↓
制作開始

用語1 相見積もり
相見積もり（あいみつもり）とは複数の業者から見積もりをとること。「あいみつ」と省略される場合も。価格だけで比較したい場合に利用される。相見積もりを利用して不当な値引きを要求されることもあるが、そもそもWeb関連プロジェクトでは納品物の質や内容の差が大きいため、単純な相見積もりだけでは取引先の選定は難しい。

できる。必要な内容は、「合計金額」「各項目と金額」「宛先（社名・担当者名）」「自社情報（社名・住所・電話番号・担当者名・印鑑）」「日付」「有効期限」「備考」「見積書番号」などである。別紙で各項目について詳細な内容まで記した内訳書が添付されることもある図2。

項目の記載方法にも決まりはない。ページ数や画像点数などをベースに算出する会社も、人日・人月などの工数単位で算出する会社もあるだろう。ただし、「Webサイト制作：一式」などとして内容がまったくわからないような記述になっていると、後々、どこまでが見積もりに含まれていたかわからずトラブルになることもあるので、できるだけ細かく書くようにしたい。

図2 見積書の例

御見積書

2010年1月1日
No. 1001-M-01

株式会社エムディエヌコーポレーション　御中

件名:　○○様 Webサイト構築

下記の通り御見積申し上げます。
ご不明な点があれば担当者までご連絡ください。

株式会社○○○○○
〒000-0000
住所○○○○○○○○○○○○○○
TEL:00-0000-0000
FAX:00-0000-0000
info@example.com

御見積金額(税込)　¥1,522,500

納入場所　サーバ上
納品日　別途決定
支払条件　月末締め翌月支払い/現金振込
有効期限　御見積書提出日より○ヶ月

単位:円

No.	項目名	単価	数量	単位	金額
1	ディレクション・制作管理費	50,000	5.0	人日	250,000
2	基本デザイン料	200,000	1.0	式	200,000
3	詳細ページデザイン	50,000	7.0	人日	350,000
4	HTML/CSSコーディング	50,000	7.0	人日	350,000
5	CMS実装(設置・カスタマイズ)	50,000	6.0	人日	300,000
6					
7					
8					
9					
10					
11					
12					
13					
14					
15					
16					

小計	¥1,450,000
消費税	¥72,500
合計	¥1,522,500

備考
※ 現時点での概算お見積りです
※ 詳細お打ち合わせにより内容量・作業量が変動した場合、別途お見積させていただきます

Article Number 030

契約の締結と必要書類

めでたく受注決定となったとき、プロジェクト計画を練るのに時間を割きたい気持ちを抑えて、契約関係の書類を取り交わそう。契約書の作成自体は総務部や経理部などの専門部署が行うかもしれないし、別件の契約書を流用することもあると思うが、各取引に関する詳細な条項などプロジェクトリーダーでないと確認できないことも多い。後々トラブルにならないよう、しっかりとチェックを行おう。ここでは契約書の必要性や契約のタイプ、確認すべき点、そのほか書類について解説する。

Keywords A 契約書　B 請負契約　C 委任契約　D 派遣契約　E 業務委託契約書　F NDA（秘密保持契約）

契約書の必要性

口頭やメールで契約を成立させることもできる。しかし、いわゆる口約束ではあとから参照することができない。メールならば参照できるので良さそうだが、メールの不達や文字化けによる契約の不成立もありうる。契約が問題になるときは、何らかのトラブルや確認事項が発生したときが多い。いざというときに双方の記憶に頼ると、

A 言った・言わないの水掛け論になり、事態が混乱するばかりである。書類として**契約書**を取り交わし互いに署名・捺印しておけば安心である。

契約書はトラブル時にだけ活躍するわけではない。事前に確認すべき細かい点をお互いに文書で確認しあえる、取引条件をあとから参照しやすくなるという利便性もある。また、契約書を交わすという行為で気が引き締まるという心理面の効果もある。

契約の種類

Web関連プロジェクトにおいて交わされる契約の種類は主に、請負契約、委任契約（準委任契約）、派遣契約の3つである。

B Web制作の外注形態で最も一般的なのが「**請負契約**」だ。成果物を完成させ納品と引きかえに報酬を得る形態で、受注サイドは完成責任と納品義務を負い、発注サイドはそれに対する支払い義務を負う。

C 「**委任契約（準委任契約）**」は業務を遂行することに対する報酬を得る形態で、完成責任の代わりに「善管注意義務（善良な管理者の注意義務）」を負う。コンサルタントの契約や、一定期間のみの契約の場合に利用されることが多い。

D 受注サイドの社員が発注サイドに常駐し作業を行う場合は「**派遣契約**」が結ばれる。受注サイドは「定められた能力を保有する要員を派遣する義務」を負う。要員の労務管理・指揮命令は発注サイドが行うことになるが、発注サイドと要員の間に雇用関係は生じない。

契約書に記載しておくこと

E 請負契約では一般的に「**業務委託契約書**」図1 が交わされる。その内容や粒度はプロジェクトによって異なるが、納品物、納品予定、受け入れ基準、作業の対価、

契約期間、瑕疵対応、著作権、取引条件などさまざまな条項が記載されている。その中でも注意して見ておきたい項目がある。納品物には元データ（PhotoshopやFlashのファイルなど）が含まれるのか、著作権はどちらのものになるのか、支払い予定に問題はないか、それから納品物に瑕疵（欠陥）があった場合の瑕疵担保期間 用語1 の設定はどうするかなどである。
契約書は基本のフォーマットを作って使い回すことが多いが、契約によって書き換えが必要な部分も多いので、細かなところまで確認しておきたい。

用語1 瑕疵担保期間
納品後、納品物に瑕疵（欠陥）が発見された場合に無償で対応する期間のこと。一般に、1年または6ヶ月以内とされているが、納品物の性質にも左右されるため当事者間の合意で決定される。瑕疵であるのか、追加要求や変更であるのかは判断が難しい場合もあるので、詳細な仕様書を残しておくことが重要となる。

契約の締結と必要書類

継続的な取引の場合は、毎回個別契約を交わすのではなく「業務委託基本契約書」を初めに交わし、個々の発注に対しては「発注書」で対応する場合も多い。その場合、基本契約には汎用的な条項、個々の発注書に納品成果物や対価等の詳細な条項を記載することになる。
また、契約締結時、基本の契約とは別に「**NDA（秘密保持契約）**」用語2 を結ぶことも多い。プロジェクトにおいて入手した一般非公開の情報を外部に漏らさないことを約束するものだ。発注・受注の企業間だけでなく、企業と従業員の間でも取り交わされることも多い。特に派遣契約においては、長く派遣先に常駐していることもありさまざまな情報に接する機会がある。NDAを結ぶのはもちろんのこと、普段から秘密保持の意識を高く保つことが重要である。

F

用語2 NDA
一般に公開されていない情報や公開前の情報を、外部に漏らさせないために情報の発信元と受け手の間で交わされる契約のこと。新アプリケーションソフトの開発中にメディアなどに対して一部の情報を公開する際などに交わされる。

図1 業務委託契約書の例

業務委託契約書

株式会社○○○○（以下「甲」という。）と株式会社△△△△（以下「乙」という。）とは、甲が乙に委託するウェブサイト制作業務に関して、次のとおり契約を締結する。

第1条　目的
1. 甲は、ウェブサイトの制作業務(以下「本業務」という)を乙に委託し、乙はこれを受託する。
2. 甲は、乙が本業務を遂行するに際して、必要な協力を行う。

第2条　仕様の提示
1. 甲は文書にて、乙に納入物の満たすべき仕様を提示する。
2. 乙が、甲より提示された仕様を満たせないと判断した場合は、すみやかに甲に告知する。

第3条　見積
乙は、受託内容、制作金額および制作期間を明示した見積書（以下「見積書」という）を甲に提出する。

第4条　業務
乙が甲に提供する業務は下記の通りとする。
1. 甲より提示された仕様に従い、甲から提供されるテキスト原稿、画像等のデータと、乙の提供するデザイン、レイアウト、画像、およびスクリプト等と組み合わせて、ウェブコンテンツ（以下「本件制作物」という）を制作する。
2. 上記に付随する一切の業務。

第5条　制作期間
1. 本件制作物の制作期間は、乙が甲から制作に必要なすべてのデータを受け取った時点を起算日として計算する。ただし、この起算日よりも遅い日に制作に着手する旨の記載が見積書にある場合は、見積書に記載された着手日付を起算日とする。
2. 納期は、乙が見積書に記載した制作期間を起算日に足して計算した日付とする。ただし、見積書に納期が日付で記載されている場合は、見積書に記載された日付を優先する。
3. 甲からの指示により、見積提出後に制作内容に変更があった場合、見積書に記載された起算日および制作期間、納期は無効とし、改めて両者協議の上で定める。

～～～～～～～～～～～ 中略　～～～～～～～～～～～

～～～～～～～～～～～ 中略　～～～～～～～～～～～

第15条　期限の利益の喪失について
甲に次の各号のいずれかに該当する事実があった場合、甲は乙に対する債務の一切の期限の利益を喪失し、乙は催告することなく利用契約を解約することができるものとする。
1. 本契約に基づく制作代金の支払いを遅延したときおよび履行しないとき。
2. 支払いの停止、又は破産、民事再生手続き開始、会社更生手続き開始、会社整理開始、もしくは特別清算開始の申し立てがあったとき
3. 第14条の禁止行為を行ったとき、その他本契約に違反したとき
4. 甲としての地位が失われたとき、又は不明となったとき

第16条　機密保持
甲および乙は、本基本契約または個別契約に関連して知り得た相手方または相手方の顧客の技術上、販売上その他業務上の機密を、本基本契約の存続期間中はもとより本基本契約終了後といえども第三者に漏洩してはならないものとする。

第17条 有効期間
1. 本契約の有効期間は、本契約締結の日から委託業務が終了するまでとする。
2. 本契約と関連することを明示した個別契約が本契約の失効時に存続している場合については、前項にかかわらず、本契約が当該個別契約の存続期間中効力を有するものとする。

2010年1月　1日

甲　住所○○○○○○○○○○○○○○○○○○○○○○○
株式会社 ○○○○○
代表取締役　○○○○○○

乙　住所○○○○○○○○○○○○○○○○○○○○○○○
株式会社△△△△△
代表取締役　△△△△△

Article Number **031**

プロジェクト計画、計画書

あらゆるプロジェクトには期日と予算、達成するべき目的がある。期日までに作業を終了し、目的を達成するためにはしっかりとした道筋をたてなければならない。Web制作プロジェクトはクライアントと二人三脚で進めていくものであるため、具体的な作業に着手する前にしっかりと計画をクライアントと共有しておくことが必要だ。この段階でプロジェクトの成否が左右されることもあるため、計画を立ててプロジェクトを進めることを心がけよう。

|コンテンツ企画
|Webサイト設計

Keywords　　A プロジェクト企画　　B スコープ計画　　C プロジェクト計画書

プロジェクト計画の検討内容

プロジェクトをスタートするにあたり、まず着手するべきことがプロジェクト計画である。スケジュールがタイトなプロジェクトほど計画をあと回しにしてしまいがちだが、計画をあと回しにしてしまうとプロジェクト中盤でさまざまな矛盾が表面化し、大きな変更を余儀なくされる。プロジェクト計画では主に、プロジェクトに関する「何のために（Why）」、「何を（What）」、「どのようにして（How）」の3つのポイントをまとめていく。主な流れを **図1** に示す。

A　まず、オリエンテーションや要件定義で整理された情報をもとに、プロジェクトがスタートした理由と目的・目標をしっかりと把握（**プロジェクト企画**）する。次に発注者の要求を満たし、目標を達成するべきためにやるべきことと、やらなくていいこと
B　を明らかにする（スコープ定義）。**スコープ計画** 用語1 で定義された成果物・作業
C　範囲をもとに、具体的なプロジェクトの実施方法を計画（個別計画）し、**プロジェクト計画書** として文章化する。「何のために（Why）」、「何を（What）」、「どのようにして（How）」の3つのポイントが明らかになることでプロジェクトの全貌が明らかになるわけだ。文章化されたプロジェクト計画書は、必要に応じてプロジェクトオーナーに承認をもらい、クライアントと制作側で共有する。それでは、各項目について見ていこう。

用語1 スコープ計画

スコープ計画（＝プロジェクト・スコープ）とは、プロジェクトの範囲、すなわちそのプロジェクトにおいて実施すべき作業、およびその作業により生み出される製品・サービスといった成果物の範囲のこと。

※スコープとは、日本語では所掌範囲を指す。プロジェクトマネジメント用語。PMBOKでは、成果物スコープと、プロジェクトスコープ（スコープ計画）に分類される。プログラミング言語においては宣言した変数の適用範囲のことを指す。

※PMBOK（「ピンボック」）とは、PMIがまとめたプロジェクトマネジメントの知識体系「PMBOK(A Guide to the Project Management Body Of Knowledge)」のこと。よいとされる実務慣行や一般的なマネジメント・プロセスなどをまとめたもの。プロジェクトマネジメントにおける教科書とされる。

図1 プロジェクト計画の主な流れ

プロジェクト計画（Why）→ スコープ計画（What）→ 個別計画（How）
・リソース計画
・スケジュール計画
・コミュニケーション計画
・コスト計画
・調達計画　...etc
→ プロジェクト計画書策定

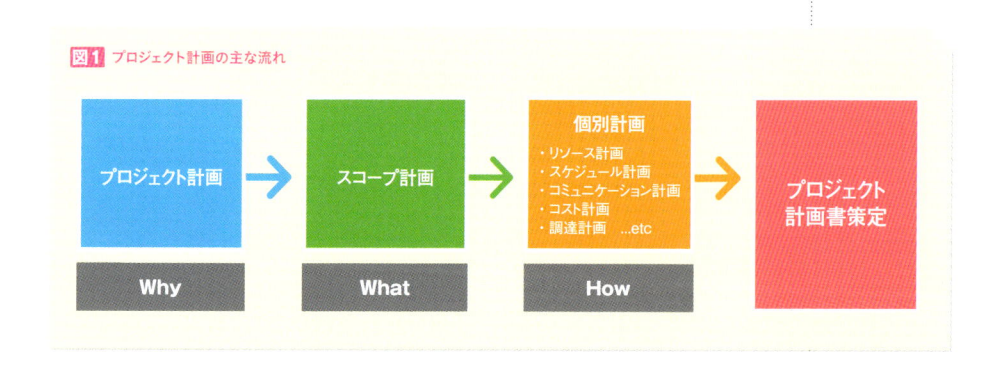

BOOK GUIDE

①Web業界で関心が高まりつつあるプロジェクトマネジメントのノウハウをまとめた書籍。プロジェクトマネジメントの世界標準「PMBOK」をベースに、Webのプロジェクトで必須のフレームワーク、優れたプロジェクトマネージャーになるための心構えを解説する。

Webプロジェクトマネジメント標準
PMBOK®でワンランク上のWebディレクションを目指す
林千晶、髙橋宏祐（著）
B5変形判／192頁
価格2,289円（税込）
ISBN9784774135991
技術評論社

プロジェクト企画（Why）

規模の大小に関わらずすべてのWeb制作プロジェクトには、プロジェクトが生まれた理由がある。その理由の背景を把握しないで目的・目標を定義することはできない。プロジェクトの生まれる背景は大きく6つに分類できる 図2 。

プロジェクトの生まれた背景を把握することは、目的・目標を明らかにするだけでなく、プロジェクトが注力するポイントを判断する根拠にもなる。たとえば、法改正の施行前にWebサイトを見直さなければならないような「法的な要求」から生まれたプロジェクトでは、納期・スケジュールの順守が第一優先となるだろう。

プロジェクトが生まれた背景が把握できたら、プロジェクトの「目的・目標」を定義する。「目的」とは達成すべきものであり、「目標」とは目的を達成するために定められた指標である。目標として設定する内容は「具体的」、「有期的」、「現実的」、「定量的」 用語2 であることが必要だ。

では、「Webサイトをアクセシビリティに対応した、高齢者にも使いやすいものにする」という目標はどうだろうか？ 噛み砕いてみると、アクセシビリティ対応という言葉では定量的に測定できる基準にはなっていないことや、期日が設定されていないことがわかるだろう。プロジェクト企画段階では、「全ページを対象にデザインルールを見直し、音声ブラウザ 用語3 に対応した全面CSSコーディングを行ったWebサイトを4カ月以内にローンチ 用語4 する」といった目的を達成するための具体的な目標を設定することが必要だ。

用語2　定量的
「定量的」とは、対象の状態を数値の変化に着目してとらえること。これに対し、「定性的」とは対象の状態を質的側面の変化に着目してとらえることを指す。

用語3　音声ブラウザ
Webサイト上の情報を解析し、合成音声で読み上げるためのソフトウエア。テキスト情報だけでなく、画像情報に代替テキストが設定されていれば、その情報も音声にすることができる。視覚障害者のユーザーがWebサイトを閲覧するための仕組み。

用語4　ローンチ
本来は立ち上げること。参入すること。始めることを意味する単語。新しい商品やサービスの発売、あるいは有価証券の起債を市場で発表する意味でも使われている。

図2　プロジェクトの生まれる背景

- 市場の要求
- 顧客の要求
- 社会的ニーズ
- 法的な要求
- 技術の進歩
- ビジネスニーズ

（プロジェクトが生まれる背景）

Keywords

- **D** ▶ WBS(Work Breakdown Structure)
- **E** ▶ リソース計画　　**F** ▶ コミュニケーション計画
- **G** ▶ 変更管理手順

スコープ計画(What)

スコープ計画では、プロジェクト企画で定義された目的・目標を達成するために必要な成果物や作業範囲（プロジェクト・スコープ）を明確にする。まずは、クライアントから提供される提案依頼書（RFP）、見積もり依頼書（RFQ）**注1**や要求定義段階で整理された情報を見直してみよう。クライアントの希望を読み取れるはずだ。成果物の検討では、HTMLやCSSなどのコーディングだけではなく、運用のためのガイドラインや編集可能なデザインデータが必要かどうかなど、クライアントの立場から検討することが重要だ。

次に、前提条件や制約条件を洗い出しプロジェクトの境界（作業範囲）を明確にする。スコープ計画の重要な役割は、クライアントと制作側でやるべき作業に関する認識を合わせることである。ここがあいまいなままでプロジェクトをスタートしてしまうと、のちに大きな問題に直面する可能性が高くなる。

作業範囲が明確になったら、それを個別の作業単位に分解する。作業分解には一般的に **D** ▶ **WBS（Work Breakdown Structure）** **用語5** が用いられる。WBSは必要な作業を階層構造で表現するもので、作業全体を大きな単位で分解してから細かい単位に分割することで全体の構造を把握しやすくする手法である**注2**。WBS作成で重要なポイントは、「作業が網羅されていること」、「作業単位が適切でわかりやすいこと」である**図3**。

注1 提案依頼書評価、見積もり依頼書
「006 依頼から契約締結までの流れと提案依頼書（RFP）の作成」→P.022

用語5 WBS
プロジェクトマネジメントで計画を立てる際に用いられる手法のひとつで、プロジェクト全体を細かい作業に分割した構成図。「作業分割構成」「作業分解図」などとも呼ばれる。

注2 細かい単位に分割
細かく分割された単位を構成する一連の作業のかたまりのことを「ワークパッケージ」、それぞれのワークパッケージに担当する人員を配置した組織図を「OBS」(Organization Breakdown Structure)と呼ぶ。

図3 WBS（必要な作業を階層構造で表現）

- Webサイト制作
  - 調査・分析
    - 既存コンテンツ精査
    - ユーザー調査
    - 市場調査
  - 設計
    - コンセプト策定
    - トップページWF作成
    - 下層ページWF作成
    - サイトマップ作成
    - デザインコンセプト設定
    - CMS仕様策定
  - 開発
    - グラフィックデザイン
    - XHTML/JSコーディング
    - ライティング
    - フォーム開発
    - CMSツールインストール
    - CMSテンプレート開発
  - テスト・検証
    - 表示・挙動検証
    - 運用テスト

個別計画(How)

スコープ計画の定義をもとにプロジェクト体制（**リソース計画**）**用語6**、具体的なスケジュール、コスト・見積もりの精査、クライアントやプロジェクトメンバー間でのコミュニケーションルール（**コミュニケーション計画**）、契約関連の整理など個別の計画を行っていく。個別計画での定義もプロジェクト計画書に記載されるべき内容である。詳細は本書 Part 2 **注3** に記載しているので参考にしてほしい。

プロジェクト計画書

計画、策定してきたプロジェクトに関わる「Why、What、How」の3つのポイントをドキュメントとしてまとめたものがプロジェクト計画書だ。プロジェクト計画書に最低限必要な項目は以下のとおりだ。

- プロジェクト名
- プロジェクトの背景・ゴール
- プロジェクト・スコープ
- 成果物
- プロジェクト体制
- プロジェクト期間、マイルストーン **用語7**
- コミュニケーション計画
- 変更管理方法
- 制約条件、前提条件

気をつけたいのは、計画の変更に関連した項目が記載されることだ。入念な計画がなされた計画であっても、その後の工程で変更や追加の要求が寄せられることは多くある。こういった要求に正確に対応するために**変更管理手順**をルール化しておこう。

【変更管理方法で網羅するべきポイント】
① 変更要求をあげるルールを決めること
② 変更要求に対する承認を行う場を定義すること
③ 承認された変更要求のみを実施することを明記すること

いよいよプロジェクト計画の最終段階だ。まとめたプロジェクト計画書を**ステークホルダー** **用語8** 間で共有し承認をもらおう。ここでは参加意識や責任感を高めるためにもメールやファイルベースでのやり取りではなく、ミーティングを開催して顔を合わせたコミュニケーションを実施するべきだ。

用語6 リソース計画
作成した WBS に対して、実際の作業担当者をアサインすること。

注3 Part 2
「078 プロジェクト体制を整理しよう」→P.182
「079 スケジュール管理」→P.184
「080 予算／コスト管理」→P.188
「081 コミュニケーションルールを策定しよう」→P.190
「082 外注管理」→P.192

用語7 マイルストーン
マイルストーンとは、プロジェクトの中で特別なチェックポイントを示すタスクのこと。

用語8 ステークホルダー(stakeholder)
企業の利害と行動に直接または間接的な利害関係を有する者のこと。
「025 コーポレート・コミュニケーション」→P.060

Article Number 032

Webサイトのコンセプトを
はっきりさせよう

多数のメンバーが関わるWebサイト制作の現場では、各々の考えや思いから、プロジェクトキックオフ時の狙いやゴールがぶれてしまうことがある。目的を達成し、ターゲットとするユーザーにより良い体験を実現するためにも、プロジェクト開始段階でWebサイトのコンセプトをわかりやすい形式でまとめ、メンバー間で共有しておくことが肝心だ。

| コンテンツ企画
| Webサイト設計

Keywords   A コンセプトメイキング

なぜコンセプトが必要なのか

どのWebサイトにも制作された背景があり、目的がある。多くの場合、目的とはサービス提供者や情報提供者の要求であるのだが、Webサイトを成功させるためには提供者だけではなく、ターゲットとするユーザーの視点が必要である。

コンセプトとはWebサイトの独自性やターゲットユーザー、提供する価値をまとめたものだ。大切なのは、「開発しようとしているWebサイトは利用者にどんなメリットを提供し、どんな存在となるのか？」を考えることだ。サービス提供者の思いとユーザーのメリットが一致することで、サービス提供者とユーザーの双方に利益をもたらすWebサイトが実現できる。

設定したコンセプトはコンセプトドキュメント **図1** として文章化し、クライアントも含めた開発メンバー全員と共有しよう。コンセプトがあいまいなまま開発が進行してしまうと、プロジェクトの内容が本来の目的から逸れてしまうことがある。関わるメンバーの数が多いほど、こういった状況が発生するので、メンバー内でコンセプトを共有し、しっかりとした共通認識を持ち開発に進むよう心がけよう。

コンセプトメイキングのプロセス

A コンセプトを設定していくことを**コンセプトメイキング**という。コンセプトメイキングは、「調査・分析」から始まる。コンセプトはWebサイトの方向性を決める重要な指針であるため、多角的視点からの情報収集と分析が必要である。調査・分析の手法は対象によってさまざまである。ここでは、コンセプトメイキングに最低限必要な「調査・分析」の観点を紹介する。具体的な調査・分析の手法は本書Part2 **注1** において説明している手法を参考にしてほしい。

■ ビジネス環境・市場動向

Webサイトを運営する企業、もしくはWebサイトで取り扱うサービスや商品の置かれている環境を理解し、将来を予測する。また、どのような強み・弱みを持っているかを把握する。Webサイトは目的を達成するための手段であるため、提供するサービスや商品を取り巻く環境を理解することが必要である。

注1 Part 2
「078 プロジェクト体制を整理しよう」→P.182
「079 スケジュール管理」→P.184
「080 予算／コスト管理」→P.188
「081 コミュニケーションルールを策定しよう」
→P.190
「082 外注管理」→P.192

用語1 リテラシー

リテラシー（Literacy）は「言語により読み書きできる能力」を意味する言葉であり、元々は「識字」と日本語訳されてきた。情報化社会が進むにつれ、コンピュータの利用技術によって、社会活動の可能性が大きく左右されることから、情報の活用能力を指す「情報リテラシー」の意味で利用されることが多くなり、そこから「メディア・リテラシー」や「コンピュータ・リテラシー」のように「ある分野の事象を理解し、活用する能力」一般を示す言葉とし利用されている。

■ ターゲットユーザー

コンセプトメイキングには、Webサイトがターゲットとするユーザー像の把握が欠かせない。ターゲットユーザーの分析においては、Webサイトを閲覧する目的（ユーザーニーズ）だけでなく、年齢層・性別・社会的な属性・Web閲覧に対するリテラシー・提供サービスに対するリテラシー **用語1** など可能な限り、詳細に分析することが求められる。これらの情報はコンセプトという大きな指針の設定だけでなく、ユーザーインターフェイス設計などの具体的な検討の際にも活用できる。この調査を行った結果がペルソナである。

図1 コンセプトドキュメントサンプル

Keywords　**B** ブレインストーミング　**C** マインドマップ

■**タスク**

ターゲットユーザーがWebサイトを利用する際に、どのような情報を閲覧し、どのようなタスクを実行し、どのようなゴールにたどり着くのかを分析する。Webサイトのリニューアルでは、現行サイト・競合サイト調査と併せて行ってもいい。ペルソナと合わせて、ユーザーシナリオとして検討されることもある。

■**現行サイト・競合サイト**

Webサイトのリニューアルでは、現行サイトの分析に、まず取り組むべきである。現行サイトに対するユーザー観察やウォークスルー評価といったユーザビリティ分析だけでなく、アクセスログからユーザー導線を探ることも、効果的な分析手法である。また、現行サイトだけでなく競合サイトとのコンテンツ比較やサービス比較を行うことで、Webサイトが抱えている問題点や強みを把握できる。そのほか、必要に応じてはインターネット環境の動向やマーケティング的な観点からの調査・分析を行う。

■**コンセプトの設定**

調査・分析を重ねることで課題点や問題点、ターゲットとするユーザー像、Webサイトの強み・弱みが徐々に明らかになっていく。こうした情報をもとにコンセプトの設定を行う。コンセプトというと、CMのキャッチコピーのように簡潔にまとまっていることが必要と考えがちだが、必ずしもそうではない。大切なのは、Webサイトが「いつ」「誰に」「何を」「どうやって」提供するものなのかが、わかりやすい表現でまとめられていることだ。

具体的にコンセプトを検討する段階においては、調査の段階で集められたデータを冷静に分析する理性的な面と、発想やひらめきといった感性的な面をバランスよく使い分けることが必要だ。データだけを頼りにしては、ユーザーを驚かせるようなアイデアはなかなか出てこないものである。**B** **ブレインストーミング** 用語2 図2 などの手法を用いて、メンバー全員で柔軟にアイデアを出し合う環境を準備したり、**C** **マインドマップ** 用語3 図3 を利用して情報の整理をするとともに、発想を豊かにするなど、思考空間を広げることを心がけよう。

【コンセプトに盛り込まれる内容の一例】

- ターゲットユーザー：サービスの対象となるユーザー層はどのような人物像か
- ソリューション：ターゲットユーザーにどのようなサービスを提供するのか
- ポジショニング：他サービスや他サイトとの関係性において、どのようなポジショニングとなるのか
- オリジナリティ：差別化のポイントはどこか
- ロードマップ：どのように最終的な事業目標を達成するのか

用語2　ブレインストーミング

ブレインストーミングとは、集団で連想を行うことによって、メンバー間の連鎖反応や発想の誘発を期待する会議方式である。議題をあらかじめ知らされた5〜7名、場合によっては10名程度で行うことが一般的である。ブレインストーミング中は、より多くのアイデアを引き出すことが肝心であるため、判断や批判などは行わない。別々のアイデアをくっつけたり、変化させたりして新たなアイデアを生み出していく過程がブレインストーミングのメリットである。

用語3　マインドマップ

マインドマップ（Mind Map）もしくはマインドマッピング（Mind Mapping）は、トニー・ブザン（Tony Buzan）が提唱した、図解表現技法のひとつ。表現したいキーワードやイメージを図の中央に置き、そこから放射状にキーワードやイメージを繋げていくことで、発想を延ばしていく。人間の脳の意味記憶構造に近い経常であるため、複雑な概念も理解しやすい。

図2　ブレインストーミングの様子

BOOK GUIDE

① 元博報堂制作部長による、すごい企画と結果を出すためのコンセプトの作り方。リッツカールトン、スターバックス、トヨタ、旭山動物園など、古今東西の有名企業86事例のコンセプト作りを紹介する。「違い」を打ち出し続けるための「核(コア)＝コンセプト」とは何か。生き残るための「コンセプト」の作り方を図解。

コンセプトメイキング
変化の時代の発想法
高橋宣行(著)
A5判／112頁
価格 1,470円(税込)
ISBN9784887595903
ディスカヴァー・トゥエンティワン

② すごい発想ができるようになる10のスキルを、これまでに成功したイノベーションの例を引きながら紹介し、アイデアを実行することによっていかに日々の仕事が変わるかについてわかりやすく解説。これまでの因果関係的思考とはまったく違う視点から、イノベーション(仕事の変革)に向けたまったく新しいものの見方をする「水平思考」(ラテラル・シンキング)を紹介している。

イノベーション・シンキング
誰でもすごい発想ができるようになる10のステップ
ポール・スローン(著)
四六判／240頁
価格 1,680円(税込)
ISBN9784887595750
ディスカヴァー・トゥエンティワン

③ トニー・ブザンが発明した脳のメカニズムに沿った革命的思考ツール。マインド・マップは「脳のスイスアーミーナイフ」と呼ばれ、教育分野やビジネス分野を中心に、世界中で2億5000万人以上が使っている。マインドマップを発明した著者によるオフィシャルブック。単なるノート術にとどまらない革命的なツールであるマインドマップのバイブル。

ザ・マインドマップ
脳の力を強化する思考技術
トニー・ブザン、バリー・ブザン(著)、神田昌典(訳)
A5判／320頁
価格 2,310円(税込)
ISBN9784478760994
ダイヤモンド社

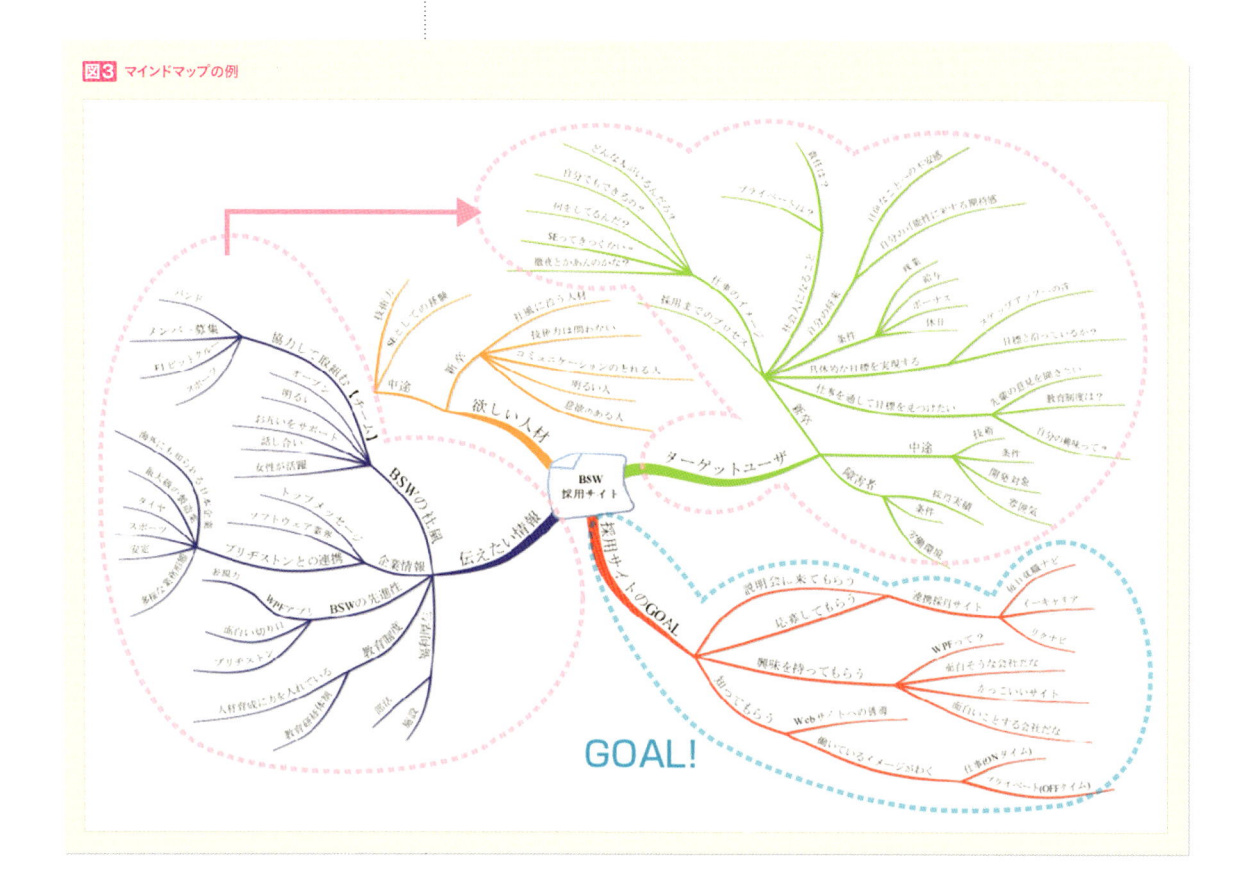

図3 マインドマップの例

032 Webサイトのコンセプトをはっきりさせよう

Article Number **033**

目的に合わせたサイトのタイプや機能

Webサイトにはさまざまなタイプのものがある。タイプによって目的や提供する機能が異なってくるため、制作側はそれらを把握し、必要であればクライアントに説明できなければならない。クライアントとの共通理解をスムーズにし、より魅力的な提案をするためにも業界動向に目を向けて、情報収集をすることを習慣付けよう。

|コンテンツ企画|
|Webサイト設計|

Keywords　A 検索エンジン　B ポータルサイト　C ECサイト　D SNS　E コーポレイトサイト　F 企業内ポータル

Webサイトには目的、提供機能によってさまざまなタイプが存在する。Webサイトのタイプを知ることは、開発しようとしているWebサイトをすばやく理解するために必要な知識である。また、各タイプの基本的な機能を知っておくことで、自分たちのWebサイトのポジショニングを明確にできる。Twitter 用語1 図1 の出現のように日々新しいタイプのWebサイトが現れるが、世界的な業界動向もキャッチアップしながら、幅広い知識を蓄えておこう。また、Webサイトにアクセスする環境は、もはやPCだけではなくなっている。モバイル端末をはじめとしたさまざまなアクセス環境にも注意を払い、柔軟な提案ができるように心がけよう。

Webサイトには、大きく分けてBtoBとBtoCの2つの種類がある。ここでは、いくつかの基本的なWebサイトのタイプを見ていくが、そのほぼすべてにBtoBとBtoC 用語2 の2つが存在していることを覚えていてほしい。

主なWebサイトのタイプ

A ■ 検索エンジンサイト

インターネット上の膨大な情報群を対象とした検索機能を提供するWebサイトのこと。提供する検索機能の仕組みから、大きく「Google」図2 を代表格とするロボット型検索エンジン 用語3 と、「Yahoo!」図3 を代表格とするディレクトリ型検索エンジン 用語4 との2つに分類できる。インターネットを利用する多くのユーザーが検索エンジンタイプのWebサイトをスタート地点として各Webサイトにアクセスしている。

B ■ ポータルサイト

ポータル（Portal）とは「玄関・入口」を意味しているが、その名のとおり、インターネット上に存在するさまざまなWebサイトやシステムへの入り口を提供しているWebサイトのこと。「Yahoo!」に見られるように、多くの検索エンジンサイトがポータル化しており、検索機能を中心に、天気・ニュース・メール機能など多様な機能を提供している。これら検索エンジンサイト系ポータルのほかに、コンテンツプロバイダやネットワークプロバイダが提供するプロバイダ系ポータルサイトが存在するが、どれもユーザーにとって有益なWebサイトや機能へアクセスするための入り口としてWebサイトを提供していることに変わりはない。

図1 Twitter

http://twitter.com/

用語1 Twitter
ユーザー同士をつなげるコミュニケーションサービスには年々新しいサービスが誕生し、発展している。たとえば、ユーザーが「つぶやき」を投稿することでゆるいつながりを発生させるサービスであるTwitterは、サービスインから約3年間で全世界のユニークユーザー数が1億人を超えている。Twitterは、そもそも自分の状況を知らせる、知り合いの状況を把握するサービスとして立ち上がったが、その優れたリアルタイム性からリアルタイム検索や個人の情報発信基盤として活用され始めている。このようにコミュニケーションサービスでは、ユーザーがサービスを活用することで新たな利用方法が発見されることもある。

用語2 BtoB、BtoC
電子商取引において用いられる略語。BはBusinessを表し「企業」を意味する。同様にCはConsumerで「消費者」を意味する。たとえば、工場で利用される工作機械の販売を行っているメーカーは、加工業者などに工作機械を販売し、消費者と直接取引をすることがないため、BtoBのビジネスを行っていると言える。また、「雇用者」をE（Employee）で示し、企業内における情報伝達システムなどをBtoEと表記することもある。

図2 Google

http://www.google.co.jp/

用語3 ロボット型検索エンジン

クローラと呼ばれる検索ロボットプログラムがWebサイトを自動的に巡回しながら、取得したデータを対象に検索を行うタイプの検索エンジンである。クローラが取得したデータは、索引情報が作成されデータベース化される。ロボット型検索エンジンは、人手に頼るディレクトリ型検索エンジンに比べ、クローラが効率よくWebサイトの情報を収集するため、大規模な検索エンジンでは80億ページ以上のページから検索することが可能になっている。以前のロボット型検索エンジンではページに書かれている内容の意味や関連性までは把握できなかったが、近年では内容から自動的に分類を行ったりするものも登場している。

用語4 ディレクトリ型検索エンジン

エディターと呼ばれる担当者により、細かくカテゴリ分けされたWebディレクトリ内を検索するタイプの検索エンジンのこと。サイトがカテゴリ分けされているため、サイトを探しやすいという特長がある。しかし、検索対象となるサイトの入力には人の手が必要なため、検索対象となるサイト数を簡単に多くできないという欠点がある。このため、多くのディレクトリ型検索エンジン型サイトでは、カテゴリ分けされたリンク集とロボット型検索エンジンとを併用して提供している。

図3 Yahoo!
http://www.yahoo.co.jp/

図4 Amazon
http://www.amazon.co.jp/

■ ECサイト

EC（Electronic Commerce）サイトとはインターネット上で電子商取引を行うWebサイト全般のこと。商品やサービスを売買して収益をあげることを目的とする。一般的にオンラインショッピングサイトのようなBtoCサイトが有名だが、インターネット経由で資材調達を行うようなBtoBサイトも多岐にわたって存在する。
BtoCのECサイトとして代表的なものは、「Amazon」**図4**を代表とするオンラインショッピングサイトや、旅行や不動産を扱うWebサイトのような情報仲介サイト、課金型のコンテンツ配信サイト、「楽天」を代表とするショッピングモールサイトがある。また、消費者同士が売買を行う場を提供するオークションサイトのような消費者間取引（CtoC）を行うWebサイトも一般的になっている。オンラインショッピングサイトでは、取扱う商品やサービスによって、FlashやSilverlightなどのRIA（Rich Internet Application）テクノロジーを採用してインタラクティブな機能を提供するサイトもある。たとえば、商品のカスタマイズをユーザー自身で行えるような機能や3Dグラフィックスを利用して商品を紹介する機能などがそれにあたる。

■ コミュニティサイト

趣味や興味の方向性が近いユーザーや同じグループに所属するユーザーに情報交換や議論を行うことのできる仕組みを提供するWebサイトのこと。掲示板システムを持ったWebサイトや、mixiのような**SNS**（ソーシャル・ネットワーキング・サービス）がそれにあたる。コミュニティサイトでは、ユーザー1人1人が情報の受信者でもあり発信者でもある。つまり、Webサイト上でのユーザーの活動が活発なほど、ユーザーの興味を惹くコンテンツが増えることになるため、ユーザー自身に発信を促すためにさまざまな取組みをしているWebサイトが多い。

企業サイト

企業活動とインターネットが切り離せない現在では、企業活動に伴いさまざまなWebサイトが提供されている。企業活動によって生じる代表的なWebサイトのタイプを見ていこう。

■ コーポレイトサイト

会社案内として機能するWebサイト。インターネット初期の頃には、会社案内のみが掲載されているコーポレイトサイトが多く見られた。昨今ではサービスやコンテンツの拡充を図るケースやより早い更新に対応するためにブログを活用するケースも増えている。

■ プロモーションサイト

キャンペーンや新製品紹介、サービス紹介などの販促活動を行うWebサイト。ユーザーの興味を引くためにRIAテクノロジーを採用し、インタラクティブなコンテンツを提供するケースが多く見られる。

■ 企業内ポータルサイト

企業内にある情報群と外部のインターネット上にある情報群から、業務上有益な情報へのアクセス経路を社員に向けて提供するWebサイトのこと。ほとんどがイントラネット上に構築され、メールやスケジュール、掲示板や、業務システムとの連携など企業によりさまざまな機能が実装されている。

Article Number 034

コンテンツの企画

ユーザーはWebサイト自体ではなく、コンテンツを楽しむためにWebサイトに訪問する。その意味でWebサイトとはただの器でコンテンツこそが興味の対象であるともいえる。コンテンツを企画することは、Webサイト制作で最も重要な項目のひとつだ。ユーザーニーズを把握し、Webサイトの将来像も含めた検討を行い、より長く多くの人に活用されるWebサイトを実現しよう。

| コンテンツ企画
| Webサイト設計

Keywords　**A** コンテンツの方向性　**B** ユーザーニーズ　**C** コンテンツに対する理解度　**D** 静的コンテンツ　**E** 動的コンテンツ　**F** プル型のコンテンツ　**G** プッシュの型コンテンツ

コンテンツとは

Webサイトにおけるコンテンツ 用語1（内容・中身）とは何だろうか。テレビやラジオの場合、電源を入れチャンネルを選ぶ理由は、興味のある番組（＝コンテンツ）を見たいからであり、書店に並んでいる雑誌に手を伸ばすのは、雑誌の表紙に書かれている記事（＝コンテンツ）の見出しに興味を持つからである。Webサイトにおいても、これらと同様だ。ニュースサイトで言えば、記事がコンテンツであり、動画共有サイトであれば、動画がコンテンツである。ユーザーはコンテンツを楽しむためにWebサイトに訪れるのである。コンテンツの企画とは、伝えたいメッセージをターゲットにどう伝えるか、そして、どうすれば長い間多くの人に楽しんでもらえるものになるかを考えることだ。そのためには、調査と分析からコンテンツを取り巻く状況を理解することが必要だ。

メッセージの理解

サービス提供者、情報提供者がユーザーに伝えたいメッセージを理解することが、コンテンツ企画の第1歩だ。新入社員採用のためのリクルーティングサイトを例に考えてみよう。企業は学生に自分たちの何を伝えたいのだろうか？　どんな学生を求めているのだろうか？「先進的な取り組み」、「仕事環境が充実していること」、「先輩社員がイキイキと仕事していること」など、企業の数だけ違ったメッセージが存在することだろう。これにより企業をどの角度から切り取ってコンテンツに落し込んでいくのかという **A コンテンツの方向性** が決まってくるのである。
Webサイトのコンセプトが設定されている場合は、コンセプトに立ち返ってみよう。そうでない場合は、クライアントへのヒアリングや事業内容・市場動向の調査から伝えるべきメッセージを探ってみよう。

ターゲットユーザーの理解

コンテンツの方向性を左右するもうひとつの側面は、ターゲットとして想定しているユーザーである。ユーザーは何らかの目的を持ってWebサイトにアクセスする。ど

用語1 コンテンツ

内容、中身という意味の英単語（content）の複数形。Webやデジタルメディア、書籍や紙媒体などで伝達されるまとまった情報、文章や画像、映像や音楽などを指すこと多い。デジタルデータ化されたものをデジタルコンテンツという。Webに掲載されている情報やデジタルデータがWebコンテンツである。

図1 情報提供者が発信したいメッセージとユーザーニーズの違いを埋める企画が求められる

（図：企業が発信したいメッセージ → 企画（メッセージとニーズの違いを企画が埋める）→ ユーザーニーズ）

用語2 リッチコンテンツ
従来の静止画やテキストをベースとしたコンテンツとは違い、Flashなどの技術を使い、アニメーションや動画を駆使したダイナミックなコンテンツのこと。テキストや静止画像では難しい複雑な内容や、微妙なニュアンス、雰囲気などをわかりやすく効果的に訴求できるのが特長。

用語3 プル型のコンテンツ
必要な情報をユーザーが能動的に「引き出しに行く」タイプの情報やサービスのこと。「プッシュ型」との反対語として利用されることが多い。クライアント主導型の方式を「スマートプル型」という。

用語4 プッシュ型のコンテンツ
必要な情報をユーザーの能動的な操作を伴わず、自動的に配信されるタイプの技術やサービスのこと。情報提供者側からユーザーに対して情報が「押し出されてくる」ような感じからこう呼ばれている。「プル型」の反対語。一度設定すると自動的に情報が配信されるようなサーバ主導型の方式を「リアルプッシュ型」という。

んなに情報構造がわかりやすく整理され、適切なナビゲーションシステムを持ったWebサイトであっても、提供しているコンテンツがユーザーの興味を惹くものでなければ意味がない。ユーザーの求めているコンテンツ（**ユーザーニーズ**）と、サービス提供者、情報提供者が発信したいメッセージが一致していないこともあるだろう。ユーザーの求めているコンテンツをしっかりと提供し、そこからほかのコンテンツに興味を持たせるなどして、ユーザーニーズを満たしつつ、確実にメッセージを伝える仕組みを検討しよう **図1**。Webサイトを構成するコンテンツはひとつとは限らない。映像を利用した**リッチコンテンツ** **用語2** や静的な情報コンテンツ、サポートコンテンツ、ときには他メディアと連携させるなど、複数のコンテンツとの組み合わせを柔軟に考えることを心がけよう。

ユーザーニーズを把握するためには、ターゲットとするユーザー層によって**コンテンツに対する理解度**が異なるということを念頭に置いておかなければならない。商品やサービスについて知っているユーザー層をターゲットにするのと、はじめて商品やサービスに触れるユーザー層をターゲットにするのでは、説明をしなければいけない内容や説明の粒度がまったく異なるのだ。

素材の理解

コンテンツとして利用できる素材は一覧にして、できるだけ把握しておく。企画が具体化すると、足りない素材が出てくるものである。コンテンツ提供や作成依頼をすばやく判断するためにも管理を怠らないようにしておこう。

Webサイトのリニューアルでは、まず既存コンテンツを整理し一覧化する。そうすることで、Webサイトの抱える問題点や活用できる素材が明らかにできる。リニューアル以外の場合でも、パンフレットなどの印刷物や写真などの素材や、イラストなどWebサイト以外のメディアに利用していた素材がないか確認しておこう。

運用に対する理解

Webサイトはいつでも拡張できるメディアである。Webサイトにとって公開はゴールではなく、運用を開始するスタートラインに立つことだ。そのため、コンテンツを企画する段階でも、運用の頻度や体制について把握しておく必要がある。

コンテンツには公開されたら変わらない**静的コンテンツ**と、時間とともに追加更新されていく**動的コンテンツ**がある。動的コンテンツでは、その頻度や追加更新される対象によってWebサイトの情報構造やデザインが変わってくるため、追加更新されることを前提とした企画が必要になる。たとえば、Webサイトのコンテンツは基本的にユーザーがWebサイトに訪れて情報を取得する**プル型のコンテンツ** **用語3** であるが、更新頻度の高いコンテンツではRSSフィードのような**プッシュ型のコンテンツ** **用語4** として、ユーザーに積極的に働きかけるようにするといった企画を立てることができる。

運用に対する理解では、運用体制についても把握しておこう。コンテンツを継続的に追加更新することは、簡単な作業ではない。クライアントの担当者が更新作業を行うような場合では、追加更新をしやすいことが長い間活用されるWebサイトを構築するために必要である。画像作成、文章作成、システム改修など多くの作業が必要な状況では、運用のコストも莫大になるため更新が止まってしまう可能性もある。

Article Number 035

素材・ドキュメント管理

チーム開発では素材やドキュメント、データなど開発に関わるファイルの管理方法を、事前に決めておかなければならない。環境の構築はコミュニケーションによるミスや時間のロスを防ぐだけでなく、クライアントに安心感を持ってもらうためにも必要なため、メンバー間のスムーズなコミュニケーションを実現する環境構築を行おう。

| コンテンツ企画
| Webサイト設計

Keywords
- A 開発環境
- B データ管理環境
- C バージョン管理システム
- D 素材の管理

環境の管理

Web制作プロジェクトには、多くのスタッフが関わっている。必要なファイルをプロジェクトメンバーがいつでも閲覧でき、その状況が把握できる環境を作ることは、プロジェクトの成功には欠かせない。ここでは主に環境を中心に説明していく。

A 管理すべき開発環境

コーディングツールやグラフィックツールといった開発に利用するツールを統一することは、チーム開発の基本だ。ツールが統一されていない場合、ファイルを修正できるのは開発を担当したメンバーだけといったことも起こり得るため、開発に着手する前にバージョン、ライセンスも含めてしっかりと決めておこう。また、フォントファイルについても見落としがちなポイントであるため、グラフィックデザインを進めるうえで特殊なフォントを利用する場合は早めに情報共有することを心がけよう。ツールだけでなく、開発に関わるメンバーのPC、OSなどの環境も統一されている方が確認のための無駄な作業を発生させないため望ましい。

B データ管理環境

プロジェクト計画書や各種設計書、デザインデータなどのプロジェクトに関わるファイル類やドキュメント類と、開発ソースなどの成果物、クライアントから提供された素材ファイルなどを管理する環境のこと。機密度の高い情報を扱うため、一般的に外部からアクセスのできない社内LAN環境 用語1 図1 に構築する。個人情報漏えいといった事故防止のためにも、特定のメンバーだけにアクセス権を与えるなどの注意が必要である。データ管理環境は、事前に階層構造や命名規則などの利用ルールを決めておこう。SVN（Subversion）やVSS（Microsoft Visual SourceSafe）

C のようなバージョン管理システム 用語2 を導入することも効果的だ。このようなシステムでは変更履歴の記録や古いバージョンの取得などができるため、安心して開発できる環境が構築できる。

D 素材の管理

Web制作プロジェクトでは、さまざまな素材をクライアントやコンテンツオーナーか

用語1 社内LAN環境
企業内のみのネットワーク環境のこと。社内の複数のPCを専用回線で結び、各PC間で情報をやり取りする。社内LAN環境であれば、ファイルでのデータのやり取りが可能なため、スムーズなコミュニケーションを行うことができる。ネットワークの構成により、クライアント／サーバ型、ピア・ツー・ピア型、無線LAN型といくつかのタイプがある。企業が社内LANを構築する理由には、効率化という面だけではなく、情報漏えいの防止といったセキュリティから構築を行うことも非常に多い。

図1 社内LAN環境

ソースコードサーバ　ドキュメント／課題管理サーバ

用語2 バージョン管理システム
プログラミング開発において、ソースコードやその他データを管理するために利用されるシステムのこと。バージョン管理システムでは、管理システムに対してファイルを預けたり取り出したりすることができ、ファイルの一元管理が可能である。また、管理システムにファイルを預ける際には、「いつ」「誰が」「どんな変更を行った」等の履歴が記録され、必要に応じて古いバージョンを取り出すこともできる。
「142 Webサイトのバージョン管理」→ P.326

ら提供してもらうことになる。事前に計画を立て素材の提供者と計画を共有しておこう。また、提供された素材は外部への流出といった事故が起こらないよう、セキュリティには充分に注意しておくことが必要だ。

■素材提供の依頼

素材の提供を依頼する際には、最低限以下のポイントを確認する。

　　①素材の用途　　②素材の形式　　③著作権、利用規定
　　④返却、破棄の必要性の有無　　⑤提供可能時期

クライアントやコンテンツオーナーには、「何のための素材」なのか、どのような形式での提供を希望しているかをしっかりと伝えよう。場合によっては、提供された素材を利用できる形式に変換する作業が必要になる。作業に時間がかかるだけでなく、成果物のクオリティにも影響が出る可能性があるため、可能な限りデジタルデータで提供してもらえるように手配したい。

提供される素材は、著作権の対象になるか、利用に関する規定がないかを事前に確認しなければならない。特に人物の写真やキャラクターのイラストなどは権利で保護されていることが多いため注意が必要である。

■素材の進捗管理

Web制作の現場では、「素材の準備をお願いしたのに、なかなか提供してもらえない」という話を耳にすることが多い。まず、クライアントの担当者は素材の手配のみを仕事としているのではないこと、素材の手配には時間がかかることを理解し、プロジェクトの進捗状況と同じように素材の手配もしっかりと管理するようにしよう。素材提供の進捗を管理するには、依頼した素材を一覧化した管理表などを利用するとよい 図2 。最近ではWebサービスとして利用できるタスク管理ツールやSNS 用語3 もあるので、そういったサービスを使って素材提供の進捗状況を共有するのもよい。

■素材の受け渡し、保管

素材の形式によって受け渡しの方法は異なる。データの容量が小さい場合は、事前に取り決めておいたパスワードをかけて圧縮したデータをメールに添付することが多い。容量が大きいデータはファイルサーバやFTPサーバを利用してのダウンロードやCD-R、DVD-Rなどのメディアを使うことになる。メディアや印刷物などは手渡しや郵送での受け渡しとなるが、受領証明書を保管してしっかり管理しよう。

素材の返却、破棄

返却しなければならない素材や破棄しなければならない素材は、利用目的が終わったら迅速に処理しなければいけない。受け渡しの際と同じように返却証明書や破棄証明書を残し、プロジェクト終了後に問題が起こるようなことがないようにしよう。

用語3　SNS
社会的ネットワークをWeb上で構築することのできるサービスのこと。mixiなどが代表的。コメントやトラックバックなどのコミュニケーション機能を有しているブログも広義的にはSNSに含まれる。

図2 素材の進捗管理の例

素材ID	素材名	素材タイプ	ページID	ページタイトル	作成担当	入稿予定日	ステータス	入稿日	受領証明No	備考
A001_001	メインビジュアル画像　大	画像	A001	トップページ	○○○○○	2009/11/25	作成中			
A001_002	メインビジュアル画像　中	画像	A001	トップページ	○○○○○	2009/11/25	作成中			
A001_003	メインビジュアル画像　小	画像	A001	トップページ	○○○○○	2009/11/25	作成中			
A002_001	キャッチコピー　原稿	テキスト	A002	第一階層ページ	○○○○○	2009/10/20	完了	2009/10/20	N03221	
A002_002	商品A概要　原稿	テキスト	A002	第一階層ページ	○○○○○	2009/10/20	完了	2009/10/20	N03222	
A002_003	商品A画像　大	画像	A002	第一階層ページ	○○○○○	2009/11/25	作成中			
A003_001	商品A画像　中	画像	A003	商品A説明ページ	○○○○○	2009/11/25	作成中			

Article Number **036**

Webサイトの出来不出来を左右する情報アーキテクチャとは何だろう

Webサイトに訪れるユーザーにはなんらかの「目的」があり、ユーザーはWebサイトにその「解」を求めやってくる。Webサイトの複雑化が進む昨今、ユーザーが求める「解」を理解し、ユーザーがその「解」にたどり着くための最適な道筋を提供することがWebサイトにおける情報アーキテクチャと言える。ここでは、Webサイトの基盤作りとも言うべき"情報アーキテクチャ"について解説する。

コンテンツ企画
■Webサイト設計

Keywords　A ▶ IA　　B ▶ ユーザーエクスペリエンス

情報アーキテクチャとは

Webサイトに訪れるユーザーは、なんらかの目的を持って訪れる。それは「情報を知りたい」という知的欲求かもしれないし、「○○を購入したい」という具体的な行動かもしれない。もしくは、Webサイトに訪れた時点では目的がまだぼんやりとしたままに訪れることも有り得る。Webサイト制作者はWebサイトに訪れるさまざまなユーザーのサイトに対する目的を考慮にいれ、ユーザーが気持よくその目的を達成できるようにWebサイトを設計しなければならない。

情報アーキテクチャはWebサイトを、見た目の印象だけではなく、目に見えないサイト構造をデザイン（設計）することで、よりわかりやすく使い勝手の良いWebサイトにする技術であると言える。

情報アーキテクチャの誕生の背景

情報アーキテクチャは90年代後半の米国でWebサイトが急成長した背景において、Webサイトの巨大化と複雑化の問題が頻発したことから、Webサイト制作における分業化が発達し、煩雑化してしまったコンテンツを整理、構造化する役割として誕生した。そのWebサイトにおける情報構造化技術がリチャード・S・ワーマン**注1**により「情報アーキテクチャ」と名付けられるようになった。

注1 リチャード・S・ワーマン
Richard Saul Wurman。建築家であり、情報デザイナー。「情報アーキテクチャ」生みの親であり、情報デザイン哲学者。

情報アーキテクチャ＝「IA」という略称について

A 情報アーキテクチャのことを、今日では略称の「**IA**」と呼ぶことが多い。ただし、この略称には注意が必要である。「IA」という略称には「Information Architecture＝情報アーキテクチャ＝技術、役割」という意味と「Information Architect＝インフォーメーションアーキテクト＝人、専門家」という2つの意味が含まれている。インフォメーションアーキテクトは、情報アーキテクチャの技術をスキルとして保有する専門家である。

インフォメーションアーキテクトとは誰か

しかし、インフォメーションアーキテクトという肩書きのみを持つWeb制作者は少な

い。特に、中規模、小規模サイト構築における制作現場においては、Webディレクターやプロジェクトマネージャー、デザイナーと幅広い近接領域に存在する担当者がその作業を兼務することが多い。そのため、近年では「情報アーキテクチャ」はインフォメーションアーキテクトのみが保有するスキルではなく、近接領域の担当者が保有すべきスキルセットのひとつとして考えられている。前述の「IA」という呼称は、情報アーキテクチャの略称としての意味合いが強くなってきている。

ここではIAを「Information Architecture＝情報アーキテクチャ＝技術、役割」として用いる。

ユーザビリティ、ユーザーエクスペリエンスとの関係性

IAを理解するうえで知っておかなければいけない言葉として「ユーザビリティ」「ユーザーエクスペリエンス（UX）」 用語1 がある。「038 ユーザビリティを考えた設計を心がけよう」→ P.092 でも触れるが、ユーザビリティは製品やサービスの「使いやすさ」「使い勝手」の品質を意味する言葉であり、ユーザーエクスペリエンスはユーザーが製品やサービスに触れたときの「心地よさや楽しさなどの感情を引き起こす体験品質」そのものであり、ユーザビリティよりも広義の概念と言える。

Webサイト制作におけるIAの領域では、そのWebサイトのユーザビリティ（使いやすさ）を向上するだけではなく、ユーザーがWebサイトに触れたとき、経験するユーザーエクスペリエンス（体験）をより良いものへと導くために必要な作業を行う。Webサイトの善し悪しを決定する重要な作業である。

IAにおける「情報」とは

それでは、IA（情報アーキテクチャ）の作業とはどういったものだろうか。「情報」というキーワードをもとに情報アーキテクチャの情報を構造化する基本的なアプローチを解説する。

まず、IAにおける「情報」は、システムやデータベースの中に存在する数字や文字列といった「データ」とは明確に区別しなければならない。IAにおける「データ」とは、コンピュータには理解できても人には理解できないような数値・文字列、もしくは、無秩序に散らばったひとつひとつでは意味をなさない文章を言う。

IAではまず、それらの「データ」を整理し、文脈を与えることで、ユーザー＝人が理解しやすい「情報」に変換する。その後、「情報」はユーザーによって「知識」として吸収され、活用されることにより「知恵」へと昇華される。

たとえば、不動産サイトにおいて、日本全国の物件データ（場所、値段、最寄り駅等）を、都内で働く会社員向けに「23区内の沿線」「駅近」「ワンルーム」という文脈で整理、もしくは検索できるようにサイトを設計した場合、それらはユーザーニーズに沿った意味のある「情報」としてユーザーに理解される。情報を受けたユーザーが都心の物件と都心から離れた地域の物件との価格差を「知識」として知った場合、自分の収入や勤務地との距離に応じた最適な物件を発見することができる。そして、これらの「知識」は繰り返し活用されることで「知恵」としてユーザーに身につくのである。

「データ」が「情報」に変換され、最終的にユーザーの知識・知恵へと昇華される一連のプロセスがIAにおいて重要な設計範囲である 図1 。

用語1 ユーザーエクスペリエンス
製品やサービスの利用や消費の際に得られる体験の総体。使いやすさのみならず、ユーザーが真にやりたいことを楽しく、心地よく実現できるかどうかを重視した概念で、認知心理学者でAppleに勤務していたドナルド・ノーマン博士の考案した造語と言われている。「ユーザビリティ」などと比べ、ユーザーエクスペリエンスは一連の操作から得られる体験の総体を意味する。

図1 理解の概念図

（知恵／知識／情報／データ）

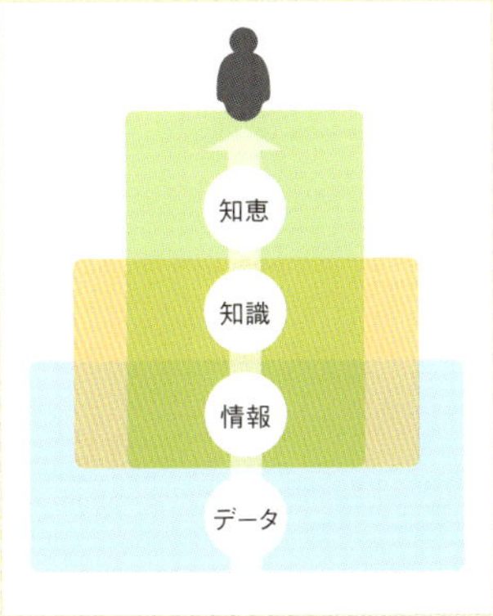

「情報デザイン」を理解するうえでよく用いられる図としてエクスペリエンスデザイナーのネイサン・シェドロフが定義した「理解の概念図」がある

Keywords　C　コンテクスト

情報アーキテクチャ（IA）の3つのモデル

前述で、情報デザインは「データ」に「文脈」を与え「人」に理解しやすい情報へと変換する作業だと定義したように、IAを行ううえで頭に置いておかなければならない3つのモデルがある。情報アーキテクチャは図に示す「ユーザー＝利用者」「コンテンツ＝内容」「**コンテクスト**＝文脈、背景、前後関係」の3つのモデルで構成される 図2 。情報アーキテクチャはこれらの3つの領域が相互依存しており、これら3つの領域を理解・分析することがまずは必要である。本書では、これら3つのモデルを調査・分析する手法を解説している 注2 。

情報アーキテクチャ（IA）における成果物

IAはWebサイト制作の基盤作りとも称されることから、目に見えるビジュアルデザインやインタラクションデザイン 注3 とは異なり「目に見えない作業」とよく言われる。そのため、クライアントのIAに対する認知度が低いケースもあり、IAの対価や作業自体が見直されるケースもありえる。その場合、IAに取り掛かる以前にIAの必要性について成果物のイメージや認識を合わせる必要がでてくる。

IAの成果物は必ずしも書類化されなければいけないというわけではない。小規模のWeb制作においては、成果物として書類化されず、制作者の頭の中で完結してしまうケースもある。しかし、中規模以上のプロジェクトでは、クライアントやほかの制作担当者とWebサイトのゴールや情報設計意図を共有するために、IAの成果物はコミュニケーションツールとして書類化される必要がある。

IAとその成果物はWebサイトの目的や方針を知るためのWebサイトの説明書のようなものであり、クライアントと制作者、またその後の作業者・運用者にとってもWebサイトの根幹を知るために重要である。IAにおける成果物のほとんどは、ソフトウェアデザインやビジュアルデザイン、プロダクトデザイン、マーケティングなどの

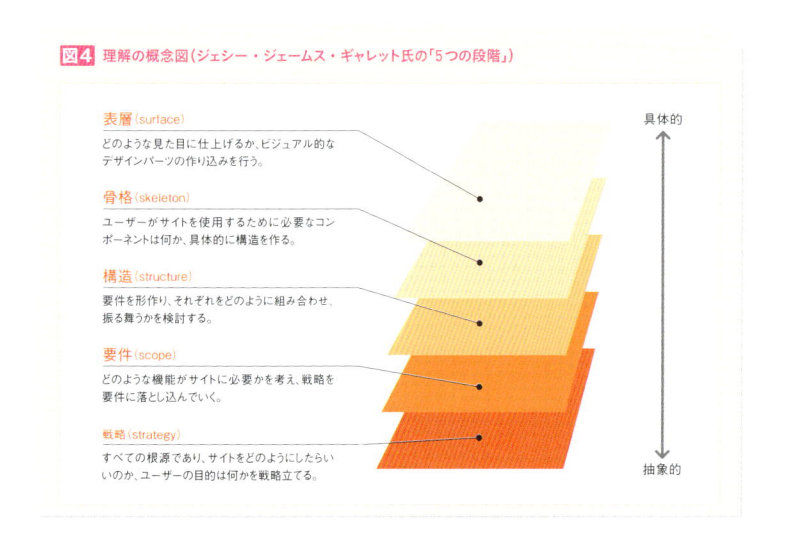

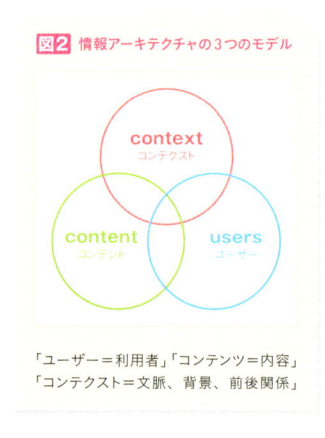

図2 情報アーキテクチャの3つのモデル

「ユーザー＝利用者」「コンテンツ＝内容」
「コンテクスト＝文脈、背景、前後関係」

注2
コンテクストを知る
「032 Webサイトのコンセプトをはっきりさせよう」→ P.076
「037 ペルソナとユーザーシナリオ」→ P.090

ユーザーを知る
「037 ペルソナとユーザーシナリオ」→ P.090
「038 ユーザビリティを考えた設計を心がけよう」→ P.092

コンテンツを知る
「034 コンテンツの企画」→ P.082
「039 コンテンツ分析とハイレベルサイトマップ」→ P.094
「040 詳細サイトマップの作成」→ P.098

注3 インタラクションデザイン
「098 インタラクティブデザイン」→ P.228

図4 理解の概念図（ジェシー・ジェームス・ギャレット氏の「5つの段階」）

表層（surface）
どのような見た目に仕上げるか、ビジュアル的なデザインパーツの作り込みを行う。

骨格（skeleton）
ユーザーがサイトを使用するために必要なコンポーネントは何か、具体的に構造を作る。

構造（structure）
要件を形作り、それぞれをどのように組み合わせ、振る舞うかを検討する。

要件（scope）
どのような機能がサイトに必要かを考え、戦略を要件に落とし込んでいく。

戦略（strategy）
すべての根源であり、サイトをどのようにしたいのか、ユーザーの目的は何かを戦略立てる。

具体的 ↕ 抽象的

BOOK GUIDE

① Web情報アーキテクチャ
最適なサイト構築のための論理的アプローチ

ユーザーにとって使いやすいWebサイトを構築するには、情報を整理するテクニックが必要となる。本書は「情報アーキテクチャ」という観点からWebサイトをより効果的かつ管理しやすい情報提供ツールとするための方法論を紹介する。Webの情報構築について知っておくべきことを説明し、その知識をどのようにして現実のWebサイトに適用するかを段階を追って解説する。

ルイス・ローゼンフェルド、ピーター・モービル（著）、篠原 稔和（監訳）、ソシオメディア株式会社（訳）
B5変型判／496頁
価格4,620円（税込）
ISBN9784873111346
オライリー・ジャパン

② ウェブ戦略としての「ユーザーエクスペリエンス」
5つの段階で考えるユーザー中心デザイン

原書は、著者の個人サイトで、わずか1ページのダイアグラムとして発表され、世界中のWebデザイナーや開発者に、数万回にわたってダウンロードされ、数ヶ国語に翻訳された。「ユーザーエクスペリエンス」を形作る「要素」を見極め、ユーザー中心Webデザインを5つの段階で考えるという画期的な指針。

ジェシー・ジェームス・ギャレット（著）、ソシオメディア（訳）
B5変型判／216頁
価格2,415円（税込）
ISBN9784839914196
毎日コミュニケーションズ

③ デザイニング・ウェブナビゲーション
最適なユーザーエクスペリエンスの設計

Webサイトが提供する情報やサービスを、ユーザーが適切に探し出し、利用できるようにすることは、Webサイトを構築するうえで非常に重要な目標である。使いやすいWebサイトの構築において、根幹をなすテーマであるナビゲーションのデザインについて、理論から実践まで、豊富な実例と共に解説した書籍。

ジェームス・カールバック（著）、長谷川敦士、浅野紀予（監訳）、児島 修（訳）
B5変型判／388頁
価格4,200円（税込）
ISBN9784873114101
オライリー・ジャパン

④ それは「情報」ではない。
無情報爆発時代を生き抜くためのコミュニケーション・デザイン

「情報をいかに正しく理解し、理解させるか」Webデザインにおけるナビゲーションや情報アーキテクチャなどの目的も基本的に同じだ。本書は、情報を理解する、ことを人生のテーマとした情報建築家、リチャード・S・ワーマンによって書かれた、「情報ジャングル・サバイバルガイド」である。

リチャード・S・ワーマン（著）、金井哲夫（訳）
A5判／410頁
価格2,940円（税込）
ISBN9784844356097
エムディエヌコーポレーション

手法を要所で取り入れながら体系化されてきている 図3 。

前述のように、IAの作業範囲はとても広いため、すべてを考慮するとなると作業項目には枚挙にいとまがない。また、プロジェクトに必要な成果物はその規模や特性によっても大きく異なるため、作業項目はプロジェクトの特性によって取捨選択もしくは程度を決める必要がある。作業項目の取捨選択はIA担当者の経験に依存するところが多いため、IA作業を行う担当者はプロジェクトの本質を見極め、作業項目自体を適切に選ぶスキルも必要である。

ユーザーエクスペリエンスとIA

ジェシー・ジェームス・ギャレット氏はWebサイトにおける「ユーザーエクスペリエンス」の要素を5つの段階に分け、その中で「構造」部分をIA（情報アーキテクチャ）の領域と定義している 図4 。この図はユーザーエクスペリエンスを理解するうえで非常にわかりやすい図だが、IAの領域を「構造」部分にのみ狭めており、実際は「構造」「骨格」の段階すべてをIAの領域とする見方もあるため、IAがカバーする範囲の定義や誰がIAを行うかの定義については未だあいまいな状態であるが、「構造」「骨格」の設計がWebサイトのユーザーエクスペリエンスにおいて不可欠なレイヤーであることに揺るぎはない。

図3 IAにおける成果物の例

- サイトコンセプト
- 競合調査分析
- ユーザビリティ調査・分析リポート
- ユーザー調査・分析リポート
- ペルソナ・ユーザーシナリオ
- ユーザータスク分析
- ハイレベルサイトマップ
- 詳細サイトマップ
- ワイヤーフレーム

Article Number **037**

ペルソナとユーザーシナリオ

企業がWebを利用した情報提供や、Webの閲覧者に情報入力を要求する際、Webが「いつ」「どこで」「誰に」利用され、結果として「閲覧者のどのような心の変化を見込むのか？」までを戦略的に考えて実施する必要がある。ここでは、Webにアクセスするユーザーコンテクストや心理を把握したうえ、Webサイトに反映させる手法として、「ペルソナ」と「ユーザーシナリオ」の手法を解説する。

コンテンツ企画
■Webサイト設計

Keywords　**A** ペルソナ　**B** エスノグラフィ　**C** ユーザーシナリオ

ペルソナとは？

たとえば、ショッピングサイトである商品の詳細ページにアクセスする際、主婦がコーヒーを片手にウィンドウショッピング感覚でトップページからカテゴリをたどってアクセスする場合と、ビジネスマンが上司から調達の指示を受けて、検索結果から商品ページへとダイレクトにアクセスする場合とでは、最終的に到達するページが同じであっても、Web閲覧者のシチュエーションや心理は大きく異なっているだろう。

あるユーザーにとっては快適で心地良いWebサイトであっても、シチュエーションの異なる、別のユーザーにとっては、なかなか目的を達成することができない不満の多いサイトかもしれない。Web開発者はこうした閲覧者のコンテクスト**注1**や心理を熟知したうえで、それぞれに最適な滞在時間、閲覧経路での情報提供が可能なサイト設計を行う必要がある。

開発しているWebサイトにアクセスする代表的なユーザー像について、顔（写真）、名前、年齢、性別、血液型、家族構成、PC習熟度、職業、趣味、などのパラメータを与えて、具体化した仮想の人物を「**ペルソナ**」**用語1**という。ペルソナは、開発メンバーの一員として実際にプロジェクトへ加わってもらい、開発者視点で設計されたサービスやユーザーインターフェイスについて、実ユーザーとしては「どう感じるのか？」「何を考えるのか？」を、ペルソナによる発言として開発者同士で議論することができる。

ただし、先に述べたとおりペルソナは仮想の人物であるため、実ユーザーの意見としてあげた情報であっても、開発者の一意見でしかなく、発散的になることも少なくない。こうした開発者の意見との混同を避けるため、なるべくペルソナ設定時に詳細なパラメータを与えて、プロジェクトメンバーがペルソナの性格や存在に頷けるような、リアルな存在とすることが、ペルソナ設定のポイントである。

また、可能であればペルソナは、開発者がターゲットユーザーとして定めている像を具体化するのではなく、ユーザーヒアリング結果など、生の収集データからパラメータを抽出することが望ま

注1 ユーザーコンテクスト
あるタイミングにおける、ユーザーの立場や状況を意味する。元々マーケティングの分野でよく使われる用語だが、Web開発では上流工程の企画担当者やユーザビリティ担当者より、この言葉をよく耳にする。

用語1 ペルソナ
開発対象を実際に利用するユーザーの代表的な人格を設定した仮想の人物。

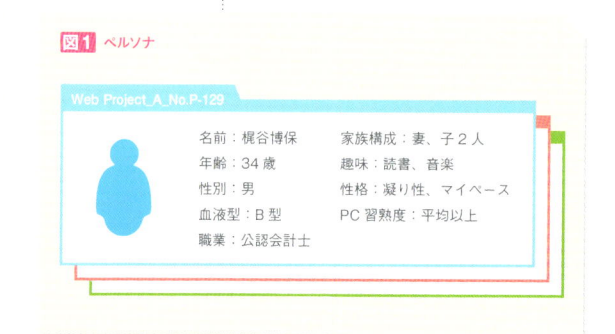

図1 ペルソナ

Web_Project_A_No.P-129
名前：梶谷博保　家族構成：妻、子2人
年齢：34歳　趣味：読書、音楽
性別：男　性格：凝り性、マイペース
血液型：B型　PC習熟度：平均以上
職業：公認会計士

BOOK GUIDE

アメリカで注目を浴びるペルソナ手法を"日本向け"に変換＋Webサイト構築に応用したテクニックを解説。ペルソナの価値だけでなく、ペルソナ作成後の具体的なデザイン方法についてケーススタディを通じて紹介する。

ペルソナ作って、それからどうするの？
ユーザー中心デザインで作るWebサイト
棚橋 弘季（著）
A5判／384頁
価格 2,940円（税込）
ISBN9784797347104
ソフトバンククリエイティブ

しい。

新規のWeb開発を行う場合など、ユーザーヒアリングデータがない場合は、「観察」を主体としてユーザーを把握する**エスノグラフィ** 用語2 調査が効果を発揮する場合がある。本来のエスノグラフィ調査は長時間を要して研究成果を得るものであるが、なるべく短時間で成果を得るためにはビジネスエスノグラフィ 用語3 の手法がある。 **B**

ユーザーシナリオ

ペルソナにはプロジェクト中で2つの作業を担ってもらう。ひとつは、開発物について、あくまでユーザー視点で感じたことを率直に発言してもらうこと。もうひとつは、現在の設計に対して、使用するシミュレーションを実施してもらい、シミュレーション中に直面した問題や改善要求点、自分の心理状態を列挙していってもらうことである。

このペルソナによるシミュレーションをログ化したのが「**ユーザーシナリオ**」である。 **C**
ユーザーシナリオは、要件定義時や概要設計時にあがる数々の問題を立証する際や、ユーザーインターフェイスの改善を実施する際に利用する。

特にユーザーが目にしている画面情報とユーザーの心理にギャップが生じてしまっている箇所の発見や問題解析においては有効であり、ユーザーシナリオ中の画面表示に関する文と、ユーザー心理に関する分は、色を分けて記載しておくと、あとの整理作業を円滑に進めることが可能だ 図1 。

シナリオの整理作業では「ユーザー心理」や「画面状態」に加えて、「ユーザー操作」「システム処理」「通信処理」について併せて記載することで、より具体的なユーザー体験について考察を行うことが可能だ 図2 。

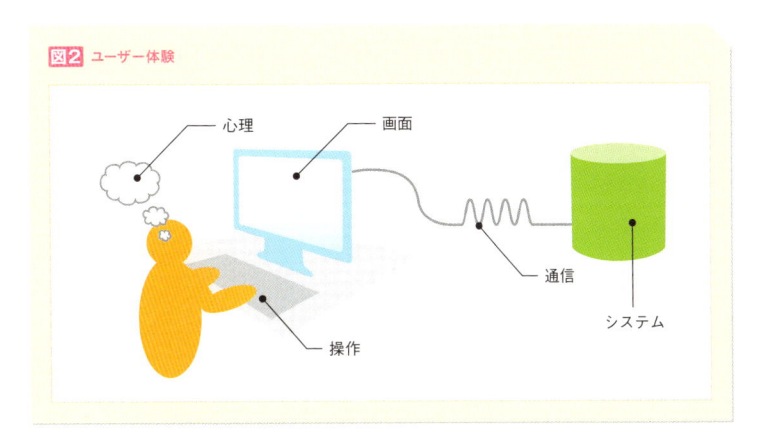

用語2 エスノグラフィ
ユーザーの社会的、または文化的な行動特性について、観察を主体としたデータ収集を行い、これらを分析することで、潜在的なユーザー要求を探り出す手法。

用語3 ビジネスエスノグラフィ
民俗学で使われるエスノグラフィをビジネスシーンに適用させて簡潔に効率的に観察、聞き取りを行う手法。

図2 ユーザー体験

心理／画面／操作／通信／システム

037 ペルソナとユーザーシナリオ

Article Number **038**

ユーザビリティを考えた設計を心がけよう

多くのWeb制作者は、ユーザーインターフェイスは使いやすくあるべきということを意識して、デザインやHTMLコーディングの業務に取り組んでいることと思う。企画や設計の工程でこの意識をまったく持たずにWebサイトが設計されてしまうと、のちの開発で穴埋めするにはたいへんな労力を要する。Webの設計者は、ユーザーの行動を幅広く想定したうえで、開発を一貫したユーザビリティルールに則り、画面の設計を進める必要がある。

コンテンツ企画
■Webサイト設計

Keywords　**A** ユーザーエクスペリエンス　**B** ISO 9241-11　**C** 人間中心設計　**D** ヒューリスティック評価

ユーザビリティとは？

「ユーザビリティ」という言葉は、一般的に「使いやすさ」の意味で使われており、Webのユーザビリティは、Webの閲覧者が目的を困難なく心地良く達成できるかどうか（＝Webが使えるかどうか？）、またこの達成が閲覧者の理解とやる気を向上させて、効率よく企業に貢献しているかどうか（＝Webを使うかどうか？）を考察することである。特に後者の考察においては、ユーザーの意識に踏み込んだ検討が必要であり、ユーザーインターフェイスの開発に加えて、**A** **ユーザーエクスペリエンス** **用語1** の検討を行う必要がある。

ユーザビリティデザイン

ユーザーインターフェイスの開発でユーザビリティを考える際、ユーザーインターフェイスが誰のために提供されるものかを明確にすることが最も重要である。また、ここで決めたユーザーがWeb閲覧時にどのような心理状態にあり、Webをどのように使わせることが望ましいかを戦略的に定めていく必要がある。

たとえばサービスの申し込みフォームに名前や住所などの入力を行わせる際、必要最低限の情報提供のみを行い、短時間でゴールまで導くタスクを達成させるのが望ましいか、それとも、ひとつひとつの項目についてしっかりと必要性を説き、ゆっくりではあるが、しっかりとユーザーに納得をしてもらうプロセスを経て進めることが望ましいのか、とでは、どちらもユーザーに良かれと意識して検討した結果であってもまったく画面の要件が異なる。

B 国際標準化機構（**ISO09241-11** **用語2**）では、ユーザーがある製品で目標を達成する際の「有効さ」「効率」「満足度」「利用状況」についての思考がユーザビリティと定義され、ヤコブ・ニールセン氏の著書「ユーザビリティエンジニアリング原論」では「学習しやすさ」「効率性」「記憶しやすさ」「エラー」「主観的満足度」についての思考がユーザビリティと定義されるが、ここでは具体的にユーザビリティデザインを下記3つのデザインに分類して開発作業を捉えたい。

① **アフォーダンス** **注1** **デザイン**
ユーザーインターフェイス上のテキスト、色、グラフィック形状、インタラクション、

用語1 ユーザーエクスペリエンス
ユーザーが製品を使用する際に受ける体験や心理変化のことであり、「UX」と略される。ジェシー・ジェームス・ギャレット氏により「戦略」「構造」「骨格」「構成」「表層」の5要素に分類されており、これらを段階的に検討することでよりよいUXを実現できる。
「036 Webサイトの出来不出来を左右する情報アーキテクチャとは何だろう」→P.086

用語2 ISO 9241-11
1998年に制定された、ユーザビリティについての国際規格。「ある製品が、指定された利用者によって、指定された利用の状況下で、指定された目標を達成するために用いられる際の有効さ、効率及び満足度の度合い」と定義されており、ヤコブ・ニールセンの定義に比べて広範囲の意味合いで定義される。

注1 アフォーダンス
「042 ユーザーインターフェイス設計（UI設計）」→P.106

図1 ユーザビリティデザイン

パフォーマンスデザイン／ユーザビリティデザイン／インフォメーションデザイン／アフォーダンスデザイン

Book Guide

ユーザビリティエンジニアリング原論
ユーザーのためのインタフェースデザイン
ヤコブ・ニールセン(著)、篠原 稔和、三好 かおる(訳)
B5変型判／316頁／価格3,885円(税込)
ISBN9784501532000
東京電機大学出版局

Webユーザビリティの第一人者であるヤコブ・ニールセンが、ユーザビリティ エンジニアリングについてまとめた解説書。その定義から実際の手法、評価、今後の展開までに言及した理論的原典。

ウェブ・ユーザビリティ
顧客を逃がさないサイトづくりの秘訣
ヤコブ・ニールセン(著)、篠原 稔和(監修)、グエル(訳)
A5変型判／344頁／価格2,940円(税込)
ISBN9784844355625
エムディエヌコーポレーション

Webユーザビリティ研究の第一人者であるヤコブ・ニールセン博士による、Webユーザビリティの指針を与える一冊。さまざまな角度からユーザビリティを検証。実例から導きだしたルールや原則、ガイドライン、手法などを使った調査結果は現在のユーザビリティ調査などの指針となっている。

用語3 ヒューリスティック評価
ヤコブ・ニールセン氏により考案された、ユーザビリティの専門家が経験則よりユーザーインターフェイスの評価を行う手法。
「132 エキスパート(ヒューリスティック)評価の着眼ポイント」→P.306

サウンド等、あらゆる情報は、ユーザーに正しく認知されることが必須であり、ユーザーが意図したとおりに画面を扱えるようにデザインをしなければならない。

ユーザーは、このサイト以外にもさまざまなWebサイトを閲覧しており、赤色の文字が与えるエラーの印象、半透明色のボタンが与える非アクティブな印象など、Web利用において一般化している認知については、Webサイトごとに独自のルールは設けず、より多くのユーザーが抵抗なく受け入れられる表示を優先することが大事だ。

② **インフォメーションデザイン**

ユーザーインターフェイス上には無数の情報があるが、これらはユーザーに理解されやすい形式で公開されていなければ、読まれることも見られることもなく、情報が持つ効果を最大限に発揮することができない。そこで、情報はユーザーが理解可能なまとまった単位で、ユーザーニーズに応じた優先順位を与えて、ユーザーが意図した場所に存在するように設計を行う必要がある。

特にWeb特有のハイパーテキスト構造では、関連した情報と情報を結びつけることで、縦横無尽に導線を張り巡らせることができるが、ショッピングサイトや申込みサイトなど、具体的にある目的を達成させるための導線では、遷移の主軸を設けて、ハイパーテキストによるリンクは補足的に使用することが望ましい。

③ **パフォーマンスデザイン**

Webを利用する際、途中でユーザーの思考や集中が途切れることなく、心地良く使えるようにサイトアクセスから目的達成までの導線上で、システム負荷の高い箇所や、通信発生箇所を整理して、連続参照させたい情報を断続させないように設計する。特にRIA開発では、ユーザー操作に応じたインタラクションやサウンド、画面遷移におけるトランジションもユーザーが速度を感じる要素のため、特別に考慮が必要な点である 図1 。

人間中心設計(Human Centered Design)

人間中心設計は、Webサイトのみならず、幅広く製品やモノに対して適用される考えであり、企画時点より、デザイナーや設計者など多様な人材を集めて、製品がユーザーにもたらす体験にフォーカスした検討を行い、ユーザーに満足なフィーリングを与えられるまで、繰り返しプロトタイプによる評価を行いながら設計を推進するプロセスである 図2 。

特にユーザーのフィーリングに関する評価は、定量的に判断することが難しく、専門性を持った開発者による**ヒューリスティック評価** 用語3 や、実際のユーザーに近い人を被験者としたユーザビリティテストの実施等により進める。

概要設計までの時点でこうしたユーザーフィーリングに関する評価と判断が行えていることは、ユーザビリティを意識した開発を進めるうえで極めて重要な工程と言える。

図2 人間中心設計プロセス

Article Number **039**

コンテンツ分析とハイレベルサイトマップ

情報アーキテクチャは、膨大な情報を「ユーザー」「コンテクスト」を見極めながら分類・整理する必要がある。ペルソナ・ユーザーシナリオなどの前工程では「ユーザー」「コンテクスト」の調査・分析をしたうえで、対象となるサイトのコンテンツを収集・分析し、Webサイト全体のコンテンツを把握する。その後、コンテンツをマクロな視点、ミクロな視点の両方で構造化する作業に入る。本項では、コンテンツをマクロな視点で分類・整理し、Webサイトの全体像をハイレベルサイトマップとして図式化するまでを解説する。

コンテンツ企画
Webサイト設計

Keywords　**A** コンテンツの組織化　**B** ナビゲーションシステム　**C** ハイレベルサイトマップ

コンテンツの分析

新規にWebサイトを立ち上げる場合、そのコンテンツ 用語1 のもととなるのは、パンフレットやカタログなどの非Web媒体だったり、既存Webサイトのリニューアルだったり、さまざまである。いずれにしても、まずは対象のWebサイトにまつわるあらゆる情報を洗い出し、Webサイトのコンテンツとして、サイトの目的や構想に合わせて把握するためのコンテンツ分析を行う必要がある。

サイトコンセプトやビジネスゴールの策定、ペルソナ、ユーザーシナリオなどの「ユーザー」「コンテクスト」を分析するための前工程はトップダウンのアプローチであったが、Webサイト設計における「コンテンツ」の分析は、ボトムアップのアプローチと言える。コンテンツの中に潜むパターンを明らかにすることで、構造化やナビゲーション設計において役立つヒントを得られる。これらのアプローチをバランスよく行うことが重要である。

コンテンツの分析を行うには、コンテンツの情報タイプ、構造、性質をまとめた一覧表の作成を行う。この一覧表では、コンテンツに固有のコンテンツ名やIDを付与することはもちろん、データ種別（テキスト、画像、マルチメディア素材など）、ページ種別（既存コンテンツであれば、それが以前にページへのリンクリストを示すナビゲーションページであったか、記事や図が掲載されるコンテンツページであったか、入力フォーム等を有する機能ページであったか）、公開にあたっての重要度、情報ソースや所有者、備考欄、制作途中などのものがあればその締め切りを欄として設けることも必要である。

コンテンツの分析は右のような観点で整理する 図1 。この作業の本質は、コンテンツを収集・分析するプロセスを通して、制作者がコンテンツ全体を理解し、それらをWebサイトでどのように表現するかを考察することだと言える。

A **コンテンツの組織化**

ペルソナやユーザーシナリオといった前工程の調査・分析の結果や「ユーザー」「コンテクスト」のコンテンツ分析から「コンテンツ」を理解したならば、Webサイトがどのような狙い・目的を持ち、ユーザーにとって最適なサイト構造とはどういうもの

用語1 コンテンツ
内容、中身という意味の英単語の複数形（contents）。メディアが記録・伝送し、人間が観賞するひとまとまりの情報、映像や画像、音楽、文章、あるいはそれらの総称。デジタルデータ化されたものをデジタルコンテンツという。

図1 コンテンツの分析

● **頻度（更新性）**
どのくらいの頻度で発生するコンテンツかもしくはどのくらいの頻度でメンテナンスが必要か

● **情報の新鮮度（寿命）**
情報の公開に有効期限があるか

● **情報量**
コンテンツの量は多いか少ないか

● **リンク**
リンクすべき内容はあるか

● **テクノロジー**
コンテンツの表現に最適なテクノロジーはなにか

か、クライアントを含めた制作者全体で検討する。まず、Webサイトの狙い・目的を情報アーキテクチャを担当する者が構造設計の方針として理解し、設計方針に基づいてマクロなレベルでサイトの全体構造を設計する。

全体構造を設計するために、「コンテンツ」が「ユーザー」の「コンテキスト」に沿って、ユーザーに最適な組織体系に組織化される必要がある。コンテンツの組織体系には制作側からみて客観的に組織化された「正確な組織体系」と、主観的に組織化する「あいまいな組織体系」の2種類がある 図2 。コンテンツの組織化はサイトの全体構造を決定するとともにサイトの顔とも言える「**ナビゲーションシステム**」 ◀ B
を計画するヒントを与えてくれる。

構造化とハイレベルサイトマップ

コンテンツの分類と組織化、Webサイトの構造化は同時並行で進められる。Webサイトの構造化における成果は**ハイレベルサイトマップ** 用語2 として図式化される（次 ◀ C
ページ 図3 ）。ハイレベルサイトマップはWebサイトのおおまかな情報構造および全体像をマクロな視点からプロジェクト関係者間で理解するための設計資料となり、構造化は非常に重要な作業である。

また、ハイレベルサイトマップは、後工程の詳細サイトマップやナビゲーション設計を左右するWebサイトの骨格となる設計の基本方針でもある。情報の構造化にあたってはいくつかの構造化パターンに分類される（次ページ 図4 ）。一般に、これらのパターンが単体で完結することは少なく、複合的に組み合わされることが多い。

用語2 ハイレベルサイトマップ
「ハイレベル」とは、俯瞰的な概要や概略、全体構想を指し、個別的詳細を考える前の指針および全体設計と言える。「ハイレベルサイトマップ」とは、ページ単位等、詳細レベルを検討前に制作する、サイト全体を俯瞰する青写真のことを指す。

図2 正確な組織体系とあいまいな組織体系

正確な組織体系	あいまいな組織体系
正確な組織体系とは情報の分類として典型的な「時間」「言語」「地理・空間」など、ユーザーが情報を探す手がかりとして、容易に想像がつく組織体系である	あいまいな組織体系とは、ユーザーが情報を探すための手がかりをはっきりとわかっていなく、制作側の主観で組織化する組織体系である。一般的な組織体系を下記に示す
●50音、アルファベット順 言語的な順序を与えられた組織体系。辞書や百科事典など、言語的なインデックスが付けられるものに適用できる	●トピックまたはテーマ Webサイトの特性に応じたトピック、テーマを利用した組織体系。たとえば、企業サイトであれば、「サービス」や「製品」といった企業の主観で特有のトピック・テーマで組織化が行える
●時系列 年代や日付によって分類された組織体系。ニュースやプレスリリースなど、時系列が重要な情報に適用できる	●対象ユーザー（顧客） Webサイトに訪れるユーザー特性に基づく組織体系。たとえば、大学サイトであれば、「受験生の方へ」「在学生の方へ」などユーザーに応じた情報の組織化が行える
●地理的 地理的もしくは空間的に分類された組織体系。店舗情報など、位置関係が重要な情報に適用できる	●ユーザータスク Webサイトに訪れるユーザーのタスク（ユーザーが実行しようとすること）に基づく組織体系。たとえば、Webアプリケーションであれば、タスクによる組織化が行える

Keywords　　D▶カードソーティング

メンバー全員が共通認識を持つためのWebサイトの見取り図

ハイレベルサイトマップはWebサイト構造の基本方針となるため、サイトのコンセプト・目的、ビジネスの戦略、ユーザーが達成すべきゴールなどさまざまなコンテクストが盛り込まれるだけでなく、CMSやデータベース、バックエンドのシステム検討にも多大な影響を与える。

そのため、ハイレベルサイトマップの設計は情報アーキテクチャの担当者だけではなく、クライアントやほかの制作者を含めた多くのメンバーによって議論されるべきであり、まずは付箋紙などの組み替えが容易な紙にサイトに必要な要素を書き出し、D▶ホワイトボードや卓上で**カードソーティング**　用語3　などを行い、ベースとなる枠組みを繰り返し議論し決定する必要がある。

用語3　カードソーティング
カードに書き出した情報を並べかえ関連項目を統合することで、情報を分類・整理する手法である。カードソーティングを行うことにより、情報のパターン、ラベルをある程度特定することができる。同じ情報でもユーザーによって分類の認識が異なることが理解できる。

Column
コンテンツ分析の関連用語

5つの情報組織化方法（LATCH）
情報を構造化する方法として、リチャード・S・ワーマンが定義した下記の五種類の方法がある。

①地理的（Location）
地理的もしくは空間的な関係性により組織化する方法

②50音順、アルファベット順（Alphabet）
言語的な順序を与えて組織化する方法

③時間（Time）
年代、時系列に組織化する方法

④カテゴリ（Category）
ジャンル、カテゴリによって組織化する方法

⑤階層（Hierarchy）
数量的な大きさで組織化する方法

ラベリング
情報を分類・組織化する際の、情報のまとまりを言葉で表現する手法を「ラベリング」という。トマトとニンジンを野菜と分類した場合、「野菜」をラベルと呼ぶ。

ビジュアルボキャブラリー
サイトマップの図式にはさまざまな書式があるが、ジェシー・ジェームス・ギャレット氏など、さまざまな情報アーキテクチャの権威が公開しているビジュアルボキャブラリーを採用するのも効果的である。

日本の高層建築物を5つの情報組織化方法で組織化した例（2009年10月現在）

	50音順、アルファベット順(Alphabet)	階層(Hierarchy)	位置(Location)	時間(Time)	カテゴリ(Category)
ランク	ビル名称	高さ	都市	竣工年	種類
1	東京タワー	332	港区	1958	電波塔
2	近鉄・阿倍野橋ターミナルビル	300	大阪市	2014	ビル
2	明石海峡大橋・主塔	300	神戸市ー淡路市	1998	橋主塔
4	横浜ランドマークタワー	296	横浜市	1993	ビル
5	りんくうゲートタワー	256	泉佐野(大阪)	1996	ビル
5	大阪ワールドトレードセンター	256	大阪市	1995	ビル

図3 ハイレベルサイトマップの例

図4 構造化パターン　※『デザイニング・ウェブナビゲーション』(ジェームズ・カールバック著、オライリー・ジャパン)より

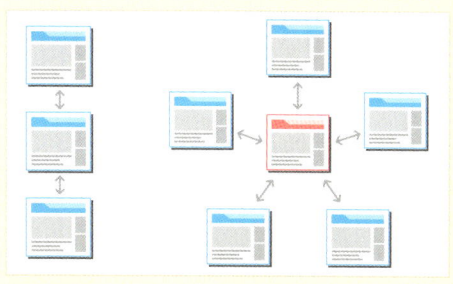

直線型
直線的にページが順序立てて連続するシンプルな構造。ひとつの開始ページをハブとして複数のページに移動する構造も直線型の派生だと言える。ECサイトの購入フォームやサイト内検索は直線型である

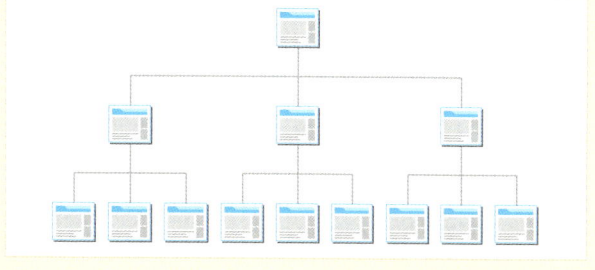

階層型
ページに親子関係があり、親カテゴリの意味や内容を子が受け継ぐ最も一般的な構造。企業サイトやディレクトリ検索が使用している

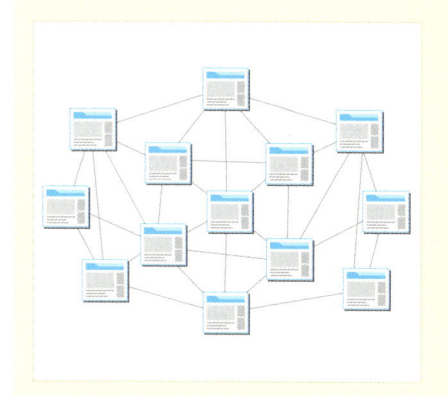

Web型
ページが個々に存在し、階層や直線構造に依存せず、相互リンクする構造。関連リンクやSNSなどが使用している

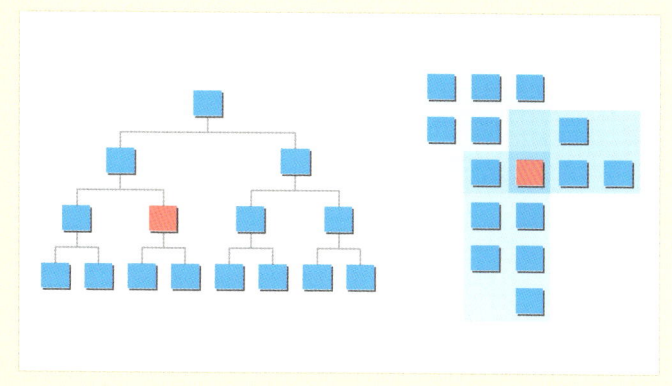

ファセット型
階層型の代替として用いられる相互排他的なカテゴリをもつ構造。子は複数の親カテゴリに属することができる。Gmailのラベル機能やdeli.cio.usのタグシステムはファセット分類を使用している

039　コンテンツ分析とハイレベルサイトマップ

Article Number **040**

詳細サイトマップの作成

前項にてコンテンツの組織化、マクロレベルのサイト構造がプロジェクトメンバー間で共通の決定事項となったら、今度はWebサイトの設計をミクロなレベルに切り替え、ページ単位にページに関連する事項を決定していく。詳細サイトマップは、ページ単位で仕様が定義された設計資料であり、制作チームにとってページ制作過程において拠り所となる重要な資料である。この項では、詳細サイトマップを作成する目的と作成時の注意点を解説する。

コンテンツ企画
■Webサイト設計

Keywords
- **A** ワイヤーフレーム
- **B** デザインテンプレート
- **C** ページタイプ

「詳細サイトマップ」とは

ハイレベルサイトマップは、Webサイトをマクロなレベルで全体感を俯瞰するために作成したが、詳細サイトマップ 注1 ではWebサイトをミクロなページ単位のレベルに詳細化することを目的として作成する。

また、ハイレベルサイトマップではビジネス領域の担当者（クライアントやプロデューサーなど）がWebサイトのビジネスゴールや目的を議論するためのコミュニケーションツールとして用いられたのに対して、詳細サイトマップは制作チームがページ制作の細部までを整理した設計仕様書としての役割が強い。

詳細サイトマップの設計にあたっては、Webサイトのページ単位の整理だけでなく、将来的な拡張性に考慮した技術的な視点も必要である。

詳細サイトマップの表現方法

ハイレベルサイトマップでは考慮する範囲を主要なグループに限定することができるため、単純なツリー構造のダイアグラムを用いることが多い。しかし、詳細サイトマップでは範囲がページ単位でのミクロのレベルにまで詳細化され、規模によってはダイアグラム 用語1 として表現することに限界がある。規模の小さなWebサイトであれば、ハイレベルサイトマップを流用して、ページ単位の情報を含む詳細サイトマップとして機能させることができるが、規模の大きいWebサイトでは、エクセルなどの表計算ソフトなどを用いて、ハイレベルサイトマップに基づくツリー構造をページ単位でリスト化していくことが必要になる。

詳細サイトマップで定義する項目

詳細サイトマップで定義される項目には、基本的な項目として、ページ名、固有のページID、ページの階層、ファイルパスなどがある。そのほかにも制作の過程でさまざまな項目がページ単位で定義され、詳細サイトマップは拡充される。**ワイヤーフレーム** 注2 工程にてパターン化された**デザインテンプレート**の種類やコンテンツ分析の工程で分類・整理されたコンテンツ、ナビゲーション設計の工程にてパターン化されたナビゲーションの種類などである。そのため、詳細サイトマップに記述する

注1 「詳細サイトマップ」の呼称
詳細サイトマップの呼称はさまざまで、「サイト仕様書」「ページレベルサイトマップ」「詳細サイトストラクチャー」などと呼ばれている。

用語1 ダイアグラム
英語の原義としては単に「図表」の意。情報デザインにとって最も基本とする表現手法である。ダイアグラムは大別すると、①配列表記（表組）②座標表記（グラフ）③関連図 ④地図 ⑤図解の5つに分類できる。Webでは「アローダイヤグラム」といって、サイトマップを矢印を用いた図表で示すことがある。

注2 ワイヤーフレーム
「041 ワイヤーフレームの作成」→P.100

項目の選定は設計するWebサイトの規模や特性によって、最適化する必要がある。

ページタイプ

ユーザーが最終的にたどり着く場所はコンテンツが表示されているページである。しかし、目的のコンテンツが表示されているページにたどり着くまでには、検索結果などのコンテンツページに誘導するリンクがリスト化されているナビゲーションページや、コンテンツを見るためにログインが必要な機能を有するログインページを通らなければならない。このように、ページそれぞれにはその目的や存在理由があり、たいていのページは代表的な下図の3つのタイプのどれかの要素を強く持ち、そのいずれかに定義することができる 図1 。詳細サイトマップではページが含まれるコンテンツやページが位置する階層から、これらの**ページタイプ**を意識する。

図1 ページタイプ

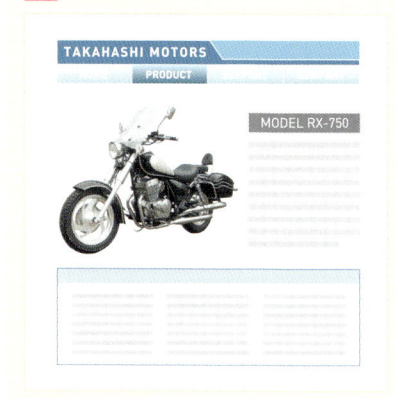

コンテンツページ
記事や製品の情報が掲載されているコンテンツそのもので構成されるページタイプ。ユーザーがたどり着く最終的な目的地と言える。製品を紹介するページであれば、製品の写真、製品の説明、スペック、関連する製品などの要素が掲載される

機能ページ
ログインフォームや検索ページなど、ユーザーがタスクを実行するためのページタイプ

ナビゲーションページ（下左右とも）
ホームページなどのポータルの役割をもつページや検索結果、ギャラリーページなどのほかのページへの誘導リンクをリスト表示するページタイプ

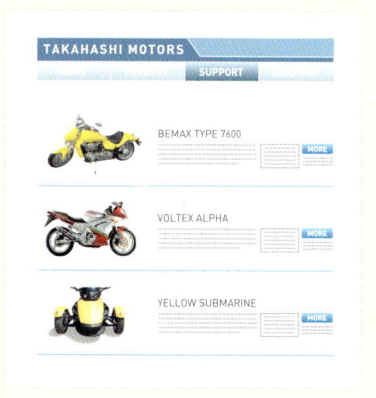

Article Number **041**

ワイヤーフレームの作成

Web制作におけるワイヤーフレームは、情報構造設計、ユーザーインターフェイス設計、ナビゲーション設計で考慮されてきた内容がひとつになって可視化されたものであり、以降のグラフィックデザイン、システム構築の設計方針を決める非常に重要な成果物である。

コンテンツ企画
Webサイト設計

Keywords

A ワイヤーフレーム　**B** カラースキーム　**C** ラフスケッチ

「ワイヤーフレーム」とは

A **ワイヤーフレーム**」はそもそもCGやCADの世界で、3次元オブジェクトの骨組みを線形状のみで表現する手法であった**図1**。Webサイト制作においてもワイヤーフレームは、Webページの骨格を定義するための成果物である。

Webサイトにおけるワイヤーフレームでは、「情報構造設計」「ユーザーインターフェイス設計」「ナビゲーション設計」で考慮された内容のすべてがページデザインとして、線画の状態で可視化される**図2**。

ワイヤーフレームとは画面を設計するための初期段階の画面イメージであり、また、ページの詳細仕様を決定するための最終的な仕様書にもなる。そのため、クライアントはもちろん、Webページを以降制作するグラフィックデザイナーやHTMLコーダー、システム開発者などさまざまな制作担当者の目に触れる、ページの詳細仕様に関して共通の認識をもつためのコミュニケーションツールと言える。

ワイヤーフレームの要素

B ワイヤーフレームには画像、Webサイトの**カラースキーム** **用語1**、グラフィックデザイン的な要素は含まれない。文字どおり、ページの骨格を決めるものである。Web制作におけるワイヤーフレームでは、ページ内の「コンテンツとしての情報」と「ナビゲーションを含むユーザーインターフェイス」がどのようにレイアウトされるべきかを検討するために用いられる。代表的なWebサイトにおける、ワイヤーフレームにて可視化することは下記である。

■ エリアの定義

複数のナビゲーションシステム、コンテンツなどのページ構成要素のエリアをレイアウトする。ワイヤーフレーム自体の大きさは、エリア定義によってページ構成要素がモニタ上でどのくらいの割合で見られるのかを考慮するために実際のサイズで作成する必要がある。

■ コンテンツの重み付け

コンテンツの情報としての重みは、そのコンテンツがどの位置にどの大きさであるかによって決まるため、ページで展開されるコンテンツを情報の優先順位に応じてレイ

図1 ワイヤーフレーム

図2 Webサイトにおけるワイヤーフレーム

用語1 カラースキーム

「スキーム」とは「枠組みを伴った計画」や「計画を伴う枠組み」のこと。デザインにおける、配色設計・配色計画のことで、Webにおいてもカラースキームは重要なデザイン決定要素と言える。外国ではWebカラースキームを決定するために便利なカラースキームジェネレータと呼ばれるWebサービスがある。

アウトする。
■**コンテンツの種類が何であるか**
ワイヤーフレームではコンテンツのレイアウトに影響する要素を記述する。
- 量（テキストの文字長、画像の大きさ）
- 種別（テキスト、画像、マルチメディア素材など）

実際のコンテンツそのものの記述は行わない。実際のコンテンツと誤解が起きないようなダミーを暫定的に入れる。

ワイヤーフレームに記述する要素は、ワイヤーフレームがコミュニケーションツールであると述べたように、伝えるべき担当者が誰であるかや、ページのタイプ、アプローチの方法に依存する所が多い。

また、ワイヤーフレーム上での視覚化が必要のない要素は、詳細を別資料で定義し、記述要素から除外しても問題はない。ワイヤーフレームの作成前には記述すべき要素がなにかを最初に検討する必要がある 図3 。

ワイヤーフレームの作成

ワイヤーフレームは、IllustratorやFireworksなどのグラフィックアプリケーションを用いて一見そのままWebサイトとして公開しても遜色のない質のものから、紙に**ラフスケッチ** 図4 としてスケッチした簡易なものなどさまざまである。ワイヤーフレーム作成の目的がコンテンツブロックのレイアウトを決定するための単純な目的であれば、紙のスケッチやOffice PowerPoint、ExcelなどのOfficeアプリケーションでも作成することができる。

作成方法は、ワイヤーフレームを制作する担当者のスキルに依存する所が多いが、ワイヤーフレームの作成において重要なことはあくまでも、見た目上「美しく」作ることではなく、確認する担当者にとってページの意図が「わかりやすく」、検討の変化に応じて「すばやく改変できる」ことであると頭に置いておきたい。

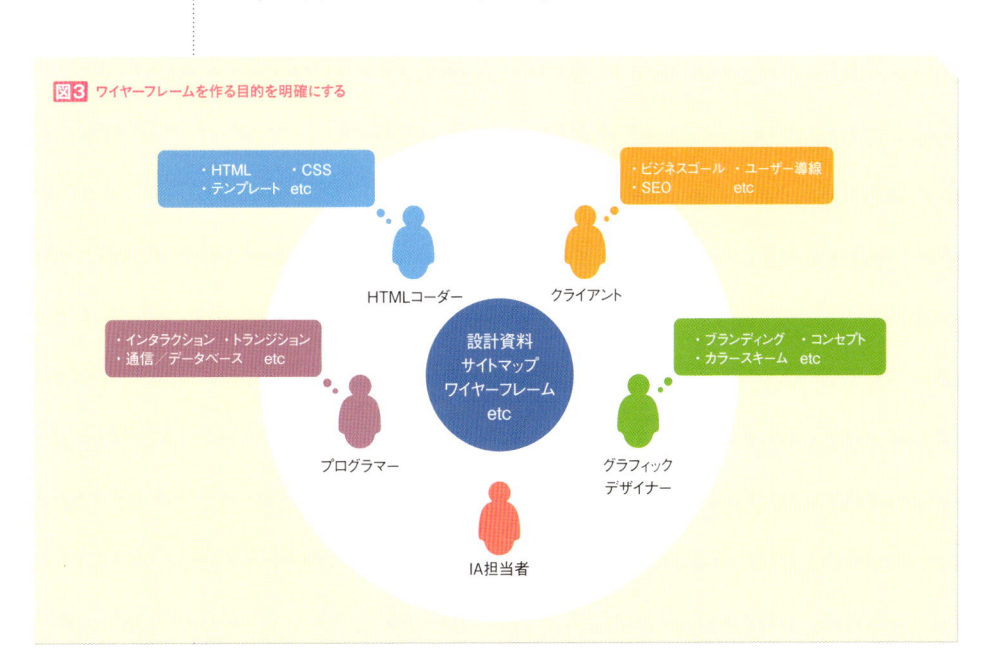

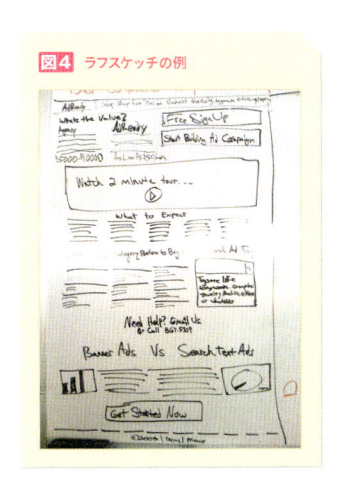

C

図4 ラフスケッチの例

図3 ワイヤーフレームを作る目的を明確にする

また、ワイヤーフレームはWebサイトのすべてのページを作成する必要はない。詳細サイトマップでも述べたように、Webサイトのページはいくつかのタイプ（コンテンツページ、ナビゲーションページ、機能ページ）に整理することができる。ワイヤーフレームではそれらのページタイプとWebサイトで重要になる特徴的なページを抽出して作成する。

視覚的な表現要素

ワイヤーフレームはページの「骨格」となるレイアウトを制作者間で共有するためのものであり、視覚的なグラフィックデザインを確認するためのものではない。のちのグラフィックデザインの工程では、このワイヤーフレームをもとにグラフィックデザインが適用されるのだが、実際の現場では最終的なグラフィックデザインが単にワイヤーフレームに色味が加わったものになってしまうケースが少なくない。これは、ワイヤーフレームに視覚的な表現要素が入ってしまっているため、グラフィックデザイナーが強く影響を受けてしまったからと言える。あくまでも、Webサイト制作におけるワイヤーフレームではページを構成する情報構造のレイアウトとユーザーインターフェイス設計の意図のみが組み込まれるべきであり、視覚的なグラフィックデザインで表現すべき箇所は明確に理解し、ワイヤーフレームの記述要素からは除外すべきである 図2。

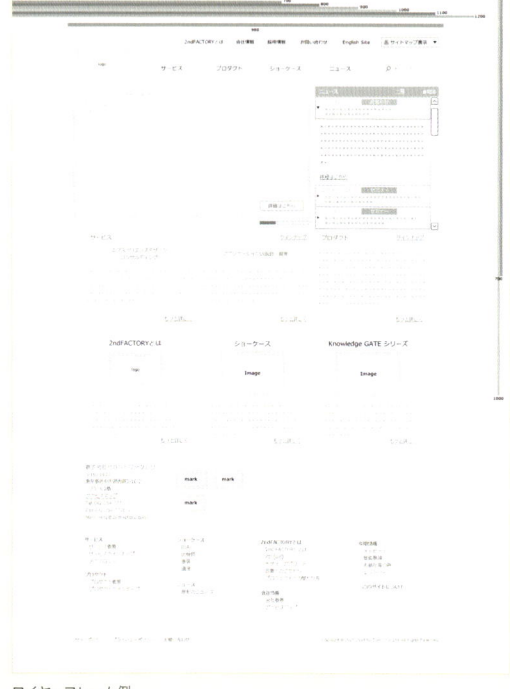

図2 ワイヤーフレームとグラフィックデザイン適用例

ワイヤーフレーム例　　　　　　　　　　　　　ワイヤーフレームをもとにグラフィックデザインを施したWebサイト

Column

ユーザーインターフェイス設計の関連用語

ステンシル

ワイヤーフレームを効率的に作成するために、UIパーツや汎用的につかえるオブジェクトをテンプレート化したもの 図1 。

ペーパープロトタイピング

Webサイトやアプリケーションの画面遷移、状態遷移を簡易に再現することができる紙でできた画面の試作品。画面設計の初期段階において、簡易なユーザビリティ評価を行うために用いられる。ペーパープロトタイピングを行うことで、ユーザーのタスク達成を妨げているユーザーインターフェイスの問題点を早期に発見することができる 図2 図3 。

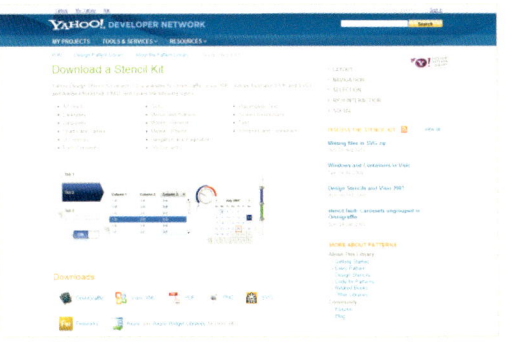

図1 Yahoo!は各種アプリケーションに応じたワイヤーフレーム作成に使えるUIのステンシルを公開している
http://developer.yahoo.com/ypatterns/about/stencils/

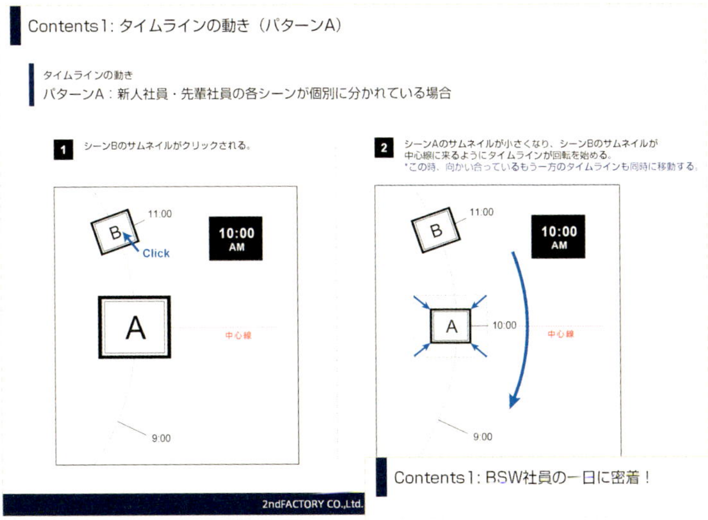

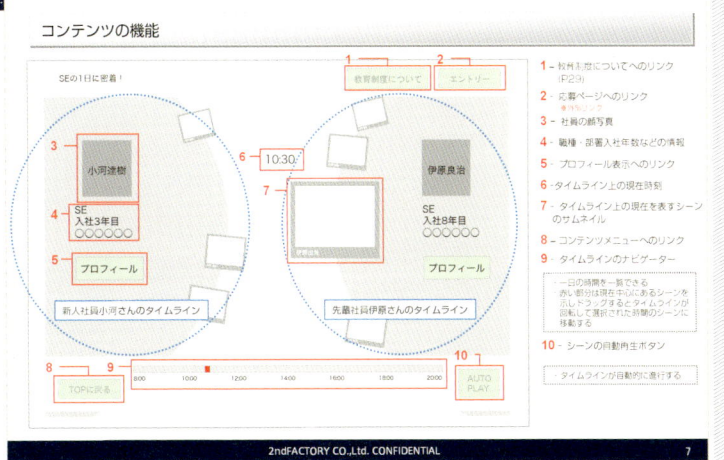

図2 動きのあるインタラクションを定義した資料（左図・下図）

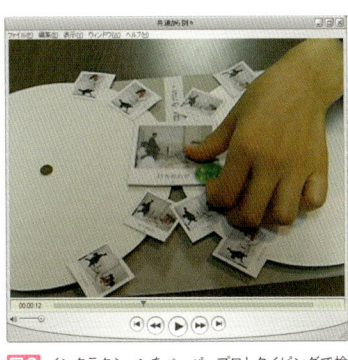

図3 インタラクションをペーパープロトタイピングで検証している様子

Article Number **042**

ユーザーインターフェイス設計（UI設計）

ユーザーは画面を通じて、そのWebサイトのユーザーインターフェイスに触れている。優れたユーザーインターフェイス設計がなされたWebサイトでは、ユーザーは容易に目的を達成することができる。「リンクをクリックする」「テキストを入力する」といった、目的を達成するまでの行為のすべてがWebサイトの利用体験として、ユーザーに記憶され、ユーザーはそのサイトを優れたサイトと感じるのである。本項では、Webサイトにおけるユーザーインターフェイスの設計（以下、UI設計）について解説する。

コンテンツ企画
Webサイト設計

Keywords　**A** インタラクション　**B** メンタルモデル

Webサイトのユーザーインターフェイス（UI）　用語1　とは

WebサイトにおけるUIには2つのタイプがある。それは入力インプットやボタンなどユーザーとインタラクティブにやりとりができる「アプリケーションとしてのUI」と、グローバルナビゲーションや関連リンク等のコンテンツ間を移動するハイパーテキストが発展した「ナビゲーションシステムとしてのUI」である。近年のWebサイトにおいては、この2つのタイプを兼ね備えるWebサイトがほとんどであるため、UI設計を行うWeb制作担当者は両タイプに関するUI設計を知識として理解していることが重要である。

本項では「アプリケーションとしてのUI」に重きをおいて解説し、「ナビゲーションシステムとしてのUI」については、「043 ナビゲーションシステムとリンク表示」→P.108 で解説を行う。

アプリケーションとしてのUI

初期のWebサイトにおけるUIはハイパーテキストによるナビゲーションシステムとほぼ同義であり、ブラウザで行えることもコンテンツ間を移動するだけであったが、テクノロジーの発展に伴い、Webサイトは情報を発信するだけでなく、ユーザーに対してよりインタラクティブで複雑な機能を提供できるようになった。これまで、デスクトップアプリケーションでしか実現できなかった機能がWebサイト上で実現可能になっていることも多く、Webサイトの制作者はWebサイトが提供する機能によって、ナビゲーションシステムとしてのUIだけではなくデスクトップアプリケーションと同等の「アプリケーションとしてのUI設計」を行わなければならない 図1 。

UI設計に必要な知識

UI設計の手法や法則を身につけるためには、コンピュータエンジニアリングや工業デザインの歴史から取り入れられた認知科学などの人間工学的な知識の吸収が不可欠である。また、多くのUIに触れることで得られる「経験則」も重要な要素である。ここでは、WebサイトにおけるUI設計において、必要な知識をいくつかの言葉を用いて解説する。

用語1 ユーザーインターフェイス
システムあるいはプログラムとユーザー（人間）との間で情報をやり取りするための方法、操作、表示といった仕組みの総称。情報の表示形式から入力方法、入力の反応の様子など、非常に細かな要素が組み合わさって、総合的な操作感の良し悪しを決定付けている。
Webのユーザーインターフェイスは、アプリケーションのインターフェイスとして、Webブラウザを利用した場合のことを一般的に指す。

インタラクション

まず、UI設計を理解するうえで非常に重要な言葉に「**インタラクション**」がある。 **A**
インタラクションとは「相互作用・対話」という意味であり、Webサイトやコンピュータの画面に限らず、人と人、もしくは人と物やシステムの2つ以上の要素が対話し影響を及ぼしあうことを言う。相互作用・対話というように、インタラクションとはユーザーの具体的なアクションを受け取り、何らかしらのカタチで反応を返すことである。そのため、擬人的な表現として「振る舞い」と訳されることもある。
キーボードはキーを押すとへこみ、そのキーが押されたことをユーザーにインタラクションとして伝えることができるといった具合である。
Webサイトでも同様に、ユーザーが商品の購入ボタンを押したならば、買い物かごに商品が入ったことをユーザーにとって最適なインタラクションで返さなければならない。ユーザーにアクションが何らかの反応で返り、ユーザーに伝わることを「フィードバック」と言い、UI設計ではひとつひとつのパーツにおいて適切なフィードバックを提供する。

メンタルモデル

ユーザーはインターフェイスに接するとき、過去の経験や知識から、ボタンが押されたときにインターフェイスが「どのように振る舞うか」を予測しながら行動している。この予測や認識を「**メンタルモデル**」**用語2** という。UIの設計者はユーザーがボタンを押したときのユーザーが思う「こうなるであろう」といったメンタルモデルを意識し、ユーザーが期待するフィードバックと実際のボタンがユーザーに返すフィードバックを一致させなければならない。 **B**

デザインパターン

デザインパターン **用語3** はもともと建築やソフトウエア開発において、設計における過去の経験や設計ノウハウを再利用目的として蓄積したものである。プログラム自体やノウハウの再利用を行うことで、設計や実装の効率性を高めるというメリットがある。
UI設計においても、デザインパターンは活用でき、それらの慣用的なUIパーツをう

用語2 メンタルモデル
物事の見方や行動に大きく影響を与える固定観念や、暗黙の前提。認知心理学や情報デザインなどの分野では、人が物事（たとえば装置の使い方）を理解するために頭（心）の中に作りだす概念のモデルを「メンタルモデル」と呼んでいる。

用語3 デザインパターン
優れたプログラムに繰り返し現れる汎用的な構造を抽象化した、プログラム設計のパターンのこと。1995年に出版されたErich Gammaらが著した書籍『デザインパターン』の中で23のパターンが解説されたのをきっかけに広まった。

図1 アプリケーションとしてのUI設計

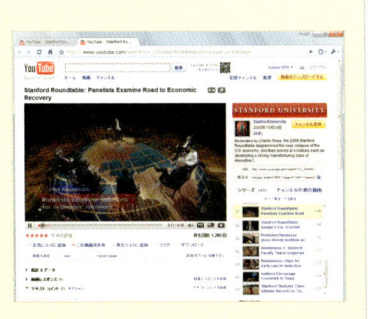

Youtubeの例。プレイヤーのモード切り替えやお気に入り動画の管理、トップページの表示要素の組み替えなど旧来のWebサイトを超え、デスクトップアプリケーション並みの機能が提供されており、デスクトップアプリケーションにみられるインターフェイスルールが適所で採用されている

Keywords　　C アフォーダンス　　D メタファー

まく取り入れることは開発の効率性を上げるだけではなく、慣れ親しんでいるUIであればユーザーは難なく理解し操作できるという点で重要である。
近年ではボタンやスライダなどの汎用的なUIパーツが、各社からデザインパターンのライブラリとして公開されている 図2 。

アフォーダンス／メタファー

C「**アフォーダンス**」 用語4 は、あるものがその機能や使用方法を物体の持つ属性（形状、色等）でユーザーに暗示させることである。ボタンの膨らみを持った形状はそれが押せるということをユーザーにアフォード（提供する）していると言える。

D「**メタファー**」は「隠喩」という意味であり、メタファーの代表例として「アイコン」がある。検索のボタンに虫眼鏡のアイコンが使われるのは、現実世界の虫眼鏡の「探す」という機能をメタファーで表現しているからである。アイコンはユーザーに機能をアフォードしていると言える。

ユーザーインターフェイスの検証

ユーザーインターフェイスの有効性を計るための検証は非常に難しい。UI設計のプロフェッショナルであれば、ユーザーにとって最適なUIを設計できるのかと言えばそうではない。UI設計は人間中心設計で提唱されるような、理解分析、設計・実装と評価を繰り返す設計思想が望まれる。
そのため、Webサイト制作においては、ワイヤーフレームやプロトタイプ 注1 による検証はもちろんのこと、実装後の運用においてもユーザーからのフィードバックを収集し、改善を継続的に行うことが重要である。

用語4 アフォーダンス
環境が提供するものが人間・動物の知覚・認知・行動に与える可能性を示す言葉。アメリカの心理学者ジェームズ・ジェローム・ギブソンがプラグマティズム哲学を継承しながらヒトや動物の行動学全般に適用し、光の中に直接知覚を説明する光学（生態光学）というカテゴリを確立した際にできた造語。

注1 ワイヤーフレーム、プロトタイプ
「041 ワイヤーフレームの作成」→P.100
「048 画面プロトタイプの作成」→P.120

図2 デザインパターンのライブラリ

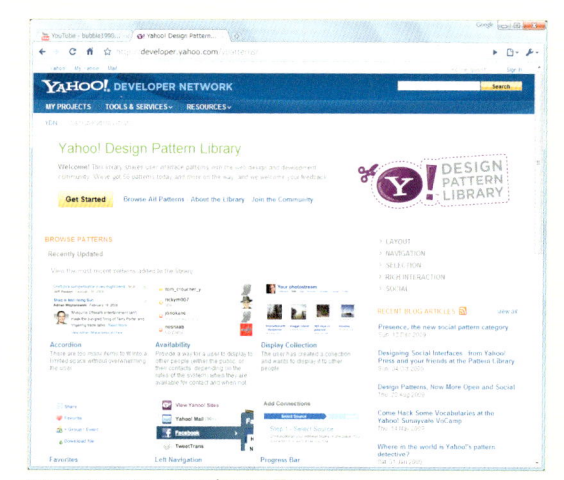

Yahoo!はUIのパターンライブラリを公開している
http://developer.yahoo.com/ypatterns/

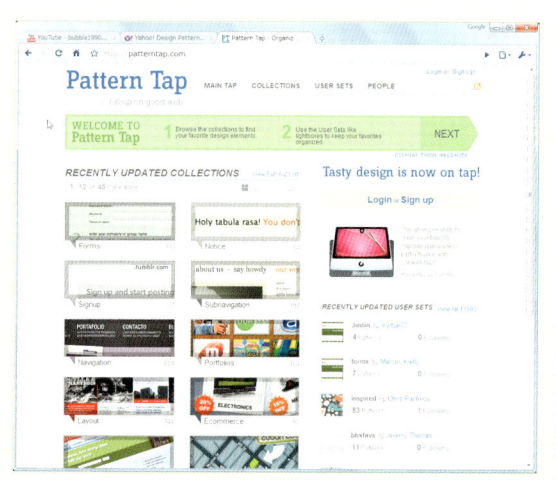

patterntapのようにユーザー参加型でUIのパターンライブラリを収集するサイトもある　http://patterntap.com/

Book Guide

① デザイニング・インターフェース
パターンによる
実践的インタラクションデザイン
ジェニファー・ティドウェル（著）、ソシオメディア株式会社（監修）、浅野紀予（訳）
B5変型判／360頁
価格 3,990円
ISBN9784873113166
オライリー・ジャパン

Webサイトユーザーインターフェイスにおける"ベストプラクティス"をシチュエーションごとにパターン分類している書籍。具体的な事例が、実際のWebサイトやアプリケーションの画面キャプチャなどでわかりやすい。索引からパーツ単位で検索できるのでリファレンスとして重宝できる一冊。

② 誰のためのデザイン？
認知科学者のデザイン原論
ドナルド・A. ノーマン（著）
野島 久雄（訳）
四六判／427頁
価格 3,465円
ISBN9784788503625
新曜社

人々が道具の使い方に戸惑い、間違う失敗の原因は道具のデザインに問題があるためとし、もの作り全般において、ユーザー中心のデザイン原則を認知心理学のアプローチで解説した書籍。ユーザー中心のデザインを志すにあたり、原点に帰るための一冊。

③ Design rule index
デザイン、新・100の法則
ウィリアム・リドウェル、クリティナ・ホールデン、ジル・バトラー（著）、小竹 由加里、株式会社バベル（訳）
B5変型／215頁
価格 4,200円
ISBN9784861000089
ビー・エヌ・エヌ新社

デザインの歴史の中で生まれた人間の心理をとらえた法則を100に厳選し、豊富な解説文と図版の見開き表示でわかりやすく解説している書籍。複数分野のデザイン知識を横断的に得ることができ、100に選ばれたデザイン原理はWeb制作においても応用が利く。

④ オブジェクト指向における再利用のためのデザインパターン（改訂版）
エリック・ガンマ、ラルフ・ジョンソン、リチャード・ヘルム、ジョン・ブリシディース（著）、本位田 真一、吉田 和樹（訳）
B5判／418頁
価格 5,040円（税込）
ISBN9784797311129
ソフトバンククリエイティブ

オブジェクト指向ソフトウエア設計の際に繰り返し現れる重要な部品をデザインパターンとして記録し、カタログ化している。「デザインパターン」が広まったきっかけとなった書。

⑤ ウェブ戦略としての「ユーザーエクスペリエンス」
5つの段階で考える
ユーザー中心デザイン
ジェシー・ジェームス・ギャレット（著）、ソシオメディア（訳）
B5変型判／215頁
価格 2,415円
ISBN9784839914196
毎日コミュニケーションズ

ユーザーエクスペリエンスの5段階ダイアグラムを提唱したジェシー・ジェームス・ギャレットがWeb制作におけるデザインプロセスを解説した書籍（「036 Webサイトの出来不出来を左右する情報アーキテクチャとは何だろう」→P.089）。

Column

ユーザーインターフェイス設計の関連用語

フィッツの法則

画面上にあるボタンなどの目標物に対して、マウスのポインタを目標物まで移動させるときにかかる時間は「目標物の大きさ」「ポインタの位置と目標物との距離」によって決まるという法則。WebサイトのUI設計においては、ナビゲーションリンクのクリック領域の大きさなどが適用範囲として考えられる。

Microsoft Office2007などに採用されているリボンインターフェイスは、フィッツの法則性に基づき、良くつかわれる機能のアイコンサイズが調整されている。

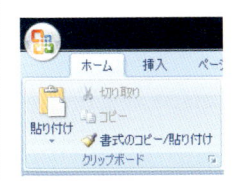

Article Number **043**

ナビゲーションシステムとリンク表示

検索サイトやブックマーク（ブラウザのお気に入り、ソーシャル、ブログ）など、さまざまな流入経路が確立された昨今においては、ユーザーが上位階層のホームページからページを探索することは少なく、検索サイトや外部のサイトから直接、個々のページにたどり着くことがほとんどである。そのため、ナビゲーションは個々のページにアクセスしたユーザーに対しても目的のコンテンツへと誘導させる、文字どおりのナビゲーションシステムであるとともに、Webサイトの全体構造を暗にユーザーに示す役割を担っている。

コンテンツ企画
■Webサイト設計

Keywords　**A** ビジネスゴール　**B** グローバルナビゲーション

Webサイトユーザーインターフェイス（UI）のもうひとつの側面

WebサイトのUIには、「042 ユーザーインターフェイス設計（UI設計）」→P.104 で述べた「アプリケーションとしてのUI」とは別に、もうひとつの側面として、「ナビゲーションとしてのUI」が存在する。「ナビゲーションとしてのUI」が達成すべき目的は下記の3つである。

- ある地点から別の地点へ移動する手段をユーザーへ提供すること
- それぞれのリンクの重要度、関係を適確にユーザーに伝えること
- 現在のページとそのコンテンツとの関係性をユーザーに伝えること

Webサイトの全体像はナビゲーションから理解される

ナビゲーションは文字どおり、ユーザーを目的のコンテンツにナビゲートすることが主たる目的であるが、優れたナビゲーションはユーザーにそのWebサイトで「何を見ることができるのか」「何ができるのか」を暗に伝えることができる。そのため、ナビゲーションシステムの設計では、情報を整理・分類してユーザーを迷わせないようにするだけではなく、WebサイトがユーザーにをしてもらいたいのかといったA Webサイトのブランド戦略、コンセプト、**ビジネスゴール** 用語1 といった、分析フェーズの意図を組み込まなくてはならない。ナビゲーションを設計する担当者は十分な分析フェーズの理解が必要である。

ナビゲーションシステムの計画

ナビゲーションシステムにはいくつかのタイプがあり、Webサイトではそれらが複合的に採用されている。ここでは代表的なナビゲーションシステムを紹介する。

■ グローバルナビゲーション

B 「**グローバルナビゲーション**」用語2 は、ほかのナビゲーションシステムとは一線を画す。グローバルナビゲーションはページの一部エリアに常に表示されており、ユーザーはこのナビゲーションを見て目的のページに行き着くためのヒントを得るからである。そのため、グローバルナビゲーションにはWebサイトの狙いや戦略に沿って、隅々までユーザーをたどり着かせるための重要なアクセスポイントが設定されてい

用語1　ビジネスゴール
業務の最終的獲得目的。Webにおけるビジネスゴールの基本的な考え方は、「自社のWebサイト上で、訪問者にどのようなアクション（行動）をとってもらいたいのか？」ということであり、サイトのタイプによって変わってくる。

用語2　グローバルナビゲーション
Webのナビゲーションのうち、Webサイト内の各ページに共通して設置され、サイト内の各コンテンツを案内するための共通のメニューのこと。グローバルナビゲーションには、そのWebサイトにおける主要なコンテンツへのリンクが集められており、サイト全体を俯瞰する特別なナビゲーションである。

る必要がある。

■ **ローカルナビゲーション**
ローカルナビゲーションはその名のとおり、現在ページの近くに存在する親ページや兄弟ページへのナビゲーションに用いられる。

■ **補足型ナビゲーション**
補足型ナビゲーションは、上記2つのナビゲーションではアクセスできない関連ページにアクセスさせるために用いられる。このナビゲーションは情報の構造化時にファセット型 注1 として構造化されたページ等に用いられる。

■ **コンテキストナビゲーション**
コンテキストナビゲーションは、ページのコンテンツの中で用いられる。ECサイトの商品ページであれば、「おすすめの商品」等がこれにあたる。文字どおり、これらのナビゲーションは「コンテキスト」の分析結果が色濃く反映される。

■ **パンくずナビゲーション** 用語3
パンくずナビゲーションは、グローバルナビゲーションやローカルナビゲーションなどの主要なナビゲーション機能を補助するためのオプショナルなナビゲーションである。パンくずは3つのタイプに大別される。

- 階層位置を示すパンくず：階層構造が明確な場合に、どの階層にいるかを明確に示す 図1
- 属性位置を示すパンくず：サイトの階層構造にかかわらず、ページの属性が絞り込まれた様子を示す
- ユーザーのページ遷移の履歴を示すパンくず：サイトの階層構造にかかわらず、ユーザーが現在のページに遷移した過程を動的に生成し、ユーザーに示す

どのタイプのパンくずにおいても、設置することで得られるメリットはユーザーに現在位置を明確に示し、Webサイトの構造を暗に伝えることである 図2。

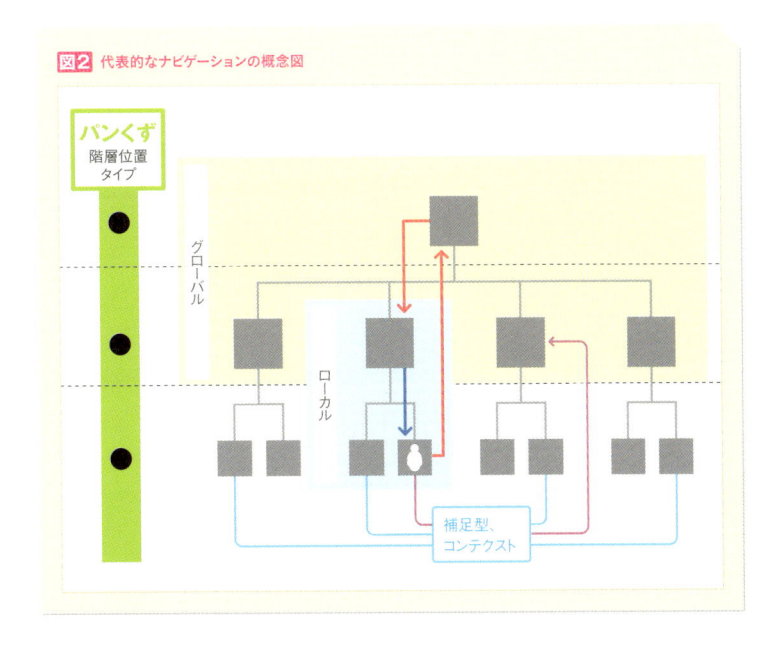

注1 **ファセット型**
「039 コンテンツ分析とハイレベルサイトマップ」
→P.097

用語3 **パンくずナビゲーション**
breadcrumb navigation。パンくずリスト、などとも言う。サイトのWebページをツリー構造を持ったリンクのリストとして見せるもの。通常、「aaaa > bbbb > cccc」のような表記で示される。童話『ヘンゼルとグレーテル』で通り道にパンくずを置いて迷子にならないようにしたエピソードが語源になっている。

図1 階層位置を示すパンくずの例

ホーム > ニュース > 2009年 > 「Microsoft Partner

Column
ナビゲーション関連用語
魔法の数字7（チャンク）
人間の短期的な記憶容量は最大7±2個とされる認知心理学の研究結果から、ユーザーが一目見たときの「わかりやすさ」を得るための選択肢の個数として指標となる数字。ナビゲーションメニューの個数を決める際に意識する必要がある。情報をひとつの固まりとしてまとめることを「チャンキング」と言い、まとまった単位を「チャンク」と呼ぶ。

図2 代表的なナビゲーションの概念図

Article Number **044**

デザインガイドラインの策定

複数人のデザイナーが同時に作業を行う場合や、Webサイト更新時に別のデザイナーが作業を行う場合などでは、デザインの上流工程担当者が、デザインガイドラインを策定することで、デザインのばらつきをなくし、Webサイトがユーザーに与える印象を統一することができる。また、一定の品質を確保しながら開発工数を短縮させられることもガイドライン策定の目的のひとつである。

コンテンツ企画
Webサイト設計

Keywords
- **A** デザインコンセプト
- **B** ユーザビリティルール
- **C** アクセシビリティ対応方針

デザインガイドラインの内容例

ここではWeb制作でのデザインガイドラインに記述される内容を順に見ていこう。

■資料の位置付けと構成

Web開発ではさまざまな種類のドキュメントが作成され、これらがプロジェクト内のいたるところへと展開されるため、ドキュメントの冒頭で資料の位置付けや構成について説明した一文を記し、全文に目を通さなくても記載事項を知ることができるようにする必要がある。

また、ガイドラインでの規定内容が、Web利用者とWeb開発者に対して、それぞれどのような恩恵を享受するか、その効果についても明記するとよい。

■デザインコンセプト

Webのビジュアルデザインを通して、ユーザーに訴求すべき印象を定義する。**A デザインコンセプト**は、顧客企業のブランディングによる影響も大きく、企業の方向性とWebの方向性が合致したデザイン指針を定義することが重要であり、顧客の担当者と共にWeb自体の将来像についてビジョンを打ち出し、プロジェクトメンバーの意識を統一する。

B また、最小フォントサイズ、用語、配色ルールなどの**ユーザビリティルール**や、スクリーンリーダー**用語1**への対応などの**C アクセシビリティ対応方針**など、Webサイトを一貫してデザイナーが留意すべき事項やデザイン方針を明らかにする。

■想定環境（レギュレーション）

現実的に、すべてのユーザー、すべての環境に対してデザインクオリティを担保することは極めて難しく、当開発における品質の保障範囲を明記する。

この定義はターゲットユーザー環境より導き出すのが一般的であり、画面解像度、回線速度、対象OSなどのPC環境に加えて、対象ブラウザとバージョン、必要プラグインとバージョンなど、ソフトウエア環境までを定義する。

実際にWebへアクセスするユーザー環境にばらつきがある場合は、必要環境と推奨環境に分けた定義を行い、ユーザビリティを担保する動作保障環境を明確に記すことも重要である。

基本的にここで定義した環境は、テストを実施する環境となる。

用語1 スクリーンリーダー
視覚障害者などマウスで操作を行うことが困難な方向けに、画面上の情報を音声で読み上げるソフトウエア。JAWS、NVDA、PC Talkerなどが代表的なアプリケーション。

■ロゴマーク使用規定

企業のロゴマークは企業イメージを最も端的に示す表示であり、ロゴを使用するすべての箇所で正しく規定に準拠した表示を行うことが必須である 図1 。
通常ロゴマークには使用してもよい配色ルール、アイソレーションエリア 用語2 （不可侵領域）、使用可能サイズについて定義されており、これらの規定はロゴを取り扱う全開発者がガイドラインを通して共通の理解を持つ必要がある 注1 。

■フォント

Webで使われる文字には、システムフォントと画像フォントの2種類がある。システムフォントはまずOSごとに使用するフォントと最小フォントサイズの定義を行い、そのあとでタイトルや本文など各部位ごとの文字サイズ、色、行間、スタイル、行間、詰め方向について定義する。またサイト内のテキストリンクについても、通常、マウスオーバー、サイト訪問後の各状態における文字色を定義する。記号などOSに依存した文字の使用を禁ずるなど機種依存文字 用語3 に関する記載もここで行う。
タイトルやバナーなどのグラフィックパーツ中で使用する画像フォントは各ページで統一した表現が望ましく、使用フォントについて定義を行う。

■各画面デザイン定義

ヘッダー、タイトル、本文、フッターなど、各ページを構成する要素について定義する。基本的に、各ページで共通の要素からページ固有の要素へ、大きく括られたモジュールから小さく括られたモジュールへの順序で定義を行いながらドキュメント化を進める。複数画面で出現する共通要素は、以後の同じ箇所で、共通要素として定義したページへ紐付けた記述を行いドキュメント内の重複定義を避ける。
各ページのデザインは最終的にHTMLやCSSで表現されるため、コーディングがスムーズに進められるよう、必要なマージン値や文字定義値を意識してドキュメント化することが、この作業では重要である。

■アクセシビリティ指針

アクセシビリティの対応度合によっては開発スケジュールへと大きく影響を及ぼすこともあるため、必ず順守しなければならない項目と可能であれば対応する範囲とで分けて指針を記載するとよい。
代表的なアクセシビリティ対応項目として、文字の可変サイズ対応、スクリーンリーダーの対応方針と読み上げ順序、画像の代替テキスト付与ルール、カラーコントラストルール 用語4 、RIA使用指針などをあげられる。

用語2　アイソレーションエリア
ロゴマークがほかの情報表示要素に紛れてしまい、判別しにくくならないよう、ロゴ周囲に予め定められたマージンのことを指す。アイソレーションエリアには画像や文字、装飾などいかなる情報要素も含まれてはならない。

注1
「092 ブランディングの一環としてのCIとVI」
→P.212

用語3　機種依存文字
ある環境に依存していなければ、正しく表示されない文字データのこと。WindowsやMacOSといったOSの違いや、パソコンと携帯電話といったハードウエアの違いによって生じる。

用語4　カラーコントラストルール
色のコントラスト。背景色と前景色の組み合わせが十分なコントラストを確保しているかどうかについての判断基準およびガイドライン。W3Cはアクセシビリティ・ガイドラインの中でが達成基準のコントラスト比を示している。

図1　ロゴマーク使用規定

Article Number **045**

配色・トーンの計画

Webサイトを彩る色には、その印象を変える大きな力がある。お気に入りのWebサイトを思い出してみよう。まず思い出されたのは、ページやロゴの色合いではないだろうか？ このように、色はユーザーの視覚情報を支配しやすいため、その効果を十分に考えたうえで使い分ける必要がある。本項では、ビジュアルデザインの中でも「色」にフォーカスを当て、配色計画の考え方を紹介する。

コンテンツ企画
Webサイト設計

Keywords　A 色彩調和論　B ベースカラー　C サブカラー
　　　　　　　D アクセントカラー　E 機能的な役割
　　　　　　　F Webセーフカラー　G 色温度

配色計画の手順

① 配色の目的を明確にする

配色を行ううえでまず大切なことは、目的を明確にすることだ。Webサイトの目的があいまいなまま配色作業を進めてしまっては、訴求したいWebサイトの印象をユーザーに伝えることはできない。実現したいビジュアルのイメージを、言葉や参考イメージで表現し、クライアントと制作者間で共通認識を持っておこう。そこで明確となった目的に従って、使用する色を選択する。企業サイトではコーポレートカラーを使用して自社ブランドを訴求する、レシピサイトでは暖かみのある色を使用して料理をおいしそうに見せるなど、サイトの目的に合った色を選ぶことが重要だ。また、ターゲットユーザー層に好まれやすい色を選ぶ方法も考えられる。色の選択の際には競合サイトも参考資料として閲覧し、配色の傾向を知っておきたい。

② 色彩調和を図る

色彩調和とは、文字どおり「2色以上の色の組み合わせを調和させること」を指す。色は組み合わせによって見え方が変わるため、計画的に配置する必要がある。そして、Webサイト全体の調和を図ることが重要だ。一貫性があり調和が保たれた色彩は、ユーザーの信頼感に繋がる。

色彩調和に関する研究は、17世紀以降多くの美術家や心理学者によって取り組まれ、**A 色彩調和論**がまとめられた。それぞれの著者によって多様な提案がなされているが、なかでもジャッド 用語1 が唱えた原則は、色彩調和を理解するうえで役に立ち、Webサイトの配色を考える際でも参考になる 図1 。

③ ベースカラー、サブカラー、アクセントカラー

色を大きな役割で分けて考えると、配色がまとまりやすくなる。「ベースカラー」と、それを補助しながら画面に変化を加える「サブカラー」、全体を引き締める「アクセントカラー」である。

B ベースカラーは配色の基本となる色で、サイトの多くの面積をこの色が占めることになる。よって、ユーザーに与える印象もこの色の効果が強く出る。**C サブカラー**はベースカラーを補助する色であり、表現の幅を広げて色彩を豊かに見せる効果がある。

用語1 **ジャッド**
D.B.Judd。アメリカの色彩学者。数々の色彩調和論の中で述べられている調和の原理を4つに要約した。

図1 **ジャッドの色彩調和論（1955年）**

● **秩序の原理**
規則的な間隔をもって選ばれた色は、知覚的にも情緒的にも感じ取りやすい

● **なじみの原理**
慣れ親しんだ色の配列は人に好まれるので、調和とみなされやすい

● **類似性の原理**
共通要素を持つ色の集まりは、その共通性の範囲内で調和的とされる

● **明瞭性の原理**
あいまいさの少ない配色は、調和と判断されやすい

アクセントカラーは、単調になった配色に対して差し色の役割を果たし、画面を引き締める効果を与えてくれる 図2 。

④ 色彩の機能性

Webデザインの配色において忘れてはならないのは、色が**機能的な役割**を持つ側面である。赤い信号が止まれという意味を表すように、色にはその意味を示唆する特性がある。また、情報伝達が目的であるWebサイトにとって、テキストの読みやすさ（可読性）は確保されていなければならないため、背景色とテキスト色の関係は注意深く考える必要がある。さらに、さまざまなユーザーが閲覧するWebサイトは、色覚異常 用語2 の見え方も考慮するべきである。

色表現の制限

Webデザインの色は無制限に再現できるものではない。ユーザーそれぞれの環境の違いによって、色の見え方は異なってくる。216色の**Webセーフカラー**は、こういったOSやブラウザ環境の違いによって色に差が出ないように策定された、共通色のカラーパレットである。現在のPCモニタはフルカラー表現可能なものが主流となっているが、携帯情報端末など8ビットカラー液晶の端末をメインのターゲット環境として制作する場合は、このカラーパレットから色を選ぶことに有用性はある。

また、制作側の環境としては、色の正確な再現に近づける手段として、モニタの**色温度**調節がある 注1 。色温度とは光源の色の数値を表す単位であり、K（ケルビン）という単位で示す。温度が低いときは赤っぽく、温度が高いほど青白くなる。一般的なモニタが準拠しているsRGB規格では6500Kが基準であるため、Web制作では6500Kが最適とされている。

用語2 色覚異常
色を認識する細胞の変異などによって、色の見え方が多数派と異なる目の特性。この特性のうち、赤と緑の識別に困難が生じる色覚を持つ人は、日本では男性の約20人に1人、女性の約500人に1人、日本全体では約300万人以上いるとされている。Webサイト設計においてはW3Cがガイドラインを示しており、前景色と背景色のコントラストを十分に確保することや、色の区別のみで情報を伝えず、白黒になった場合にも把握できるような手段を用いることが勧められている。

注1 色温度
「095 Webサイトの配色設計」→P.220

図2 効果的な配色の例

■ POMPADOUR TE' S.r.l.
http://pompadour.it/it/home/
商品のハーブティーをイメージさせる配色で、温かみのあるブラウン系でまとめられている。コーポレートカラーの赤とハーブの緑をアクセントカラーに置き、単調にならない明るい画面を作っている

■ レゴ エデュケーション センター
http://www.LEGOeducation.jp/
レゴブロックと子供の元気な印象が伝わる配色。色みの関係が遠い黄と青も同じトーン（色調）に整えることで、うまく色を調和させている

LEGO, the LEGO logo and MINDSTORMS are trademarks of the LEGO Group.
©2009 The LEGO Group.

■ 風力発電・太陽光発電のエコライフステーション（ジーベック株式会社）
http://www.solar-power.jp/
（サイトは野田 昌孝氏制作）
白と暗い青をベースカラーに置き、引き締まったクールな印象を与える配色。文字情報も読み取りやすく、堅実さや信頼性を高めている

■ CUBLOCK[キューブロック]豊橋市の大沢組のRC住宅商品
http://www.030-z.jp/cublock/
すっきりとした空気感を持つ配色。自然を想起させる緑や茶をアクセントとし、ここちよい空間を演出している

Article Number **046**

コンテンツ仕様書の作成

ワイヤーフレームで定義した画面構成や情報単位に対して、WordやExcelで管理している原稿や画像素材を流し込み、最終的なWebの見栄えに近い形式をドキュメント化して管理する書類をコンテンツ仕様書という。この項では、コンテンツ仕様書を何の目的で作り、記載事項をどうやって管理するかを見ていく。

コンテンツ企画
■Webサイト設計

Keywords　A 画面アニメーション　B モックアップ

コンテンツ仕様書の目的

開発によっては、ワイヤーフレームの修正時に、ワイヤーフレーム資料の更新に加えて、コンテンツ仕様書の更新まで行わなければならず、二重管理の負荷を危惧して、コンテンツ仕様書を用意しない場合もあるが、コンテンツ仕様書を利用することで、最も公開に近い形式で顧客との認識合わせを行えるため、この書類を用意する効果は極めて高い。

また、デザイナーやプログラマーに作業指示を行う場合にも、デザインガイドと共にコンテンツ仕様書を展開することで認識の相違をなくすことが可能である。

さらに原稿内容をワイヤーフレームと併せてWeb全体を横断的に見て確認することが可能なため、文章量、「です」「ます」の語尾表現、サイトで使われる用語について、ライティングチェックを実施することができる。

コンテンツがFlashやSilverlight **用語1** などのテクノロジーを使って制作されている場合、**A** **画面アニメーション**やインタラクティブな挙動についてもプロジェクト内の共通理解に向けて仕様書への記載を行うべきである。

ただし、画面の動きによる表現を、万人が理解できる形で仕様書に記すことはたいへん難しい。たとえば、何もないところにオブジェクトが出現するアニメーションについて、「パッ」と出現するのと「フワッ」と出現するのとでは表現や演出がまったく異なり、ここを無理にドキュメント化しようとすると、非常に擬音が多く書かれた資料にもなりかねない。

これはこれでひとつのコミュニケーション手法ではあるが、アニメーションを共通の理解とするためには、コンテンツ仕様書に加えて、動作確認用の **B** **モックアップ** **用語2** を添えることが最も迅速な理解へのアプローチである **図1** 。

コンテンツマネージャーと意思決定者

コンテンツ仕様書を作成する際は、コンテンツ内容を最終的に誰が確定するかの担当を明確にしてから取り組む必要がある。またここで確定したコンテンツは顧客企業より発信される情報となるため、この意思決定者の一員には顧客も必ず含めて推進すべきである。

用語1 Silverlight
Microsoftが開発・提供しているWebブラウザの拡張機能。Webブラウザ上で動画やアニメーションを再生したり、インタラクティブなアプリケーションソフトを利用することができる。RIAと呼ばれる技術のひとつ。

用語2 モックアップ
「模型」の意。プロダクトデザインなどにおいて、外観デザインの試作・検討レベルで用いられる模型をいう。従来は木製のものが一般的であった。Webにおけるモックアップは紙やHTMLやアプリケーションで作成するサンプル画面のことを指す。

こうした担当については、コンテンツ仕様書作成時点で初めて顧客へ依頼を行うのでなく、プロジェクトキックオフ時より、プロジェクトマネージャーがこのタスクを見積もったうえで、正式に依頼を済ませておく必要がある。

変更履歴

先に述べたとおり、コンテンツ仕様書はワイヤーフレーム資料と原稿を併せて仕様書化したものであり、もしこのどちらかに仕様変更や修正が行われた場合、コンテンツ仕様書の該当箇所も修正を反映して更新しなければならない。またこの逆も然りである。

こうした資料の変更は、逐次コンテンツ仕様書の読者全員に伝える必要があり、更新履歴のページを設けて、更新を行った日付、対応者、ページ、内容についての詳細を記して、資料のバージョンを上げて管理を行う。

資料のバージョン表記は、更新履歴まで目を通さなくてもわかるように、表紙にも忘れずに記載を行う。

また更新性を持ったドキュメントを的確に管理するため、SVN **用語3** やVSS **用語4** などのバージョン管理ツールを導入するのも効果的な開発手法だ。

用語3 SVN
SVNはSubversion（サブバージョン）の略であり、プログラムやソースコード（筆者はデザインファイルもSVNで管理している）をバージョン管理するシステムのひとつである。SVNを利用するうえで代表的なクライアントアプリケーションとして、TortoiseSVNがある。

用語4 VSS
Microsoftが同社のMicrosoft Windows用に開発し販売しているバージョン管理システム、Microsoft Visual SourceSafeの略。

図1 コンテンツ仕様書例

Article Number **047**

制作の効率化と認識違いを防ぐ
制作仕様書

制作仕様書は「無駄をなくし効率よく作業を進める」ことと「一定の品質を保ったWebサイトを提供する」という2つの目的のために作成する。実際に作業を行う作業者のために準備する書類なので、クライアントとの間で取り決める「対応ブラウザ」や「フォルダ」、「ファイル」以外にも、「id・クラス名の命名ルールや表」、「(X) HTML内の<meta>情報」、さらには「用語集」などを情報として含める場合もある。

コンテンツ企画
Webサイト設計

Keywords　A 制作仕様書　B 用語の定義

A　複数人で制作を行っている場合はもちろんだが、1人で制作を行っている場合でもクライアントとの認識相違を防ぐために役に立つのが、**制作仕様書**である。制作仕様書は、関連しているすべてのメンバーの認識を合わせるために用意されるドキュメントなので、Webサイトの目的や対応ブラウザなどの情報だけではなく、コーディングの際に必要な情報についても記載する必要がある。さまざまな役割を持つ作業者やクライアントも確認する書類なので、どのような順番で内容を記述していくのか考慮する必要もあり、作成に手間がかかるように思われるが、仕様書に含めるべき情報の多くははサイト固有ではない共通項目であり、また、パターン化も行いやすい内容が多いため、一度しっかりとしたドキュメントを作成すれば、あとは比較的簡単に使い回しをすることも可能である。

制作仕様書ということで、一度作成したファイルはプロジェクト終了まで変更しないほうがよいと思われるかもしれないが、すべての内容が更新してはいけない情報とは限らない。クライアントと取り決めた内容は変更してはいけないが、CSSのクラスに関する情報などは必要に応じて更新してしまってもかまわない。繰り返しとなるが、変更してはいけない情報はクライアントとの決定事項であることを忘れないように。初めてこの仕様書を見る人が、ドキュメントの作成者に説明を求める必要がないように、制作仕様書にはあらかじめ「仕様書の目的・この仕様書が必要な理由」「仕様書の改訂番号」「改訂日」「担当者」「変更履歴」を含めたい。また、クライアントに確認してもらうのは常に最新の情報でかまわないが、過去のバージョンのファイルも保存しておき、あとから確認できるようにしておきたい。

表紙

表紙にはドキュメント名のほかにドキュメントの版番号、改定年月日、改定者の報を、最新分だけでも記述する。改訂が頻繁に起こらない予定の場合には、表紙に改定履歴を記載してしまってもかまわない。数ヶ月以上のプロジェクトの場合には頻繁に改訂が起こることを想定し、改訂履歴のページを別に設けたほうがよいだろう **図1**。

目次

内部情報として利用する場合には必須要素とまでいえないが、目次を作成して書類としての体裁を整えると、内部共有のための資料がクライアントに納品するための納品物にすることができるので、目次も手を抜かずに用意したい。しかし、目次作成のために手間をかけるわけにはいかないので、Wordの機能などを上手に利用し目次ページが自動的に作成されるように工夫したい。

仕様書の目的・この仕様書が必要な理由

この資料にどのようなことが書いてあり、どのような場合に確認する資料なのか、といったことを一番初めに記述する。意識の共有を図るのが目的の資料なので、この資料を読むだけで内容を把握できるようにシンプルかつ明確に記載したい。

用語の定義

ドキュメントを読むために必要な用語はもちろんだが、作成するサイトに固有の言葉や、意識すべきキーワードがある場合には「**用語の定義**」を作成する。時間に余 B

図1 制作仕様書の表紙例

2nd FACTORY

HTML / CSS

コーディングガイドライン

株式会社セカンドファクトリー

改訂履歴			
Ver.	改訂年月日	改訂内容	改訂者
0.0	2009/00/00	初版発行	新谷 剛史

★★★★★	■■■■■	●●●●●

図4 HTMLコーディング指針

文書番号	HTML / CSS	制定日	
株式会社セカンドファクトリー	コーディングガイドライン	改定日	

III. HTMLコーディング基準

1. 初期定義

(1) 文字コード

- 文字コードはBOM有りUTF-8をデフォルトとする
- クライアントやサーバの制約がある場合、shift-jisやEUCなどクライアント指定の文字コードを許可することがある

(2) XML宣言

- XML宣言は原則として記述しない
  - IE6はXML宣言を行うと「過去互換モード」でレンダリングされてしまうため
- XML宣言を行う場合は下記の指定を標準とする

```
<?xml version="1.0" encoding="UTF-8"?>
```

- XML宣言は必要に応じてencodingを変更する

(3) DTD

- DTDはXHTML 1.0 Strictを標準とし、下記の指定を行う

```
<!DOCTYPE html PUBLIC "-//W3C//DTD XHTML 1.0 Strict//EN"
"http://www.w3.org/TR/xhtml1/DTD/xhtml1-strict.dtd">
```

- その他のDTDを指定する場合は下記の指定を標準とする

```
XHTML 1.0 Transitional
<!DOCTYPE html PUBLIC "-//W3C//DTD HTML 4.01 Transitional//EN"
"http://www.w3.org/TR/html4/loose.dtd">

HTML 4.01 Strict
<!DOCTYPE html PUBLIC "-//W3C//DTD HTML 4.01//EN"
"http://www.w3.org/TR/html4/strict.dtd">

HTML 4.01 Transitional
<!DOCTYPE html PUBLIC "-//W3C//DTD HTML 4.01 Transitional//EN"
"http://www.w3.org/TR/html4/loose.dtd">
```

- Framesetは原則禁止とする
- XHTML 1.1は原則禁止とする
  - ブラウザ対応状況を考慮する必要があるため

(4) XML名前空間と言語コード

- XML名前空間は「http://www.w3.org/1999/xhtml」である

Keywords　**C** サイトマップ　**D** HTMLコーディング指針　**E** CSSコーディング指針

裕があればどのようなプロジェクトでも作成したいところだが、状況によって省略することも多い。

基礎情報

続いてユーザーの想定画面サイズ、対応OSとブラウザ、XML宣言の有無、文字コード、文書型、CSSバージョン、HTMLファイルの拡張子（.html／.htm）、レイアウト（リキッドレイアウト **用語1** ／エラスティックレイアウト **用語2** ／フィックスドレイアウト **用語3** ）などの情報を、基礎情報として表形式などでまとめる。デザイン的な指針（ブランディング、使いやすさ、見た目のインパクト、などデザイン的にどのような要素を重視するのか）といった内容や、改行コードなど特に注意すべきポイントを記載する場合もある。

サイト・ディレクトリ構造

インフォメーション・アーキテクト（IA）の考え方を特に意識したサイトの場合には、ユーザーの導線をサイト構造やナビゲーションなどに落とし込んだドキュメントや図が用意されていることも多いが、そのようなドキュメントが用意されていない場合には **C** サイトやディレクトリの構造をいわゆる**サイトマップ**の形で作成しよう。**図2**ではファイル名も記載しているが、サイト規模や作成状況に合わせてフォルダの構造だけが記載されている状態でもかまわない。

アクセシビリティ／ユーザビリティ指針

ユーザビリティを含んだアクセシビリティに関する考え方や、考え方を具体化したチェックポイント、たとえば文字色と背景色のコントラストやわかりやすいALT属性のような内容を記載する。アクセシビリティやユーザビリティはサイトごとに変わるような概念ではないので、これらの指針はさまざまなサイトで共通の内容となる場合も多い。

画面構成や画像要素図

ワイヤフレームとHTMLタグのブロック要素などの関係について、特にレイアウトに関する情報をまとめる。この情報に背景画像やその画像のリピート方向など画像に関する情報を含めてしまうのもよいだろう。

D HTMLコーディング指針

HTMLファイルの整形ルール（半角スペースや改行、タブの使い方など）やhead要素に包括する要素と要素を記述する順番、body要素内の記述ルールなどを指針として記載する。たとえばhead要素の場合、必ず先頭に文字コードを指定する、そのほかのmeta要素の前にtitle要素を記述する、などの取り決めを記述する**図3**。また、特にキーワードなどの選定指針がある場合には、そのような情報も記載して

用語1 リキッドレイアウト
Webページの表示領域の幅がある程度変更されてもレイアウトを維持できるようにするWebデザインの手法のこと。ウィンドウのサイズが変更されるとそれに応じてレイアウトも変化する。

用語2 エラスティックレイアウト
ゴムのように伸び縮みするWebレイアウトの意。レイアウトの表示領域の増減に応じて、文字サイズも比例して変化する。リキッドレイアウトのように、幅が広がると1行あたりの文字数が増え、読みづらくなることがない。

用語3 フィックスドレイアウト
固定幅レイアウトともいう。コンテンツを格納するボックスの幅を絶対値で指定するため、ウィンドウや文字のサイズが変更されてもレイアウトの枠は変わらない。

図2 サイトマップの例

```
default.htm：トップページ
    css/：フォルダ
        default.css：共通CSS
        print.css：印刷用CSS
    img/：フォルダ
        (categoryName)/：
        フォルダ―カテゴリ別画像
        接頭語_連番3桁.拡張子
    js/：フォルダ―JavaScript
        common.js
    (categoryName)/：
    フォルダ―カテゴリ別
        default.htm
        (pageName).htm
    (pageName).htm
    sitemap.htm
```

フォルダはすべて記載するべきだが、ファイルは案件によってはすべて記載しないこともある

図3 プロパティ記述順序
Mozilla.orgの外部スタイルシート内で提案されているプロパティ記述順序

```
■CSS
/* Suggested order:
* display
* list-style
* position
* float
* clear
* width
* height
* margin
* padding
* border
* background
* color
* font
* text-decoration
* text-align
* vertical-align
* white-space
* other text
* content
*
*/aw
```

用語4 CSSハック
Webブラウザ間のCSSの解釈の違いやバグを振り分けの条件として、特定のブラウザに対しスタイルを適用、または非適用とする手法。

おく。当たり前のことであっても、確認のために省略せずに記載しよう。特にhead要素内の記述ルールについては、標準的なフォーマットを決めてしまうと使い回ししやすくテンプレートとして使用することもできるのでよいだろう 図4→P.117。

CSSコーディング指針

CSSのバージョンや文字コード、CSSの整形ルール、セレクタに関するルールなどをCSSのコーディング指針として取り決めておく。「タイプセレクタ（要素セレクタ）＋ID／classセレクタ」（例：p.classname）のように記述することを基本とし、特にどの要素にも適用させたい汎用スタイルを指定する場合のみ、ID／classセレクタだけで指定する、といったルールや子孫セレクタ、子セレクタ、隣接セレクタの使い方、プロパティの記述順序、ショートハンドプロパティの使い方などを、コーディング指針として記載する。

プロパティの記述順序については、Mozilla.orgの外部スタイルシート内で提案されているルール（http://www.mozilla.org/css/base/content.css）などを参考に、独自のルールを決めるとよいだろう 図5。

特に複雑なCSSとなる場合には、セレクタのツリー構造を用意する場合もある。CSSハック 用語4 のルールを含めることがあるかもしれないが、CSSハックの使用は避けることが望ましい。

このほかにも、SEOやSEM、SMOなどの指針を仕様書に含めることも多いようだが、これらの項目を特に意識する場合には、常に変化する状況に合わせて対応する必要があるため、制作仕様書とは別のドキュメントを用意するのが望ましいと言える。meta情報を記述することや、画像のALT属性を記述することは、HTMLをコーディングする際に行うべき基本的な作業でありSEOなどの対策ではないので、HTMLのコーディング規約の部分に記載するだけでよい。

図5 HTMLファイルの整形ルールの例

head要素内に包括する要素についてのルールの例

・title：（ページの内容を明確に示すタイトル）／（カテゴリ名）-（サイト名）
・meta—description：ページの説明文は、ページごとに適切な説明文を簡潔に記述
・meta—keyword：キーワードは、同義語、類義語を含め、重要度の高いものを5個前後
・link：link要素のrel属性とhref属性で明確なナビゲーションリンクを提供

body要素内のルール例

・ロゴ画像は、「h1要素」で囲む
・グローバルナビゲーションは、ul要素でマークアップする
・サブカテゴリは、ul要素を入れ子にして階層を示す
・div要素の乱用は避け、他の要素でマークアップすることのできない場合の使用に留める
・CSSコーディング担当者がid属性を指定する場合、JavaScriptでの使用を優先する
・見栄えを指定する目的（CSSのセレクタとして機能させる）でのclass属性やid属性の多用は避け、子孫セレクタを活用する
・id/class属性の値には構造や役割を表す名前を付ける

Article Number 048

画面プロトタイプの作成

小説を読んだ読者それぞれが思い浮かべる情景に違いがあるように、静止画の資料を見ている段階では、読み手によってイメージの食い違いが起こることがある。お互いが異なる解釈をしている場合は、課題点を見過ごしやすく、あとの工程になってから手戻りが発生する可能性が高くなってしまう。そういった状態を打開し、早い段階で完成イメージの共通認識を持たせるものが、本項で取り上げる画面プロトタイプである。

コンテンツ企画
Web サイト設計

Keywords　A　画面プロトタイプ　B　イメージの視覚化　C　画面設計書

画面プロトタイプとは

A 「**画面プロトタイプ**」とは、Webサイトの画面遷移を実現させた試作品のことを指す。静的なワイヤーフレーム画像をもとに、HTMLプログラミングやグラフィックツールの機能を使って、紙芝居のような画面遷移の状態を作成する。遷移を伴った**イ**
B **メージの視覚化**は、操作によって起きる変化をわかりやすくし、Webサイトの完成像を容易に想像させるメリットを持つ。そのため、クライアントや制作者間でイメージの共通認識を持たせることや、ユーザビリティ検証による早期の問題発見に活用できる手法である。

画面プロトタイプは、すべての動作や遷移を作り込むものではない。作成するプロトタイプで何を伝え、何を検証するべきかという視点で絞り込んだ箇所を作成する。その基準の考え方として、「水平型プロトタイプ」と「垂直型プロトタイプ」がある。

■**水平型プロトタイプ**
機能の実現レベルを低くし、全体の構成を見渡せることに重点を置いた作り方。新しいWebサイトを立ち上げるなど、全体像を伝える必要がある場合に有用。

■**垂直型プロトタイプ**
機能の数を減らし、重要なタスクを達成するためのフローに絞る作り方。ユーザーの操作シナリオに沿った遷移の実現が可能 **図1**。

プロトタイプで確認すべき点は、UIや表示の要素は足りているのか、配置や導線にわかりにくい点はないかという点である。不足していた機能や追加表示に対して、コーディングへ作業が移行する前にすばやく修正が加えられるというメリットを存分に活用したい。このように画面プロトタイプは、繰り返し変更が加えられるものであるため、容易な作成方法を採用した方がよい。

画面プロトタイプの作成

画面プロトタイプの作成には、いくつかの手法がある。ひとつは、HTMLプログラミングを利用して、ワイヤーフレームをHTML化する方法があげられる。この方法であれば、プロトタイプ成果物の一部をコーディングに生かすことが可能である。
また、グラフィックツールの機能を利用して、簡単に画面プロトタイプを作成するこ

図1 水平型プロトタイプと垂直型プロトタイプ

図2 グラフィックツールの例

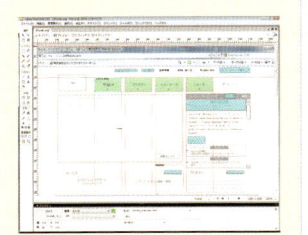

Adobe Fireworks

Microsoft Expression Blend 3 SketchFlow

ともできる。たとえば、Adobe FireWorksでは、ホットスポット機能を利用し、ワイヤーフレームを紙芝居のように遷移させることができる。ワイヤーフレーム画像を生かしながら簡単に画面プロトタイプが作れるため、修正にも対応しやすい。

また、Microsoft Expression Blend 3 SketchFlowでは、SketchFlowを使って画面プロトタイプが作成できる。いわゆるWebアプリケーション開発に有用である。画面の繋ぎと、画面遷移図を同時に作成できる特徴的なメリットを持つ 図2 。

画面設計書

画面設計書は、画面の情報整理や要素説明を目的として作成されるドキュメント類のことをいう。画面設計書には複数の種類があり、主に作成されるものは下記の3点があげられる。 C

- 画面一覧：Webサイト全画面の一覧表
- 画面遷移図：各画面の遷移の流れを図式化したドキュメント
- 画面構成：各画面の構成要素を解説するドキュメント。表示項目のほか、属性（テキスト、画像など）やアクション（クリック、リンク先URLなど）、入出力の情報を記述する場合もある

ただし、これらの設計書の呼称や、その内容は、クライアントやプロジェクト、規模によって差が生じやすい。クライアントからの要件も確認のうえで作成に臨もう。

画面設計書はワイヤーフレーム画面を用いて記述するもので、クライアントへの提案資料、また実装者への指示書としての役割を持つ。そのため作成時期は、画面プロトタイプを経てから、またはほぼ同時に行う必要がある。この設計書をもとにクライアントはビジネス要件を満たすものであるかを判断し、実装者は技術的な実現性を検討する 図3 。

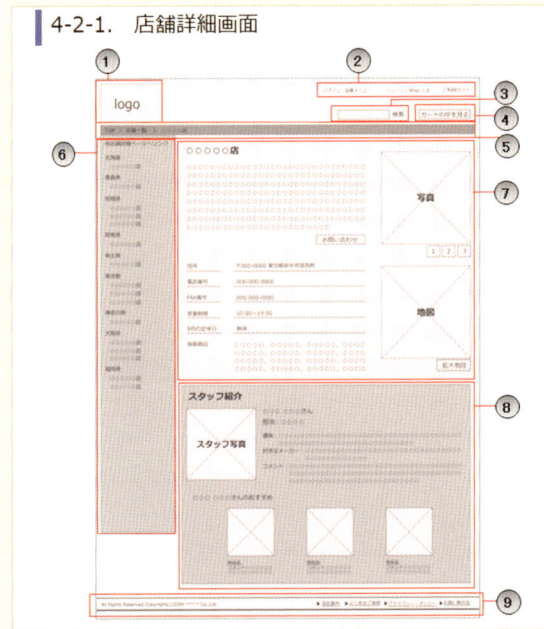

図3 画面構成のドキュメント例

Article Number **049**

デザインカンプの作成

Webサイトのビジュアルデザインはワイヤーフレームとして「形」ができあがったWebサイトに対し、「色」と「質感」を与える作業である。組み立てた骨組みがいくら優れていても外観に魅力がなかった場合、ユーザーの心をつかむことは難しい。Webサイトの見た目はそれだけユーザーの印象に与える影響が大きい要素だ。本項では、ビジュアルデザイン制作工程のデザインカンプの作成について取り上げる。

コンテンツ企画
Webサイト設計

Keywords
- **A** デザインカンプ
- **B** デザインコンセプト
- **C** Photoshop
- **D** Fireworks
- **E** Illustrator
- **E** テキストと画像

デザインカンプとは

カンプとは、comprehensive layoutの略語である。直訳すると「包括的なレイアウト」という意味だが、一般的には「仕上がり見本」として解釈される。また、デザインという言葉の範囲も広いが、ここではWebサイトのビジュアルデザインを指す言葉として捉えたい。要するに**デザインカンプ**とは、Webサイト制作工程の成果物のひとつである、「ビジュアルデザインの仕上がり見本」を指す。

まずはデザインの目指すイメージを、言葉や、雑誌・写真などの画像を用いて洗い出し、クライアント・制作者ともに整理をしておきたい。制作者は、そこで策定した**デザインコンセプト**に沿ってビジュアルデザインの作成を行う。デザインカンプの段階では、ひとつひとつのアイコンなどを作り込むよりも、Webサイト全体のイメージが相手に伝わるものである必要がある。全体の配色や世界観など、コンセプトを実

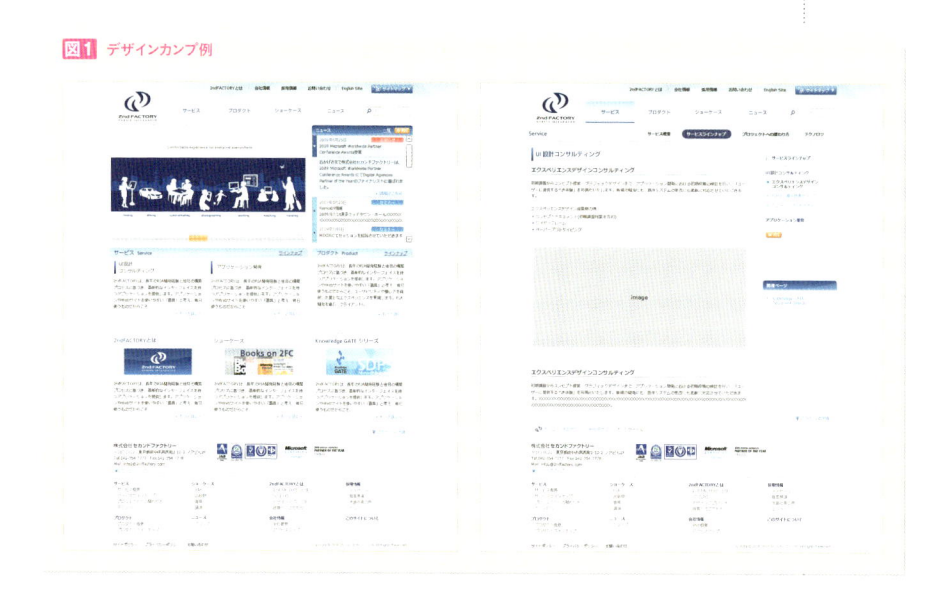

図1 デザインカンプ例

図2 グラフィックツールの例

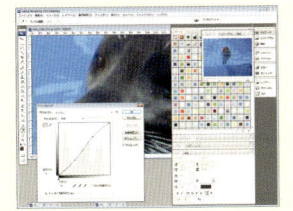

Adobe Photoshop

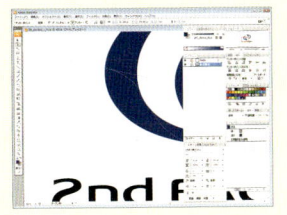

Adobe Illustrator

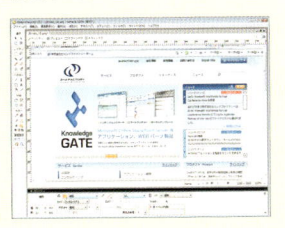

Adobe Fireworks

用語1 ビットマップ形式とベクター形式
ビットマップ形式とは、画像を小さな点（pixel）に分割し、その点の色や濃度を数値で表現する画像形式。これに対しベクター形式は、線や面などの図形要素に関する情報を、座標を軸に方向と距離から導く処理方法で表現する画像方式。ベクター形式は、拡大や縮小など図形の変形をしても滑らかな輪郭を保持できる特徴がある。

用語2 アンチエイリアス
エイリアシング（図形の曲線や斜線がギザギザになること）が起きないように、ピクセル間に新しいピクセルを補完する処理。

用語3 システムフォント
OSが標準で使用するフォント。

図3 テキストと画像の区別

テキストと画像の区別を、アンチエイリアスの有無で表現

現する印象がよく伝わるような制作に重点をおくことがポイントとなる。また、効率的にカンプを仕上げるためには、配色で印象を変えた複数案を用意し、クライアントとイメージをすり合わせる方法も考えられる 図1 。

デザインカンプの作成方法

デザインカンプの作成によく使われるアプリケーションは、Adobe Systemsの **Photoshop**、**Fireworks**、**Illustrator** があげられる 図2 。
Photoshopはビットマップ画像編集ソフトウエアであり、主である写真編集をはじめ、あらゆる画像作成に使うことができる。フィルタやスタイルの利用によって多彩な効果を利用でき、Webデザインを行ううえで必須といっても過言ではないアプリケーションだ。また、Webデザイン制作に特化し、ビットマップ形式とベクター形式 **用語1** を同時に扱うことができるFireworksも非常に使いやすい機能を揃えている。Illustratorはベクター画像編集ソフトウエアで、主に印刷物制作の用途に使われるが、Webデザインにおいてもベクター画像作成を行う場合には欠かせないアプリケーションだ。それぞれのソフトには数多くのプラグインが無償で配布されているため、作業の効率化に役立つ。

このようなアプリケーションを使って作成したデザインカンプは、JPEGなどの画像ファイルに書き出し、クライアントに提出する。その際にはデータだけを独り歩きさせず、デザイン意図の説明資料を添付するようにする。

作成のポイント

■ テキストと画像の区別

Webサイト上での表示を考えた場合、多くのフォントは再現されないことを考慮する必要がある。デザインカンプの作成においては、画像として扱うテキストにはアンチエイリアス **用語2** 処理をかけた滑らかなフォントを、HTMLで記述するテキストにはアンチエイリアス処理をかけないシステムフォント **用語3** を使用しておきたい。そうすることで、クライアント、実装者の双方に対して、そのテキストが画像なのかHTML記述なのか、区別が伝わりやすくなる。また、デザインイメージと、コーディング後のイメージの間に差異が開かない利点もある 図3 。

■ コーディングへの意識

Webサイトはプログラムによって構築されるものであるため、デザインは実現性も考慮したうえで作業を行うべきである。複雑な形や重なりを持つデザインは、それに比例してコーディングも複雑になることは頭に入れておくべきだ。これは、デザイナーとコーダーが分業して作業を行う際に、特に気をつけるべきポイントである。デザイナーの表現を制限しすぎず、同時にコーダーへのよりよいワークフローを実現するためには、技術理解はもとより、お互いのコミュニケーションが大切になる。

■ 動きの表現

動きのあるUIなどアニメーションを含むWebサイトの場合は、その動きのイメージを伝える必要性も発生する。手早くイメージを共有するためには、参考サイトを取り上げてイメージ共有する方法もある。または、デザイナーが想定している動きを絵コンテで表現して伝えることも有効だ。

Article Number **050**

Webシステムとは

最近、Webは単に閲覧するためのものから「使うもの」に変化してきている。その背景には「Webシステム」が存在する。これまで専用のソフトウエアやハードウエアが必要だった作業も、「022 ソフトウエアビジネスの展開」でも紹介したSaaSのように、Webブラウザひとつあれば行えるようになってきている。ここでいう「Webシステム」とは何を指すのか、それまでの見るだけのWebとはどこが違うのかについて、Webシステムの成り立ちとその役割について説明していこう。

■企画
システム要件定義
システム設計
戦略

Keywords　**A** CGI　**B** Perl　**C** 安全性　**D** 安定性

CGIから始まったWebシステム

Webサイトは、基本的にいつでもどこでも、決まった情報を発信するいわば「静的」なメディアである。しかし、そのようなWebサイトを、たとえば、閲覧するユーザーごとに違った情報を表示したり、操作に応じて情報を変えたりする「動的」なメディアに変えられるのが、「Webシステム」と呼ばれる仕組みだ。
Webシステム自体は、インターネットの初期の頃から存在しており、アクセスした人の数を数える「アクセスカウンタ」**図1**や、「掲示板」と呼ばれる仕組みなどは使ったことがある方も多いだろう。
A このような、インターネットの初期のWebシステムを支えた仕組みが「**CGI**」（Common Gateway Interface）**用語1**である。

CGIの仕組み

Webページは、Webサーバコンピュータ（以下、Webサーバ）に保存されたHTMLファイルを、利用者がWebブラウザを通じて「アドレス」（URL）を指定してリクエストすることで閲覧することができる。
このとき、Webサーバは保存されたファイルをそのまま送信するのではなく、プログラムを起動させてHTMLをその場で生成し送信する。これがCGIの仕組みだ**図2**。プログラムの制作には、「C言語」などの「プログラム言語**用語2**」を用いて開発を行うが、インターネットでは主に「**Perl**」が使われることが多く、そのため、CGIとPerlは同義語として使われることもある。

図1 アクセスカウンタの例

あなたは 100 人目のお客様です

用語1 CGI（Common Gateway Interface）
本文でも記述したとおり、CGIを言語などと同一視してしまう場合があるが、CGIはWebシステムを実現する仕組みの名称であり、CGIを実現するためのプログラム言語が別途存在する。「C言語」や「Python」といった、さまざまなプログラム言語で開発することができるが、最も利用されているのが「Perl」である。

用語2 プログラム言語
Webシステムは「プログラム」によって実現される。プログラムはWebサーバに対する命令を記述したもので、たとえば「ファイルに記録する」とか「画面に文字を表示する」など、コンピュータにできることであれば何でも命令することができる。プログラムは、Webサーバが理解できる言葉である「プログラム言語」で記述しなければならず、この言語を操って実際にプログラムを作成するのが「プログラマー」である。プログラマーとは言わば、日本語などをプログラム言語に翻訳する「翻訳家」のような人と言える。

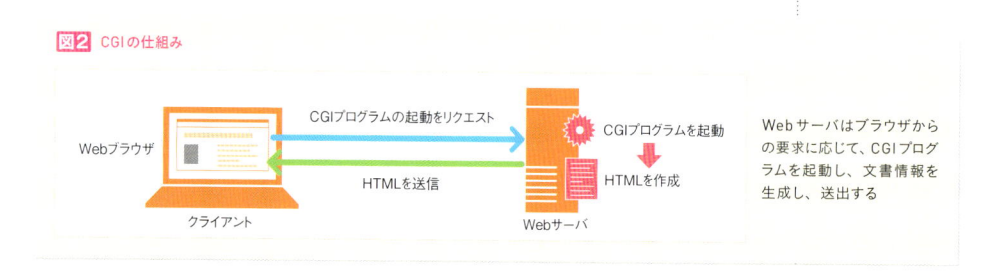

図2 CGIの仕組み

Webブラウザ → CGIプログラムの起動をリクエスト → Webサーバ → CGIプログラムを起動 → HTMLを作成 → HTMLを送信 → クライアント

WebサーバはブラウザからのS要求に応じて、CGIプログラムを起動し、文書情報を生成し、送出する

Book Guide

初めての Perl 第5版
ランダル・L. シュワルツ、トム フェニックス（著）
B5変形判／424頁／価格3,780円（税込）
ISBN9784873114279
オライリー・ジャパン

簡易的なスクリプト言語から、システム管理ツール、アプリケーション開発、Webプログラミングにまで応用されるように進化してきたPerlの入門書として各種機能や言語仕様の基礎を初心者のために丁寧に解説。

プログラミング Perl 第3版 VOLUME 1
ラリー・ウォール、トム・クリスチャンセン、ジョージ・オーワン（著）
B5変形判／756頁／価格5,565円（税込）
ISBN9784873110967
オライリー・ジャパン

10年以上も「らくだ本」として親しまれているPerlの包括的な解説書。Perlの開発者のみに語ることの許されるPerl文化の原典ともいえる本書は絶対の信頼を得ている。上巻は、Perlの言語仕様と新機能を含むさまざまな技術情報、そしてPerl文化をまとめた公式プログラミングガイド。

プログラミング Perl 第3版 VOLUME 2
ラリー・ウォール、ジョン・オーワン（著）
B5変形判／680頁／価格4,935円（税込）
ISBN9784873110974
オライリー・ジャパン

下巻は、Perlの標準関数、モジュール、エラーメッセージ、用語集などをまとめた公式リファレンスマニュアルとなる。

用語3 安全性
Webシステムを利用するときに、安全に利用できること。パスワードが盗まれて不正にアクセスできるような状態になってしまったり、氏名や住所などの個人情報が他人に漏れるような仕組みにならないようにする必要がある。

用語4 安定性
Webシステムは、特殊なものを除いて24時間365日、いつでもアクセスできなければならない。また、たとえば、オンラインチケット販売のWebシステムで、人気のチケットが発売される瞬間などに、アクセスが殺到することがある。そのようなときでも、応答がなくならないような工夫が必要になる場合もある。

用語5 堅牢性
安全性や安定性にもつながるが、システムの「丈夫さ」のこと。想定外な操作や、不正な攻撃に対して、適切に対処をして壊れない・止まらないシステムのことだ。

Webシステムの大規模化とJavaScriptやPHPの発達

その後、Webシステムはどんどん大規模になり、オンラインバンキング 図3 や、クレジットカードの決済、税金の納付なども行えるようになってきた。それに伴い、プログラム言語にもインターネットを意識したものが登場し、さらに多様化してきている。「PHP」や「Java」、「Ruby」などがその代表例である。

さらに、RIAやAjax →P.130 の発達で、JavaScriptやFlash（Action Script）なども組み合わせて利用することができるようになり、マウスのドラッグ＆ドロップや、キーボードによるショートカットのサポートも備わったことで、Webシステムの使い勝手は飛躍的に向上した。

安全、安定、堅牢の重要性

Webシステムが業務の重要な役割を担うようになるにつれ、その「責任」もさまざまな側面で重いものになってきた。

開発者が想定していない操作を利用者がすると、プログラムがその内容に対応できずに処理が止まってしまったり、暴走してしまったりする。これを「バグ」といい、これによって正常に利用ができないのはもちろん、通常では見えないはずの情報が見えてしまったり、書き換えられないはずのデータが書き換えられてしまったりする。データ内容いかんによっては重大な問題に発展しかねない。

現代のWebシステムでは、こうした少しのバグが、個人情報やクレジットカード情報の漏洩、機密情報の破壊、業務が滞ることによる機会損失の発生など、プライバシー情報や金銭に直結する被害として露呈することがある。

これからは、さらに安心してWebシステムを利用できるような開発や確認体制で「バグ」のないWebシステムを作り上げることがますます重要になっていくだろう。Webシステムを評価する指標としては、主として「**安全性**」用語3、「**安定性**」用語4、「**堅牢性**」用語5 の3つが重要だとされる。

C-D

これらを実現するためには、開発者だけでなくそれを指揮する人間や、開発を依頼するクライアントでさえも、正しい知識を身につけて、必要なテストに対する時間や予算、人員の確保や正しい運用などを目指さなければならない。

図3 オンラインバンキングの例

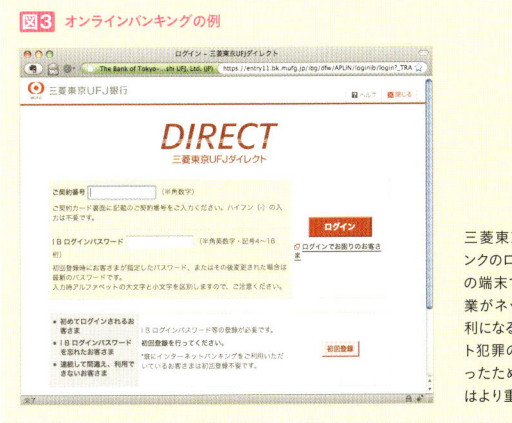

三菱東京UFJ銀行のオンラインバンクのログイン画面。今までは店頭の端末で行われていた預金等の作業がネット上で可能になった。便利になると同時に情報の漏洩やネット犯罪の危険にも晒されるようになったため、Webシステムの安全性はより重視されるようになった

Article Number **051**

Webシステムの利点

Webシステムが発達する以前は、各コンピュータにそれぞれソフトウエアをインストールし、そのソフトウエア上でデータなどを管理して使用する、いわゆる「クライアント／サーバモデル（C/Sモデル）」が一般的であった。インターネットが一般的になるにつれ、それがWeb上で行われるWebシステムに代わったのには理由がある。Webシステムにはどのような特徴があり、どういったメリットがあるのかを確認していこう。

企画
システム要件定義
システム設計
戦略

Keywords　　**A** クライアント／サーバモデル　　**B** シンクライアント

クライアント／サーバモデル

最近は、仕事で利用するPCには、たいていワープロソフトや表計算ソフトや、業務によって専用のソフトウエアをインストールして、必要な情報を引き出したり入力したりしているだろう。たとえば、店舗の商品管理や売り上げ管理、保険などでの契約者の契約情報などをコンピュータ上で管理しているはずだ。PCで入力された情報は、電話回線や専用の回線網などを利用し、「**サーバコンピュータ**」用語1 に送信され、ここで情報が集約される。このとき、サーバコンピュータに対して、各コンピュータを「**クライアントコンピュータ**」用語2 と呼ぶ。1台のサーバ（コンピュータ）に対してクライアント（コンピュータ）が複数台繋がるような構成をとることから「**クライアント／サーバモデル**」用語3 図1 などと呼ばれている。

Webシステムの台頭

これまでPCにインストールして使用されてきたこれらのソフトウエアは、インターネ

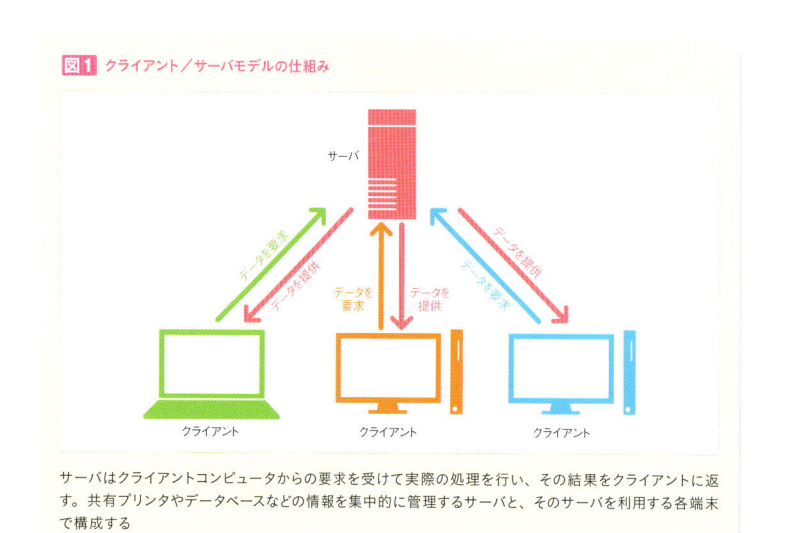

用語1 サーバコンピュータ
サーバコンピュータは、特別なコンピュータというわけではなく、単なるPCであることが多い。Windows ServerやLinuxといったOSがインストールされており、専用のソフトウエアがインストールされていて処理を行う。
ただし、24時間稼働が前提であるため、温度管理や障害対策などが通常のPC以上に施されており、大型になることが多い。
なお、略して「サーバ」と呼ばれることも多い。

用語2 クライアントコンピュータ
クライアントは英語で「Client」、つまり依頼者や顧客といった意味の言葉だ。サーバに対して、処理を依頼したりデータを受け取ったりすることからそう呼ばれている。特別な機器を指した言葉ではなく、サーバに接続したPCのことを便宜上呼んでいるだけである。

用語3 クライアント／サーバモデル
略して「C/Sモデル」（シーエスモデル）や「クラサバ」などと呼ばれることもある。

図1 クライアント／サーバモデルの仕組み

サーバはクライアントコンピュータからの要求を受けて実際の処理を行い、その結果をクライアントに返す。共有プリンタやデータベースなどの情報を集中的に管理するサーバと、そのサーバを利用する各端末で構成する

ットの発達とWebブラウザの高機能化に伴い、ソフトウエアをインストールすることなく、Webブラウザだけで操作を行うことができる「Webシステム」と呼ばれる技術に置き換わってきている。

銀行での振込手続きや、株取引、税金の払い込みの手続きなど、それまでは店頭で専用の端末や担当者を介して行っていた手続きすら、「Webシステム」が普及することで自宅や外出先から容易に行えるようになった。

現在ではクライアントコンピュータには、Webブラウザ以外のソフトウエアもデータも保存されない **シンクライアント** 用語4 と呼ばれる端末まで登場してきている 図2 。

用語4 シンクライアント
シンクライアントのシンは「Thin」=「薄い」という意味の英語で、逆にソフトウエアなどを大量にインストールした通常のPCを「Fat」(太った)という英語から「ファットクライアント」などと呼ぶことから反意語として用いられた。

図2 シンクライアント
HP t5545, t5630 Thin Client

Webシステムの利点

このように、クライアント／サーバモデルに代わってWebシステムが利用されるようになった背景には、次のような3つの利点があるためだ。

1 ソフトウエアのインストール、バージョンアップ作業が軽減される

ソフトウエアを開発したら、それをコンピュータにインストールしなければならず、またバグが発見された場合や機能を追加した場合にはバージョンアップ作業も行う必要がある。企業の社内システムなどでクライアントコンピュータが数百台、数千台とある場合はこの管理だけで相当な労力やコストが必要となる。

しかし、Webシステムの場合、Webブラウザさえあれば利用することが可能だ。パソコンを購入した時点ですでにWebブラウザ自体がインストールされていることがほとんどであり、インストールの手間がかからない。

また、Webブラウザは常にサーバコンピュータに接続する仕組みになっているため、バージョンアップ作業はサーバコンピュータ上のプログラムを入れ替えるだけで、自動的に新しいバージョンに入れ替わる。

2 コンピュータの入れ替えや増加も容易

先の点に通じるが、現在はコンピュータの価格も下がり、買い換えが容易になった。また、1人がデスクトップパソコンとノートパソコンなどと使い分けることも多い。

そのような場合でも、Webシステムでは特別なことはなにもすることなく、アドレスをWebブラウザに打ち込むだけで利用することが可能となる。

さらには、自宅のコンピュータや携帯電話、**携帯端末** 用語5 といった、本来のコンピュータ以外からの利用も可能になる。

用語5 携帯端末
古くは、PDA(Personal Data Assistance)と呼ばれていたが、現在では電話機能を内蔵しているものがほとんどで「スマートフォン」などと呼ばれている。Windows Mobile(Windows CE)や、Google Androidなどを搭載した端末のほか、iPhoneなどがこれにあたる。

3 操作教育が容易

専用のソフトウエアの場合、見た目や操作方法が独特になりがちで、利用方法を教育しなければなかなか使いこなすことができない。しかし、Webシステムの場合は、インターネットの利用者が日常、目にしている画面で操作が可能なため、抵抗感がなく、誰でもすぐに利用することが可能だ。

このように従来のクローズドな環境でのクライアント（またはソフトウエア）とサーバシステムに依存するのではなく、近年ではネットワークインフラの技術向上もあり、データのバックアップといった部分においてもインターネットをベースに考えることは珍しいことではなくなっている。また、2009年末には、Googleが自社のコンテンツ利用を中心に据えた「Chrome OS」を発表している。

Article Number 052

Webサイトの裏側

Webシステムは、社内で利用される業務システムだけに使われるとは限らない。インターネット上のWebサイトでも、一見裏でシステムが動いてないような静的に見えるWebサイトでも裏側にシステムが組み込まれていることが多い。ここではオンラインショップサイトに代表されるECサイトや、CMS、データベース管理システムといった代表的なものを紹介しよう。

企画
システム要件定義
システム設計
戦略

Keywords
- **A** ECサイト
- **B** コンテンツ管理システム
- **C** データベース管理システム

サイトの裏側にあるシステム

通常私たちが見ているWebサイトも、「裏側の仕組み」があることをご存じだろうか。たとえば、オンラインショッピングの場合、日々新しい商品が追加され、また在庫がなくなった商品は売り切れになる。こうした商品管理などの日常的業務を、いちいち外部のWeb制作会社などに依頼していたのでは非効率的だ。そこで、業務担当者が直接Webコンテンツを更新できるような仕組みを用意できれば業務効率化を図ることもできるだろう。こういった仕組み自体もまた「Webシステム」と呼ばれる。

主なWebシステム

それではWebサイト上で利用される主なWebシステムには、どのようなものがあるのだろうか？　その主なものを紹介していこう。

A ■ **ECサイト** 用語1
先に紹介したオンラインショップの管理だ。商品管理のほか、注文情報をWebシステム上から管理をしたり、発送ラベルの印刷や宅配業者への発注なども行える場合がある。

B ■ **コンテンツ管理システム** 用語2
日々のニュースやWebサイトの内容などを、Webブラウザ上から管理することができるシステムで「CMS」と呼ばれる。ブログなどでは一般的な仕組みで、現在ではさらに本格的なものも多数登場している。

C ■ **データベース管理システム** 用語3
不動産業者の物件情報や、人材紹介サービスの人材情報、書籍やCDの情報やお店の情報など、さまざまな「データ」を管理するためのシステム。サイト内でユーザーが検索機能を使い、一部のデータや目的の情報を探し出せるようなWebサイトを構築することが可能だ。

Webシステムの利用方法

このようなWebシステムを利用する場合、管理者はまずWebブラウザで管理専用

用語1 ECサイト
「E-Commerce」の略称で、オンラインショップのこと。

用語2 コンテンツ管理システム
「Contents Management System」を略して「CMS」（シーエムエス）と呼ばれることが多い。

用語3 データベース管理システム
「DataBase Management System」を略して「DBMS」（ディービーエムエス）と呼ばれる。

図1 管理画面へのログイン例

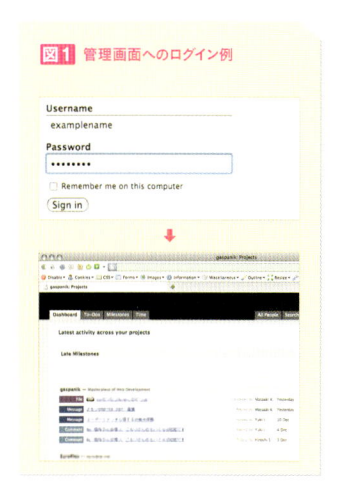

用語4 POSシステム
「Point Of Sale」の略称。レジスターを管理するシステムで、バーコードを読み取って価格を呼び出したり、販売した情報をサーバに送信することができる。

のアドレスにアクセスする。通常、IDとパスワードを入力する画面が表示されるので、ここで管理者のIDとパスワードを入力して管理画面にログインする **図1**。

インターネットに接続できる環境があれば、いつでもどこでもログインして管理できるので便利であるが、アドレスを知っていれば誰でもアクセスできるので、パスワードを推測できないものにしたり定期的に変更したりするなど、セキュリティ対策に万全を期す必要がある。

基幹システムとの連携

さらに高度なWebシステムの場合、「基幹システム」と接続されている場合もある。「基幹システム」とは、企業が業務で扱うシステムの中でも、特に業務内容に関わるデータ（売り上げや在庫管理など）を管理するシステムのことで、通常はWeb上に置かずに社内専用のサーバで管理していることが多い。

たとえば、実店舗もあるオンラインショップで、在庫の情報が店舗での販売状況と一致している場合、店舗でその商品が売れたら、オンラインショップの在庫も連動して更新しなければならない。これをPOSシステム **用語4** と連携させるようにすれば、店舗で販売した時点で在庫情報がWebシステムに反映され、リアルタイムで連携することが可能になる **図2**。そうすれば管理上の効率は格段によくなるだろう。

ただし、基幹システムとの接続は容易でないことが多く、必要に応じて基幹システムを開発した業者と連携をしながら開発を進めるといったことも必要になる。さらに大規模な開発が必要になることもあり得るので慎重に検討した方がよいだろう。

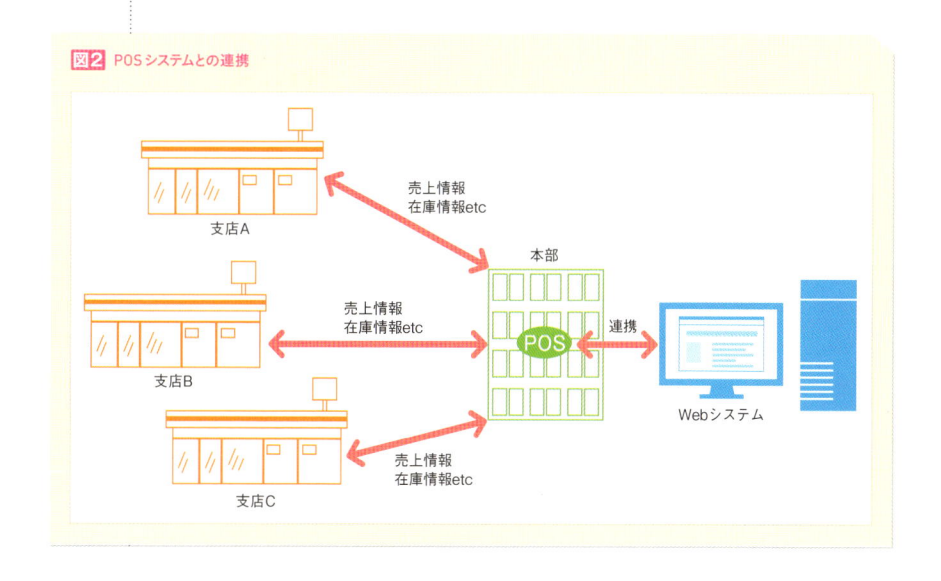

図2 POSシステムとの連携

Article Number **053**

RIA・Ajaxで変わる
Webシステムの重要性

Webシステムでさまざまなことが可能になると同時に、その欠点も徐々に浮き彫りになってきた。セキュリティの問題に加え、以下で説明するような操作上の欠点である。しかし、その欠点を補う技術も登場してきつつある。「Ajax」や「RIA」と呼ばれる技術がそれにあたる。これらの技術の発達で、Webシステムはますますその重要性を増している。ここでは、RIA、AjaxによってWebシステムで何が可能になったかを解き明かしていこう。

企画
システム要件定義
システム設計
戦略

Keywords　**A** RIA　**B** Ajax　**C** 非同期通信

Webシステムの欠点

「051 Webシステムの利点」→P.126 のとおり、Webシステムには開発者・管理者にとっては多くの利点があるものの、利用者からすると次のような欠点もあった。

■画面がいちいち切り替わる

Webシステムでは、ボタンをクリックしたり、テキストフィールドに情報を記入して送信したあとなどは、必ず画面全体が切り替わって表示されてしまう。その際、もし画面がスクロールしていたとしても、元の位置に戻されてしまう。

処理に時間がかかる場合などは、数秒間真っ白の画面を見つめなければならないなど、ユーザーにとっては画面が切り替わるときのわずかな時間であってもストレスを感じることが多い。

■キーボードショートカットが使えない

Webシステムの場合、Webブラウザを介しての操作になるため、OSやブラウザに用意されたショートカットキーによる操作ができない、または不都合を起こすこともある。たとえば、ブラウザで表示した履歴を表示するショートカットを入力することで意図しないページに遷移したりといったことが起きてしまう。

■右クリックメニュー 用語1 が使えない

マウスを右クリック（Macの場合はCtrl+クリック）した場合、一般的なソフトウエアであればその場に応じて適切なメニューが表示される。しかし、Webシステムの場合はWebブラウザのメニューが表示されるだけで、Webシステム上で使えるメニューは表示されない。

RIA、Ajaxの台頭

A-B これらの欠点を補うのが、RIA 用語2 と Ajax 用語3 と呼ばれる技術である。RIAは高機能なインターフェイスを実現するための技術を指す一般的な用語で、FlashやJavaなどで開発することができる 図1 。

なかでも、特に近年、注目されているのは「Ajax」と呼ばれる技術だ。Ajaxは、Googleが同社のメールサービス「Gmail」などで採用し、その後「Googleマップ」や「Googleドキュメント」などの革新的なWebサービスを立ち上げたことで

用語1 右クリックメニュー
正式名称は「コンテクストメニュー」などと呼ばれる。最近のノート型Macの場合はトラックパッドを2本指でクリックすることでも利用が可能だ。

用語2 RIA
「Rich Internet Applications」、または「Rich Interface Applications」の略称。通常のHTMLだけでなく、FlashやJavaなどを活用することで、画面を華やかにして操作をしやすくしたものを指す。「アール・アイ・エー」や「リア」などと発音する。

用語3 Ajax
「Asynchronous JavaScript + XML」の略称。日本語で表すと「JavaScriptとXMLを活用し、非同期通信 用語5 を行うプログラム」といった意味になるが、最近では本来の意味は失われ、JavaScriptを利用したWebシステムを総称して呼ぶことも多い。「エイジャックス」と発音する。
「119 Ajaxについて」→P.278

一般に知られることとなった。ではAjaxには、それまでのWebシステムと比べてどのような利点があるのだろう。

■**プラグインソフトが必要ない**

FlashやJavaでRIAを開発する場合、「FlashPlayer」や「JRT」といったプラグインソフト 用語4 をWebブラウザに組み込まなければならない。

だが、Ajaxの場合は、Webブラウザで動作するHTMLやCSS、JavaScriptを利用した技術なので、プラグインなどを別途用意する必要はない。

■**画面を切り替えずに、内容を変えることができる**

通常は画面を再読み込みしなければならないような操作であっても、Ajaxを利用することで画面全体を再読み込みすることなく、画面の一部のみを書き換えることができる。また、ユーザーの操作を妨げずにデータを送受信できる「非同期通信」 用語5 を行うことができるため、ストレスなく利用することが可能だ 図2 。

■**マウスやキーボードの制御ができる**

マウスやキーボードも制御することができるため、右クリックメニューを独自のものに置き換えたり、キーボードのショートカットを実現することも可能だ。

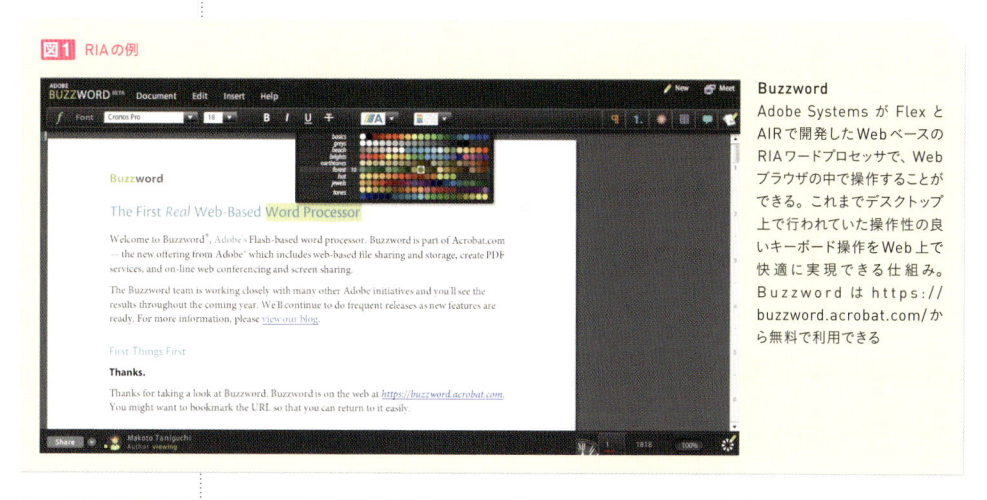

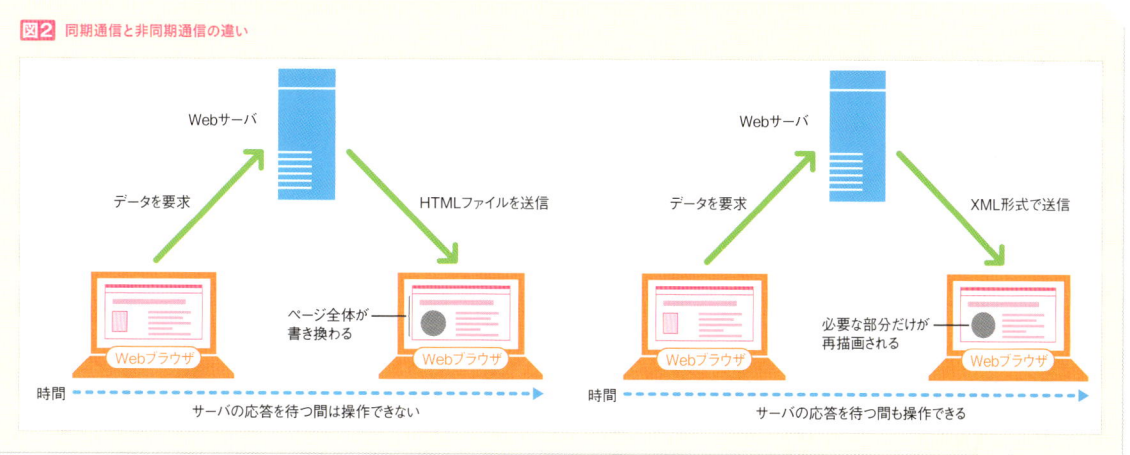

用語4 プラグインソフト
Webブラウザにあとから追加できる小さなソフトウエアのこと。動画の閲覧や、音楽の再生など、本来のWebブラウザに備わっていない機能を付け加えることができる。
本文にも出てきた「FlashPlayer」はプラグインソフトの代表的存在で、インストール率が90％以上となっている。

用語5 非同期通信
たとえば、トランシーバーは自分と相手は同時に話すことができず、一方が話している間は聞くことしかできない。これを「同期通信」という。Webページも、読み込み中などはユーザーは操作できないのは、それが同期通信であるためだ。
しかし、電話の場合は自分と相手が同時に話してもお互いの話が聞こえる。これが「非同期通信」。Ajaxは非同期通信が可能なため、ユーザーの操作中もデータを送受信することができる。

図1 RIAの例

Buzzword
Adobe SystemsがFlexとAIRで開発したWebベースのRIAワードプロセッサで、Webブラウザの中で操作することができる。これまでデスクトップ上で行われていた操作性の良いキーボード操作をWeb上で快適に実現できる仕組み。Buzzwordはhttps://buzzword.acrobat.com/から無料で利用できる

図2 同期通信と非同期通信の違い

Article Number **054**

モバイルの重要性と特異性

今や携帯電話に代表されるモバイルは、PCを凌ぐほどのデバイスとなりつつある。携帯電話は、iモードの登場から「ネット端末」としての地位を確実に固め、携帯電話でブラウズするWebシステムの構築は無視できない存在となってきた。ますます重要になってくるだろう携帯のWebシステム開発には、PCとは違った特異性があり、開発には注意が必要になってくる。その違いと注意点を見ていくことにしよう。

企画
システム要件定義
システム設計
戦略

Keywords A 個体識別番号　B GPS　C 絵文字

携帯電話の重要性

携帯電話は、当然ながら「電話」として誕生した。その後、ドコモが「iモード」を誕生させ、携帯電話でコンテンツを見るという文化を浸透させたことは、ご存じの方も多いだろう。

それでも、しばらくは「ネットはPC、電話やメールは携帯電話」といった使い分けが一般的であった。しかし近年、携帯電話だけを使うユーザーが若年層を中心に大幅に増えており、買い物やオンラインバンキングなどのほか、社員もノートパソコンを持ち歩かずに、携帯電話だけで大抵の業務をこなしてしまうほどになってきた。今や、携帯電話へのWebシステムの対応は必須条件と言っても過言ではないだろう。

携帯電話の利点

携帯電話は、端末が特定できたり周辺機器を簡単に利用できるため、PCにはない利点がある。

A ■個体識別番号 用語1

携帯電話には、製造時点で各端末に固有の情報が割り振られており、これを不正に書き換えるのは非常に困難であるといわれている。そのため、この「端末情報」を送信させることによって、簡単に端末を特定することができる。つまり、パソコンでは一般的なIDとパスワードを入力したログイン処理などを必要とせず、簡単にログインできるわけだ。

B ■GPS 用語2

最近の携帯電話にはGPSが搭載されており、簡単に現在位置を特定することができる。緯度・経度でかなり正確に割り出すことができるため、場所に付帯する情報を提供したり、ユーザーが指定する特定の場所へ導いたり、現在の位置情報をほかの利用者と交換することなどができる。

携帯電話の特異性

ただし、携帯電話にはPCとは違った特殊な事情があり、Webシステムの開発にも注意が必要だ。携帯電話のWebシステム開発における注意点をあげてみよう。

用語1 個体識別番号

携帯電話の端末ごとにつけられた固有の英数字の組み合わせ。提示を求める場合には、利用者にその旨通知され、許可をした場合にのみ通知される。
IDやパスワードの代わりに利用することができるが、ユーザーが携帯電話端末を買い換えた場合は、この番号も変わるため「機種買い換え手続き」などを別途準備しておく必要がある。

用語2 GPS

Global Positioning Systemの略で、カーナビなどで使われているもの。緯度・経度で現在の位置を測定することができ、住所データベースとつきあわせる「逆ジオコーディング」を行えば、住所などを割り出すこともできる。

■ キャリアと端末の親密性

日本の携帯電話は、ドコモ、au、ソフトバンクといった回線業者、いわゆる「キャリア」が主導で端末の開発を進めている。そのため、キャリアごとの特異性が高く、互換性は極めて低いのが現状だ。キャリアごとに発売される端末のサポートする技術仕様や画面解像度においても、発売時期における個体差が大きく、携帯向けのコンテンツ制作では頭を悩ませることも多い。

最近では、PC向けのWebを閲覧可能なフルブラウザの導入やキャリアによるHTMLやCSSの標準技術のサポートも充実してきているが、依然としてその特殊性を残したままである 注1。

■ 容量の制限

携帯電話は内蔵しているメモリ容量が少ないため、容量の大きなコンテンツ内容を表示できないことが多い。特に画像や写真などを使ってしまうと、PCではまったく問題がないような画面であっても、携帯電話ではすぐに容量オーバーで表示できなくなってしまう。

画像などを極力使わずにシンプルな画面構成にしたり、必要に応じて画面を分けるなどして、即時の表示ができることが必要となる。

■ パケット通信料

先の内容に通じるが、携帯電話は「パケット通信」用語3 によって通信が行われており、基本的にはパケット料に応じて料金が加算される仕組みとなっている。契約者が特別な契約をしていない限り、大きな容量のページを表示するとそれだけで通信料がかかってしまうため、従量課金のユーザーのためにもページ容量は極力少なくすることが必要だ。また、Flashやアプリケーションを介してコンテンツにアクセスする場合など、ネットワークアクセスが発生する旨の通知が必要になる。

また、どうしても大量のデータ通信が発生する場合には、あらかじめ「パケット定額契約をしてください」などと注意書きを加え、トラブルを防ぐ仕組みも必要となる。

■ 絵文字の扱い

携帯電話では、簡単な操作で絵文字を記入することができる 図1。ただし、絵文字はキャリアごとに仕様が違ううえ、PCとの互換性はないため、絵文字が入力された情報をほかのキャリアの携帯電話で見ると、別の絵文字で表示されてしまったり、PCでは絵文字部分がまったく見えなくなってしまうこともある。そこで、絵文字情報を変換するためのプログラムを別途開発したり入力を禁止するようなプログラムを開発するなど、絵文字を意識したプログラム開発が必要となる。

注1
欧米諸国では、基本的にスマートフォンに代表されるモバイルデバイスにはPC用のWebコンテンツをベースにCSSのみを切り替えて表示するような仕組みが多いようだ。

用語3 パケット通信
限られた数のアンテナ基地局で、複数の端末と効率よく通信するため、携帯電話の通信はデータを「パケット」と呼ばれる固まりに分けて配信している。日本の携帯電話はこのパケットの個数に応じて、通信料金を算出する「パケット従量制」が一般的だが、最近では一定料金で無制限のパケット通信が可能な「定額制」や、定額制と従量課金を組み合わせて「ダブル定額制」などの料金プランもある。

図1 携帯電話の絵文字

キャリアごとに用意された絵文字が異なるため、各社に対応するコンテンツではそれぞれの互換性を維持する必要がある（写真は、EZWebの絵文字一覧）

Article Number 055

スマートフォンとモバイルの進化

「モバイル」と言えば携帯電話のことを指すが、近年iPhoneに代表される「スマートフォン」と呼ばれる新しいタイプの携帯電話が急激に普及を始めた。既存の携帯電話との大きな違いは、それぞれが対応するWeb用のブラウザを使えること、OSという概念を持っていることなどである。さらなるスマートフォンの普及には、リッチコンテンツへの対応が鍵となってくるだろう。

|企画
システム要件定義
システム設計
戦略

Keywords　A iPhone　B Android　C iモード2.0

スマートフォンとは

日本の携帯電話は長らく、ドコモ、au、ソフトバンクの「3大キャリア」の主導で発展してきた。一部、WILLCOMなどがMicrosoftの「Windows Mobile」用語1を採用したPHS端末などを展開していたが、シェアはそれほど高くなく、意識されることは少なかった。

A　しかし、2007年にAppleが「iPhone」図1を米国で発売、日本でも2008年に発売してから、急激にシェアを伸ばし、無視できない存在になりつつある。さらに、
B　Googleが主導する携帯端末向けOS「Android」用語2も登場し、2009年にドコモがAndroidの搭載端末を発売した。Microsoftも、それまでのWindows Mobileを「Windows Phone」と名前を改め機能を向上させるなど、新世代携帯電話、いわゆる「スマートフォン」が急激に存在感を増してきている。

スマートフォンと携帯電話の違い

「スマートフォン」とは従来の携帯電話と区別するために使われている用語で、明確な定義があるわけではないが、ここでは「iPhone」「Android」「Windows Mobile」（Windows Phone）を例にとって説明しよう。

①リッチブラウザが搭載されている

iPhoneにはSafari用語3、AndroidにはGoogle Chrome用語4、Windows MobileにはInternet Explorerというように、PCで利用されているWebブラウザが機能を限定した形で搭載されている。そのため、PC向けのサイトをそのまま表示することができる図2。

しかし、携帯電話向けのWebページは表示することができず、携帯電話向け専用に作られているWebシステムは一切利用することができない。そういう点では、スマートフォンは携帯電話というよりも「小さなPC」と捉えた方がよいかもしれない。

②JavaScriptへの対応とFlashへの課題

スマートフォンにはリッチなWebブラウザが搭載されており、日本の携帯電話に搭載されているブラウザでは動作しないJavaScriptが一部動作する（ただし日本の携帯電話も一部対応済み）。そのため、リッチなインターフェイス用語5を提供する

用語1　Windows Mobile
Microsoftが携帯電話や携帯情報端末（PDA）向けに開発している基本ソフト。元は「Windows CE」という名称だったが「Pocket PC」に変わり、2003年から現在の「Windows Mobile」になった。今後は「Windows Phone」という名称に変わる。

図1　iPhone 3GS

用語2　Android
Googleが中心となって設立された「Open Handset Alliance」（OHA）が開発を進める基本ソフト。オープンソースとして無償で提供されているのが特徴で、ソフト開発に多額のコストがかかるといわれている携帯電話において、コストが大幅に削減できることが期待されている。

用語3　Safari
Appleが開発したWebブラウザ。Windowsにも提供されているが、主にMac OSで利用されている。ブラウザエンジンにはWeb Kitを採用している。Web KitはSafariだけでなく、Google Chromeや、Adobe AIRなど多くのWeb技術で利用されている。

用語4　Google Chrome
Googleが開発しているWebブラウザ。2009年現在はWindows向けと、Mac OS向けにはβ版として提供されている。Safariと同じく「Web Kit」を採用しているため、Webページの見え方はかなり似ている。

用語5　リッチなインターフェイス
リッチコンテンツとは、動画（ビデオ映像、アニメーション、3D）や音声（ナレーション、音楽）などを組み込んだ表現力豊かなコンテンツのことだが、「リッチなインターフェイス」とはこれらのコンテンツを表示できるようなWebシステムを搭載したインターフェイスを指す。

用語6 Flash Lite
Adobe Flashの機能限定版、携帯電話向けにのみ提供されており、2009年現在の最新バージョンはFlash Lite 3.0。Flash 8相当の性能を持っており、携帯電話向けのゲームソフトなどはこれで作られていることが多い。

Book Guide

Mobile Design and Development
Brian Fling（著）
ペーパーバック／332頁
価格3,279円（調査時点）
ISBN9780596155445
Oreilly & Associates Inc;

Web標準技術に準拠したモバイルコンテンツのデザインや設計のガイドラインなどを解説した書籍。日本国内の事情とは違うが、スマートフォンを対象とするならば一度は目を通しておきたい

iPhone User Interface Design Projects
Joachim Bondo（著）
ペーパーバック／350頁
価格3,406円（調査時点）
ISBN9781430223597
Apress

iPhoneのアプリケーションなどのユーザーインターフェイスデザインの解説書。同出版社ではiPhoneの開発シリーズが数冊刊行されている。

ことが可能だが、逆に携帯電話で動作する「Flash」や「Flash Lite」**用語6** は一部のスマートフォンでは動作しない。これは今後の課題と言えよう。

③ **OSという考え方**

たとえば、Windowsパソコンはどのメーカーのものを購入しても、実際に動作するのはWindowsというOSであるため、操作や機能に違いはほとんどなく、メーカーを変えても、同じように使い続けることができる。しかし、現在の携帯電話はハードもソフトもメーカーが開発しているため、互換性がほとんどなく、アドレス帳などが転送できる程度だ。

しかし、たとえばAndroidは「OS」であるため、これを搭載したハードウエア間であれば、互換性が保証できる。端末を買い換えても、データを完全に移行して使い続けることも可能となるのだ。

モバイルの進化

スマートフォンは着実にシェアを伸ばしてはいるものの、2009年現在では残念ながら一般のユーザーまでは浸透しておらず、ITリテラシーの高い一部のユーザーやビジネスマンが利用しているに過ぎない。

また、たとえばドコモは同社のiモードを「**iモード2.0**」と位置付け、JavaScriptのサポートや動画への対応などを発表するなど、スマートフォンに対抗する技術革新を目指している。

今後の動向に目を配りながら、Webシステムをどのプラットフォームに向けて開発するのかなど、慎重に見極める必要があるだろう。

図2 スマートフォン向けのブラウザ

スマートフォン向けにはOperaなどから専用のブラウザが提供されている

スマートフォンはPC向けのWebサイトの閲覧に対応するが、Webアプリケーションなどのシステムでは専用のインターフェイスの提供も視野に入れる必要がある

Article Number 056

Webシステム開発の
チーム編成とディレクション

多人数がかかわるプロジェクトでは全体をまとめるディレクターが必要だ。Webシステム開発についても同様で、システムエンジニア、プログラマー、テスターなどを取りまとめ、対外折衝を行うディレクターが必要になる。まず、Webシステムの開発に携わる人々の役割を知り、次に、Webシステムの開発を取りまとめるうえで、ディレクターが知っておきたい注意事項などを整理してみよう。

企画
システム要件定義
システム設計
戦略

Keywords
- **A** システムエンジニア
- **B** プログラマー
- **C** テスター・デバッガー

Webシステム開発の役割分担

Webシステムの開発には、主に次のようなメンバーが必要となる。

A ■システムエンジニア 用語1

システムエンジニアは、建築の世界で言えば設計士、出版の世界で言えば編集者にあたる。システムの全体像を考え、設計書を書き起こし、実装 用語2 の工程を指示して、できあがったシステムを評価・検証する。Webシステム開発においては、最も重要な役割のひとつだ。

B ■プログラマー 用語3

プログラマーは、コンピュータのプログラムを作成する人。先の例で言えば建築業界の大工、出版業界のライターにあたる。システムエンジニアの作った設計書に従って、実際の「実装作業」を行う役割だ。

C ■テスター・デバッガー 用語4

できあがったWebシステムは、検証作業を経なければならない。プログラムには、必ずと言ってよいほどコーディング上の誤り(バグ)が発生する。また、想定以外の操作には対応できていないことがある。これを発見するのがテスター・デバッガーの役割だ。

■そのほかのエンジニア

Webシステムの種類や規模に応じて、このほかにも「サーバエンジニア」や「ネットワークエンジニア」「DB(データベース)エンジニア」「セキュリティエンジニア」など、役割が増えることがある。それぞれ、サーバコンピュータやネットワークの構築を設計・実装したり、セキュリティリスクを軽減するための方法を設計する役割で、システムエンジニアの補助的な役割をする。

チーム編成

Webシステムの開発には多くの人たちがかかわる。システムエンジニアが設計書を作成し、それに基づいてプログラマーがプログラミングを行う。テスターはそのWebシステムを検査して、異常な動作がある場合などはプログラマーに報告をして修正を求める。こうしてでき上がったWebシステムは、改めてシステムエンジニアが評価

用語1 システムエンジニア
System Engineerの頭文字を取って「SE(エスイー)」と呼ばれることが多い。特にWebシステムにおいては、プログラマーが兼任しているケースが多く、専業のSEというのは大規模なWebシステム以外ではまれ。

用語2 実装
「ある構成要素を全体に対して取り付けること」という意味で、Webシステムにおいてはシステムエンジニアが作成した設計書をもとに、実際にWebシステムを作成する工程を指す。

用語3 プログラマー
「Program」(プログラム)を作成する人というところからついた名前。プログラマーがプログラムを作成する作業のことは「Programming」(プログラミング)などと呼ぶ。

用語4 デバッガー
「Debug」(デバッグ)をする人というところからついた名前。「Test」をする人という意味から「テスター」とも呼ばれる。「Debug」は「bug」(バグ)を除去するという意味で、バグとはつまり、プログラムの間違いのこと。バグがあると、システムは正常に動作せず、期待した結果が得られなかったり、突然操作できなくなったりする。

図1 役割分担

システムエンジニア	設計書を作成
プログラマー	プログラムを作成
サーバエンジニア	
ネットワークエンジニア	↑修正依頼
DBエンジニア	
セキュリティエンジニア	
テスター・デバッガー	プログラムを検証

注1 システムを組み込めないデザイン
Webシステムを組み込む場合は、HTMLの作成にも注意が必要だ。たとえば、プログラムでは同じような繰り返しを行うことは得意だが、統一されていない内容を生成するのは、手間がかかったり、実現できないことがある。Webシステムと連携する場合には、できるだけシンプルなHTMLにすることが必要である。

■HTML
```
<ul>
<li>リスト1</li>
<li>リスト2</li>
<li>リスト3</li>
</ul>
```
同じパターンの繰り返しは得意

■HTML
```
<div>要素1</div>
<p class="sample">要素2</p>
<p>要素3</p>
<ul>
<li>要素4</li>
</ul>
```
規則性のない内容を生成するのは不得意

用語5 瑕疵
「きず。欠点。また、過失」（大辞泉より）のことで、Webシステムにおいては依頼した内容が実装できていない場合や、期待した動作になっていないことを指す。

をし、そして納品にいたるというわけだ**図1**。

このような役割を各メンバーに割り振ることで、チーム編成が行われる。とは言っても要員は、開発するWebシステムの規模に応じて代わり、たとえば小規模なWebシステムでは、すべての役割を1人でこなす場合もある。逆に大規模なシステムになると、プログラマーが数百人といった体制になることもあり、その場合は各役割ごとにチームをまとめる「ディレクター」的な人も必要になってくるだろう。

デザイン部門との折衝

Webシステムにおいて特に難しいのがデザインとのバランスだ。大抵の場合、デザイン性が高いWebサイトほど、Webシステムを組み合わせるのが難しく、逆に開発のしやすさにバランスを置きすぎると、使いにくく、見た目も悪いWebシステムになってしまいがちだ。

特に、HTMLの場合には、Webシステムを組み込む前は文法的に正しい構文だったにもかかわらず、Webシステムを組み入れたことで文法エラーが発生するようになったり、画面デザインが崩れてしまったりすることもある。

これはWebシステムの開発者がデザインへの理解やHTMLの知識に乏しいために、Webシステムを無理に組み入れてしまうためだ。逆に、Webデザイナーおよびマークアップエンジニアにも、Webシステムへの理解がなく、そのままではシステムを組み込めないようなデザイン・HTMLを作ってしまうこともある**注1**。

ディレクターまたはシステムエンジニアが、デザインにもシステムにも理解を示し、双方でコミュニケーションを円滑にすることで、バランスを取ったディレクションを行うことが重要になるだろう。

開発会社との連携

システム開発の一部または全部を、外部の開発会社に委託して制作する場合も多い。特に「Webデザイン」の分野でWeb制作会社として独立した会社では、システム開発部門を持っていない企業も多く、Webシステム開発の仕事はすべて外注するというスタンスの会社もよくある。ただし、外部への委託は内部のディレクション以上に難しい場合も多く、委託した内容が正しく実装されていなかったり、納品されたWebシステムが正常に動作しなかった場合の、責任の所在を巡ってのトラブルなどに発展するケースも多い。そこで、次のような書類群をしっかりと整備して、トラブルを事前に防ぐことがポイントだ。

- 契約書
- 要求仕様書
- 仕様設計書
- テスト設計書

また、納品があった場合には「受け入れテスト」を実施して、正常に動作するか、希望どおりの動作をしているかなどを確認し、不備がある場合には納品を拒否するなど、事前のトラブル防止対策を行う必要がある。また、納品後も1年間は不備があった場合に無償で改修を行う旨を契約する「瑕疵責任保守契約」**用語5**を結んでおくなどしよう。

Article Number **057**

Webシステムの開発プロセス

チーム編成が決まったら、Webシステムの開発に取りかかることになる。開発のプロセスは「モデル」と呼ばれ、「ウォーターフォールモデル」や「プロトタイプモデル」など、さまざまな手法がある。開発の流れは、時代とともに新しい手法が生まれており、現在にいたっても最も優れた手法と言われるものは確立されていないのが現状だ。それぞれの特徴を見極めて、最適な手法を選び出すことがポイントだ。ここでは主たるモデルの概要を解説しよう。

企画
システム要件定義
システム設計
戦略

Keywords
- A 開発モデル
- B ウォーターフォールモデル
- C プロトタイプモデル
- D スパイラルモデル
- E アジャイル開発

開発モデル

A Webシステムの開発には、それ以前から発展してきた基幹システム 用語1 の開発などで培われた開発の流れが参考にされている。このような流れを「開発モデル」と呼び、手法別にいくつかのモデルが考案されている。

B ■ウォーターフォールモデル

ウォーターフォールモデルは最も基本的な開発モデルで、図1 のように各工程を順番に処理して行き、あと戻りのないよう、各工程ごとに確認していく方法だ。滝から水が流れ落ちるように、一方向に流れるモデルのため、この名前が付いている。この手法は、スムーズに進めば非常にすばやく、確実に開発を行うことができるが、あとの方になって仕様を変えたくなった場合や、足りない機能に気がついた場合などがあってもあと戻りがしにくいため、設計工程でかなりの知識や経験が必要となる。

C ■プロトタイプモデル

ウォーターフォールモデルでは、仕様を策定する際に、必要な機能や画面遷移などをクライアントがイメージしにくく、最後の方で変更箇所が出てきてしまったりする。そのため、初期の段階で「プロトタイプ」用語2 と呼ばれる、最低限の機能や画面を用意した簡単なプログラムを準備して、実際にクライアントに触ってもらって仕様を策定するというモデルがプロトタイプモデルだ 図2 。この方法は、あとになって仕様の不備などが発覚するというような問題を未然に防ぐことができるが、プロトタイプの仕様と開発に手間がかかる。プロトタイプが不十分だと問題が見えにくく、逆に作り込むとそれだけ時間やコストがかかる。

D ■スパイラルモデル

スパイラルモデルは、「スパイラル」（らせん）という名前のとおり、プロトタイプモデルをぐるぐると繰り返しながら、開発を進める手法だ 図3 。
一度のプロトタイプだけでは、そのプロトタイプを見ながら出した改善点が反映されるのは、Webシステムが完成してからとなってしまう。そこで、スパイラルモデルでは、改良点を加えたプロトタイプを再度作成し、それを利用してさらなる改善点や問題点を発見するという方法を繰り返して、完成に近づける手法だ。

用語1 基幹システム
基幹とは「物事のおおもと、中心となるもの（大辞泉より）」のことで、業務の中心となるシステムを指す。そのため、非常に大規模なものが多く、銀行の顧客・預金の管理システムや、航空機の管制システムなど、経済や人命を預かるようなシステムもある。

用語2 プロトタイプ
「試作品」といった意味の英語で、Webシステムにおいてはデザインなどを無視して、また特定の動作にしか反応しないようなシステム等を実際にクライアントに触ってもらい、使い勝手や想定した動作をイメージしやすくするためのものを指す。

Book Guide

① 受託開発を行っているすべての人へ向けて、受託開発の極意をまとめたもの。クライアントとの接し方から、見積もり→要件定義→設計・実装・テスト→運用といった工程ごとの手ほどき、そして自分や仲間、組織の変え方までを丁寧に解説。

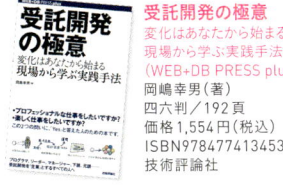

受託開発の極意
変化はあなたから始まる。
現場から学ぶ実践手法
（WEB+DB PRESS plusシリーズ）
岡嶋幸男（著）
四六判／192頁
価格1,554円（税込）
ISBN9784774134536
技術評論社

システムの完成度が高まる反面、開発者側の手間が非常に多くなるうえ、仕様がなかなか策定されないため、先が見えにくいという欠点もある。

■ **アジャイル開発**

アジャイル開発は現在最も注目されている手法だ。「機敏な」なども意味を持つ「Agile」から来た手法で、1週間から4週間くらいの短い期間で、開発の各工程を繰り返し行い、機能ごとに完成させていく（「058 アジャイル開発」→ P.140 で詳説）。

スパイラルモデルに近いモデルと言えるが、スパイラルモデルよりも短い期間で、機能を組み立てていく。また、チームの構成や日々の業務の進め方、ミーティングの方法についてまでワークフロー 用語3 が定められていて、少人数のチームで効率よく開発することができるようになっている。ただし、実際には「アジャイル開発」はいくつかの種類に分かれていて、まだ標準と言える手法は確立されていない。

開発モデルは、ウォーターフォールから始まり、徐々に進化してアジャイル開発にたどり着いたと言えるが、ウォーターフォールがもう古いかと言われればそうとも限らない。しっかりした計画と運用を実行できれば、ウォーターフォールは非常にスムーズに開発を進めることができる手法だ。仕様がどの程度策定できているか、過去に開発した経験があるかどうか、新しい技術をどのくらい盛り込んでいるかなどを判断しながら、その都度ベストな開発モデルを選ぶ必要がある。

用語3 ワークフロー
仕事の流れのことで、アジャイル開発ではたとえば「毎週月曜日にミーティングを行う」などといった、日常業務についてもモデル化されているものがある。

図1 ウォーターフォールモデルの概念図

要件定義 → 外部設計 → 内部設計 → 実装 → 検査

システム開発の工程である、要件定義、基本設計、詳細設計、開発という一連の流れを1段階ずつステップを踏んでいく。元に戻れないのが欠点

図2 プロトタイプモデルの概念図

要件定義 → 外部設計 → プロトタイプ実装 → 実装 → 検査 → 検査

簡易なプロトタイプを作成し、顧客に試してもらうことで間違いなくあと戻りのない開発のためのモデル

図3 スパイラルモデルの概念図

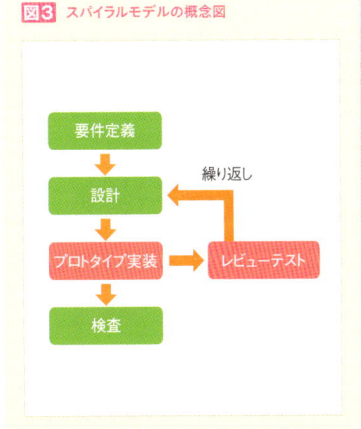

要件定義 → 設計 → プロトタイプ実装 → レビューテスト（繰り返し） → 検査

ウォーターモデルとプロトタイプの長所が採用されたモデル。らせん状にレビューテストを重ねて完成に近づける

Article Number **058**

アジャイル開発

Webシステム開発のモデルのひとつとして、前項「057 Webシステムの開発プロセス」でも紹介した「アジャイル開発」は、それまでの開発モデルの考え方から一歩進んで、エンジニアのワークフローやチーム編成まで踏み込んだ開発スタイルとして、現在注目を集めている。ここでは「アジャイル開発」の特徴を解説していこう。

企画
システム要件定義
システム設計
戦略

Keywords
- **A** エクストリームプログラミング（XP）
- **B** スクラム
- **C** ユーザー機能駆動開発（FDD）

アジャイル開発の基本

アジャイル開発は、エンジニアの勤務時間やミーティングの日時にまで踏み込んだ開発スタイルのモデルである。実際にはひとつの開発モデルを指す言葉ではなく「総称」として使われるため、アジャイル開発に則ったさまざまなモデルが存在する。全体に共通する特徴としては次のような点がある。

- ユーザー（利用者・クライアント）と開発者が共同開発チームを作る（小数であることが望ましいとされている）。
- システム全体の開発を、2週間といった短いイテレーション **用語1** に区切る。
- その期間で、「要件の定義→実装→テスト→修正→リリース」までを行う。
- できあがったものをレビューし、イテレーションの始めに戻る。

この一連のイテレーションを繰り返すことで開発を進めていくのがアジャイル開発の特徴だ **図1**。これにより次のようなメリットが生まれる。

- 全体の仕様が確定していない段階でも着手できる
- ユーザーが実際に動作する画面を見ながら、仕様を検討することができる
- 仕様が変更された場合にも、影響が最低限で済む

たとえば、ウォーターフォールモデルで開発をしていた場合、開発に着手したあとで仕様が変更されると、すでに完成している仕様書などの書類を訂正する必要があるため前段階に戻ったり、費用がかさんだりしてしまう。そのため、アジャイル開発を好んで採用する現場が増えている。

アジャイル開発の種類

アジャイル開発には、主として次のような種類がある。

A ■ **エクストリームプログラミング（XP）** **用語2**

アジャイル開発の中でも、最も一般的な開発モデル。実際のプログラムを書く前に、そのプログラムをテストするための「テストコード」を先に書いて、そのテストに合格するようなプログラムを作成するという「テスト駆動開発」**用語3** や、一度書いたプログラムコードを逐次見直して洗練させるという「リファクタリング」**用語4** など、開発における「作法」を定義している。XPではこれを「プラクティス」と呼び、こ

用語1 イテレーション
「Iteration」（繰り返し）という意味で、アジャイル開発の特徴である短いサイクルで各工程を「繰り返す」ことから、このように呼ばれている。

用語2 エクストリームプログラミング
初期のアジャイル開発の代名詞的な存在で、XP（エックスピー）と略されることが多い。

用語3 テスト駆動開発
「Test Driven Development」で「TDD」と呼ばれることも多い、開発手法。通常、プログラムを作成するときは、動作するプログラムを作成し、その動作テストを行うが、TDDでは先にプログラムができあがったものと想定して、そのテストのためのプログラムコードを記述する。当然、初めはそのテストは失敗することになるため、そのテストに成功するようにプログラムを作るという手法。便利さはプログラマーでないと実感しにくいかもしれない。

用語4 リファクタリング
Refactoringという英語で、振る舞いはそのままに、内部のプログラムを書き換えるという方法。これにより、より管理のしやすいプログラムにするというもの。
これを行わないと、プログラムがその場限りで記述されてしまい、あとから見るとめちゃくちゃな記述になってしまったりする。

BOOK GUIDE

はじめてアジャイル・ソフトウエア開発を手がける人向けにわかりやすく書かれた入門書。スクラム、XP、UP、Evoという4つの注目する手法を取り上げ、いろいろある手法を通して、アジャイルかつ反復型の開発の長所や短所が総合的に学べる。また、複数の手法から良いところを組み合わせて利用するためのティップスも多く紹介。

初めてのアジャイル開発
スクラム、XP、UP、Evoで学ぶ反復型開発の進め方
クレーグ・ラーマン（著）、ウルシステムズ児高慎治郎、松田直樹（監訳）、越智典子（訳）
A5判／440頁
価格2,520円（税込）
ISBN9784822281915
日経BP社

のプラクティスを実行することで、アジャイル開発を確実に行えると考えられている。

■ スクラム 用語5

スクラムは、ラグビーの「スクラム」から来たアジャイル開発モデルである。XPが、開発のやり方や、人同士のコミュニケーションのやり方などにまで言及した作法を作り上げた厳格な方法なのに対し、スクラムは「チームの作成」「バックログ（ユーザーの要求などのタスク）の作成」「プロジェクトの区分」など、開発の流れをゆるく定義しているだけのシンプルなモデルである。非常に使いやすく愛用者も多い。

■ ユーザー機能駆動開発（FDD）

FDDは、「ユーザー機能（Feature）」つまり、顧客にとっての機能価値を中心に開発するモデルである。「全体モデル開発」「featureリスト構築」「featureごとの計画」など、5つの基本活動と呼ばれる活動に分類し、開発を行っていく。また、それらの進捗の確認のために「マイルストーン」と呼ばれるチェックポイントを設定して、それと照らし合わせることで進捗を確認できるようにしている。

■ テスト駆動開発（TDD）

テスト駆動開発（TDD）は、「XP」や「スクラム」など、ほかのモデルでも採用されている開発手法のひとつだ。通常のプログラム開発ではまずプログラムを作ってから、それを検査するという手順だが、TDDではテストを先に行う。当然、まだプログラムができていない状態であればテストは失敗することになるのだが、その失敗したテストを成功するようにプロラムを作り込んでいくという手順で開発を進めていくというわけだ。これにより、テストを行う回数が必然的に増えるため、プログラムの信頼性が上がるとともに、開発作業の際の目標も定めやすくなり、開発スピードが上がるというメリットもある。

アジャイル開発の誤解

アジャイル開発は、その柔軟性から「設計作業が必要ない」とか「設計書類を作らなくてもよい」といった誤解を生むことがよくある。しかし、実際には細かく分かれているだけで、当然ながら全体の設計を考えながら組み立てていく必要があるし、最終的にできあがったシステムの保守のためには設計書類なども必要となってくる。アジャイル開発を行う場合には、体系立てた学習と正しい運用が不可欠と言える。

用語5　スクラム
ラグビーで、プレーを再開するときにプレイヤーが肩を組み合ってボールを投げ入れること。このことから、まるでラグビーのスクラムのように、肩を組み合って開発をするといった意味がある。

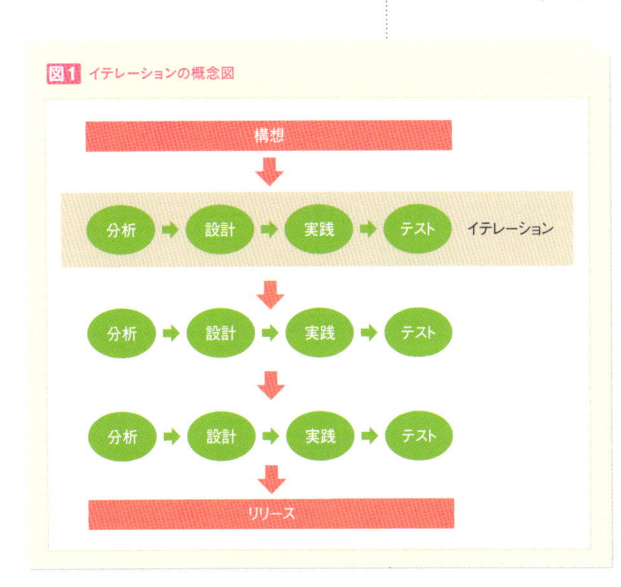

図1　イテレーションの概念図

構想 → [分析 → 設計 → 実践 → テスト] イテレーション → [分析 → 設計 → 実践 → テスト] → [分析 → 設計 → 実践 → テスト] → リリース

Article Number 059

システム要件定義

Webシステム開発の第一歩は、「要件定義」から始まる。この作業は、基本的にはヒアリングなどを通じてクライアントの要望を取材し、Webシステムとして具体的な要件へと落とし込んでいくものだ。Webシステムの設計作業のための準備でもあり、システム開発の手戻りを防ぐためにも、非常に重要な作業となる。

企画
システム要件定義
システム設計
戦略

Keywords　A 要件定義　B システム要件定義　C ヒアリング

設計作業の準備としてのシステム要件定義

A プロジェクト全体の「**要件定義**」用語1 に関しては、「009 要件定義でクライアントからの要求事項を整理」→ P.028 で解説しているように、プロジェクトの背景や目的、制作要件、予算、スケジュールなどさまざまな要件を整理・定義するが、その中でも重要となるのがシステム要件定義である。

B 「**システム要件定義**」用語2 は、クライアントの要求をWebシステムとして実現可能な「**仕様**」用語3 に落し込み「定義」していくという作業であり、これをもとに次の設計作業へと移行することができる。ゆえに、システム要件定義をあいまいにしたまま設計作業へと進んでしまうと、後々大きなトラブルにつながる可能性もあり、結果的に設計・開発段階での手戻りを引き起こしかねない。

そもそも依頼段階でのクライアントの要求内容があいまいだった場合、そのままでは設計作業に入ることは不可能である。設計とは適正な仕様があってこそできる作業であるため、その仕様作り、すなわちシステム要件定義をしっかりと行う必要があるのだ。

要件定義作業のポイント

C システム要件定義を進めるにあたって、基本となるのがクライアントへの**ヒアリング**作業だ。

オリエンテーションの時点で、すでにクライアントがWebシステムに関する具体的なイメージを持っているような場合は別だが、一般的には複数回のヒアリングを重ねて、あいまいな要求内容をより具体的なイメージに落とし込み、さらにそれをシステム設計に必要な仕様として定義していく。

ヒアリングでは各種ドキュメントを提示しながら確認作業を進めることになるが、特にクライアントがWebやシステムに関するリテラシーが低いケースではクライアントの要求事項に相当すると思われる類似事例などを示といった手法も有効である。

また、クライアントの要求事項を具体的イメージに落とし込むこと以上に重要なことが、要求外事項を抽出することだ。たとえば、クライアントの要求が「新製品に関するアンケートをWebで実施したい」だけだったとしよう。この場合、そのアンケー

用語1　要件定義
要件とは「必要な条件」といった意味で、「要望」よりも具体的で、必要性のあるものを指す。クライアントが、すぐに「要件」をまとめられるようならよいが、大抵は「要望」「希望」で止まっているため、それを「要件」まで育てるのがヒアリングである。

用語2　システム要件定義
狭義には利用するハードウエア、基本ソフトウエア（OS、データベースソフト、開発言語など）、ネットワークなどのシステムを構築する基本構成を指し、広義には上記に加えて開発するシステムの機能要件なども含めて定義するもの。本項では後者として解説している。

用語3　仕様
機械や建築物の構造のことで、Webシステムなどの業界では「仕組み」「ルール」などを指す。「このシステムの仕様は○○であるため、△△はできない」といった形で使われる。

トはオープンに実施されるのか、それとも新製品の購入者を対象とするものなのか。また、アンケートへの回答はどういったデータで管理するのか。さらに収集した回答データからどのような集計データが欲しいのか。アンケート回答に際しては暗号化通信は必要か？ など、実際のアンケートシステム開発に必要な事項を制作会社側で想定し、ひとつひとつ確認を取っていくという作業を行わなければならない。

システム要件定義書

システム要件定義という作業は、実作業としての設計に入るための準備であると同時に、クライアントとの合意事項を作成する作業でもある。したがって、最終的には「システム要件定義書」としてドキュメント化され、クライアントの承認を受けることが重要である。

システム要件定義書の書式は開発会社によりさまざまだが、基本的にはヒアリング時に作成・提示する各種ドキュメントをベースとして構成すればよいだろう 図1 。Webの場合はクライアントが運用している既存サーバに依ってしまうことも多いが、Webシステムとしての機能やデータ仕様などに加えて、システムの基本仕様でもあるハードウエア要件やソフトウエア要件なども必要となる場合がある。

また、たとえばWebサイト上で商品購入をさせるようなシステムの場合、クライアントの合意事項とするためには、設計段階で作成するドキュメントほど詳細でないにしろ、簡易な画面模式図や画面遷移図なども必要となるだろう。

図1 Webにおけるシステム要件定義書の構成要素事例

基本仕様	ハードウエア要件	システムを運用するためのサーバマシンなどのハードウエア条件。Webシステムの場合は、クライアントが保有する既存のサーバを利用することも多い。そのほか、たとえば外部のストリーミングサーバを利用するような場合には、そのスペック条件なども定義する
	ソフトウエア要件	システムを運用するためのサーバOSなどのソフトウエア条件。ハードウエア要件と同様に、Webシステムの場合は、クライアントが保有する既存のサーバを利用することも多い。そのほか、開発するシステムに応じて、データベースや開発言語、インストールするモジュールなども想定・定義しておくとよい
	ネットワーク要件	システムを運用するためのネットワーク条件。こちらもWebシステムの場合は、クライアントが保有する既存のサーバに依ることも多い。システムの性能を満たすための回線帯域の確保やセキュリティ確保などの条件を想定・定義しておくとよい
システム仕様	機能要件	実際に開発するシステムの機能に関する仕様。必要に応じて、模式図や遷移図なども含める
	データ要件	開発するシステムがなんらかのデータを生成する場合、そのデータ形式や管理手法に関しての仕様を決めておく
	そのほか	開発するシステムに応じて、性能要件や運用要件などを定義しておく

Article Number **060**

進むオープンソースの利用

要件定義を行ったら、今度は具体的に要件を満たすことができるWebシステムを構築する開発の作業に着手することになる。ただし、システムは常にいちから作るとは限らない。予算やスケジュールによって、あるいはシステムの内容によっては、オープンソースなどの既存システムを利用するケースも増えてきている。オープンソースは無償のものも多く、コスト削減や効率化をはかれる場合もあるが、逆に管理に手間がかかってコストがかさむ場合もあるので、メリット、デメリットをよく見極める慎重な姿勢も必要だ。

企画
システム要件定義
システム設計
戦略

Keywords   **A** ライセンス条項   **B** Creative Commons

要件定義が固まったら、その要件を叶えるためのシステムを提案することになる。このとき、システムを一から構築する、パッケージソフトを利用するなどの選択肢があり、かけられるコストやスケジュールなどに合わせて検討する必要がある。

なかでも近年注目されているのが「オープンソース」**用語1**である。たとえば、「ブログを作りたい」とか「ECサイトを作りたい」といった要件に対して、システムを1から作っては膨大なコストがかかってしまう。しかし、オープンソースを利用すれば、システム開発は低コストで行うことができる。

オープンソースを利用するメリット

① 無料である場合が多い

オープンソースは大抵の場合、開発者が利益を目的としていない場合が多く、無料で利用することができる。

② 改造が容易

当然ながらソースが開示されているため、プログラム開発の知識があれば改造することができ、利用用途に合わせて自由に変更することが可能だ。

③ 機能向上、修正がスピーディ

多くの開発者がそのプロダクトの開発に携わっているため、機能が向上したり、増えたりといった開発速度や、不具合が発見されたときの修正などが非常に早い場合が多い。世界中の開発者が参加しているため、各国語に翻訳されるのも早く、英語で開発されたプロダクトであっても、あっという間に日本語化される場合が多い。

オープンソースのデメリット

オープンソースには、多くのメリットがある反面、いくつかの面でデメリットもある。

① サポートが弱い

開発者が、一人のエンジニアだったりする場合もあり、サポート体制が整っていない場合が多い。大抵は、インターネット上の掲示板などを使ってユーザー同士が質問や回答をしあうといった場合が多く、公式なサポートは受けることができない。

② セキュリティパッチへの対応

オープンソースは頻繁にバージョンアップが発生する。特に「セキュリティパッチ**用語2**」

用語1 オープンソース
プログラムを形作っている構造や仕組みを「ソース（Source）」といい、オープンソースは、このソースを開示しているプロダクトのこと。通常は、機密情報として隠されていたり、改造は許されていないが、オープンソースではそれらが自由になっている。

用語2 セキュリティパッチ
プログラムのバグ、特にここではセキュリティに関する重大なバグを修正するための差分プログラムのこと。「修正プログラム」などと呼ばれる場合もある。

BOOK GUIDE

ビジネス分野でのオープンソース・ソフトウェアの利用が加速している。本書は、オープンソースとは何か、集合知を活用した開発体制、多彩な製品群、ライセンス、ビジネス分野での活用の実態と背景、およびオープンソースの賢い利用法をわかりやすく解説する。

オープンソースで ビジネスが変わる
加速するオープンソースのビジネス利用
可知豊、鎌滝雅久（著）
四六判／176頁
価格 1,575円（税込）
ISBN9784839923457
毎日コミュニケーションズ

がリリースされることも多く、これを常に適用していかなければ、個人情報の流出などの大きな障害に発展する可能性がある。そのため、オープンソースを採用した場合は、常に新しいバージョンをチェックして、適用していかなければならない。

③ 改造した場合のバージョンアップ 用語3 作業

メリットとしてあげた「改造が容易」というのは、時にデメリットにもなる。バージョンアップが発生した場合、改造していないプログラムであればファイルを上書きするだけですむ場合が多いが、プログラムを改造している場合には上書きをすることができない。そのため、バージョンアッププログラムのプログラムソースを解析しながら、変更箇所を手作業で移植しなければならず、非常に手間がかかる作業となる。

④ 無保証

オープンソースは当然ながら無保証となる。そのソフトのバグによって業務が停止し、損害が発生したといった場合でも、開発者にその責任を問うことはできない。クライアントに提供する場合などは、その責任を制作会社が問われることのないように、免責をしっかり明示しておくことが必要だ。また、オープンソースは開発が突然停止されてしまい、配布されなくなったり、セキュリティパッチすら開発されなくなるといったリスクもある。多くの開発者が携わっているメジャーなオープンソースを選ぶようにするなど、選び方にも注意が必要だ。

ライセンスへの注意

オープンソースのプロダクトには、**ライセンス条項 用語4** が定められており、それに従って利用する必要がある。特にオープンソースのプロダクトはライセンスが複雑になっていて、たとえばオープンソースをもとにして独自の製品を開発した場合に、ソースコードを隠蔽する形で販売するといったことはできないことが多い。また、基本的には無料で利用できるオープンソースであっても、それを利用したことで利益が発生するような商用利用の場合には、別途ライセンス料が発生する場合などもある。このようにさまざまなライセンス形態があるため、条項を熟読して納得できた状態でなければ使わない方がよい。また、近年はそれぞれが細かなライセンスまでを決めずに、いくつかのライセンスがあらかじめ定義されていて、それに当てはめるだけというケースも多い。たとえば、オープンソースのブログソフト「**WordPress** 用語5」は **GNU General Public License 用語6** を適用している。同じライセンスを適用するプロダクトはほかにも多々あり、それぞれが同じライセンス条項になっているというわけだ。そのほか、代表的なライセンスには次のようなものがある。

- Apache License
- **Creative Commons 用語7 図1**
- BSD License（Berkeley Software Distribution License）

それぞれの条項は、各Webサイトで掲載されているため、これに従う必要がある。

用語3 バージョンアップ
Webシステムなどは、一度完成したあとも、何度も機能を向上したり、不具合を修正したり等の作業を続けていくため、「バージョン」と呼ばれる番号を割り振って管理していく。このバージョン番号を上げる作業を「バージョンアップ」という。特にセキュリティ的な危険性を修正したバージョンアップの場合には、必ず、使用しているシステムもそれに合わせることが必要だ。

用語4 ライセンス条項
「Licence」という英語は、「免許」といった意味で使われることが多いが、ここでは「許可」といった意味。オープンソースのライセンスは非常に複雑で、常識的な利用であっても、ライセンス違反になってしまうことがあるので注意が必要だ。

用語5 WordPress
オープンソースのブログサイト構築ソフトウエアで PHP と MySQL を利用して作成されている。プラグインやテンプレートが豊富で操作もしやすいと言われているが日本ではまだ利用者が少ない。ブログソフトウエアで人気なのは Movable Type。

用語6 GNU General Public License
著作権は保持したまま、二次利用も含めてすべての者が著作物を利用・再配布・改変できるという考え方（コピーレフト）のライセンスの代表的なもの。GNU GPL あるいは GPL と略される。このような考え方はソフトウエア以外にも広がっており、Creative Commons はその代表的な例。

用語7 Creative Commons
著作権者の保護を図りつつ、著作物の流通を広く促進するための仕組みで、スタンフォード大学ロースクール教授のローレンス・レッシグ教授が提唱したもの。世界中の29カ国でローカライズ化されている。クリエイティブ・コモンズ・ジャパン（http://creativecommons.jp/）

図1 Creative Commons

http://creativecommons.org/

Article Number **061**

オープンソースのWebシステム

オープンソースのWebシステムといってもさまざまだが、ブログやCMS、ECサイトやコミュニティサイトなどには、よく知られたオープンソースソフトがある。ここでは、オープンソースの利用の現状と、オープンソースを利用しやすいWebシステムの特長について理解することで、どのようにオープンソースをWeb制作に生かせるかの手がかりにしていこう。

企画
システム要件定義
システム設計
戦略

Keywords　A ブログ　B CMS　B SNS

ブログ

A **ブログ** 用語1 は、現在最もオープンソースを選びやすいWebシステムのひとつだ。ブログの基本は、記事を作成して時系列に並べ、読者からのコメントやトラックバックを受け付ける。このような基本機能が似通ったものとなるため、独自でシステムを開発するよりも、既存のオープンソースを使った方が効率がよいのだ。「Movable Type 図1」や「WordPress」など、有名なところから個人が作っているものやレンタルサービスなど、選択肢は非常に多い。

CMS

B **CMS** 用語2 は、ブログの発展系といった形で現在注目を浴びてきている。ブログが比較的「時系列」を軸とするのに対し、CMSは一般的なWebサイトを構築しやすい「階層構造」を軸に、コンテンツを作っていくことができる。高額なパッケージ商品はこれまでもあり、大規模サイトの構築などに活用されてきていたが、ここへ来てオープンソースのプロダクトも出てきた。ドイツの「joomla」や「concrete5」図2 などの海外もののほか、国産CMSとして「a-blog CMS」や「SOY CMS」なども力をつけてきている。

ECサイト

ECサイト 用語3 も、オープンソースにしやすいシステムのひとつだ。商品を並べてカートに入れ、購入手続きをするという一連の流れが共通なうえ、クレジットカードの取り扱いや個人情報の取り扱いなど、システム的に手間のかかる処理が多く、独自のシステムを構築するには、費用的にもかなり大きな額となってしまう。そこで、小規模なオンラインショップなどを構築するのに、オープンソースが活用されるケースが増えている。「osCommerce」や「Zen Cart」などの老舗に加え、近年は国産の「EC Cube」図3 に人気が出てきている。

コミュニティサイト、SNS

C mixiやFacebookなど、**SNS** 用語4 と呼ばれるサービスが人気を帯び、一般の人

用語1 ブログ
ブログ(blog)は、元は「Web Log」の略で、Web上にログ＝記録を残すという意味のシステム。「コメント」「トラックバック」「RSS配信」といった機能を備えているのが特長で、日記やお知らせ管理など、幅広く活用されている。

用語2 CMS
Contents Management Systemの略で、「コンテンツ管理システム」などと呼ばれる。本文のとおり、階層構造でサイトを作ることができるのが特長で、HTML等の知識を必要とすることなしにサイト制作を行うことができる。

用語3 EC (E-Commerce) サイト
「オンラインショップ」と同意。「カートシステム」などと呼ばれることもある。主に商品管理や決済などができるようになっていて、発送先などを見ながら実際の商品を発送する。

用語4 SNS (Social Network Service)
mixiやGREE等を代表とする、いわゆる「友達との共有サービス」。日記やコミュニティなどがあるのが特長で、登録しあった友達同士の日記しか見られないという、閉鎖感をあえて楽しむのが、これまでの掲示板と違ったところと言える。

用語5 XOOPS
PHP言語で書かれた、Webサイト用CMS(コンテンツマネジメントシステム)ソフトウエア。開発者は日本人でユーザー登録型コミュニティサイトを構築することができる。

用語6 OpenPNE
株式会社手嶋屋が中心となって、オープンソース(PHPライセンス)方式で開発を行ってきたSNSエンジン。PC版と携帯版があり、携帯版は累計150機種以上でテストされている。ソース公開の義務がなく、サポートの付属する商用ライセンス版もある。

が自由に参加できるオープンなものだけでなく、特定の企業や団体などが、SNS的な機能を提供するために、同種のシステムを求めることが増えてきている。

コミュニティサイトという分野では、「XOOPS」**用語5** 等のいわゆる「掲示板」と呼ばれるサービスを拡張したものがかつてから存在しているが、SNS的な機能を前面に押し出したオープンソースとして「OpenPNE」**用語6** **図4** なども存在している。

オープンソースを利用しやすいシステム、利用しにくいシステム

ここまで見てきて、オープンソースにしやすいシステムには次のような特徴があることがわかる。

- 似たようなシステムである
- 商材・コンテンツ内容などが業種によって異なる
- 多くの人が使いたがっている

たとえば、ECサイトを例にあげれば、食べ物や本、衣料品など、商材は多岐にわたっているものの、オンラインショップで行うことは商品を選んで購入するという流れがそれほど変わらない。さらに、オンラインショップを目指す人が非常に多いため、システムに需要があるといった分野が、オープンソースが生まれやすく、育ちやすい環境と言える。

逆に、非常に特殊な分野のWebシステムや、ユーザーの目的に合わせてシステムを個別に対応させないといけないようなシステムは、オープンソースにしにくく、オリジナルで作るしかない。

常に、どのようなオープンソースのプロダクトが存在していて、人々に人気なのか、それを使えばなにができるのかなどの情報を収集しておき、ヒアリングの際にオープンソースを活用できないかを考えられるようにしておくとよいだろう。

図1 Movable Type
http://www.sixapart.jp/movabletype/

図2 concrete5
http://concrete5-japan.org/

図3 EC Cube
http://www.ec-cube.net/

図4 OpenPNE
http://www.openpne.jp/

Article Number **062**

外部設計（基本設計）

Webシステムの要件定義が固まったら、いよいよ実際の制作作業を開始する。最初に行われるのが、設計の中でも「基本設計」や「外部設計」と呼ばれる工程だ。一言でいうと「外部設計」とはエンドユーザーの目に見える部分を設計する工程を指す。「外部設計」は一般的にプロジェクトの成功を占ううえでも最も重要な工程となるだけに、慎重に行っていく必要がある。まずは「外部設計」の概要とその手順などについて見ていこう。

企画
システム要件定義
システム設計
戦略

Keywords

- **A** アーキテクチャ設計
- **B** 画面設計
- **C** 統一モデリング言語

外部設計とは

「外部設計」とは、システム設計における手法のひとつで、開発しようとするシステムがユーザーや外部システムなどの外部に対してどのような機能、インターフェイスを提供するかを設計することを指す。「基本設計」や「概要設計」などと呼ばれることもある。呼び方や、その範囲などは開発会社などによってまちまちだが、大まかに言って「見える部分の設計」と考えればよいだろう。

また、外部設計の対となるものに「内部設計」がある。外部設計がインターフェイスや機能、そして利用するハードウエア、ネットワークなどの環境も含めて基本的な仕様を設計するのに対して、内部設計は、外部設計で決定した仕様に基づいて、ソフトウエア内部のアーキテクチャ、データ処理や管理の方法などを設計することであり、「詳細設計」とも呼ばれる。詳細設計については「069 詳細設計・内部設計」→P.162で解説しているのでそちらを参照してほしい。

外部設計で行うこと

外部設計で主に行うことは、「アーキテクチャ 用語1 設計」と「画面設計」である。図1に「代表的な外部設計作業」を表にしてまとめたので、詳細についてはこちらを参考にしてほしい。

A ■アーキテクチャ設計

一言で「アーキテクチャ」といっても、ハードウエアの構成やソフトウエアの構成、ネットワークの構成など、多くの場面で使われるため、ここでは「ハードウエア」についてを説明する。ソフトウエア・アーキテクチャについては次の「063 ソフトウエア・アーキテクチャ設計」→P.150で解説する。

大規模なWebシステムを構築する場合、1台のWebサーバコンピュータではすべてを賄えないことも多い。そのため、2台以上のサーバコンピュータをどのように役割分担させ、連携させるのかといった「ハードウエア設計」や、外部のネットワークとの接続や、セキュリティを考慮した回線の構成などを設計する「ネットワーク設計」など、主としてハードに関わる設計を行うことになる。

この主としてハードに関わる部分の構造（アーキテクチャ）を設計することを「ハー

用語1 アーキテクチャ
アーキテクチャ（Architecture）には「建築学」といった意味があるが、コンピュータ用語では「コンピュータシステムの基本構造」といった意味がある。ここでは、サーバ構成やネットワーク構成などを指す。

用語2 ネットワークエンジニア
ネットワーク回線の設計や敷設、メンテナンスやトラブルの対応などを行うエンジニアのことで、特別にこのような職種があるというよりは、SEやプログラマーなどが兼務していたり、その課程で専任になっている場合などがある。

用語3 セキュリティエンジニア
ハードウエア的なセキュリティ対策や、ソフトウエアのセキュリティテスト、安全に接続できる仕組み作りなど、セキュリティの知識や経験をもとに設計を行うエンジニア。ネットワークエンジニアと同様、職種として存在しているわけではない。

ドウエアアーキテクチャ設計」と呼ぶ。この設計には、SEだけではなくネットワークエンジニア 用語2 やセキュリティエンジニア 用語3 などの技術者の協力が必要となる。この設計作業により、ネットワーク構成図等の資料ができあがる。

■ **画面設計**

エンドユーザーが最終的に操作するWeb画面のレイアウトや表示項目などの設計を行うことを「画面設計」という。Webシステムができあがったときに、ユーザーがどのように使うことができるかを示すための資料となる。どのボタンをクリックすると、どのような動作になり、最終的にどのような結果になるのかなどを、できるだけ詳細に記述していくことになる。この資料が、そのあとの内部設計や実装作業、テストや運用などにも生きてくるため、非常に重要な設計工程と言えるだろう 図2 。

外部設計書はユーザー・開発者とのコミュニケーション

以上のような設計作業を経て「外部設計書」と呼ばれる書類群にまとめていくことになる。この工程で最も大切なのは、発注者（ユーザー）にできあがりをイメージして、理解してもらうことだ。発注者が間違いや使いにくそうな部分を指摘することができないと、形になったあとでの仕様の変更など、非常に手間のかかる作業が発生する可能性もある。そのため、外部設計書は発注者にもできるだけ見やすく、理解しやすい形で制作しなければならない。

さらに、その先行われる内部設計者や開発者が参照する資料にもなりうるため、細かい内容を省いたり誤解を与えるような記述にならないよう十分な注意が必要だ。ここがあいまいだと設計者の思いと実際のシステムが食い違ってしまうこともある。

統一書式の流れ

設計書は、これまで開発会社ごと、あるいは設計者ごとに書式が異なっていたが、設計書の記述方法を統一して、誰もが設計書を誤解なく見ることができるようにする動きが出てきた。「**統一モデリング言語**」（Unified Modering Language）、略して「UML」は、外部設計に限らず、設計作業全般で使われる各種図版の描き方を定義したもので、外部設計では主に「ユースケース図」「アクティビティ図」「ステートチャート」などが使われる 注1 。UMLについては専門書籍が多数出版されているほか、UMLを作成する専用ソフトなどもある。

注1 UML、ユースケース図、アクティビティ図
「064 進む設計作業の標準化とUML」→P.152
「065 ユースケース分析」→P.154

図1 代表的な外部設計作業

作業	概要	成果物
ユースケース分析	ユーザーの利用シーンを想定して機能性などを分析する	ユースケース図
非機能要件定義	性能や拡張性など機能要件以外の要件の洗い出し（不要な場合もある）	非機能要件定義書
画面設計	ユーザーインターフェイスとなる各画面ごとの機能性、レイアウトなどの設計	UI設計ポリシー 画面遷移図 モックアップ図 入力チェック仕様書
外部システムI/F設計	基幹システムなど、外部システムと連携する場合、外部システムとの接続部分の仕様を設計（不要な場合もある）	外部システムI/F設計書
帳票設計	システムによって出力される帳票類の設計（不要な場合もある）	帳票設計書
データベース論理設計	構築するデータベース構造の論理的な設計	論理ER図

図2 画面設計図

Article Number **063**

ソフトウエア・アーキテクチャ設計

ソフトウエアに限らず、建築の世界においても「設計」をする際には、単なる設計図を作ってはいけない。入り口が開かないとか、行けない部屋があるようでは困るし、現在のことだけではなく、いずれ部屋を区切る必要が生じるとか、増築の可能性を考慮するなど、将来性も考えて設計しなくてはならない。これら建築設計の概念をプログラムの世界に応用した設計を「ソフトウエア・アーキテクチャ設計」という。ここではソフトウエア・アーキテクチャ設計の概念と、その目的について解説していく。

企画
システム要件定義
システム設計
戦略

Keywords A スケーラビリティ B SysML C AADL

ソフトウエア・アーキテクチャ設計とは

「ソフトウエア・アーキテクチャ」とは、ソフトウエアのアーキテクチャ＝構造であり、Webシステムの基本的な構造を指す。つまり「ソフトウエア・アーキテクチャ設計」というのは「Webシステムの基本構造を設計する」という意味であり、これを言い換えると、「Webシステムの設計を行う際に考慮するべきこと」とでも言うことができるだろう。

もしアーキテクチャを考えないで設計を行った場合、とりあえずは形になるものの、将来的に機能を追加したい場合に追加ができなかったり、無駄なプログラムがいろいろなところにできてしまったり、使っていないプログラムが残ったままになってしまうかもしれない。

つまり、ただの「設計作業」とはあくまでも「完成」をさせるための作業を指すのであるのに対し、「ソフトウエア・アーキテクチャ」を考慮した設計というのは、将来的な予測や開発作業の効率化までを考慮して設計を行うことと言える。

ソフトウエア・アーキテクチャ設計の目的

以上のように、ソフトウエア・アーキテクチャ設計の目的は、現在の開発環境と将来予測される環境の変化を見越して、開発の効率化を考慮した設計を行うことである。それでは実際にソフトウエア・アーキテクチャ設計を行うときに考慮すべき要素をあげてみよう。

A ■スケーラビリティ

スケーラビリティ **用語1** とは、利用者やデータが増えて負荷が高まり、速度が遅くなったり、利用できなくなるようなことがないように、ソフトウエアを増強できる仕組みを構築することだ。

たとえば、Webシステムと一緒に利用されることの多い「データベース」というデータの管理システム **注1** がある。開発当初は1台のコンピュータで処理をしていたとしても、アクセス数の増加に伴ってデータベースを増加して、負荷分散をすることになる。その場合、プログラムを少し変更するだけで、複数のデータベースに対応できるように作るべきだろう。PHPで開発する場合は「CakePHP」**用語2** などのフレー

用語1 スケーラビリティ
「Scalable」には、「はかりなどで量れる」といった意味があるが、ここでは「Scalability」というコンピュータ用語で、システムの拡張性などのことを指す。

注1 データベース
「070 データベースとは」→P.164
「071 データベース設計」→P.166

用語2 CakePHP
PHPで記述されたWebアプリケーションフレームワークでPHP4、PHP5に対応。Ruby on Railsの影響を強く受けている。シンプルで規模は小さく、小・中規模開発に向いている。Ruby on Railsとは、スクリプト言語のRubyにより構築された、Webアプリケーション開発のためのフレームワークのこと。

BOOK GUIDE

SysMLでモデリングをするための実践的なリファレンス形式のガイドブック。実際にSysMLを採用するための具体的な例をあげ、実践的に活用するために必要な知識を解説。本書はまた、SysMLをどのように組織やプロジェクトに移行させるかについての手引きとしても利用できる。

A Practical Guide to SysML: The Systems Modeling Language
Sanford Friedenthal、Alan Moore、Rick Steiner（著）
ペーパーバック／576頁
価格5,664円（調査時点）
ISBN9780123743794
Morgan Kaufmann

ムワークを利用すれば、このようなことを考慮した作りにすることが可能だ。

■ 拡張性

ソフトウエアに機能を追加したり、改良したい場合に、できるだけ柔軟に対応できるようにすること。たとえば、オンラインショップなどで、それまで配送料が一律だったのが、地域別の配送料になったとしよう。このとき、料金の計算を1ヶ所で行うような作りになっていれば、その部分を変更するだけですむ。

しかし、もしも料金の計算をさまざまなところでやってしまっていたりすると、そのすべてを変更しなければならないため、手間が非常にかかってしまう。また、変更し忘れなども発生する可能性があり、「拡張性」に乏しいといわざるを得ない。

「オブジェクト指向」**用語3**と呼ばれる、プログラム開発の考え方を取り入れて、拡張性の高いプログラム開発をすることがポイントだ。

■ 保守性

プログラム作成では、プログラム言語を何にするか、フレームワークを使うかどうか、どのフレームワークやライブラリを利用するかなど、環境などに応じて自由に選ぶことができる。ただし、プログラマーの好みなどでいい加減に選んでしまうと、そのプログラマーでなければ保守できないシステムになってしまう可能性がある。やはり、広く利用されている技術**注2**をもとに開発を行ったほうが、対応できる技術者も多く、保守性も確保できる。

このように、ソフトウエア・アーキテクチャ設計では、ソフトウエアを単に作るだけではなく、作ったあとのことや万一のときなどを広く考慮して設計・開発を進めることが重要と言える。

アーキテクチャ記述言語とソースコード自動生成

ソフトウエア・アーキテクチャ設計には、「アーキテクチャ記述言語」と呼ばれる専用の言語を用いて記述する場合がある。「**SysML 用語4**」や「**AADL 用語5**」等の種類があり、これを設計者が利用することにより、設計がしやすくなったり、保守がしやすくなったりする。詳しくは次の項で改めて解説しよう。

さらに、通常はアーキテクチャ設計をしたあとで、その設計書を参照しながらプログラマーがプログラムを作っていく必要がある。しかし、「アーキテクチャ記述言語」を用いて設計を行った場合は、そこからプログラムを自動的に作り出す「ソースコード自動生成」を利用できる場合がある。もちろん、そこで自動生成されたプログラムがすぐに動作して、ソフトウエアが完成するというわけではないが、決まり切った記述がすでにされていたり、必ず必要なファイルが既に準備されているなど、プログラマーの作業が格段にやりやすくなるため、開発の効率化も図れるというわけだ。

用語3 オブジェクト指向
アプリケーションの設計や開発の際、手順より操作対象に重点を置く考え方で、関連するデータの集合と対する手続きを「オブジェクト」と呼ばれるひとつの塊として捉え、ソフトウェアを構築する考え方。

注2
たとえば、PHPと「Zend Framework」というフレームワークの組み合わせ、Javaと「Struts」というフレームワークの組み合わせなどが広く利用されている。

用語4 SysML
Systems Modeling Language。2001年に、UML（次項を参照）を、システム工学向けにカスタマイズして制定された。
http://www.sysml.org/

用語5 AADL
Architecture Analysis and Design Language。リアルタイムの組み込みシステムに特化したモデリング言語といわれている。
http://www.aadl.info/aadl/currentsite/

Article Number **064**

進む設計作業の標準化とUML

「062 外部設計（基本設計）」で「設計思想」が統一されていれば、複数の設計者同士や、別の設計者に引き継ぎをするときにも理解しやすく、作業をスムーズに行えると紹介した。その考えは、設計作業全体に言えることであり、それまでの各社・各設計者がその現場に合わせて独自に作成していたドキュメントなどを統一化する動きがある。それがUMLだ。

企画
システム要件定義
システム設計
戦略

Keywords
- **A** 統一モデリング言語
- **B** ユースケース図
- **C** アクティビティ図
- **D** クラス図

UMLとは

A UMLは「Unified Modeling Language」の略称で日本語では「**統一モデリング 用語1 言語**」と訳されている。

それまで、外部設計や内部設計での図というのは、「フローチャート図」**図1**がある程度規格化されて、開発者の間でもメジャーな存在であったのを除き、そのほかの各図表やドキュメントは、設計者が自由に作っていた。しかし、それでは開発者以外の人間がそのドキュメントを見たときに、まずはその図の定義から理解しなければならないため、時間がかかるうえに誤解も生まれやすく、また必要なドキュメントが揃っていないと理解ができないといったトラブルも生じていた。

そこで、これらのドキュメントの統一記法が生まれた。それが「UML」である。UMLは専門技術に詳しくない発注者（ユーザー）とのコミュニケーションを円滑にし、現場現場で乱立する表記法、独自の専門用語を統一するために作られた。

UMLで定義されている図表

UMLには、主に次のような図表が定義されている。

B ■**ユースケース図 注1 図2**

たとえば、あるWebシステムを「利用者」と「管理者」が利用する場合、それぞれを「アクティビティ」として、そのシステムでなにができて、なにができないのかを明確化するための図表。これによって、そのWebシステムで作成するべき機能がわかる。

C ■**アクティビティ図 用語2 図3**

先の「フローチャート」に似た図表で、プログラムの処理の流れを記載することができる。複数の処理を同時に行う「並列処理」なども記載できるようになっているなど、フローチャートをさらに進化させたような図になっている。

D ■**クラス図 用語3 図4**

プログラム開発時に作成する「クラス」というものを定義できる図。各クラスがどのような機能を持ち、お互いのクラス同士がどのような関係を持っているのかといったことが一目でわかるようになっている。

用語1 モデリング
「Modeling」とは英語で「モデル（物体）の形状を作成すること」だが、プログラム開発においては、実際の開発作業の前に処理の流れや構造などを、あらかじめ設計することを指す。

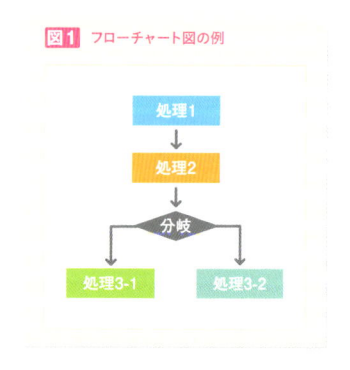

図1 フローチャート図の例

処理1 → 処理2 → 分岐 → 処理3-1／処理3-2

注1 ユースケース図
「065 ユースケース分析」→P.154

用語2 アクティビティ図
UMLで定められたダイアグラム（図表）の一種で、動作（action）に着目し、その実行の順序や条件、制御などの関係を示したダイアグラム（図表）のこと。システムの動作やワークフローなどを表現できる。

用語3 クラス図
UMLで定められたダイアグラム（図表）の一種でシステムの構造を静的に表現する。オブジェクトを抽象化したクラスと、クラスどうしの関係を表現するのに用いる。

BOOK GUIDE

UMLの表記法を単に覚えるだけでは、良いモデルを作ることができない。モデルは仕様の変更や拡張に強くなければならない。さまざまな立場の人が、理解できるものでなければならない。このようなモデリングをどうやったら実現できるのか、本質的なモデルを追求するために必要な知識と知恵を解説する。

日経ITプロフェッショナルブック
UMLモデリングの本質
児玉公信（著）
B5変型判／256頁
2,520円（税込）
ISBN9784822221188
日経BP社

用語4　コンポーネント図
UMLで定められたダイアグラム（図表）の一種でシステムの構造を静的に表現する。システムを構成するプログラムやクラスをコンポーネントという部品単位でとらえ、その関係を表現するのに用いる。

用語5　配置図
UMLで定められたダイアグラム（図表）の一種でシステムの構造を静的に表現する。プログラムや実行環境、システム開発における成果物全般、さらにはハードウエアを含めた物理的なシステムの配置構成を表現するのに用いる。

用語6　シーケンス図
UMLで定められたダイアグラム（図表）の一種でシステムの振る舞いを動的に表現する。システムのある場面におけるオブジェクトの動きやメッセージパッシングを、時系列に沿って表現するのに用いる。

このほかにも「コンポーネント図」用語4や「配置図」用語5「シーケンス図」用語6など、10種類程度の図版が定義されている。

UMLの課題

UMLはこのように、理想の形としては非常に良い規格と言える。しかし、Webシステムの開発のために作られた規格ではないこともあり、非常に規模の大きな規格であるため、完全に習得するには膨大な時間がかかってしまう。

また、フローチャートほどメジャーな存在にはなっていないため、まだまだ習得している開発者が少ない。UMLは、簡単に記述できるように、さまざまな事柄を簡単な記号で表すようになっており、習得できていない技術者が図表を見ても、それらの記号がなにを意味するのか理解ができないため、逆にわかりにくい図表になってしまうこともある。

そのため、最近では完全にUMLを利用するというよりは、「ユースケース図」や「クラス図」など、メジャーになった一部の図版だけを採用し、残りはフローチャート図を使ったり、独自のわかりやすい図版を使うなど、規格の一部を採用するといった動きが一般的となっている。

なお、UMLによって記述されたドキュメント類はプロジェクトに組み込まれた複数の技術者が仕様として共有するものであるため、ドキュメントのバージョンや実際のプログラムとの整合性は厳密に管理することが重要となる。ドキュメントを効率的に管理するため、現在ではUMLモデリングツールなどと呼ばれるツールが利用される。ツールは有償、無償でさまざまに存在しており、国内でも（株）永和システムマネジメントが提供する「astah*（アスター）」（旧名JUDE）などがある。

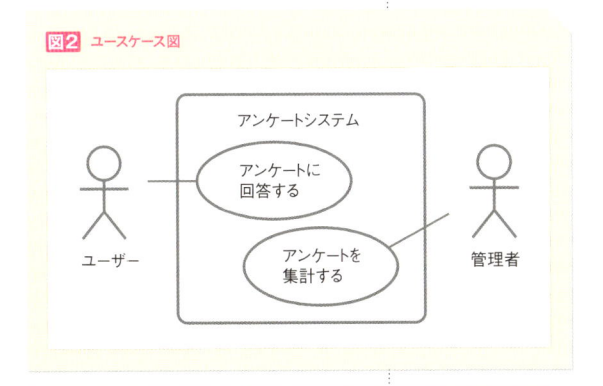

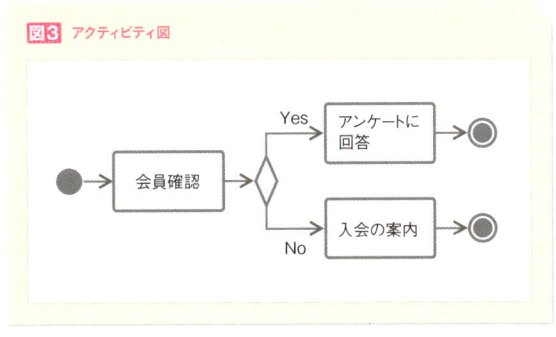

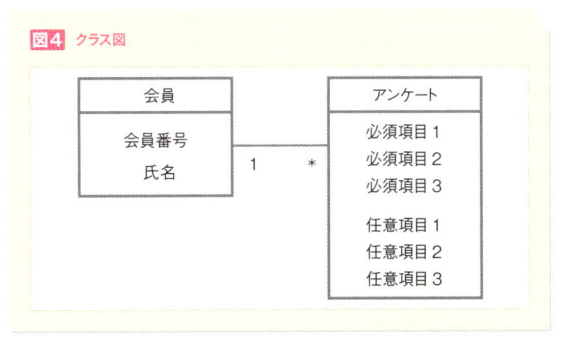

図2　ユースケース図

図3　アクティビティ図

図4　クラス図

Article Number **065**

ユースケース分析

ユースケースとは、ユーザーが「どんなときに」「どのように」「どうやって」システムを利用するのかを明確にしたものだ。Webシステムにおける目的を「アクター」と呼ばれるユーザーとシステムのやりとりを図にして描いたものである。要件定義をさらに細かく分析したものということでもでき、このユースケースの分析がそのあとの設計作業の根底となる。

企画
システム要件定義
システム設計
戦略

Keywords　A ユースケース分析　B アクター　C ユースケース図

A ユースケース分析 用語1 の例

たとえば、あるWebシステムでヒアリング時に「商品を購入できるようにしたい」などと要望を受けたとする。この時点では「商品を購入できること」という要件定義である。

しかし、この要件だけでは、どのような手続きを経て「購入」に至るのかがわからない。商品はひとつしか買えないのか、複数をまとめて購入できるのか、決済方法はどうするか、送料はどのように変わっていくのか。これらを、「ケース」ごとに分析していくのが「ユースケース分析」である。

ユースケースの分析結果は、図1 のようなカードのようにして記述するのが一般的だ。こうして、ある利用方法を具体的に、手順を追って記述していくことで、どのような機能が必要で、その機能が完成したときにどのようなテストを行えばよいのかが明確になるというわけだ。

アクターとユースケース図

B ユースケースを記述するときは、はじめに「**アクター**」 用語2 (actor=俳優) が必要

用語1　ユースケース分析

通常はシステムの要件定義を行う際によく用いられる手法であるが、Webのユーザビリティを考えるうえで、現状を分析しモデル化するという意味でも用いられることが多い。ユースケースとは、サービスの利用者がすること、できることを示したもので、UMLを使って図示したものをユースケース図という。ユースケースには、システムを意識せず、利用者ができること、することを抽出する「サービスユースケース」とシステム化を意識したうえで、システムと利用者のインタラクションを含めて抽出する「システムユースケース」がある。

用語2　アクター

実際にシステムを使うエンドユーザーや、システムと接続するほかのシステムや装置のことを指す。アクターが人の場合には、ひとりのユーザーを指すのではなく、抽象化された人の役割(ロール)を表す。これにより、同一人物が複数のアクターを演じることができる。その人がどれだけのアクターを演じることを許されているかで、その人のシステムに対する権限を制限できる。

図1　ユースケースの例

作成者	たにぐち　まこと
作成日	xxxx 年 1 月 5 日
ユースケース名	商品の注文
主アクター	ユーザー
前提条件	ログインしている
主シナリオ	1. 商品を一覧から選んで「買い物かごに入れる」ボタンをクリックする 2. システムは、「買い物を続ける」「購入手続きへ」の選択肢を表示する 3. 「購入手続きへ」ボタンをクリックする 4. システムはユーザー情報を表示する。「変更はありませんか?」と表示し、「変更する」「このまま注文する」の選択肢を表示する 5. 「このまま注文する」ボタンをクリックする … 10. システムは完了画面を表示する

BOOK GUIDE

実際の開発プロジェクトにおいて、ユースケースを書くための実践的な知恵、ノウハウをまとめたもの。実際のプロジェクトでユースケースを書く際に役に立つ実践的なガイド。UMLをひととおりマスターしている管理者、技術者に向けて書かれているが、UMLを知らない方でも、システム要件分析の実践的ガイドとしても活用できる。

ユースケース実践ガイド
効果的なユースケースの書き方
Alistair Corkburn（著）
B5変判／360頁
3,990円（税込）
ISBN9784798101279
翔泳社

になる。アクターとは、その機能を利用するユーザーのことで、先述の例では「顧客」がアクターとなる。

たとえば、オンラインショップのWebシステムであれば商品を購入する「顧客」というアクターがあり、その商品情報を登録したりする「管理者」といったアクターもあるだろう。そして、顧客が商品を注文した場合、今度は管理者がその注文情報を確認して、入金を確認したり、商品を発送したりする業務が発生する。このように、アクターはWebシステムを通して、お互いに影響を与え合うのである。

アクターは、Webシステムが複雑になると、さまざまな種類のものが登場したり、それらがお互いに複雑に影響し合うようになる。そこで、これらの関係性を整理して記述できる図が「**ユースケース図**」である。ユースケース図は、UMLで定義されている図のひとつで、前項でも少し解説をしているが、具体的には図2のような図になる。まるで、落書きのように見えるが、UMLではユースケース図を手書きでも簡単に描け、一目でわかるようにシンプルな図形で描くことを定義している 図3 。

ユースケースはクライアントを巻き込んで作成する

ユースケースは、先の図を見てもわかるように設計の中でも非常にわかりやすい作業だ。わかりやすい文章や図で記述されており、完成したWebシステムを想像しやすい。そのため、ユースケース分析はSEや設計者だけが行うのではなく、クライアントも交えて行ってもよいだろう。

できるだけ、さまざまなケースを想定し、イレギュラーなものから、明らかに異常なユースケースなども考えておくと、そのあとの設計作業で抜け漏れがなく、しっかりとしたWebシステムを構築することができる。非常に重要な工程と言えるだろう。

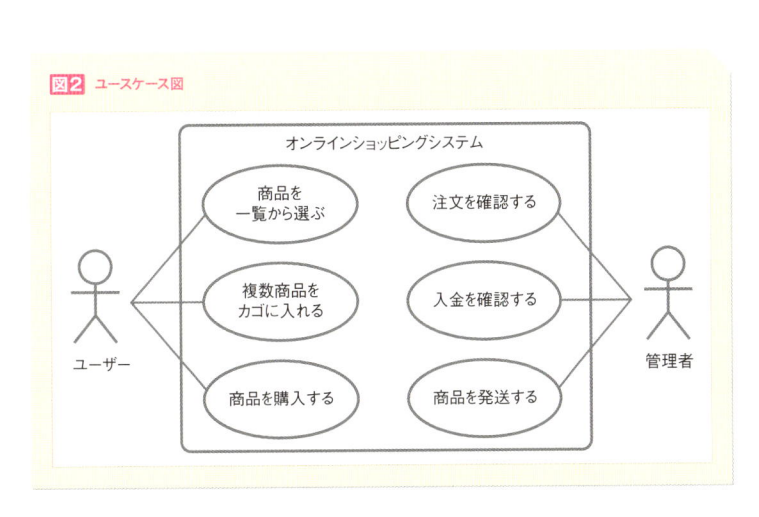

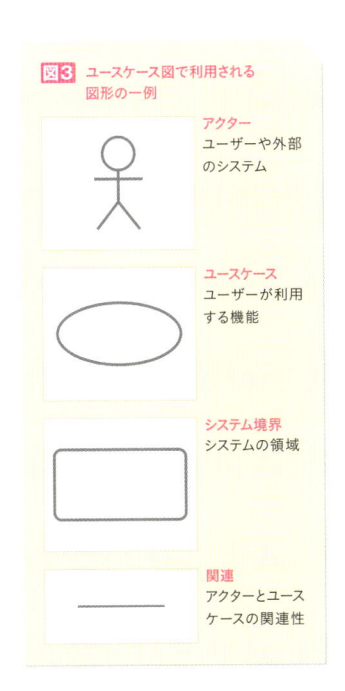

図3 ユースケース図で利用される図形の一例

- アクター：ユーザーや外部のシステム
- ユースケース：ユーザーが利用する機能
- システム境界：システムの領域
- 関連：アクターとユースケースの関連性

図2 ユースケース図

オンラインショッピングシステム
- 商品を一覧から選ぶ
- 複数商品をカゴに入れる
- 商品を購入する
- 注文を確認する
- 入金を確認する
- 商品を発送する

ユーザー — 管理者

Article Number 066

画面設計

画面設計は、これまで解説してきた外部設計の最終工程にあたる。ユーザーが操作する画面のレイアウトやインターフェイスを設計していく。これによって、Webシステムの全容が掴めるようになるという最も重要な工程だ。画面設計は、Webシステムだけでなく Web そのものの使い勝手を左右するほか、制作の時間や労力、今後の拡張性などにも影響を及ぼすため、慎重な作業が要求される。また、エンドユーザーに直接関わる部分の設計であり、利用者＝人間の特性を配慮した設計が望まれる。

Keywords　**A** 画面遷移図　**B** モックアップ　**B** ユーザビリティ

画面設計とは

画面設計は、文字どおりWebシステムのレイアウトやインターフェイスなどの画面を設計する工程だ。そのシステムにはどのような画面が存在し、その画面にはどのような要素が配置されて、どんなボタンが配置されているのかといったことがわかるようになっている 図1 。

それまで設計を行ってきた、要件定義やユースケース分析の結果をもとに、機能に漏れがないように設計を行っていく。極端な話では、クリックできないボタンやたどり着けない画面ができてしまったりすることもある。これを防ぐために「**画面遷移図**」図2 を先に作成し、それに沿って各画面の「**モックアップ**」用語1 を作成していくことになる。

当然ながら、最も重視されるべきはシステムの使いやすさだ。図3 を見てみよう。図1 と同じような画面であるが、実際にこれでシステムを作ってみると、一方にはユーザーから「購入ができない」というクレームに発展するケースもある。どういうことか見てみよう。

図3 は、ボタンが画面の上部にある。しかしユーザーはそこに目がいかなかったため、購入するためのボタンがないと思ってしまったというわけだ。パーツはどこにでもあればよいというものでもなく、ユーザーの目線やマウスの軌跡などを考え合わせて配置していかなければならないのだ。画面設計とは、ただインターフェイスを設計すればいいというものではない。この段階でも、エンドユーザーの行動に基づいて、**ユーザビリティ**を考慮した設計を行わなければならない。

画面設計とデザインの分離

画面設計において気をつけなければいけない点がある。画面設計はあくまでも、各画面に必要なパーツなどを定義するためのもので、色や文字サイズといった、装飾的なグラフィックデザインとは何ら関係のない工程だ。これは、設計者はもちろんのこと、デザイナー、クライアントなども理解しておかなければ、非常に危険な作業となってしまうので注意しよう。

たとえば、クライアントがこれを理解していない場合、画面設計の評価をお願いし

用語1 モックアップ
「mock」には「見せかけの、まがいもの」といった意味があるが、それほど印象の悪い言葉ではなく「仮の模型」などという意味で使われる。電子機器などの場合は「中身がないがデザイン的には完成品に近いもの」を「モックアップ」と呼ぶことが多いが、Webシステムにおいては見た目も完成品とはまったく違うものを呼ぶことが多い。
「067 HTMLモックアップとは」→ P.158

たときに「ここの文字はもう少し大きくしてください」とか「このボタンはちょっと格好悪いですね」などという、設計とは関係ないところに目がいってしまう。

また、デザイナーがこれを理解していない場合は、設計書を単にデザインテンプレートにはめ込んだだけのデザインを作ってしまったり、設計書のボタンが四角だったからと、デザインも必ず四角でなければならないと思いこんでしまうなどということが起こってしまう。

画面設計は、非常にビジュアル的ですべての人にイメージがわきやすいために、逆にイメージが固定されてしまうという危険性をはらんでいる。しかし、画面設計はあくまでもシステム設計であり、デザインとは別ものであることを理解しなければ、デザイナー、開発者それぞれの役割で最大限の力を発揮することはできないばかりか、Webそのものの質に影響を与えるだろう。

画面設計から入ってしまう危険性

先の内容に通じるが、画面設計はビジュアル的でわかりやすい設計であるために、慣れてくるとクライアントが「要件定義」と称して、画面設計を起こしてしまったりすることも見受けられる。設計者もその流れに乗ってしまうと、その画面設計をもとに要件定義を進めてしまったりするが、これも非常に危険なケースだ。

いきなり作った画面設計は、大抵の場合必要な機能が網羅できておらず、あとから機能が追加されていくことになる。そのとき、すでにある画面設計にとらわれてしまうと、どうしても「建て増し」になってしまって、結局は使いにくいシステムになってしまいがちだ。

画面設計をしたくなる誘惑に負けず、しっかりと要件定義→ユースケース分析など、必要な設計工程を経たうえでWebシステムを設計していくことが肝心だろう。

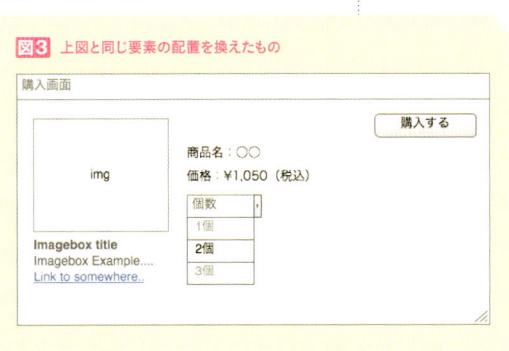

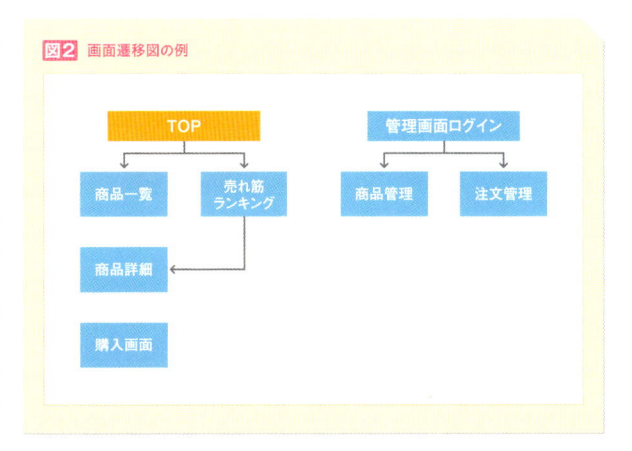

図1 画面設計図の例

図3 上図と同じ要素の配置を換えたもの

図2 画面遷移図の例

Article Number **067**

HTMLモックアップとは

「モックアップ」とは、本物そっくりな模型を指す。モックアップは試作の評価や検討に使われることが多く、従来は「木製」でプロダクトデザインなどの評価に利用されていた方法だ。システム全般の画面設計のモックアップを作成するときは、Microsoft PowerPointなどのツールを使って作成することが多い。しかし、Webシステムではこれらのツールを利用するよりも、もっと優れたツールが存在する。それが、HTMLだ。ここでは、HTMLモックアップの利点や作り方について紹介していこう。

企画
システム要件定義
システム設計
戦略

Keywords　A ▶ HTMLモックアップ　　B ▶ モックアップ専用のクラス

HTMLモックアップとは

「HTMLモックアップ」とは、文字どおりHTMLで作るモックアップのことである。通常モックアップはMicrosoft PowerPointやExcel、Adobe Illustratorなどのツールを使って作成することが多い。

しかし、これらのツールで作ったモックアップは単に試作の評価や検討のためだけに利用される。つまり、その後改めてHTMLを用いて実際の画面を作らなければならない。そこでWebシステムにおいて注目されているのが、「**HTMLモックアップ**」 図1 である。

HTMLモックアップの利点

HTMLモックアップには次のような利点がある。

■ **パーツ類のデザインをする必要がない**

通常、PowerPointなどのツールでモックアップを作るときは、ボタンやテキストフィールドなどはそれらしい形を作らなければならない。しかし、HTMLモックアップではしかるべきタグさえ書けば、Webブラウザが描画を行ってくれるため、これらのパーツデザインに手間をかけなくてすむ。

■ **リンクを張れば、画面遷移も理解しやすい**

ツールで作成した場合、あるボタンを押したときにどんな画面に遷移するかは、注釈として記述しなければ伝わらない。しかし、HTMLモックアップでは実際に<a>要素でリンクを張れば、実際に画面遷移させることが簡単にできる。

■ **プログラムを搭載できる**

たとえば、「ここをクリックするとフェードインします」といった注釈の場合、実際にどんな見た目になるのかは完成するまでわからない。しかし、HTMLモックアップであれば、JavaScriptなどでとりあえずのプログラムを搭載してしまえば、動きを実際に見てもらうこともできる。そのプログラムは、破棄してもかまわないし、実際の開発時にそのエッセンスを使うこともできる。

HTMLモックアップを作るときのポイント

それでは実際にHTMLモックアップを作るときは、どのような点に注意したらよいだろうか。

■Web標準や構文エラーは、あまり気にしない

もちろん、（X）HTML+CSSでWeb標準に準拠したマークアップができれば、それに越したことはないが、それほどこだわる必要はない 注1 。実際の設計作業時には正確にマークアップをする必要はあるが、この時点では重要ではない。特定のWebブラウザである程度表示できればよいと割り切ってしまった方がよいだろう。

このときに重要なのは、正確なマークアップに気を取られて設計がおろそかになるより、設計自体に専念できるようにすることだ。

■「memo」「caution」「print_only」などの専用のクラスを作成しておこう

作成の際には、**モックアップ専用のクラス** 注2 を用意しておくと便利だ。たとえば、「ここにメッセージが表示される」など、完成後のシステムでは表示されない、設計書のみで使う「メモ」や「注意書き」であったり、その画面を印刷したときにのみ、ヘッダやフッタ、日付などが表示されるようにするためのクラスを定義しておく。CSSで特定の文字色をあらかじめ設定したり（図1下部の赤字）、または印刷時のみ適用されるようなスタイルを定義しておく。これを、HTMLモックアップを作るたびに利用すれば、設計書作りが非常に楽になる。 **B**

■ファイル名は正式なものを使う

フォルダ構成やファイル名については、完成後のフォルダ構成などを見据えながら、正式な名前をつけておくとよいだろう。開発時にこれを参照しながら作ることで、わざわざ「ファイルリスト」などと付き合わせる必要がなくなるし、あとで設計書を参照したい場合なども混乱せずにすむというわけだ。

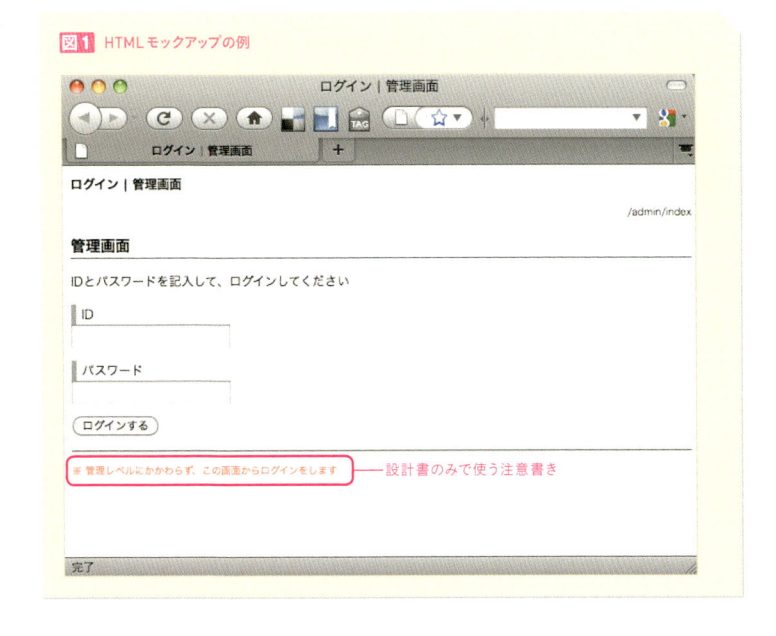

注1 もちろん効率性を重視すれば、そのあとに続く設計・制作段階でも継続的に利用できるようなシンプルなコーディングに努めるおくことも重要である。たとえばWeb標準準拠が要件のひとつであれば、tableレイアウトなどは避けた方がいいだろう。また、class属性やCSSもシンプルなレギュレーションを想定しておき、のちのちの作業を効率化できる工夫をしておくとよい。

注2 ここで言うクラスとは、HTMLのclass属性のこと。モックアップ用HTMLコード内に、たとえば、`<div class="memoDevelope">〜</div>`といったブロックを用意して、そこにメモ書きなどを記載しておき、それをJavaScript＋CSSで簡単に表示・非表示を切り替えらるようにしておけば、モックアップを画面仕様書としても利用できるようになる。

図1 HTMLモックアップの例

設計書のみで使う注意書き

Article Number **068**

帳票設計・そのほかの外部設計

これまで解説をしてきた画面設計は、Webシステムであれば必ず必要になる設計作業だが、社内管理システムなどWebシステムの種類によってはこのほかにも「出力」という観点から設計をすべきものがある。その代表的なものが「帳票設計」だ。ここでは、書類という形式に印刷することを前提とした「帳票設計」をはじめ、そのほかの特殊な外部設計についてまとめておこう。

企画
システム要件定義
システム設計
戦略

Keywords　A 帳票　B 非機能要件定義

帳票設計とは

外部設計の中で「画面設計」とともに重要とされている設計が「帳票設計」だ。帳票設計の「**帳票**」**用語1** とは、いわゆる「印刷された書類」を指す。一般ユーザー向けのWebシステムの場合は、Webを帳票として印刷することはほとんどないが、企業内管理システムなどでは、会計上の帳票や書類一般の入力および印刷をWebシステムで行うことが増えている。そのため、印刷して確認したり、帳票として保存しておきたいというニーズが多い。

用語1 帳票
帳簿、伝票類などの総称のことで、ここでは「印刷物」一般を指す。一覧やカード、発送伝票など、帳票は多岐にわたる。

帳票設計に必要なこと

帳票設計で必要なのは、利用者の利便性を最大限に考慮した設計だ。そのために注意しておきたいことは以下のようなことだろう。

■ **どのような項目を、どんな形で印刷するか**
たとえば、「商品データ」というデータがある場合に、それを「一覧」として出力するか、「カード」のように1枚づつ出力するかなと、同じデータでも用途によって出力の仕方は変わってくる。利用者がどのような形でデータを活用するのかを明確にする必要があるだろう。

■ **どんな技術を利用するか**
単なる参照用であれば、Webブラウザに表示された一覧をそのまま印刷すれば問題がないだろう。しかし、たとえばオンラインショップで、発送先の情報を宅配便の発送伝票に印刷したい場合などは、1mm単位などで入力画面と出力結果の誤差を制御をしなければならない。このような場合、HTMLで制御をするのはかなり難しいため、別の技術を利用する必要があるだろう。
現在では、Webシステム向けに帳票印刷を行うためのソフトウエアなどが市販されていたり、Adobe Acrobatの姉妹製品などでPDFを生成するためのプロダクトなどもある。これらを活用して、高度な帳票出力が行われるようになった。

そのほかの外部設計

外部設計には、このほかにも次のようなものが含まれる場合がある。

用語2 バッチ処理
batch（束、群れ）といった意味。コンピュータ用語では「一括して処理されるグループ」といった意味で使われる。つまりバッチ処理とは、一連に必要とされる個々の処理を一括して処理すること。バッチ処理を行うスクリプトファイルなどをバッチファイルと呼ぶ。

■ 外部システムインターフェイス設計

開発するWebシステムが単体で動作する場合には必要ないが、たとえば商品データを外部の基幹システムから取り込んで利用するといった場合には、外部システムとの通信方法などについてを設計する必要がある。

どんなデータ形式で送信されてきて、それをどのように取り込んで、開発システムで利用するかなどを、場合によっては基幹システムの開発者も巻き込んでともに設計していかなければならない。

■ バッチ設計

通常、Webシステムはユーザーがある操作をして、その結果を表示したりする。しかし、データが膨大に蓄積されたり、複雑な処理を必要とする場合、結果を表示するための処理にあまりにも時間がかかってしまうこともあり、ユーザーが操作してから数時間も反応がないと、Webシステムの使い勝手が非常に悪くなってしまうだろう。そのため、あらかじめそのような処理が見込まれる場合には、午前0時などWebシステムを利用していない時間帯にタイマー起動で、Webシステムがデータを集計して、あらかじめ結果を算出しておくといった「バッチ処理」**用語2**をする必要がある。このバッチ処理を設計するのが「バッチ設計」だ。

■ 非機能要件定義

これまで解説した設計は、Webシステムの「機能」に関するものであり、これらの設計がなければWebシステムとして機能しないので、その点ではわかりやすい。しかし、機能が実現できたとしても、すぐに壊れてしまったり、何をやるにも時間がかかってしまっては使い物にならない。つまり、機能要件以外の「非機能要件」も重要になってくるのである。「非機能要件」とは、主にWebシステムの品質に影響するもので、「信頼性」「拡張性」「保守性」「セキュリティ」といった観点から、必要な要件を定めていく作業全般を指す。「非機能要件」を定義する作業が「非機能要件定義」だ。これらは顧客のニーズからは拾いにくいため、この要件定義に不備があると機能設計まで見直す必要が生じることもあるので、慎重な作業が必要になってくる **図1**。

図1 非機能要求グレード検討会

非機能要求（要件）は、従来明文化しにくいものとして、いわゆる「言った言わない議論」に発展することも多く、システム開発の大きな課題のひとつでもある。このような状況の中、NTTデータをはじめとした大手SIer6社が参加して立ちあげられた「システム基盤の発注者要求を見える化する非機能要求グレード検討会（非機能要求グレード検討会）」は、非機能要求の検討を支援するためのツール群「非機能要求グレード」をWebサイト（www.nttdata.co.jp/nfr-grade/）で公開している

Article Number **069**

内部設計（詳細設計）

これまで解説してきた「外部設計」に続き、「内部設計」または「詳細設計」と呼ばれる設計作業に入ることになる。「内部設計」とは「外部設計」に対してユーザーから目に見えない部分の内部のシステムの開発を行う。スムーズなプログラム開発作業を行うためには欠かせない作業である。ここではまずは内部設計の概要について紹介していこう。

企画
システム要件定義
システム設計
戦略

Keywords　**A** クラス設計　**B** オブジェクト　**C** インスタンス

内部設計とは

「外部設計」が実装を意識せず、画面や機能、アーキテクチャなど、ユーザーから目に見える部分の設計を指すのに対し、「内部設計」[注1]は目に見えない部分、システム内部の開発作業を行うための細かいプログラムの設計など具体的な処理を設計していく工程だ。外部設計以上に、システム開発に対する深い知識が必要で、必要に応じてプログラマーやデータベースアドミニストレーター、ネットワークエンジニアといった各種のエンジニアと一緒に作業を行うことになる。

主な内部設計

内部設計では、主に次のような設計を行う。

■**データベース設計**
データを管理するための「データベース」を設計する。次項「070 データベースとは」→P.164 で詳しく解説していく。

■**開発言語の策定**
実際にプログラマーが開発するときに利用する開発言語を策定する。詳しくは「072 開発言語の策定」→P.168 で解説する。

■**テスト計画**
プログラムが正しく作られているかをテストするための、テスト計画を策定する。詳しくは、「075 テスト計画の策定」→P.174 で解説する。

A ■**クラス設計**
現代のプログラムでは、ほとんどの場合「オブジェクト指向」と呼ばれる手法でプログラム開発を行う。これは、1本の大きな流れがすべてのプログラム処理を担当す
B るというそれまでのプログラム開発と違い、「**オブジェクト**」[用語1]と呼ばれる単位にプログラムを分け、各オブジェクトがそれぞれの処理を独立して行うという考え方だ。たとえば、日付や時間を司る「Date」というオブジェクトや、数学的な計算を行う「Math」というオブジェクトなど、それぞれが専門的な機能を持った形で機能を分けるのが一般的である。
このオブジェクト指向で重要なのが「オブジェクト」を定義する「クラス設計」だ。

[注1] 内部設計・詳細設計
内部設計のことを「詳細設計」と呼ぶこともあるが、これらは同じ意味で使われることが多い。

[用語1] オブジェクト
英語で「Object」には「物」といった意味があるが、ここでは本文で解説したとおり、特定の役割を持ったプログラムの塊のことを指す。

用語2 クラス
「Class」は、日本語でも学校の「クラス」などでなじみのある言葉であるが、さまざまな処理をまとめた定義をクラスと呼び、「Date」や「Math」などとつけられた名前を「クラス名」という。

用語3 インスタンス
英語の「Instance」には「事実」「実証」といった意味があるが、ここではクラスを実際に使えるようにした物という意味で「実体」などと訳される。

クラス **用語2** とは、先の「Date」や「Math」などのオブジェクトを定義するためのもので、オブジェクト指向ではこのクラスから「**インスタンス**」**用語3** と呼ばれる実体を派生させてプログラムを作っていく。

非常にややこしい概念であるが、たとえば「車」というのが「オブジェクト」としたら、「トヨタプリウス」という具体的な車種が「クラス」である。「トヨタプリウス」は数万台と生産されて、購入者のもとに届いている。実際に手にした車が「インスタンス（実体）」というわけだ。詳しくはオブジェクト指向を解説した書籍などを参照するとよいだろう。

詳細設計書

内部設計が終わったら、「内部設計書」または「詳細設計書」といった書類にまとめ、クライアントやプログラマーと共有する。

書類は、「064 進む設計作業の標準化とUML」→ P.152 で解説した「UML」の「クラス図」や「シーケンス図」などの図、また、データベースの構成図やER図、テスト計画のためのテスト仕様書などを含んだ種類群が作られることになる。

ウォーターフォールモデルであれば、詳細設計書をクライアントと共に検討をして、承認作業を経たあとで開発作業にはいることになるが、プロトタイプモデルなどでは、プロトタイプを成果物とし、詳細設計書は「内部文書」としてシステム開発会社が保管をしているだけというケースもある。

Column

システムとデザインの融合

詳細設計で行われる作業は本稿で述べている以外にも多岐にわたる。特にWebシステムにおいては、エンドユーザーのインターフェイスがWebページとなり、視覚的効果を含めたデザインとシステムの融合が図られなければならず、デザイナーやHTML／CSSコーダー、さらにFlashオーサライザーなどのクリエイターとシステム開発担当者間での適正なコミュニケーションが要求される。
ユーザーが任意の条件によって商品を検索し、抽出された商品一覧を表示するコンテンツを考えてみよう。検索条件やソート条件は要件定義によって明らかになっているはずだが、それ以外にもデザイン表現という条件も考慮しなければならない。
一覧表のような出力は「繰り返し処理」と呼ばれ、一定のHTMLコードが繰り返し生成されるものである。当然のことながら、HTMLコーダーはこの部分が任意に繰り返されても問題のないようなHTMLコードを記述しなければならない。また、たとえば一覧の中で新製品にのみNewマークを付けるといった視覚的表現が必要であれば、システム側で出力するデータに特別なclass属性を付与するなどの条件分岐処理が発生する。一覧表の視認性を向上させるために、1行おきに背景色を変えるといったデザイン処理もよく見られるが、これもJavaScriptで動的に処理するのではなく、class属性で制御するならば、やはり条件分岐処理が必要となる。

また、最近ではデータベースとFlashを連携させるコンテンツも増えており、最終出力としてのFlashコンテンツで取り込むためのデータに関する定義をしておく必要がある。一般的にはXMLが多く利用されるが、システム側が出力するXMLデータのノード設計などもFlashオーサライザーとの協議によって定義されるべきであろう。
すなわちWebシステム開発においては、クリエイターとシステム担当者が互いの作業内容に関する理解度を深め、歩み寄る努力が必要となる。

Webシステムで出力する商品一覧コンテンツなどでは、視覚的デザインがプログラミングにも影響するため、クリエイターとシステム担当者間の適正なコミュニケーションが必要となる

Article Number **070**

データベースとは

「データベース」とは「管理されたデータの集合体」または、管理システムを指す。データベースは、今やWebシステムには欠かすことのできない存在であり、データベースの性能そのものが、Webプログラムの性能を大きく左右するといっても過言ではないだろう。ここでは、データベースとはどういうものか、またどのように成り立っているものなのか、そしてWebシステムのデータベースソフトについて解説していこう。

企画
システム要件定義
システム設計
戦略

Keywords　A　RDB（リレーショナルデータベース）　B　SQL

データベース（DB）とは

「データベース（DataBase）」注1とは、一言でいうと「システム（ソフトウエア）で管理された複数のデータの集合体」のことである。データを管理するソフトウエアそのものを指す場合もあり、略して「DB」と言われることが多い。

たとえば、私たちは日常的に「名簿」や「商品リスト」などを管理する際、Microsoft Excelなどのいわゆる「表計算ソフト」を利用することが多い。

単なるテキストファイルに比べ、データを縦軸と横軸に関連付けて管理できるため、直観的かつ効率的にデータを管理をすることができる。

Webシステムにおけるデータベースも同様で、単なるテキストファイルが集まってるのでは、データの管理が煩雑になってしまう。プログラムで高度な検索や並べ替えをするには、テキストデータの集合体では適切な処理は行えない。そのため、データベースをデータ管理の補助的な役割として利用するのである。

データベースとリレーショナルデータベース（RDB）

A データベースには、これまで多くの種類が登場してきたが、現在における「DB」というと大抵は「**RDB**」＝「Relational DataBase」（**リレーショナルデータベース**）のことを指す。RDBは、データを縦軸となる「カラム（またはフィールド）」と、横軸である「レコード」という表で管理をし、これを「テーブル」と呼ぶ 図1。

このテーブルは複数作ることができ、または各テーブルはあるカラム同士をつないで、

注1 データベース
データベースという言葉は、現状概ね「データの集合体」および「データベースを管理するソフトウエア」の両義で使われてしまっているが、正確には前者のことであり、後者は「データベース・マネジメント・システム（DBMS）」と呼ばれる。

商品データ

商品名	価格	メーカー
商品A	1,500	AA データ
商品B	3,000	BB 電機
商品C	2,500	CC ソフト
商品D	2,000	DD コンピュータ

顧客データ

名前	郵便番号	住所
山田 P 男	aaa-aaaa	東京都豊島区 xxx
鈴木 J 子	bbb-bbbb	山口県下松市 xxx
斉藤 R 太	ddd-cccc	岩手県盛岡市 xxx
田中 K 美	ddd-dddd	沖縄県那覇市 xxx

図1 RDBのイメージ

カラム（フィールド）

商品名	価格	メーカー
商品A	1,500	AA データ
商品B	3,000	BB 電機
商品C	2,500	CC ソフト
商品D	2,000	DD コンピュータ

レコード →

図2 効率の悪いテーブルの作り方

商品データと顧客データがあるのに入力し直すのは無駄

商品名	価格	メーカー	個数	名前	郵便番号	住所
商品A	1,500	AA データ	2	鈴木 J 子	bbb-bbbb	山口県下松市 xxx
商品B	3,000	BB 電機	1	鈴木 J 子	bbb-bbbb	山口県下松市 xxx
商品A	1,500	AA データ	1	斉藤 R 太	ddd-cccc	岩手県盛岡市 xxx
商品D	2,000	DD コンピュータ	5	山田 P 男	aaa-aaaa	東京都豊島区 xxx

ひとつのテーブルとして利用することができる。

たとえば、「商品」のデータと「顧客」のデータがあったとして、顧客が商品を購入した場合、また新たに顧客の名前や商品の名前をいちいち記述するのではデータに無駄が発生する 図2 。そこで、商品と顧客それぞれに固有の番号を付加して、「購入」のテーブルにはIDだけを記録する。こうすれば、必要なときだけテーブルをつないで利用することができる 図3 。このような「関連性（Relation）」を表現することができるのが、RDBの最大の特徴である。

SQLとは

DBのもうひとつの特長は「**SQL**」用語1 という言語を利用することができることだ。「問い合わせ言語」と呼ばれる種類のもので、プログラム言語よりも簡単な手続きでデータベースの内容を操作することができる。

たとえば、次のSQLを見てみよう。

    SELECT name FROM members WHERE age > 30;

これは、「members」という名前のテーブルに格納されているあるメンバー一覧から、「age（年齢）」が「30より上（age > 30）」の人だけを抜き出して、「name」つまり名前を取り出すという命令だ。少し学習をすれば、すぐに誰でも操れるようになるだろう。

データベースは、常にこのSQLを用いて操作を行う。データの追加や削除、変更のほか、並べ替えや検索、計算なども行うことができる。また、プログラム言語と組み合わせて利用することもできるため、データの処理も非常に楽になる。

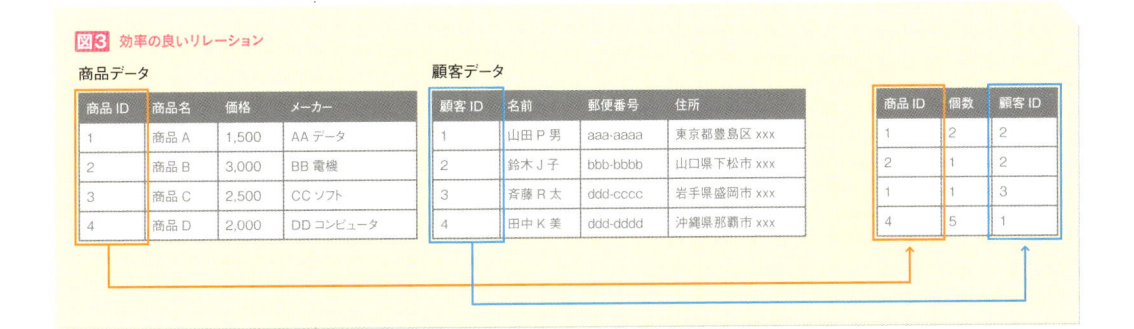

データベースの製品

データベース製品には、現在Oracle 注2 やMicrosoftのものをはじめとして、いくつもの製品が販売されている。Webシステムに使われるデータベース製品の中でも代表的なものが「Oracle」である（開発元のOracle社と同名）。ただし、Oracleは高価なため、これに代わるものとして利用されている製品にMicrosoftのSQL Serverがある。また、小規模なWebシステムでは「オープンソース」のデータベースが利用されることも多く、「MySQL」や「PostgreSQL」、「SQLite」 注3 などがあげられる。

用語1 SQL
Structured Query Language の略称で、構造化された「問い合わせ言語」のこと。元はIBMが開発したものだが、現在では国際標準規格として定められており、本文で紹介したOracle、MySQLなど、データベースの製品に問わず利用することができる。また、標準のSQLのほかに製品独自の「拡張SQL」を利用できる場合もあり、これらについては製品ごとに違いがあるので注意が必要だ。

注2 Oracle Corporation
1977年、ローレンス・J・エリソン（ラリー・エリソン）によって設立。世界有数のソフトウエア会社。同社のOracle DatabaseはDBMS市場のトップシェアを占める。2009年4月にJavaとSolarisを保有するSun Microsystemsを買収した（Sun Microsystemsは2008年1月にMySQLを買収している）。
http://www.oracle.com/

注3 オープンソースのデータベース
・SQLite
http://www.sqlite.org/
・PostgreSQL
http://www.postgresql.org/
・MySQL
http://www.mysql.com/

図3 効率の良いリレーション

商品データ

商品ID	商品名	価格	メーカー
1	商品A	1,500	AAデータ
2	商品B	3,000	BB電機
3	商品C	2,500	CCソフト
4	商品D	2,000	DDコンピュータ

顧客データ

顧客ID	名前	郵便番号	住所
1	山田P男	aaa-aaaa	東京都豊島区 xxx
2	鈴木J子	bbb-bbbb	山口県下松市 xxx
3	斉藤R太	ddd-cccc	岩手県盛岡市 xxx
4	田中K美	ddd-dddd	沖縄県那覇市 xxx

商品ID	個数	顧客ID
1	2	2
2	1	2
1	1	3
4	5	1

Article Number **071**

データベース設計

「データベース設計」とは、前項で説明したデータベースをどのような構造にするかを考えること、文字どおり「データベースの設計」である。データベース設計の出来によって、Webシステムの性能が大きく左右するため、非常に重要な工程と言えるだろう。では実際にデータベース設計とはどういう設計なのか、またどのような作業を経て行われるかを解説していこう。

企画
システム要件定義
システム設計
戦略

Keywords　**A** 論理設計　**B** 物理設計　**C** ER図

論理設計と物理設計

「データベース設計」とは冒頭で述べたようにデータベースの設計である。データベース設計は大きく分けて、「論理設計」と「物理設計」という設計作業にわかれ、この順序で作業が行われる。

A ■論理設計

Webシステムで扱うデータを、データベースに格納できるように分類し、データベースにとって理想的なデータの姿を作り上げる「正規化」と呼ばれる作業を行う。なお、この作業は「外部設計」で行われることもある。

B ■物理設計

論理設計の結果を受けて、実際にデータベースを構築できるような状態にすること。たとえば、カラム名などは日本語が使えないため英語で表現するようにしたり、最終的な性能の改善のために、いったん正規化したデータをあえて元に戻す作業なども物理設計に類される。

リレーションの正規化

正規化とは、データの重複をなくしてデータを管理・加工するのに理想的な姿にするための方法論で、データベースの構築作業には欠かせない作業のひとつだ。「070 データベースとは」→P.164 でも紹介したとおり、RDBには「リレーション」という仕組みがあり、テーブルを複数に分けることで、データを効率よく管理することができる。この作業が正規化である。
正規化には段階によって「第1正規形」から「第5正規形」まである。

■第1正規形

第1正規形では、「データの繰り返し」をなくす作業を行う。たとえば 図1 **A** のように、ひとつのレコードに同じようなデータが繰り返される場合に **B** のようにレコー

図1 正規化

A 正規化されていないデータ

顧客コード	顧客名	商品コード	商品名	商品コード	商品名
1	山田○○	1	○○やきそば	2	△△ラーメン
2	池内□□	2	△△ラーメン		

B 第1正規形のデータ

顧客コード	顧客名	商品コード	商品名
1	山田○○	1	○○やきそば
1	山田○○	2	△△ラーメン
2	池内□□	2	△△ラーメン

RDBでは、ひとつのレコードに同じカラム項目が複数存在してはいけない。そこでこの例では、第1正規形として「顧客コード1」を2つのレコードに分割している

C 第2正規形のデータ

顧客コード	顧客名
1	山田○○
2	池内□□

商品コード	商品名
1	○○やきそば
2	△△ラーメン

顧客コード	商品コード
1	1
1	2
2	2

顧客コードと顧客名、商品コードと商品名は1対1で紐付くデータとして、別のテーブルに分割。それぞれのコード番号を別表レコードに登録することで、Bの冗長性を排除している

ドに分けるという訳だ。

■第2正規形
第2正規形は「部分関数従属する項目の分離」をすること。たとえば、先の図1❸では商品コードと商品名は常に関連付いていて、商品コードがあれば商品名はわかる。すると、商品名を常に記録し続けるのが無駄なので、❸のように別のテーブルに分けるというわけだ。

■第3正規形
第2正規形まで行った状態で、さらに同じようにテーブルに分けることができるフィールドを分けていく作業だ。
数字が進むにつれて理想的なデータ構造になっていくが、必ず第5正規形まで行わなければならないというわけでもなく、通常は第3正規形くらいまでを行うのが一般的だ。

ER図

正規化を行ったデータは、ER図 用語1 と呼ばれる図表で表される 図2 。これによって、各テーブルにどのような情報が格納され、各テーブルがどのように関連性を持っているかといったことが一目でわかるようになる。
ER図はMicrosoft Excelや同PowerPointなどで描画することもできるが、データベース設計を行うための専門のソフトウエアなどが用いられ、そこから直接データベースを構築したりすることもできる。

正規化と物理設計

リレーションの正規化によって、理想的な形式にデータを成形したからといって常にそれを使ってデータベースを構築するのがよいとは限らない。通常、正規化を進めるとひとつのテーブルのデータは少なくなり、複数のテーブルが連携をしあって情報を表現することになる。しかし、テーブルの連携処理には負担がかかるため、検索速度が非常に遅くなってしまう場合があるのだ。

そこで、物理設計ではあえて正規化が行われたテーブルをひとつに戻し、速度の向上を図ったり、同じようなデータを2、3個のテーブルにコピーして利用するというような場合もある。論理設計が「理想」を設計するなら、物理設計は「現実」を設計するというようなイメージだ。

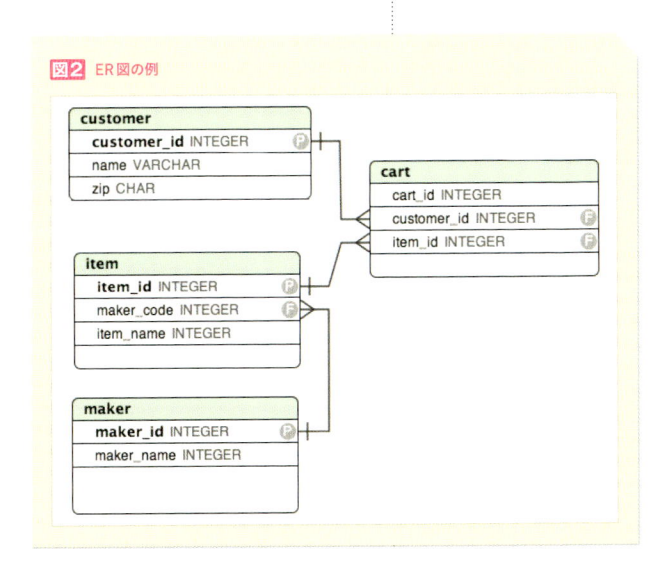

用語1 ER図
Entity Relationshipの略で、「実体関連モデル」などと訳す。簡単に言えば、データベースの構造を図で表したもののことで、専用のソフトウエアなどを用いて記述する。

図2 ER図の例

```
customer
  customer_id INTEGER (P)
  name VARCHAR
  zip CHAR

cart
  cart_id INTEGER (P)
  customer_id INTEGER (F)
  item_id INTEGER (F)

item
  item_id INTEGER (P)
  maker_code INTEGER (F)
  item_name INTEGER

maker
  maker_id INTEGER (P)
  maker_name INTEGER
```

Article Number **072**

開発言語の策定

Webシステムを構築するには「プログラム言語」を用いて、開発作業を行っていく。プログラム言語にはさまざまなものがあり、それぞれ特徴があるが、開発効率や将来的な保守のしやすさにも影響してくるため、適した開発言語を策定する必要がある。

企画
システム要件定義
システム設計
■戦略

Keywords
A プログラム言語　**B** フレームワーク　**C** 統合開発環境

プログラム言語とは

設計作業が終わり、各種設計書類がプログラマーの手に渡ると、実際に開発作業が始まる。この「開発作業」というのは、サーバコンピュータなどに対して設計書のとおりに動作をさせるための「プログラム」を作成して、動作させる作業だ。

A このプログラムを作成するのが「**プログラム言語**」と呼ばれる、専用の言葉となる。プログラマーは、このプログラム言語を操って、コンピュータに対する命令を作成していくことになる。詳しくはPart2以降で紹介していくが、ここではその選定の際に気をつけるべき点を紹介していこう。

開発言語の種類

現在、Webシステムの開発に用いられる開発言語には、大きく分けて次のようなものがある。

- Perl　・PHP　・Java　・ASP.NET　・Ruby on Rails

基本的には、いずれの開発言語でも同じようなシステムを作ることはでき、最終的には開発者の好みによるところが大きいが、策定作業はなかなかたいへんだろう。ちなみに、上記のうちASP.NETおよびRuby on Railsは厳密には開発言語ではな

B く、**フレームワーク** 用語1 と呼ばれるもの。ASP.NETではVisual Basic .NET、C#といったさまざまな開発言語が利用でき、Ruby on RailsではRubyという開発言語を利用する。

また、現在のWebシステム開発においては、こういったフレームワークのほか、エディ

C タやデバッガをひとつのインターフェイスで利用できる**統合開発環境** 用語2 （IDE）が活用され、効率的かつ安定した品質によるシステム開発が行われている 図1 。

開発言語の選び方

開発言語を選ぶ際は次のようなポイントを考慮する。

■**動作するサーバの種類**

プログラム言語の種類によって、動作するWebサーバと動作しないものがある。たとえば、ASP.NETは基本的にMicrosoft Windows Server製品でなければ動作

用語1 フレームワーク
システム開発に必要とされる汎用的な機能をあらかじめ用意しておき、一定のルールに基づいてプログラミングに効率的に活用できるようにしてあるソフトウエア。システム開発の基盤的枠組みといった意味でフレームワークと呼ばれる。

用語2 統合開発環境
システム開発にあたって、実際にプログラムを記述するためのエディタやコードをチェックするためのデバッガ、また効率的な開発を行うためのフレームワークなど、プログラミングに必要な機能を統合し、同一のインターフェイスで利用できるような環境のこと。ASP.NETやJavaでの開発においてよく利用される。

せず、PerlやPHPなどの言語に比べてサーバのコストがかかってしまう。また、Ruby on Railsも新しい技術であり、レンタルサーバなどでは対応しているサーバが少ないため、サーバを自前で準備したり、対応しているサーバを探さなければならないなどの制限がある。PerlやPHPであってもバージョンや利用するモジュールには注意が必要だ。導入先サーバが共用ホスティングなどの場合、選択できる開発言語が限定されたり、バージョンアップやモジュールの追加も自由にできないことがある。既存サーバへのWebシステムの導入案件では、こういったシステム要件や予算規模によって開発言語選定が影響を受けることも多い。

■得意なこと、苦手なこと

各プログラム言語は、基本的に同じようなことができるようになっているが、得意・不得意はある。たとえば、先のASP.NETはMicrosoft Office製品との相性がよいなど、オフィス内での利用には優れた面があり、サーバにコストがかかるという欠点を補う場合もある。

また、PerlやPHPはちょっとしたプログラムを素早く開発するには優れているが、大規模なWebシステムの開発には、Javaの方がしっかりとしたプログラムを開発できるなど、それぞれに特徴がある。このあたりもしっかり見極める必要があるだろう。

■プログラマーの習得のしやすさ、確保のしやすさ

たとえば、PerlやPHPは習得しているプログラマーも多く、簡単に集めたり、人員が足りなくなったときの補充も容易。JavaやASP.NETでは開発会社の需要も高く、確保がなかなか難しい。また、Ruby on Railsはまだ新しいため、習得しているプログラマーも少なく、今後プログラマー人口が増えていくのかどうかも、もう少し見極めが必要であるため、長きにわたって保守が必要なWebシステムに採用するには、若干の判断力を必要とするだろう。

このように、開発言語はそのときだけの人気や気分で決められるものではない。規模や今後の保守計画なども見極めたうえで、最適なものを採用できるようにしよう。

図1 代表的なWebシステム開発言語

開発言語	特徴
Perl	Webシステム開発では最も古くから利用されているCGIの代表的開発言語。基本的にテキスト処理系プログラムに適しており、アンケートや問い合わせなどの簡単なシステム開発によく利用されるが、エンタープライズ向けの開発ではあまり利用されない。枯れた技術として安定した開発が可能で、短期間・低コストが最大のメリット。技術者も多く、運用・保守も容易なこともメリットのひとつ
PHP	Perlと同様にテキスト処理系のシステム開発に優れるほか、MySQLなどのオープンソース系DBとの相性もよく、より複雑なシステム開発にはPerlよりもPHPを選択するケースが多い。現在では、多くのホスティングサーバで利用可能で、オープンソース系ということで、やはり短期間・低コストがメリット。また、技術者も増えており、保守面でも安心できる
Java	ネットワークを利用したシステム開発を狙ってSun Microsystemsが開発した言語。ネットワーク関連機能のほか、強固なセキュリティ機構を標準でサポートしている点が特徴。パフォーマンスにも優れるため、エンタープライズ向けなどの大型案件に比較的利用される。PerlやPHPに比較して言語習得の敷居が高く、今のところ技術者が限定されてしまう。開発コストや保守費用はPerl、PHPなどと比較すれば高くなりがちだ。ただし、安定した高度なシステムには最適ともいえる
ASP.NET	ASP.NETは、厳密には開発言語ではなく、Microsoftの開発環境である.NET Frameworkにおいて利用できるWebサービス向けのクラスライブラリだ。開発言語としては、Visual Basic .NET、C#、JScript .NET、J#など複数をサポートしており、簡単なシステムからエンタープライズ系まで幅広く対応。開発コストも、Javaに比較して多少安価な傾向にある。ただし、Windowsサーバでの利用に限定されてしまう
Ruby on Rails	まつもとゆきひろ氏が開発した国産の開発言語Rubyを利用するためのフレームワークがRuby on Rails。RubyはPerlと同様のスクリプト言語であるが、オブジェクト指向プログラミングを強力にサポートする機能を有しており、その手軽さから技術者も次第に増えつつある。さらにWebシステム開発に特化したさまざまなライブラリを提供するRuby on Railsにより、DBを連携させたWebシステムも容易に開発できることから注目を集めている。ほかの言語に比較して、実績面ではこれからというところ

Article Number 073

個人情報の取り扱いと個人情報漏洩保険

個人情報は、利用者の名前やメールアドレスなど、個人を特定することができる情報だ。近年、この個人情報の漏洩事件があとを絶たず、利用者がこれらを提供することに慎重になっている。ここでは、個人情報保護の法律や対策などを紹介しよう。

企画
システム要件定義
システム設計
▎戦略

Keywords
- A 個人情報保護法
- B セキュリティ
- C 暗号化
- D 個人情報漏洩保険

個人情報とは

個人情報とは、その名のとおり個人を特定・識別することができる情報のことで、名前、住所、電話番号やメールアドレスがこれに当たる。

また、たとえば学校名とその学籍番号など、ほかの情報と照合することで個人を特定できる情報も「個人情報」であるとされている。

個人情報保護法

1990年代後半から、個人情報を悪用したダイレクトメールの送付や訪問販売などが横行し、それを受けて2003年に「個人情報の保護に関する法律」注1、いわゆる「**個人情報保護法**」が成立した。

この法律は、個人情報を5,000件以上保有している「個人情報取扱事業者」にのみ適用されるものではあるが、個人情報の保護は法律の枠を超えて、扱う事業者が必ず気をつけなければならない点であると言える。

Webシステムにおける個人情報保護

Webシステムでは、データベースに個人情報を大量に保有していることがあり、これを保護することが最重要課題となる。主に、次のようなことに気をつけて、システムを構築していかなければならない。

■サーバコンピュータの保護

サーバコンピュータは、誰もが入れる事務所の一角などで運用せず、専用の「サーバルーム」に保管をして、ICカードや指紋認証といった**セキュリティ**で入れる人を制限するべきである。

近年では「データセンター」と呼ばれる、サーバの運用・保護を専門とした業者もあるため、このような業者を利用するのもよい。

■IP制限やパスワードによる厳重な保護

個人情報にWebシステム上からアクセスする場合、パスワードなどで保護をするのはもちろん、アクセスできるコンピュータ自身を制限して（IP制限）、限られた人しかアクセスできないようにすることが必要だ。また、パスワードはいつかは破られて

注1 個人情報の保護に関する法律
http://www.kantei.go.jp/jp/it/privacy/houseika/hourituan/index.html

しまうセキュリティなので、過信は禁物である。

■暗号化

万が一情報が盗まれてしまった場合でも、容易には解読できないように**暗号化**をするという方法もある。　◀ C

暗号化には、「可逆暗号」と「不可逆暗号」の2種類があり、それぞれを用途に応じて使い分ける。たとえば、メールアドレスなどは「可逆暗号」用語1 にする。一見すると無意味な文字列に見えるが、あるキーを使って解読すると、元に戻すことができる 図1 。

逆に、ユーザーが毎回入力するアカウント情報などは「不可逆暗号」用語2 にすれば、元に戻すことはできなくなるため、安全性は非常に高まるというわけだ 図2 。

ちなみに前項で紹介した開発言語では、それぞれに暗号化処理ができる関数が用意されており、それによってWebシステム内に格納するデータ自体を暗号化することが可能だ。ただし、これはWebシステムが動作するサーバ内での話であり、そのWebシステムがWebサイトなどでユーザーが入力したデータをインターネット経由で受け取る場合は、これとは別にインターネット上の通信自体を暗号化する（いわゆるSSL）なども要件として組み込む必要があるだろう。

個人情報漏洩保険

個人情報が万が一漏洩した場合、その被害の状況を把握したり、被害にあった人たちへの保証などで、多額の費用が発生してしまう。

そこで、近年外資系の保険会社を中心に「**個人情報漏洩保険**」と呼ばれる商品が　◀ D
存在している。賠償金や調査費用の保証のほか、弁護士の斡旋や調査手順のコンサルティングまで含まれており、個人情報取扱事業者を中心に契約している企業も増えている。

万が一のために、このような保険を検討するのもよいだろう。

用語1 可逆暗号
可逆暗号は「暗号」の一般的なイメージで、あるキーで暗号にしたものを、同じキーを使って解読できるというもの。最も簡単なものは、たとえば「abc」を「ひとつあとにずらす」というキーで暗号化して「bcd」にするというもの。解読するキーは「ひとつ前にずらす」となる。キーがわかってしまうと、簡単に解読されてしまう。

用語2 不可逆暗号
不可逆暗号は、特別な計算を施すことで、ほぼ元に戻せない文字列を作ること。ただし、「同じものを暗号化すると必ず同じ文字列になる」というルールがあるため、ユーザーのアカウント情報などを、入力されたときにそれが正しいかどうかを判断することはできる。現在はMD5やSHA1といった方式が使われている。

図1 可逆暗号の例

support@h2o-space.com → [暗号化] → 1kh1 | 34isajdfsa | 4hi → [解読] → support@h2o-space.com

図2 不可逆暗号の例（MD5で暗号化した例）

seltzer → [暗号化] → 6a657ff3efd77d5e4a753fac787da1a2 → [解読] → ✕

Article Number **074**

テスト計画の策定

Webシステムに限らず、システム開発で最も重要な工程のひとつが「テスト」だ。テストによって、開発中に紛れ込んだプログラミングミスや、仕様の勘違いなどで正常に動作しない箇所などのいわゆる「バグ」が発見できる。テストをしてもバグが1件も出てこないというのは極めて稀であり、むしろテストが正しく行えていないことを疑った方がよいほど、バグは必ず紛れ込んでいると言ってよい。テストをおざなりにすると、運用後に必ず不具合が露見することになるため、テストは厳重に行うべき工程だ。

企画
システム要件定義
システム設計
戦略

Keywords A 単体テスト B 結合テスト C システムテスト

テストの種類

Webシステムのテストには、大きく分けて3種類に分けることができる。

A ■単体テスト

Webシステムを構成する「モジュール」**用語1**という単位で、それぞれテストを行うこと。これは、開発中に随時行われ、そのモジュールが果たすべき役割を正しく果たしているかを検査する。

B ■結合テスト

単体テストを通過した各モジュール同士をつなぎ合わせて、それぞれで正しい結果を得られるかを検査する。単体テストが正しい結果でなければ、結合テストで正しくない結果が得られた場合に原因がどこにあるか掴みにくくなるため、単体テストをまずは確実に終わらせよう。

C ■システムテスト

単体テスト・結合テストを経た各モジュールをすべて組み合わせて、Webシステムとして稼働させるテスト。「運用テスト」や「稼働テスト」などと呼ばれる場合もある。

テストのもうひとつの種類

テストはそれぞれの工程で、さらに次のようなテストに分類される。

■ブラックボックステスト

ブラックボックスとは「見えない」という意味で使われる言葉で、ここではテストの際の細かい動作を無視して、「入力した内容と、出力された結果が正しいか」のみを検査する。この検査は手軽に行えるため、随時行われる。場合によっては、自動テストツールによって、少しでもプログラムコードに変更があった場合には行われるというケースもある。

■ホワイトボックステスト

ホワイトボックステストの場合は、ブラックボックステストと逆に処理の中身までを重視したテストだ。結果が正しいのはもちろん、無駄な処理が発生していないか、重複した記述がないか、もっと効率よく記述することができないかといったことまで検査される。

用語1 モジュール

moduleという英語で、ある程度の機能を持ったひとかたまりの部品群を言う。Webシステムにおいては、ある単機能を持った処理群をモジュールといった単位で分け、各プログラマーに役割分担をして開発をしたりする。

用語2 リファクタリング
refactoring。再構成といった意味になる。厳密な定義はないが、総じて「外部の見た目を変えずに内部を再構成する」といった意味で、Webシステムにおいては本文のとおり、「入力した値と結果が正しい」というブラックボックスを通過した状態を保ったまま、内部の構造をより効率的に作り直し、よりよい作りにすることを言う。

開発直後の検査や、Webシステムのパフォーマンスが悪いときなどに随時行われ、もし修正すべき箇所が見つかった場合は、「リファクタリング」**用語2**が行われる。

テスト計画の策定

このように、テストは随時行われるものと、システムテストのように納品前に、品質検査のために行われるものの2種類がある。

特に、納品前の品質検査には十分な時間をかけて、テストや修正を行わなければならず、それには前もってしっかりとしたスケジュールを立てておくことが重要だ。

先のとおり、テストを行ってまったくバグが発見されないまま、スムーズにテストが完了することはまずあり得ない。そのため、バグが発見され、その修正作業を行って、2回、3回とテストを行うことまでを想定して、テスト計画を策定する必要がある。

このテスト計画を正しく導き出すには、次のようなことに気をつけなければならない。

- Webシステムの規模
- 開発言語の修得度
- プログラマーの熟練度

そのほか、そのWebシステムがこれまでの実績が生かせるようなものか、それとも新しい挑戦が含まれているのかなどによっても、バグが発生する確率は変わってくる。いずれも、数値では表せないような「勘」に頼らざるを得ない内容であり、テスト計画を正しく導き出すには、経験が必要と言えるだろう。

また、策定されたテスト計画に基づいて行われる実際のテスト作業では、個々の機能などをどういった点に着目してテストするかなど、より具体的なテスト要件を定め、テストフォーム**図1**などのドキュメントに残していくことが重要である。テストフォームには具体的なテスト内容や結果を記入するのはもちろん、担当者や日付を記して履歴管理をしておくことも大切だ。

図1 機能テストフォームの記載項目事例

項目	概要
機能	実際にテスト・検証対象となる機能
入出力仕様	正しい結果としての入出力仕様
テスト項目	どういった手法・手続きでテストを行うのかなどのテスト手法と目的など
結果	テストした結果
担当者	誰がテストしたのか、責任範囲を明確化
日付	不合格となった場合の改修作業履歴などに利用

Article Number **075**

品質管理のために

Webシステムはただ作ればよいというものではなく、正しく動作し、誰もが使いやすく、信頼してそのあとも運用を続けられることが必要だ。ここでは、品質管理のために必要なことを紹介しよう。

企画
システム要件定義
システム設計
戦略

Keywords
- **A** ISO9001
- **B** JIS X 8341
- **C** プライバシーマーク制度

設計の品質

設計における品質は、設計書が読みやすく、いつでも読むことができ、正しい内容をいつまでも保持し続けることであると言えるだろう。そのためには、次のようなことがポイントだ。

■ UMLなどを採用した標準的な書式

設計書が、設計者の独特な記述ばかりでは、プロジェクトを引き継いだメンバーなどが設計書を読んでも内容が理解できない、または誤解しやすい内容になってしまうかもしれない。そこで、UMLなどの標準的な設計書の記述方法を設計者が正しく理解し、それに沿って記述することが必要だ。

■ ドキュメントの正しい保管

せっかく作ったドキュメントも、設計者がとりあえず作成したフォルダに保管してあるだけとか、各自がばらばらのバージョンのものを印刷して保管しているといった具合では、正しい管理は行えない。

あらかじめ定められたフォルダに保管したり、印刷してバインダーに挟むなど、一定のルールを定めてそれを運用する必要がある。設計者やプログラムが容易にアクセスできるようになっている必要があるが、同時に外部のものが勝手にアクセスしても機密情報の漏洩につながるので防がなければならないなど、セキュリティも考慮しなければならない。

■ リビジョン管理と変更履歴

Webシステムは、運用中にプログラムが変更されることが多々ある。ちょっとした仕様の変更や、不具合の発見などによって、どんどんとプログラムの内容が変わっていってしまう。そのときに、設計書を同時に改編して正しい内容にしていかなければ、あとから設計書を読んでもシステムが理解できないことになってしまう。

面倒な作業であっても、システムが変更されたら設計書も正しく変更し、「リビジョン」**用語1**を管理して最新版をわかるようにしておく必要があるだろう。

アクセシビリティの品質

Webシステムは、正しく動作していればよいというものではない。誰にとっても使い

用語1 リビジョン
一般的には「改訂」の意味で、ソフトウエアやドキュメントに関して言えば、間違いの修正やちょっとした内容の追加・修正作業などを行った際に履歴および最新版がわかるように付ける番号。これに対して、全体的な修正、大幅な改修が行われた場合はバージョンとして管理したりする。

やすくなければならない。それは、たとえば目が不自由な人や手足が不自由な人にとっても同様だ。

たとえば、色盲の人にとっては色の種類が判別しにくい色がある。もしそれらを警告の色に使ってしまったりすると、気がつかれないケースもあるだろう。また、手足が不自由な人にとっては小さなボタンなどは触りにくいかもしれない。このような、「アクセシビリティ注1」にも考慮したWebシステムを構築することが重要だ。

アクセシビリティ要件の多くは、最終的にエンドユーザーが利用するWebコンテンツに関するものであり、その意味ではシステム開発者よりも、デザイナーやHTML担当者などの作業に比重がかかる。しかし、システムが生成するHTMLコードやフォーム入力の支援機能など、システム開発側でも配慮しなければならない点もあり、特に公共性の高いWebシステム開発ではアクセシビリティに関しての適切な配慮が必要とされる。

個人情報保護の品質

「073 個人情報の取り扱いと個人情報漏洩保険」で紹介した「個人情報保護」、いわゆるセキュリティ注2 に関する品質は、現代のWebシステムにおいては強く求められる品質のひとつだ。

個人情報の漏洩事件はあとを絶たないが、企業に取って大きな損害であるばかりでなく、信頼を回復するために多大な労力や費用がかかってしまう。

ISOやJIS

これらの品質管理は独自の観点で行っていては、正しい運用が行えないうえ、限界がある。そこで、ISO 用語2 やJIS 用語3 といったいわゆる「標準化団体」が定めているルールに従っていくのがよいだろう。

たとえば、ドキュメントの品質に関わるものとしてはISO9001などが有名だ。製造業ではよく利用されているが、ISO9001の認定を受けるのは非常に労力がかかるため、その内容の一部などを参考にする程度でも十分だろう。　　**A**

また、アクセシビリティの品質には「**JIS X 8341**」という規格の第3部で「高齢者・障害者等配慮設計指針―情報通信における機器、ソフトウエア及びサービス―第3部：ウェブコンテンツ」と呼ばれる規格を定めている。これに従って、コンテンツを制作すればアクセシビリティにも考慮したWebシステムを構築することができる。　　**B**

個人情報保護については財団法人日本情報処理開発協会注3 のプライバシーマーク事務局が行っている「**プライバシーマーク制度**」を利用するとよい。

認定を受けると 図1 のようなマークを貼り付けることができ、個人情報保護の取り組みをアピールすることができる。　　**C**

注1 アクセシビリティ
「044 デザインガイドラインの策定」→P.110
「114 Webのアクセシビリティについて」
→P.268

注2 セキュリティ
「044 デザインガイドラインの策定」→P.110
「140 リソース監視、セキュリティ監視・対策」
→P.322

用語2 ISO
International Organization for Standardization の頭文字で、日本語では「国際標準化機構」と呼ばれる。スイスのジュネーブに本部がある、非政府組織で各種工業分野の国際規格を定めている。
http://www.iso.org/

用語3 JIS
Japanese Industrial Standards の頭文字で「日本工業規格」のこと。JISマークなどで有名で、鉛筆などにマークが書かれているためご存じの方も多いだろう。日本国内における標準規格を定めている。
日本工業標準調査会（JISC）
http://www.jisc.go.jp/

注3 財団法人日本情報処理開発協会（JIPDEC）
http://www.jipdec.or.jp/

図1 プライバシーマーク

Article Number 076

外部パートナーとの連携

企画
システム要件定義
システム設計
戦略

Web制作会社の場合、一部の大企業をのぞけば10名前後の中小企業がほとんどだ。そのため、Webサイトの制作やWebシステムの開発は、多くの企業が手を取り合って作り上げていくということもよくある。ここでは、Webシステム開発の会社同士の連携について紹介していこう。

Keywords　A 直接契約　B 下請契約　C コミュニケーション

契約形態について

複数の企業が連携して開発をする場合、まずはその契約形態を決める必要がある。

A ■直接契約 図1

クライアントと各企業が直接契約を結ぶ方法。制作会社は管理が楽だが、クライアント側は各企業と契約を結んだり、請求書の処理や振り込みの処理が煩雑になるため、いやがるケースも多い。

B ■下請契約 図2

クライアントとは直接交渉を行う一社が契約を行い、開発会社などはその直接契約をした会社の下請けという形で契約を結ぶ方法。

元請けの会社が、いったん全額を売り上げて、委託した下請け会社に「外注費」といった形で振り分けていく。

■元請下請逆転契約 図3 注1

まれなケースとして、Webデザイナーが会社形態ではなく個人事業主である場合などに、Webシステムの開発を依頼するために「下請け」という立場になるものの、実際の契約などはその下請け会社がクライアントと直接行って、Webデザイナーは下請け企業に対して請求するといった、ちょっと変わったケースも存在する。Web業界ならではと言える形態であろう。

注1 元請下請逆転契約
この言葉は筆者が勝手に作ったもので、実際にはこのような言葉はない。ただ、Web制作は特に中小企業や個人事業主が多く、暫定的に一番大きな会社がクライアントと契約するなどということがよくある。

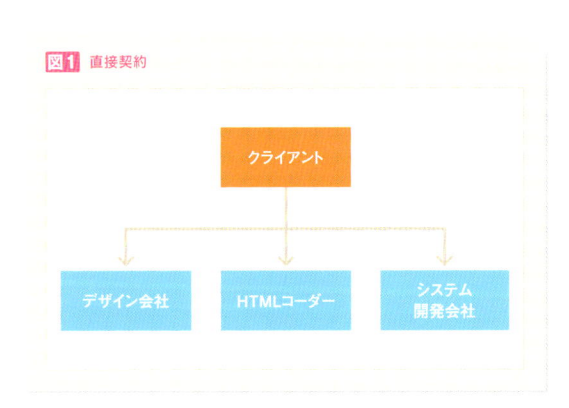

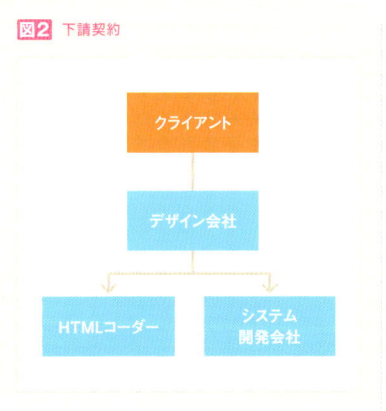

図1 直接契約

クライアント
├─ デザイン会社
├─ HTMLコーダー
└─ システム開発会社

図2 下請契約

クライアント
└─ デザイン会社
    ├─ HTMLコーダー
    └─ システム開発会社

契約と実際の違い

先の「逆転契約」のように、Web業界の場合は、書類上の契約ごとと実際の仕事の内容が違っているケースがよくある。たとえば、通常クライアントとの交渉窓口は、元請け企業が行って、下請け企業がクライアントと直接交渉することはあまりない。しかし、これまで紹介したとおりWebシステムの開発では、ヒアリングなどに専門的な知識が必要で、無理に交渉窓口を一本化すると、逆に混乱のもとになることがある。そのため、下請け企業が直接クライアントと交渉したりすることもよくある。

下請け契約のリスク

下請け契約の場合、さまざまなトラブルに発展することがあるため、注意が必要だ。たとえば、友人の開発会社に、Webシステムの開発を依頼した際、何となく依頼をしてしまって、契約も見積もりもいい加減なままで仕事をスタートしてしまうということがよくある。

しかし、クライアントの要求がころころと変わってしまい、その度に開発会社に大きな負担がかかってしまう。費用はふくらんでいくが、見積もりが元々いい加減なので、クライアントには増額の要求ができない。

仕方がないので、下請けの開発会社には涙をのんでもらって納品をしたものの、そのWebシステムに不具合があって、個人情報を漏洩。クライアントからは損害賠償を請求されたが、下請け会社とは契約を結んでいなかったので、責任を追及できないといった泥沼の状態になり得る。

友達だからという気持ちが、トラブルになったときに友人関係までだめにするトラブルになってしまうこともある。しっかりケジメをつけて、契約などは行うべきだろう。

外部パートナーとのコミュニケーション

実際に外部パートナーとの連携で開発作業を進める場合、最も重要なことは**コミュニケーション**である。

特にバックヤードシステムをシステム開発会社、HTMLやFlashによるフロントエンドをWeb制作会社が担当するといったコラボはよくある形態だが、その際互いに入出力するデータやテンプレートデータフォーマットなどに関して綿密に設計されなければならない。

しかし、そもそも異なる業界として、打ち合わせ段階でも互いに専門用語によるコミュニケーションをとり、実際には理解に齟齬があるにもかかわらず、あたかも理解し合えたかのように進めてしまうこともありがちな話だろう。その結果は、言った言わないの議論に行きつくのは目に見えている。

そこで現在必要とされているのが、システム開発とWeb制作の間を取り持ち、たがいに意見をトランスレートするような役割だ。これは、システム開発会社でいえばSE、Web制作会社でいえばディレクターが担うことになるだろう。したがって、彼らには相手の技術やワークフローそして専門用語などに関して幅広く（ある程度の深度も）知っておくことが重要となる。

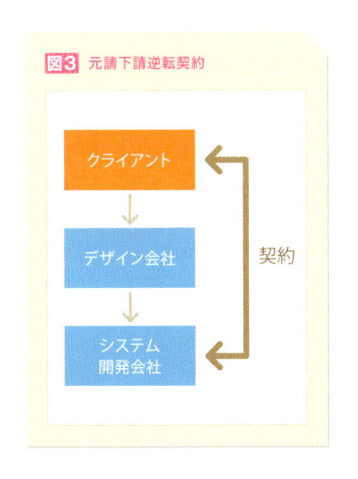

図3 元請下請逆転契約

Article Number 077

保守・メンテナンス計画

Webシステムに限らず、作ったものが完成した時点で手を離れることはまずない。むしろ、完成してからが最も手のかかる状態と言っても過言ではないだろう。ここでは、そのような「保守・メンテナンス」について紹介していこう。

企画
システム要件定義
システム設計
戦略

Keywords　**A** 日常メンテナンス　**B** 緊急メンテナンス　**C** データバックアップ

日常メンテナンス

A メンテナンスには、日常的に行われる「**日常メンテナンス**」と異常が発生したとき
B に、正常動作の状態に戻す「**緊急メンテナンス**」に分けることができる。まずは、日常メンテナンスについて紹介しよう。

C ■データバックアップ
ハードディスクは消耗品だ。いつかは必ず壊れるものと割り切って、データは定期的にバックアップ注1を取るべきだろう。Webシステムの場合は、リアルタイムに二重や三重のバックアップ、定期的な自動バックアップなども施してある場合が多い。その場合にはそれらのバックアップが正常に行われているか、壊れたハードディスクがないかなどを検査する必要がある。
また、ただバックアップをとるだけでなく、障害が発生した際のリカバリ作業に関しても検討し、すみやかにリカバリできる体制を構築しておく必要もある。

■不正アクセスのチェック
Webシステムには日常的に不正アクセスのアタックがある。これは、世界中のハッカーやクラッカーが自動制御で、手当たり次第に攻撃を加えているため、多かれ少なかれ必ずあると思った方がよい。
もちろん、そのような攻撃には対処をする必要があるが、実際にそれらの攻撃を防ぐことができているか、これまでになかったような攻撃がないかどうか、セキュリティホールがないかなどを検査する。

■アクセス数と負荷のチェック
一般の人たちに開放しているWebシステムの場合、人気が出てきたら日常的に多くのアクセスを得ることになる。それ自体は喜ぶべきことだが、それによってWebサーバへの負荷が高まり、反応速度が遅くなったり不具合が発生する可能性もある。そのような負荷状況は常に監視し注2、必要に応じてサーバを増強するなどの計画を立てることが必要だ。

これらの日常メンテナンスを、どのくらいの頻度で、いつ行うかというのを計画しなければならない。たとえば、バックアップなどはそれだけでかなり負荷が高くなること

注1 バックアップ
Webサイトのバックアップに関しては、ホスティングサービスであればバックアップおよびリカバリサービスを利用すればよいが、自社サーバなどの場合は独自に検討する必要がある。商用でも多数のツールがあり、機能性などさまざま。また、オープンソースでもlwbackupsなどのバックアップツールがある。さらに簡易なものとしては、tarやlftpといったコマンドによるバックアップスクリプトを自作することもできる。Webサイトの規模や実現したいこととコストバランスを考えて検討するといいだろう。

注2 サーバ監視
アクセス状況やサーバの状態を監視する場合は、用途に応じた機能を有するツールが商用でもフリーソフトでも多数見つけることができる。Webサイトへのアクセス状況を調査したいなら、SEO施策も兼ねてGoogle Analyticsなどを使ってもよい。
負荷調査に関しては、サーバ自体はOSに用意されているコマンド、たとえばLinuxのvmstatやdfなどのコマンドを定期的監視スクリプトとしてcronで実行することもできる。

が予想されるため、アクセス数の多い時間帯などは避けた方がよい。
Webシステムの種類によって、アクセス数の多い時間帯は変わってくるため、しばらく運用をしての結果などを受けて、計画を行っていく必要があるだろう。
ホスティングサービスを利用する場合は、サーバや回線などのメンテナンスを任せることになるため、そのメンテナンスサービス内容も十分に確認しておくことが重要である。

緊急メンテナンス

次に、緊急時のメンテナンスだ。

■サーバリセット

Webサーバは、パソコンとほとんど同様の構成をしたコンピュータだ。そのため、電源を常に入れ続けていると、どうしてもメモリへのデータの蓄積や、電源の放熱などでハングアップ 用語1 することがある。このような場合は、電源を一度切ってリセットをしなければならない。

■部品類の交換

Webサーバをはじめとしたコンピュータは、CPU、メモリ、ハードディスクなどをはじめとした多くの部品で構成されている。このひとつでも故障をすると、動作しなくなってしまうため、このような場合に迅速に故障箇所を見つけて、交換をすることが必要だ。最近では、サーバコンピュータのコストが安くなっているため、故障部品を突き止めずにコンピュータごと交換することも多い。

■プログラムの改修

どれほどテストを行ったプログラムでも、ユーザーがまったく想定外の操作をした場合や、負荷が高まった状態でのみ発生するような不具合、またはハッカーやクラッカーによる攻撃によって、プログラムが正常に動作しなくなることがある。
このような場合は、迅速にプログラムの異常箇所を改修して、バージョンアップ作業を施し、Webシステムを復旧しなければならない。

緊急メンテナンスの連絡体制

このように、緊急メンテナンスは、いつ起こるかわからない。特に、一般に開放したWebシステムでは、24時間365日サービスを提供しているため、深夜や休日にこのような業務が発生することも多々ある。
そのため、開発者たちは携帯電話を片時も離さず、また時にはノートパソコンとモバイル通信機器を持ち歩いて、旅行先などでも遠隔操作でメンテナンスを行えるような体制を敷いている場合もある。
このように、心理的な負担のかかる作業なため、緊急メンテナンスの連絡体制は一人の開発者に負担のかかるような体制は避け、ローテーションを組むようにしたり、旅行の際などは連絡を受けなくてもよい体制にするなど、開発者の心理を考慮した体制作りが望まれる。

用語1 ハングアップ
Hang upという英語で、「受話器を置く」などの意味がある。コンピュータ用語では、コンピュータの反応がなくなることを指し、「フリーズ」などとも呼ばれる。短縮して「ハングした」などということもある。

Column 01
デザインの修正指示に必要な情報

Webページの基本設計にビジュアルデザインの要素が加わった成果物には、細かい個所に対する修正指示が入り始める。Webページのモックアップ作成時はとくにこうしたやりとりが増えるプロセスだ。

指示の出し方はプロジェクトによりさまざまだが、一般的な方法は、画面を印刷するか、PDFのような静止画像に書き出して該当個所に赤字で指示を書き入れる方法である。迅速かつ的確な修正作業となるように、書き入れる情報には最低限以下の内容を記しておく必要がある 図1 。

■ **修正が必要な理由**

「文字を緑色に変更」といった指示を見出しなどの個所に入れただけでは不十分だ。なぜ文字を大きくしなければならなかったのか、という修正の理由は指示書そのものか、添付資料として含めておく。直す必要が正確に把握できないと、デザインの担当者は理由に則したよりよい表現を見つけることができない。また、理由が共有できなければ修正内容が二転三転する可能性も出てくる。正確には「該当個所の見出しはカテゴリのテーマカラーと同色相で表示し、見出しがどのカテゴリに属する記事なのか直感的に判断しやすくしてください」のように記載すること。

■ **正確な指示内容**

修正指示であるにも関わらず「ここは青より緑のほうが良いような気がするのですがいかがでしょう」のように漠然と意見を求める言い回しや、「このフォントとは違うのではないでしょうか」のように疑問型のコメントを記述した指示書は現場を混乱させる原因になりやすい。ディレクション担当者の性格によって及び腰の物言いになってしまうこともあるが、指示は指示として的確に記述しなければ意味がない。こうした言い回しの原因は、修正の必然性をロジカルに説明できないことが1つ。また、サイトのターゲットユーザー像がブレてしまった場合など。あるいはディレクション担当者が制作依頼者とコミュニケーションをしっかりとっていないことも原因として考えられる。

■ **修正の期限**

修正の期限を指示書の冒頭に記述することを忘れてはならない。急ぎの修正でない場合でも、日付と午前、午後といった時間帯の指定は必須。スケジュールがわからない案件はあと回しにされやすい 図2 。

図1 修正指示の赤字

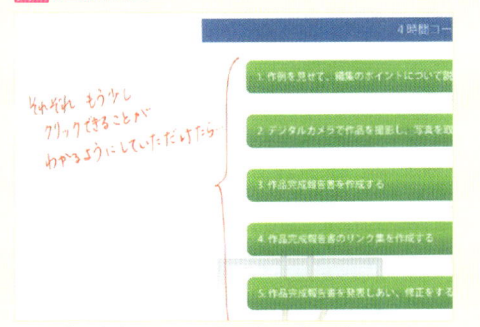

よくある指示方法。印刷した原稿に手描きで指示を書き入れる

図2 修正の期限

修正期限
ホーム：2010年3月23日午前
ホーム > 製品概要：2010年3月26日午前
サイトマップ：2010年3月28日午後

日付の指定だけの場合、日付をまたいで提出されることがよくあるので、時間帯の指定はしておきたい

Part 2

プロジェクト計画
集客施策
公開
制作
開発
テスト

Do ——
制作の実際。
プロジェクト体制の整備と
デザイン、実装、テストまで

実際にプランニングされたサイトを具体的に実装するには、
どのような作業が必要なのだろうか？
Part 2では、プロジェクト体制の整備から、制作フローのルールの設定、
Webマーケティングの手法の数々やアクセシビリティの実装、RIAなど
次々に登場する新しいソリューションの取り込み、
および、CSSやレイアウト、色などのデザインの基本から、システムの構築まで、
Webサイトの制作・実装に必要な情報をわかりやすく解説する。

Article Number **078**

プロジェクト体制を整理しよう

Webサイトの複雑化・大規模化に伴い、Web制作に必要な要素は多岐にわたっている。Webディレクターやプロデューサーといった役割に限ってみても、リソース、コスト、スケジュールに関する管理以外に、マーケティングやシステム、クリエイティブに関する知識が求められる場合もある。プロジェクトを成功に導くため、プロジェクトの目的達成に必要な役割を精査し、どのメンバーが行うべきかを検討し、漏れのないプロジェクト体制を構築する必要がある。

■プロジェクト計画
集客施策
公開

Keywords

- **A** 9つの柱
- **B** コミュニケーションカウンター
- **C** プロジェクト体制
- **D** コミュニケーションライン

プロジェクトに必要なロールの精査

プロジェクトの体制を構築することは、プロジェクトの目的を達成するために必要な作業とロール（役割）を結びつけて整理すること、また、その責任、権限を明確にすることである。プロジェクトは立案、計画からスコープ定義を経て、リソース計画を行う。リソース計画時点で、粗い粒度ではあるが、必要な作業とロールの結びつけを行っている。プロジェクト体制を構築する際には、この荒い粒度の作業を詳細化して再度ロールとの結びつけを行う。このようにして精査したロールを役割別もしくは機能別に整理して「グループ化」、「チーム化」する。こうして構築したグループもしくはチームの責任範囲を明確にすることで、プロジェクト体制を構築していく。Adaptive Path 用語1 （http://www.adaptivepath.com/）のジェシー・ジェームス・ギャレット氏（http://jjg.net/）は、Web制作のデザインおよび開発のプロセスを「ユーザーリサーチ、サイト戦略、技術的戦略、コンテンツ戦略、抽象的デザイン、技術実装、コンテンツ制作、視覚デザイン、プロジェクトマネジメント」の **9つの柱** と捉え、それぞれの柱が機能することでプロジェクトが成功すると説明している。プロジェクト体制を考えるには、プロジェクト計画にある目的と共に、この視点でグループ化やチーム化することも重要である。参考にして欲しい。

用語1 Adaptive Path
ユーザーエクスペリエンスをテーマに活動する米国のコンサルティングファーム。「Ajax」を命名した人物としても有名なジェシー・ジェームス・ギャレット氏と「blog」（ブログ）の命名に貢献したといわれるピーター・メイホールズ氏が創立メンバーでもあり、共同経営者である。『スケッチボード法（Sketchboards）』と呼ぶユニークなデザイン手法なども編み出した。

プロジェクト体制の構築

プロジェクトに必要なロールを精査したら、リソース確保と同時にプロジェクト体制を構築する。中規模までのプロジェクトでは、発注者側の担当者へのコミュニケーションラインを、プロジェクトマネージャーから一元化する体制を構築する。発注者と制作チームがそれぞれ **コミュニケーションカウンター** を共通の認識として持つことで、コミュニケーションミスによる事故を防ぐ。制作チーム内部ではプロジェクトマネージャーの下位に、役割別や機能別の単位でグループを構築する。たとえば、役割別ではアートディレクション、コンテンツ企画、システムの各グループを、機能別では画面やコンテンツの作成、業務システム構築、DB構築／データ移行の各グループを構築し、各々にリーダーを配置する。大規模プロジェクトになれば、グループも多岐にわたり、さらに下位にチーム及びリーダーを配置する。ひとつのチーム

BOOK GUIDE

Webプロジェクトマネジメント標準
PMBOK®でワンランク上の
Webディレクションを目指す
林千晶、高橋宏祐（著）
B5変形判／192頁／価格2,289円（税込）
ISBN9784774135991
技術評論社
→P.073

BOOK GUIDE

① 「プロジェクトマネジメント」比較的大規模なシステム開発のプロジェクトマネジメントについて解説されているが、筆者の長年の経験がプロジェクトにおける内容を具体的に示しており、マネジメントの全体像や心得までをカバーでき、小規模プロジェクトに対してもたいへん参考になる。

**徹底解説！
プロジェクトマネジメント**
国際標準を実践で活かす
岡村正司（著）
A5判／288頁
価格2,940円（税込）
ISBN9784822207878
日経BP社

は10人もしくはそれ以下が目安である。

体制はプロジェクト体制図としてメンバーのすべてを記述することが望ましい。制作チームのみでなく、発注者側のステークホルダーも可能な限り記述する。**プロジェクト体制図**は発注者と制作チーム内に共有することが必要であり、これを明示することで、メンバー全員が責任範囲や**コミュニケーションライン**を把握でき、不要な事故を防ぐことができる 図1 。

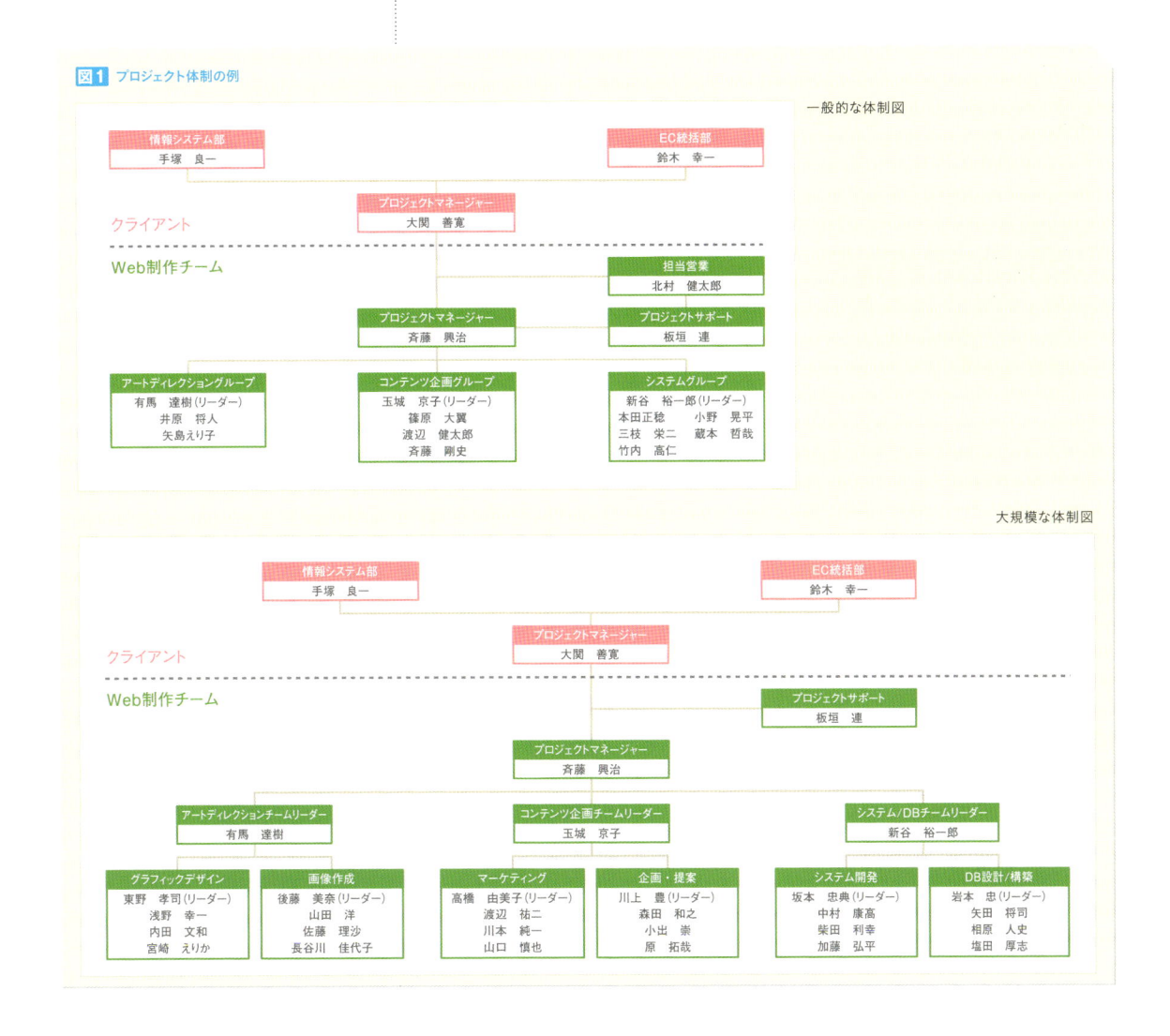

C

D

図1 プロジェクト体制の例

一般的な体制図

- 情報システム部：手塚 良一
- EC統括部：鈴木 幸一
- クライアント
- プロジェクトマネージャー：大関 善寛
- Web制作チーム
- 担当営業：北村 健太郎
- プロジェクトマネージャー：斉藤 興治
- プロジェクトサポート：板垣 連
- アートディレクショングループ：有馬 達樹（リーダー）、井原 将人、矢島 えり子
- コンテンツ企画グループ：玉城 京子（リーダー）、篠原 大翼、渡辺 健太郎、斉藤 剛史
- システムグループ：新谷 裕一郎（リーダー）、本田 正稔、小野 晃平、三枝 栄二、蔵本 哲哉、竹内 高仁

大規模な体制図

- 情報システム部：手塚 良一
- EC統括部：鈴木 幸一
- クライアント
- プロジェクトマネージャー：大関 善寛
- Web制作チーム
- プロジェクトサポート：板垣 連
- プロジェクトマネージャー：斉藤 興治
- アートディレクションチームリーダー：有馬 達樹
- コンテンツ企画チームリーダー：玉城 京子
- システム/DBチームリーダー：新谷 裕一郎
- グラフィックデザイン：東野 孝司（リーダー）、浅野 幸一、内田 文和、宮崎 えりか
- 画像作成：後藤 美奈（リーダー）、山田 洋、佐藤 理沙、長谷川 佳代子
- マーケティング：高橋 由美子（リーダー）、渡辺 祐二、川本 純一、山口 慎也
- 企画・提案：川上 豊（リーダー）、森島 和之、小出 崇、原 拓哉
- システム開発：坂本 忠典（リーダー）、中村 康高、柴田 利幸、加藤 弘平
- DB設計/構築：岩本 忠（リーダー）、矢田 将司、相原 人史、塩田 厚志

078 プロジェクト体制を整理しよう

Article Number 079

スケジュール管理

スケジュールの作成、管理はプロジェクト管理の成果の集合であり、プロジェクトを計画どおりに終わらせることは、プロジェクト成功の大きな要因である。プロジェクトを進めていくうえで、計画的な進捗を妨げる変更事象や予想し得ない障害が発生することは、あらかじめ避けられないと考えておくべきであり、こうした変更事象や障害による影響が目に見えて現れるようスケジュールを適切に管理し、期限を厳守することがプロジェクトマネージャーには求められる。

プロジェクト計画
集客施策
公開

Keywords
- A 作業の定義
- B 作業順序設定
- C 所要期間見積もり
- D スケジュール作成
- E スケジュール管理

スケジュール管理の5つのプロセス

スケジュール管理というと、「計画された日程に対する進捗の管理」を想像されることが多いが、それはスケジュール管理の一部でしかない。スケジュール管理とは期日までに成果物を完成させるタイムマネジメントのことであり、その要素は「作業の定義」、「作業順序設定」、「所要期間見積もり」、「スケジュール作成」、「スケジュール管理」の5つのプロセスに分けられている。

A ①作業の定義

プロジェクト計画時に定義された作業内容を、より詳細な単位にまで粒度を細かく定義する作業。
スケジュールは、この作業単位とリソースで見積ることになる。

B ②作業手順設定

その作業の前後の作業を明確にし、各作業の順序と依存性を整理していく作業。
スケジュール作成の前に行う必要がある。

C ③所要期間見積もり

「作業の定義」とリソースから工数を算出すること。
たとえば作業がプログラミングなら、リソースは人員である。難易度と開発生産性から工数を算出するのが一般的ではあるが、経験則による補正も有効である。

D ④スケジュール作成

「作業の定義」、「作業手順設定」、「所要期間見積もり」の過程で得た結果や、契約上の制約条件などを考慮し、プロジェクトの予定を日程表として作成すること。一般的には、日程表の縦軸に作業、横軸に所要期間を配置して作成する。スケジュールの作成はプロジェクトの成否に大きく影響するプロセスであり、豊富な経験が必要な作業である。大規模なプロジェクトになると、考慮事項や制約条件が複雑に絡み合い、精度の高いスケジュールを作成することは非常に難易度の高い作業になる。

E ⑤スケジュール管理

進捗の管理作業で、作業とその成果物の完成度、開始日と終了日を管理する。
このプロセスで重要なことは、スケジュール遅延が起きないようにリスクマネジメント

を行うことと、実際のスケジュール遅延に対して適切に対策することである。プロジェクトの成否に直接影響するプロセスであるため、より具体的に、定量的に管理することが望ましい。

スケジュールの表記方法

スケジュールの表記法にはいくつかあり、PMI **用語1**（米国プロジェクトマネジメント協会）では「CPM」、「PERT」**用語2**、「PDM」**用語3** などを推奨している。そのほか、「ガント・チャート」**用語4** などもよく使われている方法だ。ここでは、広く一般的に使用されている「ガント・チャート」と「CPM」について説明する。

「ガント・チャート」は縦軸に作業もしくはリソース（もしくは両方）を、横軸に時間をとり、作業を行っている期間やリソースを使用している期間を棒の長さで表す表記法である **図1**。また、作業の依存関係や実績、マイルストーンも図示することが可能で、IT関連分野のみならず、建設業や製造業の生産管理等で広く用いられている。視覚的に作業の進捗状況やリソースの稼働状況を把握することができるため、計画どおりの進捗に支障をきたす何かの要因による変調をより早く察知することができる利点がある。作成ツールも多く市場に出ているため、プロジェクトへの導入も容易である。

代表的なツールとして Microsoft Office Project がある。ガントチャートを利用してプロジェクトの状況を把握するだけでなく、プロジェクトの計画から終了に至るまで、計画策定、進捗管理、リソース管理を行うことができ、総合的なスケジュール管理をサポートする **図2**。

用語1 PMI
正式名称は「Project Management Institute」（米国プロジェクトマネジメント協会）という。プロジェクト遂行におけるプロフェッショナリズムの確立とプロジェクトマネジメントの知識体系の整備を推進している非営利団体。1969年に米国で設立された。

用語2 PERT
PERTもしくはPERT図と呼ばれるスケジュールの表記法である。Program Evaluation and Review Technique の頭文字を取った。アローダイヤグラムとも呼ばれ、クリティカルパスを明確にし、作業の順序に従って配列させることで、仕事全体の所要時間を明らかにする図のことをいう。

用語3 PDM
Precedence Diagramming Method。作業工程を表すネットワーク図のひとつであり、4種類の作業依存関係を2つの工程間に記述する表記方法。2つの作業の間にラグ（待ち時間）の概念を持ち込み、作業の関係をより細かく記述できるように工夫されている。

用語4 ガント・チャート
プロジェクトや生産工程などで用いられる帯状のグラフ。横軸に時間、縦軸に人員、製造設備等を配置し、工程ごとの個別の作業開始日、作業完了日などといった情報を帯状に示す。

図1 ガント・チャートの例

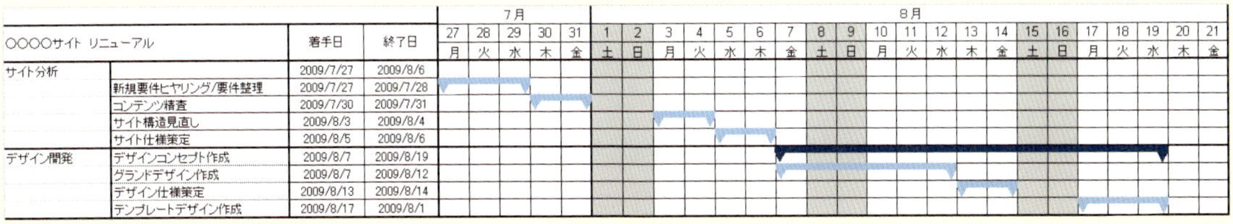

図2 Microsoft Office Project

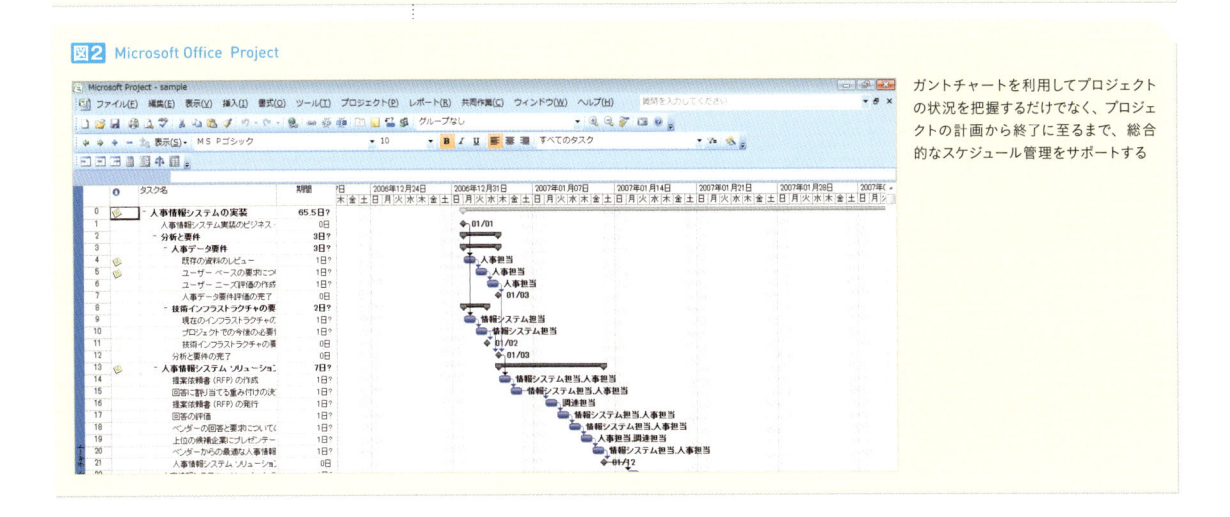

ガントチャートを利用してプロジェクトの状況を把握するだけでなく、プロジェクトの計画から終了に至るまで、総合的なスケジュール管理をサポートする

「CPM」（クリティカル・パス・メソッド）用語5 は、プロジェクトの完成を遅らせないためには絶対に遅らせてはならない作業の組み合わせ（クリティカル・パス）を検出し、その依存関係をネットワーク図やアクティビティ図に表記する方法である。クリティカル・パスの長さはプロジェクト全体の長さを意味し、その一連の作業を管理することでプロジェクト全体の期日を守ることができる利点がある。重要なのは、クリティカル・パスはプロジェクトの進捗と共に変化することを認識し、常に「今」のクリティカル・パスがどこなのかを把握していることである 図3 。

「ガント・チャート」で管理すると、計画どおりの進捗を妨げる要因をより早く把握することができ、大きな影響を受ける前に有効な施策を打つことが可能である。「CPM」で管理すれば、計画どおりに進めるための最小限の施策を最も有効に実施することが可能である。2つの表記法はスケジュール管理に大きな利点のある表記法である。

スケジュールの管理

スケジュールの管理の要点は、「期日までに成果物を完成させる」ことを目的に管理することであり、当初計画したスケジュールどおり進行することのほうが稀であると言えるくらい、スケジュールはさまざまな事象により遅延や見直しが発生することを頭に入れて管理しよう。その傾向は大規模なプロジェクトになるほど顕著になる。スケジュールの管理は定量的に行い、その状況を的確に把握することが大切である。よく行われるのが件数ベースでのスケジュール管理である。これは当該作業の成果物の件数を、進捗を計る数値とする管理方法である。機能単位や局面（フェーズ 用語6 ）単位での成果物の完成予定件数に対して何件の成果物が完成しているかを管理し、進捗状況を把握する。この方法は進捗を数値として把握できるため、管理に適している。

一方、機能単位、局面単位の進捗管理になってしまうため、あいまいな管理になってしまう場合がある。どのような単位で数値化して管理するのが適切なのか、プロ

用語5 CPM（クリティカル・パス・メソッド）
最適な日程計画の手法。プロジェクトの完成を遅らせないためには絶対に遅らせてはならない工程の組み合わせのこと。生産や制作において、少しでも遅れると、プロジェクト全体のスケジュールが遅れてしまうような日程。プロジェクトマネジメントにおいては、クリティカル・パスを守ることに注力するのが重要となる。

用語6 フェーズ
プロジェクト全体に対してより小さな期間・規模でプロジェクトを区切った単位。業務の局面。インフルエンザなどの警告レベルで一般には使用されている。

図3 クリティカル・パス

工程	作業内容	前工程	所要日数
A	プロジェクト発足		
B	キックオフ	A	1
C	調査・分析	B、E	B→C 7 ／ E→C 10
D	要件定義	C	7
E	技術調査	B	7
F	デザイン検討	D、E	D→F 5 ／ E→F 6
G	モックアップ作成	D、F、H	D→G 8 ／ F→G 5 ／ H→G 5
H	外注先選定	C	8
I	実装準備完了	G	2

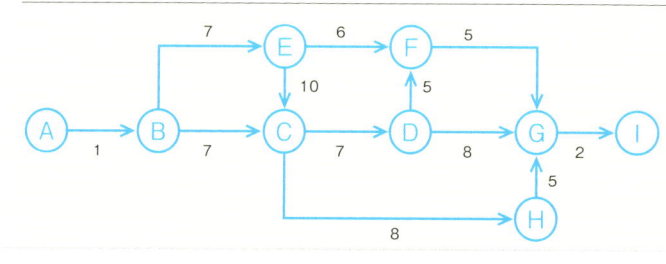

プロジェクトのスケジューリングにおいて重要な考え方がクリティカルパスである。タスクをアローダイアグラムで表し、クリティカルパスの作業の終了に要する日数を算出する

BOOK GUIDE

プロジェクト・リスクマネジメント
リスクを未然に防ぐプロアクティブ・アプローチ
ポール・S. ロイヤー（著）、峯本 展夫（訳）
菊判／164頁／価格2,100円（税込）
ISBN9784820117476
生産性出版

プロジェクトの過程で発生するリスクに対処する方法を解説。リスクにうまく対処し、回避することで、プロジェクトの成功率を上げることを目的とする。消極的な対処法ではなく、積極的な対処法こそが根本的な解決に導く方法であることがわかる。実践的な内容でそのまま現場にも応用できるだろう。

Webプロジェクトマネジメント標準
PMBOK®でワンランク上のWebディレクションを目指す
林千晶、高橋宏祐（著）
B5変形判／192頁／価格2,289円（税込）
ISBN9784774135991
技術評論社
→ P.073

徹底解説！プロジェクトマネジメント
国際標準を実践で活かす
岡村正司（著）
A5判／288頁／価格2,940円（税込）
ISBN9784822207878
日経BP社
→ P.183

用語7 クラッシング
タスクの所要期間を短縮する方法のひとつ。期間短縮のために追加投資を行うこと。

ジェクトの規模に応じて運用を調整する必要がある。進捗に遅延が生じた場合には、実際にどの作業で遅延しており、その作業状態がどうなのか、たとえば「未着手」、「課題解決中」なのかといった情報を把握することが大切である。その情報をもとに具体的な対策を検討していく。

リスクの管理

リスクの管理は「リスクマネジメント」と呼ばれ、プロジェクトを進めていく中で、あらゆるプロセスに対して行われるべき重要な管理事項である。スケジュール管理の側面からのリスクマネジメントとは、スケジュールに影響を及ぼすリスクを想定し、早い段階で対策を立てて影響を最小限にすることである。

リスクマネジメントを行うには、まず、リスクを識別するところから始める。スケジュール全体から、漏れなくリスクを拾いあげ、次に拾い上げた個々のリスクを評価する。この評価はスケジュールへの影響度と発生頻度の2つの視点から行おう。最後に個々のリスクへの優先順位を付けて具体的な対策を講じる。

プロジェクトの進捗を阻害するリスク要因としては以下のような事項が例として考えられる。

- 所要期間見積もりの誤差
- リソースの調達ミス
- メンバーの病欠、退職などの突発的事象
- メンバーのスキルのミスマッチ、スキル不足
- 変更管理のミス

これらのうち、潜在的な要因で事前に対処可能なものはより早い段階で対策していくこと（予兆管理）が重要である。個々のリスクについて認識し、対策を講じ、影響を最小限にすることで、適切なプロジェクトの進捗が確保される。

実際に起きてしまった「スケジュール遅延」に対して対策を講じる場合に大切なことは、「最小限の施策を最も有効に実施する」という観点を持つことである。遅延している作業に大量のリソースを投入するという対策を安易に実施すると、たとえば作業を理解するなどの無駄な作業が増え、かえって遅延が大きくなるということも起こりかねない。

その場合、まずは、クリティカル・パスの確認から始めてみよう。遅延している作業がクリティカル・パス上の作業でないならば、極端な場合「対策を講じない」という結論もあり得る。

クリティカル・パス上にある作業でも、作業順序を入れ替えるなどの軽微な対策で済む場合もある。軽微な対策で回復が不可能な場合、その作業の「所要期間見積もり」を再度実施し、必要なリソース（人員のみでなく、作業スペース、環境の準備なども含まれる）を把握する。この過程で重要なのは当初の「所要期間見積もり」で遅延が生じていることを認識し、実際に作業した結果の生産性や遅延した要因を分析して「所要期間見積もり」に取り込むことである。

これらの検討のあとに要因の確保をすることになるのだが、要因確保には色々な制約条件があり、必ずしも望むスキルの要因が確保できないことも多々ある。その場合は再度「所要期間見積もり」を実施して有効性を確認する。この方法は「クラッシング」**用語7**といい、効果の大きさから認知度が高まってきている。

Article Number 080

予算／コスト管理

プロジェクトマネジメントにおいて、コスト管理はスケジュール管理と並んでプロジェクトを成功裏に終わらせるための重要な管理項目である。コストとスケジュールは密接に関連しているため、どちらの管理も適切に行うことが求められる。通常、プロジェクト開始前に予算は決定されており、コスト管理は予算の内容を十分に把握して行う必要がある。

|プロジェクト計画
集客施策
公開

Keywords　A スコープ定義　B リソース計画　C コスト積算　D 予実管理

予算設定

プロジェクトの予算はプロジェクト計画時に設定される。予算は最終的には「コスト積算」を行い決定されるが、その前の段階で十分な検討を行わなければ、適正な予算は算出できない。通常、「スコープ定義」、「リソース計画」、「コスト積算」の段階を通じて設定される。ここではそれぞれの段階を見ていこう。

A 「**スコープ定義**」とは、プロジェクトの範囲を確定する作業である。スケジューリングやリソース準備のために必要なものはここですべて洗い出し、予算設定に必要な要素や作業範囲などもここで確定する。

B 「**リソース計画**」では「スコープ定義」で定義された作業を実現するためのリソースを明確にする。人員、開発ツール（ソフトウエア）、ハードウエアなど作業とリソースを紐付ける。人員は作業工数に応じた変動費として、開発ツールやハードウエアの費用は固定費として計上される。

C 「**コスト積算**」では「スコープ定義」、「リソース計画」で得られた情報から見積もりを行う 図1 。固定費は価格調査等で高い精度で見積もることができるが、作業に関わる見積もりは定量的に見積もることが難しい。定量的に作業を見積もる方法には「標準値法」用語1 、「FP法」用語2 、「COCOMO」用語3 などの技法があるが、Web制作の予算設定時においては、プロジェクト計画時にユーザーの好みが影響する重要な要素となるデザインをはじめとした数値化することが困難な要件が多いため難しくなる。現実的には経験則や前例比較から工数を見積もり、工数単価から予算を算出することが多い。Webページの単価を設定する「ページ単価方式」などの方法も存在するが、たとえばアニメーションの作成などはこの方法では見積もりすることができないため、工数単価を基準に見積もりをすることになる。プロジェクト開始当初に細かい要件が決まっていない場合、当初予算の精度はあまり高くすることができないため、ある程度プロジェクトが進んでから再度見積もりをすることで正確な予算を再設定することもある。

Web制作の見積もりを難しくしているもうひとつの要因として、「標準的な価格」が定まっていないこともあげられる。作業に関わる予算は「作業工数×工数単価」で算出されるが、作業工数の見積もりも定量化が難しく、工数単価の標準的数値が

用語1 標準値法
過去の開発経験値をもとにした生産性の標準値を使い、作業工数やコストを積み上げる見積もり手法。

用語2 FP法（Function Point法）
ファンクション（機能）を基本にして、ファンクションごとに処理難易度などからファンクションポイント（FP）という点数（重み）を付け、すべてのファンクションのポイントを合計して規模を導き出す見積もり手法。

用語3 COCOMO（Constructive Cost Model）
予想されるコード行数にエンジニアの能力などの補正係数を掛け合わせ、開発に必要な工数、期間、要員、生産性を算出する見積もり手法。基本モデル、中間モデル、詳細モデルの3つのモデルで構成されている。COCOMOにFP法の考えを取り入れたものがCOCOMO IIであり、アプリケーション組み立てモデル、初期設計モデル、ポストアーキテクチャモデルの3つのモデルから構成されている。

BOOK GUIDE

Webプロジェクトマネジメント標準
PMBOK®でワンランク上の
Webディレクションを目指す
林千晶、高橋宏祐（著）
B5変形判／192頁／価格2,289円（税込）
ISBN9784774135991
技術評論社
→ P.073

徹底解説！プロジェクトマネジメント
国際標準を実践で活かす
岡村正司（著）
A5判／288頁／価格2,940円（税込）
ISBN9784822207878
日経BP社
→ P.183

用語4　EV法（Earned Value）
コスト観点から、プロジェクト進捗を定量的に評価するプロジェクト管理の技法のひとつ。PV（プランド・バリュー：計画した承認済のコスト）、EV（アーンド・バリュー：実行した作業の予算コスト）、AC（実コスト：実際にかかったコスト）を比較し、プロジェクトの進捗を管理する。進捗の指標が日数や時間ではなくコスト単位で表現される点に特色がある。

用語5　ワークパッケージ
WBS（プロジェクトに必要な作業を細分化した構造のこと→P.074）上で、プロジェクトの成果物作成に必要な作業、最下位の層にある具体的な作業工程のことを指す。プロジェクトマネジメントにおけるタスク管理の基本単位のひとつ。

ないため、見積もりのばらつきは大きい。

プロジェクト管理の視点から、Web制作の当初予算は他業種のプロジェクト予算より精度が高くない可能性があることを認識しておくことは重要である。

コスト管理

Web制作の現場におけるコスト管理の手法は、プロジェクトマネージャーの経験値に依存していることが大半であり、科学的手法の確立が望まれる。「**EV法**」**用語4** が注目されているが、導入の難易度が高く、大規模なプロジェクトへの適用が現実的であり、Web制作の多くの現場では導入が難しい。ここでは、コストを管理していくうえで最低限やるべきことをあげておこう。

適切に設定された予算に対して、コスト観点から「**予実管理**」をしていくことがコスト管理である。個々の成果物の作成コストの集計と契約上のコスト（設定された予算）を比較することがコスト管理の基準である。成果物単位で予算と実績の差異を把握し、その差異の要因を分析する。見積もりの精度による差異なのか、メンバーのスキルによる差異なのか、など可能性はいくつかある。制度が原因の場合は、まだ未着手の作業について再度見積もりを実施し、予算の再設定、再スケジューリングを行う。スキルが原因なのであれば、期待した生産性の見直しや開発ツールの習熟度の見直しを実施し、予算の再設定を行う。スケジュール管理と同等の側面が強いが、コスト観点で行うことが大きな違いである。予算やスケジュールの再設定はクライアントとの合意が必要となる。当然であるが、要件や機能の変更が発生していない状況で、予算やスケジュールを変更することをクライアントは理解してくれない。理解を得るためには、定量的に予実管理された結果から経験則に基づく分析を説明し、認識を合わせることでしかない。プロジェクトの規模によるが、**ワークパッケージ** **用語5** レベル、アクティビティレベルなのか、ある一定の単位で消費したコストをリアルタイムで算出し、予算の消化率を把握しておくことで適切なコスト管理を行うことが求められる。

図1　見積もり技術の比較

見積もり技法	メリット	デメリット
FP法、標準値法	比較的高精度で見積もることができる	しっかりとした要求仕様がないと採用できない
FP法、標準値法	利用者視点での見積もりが可能	組込系の案件の見積もりには適さない
積算法（WBS法）	各タスクについて高精度で見積もることができる	見積もりのベースになる資料自体に手間がかかる
積算法（WBS法）	スケジュールの把握がしやすい	過小見積もりになりがちである
COCOMO／COCOMO2	高精度の見積もりができる	演算に使用する係数の算定が難しい
COCOMO／COCOMO2	リスク項目の定義があるので、リスクを把握しやすい	演算が複雑である
類似法	比較的高精度で見積もることができる	過去の案件の詳細な情報が必要である
類似法	過去の経験からリスクへの対応が可能	新規の案件には対応できない
KKD法	経験値による見積もりのため、高精度の見積もりが可能な場合もある	見積もりの根拠が定量的でなく希薄である
KKD法	ほかの見積もり手法では難しい場合は有効である	個人の判断に委ねる部分が大きく、見積もりのブレ幅が大きい
ページ単価方式	見積もり工数が少なくて済む	機能やコンテンツ表現など詳細になっていないと精度が悪くなる
ページ単価方式	見積もり根拠が明確である	ページボリュームを確認する必要がある

Article Number 081

コミュニケーションルールを策定しよう

円滑なコミュニケーションはプロジェクトを成功に導く重要な要素であることは周知の事実であるが、今もってなお、失敗事例の原因に「コミュニケーション不足」が多くあげられる。プロジェクトの成否に直接関わるスケジュール、コスト、品質などの管理には注力するが、間接的な要因にみえるコミュニケーションについては二の次になってしまいがちである。プロジェクトを成功させるには適切なコミュニケーション管理が必要である。

プロジェクト計画
集客施策
公開

Keywords

- **A** PMBOK
- **B** コミュニケーション計画
- **C** 情報の配布
- **D** 進捗報告
- **E** プロジェクト完了手続き

コミュニケーション管理とは

プロジェクトにおけるコミュニケーションには、色々なコミュニケーションがある。「クライアントとのコミュニケーション」、「制作チーム内でのコミュニケーション」、「外部委託会社とのコミュニケーション」など、プロジェクトの規模が大きくなればなるほど、コミュニケーションパスも増加する。しっかりと管理しなければ正確な情報の共有が行われず、仕様誤認識、変更管理ミスなどの致命的なミスにつながる。たとえば、PMI（米国プロジェクトマネジメント協会）が策定したプロジェクトマネジメントの知識体系である **A** **PMBOK** 用語1 では、コミュニケーション管理について「コミュニケーション計画」、「情報の配布」、「進捗報告」、「プロジェクト完了手続き」の4つのプロセスから定義されている。ここでは4つのプロセスについて説明する。

B 「コミュニケーション計画」ではステークホルダー（利害関係者）分析を実施し、コミュニケーション管理計画を策定する。ステークホルダー分析ではステークホルダーごとに、どのような情報をどのような頻度で提供するべきかを計画する。ドキュメントであればフォーマット、プログラムコードであれば管理ツールについてもルール化しよう。

C 「情報の配布」とは、管理計画で策定している情報をステークホルダーに提供することである。中小規模のプロジェクトであれば定例会議の開催、資料の配布、メーリングリストによる情報の配信などの方法で行われる。大規模プロジェクトであればグループウエアなどを用いて情報を配布することも有効である。ちなみに、PMBOKでは出力として「プロジェクト記録」「プロジェクト報告書」「プレゼンテーション」を定義している。

D 「進捗報告」ではスケジュール、コスト、品質の管理状況を報告書（PMBOKでは「進捗報告書」と定義）として整理し、主にクライアントに報告する。このプロセスでは変更管理に伴う報告も重要である。変更依頼書、変更請書を作成し、情報として共有するといったことも行おう。そのほか、必要に応じてリスクやリソース調達についても報告する。制作チーム内の進捗報告はコミュニケーション計画で計画したとおりに内部で進捗報告を行い、可能な限り記録に残すようにしたい。

用語1 PMBOK（ピンボック）(A Guide to the Project Management Body of Knowledge)
PMI（米国プロジェクトマネジメント協会）が策定したプロジェクトマネジメントの知識体系のことで、「A Guide to the Project Management Body of Knowledge」という書籍にまとめられている。事実上の国際標準として世界中で広く受け入れられている。

Book Guide

Webプロジェクトマネジメント標準
PMBOK®でワンランク上のWebディレクションを目指す
林千晶、高橋宏祐（著）
B5変形判／192頁／価格2,289円（税込）
ISBN9784774135991
技術評論社
→P.073

徹底解説！プロジェクトマネジメント
国際標準を実践で活かす
岡村正司（著）
A5判／288頁／価格2,940円（税込）
ISBN9784822207878
日経BP社
→P.183

「**プロジェクト完了手続き**」では、「プロジェクト完了記録」を作成して報告する。不可欠なのは成果物に関する報告であるが、反省点や課題の抽出等も行うと開発生産性の考察や次回プロジェクトの参考になる。

E

Column
プロジェクト進捗時のコミュニケーション管理

コミュニケーション管理プロセスのなかで、実際にプロジェクトが進行している最中のプロセスは重要である。このプロセスで十分なコミュニケーションが確保されなければ、プロジェクトはうまく運ばないことが多い。ここでは、プロジェクト進行中に気をつけたい点について説明する。

■議事録の作成

プロジェクトを成功裏に運ぶためには、定例会議の開催を計画、実行することは不可欠である。定例会議では、プロジェクトの進捗、問題点などの情報の共有、報告のほか、場合によっては、仕様変更についても議題になる。定例会議は重要な事項を決定する機会でもあるので、必ず議事録を作成する必要がある。また、会議で課題としてあがったタスクなどは「誰が」「いつまでに」ということを議事録においても明確にし、責任の所在を明らかにしておくことも重要である。できる限りステークホルダーの承認を得る決まりとし、Web制作プロジェクトにありがちな仕様誤認識、変更管理ミスを起こさないように管理する。

■課題管理

プロジェクト進行中にはさまざまな課題が持ち上がる。事前に漏れなくさまざまなことを決定したと思っていても、プロジェクトが進行し、物事がより具体的になると未決定だった事項やより詳細に決めなくてはならないことが顕著になる。そのほかにも、当初の決定より良い提案などがなされることもある。これらはプロジェクト全体の課題として管理しなくてはならない。発注側と制作側の誤認識などが発生しないように解決案はステークホルダーに承認を得て決定事項とする。課題の有無や課題に対する解決案を発注者と制作側が共通認識を持てるように課題管理表を作成し運用することを勧める。

■進捗管理

ここで述べる進捗管理はプロジェクトの進捗状況の報告、共有についてであり、スケジュール管理手法とは異なる。進捗の報告資料はスケジュール管理手法によりさまざまであるが、進捗の報告、共有で重要なことは、スケジュールに対する進捗の進み、遅れのみではなく、特に遅れている際の原因とその対策が適切に分析されているかどうかである。進捗の報告、共有では進捗度合いのみではなく、進みや遅れに対して、原因と対策を必ず含めることをルールとしておく。

■変更管理

プロジェクトの失敗要因によくあげられる要求仕様の誤認識は、適切に変更管理されていないことが原因の場合が多い。前段でも触れたが、仕様変更の際には変更依頼書、変更請書を作成し、ステークホルダーの承認を得て進める。変更依頼書がないと仕様変更を請けないという融通が利かない印象になることもあるが、最終的には発注者、制作者相互のためになることなので、作成した方が結果的には良い方向に運ぶ。

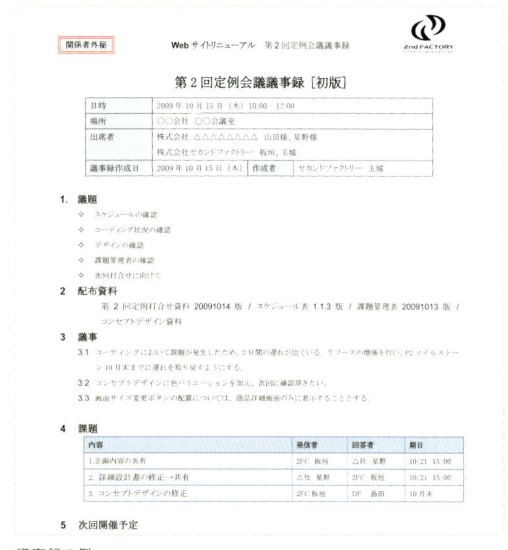

議事録の例

課題管理表の例

Article Number 082

外注管理

外注管理とは、プロジェクトにおいてある工程や成果物の一部を外部業者に委託する際の、さまざまな管理業務のことである。委託した工程、作業が円滑に進むように管理することが外注管理の目的である。この目的は内部作業でも同じことであるが、外部業者との契約や責任範囲の明確化など、内部作業の管理以上の視点が求められる。

■プロジェクト計画
集客施策
公開

Keywords
- **A** 作業範囲記述書
- **B** 進捗管理
- **C** 品質管理
- **D** 検収
- **E** 支払条件
- **F** 下請代金支払遅延等防止法

外注する利点

プロジェクトを進めていくうえで、プロジェクト管理の観点のみから考えると、すべてを内部作業で進めるほうが好ましい。進捗やコストも把握しやすく、人員のスキルなども既知であり、緊急対応なども行いやすい。しかし、外注することの利点もある。たとえば

- 特殊技術が必要で内部にその技術がない場合
- 内部で実施するより、安価にその作業を行える場合
- 作業の経験値が内部より高い外注先があり、その信頼性が高い場合

などである。プロジェクトマネージャーなどの管理者は外注管理にかかる工数と外注した際の利点とを比較して外注するか否かを判断することが求められる。

外注管理の管理項目

プロジェクトのある工程や成果物の一部を外部業者に委託すると決定したら、円滑に進むように、作業範囲、仕様、進捗管理、変更管理、品質管理、検収、支払条件といった項目に注意して管理する必要がある。

A 作業範囲については**作業範囲記述書**に記述する。作業範囲記述書には作業（責任）範囲や成果物全般について具体的に記述し、外部業者と作業範囲の認識をあわせる。仕様については仕様書を必ず作成し、認識をあわせることが必要である。作業範囲と仕様があいまいなままで進めると、後々必ず問題となるので、この2つの作業は必ず実施することが外注管理の初動として重要である。

B **進捗管理**は外注管理の重要な管理項目のひとつである。内部での作業と比較して、外部委託した作業の進捗を把握することは難しい。契約があるからといって進捗管理を怠ると、納期の遅れや品質低下を招くことになる。作業規模にもよるが、毎日の進捗確認と週1回などの定期的な会議を実施する。会議では進捗の確認をすることと問題点の共有などを行い、円滑に進める仕組みを持つようにする。可能であれば契約書に具体的に記述することが望ましい。変更管理は進捗管理の一部と捉え、その方法を事前に決めておく。一般的には両社協議するといった内容の決めごとになるが、後述する「下請代金支払遅延等防止法」など下請負業者の利益を保

Book Guide

Webプロジェクトマネジメント標準
PMBOK®でワンランク上の
Webディレクションを目指す
林千晶、高橋宏祐（著）
B5変形判／192頁／価格2,289円（税込）
ISBN9784774135991
技術評論社
→P.073

徹底解説！プロジェクトマネジメント
国際標準を実践で活かす
岡村正司（著）
A5判／288頁／価格2,940円（税込）
ISBN9784822207878
日経BP社
→P.183

護するための法律があり、発注者の一方的な要求がなされないように注意を払う必要がある 図1 。

品質管理については、さまざまな管理方法があるが規模が大きい場合は「中間成果物」の確認をすることが有効である。スケジュール上、どの時期に何が確認できるかを両社で合意し、できれば契約内容に含める。

検収、**支払条件**については、契約時に決めておくべき項目である。これらはプロジェクト進捗上の直接の管理項目ではないが、プロジェクトマネージャーは一般に契約交渉担当者、契約管理者の役割も果たすことになるため、忘れずに決めておく必要がある。

外注管理における注意点

外部委託を行ううえで注意しておきたい点が、「**下請代金支払遅延等防止法**」である。「下請法」と呼ばれ、親事業者による下請事業者に対する優越的地位の濫用行為を取り締まるために制定された特別の法律である。外部委託した場合には、この法律の適用範囲にある契約となることが多い。この法律では、親事業者に対して左図の義務と禁止行為を規定している 図2 。

外部委託する際には、関連法規として内容を理解しておく必要がある。

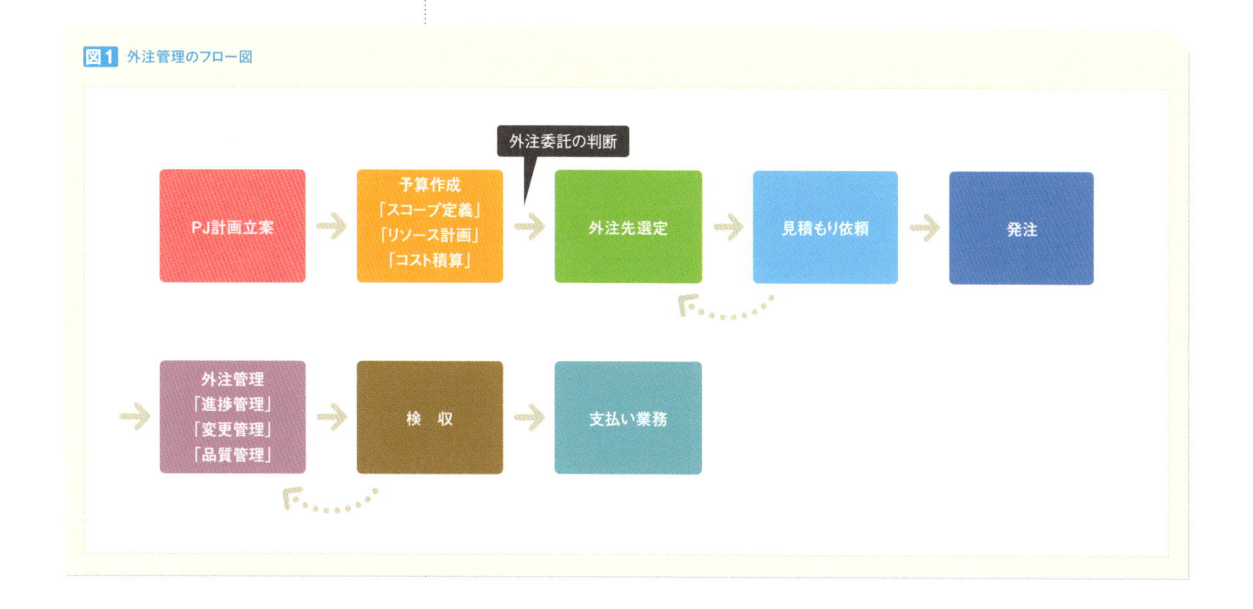

図2 親事業者の義務と禁止行為

● 親事業者の義務
- 発注の際は書面を作成し、その書面を直ちに下請業者に渡す
- 支払期日は納入された物品等の受領後60日以内
- 支払期日までに下請代金が支払われなかった場合、遅延利息を支払う
- 取引に関する記録が書類として作成され、2年間保存する

● 親事業者の禁止行為
- 不当な受領拒否
- 不当な下請代金の支払延期
- 不当な下請代金の減額
- 不当返品
- 買いたたき
- 不当な購入強制、利用強制
- 不当な報復措置
- 有償支給原材料等の対価の早期決済
- 割引困難な手形の交付
- 不当な経済上の利益の提供要請
- 不当なやりなおし、不当な給付内容の変更

図1 外注管理のフロー図

PJ計画立案 → 予算作成「スコープ定義」「リソース計画」「コスト積算」 →〔外注委託の判断〕外注先選定 → 見積もり依頼 → 発注

→ 外注管理「進捗管理」「変更管理」「品質管理」 → 検収 → 支払い業務

Article Number 083

インターネット広告について

Webサイトを構築する企業にとってインターネット広告は、自社のWebサイトを広告掲載媒体として収益化する手段にも、Webサイト公開時にほかの広告掲載サイトへ広告主として出稿し自社のWebサイトの告知活動する手段にもなる。インターネット広告の基本的な知識をまとめておこう。

プロジェクト計画
集客施策
公開

Keywords

- A 広告市場のトレンド
- B 広告スペックの標準仕様
- C インプレッション保証型
- D クリック保証型
- E 成果報酬型果報酬型

進化を続ける「インターネット広告」について

インターネット広告は、大きく分けると「ディスプレイ広告」用語1、「テキスト広告」、「検索連動型広告」用語2、「メール広告」などがある。近年は、通信環境の高速化、Webテクノロジー、及びハードウエアの技術革新が進み、「ディスプレイ広告」ではFlashなどを使ったより表現力豊かでインタラクティブな「リッチメディア広告」、テレビCM映像を流用した「動画広告」が頻繁に見られるようになり、広告配信方法もWebページ内のコンテンツに関連性のある広告を表示する「コンテンツ連動型広告」、データベースやブラウザのクッキー情報を活用し個々のユーザーに関連性の高い広告を表示する「属性ターゲティング広告」用語3、「行動ターゲティング広告」用語4など、インターネット広告は日々進化を続けている。

また、携帯電話やiPhone等のスマートフォン、携帯ゲーム機や据え置き型ゲーム機もインターネット機能が実装され、携帯サイト向けの各種広告やダウンロード型メディア広告（ポッドキャスティングなど）、ゲーム内（向け）広告など、PC端末以外での新たなインターネット広告の接触機会も生まれている。

インターネット広告の効果

広告主の目的や指標によって使い分けられるが、一般的にインターネット広告に求める効果は「インプレッション効果」「トラフィック効果」「レスポンス効果」に大別できる。

「インプレッション効果」とは、広告を表示することで企業やブランド、商品、サービスに対する認知向上、理解促進、態度変容を広告接触者に促す効果を指し、主に視覚的訴求力の高いディスプレイ広告を活用することで一定の効果があると考えられている。しかし、広告接触者に与えるインパクトが高いため、適正なフリークエンシー（接触頻度）を超えると逆効果となる可能性が懸念されており、一定期間における1ユーザーあたりの広告接触回数を制限する等、広告配信方法の最適化も行われている。

「トラフィック効果」とは、広告接触者が広告を直接クリックして広告主のWebサイ

用語1　ディスプレイ広告
単なる静止画像やGIFアニメーション、Flash、テレビCM映像を使った動画広告などがある。

用語2　検索連動型広告
リスティング広告とも呼ぶ、検索エンジンを利用した際に検索キーワードに連動して検索結果ページ上部などに表示されるテキストや画像などの広告のこと。

用語3　属性ターゲティング広告
インターネットの利用者の性別・年齢・居住地区などの「属性」に応じて広告を配信する手法。

用語4　行動ターゲティング広告
英語名の頭文字をとって「BT広告」ともいう。インターネットの利用者などのようなことに対して関心をもっているか、これまでの閲覧ホームページなどの情報をもとに、個人の好みに合った広告を配信する手法。

トへアクセスすることを指している。

「レスポンス効果」とは、広告接触者が広告をクリックして広告主のWebサイトへアクセスし、実際に商品やサービスを申し込む等、ユーザーのアクションに結びつくことを指す。

インターネット広告商品の開発とサイトの設計

自社のWebサイトで広告収益を得たいと考える場合は、まずWebサイト全体を通じて広告スペック（広告掲載位置や広告フォーマット、等）を決める必要がある。また、一般的に広告の販売はさまざまなWebサイトの広告商品を取りまとめる「メディアレップ」用語5 図1 と言われる窓口企業を経由する場合が多いため、広告スペックのほかにも広告掲載基準（広告表現の規定や競合企業掲載条件、等）を決めておくことも重要だ。

Webサイトのデザインやシステム要件、掲載コンテンツの内容にもよるが、**広告市場のトレンド**に合致した広告フォーマットを採用することは広告による収益化にとって非常に重要だ。類似する他社Webサイトや人気のWebサイトをチェックしたり、場合によっては「メディアレップ」に問い合わせたり、事前に情報を収集しどのような広告フォーマットを採用するか検討する必要がある。同時に、Webサイトごとに異なる広告スペックによって広告主やユーザーに混乱や不利益を招かないように、「IAB（The Interactive Advertising Bureau）」用語6 という団体によって**広告スペックの標準仕様**注1 が策定されているので、余程の理由がない限り、この標準仕様に沿って検討することをお勧めする。

インターネット広告の販売方法には、一定期間内に契約で定められた広告表示（インプレッション）回数を保証する「**インプレッション保証型**」（CPM販売注2）、広告接触者の広告1クリックあたりの単価を決めて販売する「**クリック保証型**」（CPC販売注3）、広告接触者が広告をクリックして広告主のサイトへアクセスし実際に商品やサービスを申し込む等のアクションに対して報酬金額を支払う「**成果報酬型**」（CPA販売注4）などがある。

これらのことを知っておけば、自社のWebサイトの広告商品開発の際や、広告主として他社のWebサイトへ目的に応じて広告出稿を検討する際にも役立つだろう。

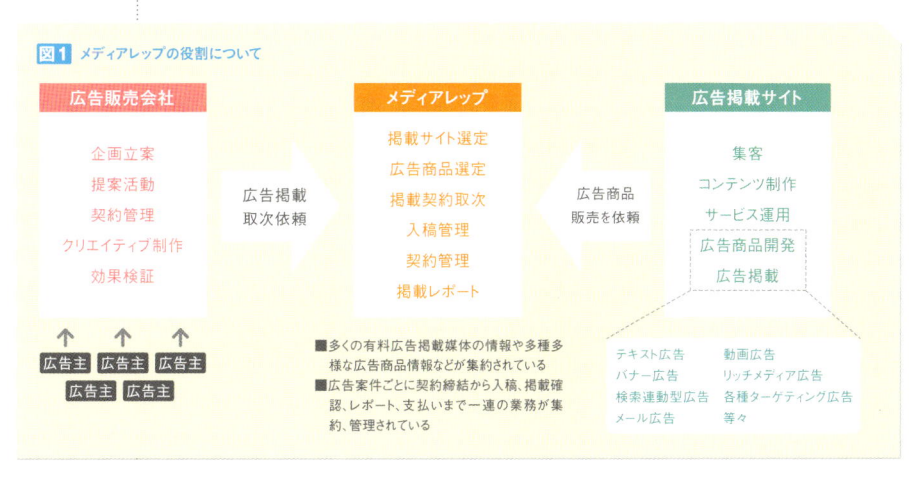

用語5 メディアレップ
Media Representativeの略。広告掲載サイトと広告主（広告代理店を経由）の仲介を行い、広告販売から原稿入稿、広告配信までが円滑に行われるように取り次ぎを行う企業のこと。

用語6 IAB（The Interactive Advertising Bureau）
広告技術、広告フォーマットなど広告に関する仕様や、広告評価基準の標準化によりインターネット広告の市場活性化を推進する団体のこと。

注1 IAB Ad Unit Guidelines
http://www.iab.net/iab_products_and_industry_services/508676/508767/Ad_Unit

注2 CPMはCost Per Milleの略。Mille=1,000インプレッションのこと。

注3 CPCはCost Per Clickの略。

注4 CPAはCost Per Action(Acquisition)の略。Pay Per Action（PPA）とも呼ばれる。
「125 Webマーケティングを検証するためのポイント」→P.292

図1 メディアレップの役割について

広告販売会社		メディアレップ		広告掲載サイト
企画立案 提案活動 契約管理 クリエイティブ制作 効果検証	広告掲載 取次依頼 →	掲載サイト選定 広告商品選定 掲載契約取次 入稿管理 契約管理 掲載レポート	← 広告商品 販売を依頼	集客 コンテンツ制作 サービス運用 広告商品開発 広告掲載

↑ ↑ ↑
広告主 広告主 広告主
広告主 広告主

■多くの有料広告掲載媒体の情報や多種多様な広告商品情報などが集約されている
■広告案件ごとに契約締結から入稿、掲載確認、レポート、支払いまで一連の業務が集約、管理されている

テキスト広告　動画広告
バナー広告　リッチメディア広告
検索連動型広告　各種ターゲティング広告
メール広告　等々

Article Number **084**

検索エンジン最適化（SEO）について

インターネットを利用するユーザーを自社のWebサイトに誘導する方法は、インターネット広告を活用する以外にもさまざまな方法が存在する。その中でも最も重要と考えられている方法のひとつが検索エンジン最適化（SEO=Search Engine Optimization）だ。

プロジェクト計画
集客施策
公開

Keywords

- **A** キーワードの分析
- **B** Webページの文書構造最適化
- **C** 被リンク
- **D** サイトマップ

検索エンジンは"インターネットの道標"

消費者市場におけるPCとインターネットの爆発的な普及によって、インターネット上にはありとあらゆる情報を含むWebページが秒刻みで生成されている。この膨大なWebページの中からユーザーが求める最新の情報をより"迅速"、"正確"に発見する手段として、Webページの情報を自動的に収集、解析するロボット型検索エンジンは"インターネットの道標"としてユーザーの支持を集めるようになった。

検索エンジンの基本的な仕組み

日本における主要な検索エンジンは、Googleの検索サービス、Yahoo!が提供する「YST」**用語1**、Microsoftが提供する「bing」などがある。

これらの検索エンジンは、自動化されたWebクローラ**用語2**によりインターネット上に存在する、ありとあらゆるWebページの情報を一定周期で収集し、その文書構造や含まれる文字情報（キーワード）などから内容を解析したのち、インデックス（索引）化してデータベースに蓄積している。そしてユーザーが検索キーワードを入力して検索すると独自のアルゴリズム**用語3**により、データベースに蓄積されたWebサイトの情報を関連性の高い順番に検索結果ページに表示する。このアルゴリズムは公開されていないが、基本的には、各々のWebページ自体に含まれるキーワード数やその位置、ほかのWebページからリンクされている数（被リンク数）、各検索エンジン独自の論理で決定される評価（Googleではこの評価を「ページランク」と呼んでいる）が高いWebサイトからリンクされている数、などが表示順位に大きく影響すると考えられている。

検索エンジン最適化（SEO）の必要性

自社のサイトを膨大な数のWebサイトの中からいち早くユーザーに見つけ出しアクセスしてもらうために、検索エンジンの検索結果ページで上位表示されることは非常に重要だ。検索エンジンの基本的な構造を理解したうえで、検索結果ページで上位表示されるように自社のWebサイトの設計を工夫することを検索エンジン最適化（SEO=Search Engine Optimization）（以下、「SEO」）という。

用語1 YST
Yahoo!が開発した検索エンジン。Yahoo! Search Technologyの略。

用語2 Webクローラ
インターネット上のWebページの情報を一定の規則に基づいて収集するプログラム。

用語3 アルゴリズム
処理の手順。

検索エンジン最適化（SEO）の手順

① キーワードの分析

自社のサービスや商品を利用するユーザーは、どういったキーワードで検索を行うかを分析する。会社名や提供する商品名、サービス名のような固有名称（例：「ホームケアパートナー」）、それらを表す一般名称（例：介護サービス、生活介護サービス）、またそれらのキーワードの関連用語（例：医療、介護、老人、福祉）、特徴を表す言葉（例：訪問介護、送迎、24時間対応、世田谷区限定、少人数）などが重要なキーワードとなる。こうしたキーワードを解析するツール 用語4 が公開されているので、類似した商品やサービスを提供する企業サイトの解析、キーワードの選定や重要度の判別などに利用するとよいだろう。

A

用語4 キーワードを解析するツール
・Google AdWords Keywaord Tool
https://adwords.google.com/select/KeywordToolExternal
・Googleキーワード最適化ツール
http://www.google.com/sktool/

② Webページの文書構造最適化

HTMLはWebページの構造や見た目を記述する言語だが、検索エンジンもWebページに含まれるさまざまなキーワードとこの構造を論理的に解析し、そのWebページとキーワードの関連性に重み付けをしている。一般的には、METAタグ情報（Webページの内容説明やキーワード）、ページタイトル、及びWebページ本体の見出しや強調タグなどで囲われた文字、リンクの文字（アンカーテキスト）、及び出現頻度の高い文字をそのWebページの関連性の高いキーワードとして認識している。この基本的な構造に沿って適切にキーワードを配置し、検索エンジンに"正しく"理解されるWebページを心がけよう。

B

③ 被リンク

提携関係にある企業やサービスのWebサイトと相互リンクを依頼する、またほかのWebサイトから自社のサイトへリンクを貼ってもらうために必要な情報をサイト上で公開しよう。

C

④ そのほか

新しくサイトを公開しても、すぐに検索エンジンに自動的に検出されるわけではない。そこで検索エンジンに自社のWebサイトを知らせる手段として「XMLサイトマップ」 用語5 を用意しよう。GoogleやYahoo!の「YST」、Microsoftの「bing」ではWebマスター専用のサービス 注1 が提供されているので、このサービスを通じて検索エンジンへ「XMLサイトマップ」登録を行う手続きが可能だ。

D

用語5 サイトマップ
「検索エンジン」用に、自社のWebサイトに含まれるWebページのリストを記述した文書（XML）ファイル。
http://www.sitemaps.org/ja/

注1 Webマスター専用のサービス
・GoogleWebマスターセントラル
http://www.google.co.jp/intl/ja/webmasters/index.html
・Yahoo!サイトエクスプローラー
http://siteexplorer.search.yahoo.co.jp/
・bing Webmaster Centrer
http://www.bing.com/webmaster

絶対NG！「検索エンジンスパム」

検索エンジンの前述のような仕組みを悪用し、不正に検索結果の整合性や表示順位を操作することを「検索エンジンスパム」（以後、「スパム」 注2 ）という。「スパム」の横行を防ぐため、各検索エンジンは、検索アルゴリズムを常に改善、進化させている。さらに、そのWebサイトに「スパム」行為があると判別された場合、非常に長期間（もしくは永久に）、検索結果や検索データベースから抹消されるなどのペナルティ措置が執られてしまう。検索エンジンからユーザーを自社サイトへ誘導できなくなることは、ビジネスにとっては致命的だ。「SEO」を誠実に正しく行うことは、自社のWebサイトやビジネスにも、ユーザーにも重要であることがおわかりいただけると思う。

注2 SEOのスパム
SEOのスパムと見なされる禁じ手には以下のようなものがある。
METAタグ不正使用、同一キーワードの不自然な多用、隠しリンクや隠しテキスト、リンクスパム業者（リンクファーム）の利用、特定キーワードで最適化されたWebページの複製登録、不正リダイレクト（クローキング）、ほか多数。

Article Number 085

モバイル・マーケティングについて

「モバイル・マーケティング」とは、携帯電話などのモバイル端末向けにインターネットを通じて提供される広告やサービス、モバイル独自の機能や特性を生かして自社の商品やサービスに関する情報提供や販売促進活動、顧客マネージメントなどを行うことを言う。

プロジェクト計画
集客施策
公開

Keywords

- **A** 公式メニュー
- **B** 勝手サイト
- **C** モバイル広告
- **D** いつでもどこでも
- **E** 即時性・リアルタイム
- **F** 高性能カメラ
- **G** 位置情報
- **H** 電子決済機能
- **I** メディアプレーヤー
- **J** モバイルアプリ
- **K** QRコード

日本のモバイル人口について

2009年9月末時点の携帯電話契約数 注1 は約1億963万件、このうち80%以上がインターネットに接続している。世帯普及率、個人利用率 注2 においても携帯端末はPCを上回っており、モバイル・マーケティングはPC向けと同等に非常に重要であると言える。

「公式メニュー」と「勝手サイト」について

A モバイルのインターネット利用や各種サービスの普及に大きな役割を果たしたのは、NTT DocomoやKDDI（au）、Softbankの携帯通信キャリアによる「公式メニュー」と言われるWebディレクトリサービスの存在だ。「**公式メニュー**」は、ユーザーに利便性が高いと考えられるさまざまなモバイルサイトがカテゴリごとに分類されており、ユーザーが必要な情報やサービスを発見するには非常に便利なサービスだ。モバイル向けのコンテンツやサービスを提供する企業は、この「公式メニュー」へ自社のモバイルサイトの掲載を申請することができるが、各キャリア独自に決められた掲載基準をもとに厳しい審査を通過する必要がある。

B 一方、携帯にもインターネットブラウザが搭載され、ユーザーは「公式メニュー」に掲載されない「**勝手サイト**」と言われるさまざまなモバイルサイトにアクセスが可能になった。また、急増するこれらのモバイルサイトから効率的に目的にあったモバイルサイトを見つけるために、PCと同様にモバイル向けの「検索エンジン」の利用率が高まり、モバイルサイトにも検索エンジン最適化の必要性が高まっている。

モバイル広告業界の仕組み

C 各キャリアの「公式メニュー」内には**モバイル広告**メニューが用意され、「キャリアレップ」用語1 という広告販売のとりまとめ窓口企業を通じて広告主に提供されている。また、急増した「勝手サイト」でも、さまざまな広告メニューが提供されるよう

注1 電気通信事業者協会調べ
http://www.tca.or.jp/

注2 総務省による通信利用動向調査より
http://www.johotsusintokei.soumu.go.jp/statistics/statistics05a.html

用語1 キャリアレップ
通信キャリア系の広告販売会社。
・NTT Docomoの「i-mode」の取り扱いは「D2C」（NTT DocomoとNTTアド、電通により設立） http://www.d2c.co.jp/
・KDDI（au）の「au one」の取り扱いは「メディーバ」（KDDIと博報堂、アサツーディケイ、DACにより設立） http://www.mediba.jp/
・Softbankの「Y!メニュー」のキャリアレップはない。

になった。こうした多種多様な広告掲載媒体や広告メニューの販売をとりまとめるためにモバイル広告を専門に取り扱う「モバイルメディアレップ」が登場し、さらに従来はPC向けの広告を扱っていた「メディアレップ」もモバイル広告を取り扱うようになった。

モバイル広告

モバイル向けの広告もPC向けと同様に、一般的なディスプレイ広告である「ピクチャー広告」、「メール広告」や「検索連動型広告」、アバター 用語2 やGPS、電子決済機能と連動したモバイルならではのユニークな広告ソリューションが提供されている。「公式メニュー」で掲載可能な広告の詳細は各キャリアレップのWebサイトで確認できる。

自社のモバイルサイトを開設する

自社のマーケティングにモバイルを活用するに、まずは携帯端末からアクセス可能なモバイルサイトを用意する必要がある。キャリアごと、携帯端末の機種ごとに、画面サイズ、使用できる色数、画像フォーマット、ページごとのデータ容量上限、端末機能との連携など、仕様が異なる 注3 。モバイルサイトにどのような役割を持たせるか、ターゲットユーザーの利用動向などの条件によって動作保証するキャリア、及び機種の選定を行う。また、評判の高いモバイルサイトや自社の競合企業がモバイルサイトをどのように活用しているか、などを調査することも自社のモバイルサイトを設計するうえで重要だ。

PCとの違い：モバイルの特徴

PCと比較したモバイルの主な特徴をあげてみると、「画面が小さい」、「文字入力が手間」、「仕様上の制限が多い」（データ容量や利用可能な技術など）といった制約事項と引き替えに、「利用場所の制約が少ない」（いつでもどこでも利用が可能）、「即時性・リアルタイム」「高性能カメラ」、「GPSによる位置情報」「電子決済機能」「メディアプレーヤー機能」「モバイルアプリ」など、モバイルならではの特徴、高い利便性があげられる。

モバイル・マーケティングの可能性

モバイルに搭載されているこれらの機能を活用すると、たとえば「スーパーで販売する食品パッケージに掲載された QRコード 用語3 から自社のモバイルサイトへ誘導し食品安全情報を提供する」、「GPSによる位置情報を送信し周辺の飲食店クーポンを配信、さらに来店したユーザーは携帯端末で決済」、「駅の壁面広告に記載されたメールアドレスに空メールを送信すると自動返信されてくるメール内に記載されたURLをクリックし、ユーザー登録が完了するとデジタルコンテンツがダウンロードできる」といった、ユーザーの利用シーンに応じたモバイルならではのマーケティングが可能だ。

用語2　アバター
インターネット上で提供されるチャットやメッセンジャーなどのコミュニケーションツールを利用する際に、自分の分身としてサービス上に表示する2Dや3Dのキャラクターのこと。

注3　端末情報一覧
・NTT Docomo
http://www.nttdocomo.co.jp/service/imode/make/content/spec/index.html
・KDDI(au)
http://www.au.kddi.com/ezfactory/tec/spec/new_win/ezkishu.html
・Softbank
http://creation.mb.softbank.jp/terminal/index.html

用語3　QRコード
1994年にデンソー（現在のデンソーウェーブ）が開発したマトリックス型二次元コード。白と黒の格子状のパターンで情報を表し、主に日本で広く普及している。バーコードの情報は横方向のみなのに対し、QRコードは縦横に情報を持つため、格納できる情報量が多い。携帯電話のアドレス読み取り機能などに採用されている。

Article Number **086**

クチコミ・マーケティングについて

「クチコミ（WOM=Word of Mouth）・マーケティング」**用語1**は、「バイラル・マーケティング」、「バズ・マーケティング」と同様に、人と人とのコミュニケーションを介して情報が伝播する現象を活用したマーケティング手法のことだ。

プロジェクト計画
■集客施策
公開

Keywords　A コミュニケーションツール　B ソーシャルメディア　C 自然発生型　D 人為発生型　E 話したくなる

クチコミ（WOM=Word of Mouth）について

クチコミ（WOM=Word of Mouth）とは、人と人とのコミュニケーションを通じて情報が伝播していくことだ。信頼関係（家族や友人など）のある個人から発信された情報は、信頼性の高い情報として受け入れやすく、さらにその情報を別の信頼関係がある第3者へ発信するというループを繰り返し、伝播していく、これがクチコミの基本的な仕組みだ。

インターネットにおけるクチコミの可能性

インターネット以前のクチコミは、人を介する情報伝達が直接対話可能な地域コミュニティ内や、家族や友人などのネットワーク内で交わされる電話や手紙などのコミュニケーション手段に限られており、その影響力は非常に限定的なものだった。しかしインターネットが普及すると、IM（インスタントメッセージング）サービスや電子メール、グリーティングカードサービスやメーリングリストなどがインターネット上に登場し、それまで個別に存在した家族や友人などのネットワーク同士がこうした**コミュニケーションツール**を通じて徐々に連鎖しはじめる。さらにインターネット自体がブログやSNS、掲示板や共有サイトなど**ソーシャルメディア 用語2**の台頭により非常にオープンなコミュニケーションのプラットフォームと化したことで、個人が発信する情報が広範囲な不特定多数の人々の間に伝播する可能性が生まれてきた **図1**。

インフルエンサー

そうした状況の中、インターネットを通じて特定の趣味や専門分野などで積極的に情報発信を行い、インターネットを利用するユーザーに対して影響力を持つ「インフルエンサー」と呼ばれる人々の存在が顕在化し注目を集めている。

クチコミ発生パターン

インターネットにおけるクチコミの発生パターンには、**自然発生型**と**人為発生型**がある。前者は、企業（もしくは商品、サービス）のロイヤリティユーザーである消費者が自発的にインターネット上で情報発信を行い伝播するもの、後者は、企業がマ

用語1　WOMマーケティング
クチコミ（Word of Mouth：WOM）を活用したマーケティング手法を指す。米国にはWOMを推進する非営利業界団体 Word of Mouth Marketing Association（WOMMA：ウォンマ）があり、2005年からクチコミマーケティングの研究を重ね、市場の発展に貢献してきた。日本の業界団体であるWOMマーケティング協議会もWOMMAと提携している。

用語2　ソーシャルメディア
特定の目的を持ったユーザー同士が情報交換や交流、情報発信を行うユーザー参加型のメディア。

BOOK GUIDE

クチコミのチカラ
ビジネスに生かすクチコミ・マーケティング
ベクトルグループ（著）
A5変型判／200頁／価格1,470円（税込）
ISBN9784861302688
日経BP企画

Web2.0は、情報サービスのパラダイムを大きく変換した。メディア産業の革命とも言えるこの新しいメディアがもたらしたクチコミを、その技法ではなく、マーケティング・コミュニケーションの視点から分析して「クチコミのチカラ」を解明する。

用語3　ペイドWOM
報酬によって意図的に生み出したクチコミ。たとえば、企業のプレスリリースをブログの記事として書くとブロガーに報酬が発生するサービスを「ペイドWOM」。自然発生的なクチコミを「オーガニックWOM」という。

用語4　Web API
Web Application Programming Interfaceの略。企業が開発した特定の機能（アプリケーション）を、ほかの開発企業や個人向けにインターネットを介して提供するために公開している開発関連情報のこと。

ーケティング活動を通じてさまざまなクチコミのきっかけを作り、情報の伝播を狙ったものと言える。クチコミのきっかけの作り方は、従来のように既存の広告媒体やパブリシティを活用するほか、インセンティブを付与する「紹介キャンペーン」、「インフルエンサー」を活用しブログやSNS、特定のコミュニティなどを通じて情報発信を依頼する「ペイドWOM」**用語3**（もしくはPPP=Pay Per Post）などの手法も登場している。

クチコミ・マーケティングの心得

クチコミを活用する際、大切なのは、「ユーザーに語ってもらう」ことだ。ユーザーにとってコミュニケーションのプラットフォームであるインターネット上で従来のように一方的にメッセージを発信するだけでは意図したとおりにはクチコミは発生しづらく、前述の「ペイドWOM」も、やり方を間違えると"騙された"と捉えられかねない。クチコミと言っても、ユーザーの感性や経験によって"良い"クチコミにも"悪い"クチコミにもなり、一瞬にして広がるものや時間をかけて徐々に広がるものもあり、さまざまなリスクが存在する。マーケティング担当者は、ユーザーが「いつ」「どこ」で「誰が」「なに」を「どういった方法」で行うと企業や商品、サービスについて"好意的に"「話したくなる」かという、ユーザーの立場に立った誠実なコミュニケーション・プランニングが必要だ。

自社のサイトでクチコミを活用する

自社のサイト設計の際、こうしたインターネットの特性を活用し自社サイトにアクセスしたユーザーを通じてクチコミを発生させ、新たなユーザーのアクセスを生み出すことも可能だ。インターネット上のニュース記事や動画コンテンツなどのWebページに「この動画について友達とチャットする」（IMする）や「この記事をメールする」、「友達に紹介する」といった機能が実装されているのを見たことがあるだろうう。比較的簡単なこの機能でも、電子メールやIMサービスを通じてクチコミが醸成される可能性が生まれる。また自社の潜在顧客となる共通の属性を持ったユーザー同士がコミュニケーションする場を自社のサイト上で提供するという方法もある。最近では、ソーシャルメディアのサービスを提供する企業が一部のWeb API **用語4**を積極的に公開しているので、そうしたWeb APIの活用を検討してみるのもよいだろう。

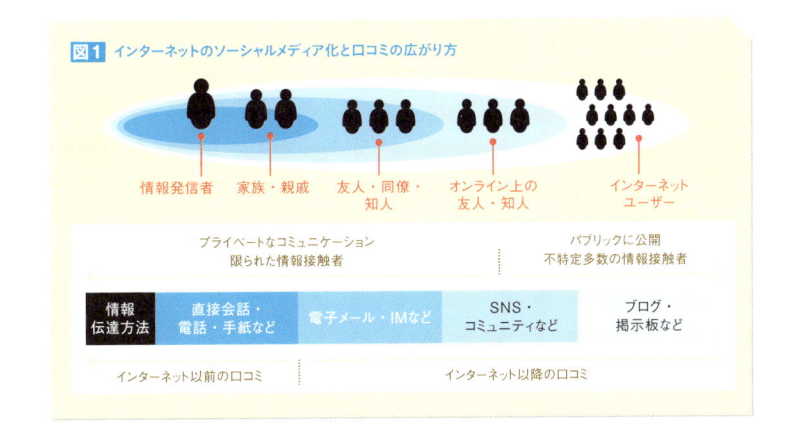

図1　インターネットのソーシャルメディア化と口コミの広がり方

情報発信者	家族・親戚	友人・同僚・知人	オンライン上の友人・知人	インターネットユーザー
プライベートなコミュニケーション 限られた情報接触者			パブリックに公開 不特定多数の情報接触者	

情報伝達方法	直接会話・電話・手紙など	電子メール・IMなど	SNS・コミュニティなど	ブログ・掲示板など
インターネット以前の口コミ		インターネット以降の口コミ		

Article Number **087**

メール・マーケティングについて

「メール・マーケティング」とは、電子メールを使って自社の商品やサービスに関する情報提供や販売促進活動、顧客マネージメントなどを行うことだ。ここでは一般的な「メール・マーケティング」の知識について説明する。

プロジェクト計画
■集客施策
公開

Keywords　A　オプトイン　B　オプトアウト　C　ターゲティング配信　D　特定電子メールの送信の適正化等に関する法律

メール・マーケティングとは

電子メールは、インターネットを利用する個人や企業にとって非常に重要なコミュニケーションツールのひとつだ。多くの企業はこの電子メールを使って、商品やサービスに関する情報提供や販売促進を目的に「メールマガジン」を自社で発行したり、他社の「メールマガジン」が提供するメール内の広告枠を使って、自社の顧客とのコミュニケーションを図っている。このことを「メール・マーケティング」という。

メール・マーケティングのメリット

「メール・マーケティング」の主なメリットとして、「メールマガジン」を通じて自社の顧客に告知したいタイミングで情報をプッシュできることがある。SEOは特定のニーズが顕在化したユーザーに対して検索エンジンを通じて自社サイトにアクセスしてもらう際には有効だが、「メール・マーケティング」はニーズがまだ顕在化していない潜在顧客にも情報を提供できる点が特徴だ。
また、比較的低コスト、短期間で配信することが可能なこともメリットと考えられる。

メール・マーケティングの企画

どのような「メール・マーケティング」を行うかを企画する。自社で「メールマガジン」を配信する場合は、配信する目的、自社の顧客に定期的に配信したい情報、顧客ニーズの分析、適切な情報量や配信頻度などを検討する。次に、「メールマガジン」の配信頻度や配信数、配信方法の複雑さ、運用方針、人的リソースやコストなどによって、自社で配信システムを導入するか、外部のメールマガジン配信サービス **用語1** を利用するかを決める。

メールマガジンを作る

「メールマガジン」は、シンプルなテキスト形式と、さまざまなデザインや画像を使ってリッチな表現が可能なHTML形式のPC向け「メールマガジン」と、携帯メール機能を使った携帯向けの「メールマガジン」がある。
PCや携帯で日々、大量のメールを受け取っているユーザーに、受けとった「メール

用語1 メールマガジン配信サービス
配信品質保証があり、配信管理から効果測定リポートまでオンラインで提供されるメルマガ配信サービスが沢山ある。比較的安価にさまざまなメールフォーマットに対応したメルマガ配信が可能だ。

マガジン」を「開封」して読んでもらうには、最初に見るメール件名が一目でわかるか、本文の内容が的確に表現されているかが重要だ。メール本文も、メール件名を見たユーザーが見たいと思われる情報が発見しやすい位置に配置されているか、メール本文の構成や情報量が適正か、など工夫をする必要がある。特に携帯メールは画面が小さく、メール件名や本文の情報量にも制約があるので注意が必要だ。

メールマガジンの「オプトイン」と「オプトアウト」

自社で「メールマガジン」の配信システムを導入する場合は、自社のWebサイト上で「メールマガジン」購読申し込みフォームを用意し、ユーザーにメールアドレスを入力してもらって「メールマガジン」の購読者を募集する。ユーザーが「メールマガジン」の購読を申し込むことを「**オプトイン**」、ユーザーが登録を解除することを「**オプトアウト**」という。「オプトイン」は簡単だが「オプトアウト」が複雑で、その企業に心証を悪くした経験がある方もいるだろう。「オプトアウト」の方法がわかりやすく記述されているか、簡単に手続きが完了するかは、購読者を増やすことと同様に、顧客マネージメント、「メールマガジン」効果測定の観点から非常に重要だ。

メールマガジンのターゲティング配信

自社の商品やサービスが複数ある場合や、ユーザー属性ごとに配信内容を変えたい場合は、「メールマガジン」の購読申し込みフォームにユーザー属性情報と、興味のあるカテゴリ、商品やサービスなどをユーザーに選択、入力してもらう。こうして入力されたユーザー属性や選択された情報をもとに、配信対象となるユーザーを絞ったり、個々のユーザーに関連性が高いと思われる情報に絞って配信する、いわゆる「**ターゲティング配信**」も可能だ。

メール・マーケティングの効果測定

メール・マーケティングの効果測定は、一般的に登録者数に関する指標（「購読者総数」、「新規登録者数」、「購読解除者数」など）、配信に関する指標（「配信数」、「開封数」、「リンククリック数」、商品やサービスの「購入申込者数」、「購入単価」など）、「メールマガジン」の配信・運用に掛かったコストなどで評価するのが一般的だ。これらの指標を使って定期的に効果測定と評価、改善施策の検討などを行おう。

メール・マーケティングと「特定電子メール法」

一部の広告業者のモラル低下や利用者の知識不足により、身に覚えのない未承認広告やスパムメールなどが大量に送信され、電子メールによる正常なコミュニケーションに支障を来す状況が発生し、電子メール利用者の悩みの種となっている。最近では、迷惑メールフィルタ等の機能が提供されているがこれにも限界があり、これらの問題が100％解決されているわけではない。こうした状況を鑑み、行政の立場からインターネット環境を良好な環境に保つため、従来の法令適用範囲の拡大により有効性が高められた「**特定電子メールの送信の適正化等に関する法律**」注1が2008年12月1日より施行されている。メール・マーケティングを実施するすべての企業がこの法令を遵守する必要があるので、その内容を充分理解しておこう。

注1 特定電子メールの送信の適正化等に関する法律

http://law.e-gov.go.jp/htmldata/H14/H14HO026.html

Article Number 088

サイト公開時の告知活動

サイトの開発が終了すると、いよいよインターネットへ公開となる。Webサイトを公開する際の告知活動としては、「プレスリリース」や「ニュースリリース」の活用がある。

プロジェクト計画
集客施策
■公開

Keywords A プレスリリース　B ニュースリリース　C シンプル　D 客観性　E インパクト

サイト公開時の告知活動について

自社サイトへユーザーを集客する施策について、インターネット広告の仕組みや検索エンジン最適化、モバイル広告、インターネットならではのクチコミ・マーケティングやメール・マーケティングについて説明した。ここでは、自社サイトの紹介や公開をほかの企業や一般のユーザーに告知するための方法として「プレスリリース」用語1、「ニュースリリース」を説明する。

サイト公開の告知活動、その前に

自社のサイトの紹介やサイト公開を告知する前に、自社のサイトやそこで提供する商品やサービスについて、初めて聞いた人にもわかりやすいメッセージを準備する。商品やサービスの特徴をシンプルにわかりやすく箇条書きにし、さらにそれらがいかに客観的に見てインパクトのあるものかを分析してまとめておこう。告知活動をより効果的にするには、「シンプル」、「客観性」、「インパクト」が重要だ。

プレスリリース

主にテレビ局、新聞や各種業界紙、雑誌やオンラインメディアなどを対象に自社の発信したい情報をプレスリリースとして送付し、各メディアの担当者は受け取った情報をもとに取材や編集などを行い、記事にして情報を発信する。このことを「パブリシティ」と呼び、広告掲載とは異なり通常は無償で行われるものだ。「プレスリリース」の内容は、各メディアによって編集の仕方や掲載可否の権限が委ねられるため、掲載されない場合や自社の思いどおりの記事にならない場合も考えられるが、権威あるメディアへ記事が掲載されることは、自社のサイトのPRには非常に効果的だ。日頃から各メディアとのリレーションを自ら構築して情報を発信するほかに、「プレスリリース」専門のコンサルティング会社や、「プレスリリース」配信代行サービスを提供する企業も多数あるので、利用を検討してみよう。

ニュースリリース

「ニュースリリース」は、主に自社のサイトやメールマガジンを活用し、「プレスリリー

用語1 プレスリリース
政府機関や企業などから報道機関あるいは各種媒体向けに発表する資料や文書のこと。規模の小さいプレスリリースは、FAX、電子メールなどで送付するのが一般的。PR会社などの配信代行サービスを使って広く配信することもある。各種媒体や報道機関は、届いたプレスリリースを元に記事にするため、企業などの広報活動の一環とされている。

ス」と異なり企業が主導権を持って思いどおりの内容を一般のユーザー向けも含め広く情報発信するものだ。自社のサイト内に、最新の「ニュースリリース」や過去のアーカイブ一覧を掲載しておくと、初めてサイトにアクセスしたユーザーや、ほかの企業が参照することができるので自社サイトの紹介に役立つ。

「プレスリリース」「ニュースリリース」の書き方

これらリリースの構成は「冒頭」—「タイトル」—「見出し文（リード）」—「本文」—「文末」だ。

「冒頭」に「プレスリリース」（もしくは「ニュースリリース」）、誰宛なのか（「報道関係者各位」など）、日付と発信者名を記載する。

次に「タイトル」だが、簡潔でインパクトのある表現でリリースを受け取った各メディアの担当者の目に留まる表現、工夫が必要だ。

「見出し文（リード）」は、誰がいつ、何をするのか、どういったインパクトがあるのかを事実に基づいた具体的な数値や表現を用いてわかるようにする。各メディアの担当者の多くは、掲載する価値のある情報かどうかをこの「タイトル」と「見出し文（リード）」で判断している場合が多く、リリースの成否を決める大きな要素と考えても過言ではない。

「本文」は「タイトル」と「見出し文（リード）」で述べた内容の詳細説明や補足、今後の予定などを記述するが、冗長にならないように可能な限り簡潔に済ませよう。

「文末」には会社概要、及び問い合わせ先情報を記載する 図1 。

そのほかの手段

新聞や雑誌など各メディアの一部は、企業がPRしたい内容を通常の編集記事のような体裁で掲載する「記事広告」や、テレビの情報番組やドラマ等で企業の製品やサービスの利用シーンを盛り込む「プロダクトプレースメント」 用語2 を有償や商品提供を条件に受けたりする場合がある。また自社のサイトで取り扱う商品のサンプルがあれば、プレゼント情報を扱うサイトで配布するといった方法も考えられる。

用語2　プロダクトプレースメント
新たなマス広告宣伝手法のひとつで、映画やテレビドラマなどの中で、主人公などに現実の新製品・新商品を利用させたり、ゲームの中で企業広告や商品の広告などを掲載したりして、消費者に広告という意識を持たせることなく、その製品の宣伝効果を狙う手法。

図1　プレスリリース
A4原稿1-2枚程度に収める

```
┌─────────────────────────────────┐
│ プレスリリース          2010年×月××日 │
│ 報道関係者各位      ○○○○○○株式会社 │
└─────────────────────────────────┘

┌─────────────────────────────────┐
│              タイトル              │
│        簡潔でインパクトのある表現       │
└─────────────────────────────────┘

┌─────────────────────────────────┐
│           見出し文（リード）          │
│ 誰がいつ、何をするのか、どういったインパクトがあるのかを │
│  事実に基づいた具体的な数値や表現を用いて記述する   │
└─────────────────────────────────┘

┌─────────────────────────────────┐
│               本文                │
│ 「本文」は「タイトル」と「見出し文（リード）」で述べた内容の │
│    詳細説明や補足、今後の予定等を記述する     │
└─────────────────────────────────┘

┌─────────────────────────────────┐
│               文末                │
│ ○○○株式会社　会社概要                │
│ 本社住所                          │
│ 代表者氏名                         │
│ 設立／資本金／URL                    │
│ お問い合わせ先                       │
│ 担当者名　電話番号　E-Mail             │
└─────────────────────────────────┘
```

Article Number **089**

ますます多様化していく Webブラウズ環境

数年前まではいわゆるPC用のブラウザを使ったWebサイトの閲覧が主体であったが、ここ数年の間で携帯電話を始めとしたWebサイトの閲覧可能なデバイスが数多く登場している。従来はPC環境で閲覧できればよいだろうと思われがちだったWebは本来デバイスに依存しない、万人に公平な情報提供を行うことが基本である。今後は、ますます多様化していく閲覧環境のことも考慮した情報配信が求められると考えられる。

■制作

Keywords　A　Webブラウザ　B　PDA　C　スマートフォン　D　ゲーム端末　E　ユビキタス　F　デジタルサイネージ

Webサイトの閲覧環境は実にさまざま

インターネットの本格的な商用利用がはじまって以来、世界中で公開されているWebサイトは主にPC環境においての閲覧を主として構築されてきた。PC用の主要な **A** Webブラウザだけあげても、「Internet Explorer」「Safari」「Chrome」「Firefox」「Opera」がある。現在では、モダンブラウザの登場によりWeb標準技術への準拠が進んでブラウザごとの表示の相違は少なくなっているが、IE 6.xなど旧来のバージョンを利用するユーザーもまだまだ一定数存在する 図1。

B PC以外に目を向けると、**PDA** や携帯電話に代表されるモバイル閲覧環境の充実や **C-D** 新時代の **スマートフォン** 用語1 の登場、テレビや **ゲーム端末** などでもWebサイトの閲覧が可能になっている 図2。

もはや、閲覧ユーザーが必ずしもPCを目の前にして閲覧している、という図式は成り立たないのだ。たとえば、Webサイトへの集客のためにテレビのコマーシャルや電車の吊り広告を使って宣伝活動を実施したとしよう。それを目にするのがテレビの前であれ電車内であれ、その場でPCを同時に使用しているユーザーがどれほどいるだろうか？　答えは言うまでもなく明らかである。仮にそこに提示された情報に興味があれば、携帯電話を使ったアクセスの可能性が高くなる。しかし、そこでPC向けのWebサイトしか用意されておらず、何も表示されないというのは機会損失以外のなにものでもない 図3。

同様に特定の技術環境に依存するようなWebコンテンツも時に問題となる場合もあ

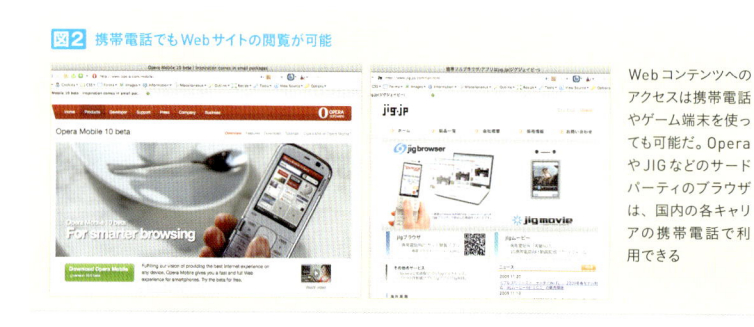

図1 Webブラウザ

PC用のWebブラウザの中でもシェアが大きいInternet Explorerは最新バージョンが8である。すでに次期バージョン9の方向性などのアナウンスが始まっている（2009年11月現在）にもかかわらず、実際はまだまだバージョン7や6の利用者の割合が多い

PC用のWebブラウザはIEだけではなく、モダンブラウザと呼ばれるFirefoxやOpera、Safari、Google Chromeなどがある。日本の場合IE以外で動作しないWebサイトなどもあるが、本来であればそれ以外のブラウザもサポートしたコンテンツを提供すべきである

用語1　スマートフォン

日本の携帯電話のように電話機能をベースにインターネットへの接続・閲覧機能が付与されたデバイスではなく、PDAなどをベースとして電話やネットワーク機能が搭載されたデバイス全般を指す。一般的に、国内で流通する携帯電話は含まれない。スマートフォンの多くは、Windows Mobile、OS X、Androidといった異なるプラットフォーム上で動作する。2010年1月には、Googleから「Nexus One」も登場した。

図2 携帯電話でもWebサイトの閲覧が可能

Webコンテンツへのアクセスは携帯電話やゲーム端末を使っても可能だ。OperaやJIGなどのサードパーティのブラウザは、国内の各キャリアの携帯電話で利用できる

る。今の時代のWebサイトは「IEで見れていればよいよね」といった、制作側が想定する閲覧環境だけがサイトへ流入してくるわけではない。利用者数という数の多かれ少なかれはあるとしても、多様化していくデバイス環境を無視することは、最悪の場合Webサイトだけでなくその商品や企業に対してもネガティブイメージを植え付けかねないのだ。

よりアクセシブルなWebサイトへ

Webサイトを公開することで達成したい目標設定や対象ユーザー層との関係にも寄るところは非常に大きいが、可能な限りさまざまなデバイスで情報が取得できることが理想だと言える。開発にかかるコストや時間といった制限もあるため、対象をどこまで広げるかはコンテンツの企画段階で十分に調査し決定すべきである。

携帯からのアクセスがみこまれるとしても、必ずしも携帯端末に最適化されたサイトが必要とは限らない。視覚的な部分ではなく、中に含まれる情報提供に重きをおけば、PC用にHTMLベースで構築されたサイトはそのまま流用できる可能性も高い。これはスマートフォンでも同様で、デバイスの特徴を理解すれば専用サイトの有無は判断可能だ。携帯電話の場合、限られた表示スペースで十字キーを使った操作が主になる。表示されるコンテンツの順番など使いやすさもあわせて考慮したい。

さらにFlashを使った情報提供でも考慮すべき点はある。閲覧ユーザーのPCや回線環境は、制作側と同じような最新機種であったり、ブロードバンド環境であるとは限らない。都市部の人にとってはブロードバンド **用語2** が一般的かもしれないが、都市部以外ではADSLであっても実際の回線速度は想像以上に遅いこともある。そんな状況が想定できる中で、アクセス直後に数十MBのデータをダウンロードさせるのはどうだろうか。表現としての面白さだけを追求しすぎた結果、予想以上にアクセスが伸びず成果が得られなければ意味はない。Flashコンテンツを中心に据えたとしても、HTMLで構成された簡易版の代替ページを用意しておくことは可能だ。

サイトを閲覧するのは、Webブラウザを始めとしたデバイスの先にいるユーザーである。サイトの目的や対象のことを踏まえたうえで、できる限り多くのユーザーがストレスなくアクセスできるようなWebサイトを構築することが必要だ。

きたるべき未来を見据えて

インターネットの商用利用が始まって約15年の歳月が流れた。ここ数年でネットワークの高速化やデバイスの小型化が進み、新たな可能性が生まれている。

「**ユビキタス** **用語3** 社会」という言葉に代表されるように、コンピュータやネットワークが存在を意識することなく相互接続され、人々の生活を豊かにする社会作りを目標としたプロジェクトも発足している。また、屋外の公共施設やレストランのような商業施設などにネットワーク接続されたディスプレイ機器を接続し、映像や広告を表示する「**デジタルサイネージ**」 **用語4** のような仕組みは新たな情報通信・広告媒体として今後利用が進んでいく可能性が高い。

現状はPCや携帯電話などの特定のデバイスから利用されることが多いWebコンテンツは、近い将来その技術を応用し、さまざまな場面、いろいろなデバイスの上でいつ動き始めてもおかしくない時代になっている。未来については予測不可能だが、閲覧デバイスの多様化や技術動向の変化についても注目しておきたいものだ。

図3 携帯からのアクセスを想定しているか

今すぐ「Webディレクション」で検索！

[Webディレクション] [検索]

電車の車内吊り広告やテレビCMなどでよく目にする「○○○で検索」といったアプローチは、必ずしもそれを目にするときはPCの前であるとは限らないということを認識すべきだ。携帯からのアクセスを想定していないプロジェクトは思いのほか多い

用語2 ブロードバンド
ADSLや光ファイバー、ケーブルテレビのような大容量の転送帯域を持つ回線のこと。総務省の2009年度の報告書によると、日本国内におけるブロードバンド契約数はおよそ3,000万、光ファイバー接続は2009年度にやっとその半数である1,500万を超えている。ただし、ブロードバンド回線が必ずしも高速なわけではなく、国内の平均接続速度は約5MBとなっている（アカマイ調べ）。

用語3 ユビキタス（ubiquitous）
「いたる所にある」、「遍在する」という意味の英語。1980年代後半にコンピュータ科学者のマーク・ワイザーによって「日常生活にとけ込んだ目に見えないコンピュータ」という概念が提唱されたことが始まりとされ、そのようなコンピュータ環境を指す事が多く、「ユビキタスコンピューティング」と表現することも多い。そのネットワークは「ユビキタスネットワーク」と呼ばれ、そのネットワークによって実現する社会は「ユビキタス社会」などと総称される。

用語4 デジタルサイネージ
屋外の施設などを利用し、ディスプレイやプロジェクタとネットワークを介した広告配信を行うシステム。デジタルを利用することで、掲示する広告を時間ごとに入れ替えたりといったことが簡単になる。

Article Number 090

Webを使った情報公開で気をつけたいこと

今やインターネットの代名詞ともいえるWebは、元々インターネット上に散在するドキュメントをハイパーテキストを利用して記述し、ハイパーリンクを利用してドキュメントの相互参照を可能にしたシステムの総称である。現在のWebを取り巻く環境においては、テキストだけでなくさまざまなデータの配信が可能だが、本来のWebの持っていたコンセプトを忘れることなく多くの環境に配慮した情報配信を心がけたい。

■制作

Keywords
- A World Wide Web
- B ハイパーテキスト
- C HTML
- D アクセシビリティ
- E Flash
- F HTML 5

多様な環境で閲覧可能な状態が理想

A **World Wide Web**（以降、Web）はインターネット上の1アプリケーションであり、
B ネットワーク上に散在するドキュメントを**ハイパーテキスト**によって関連付け、ハイパーリンクを用いて相互参照を可能にしたシステムである。インターネットは、軍事ネットワークから学術研究ネットワークへ発展し、今現在の商用ネットワークと接続されたという経緯がある。共通化された仕様に基づき、相互のネットワークを接続することによって多様な環境が接続可能になりインターネットは発展したともいえる。

C Webのスタート当初はテキスト情報のやりとりが主体であった。その後**HTML**（HyperText Markup Language）が公式な仕様として標準化され、複数のWebブラウザやプラグインの登場により画像や音声などのメディアが利用可能になってきたのである。

発展期にはブラウザベンダーによる主導権争いによって、本来標準仕様であるはずのHTML言語が複数の異なる独自拡張により混乱を招いた時期もあるが、現在はW3C（World Wide Web Consortium）で策定される仕様に準拠する方向になっている図1。このことはOSの違いやブラウザの違いといった環境に極力依存せず、同じ情報を誰もが仕様に準拠したブラウザであれば閲覧できるという利点となる。HTMLの仕様に則って文書をマークアップすることによって、情報はさまざまな環境

D で利用しやすくなり**アクセシビリティ**用語1が高まる結果をもたらす。Webは、ようやく本来の目的に沿った仕様に生まれ変わろうとしていると言えるだろう図2。

情報配信の理想と現実

前述したように本来環境に極力依存しない情報配信が求められるのがWebの世界の理想である。しかし、Webがここまでの発展してきた過程においては、Adobe
E **Flash**に代表されるようなサードパーティの技術を利用することを前提とした情報配信技術の力があるのもまた事実だ。

Webブラウザの仕様の違いにより、本来のHTML言語としての記述では視覚的な閲覧で差異が出てしまうぐらいなら、本来の目的とは異なるHTMLタグの記述やサ

図1 W3C

WWWの技術仕様はW3C（World Wide Web Consortium）によって策定されている。静的なHTMLだけでなく、Webアプリケーションやモバイルに関することやアクセシビリティなどのガイドラインなどもある

用語1 アクセシビリティ

一般的には、身体的な障害をもつ利用者や高齢者などを含む誰もが公平に情報を入手できるようにすることと認知されているが、Webにおけるアクセシビリティは、それに加えて回線環境の違いや閲覧デバイスの多様化、デジタルデバイドまで含めた広い意味でのアクセシビリティを考慮する必要がある。

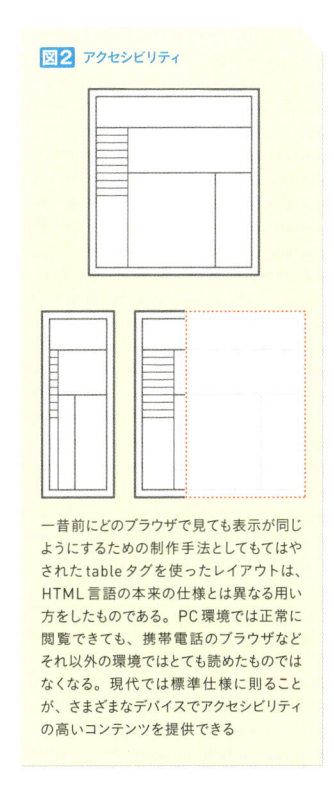

ードパーティのプラグインの利用によって情報を視覚的に同じように見せたい、という制作者の考えが今もなお残っているのが現実である。しかし、「視覚的に情報が伝達できればよい」「どの環境で見ても表示が崩れず、同じ見た目にしたい」という考え方は、本来あまり推奨できる考え方ではない。プラグインが利用できない環境、画像が表示できない環境というのは少なからず存在する。

もちろんFlashやAjaxといった最新の技術を使ってWebをよりリッチに表現したい、ターゲット次第ではその配信方法が最適だという考え方もあるが、リッチにしようとすればするほどデータは肥大化していく傾向にある。そこでは、回線環境の違いやユーザーのリテラシーの違いといった部分も考慮しなければならない。

企業サイトやキャンペーンサイトなどでは、画像のみならず最新の技術による表現を組み込む機会も多いが、これからの時代はそれらの技術が利用できない環境であっても、掲載されている情報の入手に支障をきたさないようなWebサイト作りが求められている。多様化するデバイスへの対応（クロスメディア 用語2 展開）も視野に入れなければ、今後は企業やブランドのイメージを傷つけてしまう可能性もあることを認識しておきたい。

次世代のHTML、CSSの登場も間近

数年以上大きな変化のなかったHTMLに大きな変化の波が訪れようとしている。HTMLの次期バージョン「HTML 5」の登場である 注1 。このWeb標準技術であるHTMLのバージョンアップにより、HTMLでの情報配信はこれまでと一変する可能性がある。映像や音声といったメディアのサポート、CSS 3による装飾表現の拡張、JavaScriptによる動的な処理が組み合わさることで多様な表現も可能になる。実際、iPhoneなどではすでにこの仕様を先行実装したSafariで表示可能なコンテンツ制作は一般的であり、Googleの「Google Wave」でも基盤技術としての採用は決定している。HTML 5やCSS 3が正式に勧告され、Webブラウザ側のサポートが完了し利用者の移行が進めば、新しい未来が開かれるのは間違いない 図3 。

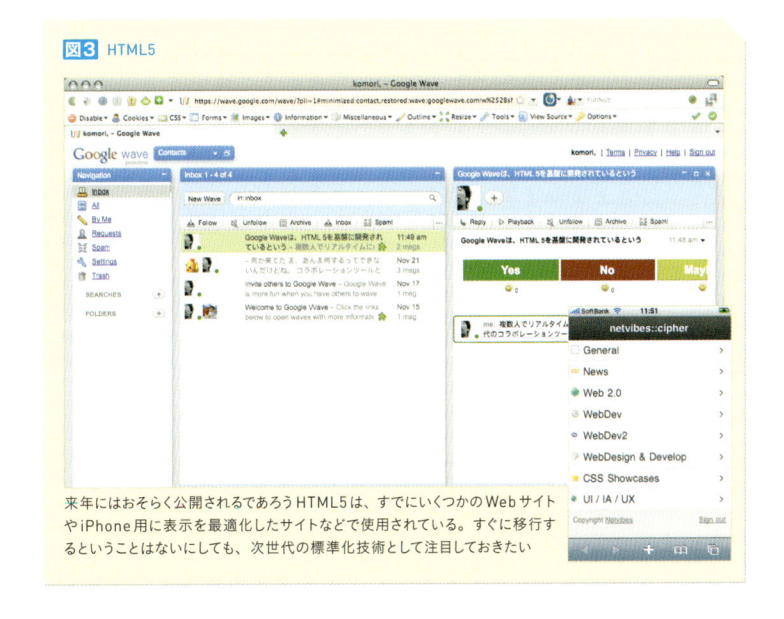

用語2　クロスメディア
これまでは異なる媒体を融合してコンテンツを提供する「メディアミックス」が主流だったが、ネットワーク環境の発展や閲覧デバイスの多様化を踏まえ、デバイス依存しない形での情報配信を行う「クロスメディア」に注目が集まっている。代表的な例として、飲食店などのクーポンやチケットの予約システムなどがある。

注1
HTML Design Principles
http://www.w3.org/TR/html-design-principles/

図2　アクセシビリティ

一昔前にどのブラウザで見ても表示が同じようにするための制作手法としてもてはやされたtableタグを使ったレイアウトは、HTML言語の本来の仕様とは異なる用い方をしたものである。PC環境では正常に閲覧できても、携帯電話のブラウザなどそれ以外の環境ではとても読めたものではなくなる。現代では標準仕様に則ることが、さまざまなデバイスでアクセシビリティの高いコンテンツを提供できる

図3　HTML5

来年にはおそらく公開されるであろうHTML5は、すでにいくつかのWebサイトやiPhone用に表示を最適化したサイトなどで使用されている。すぐに移行するということはないにしても、次世代の標準化技術として注目しておきたい

Article Number 091

視覚的に情報を伝達するデザインカンプの作成

現在のWebを使った情報配信では視覚的な表現が多用されている。コンテンツの企画・設計が終わった段階ででき上がっているワイヤーフレームやプロトタイプは、さらに具体的な形に仕上げることでコーディングなど以降の作業への指示書として機能する。Webページの表示パターンとして必要になるトップページや詳細ページなど、基本テンプレートとなるような視覚的な表現を組み込んだデザインカンプを作成しておくことが大事だ。

制作

Keywords

A ワイヤーフレーム　B プロトタイプ　C デザインラフ　D テンプレート　E デザインカンプ

ワイヤーフレームをより具体的な形に落とし込む

コンテンツの企画・設計段階において、Webサイト全体の構造やナビゲーション設計、コンテンツの情報設計の大枠はほぼ決定していることが多いと考えられる。その際に用意した**ワイヤーフレーム** 用語1 やグレーボックス、**プロトタイプ** 用語2 のような簡単な**デザインラフ**にあたるものは、実際のコンテンツの制作に入る前にさらに具体的な形のデザインやプロトタイプに落とし込むことが必要だ 図1 。

Webサイト全体を考えても、含まれるコンテンツごとにレイアウトパターンが変化するようなことはあまり考えにくい。基本的なパターンとして考えられるのは、トップページとコンテンツの詳細にあたるページ、問い合わせフォームやショッピングカートの遷移などである（コンテンツによってはそれぞれに付随する別のページが必要となることもある）。数百数千に及ぶページがある場合、それらを個別に仕上げることは至難の業だ。

A-B
C

用語1 **ワイヤーフレーム**
その名のとおり、線画をベースとした簡単な骨組み程度のラフスケッチを指すことが多い。
「041 ワイヤーフレームの作成」→P.100

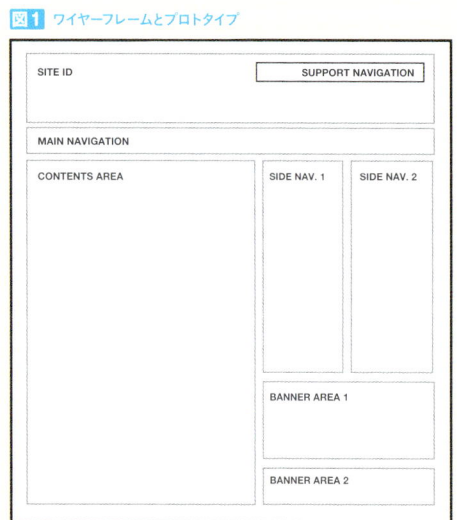

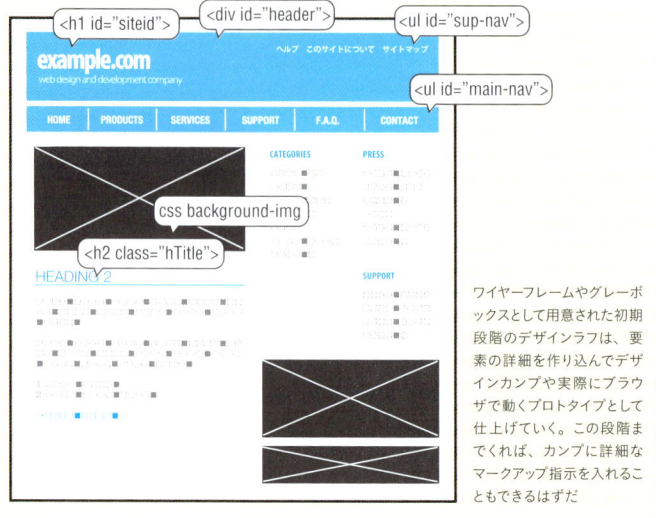

用語2 **プロトタイプ**
ワイヤーフレームのような線画ベースではなく、最終的なデザインラフのベースになるようなたたき台。実際にHTMLやFlashなどで簡単に動作するようなモックアップなどのこともプロトタイプと呼ぶ。

図1 ワイヤーフレームとプロトタイプ

ワイヤーフレームやグレーボックスとして用意された初期段階のデザインラフは、要素の詳細を作り込んでデザインカンプや実際にブラウザで動くプロトタイプとして仕上げていく。この段階までくれば、カンプに詳細なマークアップ指示を入れることもできるはずだ

用語3 CMS
コンテンツ・マネージメント・システムの略。配信コンテンツの生成・管理を行うためのシステム。ブログをベースとした簡単なシステムから、大規模なWebサイトの管理に最適化されたシステムまでその種類は多い。比較的導入が簡単なものとして、国内ではMovableTypeやWordPressなどが有名。

最近ではCMS（コンテンツ・マネージメント・システム）**用語3**を使ったサイト構築も増えており、**テンプレート**をもとにしてページを自動生成するパターンも多い。基本となる複数のページのテンプレートができあがれば、パーツの書き出しも可能になるためコンテンツの骨組みの実装はすぐにでも始められる。　　D

デザインカンプは、プリントアウトしてHTMLのマークアップの指示などを入れることで、実際にHTMLをコーディングを担当するスタッフへの指示書としても機能する。　　E

誰が落とし込むか、スタッフィングも重要

より具体的な形に落とし込むデザインカンプの作成にあたる場合は、それを担当するスタッフィングも重要なポイントとなる。単に視覚的な表現のスキルを持ち合わせているだけでは、情報構造設計と視覚的な実装との関係で技術的に不可能もしくは工数が増えてしまうような設計をしがちである（紙媒体を中心に活躍するデザイナーが作成したカンプをWebサイトとして実装するのは非常に困難だ、という話はよく耳にする）。

たとえば、HTML＋CSSでの実装がベースとなる場合はHTMLでの情報提供やその構造とCSSでの表現についてのある一定の知識やスキル、Flashでの実装の場合はモーションのような動的な表現やインタラクションについての知識を持ち合わせている方が理想的だ。現状、HTML＋CSSやFlashでの表現にさほど制約があるというわけではないが、それらに対する最低限の知識やスキルがないことによってコンテンツの実装時に情報設計の変更やカンプの作り直しになるようでは無駄なコストが発生してしまう。

全般的な知識やスキルを持ち合わせたスタッフがいない場合は、それぞれの職域のスタッフ同士でコミュニケーションを取りながらカンプの作成にあたった方が間違いはないと言える。

デザインカンプの作成に使えるアプリケーション

Web制作の現場でデザインカンプの作成に使われるアプリケーションは、Adobe SystemsのIllustratorやPhotoshop、Fireworksなどが主流である。どのアプリケーションもバージョンアップとともに多機能化し、現在はいずれを用いてもデザインカンプの作成ができるが一長一短があるのも事実だ。Webページのコンテンツの大きさそのものに修正があった場合などは、ベクターベースで拡大縮小が可能なIllustratorやFireworksのようなアプリケーションの方が適している。一方、写真の処理やボタンなどの作成は、専用の機能やフィルタ類が多いPhotoshopやFireworksでの作業が簡単だ。また、メニューや見出しのテキストなど文字組みの美しさが求められるパーツの作成では、Photoshopよりショートカットなどでテキストの処理がしやすいIllustratorの方がより効率的に作業できる。さらに、ページ全体のパーツのカラー変更などが発生した場合などは、Illustratorのライブカラー機能**用語4**などを用いるとパーツ全体の色変換などはスムーズだ。Fireworksは、デザインカンプのPDF化やそのあとの実装工程への配慮も進んでいる。

現在これらのアプリケーション同士でのファイルのやりとりも簡単になり、適材適所でアプリケーションを使い分けてより高品質なデザインへ昇華させたり、作業効率をアップさせることが可能になっている。

用語4 ライブカラー機能
Adobe IllustratorにCS3から搭載されてるカラー編集ツール。複数のオブジェクトに対しても色を同時に適用したり、カラースキーム（配色）を複数のオブジェクトに対して適用して調整することができる。

Article Number 092

ブランディングの一環としてのCIとVI

Webサイトの設計や構築の際には、企業やブランドのイメージを崩すわけにはいかない。大手企業のようにCI計画に基づき、その視覚的な部分を担うVIまでが綿密に設計されている場合もあれば、中小の組織体ではそのような計画が確立されてないことも多い。案件によっては、Webサイト構築に入る以前にCI（VI）のガイドライン作成が必要であり、それを確立しておくことがサイトのクオリティを維持する秘訣でもある。

■制作

Keywords　A ブランディング　B コーポレート・アイデンティティ　C ヴィジュアル・アイデンティティ　D ロゴタイプ　E ロゴマーク

A ブランディング 注1 に不可欠なCI計画

B「CI（**コーポレート・アイデンティティ**）」用語1 とは、企業やブランドの存在する目的や理念、活動方針などを一般のユーザーから見ても識別できるように体系立てて総合的に計画するマーケティングの手法のひとつである。そのCIの一環として、視覚的に表現されるものは「VI（**ヴィジュアル・アイデンティティ**）」用語2 とされている。一般的に知られるところでは、社名やブランド名のタイポグラフィ（**ロゴタイプ**）や**ロゴマーク**、ブランドカラー（コーポレートカラー）といったものがこれらに該当する 図1。

大手企業の場合は、すでに設定されたCI計画に基づいて視覚的な要素（ロゴタイプやロゴマーク）の使用方法、Webサイト内で使用するカラーなどについても細かく指定されていることがほとんどだ。この場合は、その方針に則ってWebサイト構築にあたればよい。

しかし、企業やブランドの新規立ち上げ時や中小企業などでは、未だ確立されていない状況であることも多い。企業やブランド、Webサイトのイメージを一般ユーザーに認知してもらい、今後のクオリティの維持のためにCI（VI）の存在は不可欠だ。一口にCI計画といってもその内容は非常に多岐に渡るため、本来は総合的に計画することが必要とされるものだが予算的な都合もある。あえてWebサイト構築という部分だけで考えれば、視覚的な部分を担うVIだけでも明確な定義をし、サイト構築のためのガイドラインを作成しておきたい。

ガイドラインを策定するには

ここからはCI計画が未だ存在しないと仮定し、最低限のガイドラインを策定するまでを考えてみたい。

企業や組織体、ブランドなどには、ほかと区別するための社名やブランド名が存在する。まずは、それらを表すためのロゴタイプやロゴマークが必要である。ロゴタイプやロゴマークは、必ずしも自社サイトのみで利用するとは限らない。使用する媒体の背景色によっては、そのまま利用できないこともある。白地をベースとしたロゴ以外

注1 ブランディング
「026 ブランディングとインターネットの活用」→ P.062

用語1 CI（Corporate identity）
企業のもつ特徴や理念を体系的に再認識・再構築し、一般の人から企業を識別できるような、その企業に特有の概念（アイデンティティ）。また、これを外部に公開することでその企業の存在を広く認知させるマーケティング手法のこと。

用語2 VI（Visual Identity）
CIの一環で特にビジュアルなCIについていう。具体的にはロゴマークやコーポレートカラーがVIに当たる。

図1 社名ロゴの例
エムディエヌのロゴ

用語3 CMYKカラー
印刷物は、C（シアン）M（マゼンタ）Y（イエロー）の3色のインクを混ぜ合わせ、減色混合によって色が作り出される。一般的にCMYに加え、K（ブラック）も含めてCMYKカラーと呼ばれている。一方のRGBは加色混合。

用語4 HSB(HSV／HSL)カラー
色の三原則である「色相」「彩度」「明度」を使った色の表現方法。色彩調和のルールにそった配色がしやすいため用いられることが多い。現在策定中のCSS 3では、このHSBカラーにアルファ値（透明度）を加えた指定も可能になる予定。

用語5 DIC
DIC株式会社の色見本「DICカラーガイド（http://www.dic.co.jp/products/cguide/index.html）」に掲載されているカラーNo,に基づいた表示。

用語6 PANTONE
世界規模であらゆる業種に広く用いられているPANTONEの色見本のこと。DIC同様にカラーNo.を指定する。

BOOK GUIDE

LOGO DESIGN LOVE
A Guide to Creating Iconic Brand Identities
David Airey（著）、篠原 稔和（監修）、グエル（訳）
ペーパーバック／216頁
価格 2,980円（調査時点）
ISBN 9780321660763
New Riders Press

海外の会社のロゴデザインを数多く取り上げながら、個々のロゴの説明や考え方などを紹介。後半では、マインドマップから手書きのイラストへの落とし込み、さらにはデータ化までのプロセスを解説している。

Designing Brand Identity
An Essential Guide for the Whole Branding Team
Alina Wheeler（著）
ハードカバー／320頁
価格 3,667円（調査時点）
ISBN 9780470401422
Wiley

ブランドアイデンティティをデザインするために必要な項目を解説したクイックリファレンス。基礎知識から実際の工程までを細かく分けて解説。後半では実在する会社のロゴを多く取り上げている。

にいくつかの背景色、モノクロでの利用も考慮したうえでいくつかのパターンを用意しておくほうが安全だ。

また、ブランドイメージの確立のためには、あわせてコーポレートカラーやブランドカラーも設定する必要がある。イメージカラーは、企業の理念やイメージなどを考慮したうえで選定するが、業種によってはある程度色の傾向が固まることも多いはずだ（組織体が小さい場合、決裁権を持つ人間の好みなどで反発なども予想されるが、そこで正しい方向性を示すことも仕事である）。

カラーが確定したら、単純なRGBカラーの値だけでなく印刷物やWebサイトやそのほかの媒体での利用も考慮して、CMYKカラー値 **用語3** 、HSB（HSV）値 **用語4** 、16進数（HQX）、DIC **用語5** やPANTONE **用語6** のカラーNo.などまで細かく定義しておきたい。ここまで策定できたら、あとはWebサイト中で利用する書体の選定やフォントサイズ（行の送りや文字の組み方など含む）、サイト内の配色に利用するカラーなどを設定しておこう。細かすぎるぐらいのガイドライン作りをすることが、以後のWebサイトのクオリティを維持するポイントになると考えよう **図2** 。

図2 ロゴタイプ・コーポレートカラーのガイドライン例

ロゴタイプ
背景色白を主として利用。グリーンはコーポレートカラーのDIC249を使用。
背景色として使用する場合はロゴは白。モノクロの場合は、ロゴは黒ベタ

コーポレートカラー
コーポレートカラーはDIC249。Web上における視認性が悪い場合は、#1A6306の使用可

RGB: R 43 / G 163 / B 10
CMYK: C 83% / M 36% / Y 96% / K 0%
HQX: #2BA30A

RGB: R 26 / G 99 / B 6
CMYK: C 73% / M 0% / Y 94% / K 61%
HQX: #1A6306

RGB: R 64 / G 240 / B 15
CMYK: C 73% / M 0% / Y 94% / K 6%
HQX: #40F00F

VIの策定には、さまざまなメディアでの利用なども考慮しなくてはならない。ロゴマークやロゴタイプなどは、モノクロで使用されたりすることも考えられる。あるいは、コーポレートカラーやWeb上で使用するカラーなどを限定しておくことで制作物のクオリティは確保される。会社によっては、使用できるカラーが100色ほどリストされている場合もある

Article Number **093**

Webサイトのビジュアルデザイン

Webサイトに掲載する情報は、ただ思いつくままに配置していては問題だ。掲載すべき情報を利用者にわかりやすく伝達するためには、視覚的な情報伝達の方法であるビジュアルデザインの基本は押さえておきたい。全体のレイアウトの構図やその考え方から情報同士をつなぎ合わせる要素の配置、配色、フォントの選択や個々のパーツの装飾技法にいたるまで、すでに法則や理論として確率しているものは多い。

制作

Keywords
A 視覚伝達デザイン　**B** グーテンベルグ・ダイヤグラム　**C** グリッドシステム

情報をわかりやすく伝えるために

「ビジュアルデザイン」とは、情報を視覚的にわかりやすく伝えることを目的としたデザインであり、「**視覚伝達デザイン**」「ビジュアルコミュニケーションデザイン」と呼ばれることもある。

Webサイトはここ数年で大きく変化している。蓄積され提示される情報は肥大化し、「見る」というよりは「使う」という性格が強くなっているため、サイトの利用者が情報をわかりやすく入手できるようにし、情報探索行動 用語1 の手助けができるナビゲーション設計も必要となってきている。

Webサイトの情報伝達の基本となるのはテキストである。しかし、テキストをただ羅列しただけでは情報は伝わりにくい。情報を第三者にわかりやすく伝えるためには、1000の言葉を並べるよりひとつの絵を使ったほうが効果的であるともいわれる。より効果的に情報を伝えるためには、イラストや写真といった視覚要素も時には必要だ。そのため、人間が視覚を通して情報を入手する際の脳の働きや身体的な反応を考慮し、全体のレイアウトから情報のグルーピングや配置位置を考え、配色やフォントを決定するなど、情報をわかりやすく伝えるために考えなければならないことは多い。本書はデザイン専門書ではないため、すべてを網羅することはできないが、Webサイトの情報伝達デザインに役に立つ代表的な法則などを取り上げてみよう。

グーテンベルグ・ダイヤグラムとグリッドシステム

世界中に数多あるWebサイトのレイアウトを頭の中に想像してほしい。その多くがいくつかのレイアウトパターンに分けられることに気づくだろう。

テキストの情報を読ませることを主体としたWebサイトでは、左上を起点として右下へと情報の重要度が下がるように要素が配置されていることが多い。これは「**グーテンベルグ・ダイヤグラム**」と呼ばれる視線の流れをもとにした情報の配置方法である 図1 。左から右へ横書きで表示されるテキストは、左上が最初の視覚領域となり右上から左下、右下というようにZ型で流れていくことが多いためだ 注1 。

必ずしもすべてのWebサイトにそれが適用できるわけではないが、多くの利用者が普段から接しているレイアウトや装飾パターンを採用することは、利用者を迷わせる

用語1 情報探索行動
Webサイトの利用者の多くはそこに掲載された情報を求めてアクセスしてくる。彼らの目的はまさにさまざまであり、必要な情報を求めてサイト内を回遊することになる。その情報探索行動の手助けができるようなわかりやすいナビゲーション設計が必要だ。

注1 アイトラッキング
左上を起点として始まる利用者の視線の流れはZ型やF型で遷移することが多いとされているが、実際の利用者の視線の動きをキャプチャする「アイトラッキング」と呼ばれるテストを行うこともある。

用語2 グリッドシステム
スイスのグラフィックデザイナーであるヨゼフ・ミューラー・ブロックマンが考案したデザインの手法。

Book Guide

Grid Systems in Graphic Design/ Raster Systeme Fur Die Visuele Gestaltung
Josef Muller-Brockmann（著）
A4変型判／176頁／価格6,035円（調査時点）
ISBN9783721201451
Arthur Niggli

モダンタイポグラフィに貢献したデザイナー、ヨゼフ・ミューラー・ブロックマンの名著。この本自身がすべてグリッド（格子）による構成でなされており、図版も多く、それぞれが丁寧に、英語のドイツ語のテキストによるレクチャーされてる。ブロックマンが開発した、グリッドシステムについての作品例をグリッドシステムを利用しながら紹介。

ことなく情報探索の手助けになるとおぼえておこう。人間が情報を取得する際の視線の流れを考え、情報を配置することも情報伝達のひとつのポイントなのだ。

そのほか、紙媒体のレイアウトとして有名な「**グリッドシステム**」**用語2** もまたWebサイトのレイアウトパターンとして有名な手法だ **図2**。グリッドシステムは、表示領域を複数のグリッドで分割して、その基準となるグリッドを単一もしくは複数連結して情報を配置していく。2カラムや3カラムといった一般的なWebサイトのレイアウトは、このグリッドをもとに設計されていることが多い。このように一定の規則にそって配置することは、Webサイトそのものを整然と見せる効果もある。なお、グリッドシステムについては「096 レイアウトパターンとグリッドデザイン」→P.222 で詳しく解説する。

C

ゲシュタルト要因を活用する

Webサイトに掲載される個々の情報についても、視覚的にどのように表現するかを考えることが重要である。テキストがただ羅列されたテキスト文書を見せられても内容の情報としての意味や重要度などは伝わらない。

現在のWebサイトでは、掲載する情報のジャンルがすべて同じとは限らない。その中に共通する内容があれば、ひとつの情報のグループとしてまとめることができる。その中では、さらに見出しと本文テキストといった分類で細分化できることもある。本文も冗長なものよりは簡潔な方がわかりやすい。適当なブロックで段落として区切ったり、時には箇条書きとして表すなど、どうすれば読みやすくわかりやすくなるかを考えるべきだ。共通化できる内容には、同じ色彩を用いるといったビジュアル的なアプローチも有効だ。

図1 グーテンベルグ・ダイヤグラム

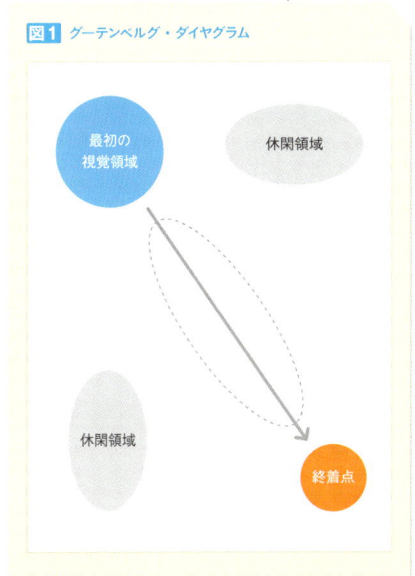

文章を読ませるためのレイアウト手法として有名なグーテンベルグ・ダイヤグラム。横書きの場合、左上を最初の視覚領域として右下へと視線は流れていく。文字情報が主体となるWebサイトはこの手法をベースに要素の配置位置が決まっている

図2 グリッドシステム

960px
580px
16個のグリッドに分割

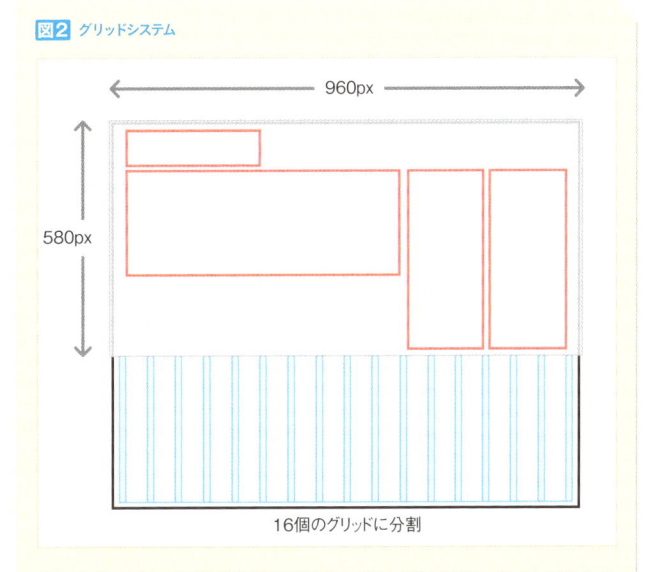

グリッドシステムは、元々1行あたりの文字数をベースとして考えられたレイアウト手法だ。ページを任意のグリッドで分割し、それを用いて文字や図版をレイアウトしていく。Webサイトの場合は、ページの最大サイズを基準にして、12個、16個、26個と分割して要素を配置することが多い

Keywords　　D ゲシュタルト要因　　E S/N比

また、人間は情報が複雑化すればするほど内容の理解に時間がかかる。一連の不確定な要素を提示された場合、人間は最も単純な形で解釈する、という「プレグナンツの法則」用語3 は有名である。たとえば、左右非対称よりは、左右対称の方が単純でわかりやすいといったことである。情報をわかりやすく伝えるためには、このプレグナンツの法則も含まれる「**ゲシュタルト要因**」用語4 のいくつかの要素を考慮して設計してみるとよい。もちろん、逆に視覚的な面白さを取り入れたり、特定の要素に注視させることを目的として、左右非対称をあえて取り入れることも有効な手段となる（写真に注視させたい場合も同様。左右非対称や画面を縦横に3分割する3分の1の法則を取り入れると印象に残りやすいなど）。

さらにゲシュタルト要因のひとつ「近接効果」も情報伝達の手助けをする 図3 。近接効果とは、遠くにある要素同士よりも近くにある要素同士が関係性が深いと認識されることである。近くに並んだ要素はひとつのグループとして認識されるため、遠く離れた要素よりは関係が深いと考えられるのは当然である。バラバラに並んだ要素ではその関係性ははっきりとしない。この近接効果も情報のグルーピングのひとつとして是非活用したい。

情報はできる限りシンプルに

閲覧者に対して情報をスムーズに伝達するためには、できる限りシンプルにまとめた方がよい。たとえばWebサイトのナビゲーションメニューの項目が多かったり、ページ内に表示されたリンク要素の数が多い場合には、多くの選択肢から自分にとって必要な要素を見つけ出すためにはより多くの時間や迷いが生じてしまう。使い慣れたサイトであればクリックすべき場所を記憶することもできるが、初見の場合はそうはいかない。つまり、ナビゲーションメニューなどの項目の選択肢は多いよりも少ない方がよいということだ。これは「ヒックの法則」と呼ばれている 図4 。特に現在のWebサイトは、内容が多岐に渡り複雑化しているため、ナビゲーション設計が重要なポイントになっている 注2 。

Webサイトでは、ブラウザウィンドウという限られたスペースで必要な要素を提示することになる。そのため、どうしてもコンテンツ間のスペースを極限まで抑えたり、コンテンツの区切りとして罫線を多用しがちだ。さらには本来不要な演出のためだけ

用語3　プレグナンツの法則
ゲシュタルト心理学の一派、ベルリン学派に属するM.ヴェルトハイマーが考察したゲシュタルトを知覚するときの法則。プレグナンツとは「簡潔さ」の意で、以下の法則にまとめられる。「閉合」「よい連続」「共通運命」「近接」「図と地の関係」「類同」「同一の結合」。

用語4　ゲシュタルト要因
もとは心理学用語。外部からの複数の刺激が近くされる時には、バラバラではなく、塊として近くされる傾向がある。その塊の生成を決定する要因を指し、主要なものに類似・近接・閉合などがある。ここではデザインを決定する要因として解説している。

注2　ナビゲーション項目
選択肢が多ければ多いほど、目的のリンクを辿るための時間が増えたり迷う結果をもたらすことから、一般的にグローバルナビゲーションのようなメニューでは7つ以下が適当といわれている。

図3　近接効果

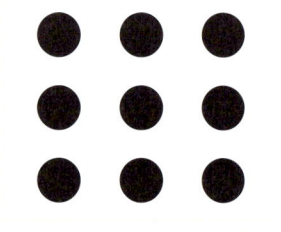

遠く離れた要素よりも近接した要素の方に関係を深く感じる。この認知のされ方を利用すれば、情報のグルーピングができ、情報の関係性や重要度などを適切に伝えることができる

BOOK GUIDE

1 デザインに関する100とおりの法則を集めた書籍。黄金比、アフォーダンス、SN比、オッカムの剃刀、魅力志向、閉合などなど、古典的なものから最近の解釈にあわせた新しいルールまでを解説。→P.107

Design rule index
デザイン、新・100の法則
ウィリアム・リドウェル、クリティナ・ホールデン、ジル・バトラー（著）
B5変形判／216頁
価格4,200円（税込）
ISBN9784861000089
ビー・エヌ・エヌ新社

2 バランスにテーマを絞ったデザインの教科書。前半では、人体プロポーションや貝殻の成長パターンといった自然界の事柄から、ダ・ヴィンチやコルビュジェらが発見した、美しいデザインにおけるバランスの原則を解き明かす。後半では、イームズやマックス・ビルなど、デザインの巨匠たちの作品を視覚的に分析。

Balance in Design
美しくみせるデザインの原則
キンバリー・イーラム（著）、小竹 由加里、株式会社バベル（訳）
B5変形判／108頁
価格1,890円（税込）
ISBN9784861003240
ビー・エヌ・エヌ新社

3 可読性の高いページレイアウトを考えるための補助ツールであるグリッドは、デザイン・レイアウトに必須の基礎知識。本書はグリッドの基本概念や知識を解説したうえで、用途や素材に合わせた余白の取り方やカラムの作り方など、エディトリアルデザインには欠かせないグリッドについて丁寧に解説している。

Grids
the structure of graphic design
アンドレ・ジュート（著）、平賀 幸子（訳）
B5変形判／160頁
価格3,045円（税込）
ISBN9784893699879
ビー・エヌ・エヌ新社

の視覚的な要素も多く含まれることもある。しかし、情報の見せ方としては、ノイズ（情報に関係ない要素）をできるだけ少なくする方がよいことも頭に入れておきたい（**S/N比**）図5。必要な情報以外の内容は閲覧者にとってはノイズでしかないため、ノイズが多い場合は情報の入手の妨げになってしまうこともある。これは「オッカムの剃刀」**用語5** の原則でも言われているようなことである。このようにすでに確立している理論や法則を利用してビジュアルデザインを行えば、情報が伝わらないといった大きな失敗は起こりにくいのである。

用語5 オッカムの剃刀（Ockham's razor）
「ある事柄を説明するためには、必要以上に多くの実体を仮定するべきでない」というような考え方。思考節約（思考経済）の法則・ケチの原理と呼称することもある。スコラ哲学にあり、14世紀の英国の神学者ウィリアム・オブ・オッカムが多用したことで有名。

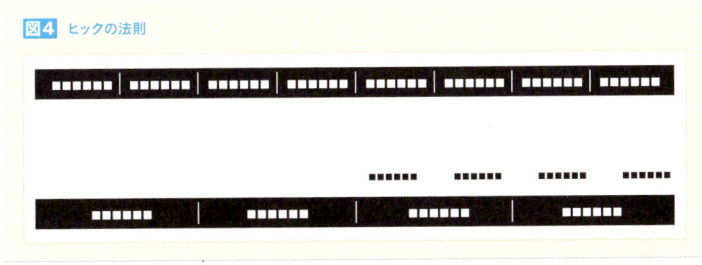

図4 ヒックの法則

人間は選択肢が増えれば増えるほど、目的のものを選択するまでに時間が多くかかったり迷いが生じるものだ。ナビゲーションなどの項目は、選択肢をできるだけ減らすことも考えたい

図5 S/N比

リンゴ	150円
みかん	100円
プラム	200円

リンゴ	150円
みかん	100円
プラム	200円

提示される情報（シグナル）に対して、不要な視覚的な情報があればそれはノイズとなってしまい、情報の取得に困難をきたす。表現もできるかぎりシンプルにすることで情報は伝わりやすくなる

Article Number **094**

ビジュアルを左右するタイポグラフィ

Webサイトの情報を視覚的な面から効果的に伝えるために欠かせないのがタイポグラフィだ。Webページ内に表示される個々の文字要素は存在してればよいわけではなく、よりわかりやすく伝達しなければならない。テキストはただ掲載するだけでなく、フォントの選択をはじめとした見せ方を総合的に考える必要があるのだ。ここでは、そんなタイポグラフィの基本をおさえておこう。

■制作

Keywords

- A フォントフェイス
- B 行間
- C 明朝体（セリフ）
- D ゴシック体（サンセリフ）
- E 文字詰め
- F アクセシビリティ

タイポグラフィとは？

まずはタイポグラフィについて簡単におさらいしておこう。タイポグラフィとは、印刷物やWebサイトなどに関係なく、テキストとして提示される情報をわかりやすく伝えるための、**フォントフェイス** 用語1 やサイズの選択、行間や文字間隔の調整などを含めたテキストの視覚表現に関する技法のことである。これは、単純なフォントフェイスだけの話ではなく、Webページ全体のレイアウトも含んだものである。

Webサイトの場合、デバイスなどに依存することからデザイナーが意図した特定の書体が使えないなどといったことが嘆かれるが、フォントフェイスの選択肢の少なさはさほど問題ではない。タイポグラフィの本質は、テキストとして提示される情報をわかりやすくかつ読みやすく伝えることである。つまり、情報の入るテキストブロックの大きさやフォントサイズ、**行間**（行高）、情報ブロック同士の間隔などの調整の方が重要だ。もちろん、情報を効果的に伝えるために画像化することも可能だが、その場合は代替テキストなどの指定が必要となる。

現在では、アクセシブルでありながらも魅力的な表現ができる新しい技術（sIFR、cufón 用語2 、CSS3の@font-face 用語3 規則など）が登場しているが、まだまだデバイス依存するという現実を踏まえたうえで「利用者の環境でいかに読みやすくできるか」を考えたい。

フォントファミリーによる印象の違い

Webブラウザの初期設定で設定されているフォントは、大きく分けて「**明朝体**（Serif）」「**ゴシック体**（Sans-serif）」「等幅（Monospace）」の3種類である（Flashコンテンツの場合は、デバイスフォント 用語4 以外に制作者側で意図したフォントフェイスを指定することができる）。

Webサイトは、OSやデバイスでの表現の違いやモニタ

用語1 フォントフェイス
あるファミリーに属する複数のスタイルのなかのひとつ。たとえば、Garamondの場合、ローマン体とイタリック体がスタイル、ウエイトがボールド、セミボールド、レギュラーで構成されており、ウエイトとスタイルの組み合わせがフォントフェイスになる。一緒に使用することをあらかじめ想定してデザインされたフォントフェイスの集まりをフォントファミリーという。

用語2 sIFR、cufón
sIFRは「Scarable Inman Flash Replacement」の略。Webページ中のテキストをJavaScriptとFlashによって置き換えるオープンソース技術。これによりアクセシビリティを確保したまま、より繊細なデザイン表現が可能になる。cufónは、Flashプラグインを必要としないJavaScriptを使った置き換え技術。

図1 タイポグラフィ

見出しの文字サイズ
HEADING TEXT
Lorem ipsum dolor sit amet, consectetur adipisicing elit, sed do eiusmod tempor incididunt ut labore et dolore magna aliqua. Ut enim ad minim veniam, quis nostrud exercitation ullamco laboris nisi ut aliquip ex ea commodo consequat.

リードの文字サイズ

本文の文字サイズ
Lorem ipsum dolor sit amet, consectetur adipisicing elit, sed do eiusmod tempor incididunt ut labore et dolore magna aliqua. Ut enim ad minim veniam, quis nostrud exercitation ullamco laboris nisi ut aliquip ex ea commodo consequat. Lorem ipsum dolor sit amet, consectetur adipisicing elit, sed do eiusmod tempor incididunt ut labore et dolore magna aliqua. Ut enim ad minim veniam, quis nostrud exercitation ullamco laboris nisi ut ea commodo consequat.

行間

段落間のスペース
Lorem ipsum dolor sit amet, consectetur adipisicing elit, sed do eiusmod tempor incididunt ut labore et dolore magna aliqua. Ut enim ad minim veniam, quis nostrud exercitation ullamco laboris nisi ut aliquip ex ea commodo consequat.

タイポグラフィの本質は、情報をいかに読みやすくできるかということだ。見出しと本文の差別化、各要素間のスペースや本文の行間の調整をしっかり行った方がよい。Webの場合は環境依存するという性質があることをしっかり認識しておきたい。見た目だけのために本文を画像化するなどもってのほかだ。

BOOK GUIDE

1 日本語の文章を本や印刷物にする場合にどのように組んだらよいか、その基本となる最も標準的なルールをヨコ組についてまとめた本。欧文や数式・化学式などのヨコ組特有の組方についても解説。

文字の組方ルールブック〈ヨコ組編〉
日本エディタースクール（編）
A5判／80頁
定価525円（税込）
ISBN9784888883146
日本エディタースクール出版部

2 在ドイツでタイプディレクターとして活躍する著者の「デザインの現場」での連載をまとめたもの。欧文書体の成り立ちから、実際の使い方までを掲載。欧文書体をなんとなく使っていたデザイナーのための必読本。続編の「欧文書体2」（定価2,625円、ISBN9784568503647）も必読。

欧文書体
小林章（著）
B5判／160頁
定価2,625円（税込）
ISBN9784568502770
美術出版社

用語3 @font-face
CSS3に登場したスタイルシート属性。フォントの指定とフォントデータの対応付けを指定する際に用いられる規則。具体的には、使用するフォントの名前、そのフォントデータのURI、そしてその使用条件を記述する。

用語4 デバイスフォント
プリンタやコンピュータそれぞれのデバイス（機器）にあらかじめインストールされているフォントのこと。

図2 フォントファミリーによる印象の違い

書体の選び方で印象は変わる

書体の選び方で印象は変わる
書体の選び方で印象は変わる

仮に見出しを画像化する場合は、書体の持つ印象をうまく利用したい。ゴシック体は男性的で力強い印象を与え、明朝体はやわらかく女性的で記憶に残りやすいという特徴がある。HTML文書で画像化した見出しをimg要素で配置する場合は、alt属性の指定を忘れないようにしておきたい

用語5 文字詰め
Webでテキストを指定する場合、文字と文字の間の余白（文字間）を詰めて表示させる事はできないが、紙媒体などでは文字間を詰めることで（カーニングともいう）文字組をより美しく見せることができる。Webにおいても、タイトルなどの文字を画像で作成する場合に、その文字をより美しく見せるためのテクニックとして文字詰め（カーニング）をする場合がある。

美しいウェブレイアウト
美しいウェブレイアウト

カーニング（文字詰め）をしないもの（上）と、カーニングをして調整をかけたもの（下）。

のような出力デバイスで閲覧するという性質であるため、必ずしも同じように表示されるわけではない（たとえば制作者が明朝体を指定しても、OSやフォントサイズによっては明朝体には見えないといったことも起こりうる）。しかし、テキストを画像化する場合は話は別だ。そこでフォントファミリーによる印象の違いは覚えておこう。
明朝体は、紙媒体などでは本文書体として用いられることが多いもので「ウロコ」や「はね」といった楷書の特徴を持ち、「柔らかい」「女性的」といった印象を与える。Webコンテンツの場合、フォントサイズが小さい本文で用いると視認性にかける場合もあるので注意が必要だが、フォントサイズを大きくしてウェイトを太くすればインパクトを与えることも可能だ。
一方のゴシック体は、文字の太さが均一に近く明朝体のようなウロコなどがない書体である。一般的に見出しのテキストや強調すべきテキストで用いることが多く、「強さ」や「男性的」といった印象を与える。Webコンテンツでは、モニタでの視認性を高めるために本文の書体として用いることが多い **図2** 。

細部へのこだわりが完成度を左右する

Webコンテンツの完成度を高めるためには、掲載される個々のテキスト要素の装飾に手を抜かないことが大事だ。Webサイトの中には、ただテキストを入力したものが画像化されていることにより、全体のクオリティが下がって見えているものも多く見受けられる。画像化する見出しなどは、その表示領域の大きさからを考えて、しっかりと **文字詰め 用語5** まで考えて処理したい。専門書などで知識を得ることもできるし、街にあふれる広告や雑誌、書籍などを参考にしてみよう。
テキストとして表示する要素は、できるだけ情報の読みやすさを最優先してフォントサイズや行間の指定を考えたい。Webコンテンツは「利用者が指定したフォントフェイスとフォントサイズで閲覧してもらう」という考えが基本であるため、必要以上にフォントサイズを小さく固定するなど、デザインとしての視覚的な表現だけを追い求めるのはナンセンスである。Webブラウザは利用者側の操作でフォントサイズの変更は可能だが、ブラウザのバージョンや指定する単位によっては変更できない可能性もある。現状のブラウザの利用状況を考えれば、基準フォントサイズから相対的に表示されるようにするか、ユーザー側で可変できるように設定しておく方が、ユーザビリティや**アクセシビリティ**を考えたうえではよいだろう。

Article Number **095**

Webサイトの配色設計

Webサイトの配色は、サイトの持つ性質や目的などコンテンツの企画段階で決定した内容を考慮しつつ設計するが、利用者ごとに異なるOSやデバイス環境を想定することが必要となる。閲覧環境が混在するWebの世界では、意図した色味を表示するために色空間やブラウザのカラーマネジメントの知識も求められる。実際の配色作業を効率的に行うためには、HSBのカラーモデルや配色のルールをおさえておこう。

■制作

Keywords
- **A** 色空間
- **B** カラーマネジメントシステム
- **C** 配色ルール
- **D** HSB（HSV）

環境の相違を考慮した配色設計

Webコンテンツを閲覧する環境の違いは、配色の面にも影響を与える。WindowsとMacというクライアント環境だけを比べると、そこには基本となるモニタのガンマ値が異なる。Windowsは2.2というガンマ値であるのに対し、Macの標準的なガンマ値は1.8となっている（OS 10.6以降は2.2）。このガンマ値はモニタに映し出される「色の濃さ」に影響を与えるもので、同じ色でもWindowsの方が色が強く濃く表示され、Macでは若干色味が弱くなる。このようなガンマ値や周辺環境の色温度 用語1（自然光や蛍光灯など、その環境周辺には色温度が存在する）の相違については頭の片隅においておきたい。

Webコンテンツは、このように環境によって表示が異なることが前提となるため軽視されているようだが、配色設計やデザイン、写真の補正といった制作実務においてモニタのキャリブレーションは非常に重要である。モニタの調整ができてない環境では、ハイライトやシャドウ部分の微妙な色の濃度が表示できていない可能性が高い。つまり、そのような環境でモニタに映る色味だけを参考に配色や色調補正をしても、それが正しい色味であるという保証はない。これは、色味などの表現がシビアになる物販系のECサイトでは問題となりかねない。利用者側の環境まで調整することはできないが、制作側の環境を正しく調整しておけばたとえクレームが発生したとしても問題の所在は明らかにできる。

色空間とカラーマネジメント

利用者ごとに異なる環境でモニタを通して閲覧するという性質上、完全に色味をあわせるということは不可能である。しかし、色表現の仕組みを覚えればある程度のレベルで意図した色味でコンテンツは表示できる。

A 本来デジタルデバイスは、それぞれが異なる「**色空間**（色の再現領域）」用語2 や特性を持っており、「カラープロファイル（ICCカラープロファイル）」用語3 に記録されている。異なるデバイス間で色を同じように表現するためには、このプロファイルを相互に翻訳する機能が必要であり、これが「**カラーマネジメントシステム**」用語4

B 図1 である。Windows環境では、VistaからWCSと呼ばれるカラーマネジメントシ

用語1 色温度
身の回りを照らす光に存在する色の温度。周辺環境の色温度によって実際に目に見える色が変化することになる。カメラのホワイトバランスなどは、色温度をもとに白色を白に見えるように調整する。電球が約3,000℃前後、蛍光灯が約4,000℃前後、晴天時の太陽光が約5,000℃前後など。

用語2 色空間
カラースペースともいう。各色を数値の組合せで表現する方法または表現可能な色域のことである。色を数値的に表現するための体系を表色系と呼び、理論上3つの値（3変数）があればすべての色を表現できるため、通常は3次元空間で表す。代表的な色空間はRGB（Red, Green, Blue）。

図1 カラーマネジメントシステム

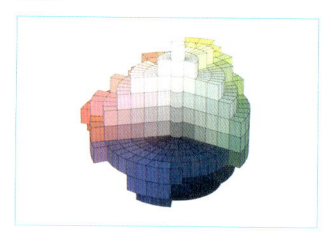

Webでの色表現は利用者の環境に依存する性質が高いとはいえ、画像を扱う場合はモニタのキャリブレーションぐらいはしておきたい。これは色を合わせるというよりは、画像を適切に補正するためにモニタを調整する作業だ。OS Xはシステムに内蔵されたキャリブレーションツール、WindowsはAdobeガンマやCalibrizeで調整できる

用語3 カラープロファイル（ICCプロファイル）
デバイス固有のカラースペースの記述であり、色情報をデバイスに依存しない色空間に変換するのに必要な情報がカラープロファイルである。そのファイル形式はInternational Color Consortium（ICC）によって標準化されている。ICCプロファイルは特定機器の色特性や再現情報を記述したもので、入出力の色空間のマッピングなどで定義される。

用語4 カラーマネジメントシステム
色の記録方法と表示方法はモニタやプリンタなど各デバイスごとに異なるので、同じ色が別の色として表示されることがある。これらの異なるカラー変換方法をすべて管理し、相互に変換して、どの表示デバイスでも同様に見えるようにするのがカラーマネジメントシステムの目的である。

用語5 sRGB
MicrosoftとHPによって1996年に提唱されたRGBの色空間。多くのデジタルデバイスやインターネットの標準的な色空間としても有名。この世に存在するすべての色を完全に再現できるわけではない。再現性をより高めたものにAdobe RGBなどがあり、現在ではコンシューマーデバイスへの普及も進んでいる。

用語6 Safari、Firefox
SafariはAppleが開発したWebブラウザ（「055 スマートフォンとモバイルの進化」→P.134）。Firefoxはオープンソースとして開発・公開されているWebブラウザ。バージョン3.5以降では、これまで隠されていたカラーマネージメントの機能が標準で有効化されている。

用語7 HSB（HSV／HSL）
色の三原則である「色相」「彩度」「明度」を元にしたカラーモデル。多くのグラフィック系ソフトウェアで利用可能。

注1
Adobe Illustrator CS3から搭載されているライブカラーのこと。→P.211

BOOK GUIDE

1. デザインの初心者のための配色の理論を解説。色の持つ特性やしくみといった基本的な法則から、調和や強調をデザイン与える配色などを、豊富な実例とともに解説した配色入門書。

カラー・ルールズ
伊達千代（著）
B5変型／160頁
価格2,415円（税込）
ISBN9784844358831
エムディエヌコーポレーション

ステムが導入されているがまだ十分なものではない。XP以前の環境ではその仕組みはないに等しく、表示されるコンテンツは強制的にsRGB **用語5** だと認識されているに等しい。このため、色空間の指定を誤って制作したものは、Windows環境で見た場合に異なる色味で表示されるという問題を引き起こす。このような現状があるため、カラーマネジメントのない環境でも同じように色味を出すために、現状「sRGB」の色空間を基準にすることで問題を回避しているだけである。

一方のMac環境は、DTPのバックボーンがあるためカラーマネジメントシステムは古くからシステムレベルで導入されておりSafariでも動作している。Webブラウザのカラーマネジメントは、Safariだけでなく Firefox **用語6** でもバージョン3.5からは標準機能として動作しており、sRGB以外の色空間で作業したファイルでもプロファイルを埋め込んだJPG画像であれば制作者の意図した正しい色味で表現できるようになっている。現状、デザインカンプの制作時などで気をつけておくべきは、自身の作業環境がどの色空間であるかを認識することであり、場合によってはターゲットとなるsRGBの色空間に適切に変換する必要があるということを覚えておきたい **図2**。

配色のルールとHSB（HSV）カラーモデル

デザインカンプの作成時など、グラフィックアプリケーションのカラーパレットやRGBのスライダで適当に色を選んでいては、配色バランスがおかしいといった問題が起こりやすい。適当に選ぶよりは一定の**配色ルール**をもとにして、**HSB**（**HSV**）**用語7** **C-D** のカラーモデルを利用する方が作業効率は高くなる。特に色数は増えれば増えるほどその選定は困難を極める。最初から3色以上の色味を選択するよりは、少ない色数から始めて必要に応じて色味を追加する方がよいと言える。オンラインには、特定の色をもとにして配色ルールに則った色の選択が可能なサービスもある。最新版のIllustratorでも特定の配色ルールをもとにして色を選定したり、オブジェクトの色味をまとめて変化するような機能 **注1** も搭載されているので配色に困った場合は利用すればよいだろう。

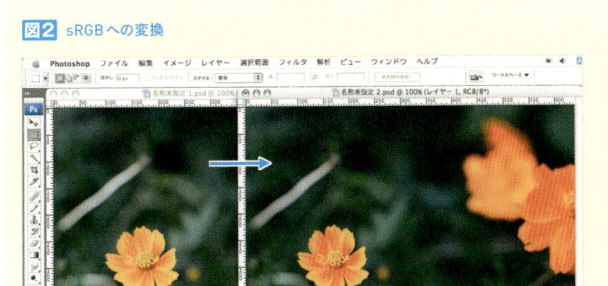

図2 sRGBへの変換

SafariやFirefoxではブラウザ内のカラーマネジメント機能が有効になっている。カラーマネジメントが効かないIEやほかのブラウザがあるため、現時点ではsRGBのカラースペースでの作業もしくは最終的に書き出す際にはsRGBのカラースペースへの変換が必須である

Article Number **096**

レイアウトパターンとグリッドデザイン

Webサイトのレイアウトパターンはサイトの持つ目的や性質、業種などによっていくつかに分類されるが、そこに採用されるレイアウトの基本パターンは決まっている。利用者の見慣れたレイアウトは、その操作に迷うことなく行動が取りやすいということが言える。ここでは、代表的なレイアウトパターンを取り上げながら、グリッドシステムを採用したカラムレイアウトの考え方を紹介しよう。

制作

Keywords
- **A** カラムレイアウト
- **B** マルチカラム
- **C** グリッドシステム

Webサイトの代表的なレイアウトパターン

Webサイトのレイアウトパターンは、大きく分けると3種類に分類できる。広告やファッションブランドのようなプロモーション系のサイト、デザイナーやフォトグラファーのポートフォリオのサイトなど、掲載する情報量が比較的限られている場合には、単純な1画面(1カラム)のレイアウトを基本パターンとして採用することが多い。コーポレート系のサイトでは、ひとつの画面を2つに分ける**2カラムレイアウト**が一般的である。コーポレート系サイトでも規模が大きくなったり、掲載情報やナビゲーション項目が増える場合は、ニュース系のポータルサイトやECサイトのような3カラムのレイアウトを採用することもある 図1 。

このように掲載する情報量などによって、Webサイトの大まかなレイアウトパターンは分類できる。もちろん、1カラムと2カラムのブロックを組み合わせるような**マルチカラム**レイアウトも存在するが、基本はこれらのレイアウトパターンの応用でしかない。Webサイトの基本となるレイアウトの設計においては、設計時点の情報だけでなく未来を見越したうえでの設計が必要だ。サイト内に掲載する情報を洗い出したうえで、仮に掲載情報やナビゲーション項目が増えた場合でも臨機応変に対応できるような設計が求められると言えるだろう。

グリッドを使ったカラムレイアウトの設計

インターネットが本格的に動き始めてまだ10数年の歴史しかない。黎明期のWebはテキストが主体であったが、レイアウト手法が確立されて現在のような視覚的に表現されたWebサイトが主流になるにつれ、雑誌のような誌面デザインで採用されていた**グリッドシステム**を取り入れるようになっている 図2 。

グリッドシステムは、ページの表示領域をもとに等間隔(または不均等でも)のいくつかのグリッドと余白で分割し、その最小単位をブロックとしてテキスト情報や画像などの要素をレイアウトしていく。余白で区切られたひとつのブロックは、単一もしくは複数のユニットとして結合しながらレイアウトを決定し要素を配置する。

Webサイトの場合は、誌面のように定型のサイズが存在しないため、ベースとなるページ幅を決定したうえでページ内をグリッドで分割する。現在は利用者のディスプ

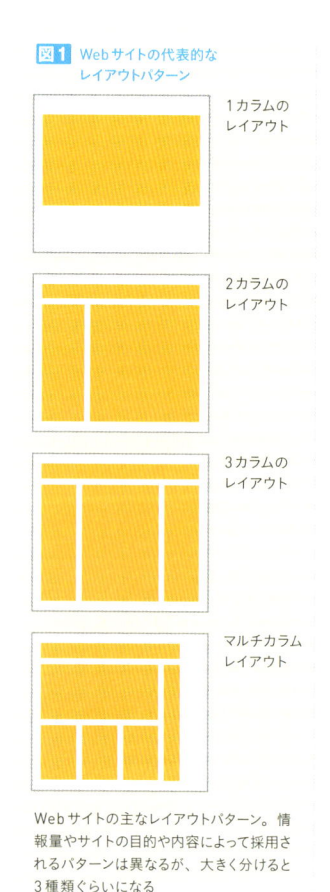

図1 Webサイトの代表的なレイアウトパターン

1カラムのレイアウト

2カラムのレイアウト

3カラムのレイアウト

マルチカラムレイアウト

Webサイトの主なレイアウトパターン。情報量やサイトの目的や内容によって採用されるパターンは異なるが、大きく分けると3種類ぐらいになる

BOOK GUIDE

Grids
the structure of graphic design
アンドレ・ジュート(著)、平賀 幸子(訳)
B5変型判／160頁
価格3,045円(税込)
ISBN9784893699879
ビー・エヌ・エヌ新社
→P.217

注1 960pxのページ幅
ページ幅は必ずしもこの限りではなく、利用者のモニタやブラウザウィンドウのサイズをもとに決定したい。

レイ解像度が大きくなっている背景もあり、欧米では旧来のような800pxベースではなく960pxのページ幅 **注1** を基準としてグリッドデザインを行う傾向にある。

グリッドシステムを使った最も簡単な方法は、基準となるページ幅を均等に12分割、16分割、24分割などで分割し、ひとつの最小ブロックを作る。分割数によってはひとつのブロックはスペース領域としてしか利用できないサイズになるため、複数のブロックを連結したユニットを作成してレイアウトしていく。グリッドが等間隔であれば複数を連結しても整然とそろった印象になるというわけだ。このグリッドを利用すれば、2カラムや3カラムだけでなく、複数のカラムサイズを組み合わせたマルチカラムのレイアウトも簡単に設計可能だ。

3カラムレイアウトのバリエーション

Webサイトで用いられる3カラムレイアウトは、左右のカラムにナビゲーション項目や広告などを挿入し、中央のカラムを本文コンテンツとしたものが主流であった。しかし、Webサイトに掲載する情報やナビゲーション項目が増えていくと、縦にナビゲーション項目が並んでしまい、Webサイトの縦方向が長くなってしまう結果を引き起こしてしまう。

ナビゲーション項目が多い3カラムレイアウトを採用したWebサイトでは、メインコンテンツを左寄せで配置し、その右側にナビゲーション項目や広告の入るサイドバー **用語1** を2カラムレイアウトで配置するレイアウトも増えてきている **図3**。このようにしておけば、項目の追加が比較的簡単になるだけでなく、ナビゲーション項目が左右に分割されて操作性が悪くなるという問題が起きにくい、という利点がある。右側にサイドバーをまとめる場合は、ウィンドウサイズによっては右側が切れて横スクロールが発生する可能性があることも頭に入れて設計する必要がある。Webサイトの内容如何ではこのようなレイアウトスタイルの採用も考えてみたい。

用語1 サイドバー
Webページの左側や右側に縦長に配置される表示領域のこと。

図2 グリッドシステム

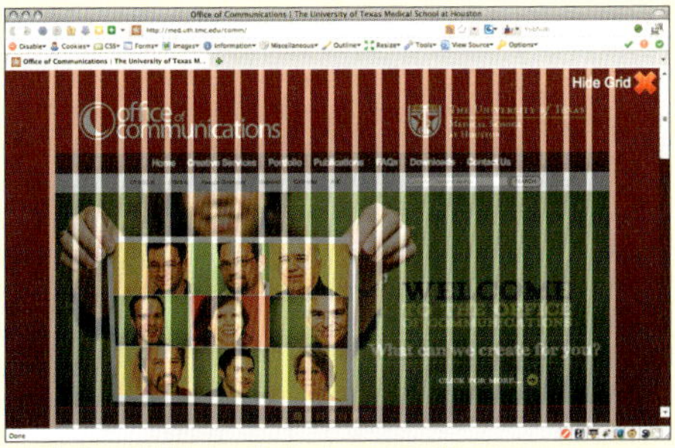

960pxのページ幅をベースにして24分割されたグリッドレイアウトの例。海外のサイトなどでは、グリッドレイアウトのフレームワークなどを使ってこのようなレイアウトを導入するサイトも多い

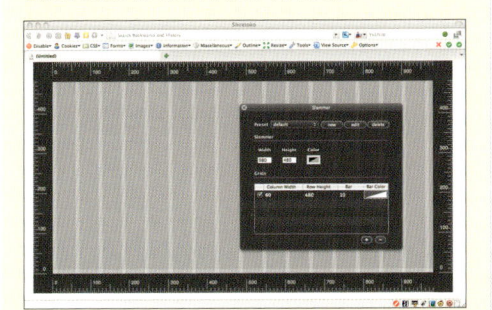

OS Xの「Slammer」というアプリケーションは、指定したページ幅とカラムのサイズ・数でグリッドを簡単に作成できる。ほかにもFirefoxのアドオンである「GridFox」を使えば、グリッドの確認や設計も可能

図3 ナビゲーション項目が多い3カラムレイアウト

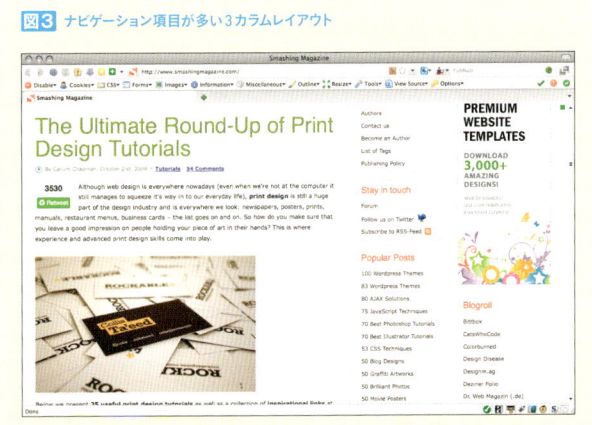

右サイドにナビゲーション項目やバナーなどの広告をまとめて3カラムレイアウトの例。情報量やナビゲーション項目が多い場合などに有効なレイアウト

Article Number 097

ユーザーインターフェイスデザインとは

Webサイトが見るだけから使うものへと変化している現在においては、利用者が対峙する画面設計は非常に重要な要素のひとつとなっている。サイトの目的や性質、情報構造によって最適なインターフェイス設計が必要だ。そこに求められるのはデザインの美しさだけではなく、情報へのアクセスのしやすさやわかりやすい操作性を兼ね備えなくてはならない。利用者を迷わせることのない画面設計を心がけたい。

制作

Keywords A ユーザーインターフェイス   B ユーザビリティ   C ユーザーエクスペリエンス

画面に表示されるものすべてがインターフェイス

A **ユーザーインターフェイス**とは、一般的には機械やコンピュータなどの操作に必要な情報提示や操作パネルなど、人間の目の前に表示される操作体系のことを指す。Webサイトの場合はHTMLやCSS、Flashなどを通して利用者のモニタに映し出される画面が、まさにインターフェイスそのものであると言える。

Webサイトが見るものから使うものへと変化している今、見た目の美しさだけで評価が決まるわけではなく、利用者がWebサイト内での目的を果たせるようなインターフェイス設計が必要とされている。これは、ナビゲーションなどの実際のページ遷移に必要な機能だけでなく、情報構造の設計や提示の方法、コンテンツの一部である見出しやリンクテキスト、ボタンなどの視覚的な要素をすべて含むと考えよう。

B しばしば目にする機会も多い「**ユーザビリティ**」注1とは、利用者の使い勝手を表した言葉である。ユーザビリティが悪ければ、そのWebサイトの評価が一気に落ちてしまうことも考えられる。万人を満足させることはできないにしても、リテラシーの高い人間だけが操作できるようなインターフェイス設計は避けるべきである。Webサイ

Book Guide

デザイニング・ウェブインターフェース
リッチなウェブアプリケーションを実現する原則とパターン
ビル・スコット、テレサ・ニール(著)、浅野 紀予(監訳)、高橋 信夫(訳)
B5変型判／332頁
価格3,990円
ISBN9784873114347
オライリー・ジャパン

Webサイトのインタラクションをよりリッチにするためのインターフェイスパターンを解説した書籍。実在するサイトをもとに75以上にも及ぶ操作の概要や利用パターンなどを紹介している。

注1 ユーザビリティ
「038 ユーザビリティを考えた設計を心がけよう」
→P.092

図1 Webユーザビリティ

- **学習しやすさ**
  ユーザーがそれを使ってすぐに作業を始められるよう、また簡単に学習できるようにしなければならない
- **効率性**
  ユーザーが一度学習すれば、あとは高い生産性をあげられるような効率的な使用を可能にするべきである
- **記憶しやすさ**
  ユーザーがしばらく使わなくても、再び使うときに覚え直さなくて使えるように覚えやすくするべきである
- **エラー**
  エラー発生率を低くし、エラーが起こっても簡単に回復できるようにする。致命的なエラーが起きてはならない
- **主観的満足度**
  ユーザーが個人的に満足できる、または好きになるよう、楽しく利用できるようにしなければならない

一般的にユーザビリティという言葉は工業製品に対して用いられることが多いが、ヤコブ・ニールセン氏があげた5つのWebサイトに関するユーザビリティは有名である。誰もが疑問に思わずに使い続けられるようなものが理想ということだ

トに限ったユーザビリティとしてはヤコブ・ニールセン氏のあげた5つの項目 図1 が有名であるが、現在ではさらに「**ユーザーエクスペリエンス**」（直訳すればユーザー体験）を豊かにできるようなハニカム構造を意識したWebサイト作りへと進化している 図2 。

C

インターフェイス設計の前に考えたいこと

Webサイトのインターフェイスは、サイトの目的や性質、ターゲットユーザー層などでその見た目は異なる。しかし、インターフェイス設計の前提として共通しているものもある。

たとえば、Webサイトの表示サイズのことは一番に考えつくはずだ。画面の高解像度化が進んでいるとはいえ、すべての利用者が必ずしも高解像度のモニタを使用しているわけではないし、Webブラウザを常にフルスクリーン表示しているわけでもない。現状モニタの解像度は「1024px×768px」からさらに高解像度のものへと変化しているが、この表示領域にWebブラウザを表示した場合のサイズはそれより小さくなってしまう。ほかにもネットブックやノートPCのように横に長いタイプの液晶なども存在していることも頭に入れておこう 注2 。

Webブラウザの上部には、ページ遷移やブラウザ操作のためのメニューやボタン、URLや検索キーワードを入力するための入力欄、場合によってはサードパーティのツールバーなどをインストールした環境があることも容易に想像できる。また、人によっては左サイドにお気に入りのリストや履歴などを表示しているだろう 図3 。

そのように考えていくと、実際にWebサイトを表示できる領域というものは限られたサイズになる。スクロール機能が付いたマウスが一般的になっているため、以前より「ファーストビューエリアにこだわらない」という考え方もある一方で、前述したように横長のモニタを持つノートPCなどではさらに表示領域が限られるだけでなくトラックパッドでの操作になってしまう。

画面解像度だけでは判断できないWebブラウザの表示サイズは、一部のアクセス解析ソフトなどで収集することもできる。インターフェイス設計で何よりも大事なのは、利用者がWebサイトを表示する際の実際の状況を想定することであると言える。

図2 ユーザーエクスペリエンスのハニカム構造

Web情報アーキテクチャなどの著書で知られるピーター・モービル氏が、Webサイト上や著書『アンビエントファインダビリティ』に掲載しているユーザーエクスペリエンスを満たすためのハニカム構造も有名である。この蜂の巣のような構造のどれかが欠けてしまわないように注意したい

注2 画面解像度とブラウザの表示領域

一般的なアクセスログ解析ツールでは、モニタの画面解像度を取得して統計を出すものが多い。しかし、利用者は必ずしもフルスクリーンでWebサイトを閲覧しているとは限らない。つまり、利用者の見ている表示領域はブラウザウィンドウのサイズをもとにしか算出できないということになる。ブラウザウィンドウの大きさの統計をとるためには、その機能に対応したアクセス解析ツールを利用することになる。Googleは、2009年末にGoogleの利用者のブラウザサイズをもとに、表示領域の割合を画面上に表示できる「Browsersize」(http://browsersize.googlelabs.com/)を公開している。

図3 ブラウザに表示させる項目はユーザーによって異なる

フルスクリーンで閲覧するユーザー｜サイドバーに履歴やお気に入りを表示するユーザー｜ツールバーをインストールしたユーザー

Webサイトを閲覧するユーザーの状態はモニタの解像度だけでは判断できない。実際のWebブラウザの表示サイズは、必ずしもフルスクリーンではなくその表示領域は小さくなっているものだ。ユーザーによって、フルスクリーンで履歴やお気に入りを出してブラウズする場合もあれば、Macユーザーのようにデスクトップ右側にアイコンが並ぶ関係でフルスクリーンではない場合も考えられる

世界レベルでは現在900pxを超すサイズのWebサイトも増えているが、必ずしもそれが最適なわけではなく、自身の制作するサイトの利用者の環境などを考えて結論を出したい 図4 図5 。

オリジナリティよりもわかりやすさを優先する

前述のようにサイトの目的や性質によってインターフェイスは変わってくるが、奇をてらった面白さだけを追求すると、利用者が理解できないこともある。これは全体のレイアウトだけでなく、ナビゲーション項目などの情報へのアクセス手段でも同じだ。利用者は初めて訪れるサイトのインターフェイスを見て、まず何をするものなのか、何がどうなっているのか、ということに考えを巡らす。仮に一度でも目にしたことがあるインターフェイスであれば、これまでの学習や経験を生かして操作することができる。世界中のWebサイトが割と同じようなインターフェイスになっている理由はそこにもある 図6 。ナビゲーションの位置、ボタンなどの表現をはじめとして、それを操作することで次の結果が得られると認識できることが大事なのだ 図7 。これは、椅子があるからそこに座れると考えるアフォーダンスの理論と同じである →P.106 。
同じような見た目は決して悪いことではなく、あえてそれを利用したインターフェイスの方がよい場合もあるのだ。見えるか見えないかわからないといったナビゲーションでは操作に戸惑うのは目に見えている。それが結果として「わからない」というようなネガティブな印象に結びつく。
わからないという感情は、何も操作体系だけとは限らない。Webサイトを使うためのリテラシーだけでなく、言葉のように知識という面のリテラシーも存在する。Webに限らず業界で一般的とされる表現が、多くの利用者がすべて理解していると考えるのは間違いである。これらはどちらかと言えば、Webサイトの情報設計に関わる部分でありインターフェイス的な部分に直接関わることではないとしても、コンテンツの見出し、ナビゲーションやリンクテキストのラベリング、そしてその大きさを含めた見せ方などは考慮しておきたい。

BOOK GUIDE

A Project Guide To UX Design
For user experience designers in the field or in the making
Rush Unger、Carolyn Chandler（著）
ペーパーバック／288頁
価格2,980円（調査時点）
ISBN9780321607379
New Riders Press

「UX」は「User Experience」の略。ユーザーエクスペリエンスデザインの基本から、ユーザーエクスペリエンスを最大限に引き出すための考え方や制作手法についての解説書。

図7 ボタンの表現

ユーザーのクリック動作を促すためには、平面の単色べた塗りのボタンより視覚的にちょっと浮き上がったよりボタンらしい表現の方が押しやすいと言われている。この表現もまた多くのサイトで利用されているインターフェイスの一部だ

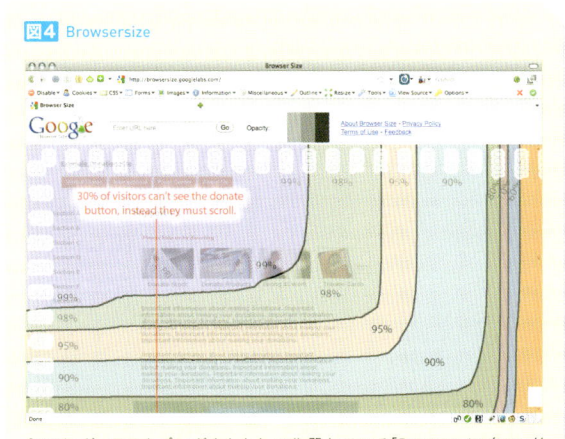

図4 Browsersize

Googleが、テストプロダクトとして公開している「Browsersize (http://browsersize.googlelabs.com/)」。Google.comの来訪者のデータをもとにそのブラウザサイズの比率をオーバーレイ表示できる。9割サポートを考えた場合は、960px×550px程度にコンテンツを収めておくのがよいのが明白だ

図5 ユーザーのブラウザウィンドウのサイズ

アクセス解析ソフトによっては、画面解像度だけではなくブラウザウィンドウの実際のサイズを取得できる。画面解像度だけでコンテンツサイズを決めていては一部が見切れるなどの問題も起こりうる。参考までに、この表は筆者のブログの購読者のブラウザウィンドウの比率だ

Book Guide

① Web 上の情報の「見つけやすさ」を表す考え方が「ファインダビリティ」である。情報アーキテクチャの第一人者が、その技術の歴史、ネット上の新しい動きなどをもとに、「ファインダビリティ」とは何かを問う。

アンビエント・ファインダビリティ
ウェブ、検索、そしてコミュニケーションをめぐる旅
ピーター・モービル（著）、浅野 紀予（訳）
B5 変型判／264 頁
価格 1,995 円（税込）
ISBN9784873112831
オライリー・ジャパン

② Web サイトの構築において重要となるナビゲーションのデザインについて、理論から実践まで、豊富な実例と共に解説。評価、分析、アーキテクチャ、レイアウトなど、最適なナビゲーションを構築するためのフレームワークほか、原理やプロセスなども解説した一冊。

デザイニング・ウェブナビゲーション
最適なユーザーエクスペリエンスの設計
ジェームズ・カールバック（著）、長谷川 敦士、浅野 紀予（監訳）
B5 変型判／388 頁
価格 4,200 円（税込）
ISBN9784873114101
オライリー・ジャパン

③ 非常にわかりやすい表現で書かれたユーザビリティの本で、本そのものがユーザビリティを追求して書かれた非常にユニークな本。ユーザビリティとは実際にはなんなのかを制作者側に知らしめるきっかけになるだろう。

ウェブユーザビリティの法則
改訂第 2 版
スティーブ・クルーグ（著）、中野恵美子（訳）
A5 判／256 頁
価格 2,940 円（税込）
ISBN9784797339093
ソフトバンククリエイティブ

④ 直感的に操作できるような Web アプリケーションを作るためのインターフェイスデザインの解説書。実在するサイトをもとにその考え方などが説明されている。

Designing The Obvious
A Common Sense Approach to Web Application Design
Robert Hoekman Jr.（著）
ペーパーバック／264 頁
価格 3,444 円（調査時点）
ISBN9780321453457
New Riders Press

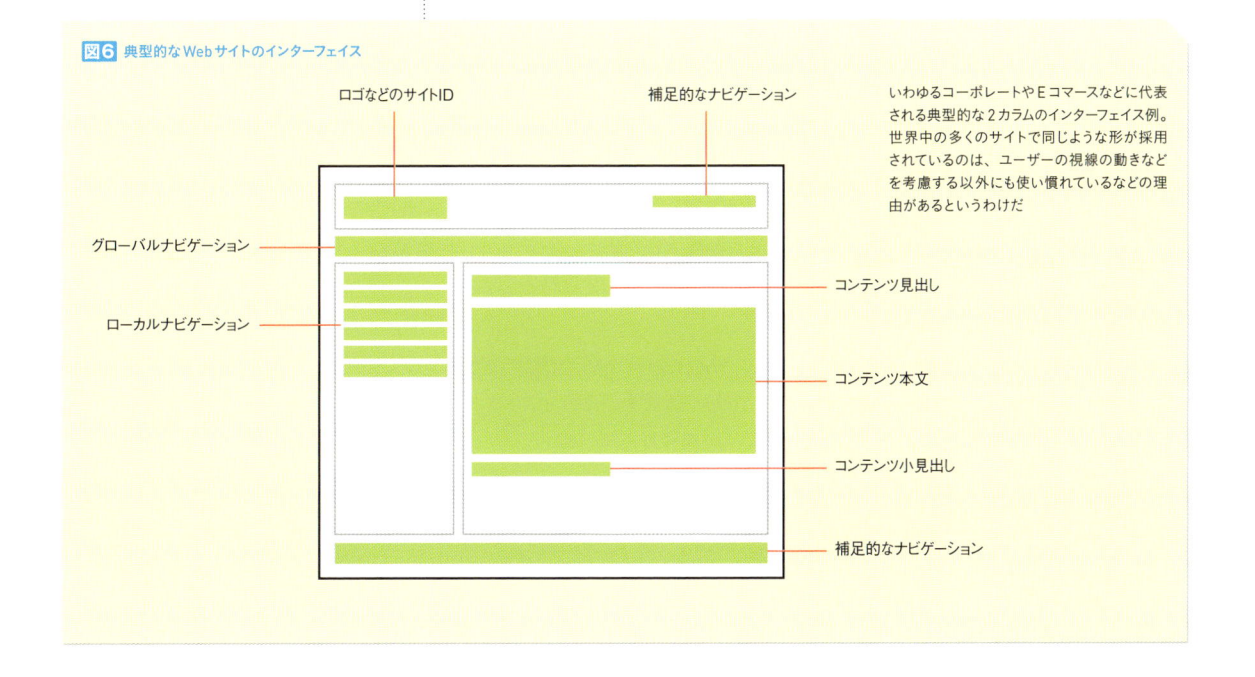

図6 典型的な Web サイトのインターフェイス

- ロゴなどのサイトID
- 補足的なナビゲーション
- グローバルナビゲーション
- ローカルナビゲーション
- コンテンツ見出し
- コンテンツ本文
- コンテンツ小見出し
- 補足的なナビゲーション

いわゆるコーポレートやEコマースなどに代表される典型的な2カラムのインターフェイス例。世界中の多くのサイトで同じような形が採用されているのは、ユーザーの視線の動きなどを考慮する以外にも使い慣れているなどの理由があるというわけだ

Article Number **098**

インタラクティブデザイン

Webは、元々ハイパーテキストとハイパーリンクを基本としたインタラクティブなメディアである。一方的な情報提供ではなく、Webの持っている特徴をうまく生かしながら利用者のことを考えたインタラクションデザインを心がけたいものだ。特に最近では、ユーザーの操作によって動的にコンテンツを切り替えるような仕組みも登場している。ここでは、そのようなインタラクティブなWebサイトを作るために必要なことを紹介しよう。

▶制作

Keywords
- **A** クリック
- **B** JavaScript
- **C** Flash
- **D** HTML
- **E** インタラクション
- **F** Ajax

インタラクティブとはどういうことか

Webは、ハイパーテキストとハイパーリンクを使った相互参照の仕組みのおかげで、インタラクティブなメディアとして認識されてきた。ナビゲーションメニューやリンクボタンを**クリック**することによって、新たなページやサイトが表示される仕組みがあるからとも言える。つまり、インタラクティブであるというのは「利用者の操作に対して答えを返す」ことによって成立する双方性のことである。

インターネットが進化していく過程においては、**JavaScript**や**Flash**のようなさまざまな技術が登場したため、今となっては**HTML**だけでは物足りないと考えるかもしれないが、先の前提条件を踏まえればプリミティブではあるが立派なインタラクティブ性を持っていると言える。言葉を返せば、ただ画面内で動いてるだけのFlashのアニメーションなどは決してインタラクティブとは言わない。

現在のWebサイトは、単なるページ遷移だけでなく、クリック操作による表示項目の変更や入力フォームに対する確認や送信処理をはじめとして、さまざまなアクションとそれに対する返答が必要になっている。視覚的に目に付くWebブラウザ内での状態変化だけでなく、バックエンドで動作するシステムも含めることで、Webサイトのインタラクティブ性はより高まる。インタラクティブなコンテンツを制作する際は、利用者が操作したことによって表示される結果への画面遷移までをフロントエンドからバックエンドも含めて総合的に考えなければならない **図1**。

インタラクションデザインと必要知識

Webサイトが見るだけのものから使うものに変化している今の時代、利用者はブラウザウィンドウに表示された内容を解釈し、操作することによってその目的を果たすことができる。たとえば、目の前に電話があったとしてもその操作方法がわからなければ、電話をかけることができない。

利用者同士や、利用者と装置、またはコンピュータシステムなどをつなぎ合わせ、それらを相互に対話させることがインタラクションデザインである。**インタラクション**は、直訳すれば「対話」や「相互作用」という意味を持つ。

電話の例でさらに考えてみよう。利用者が電話のかけ方やボタン操作で起こりうる

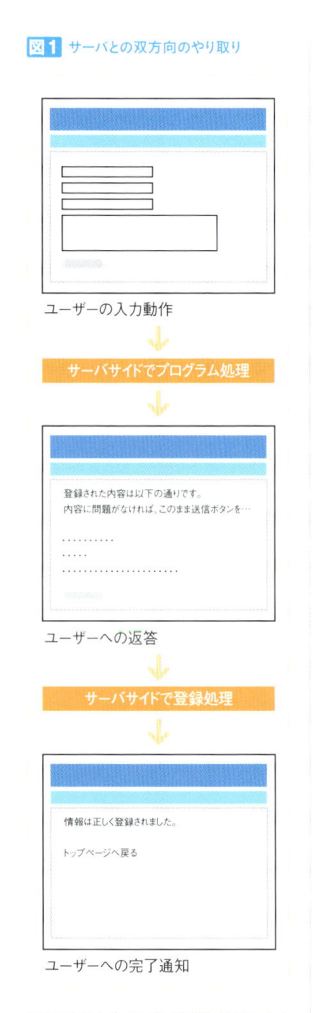

図1 サーバとの双方向のやり取り

ユーザーの入力動作
↓
サーバサイドでプログラム処理
↓
ユーザーへの返答
↓
サーバサイドで登録処理
↓
ユーザーへの完了通知

現在のWebサイトでは単純なHTMLによる遷移だけではなく、ユーザーの入力動作などによってサーバサイドで情報を処理し、動的に内容を返信するといったインタラクティブなやりとりが多い。この双方向のやりとりを、どのような遷移と仕組みで提供することが最適なのかを判断する必要がある

図2 インタラクションデザイン

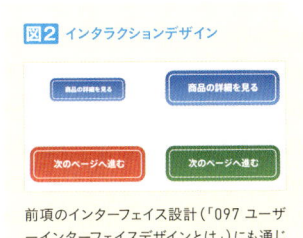

前項のインターフェイス設計（「097 ユーザーインターフェイスデザインとは」）にも通じるが、ユーザーの操作を促すためには視覚的な印象はもちろん人間の行動心理なども考えなければならない。たとえば、ボタンが小さいよりも大きい方を選びやすかったり、色の持つイメージによる影響なども大きい

BOOK GUIDE

インタラクションデザインの教科書
ダン・サファー（著）、吉岡 いずみ、ソシオメディア（訳）
A5判／256頁
価格 2,940円（税込）
ISBN9784839922382
毎日コミュニケーションズ

インタラクションデザインに関する概念だけでなく、具体的なアプローチや事例を多数紹介した、インタラクションデザインの教科書。

About Face 3 インタラクションデザインの極意
アラン・クーパー、ロバート・レイマン、デビッド・クローニン（著）、長尾高弘（訳）
B5変型判／576頁
価格 6,825円（税込）
ISBN9784048672450
アスキー・メディアワークス

ペルソナ法というデザイン手法を作ったことで有名なアラン・クーパーの著書。ゴールダイレクテッドデザインと名付けられた、ペルソナ、シナリオを用いたインタラクションデザインの手法を詳しく紹介する一冊。

Designing for the Digital Age
How to Create Human-Centered Products and Services
Alan Cooper、Kim Goodwin（著）
768頁
価格 6,712円（調査時点）
ISBN9780470229101
Wiley Publishing Inc.

インタラクションデザインのための解説書。Webサイトに限らず、人間中心のプロダクトやサービスを作り出すために必要なさまざまな考え方や手法が700pにまとまっている。

反応は頭の中で理解していたとしても、電話機自体にボタンが見あたらない、もしくは見つけられなかったらどうなるだろう。それは明らかにインタラクションが失敗していると言えるはずだ。最近の携帯電話は非常に多機能になり、番号以外のボタンが増えている。自分が使っている電話ならまだしも、メーカーの異なる他人の電話を渡されてメニューからメールの機能を呼び出して、新規メールを作成し送信することは簡単にできるようで意外とできないものである。機能の呼び出しボタンなどにアイコンが表示されて、一見わかりやすそうな設計がされているとしてもだ。

これはWebサイトでも同様である。いくら綺麗なWebサイトだからといって、それを使って目的を果たせるとは限らない。そこでは利用者の行動などを考えたうえで、適切な機能を呼び出す仕組みや操作に対する妥当な解決策を提示することが必要とされる。Webサイトにおけるインタラクションデザインは、綺麗な見た目や面白さ、プログラムの開発技術だけを追い求めてもなかなかうまくいくものではない。それ以外の情報アーキテクチャやコミュニケーションデザイン、人間工学や認知科学、心理学といった幅広い分野の知識も必要になってくる **図2**。

インタラクティブなサイト設計のために

利用者にサイトの機能をうまく使ってもらうため、または提供側の目的を果たすためには、実装の前段階での設計がポイントとなる。利用者の目的やアクションに対しその答えを返すまでには、いくつかの遷移が必要な場合も考えられる。この流れを明確にすることで、それに対する必要な機能や妥当な解決策が見えてくる。

Webサイトで何かしらのインタラクションが必要な場合は、利用者の行動を考えた機能定義が必要になってくる。そこで用いられるのが、ペルソナであったりユーザーシナリオになる（「037 ペルソナとユーザーシナリオ」→ P.090）。利用者の目的だけでなく、どのような思考でどのように行動しうるか、というパターン（タスク）を考えなければならない。利用者を逃がすことなく適切な目的地まで連れて行くためにどうすればよいか、機能面・技術面の双方から考えることになる。

全体のナビゲーション設計やコンテンツ設計だけでなく、ユーザーとの対話が必要な場面においては、単純なHTMLとバックエンドでのやりとりのフローがよいのか、画面遷移を伴わない **Ajax** のようなフローがよいのか、よりインタラクティブ性を高めるために映像や音声によるナビゲーションが必要なのかなど、ターゲットとなるユーザー層やサイトの目的・性質によっても実装技術が変わってくる。その時々に応じた妥当な解決策を得ることが、Webサイトの成功の鍵なのである **図3**。

図3 Google Maps

数年前に登場したGoogle Mapsによって注目を浴びたAjax。それまでの地図コンテンツの定番であったクリックして次の画面に遷移するという仕組みは、マウスのドラッグ操作によるリアルタイムの再描画に変貌をとげた。これは、ユーザーの目につかないバックエンドでのJavaScriptを使ったXMLデータの非同期通信によって実現されている

Article Number **099**

Webコンテンツを構成する素材

Webコンテンツを制作・配信するにあたり、そのコンテンツを構成する個々の素材について正しい理解をしておきたい。現代のWebは視覚的な演出や見せ方に重きが置かれがちだが、実際のコンテンツ中には、情報としての意味を持つ素材、視覚的な演出で主に用いられる素材といった違いがある。そのどちらかが欠けてはしまっては問題だ。その双方を用途に合わせてうまく組み合わせることでより効果的なWebコンテンツを作り上げたい。

■制作

Keywords
- **A** テキスト
- **B** 画像素材
- **C** 動画素材
- **D** 音声素材
- **E** 代替テキスト

コンテンツを形作るために必要な素材

Webコンテンツは今やさまざまな情報の集合体である。当初はテキストベースだったが、時間の経過とともにさまざまなメディアを取り込むようになっている。ただし、Webサイトの目的や性質によって取り扱う情報は異なるため、そこにどのような情報をどのような形式で提供するかという取捨選択が必要になってくる。Webコンテンツは、**A-D** **テキスト**や**画像素材**（静止画像）、Flashコンテンツ、**動画素材**、**音声素材**などで構成される。業種業態やWebサイトの目的や内容にもよるが、テキストと静止画像を使った情報配信が主体となるのが一般的だ。個々の素材の詳細については以降の素材ごとのページを読んでいただくとして、ここでは主としてテキストと画像を例に、Webコンテンツの情報提供時に考えておきたいことを解説しよう**図1**。

Webコンテンツは可能な限りアクセシブルに

コンテンツの視覚的な表現が求められる今どきのWebサイトは、どうしてもコンテンツに対する画像の割合が増えてしまいがちだ。より効果的に情報を伝えるために視覚的なアピールは必要であることは確かだが、一昔前のコンテンツのようにすべてを画像化してしまうという間違いを犯してしまうことにもなりかねない。そうならないためには、Webサイトに価値を生むためのコンテンツの作り方は押さえておきたい。こ

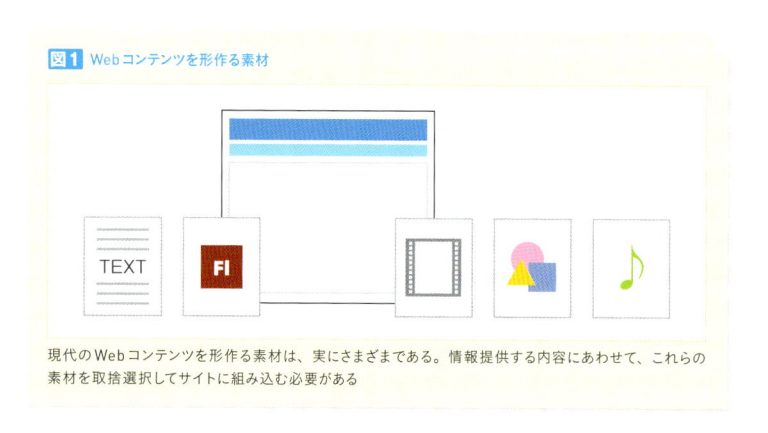

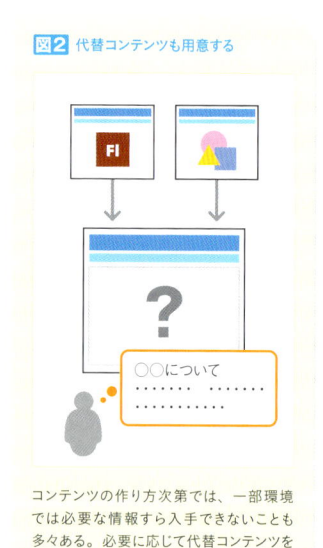

図1 Webコンテンツを形作る素材

現代のWebコンテンツを形作る素材は、実にさまざまである。情報提供する内容にあわせて、これらの素材を取捨選択してサイトに組み込む必要がある

図2 代替コンテンツも用意する

コンテンツの作り方次第では、一部環境では必要な情報すら入手できないことも多々ある。必要に応じて代替コンテンツを用意するなど、必要最低限の情報だけでも取得できる形でWebコンテンツは用意したい

BOOK GUIDE

Webデザイン 知らないと困る現場の新常識100
こもりまさあき、小林信次、千貫りこ、堀内敬子（著）
A5判／232頁／価格2,415円（税込）
ISBN9784844360346
エムディエヌコーポレーション

日々進化し続けるWebデザインの現場は教科書どおりの知識が通用しない。XHTMLやCSSデザインで起こりやすいトラブル、画像周りの基本知識、JavaScriptなどのプログラムから制作周辺についてまで、現場のプロならば知っておきたい現場の常識を100項目集めて解説した、トラブルシューティング本。

れはコーディングのような実制作を担当する人だけではなく、ラフデザインを作ったりデザインカンプを仕上げる職域の人、さらにはWebサイトの企画を立てるような職域の人にもぜひ考えてほしいことだ。

まず、第一に考えたいのは情報へのアクセシビリティである。たとえば、すべてを画像化してしまったコンテンツの何がいけないことかを考えてみよう。画像が表示できない・画像の内容を理解できない環境からすれば、それに対してはまったく価値がないことになる。また、検索エンジンのデータベースに登録される情報は、主としてテキストである。Webサイトの情報をクロールするロボットは、まだそのほとんどが画像の中に存在するテキストの認識ができるわけではない。Flashで構成されたサイトも同様で、音声ブラウザに対してのアクセシビリティは作り方次第で確保できるが、現時点ではラスタライズ（またはビットマップ化）されたテキストの中身までを検索エンジンのロボットが理解できるわけではない 注1 。それよりは、情報として読み取らせたい内容に関しては、純粋なテキストの状態で提供するのが本来理想的である。検索エンジンに登録されること＝価値ではないにしても、少なからず情報を取得できない環境があることは理解しておきたい。

もちろん画像やFlashを使用するなというわけではなく、その素材をコンテンツとして配信するうえでの配慮に欠けていると問題になるということである。多くの人に対して伝えるべき情報があるのなら、必要最低限でかまわないので誰もが取得できるようにしておくことが大事なのだ 図2 。

情報として必要な画像なのか、そうでないのかを区別する

Webコンテンツに使用するテキストと画像の切り分けの基準は、「情報として必要なのか、そうでないのか」である。画像だけを考えても同様で、「情報としての意味」を考えればいずれかに分類できる。見た目の装飾や演出の意味に近い画像は、情報としての意味や価値は持っていないに等しい。Webサイトの背景がグラデーションであろうが、コンテンツの周囲に絵柄が散りばめられていようが、それらは情報として見た場合にはまったく不要で、利用者にとってはどうでもよいことである。逆に、商品情報ページにある商品写真などは、利用者からしてみれば必要な情報となる。この区別ができれば、HTMLとCSSを使ったWebコンテンツでは、「CSSの背景画像として処理すべき画像（情報としては不要な画像）」と「img要素として配置する画像（情報構造上必要な画像）」とに分けて考えることができる。ただし、情報として必要な画像だからと、すべてを画像化してimg要素として配置するのも問題である。多少見た目が落ちたとしても、本文のように読んでもらうことを主目的とする内容はテキストとして提供したい。利用者は何かしらの情報を得るためにWebサイトを訪問しているということを忘れてはいけない 図3 。

すべてを画像化しないとしても、内容によっては見出しだけでも画像化しておきたい場合もある。そのような場合は、画像が表示できない環境のことを考え、img要素に対して**代替テキスト**となる「alt属性」に適切なテキストを挿入しておこう。そうすれば、画像が表示できない、または内容を理解できない検索エンジンのロボットでも情報を取得することができる 注2 。

このような考え方でWebコンテンツを制作すれば、画像だけでHTMLが埋め尽くされることもなく、きちんと意味の伝わるWebサイトが構築できるのである。

注1 Flashコンテンツのクロール
現在、Adobe SystemsがYahoo!やGoogleのロボットに対してFlashコンテンツをクロールできる仕組みを提供しようという段階のようだ。

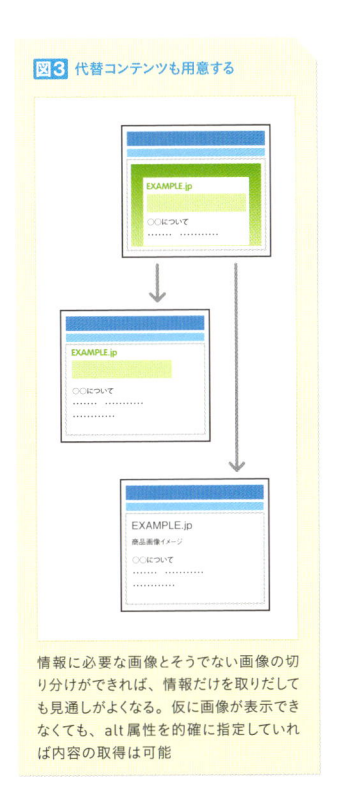

図3 代替コンテンツも用意する

情報に必要な画像とそうでない画像の切り分けができれば、情報だけを取りだしても見通しがよくなる。仮に画像が表示できなくても、alt属性を的確に指定していれば内容の取得は可能

注2 代替テキストとなる「alt属性」
見出しや商品画像など、情報として必要な画像素材はimg要素を使って配置するべきである。その際は、画像が閲覧できない環境でその代替のテキストとなるalt属性に適切なテキストを入れておきたい。

```html
■HTML
<h2 class="itemName"><img
src="images/item-00xx.png"
width="250" height="32" alt="○○について" /></h2>
<p>本文省略…</p>
```

Article Number **100**

テキスト素材の準備

Webコンテンツの配信形式がHTMLであってもFlashであっても、一部のコンテンツを除き必要になるものがテキスト素材だ。サイトやブランドのキャッチコピーはもちろん、ナビゲーションメニューのテキストからコンテンツの見出しや本文にいたるまで、たとえ画像として配置されるものであってもそこにはテキストが存在する。ここでは、そのような素材の一部となるテキストの準備や注意点などを解説しておこう。

| 制作

Keywords
- **A** テキスト
- **B** キャッチコピー
- **C** 見出し
- **D** SEO
- **E** 編集
- **F** 校正

テキスト素材の準備の前に

A Webコンテンツ中では、言葉や文字列という意味での**テキスト**が至る所で用いられ
B ている。Webページのタイトルや**キャッチコピー**のようなタグラインにはじまり、商
C 品イメージ中のコピー、ナビゲーション項目、**見出**しや本文、バナー、テキストリンク、画像の代替テキスト、表向きには見えないページのキーワードや概要文に至るまで、利用者の次のアクションを導き出したりコンテンツの意味を的確に伝えるためのテキストが必要不可欠である。

このように考えると、「ただ何となくあればよい」というわけではなく、Webコンテンツの中でのひとつひとつのテキスト素材はより効果が生まれるような表現や読ませ方
D が重要になってくる。特に昨今では、**SEO** 用語1（検索エンジン最適化）にも注目が集まっているが、サイト公開後に付け焼き刃の対応をしたからといって検索結果の順位が簡単に上がるわけではない。より効果をあげるためのコンテンツにするためには、サイト設計時からターゲットとなる利用者の行動特性や検索パターン、検索エンジンの特徴などを十分考慮したうえで、各種のテキスト素材を
E 用意しなければならない。制作側にコピーライターやライター、**編集**といった適任者がいなければ外部へ依頼することになるが、サイトの目的や内容によっては前述したようなWebコンテンツならではの知識や経験が必要になる。また、多言語対応が必要な場合は、ネイティブレベルでの文章力が必要となるため専門の業者への依頼を考えた方がよいだろう 図1 図2。

惹きつける、繋げる、価値を持たせる

F テキストの作成・編集作業時は、一般的な文章作成や編集、**校正**のルールをベースにすることになるが、Webコンテンツにしかないある種特殊な状況（読むだけではなく使うという側面）があることも認識しておきたい。
キャッチコピーやバナーに挿入されるテキストでは比較的短めの印象に残るテキスト表現が必要だが、読んでもらうことが前提となる本文

用語1 SEO
「検索エンジン最適化」の略。検索エンジンにおけるキーワード検索時の自社サイトの表示順位を最適化する手法のことを指し、SEM（検索エンジンマーケティング）の施策のひとつである。検索順位はリンクポピュラリティのみで決定するわけではない。SEOの手法は、外的要因と内的要因、検索エンジンのアルゴリズムや特徴などを踏まえ、総合的に考える必要がある。検索エンジンの結果やバナー広告から自サイトへの導線を最適化することは、「LPO（ランディングページ最適化）」と呼ばれている。
「084『検索エンジン』最適化（SEO）について」
→ P.196

図1 Webコンテンツ中のテキスト

- ページの大見出しやタグライン
- ナビゲーションメニューのラベル
- 本文の見出し
- ナビゲーションメニューのラベル
- イメージ写真のコピーとalt属性
- 本文中のリンクテキスト
- バナーテキストとalt属性
- それ以外のリンク

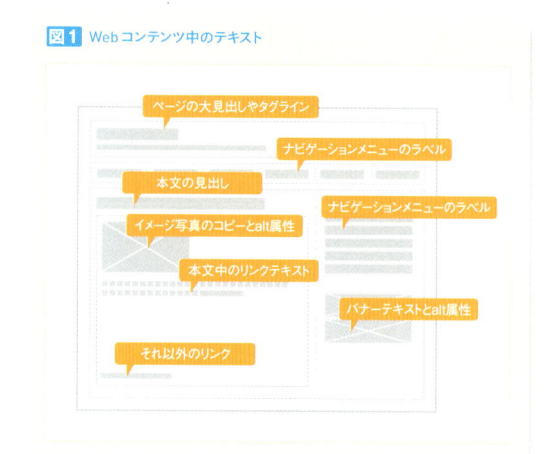

画像化するしないに関係なく、Webコンテンツ中に表示されるテキストは実に至るところにある。サイトの目的達成のためには、文章作成や編集といった領域に加えて、ターゲットの行動パターンを考えたりさまざまな調査結果をもとにして素材の準備にあたった方がよいだろう

232 / 233

BOOK GUIDE

When Search Meets Web Usability
Shari Thurow、Nick Musica（著）
ペーパーバック／208頁
価格 2,472円（調査時点）
ISBN9780321605894
New Riders Press

検索エンジンやサイト内における検索行動や情報探索行動について、SEOとユーザビリティの視点を組み合わせた手法を解説した書籍。

Content Strategy for the Web
Kristina Halborson（著）
ペーパーバック／192頁
価格 2,636円（調査時点）
ISBN9780321620064
New Riders Press

Webサイト戦略設計においてWebサイトの効果を最大限に生かすために考えておきたいことを解説。

Search Engine Optimization for Flash
Todd Perkins（著）
ペーパーバック／288頁
価格 3,396円（調査時点）
ISBN9780596522520
O'Reilly Media

Flashを利用する場合の検索エンジン最適化について書かれた書籍。配置方法から最適化の方法までを解説。
→ P.265

テキストなどでは見出しのわかりやすさやインパクトで利用者の注目を惹きつけることはもちろん、そこから次の行動に繋げられるような本文の構成力が必要となる。Web上の長文テキストはモニタで長時間凝視することが困難であるため、Web上のテキストはほかの媒体に比べて流し読みされやすい。だらだらと冗長な文章よりは、できるだけ簡潔でわかりやすくしておきたい。それと同時に利用者の注意を引き、次の行動に繋げるためには適切なリンクも必要となる。

検索ポータルからの流入を考えるのであれば、ページのタイトルの付け方、見出しや本文のテキスト、テキストリンクなどが対象とされるため、キーワードとなりうる単語の取り扱いが重要だ（やたらと入れればよいというわけでもない）。ここがいわゆる一般的な文章作成・編集の領域とは異なる特殊な点と言える 図3。

さらに最近ではコンテンツの情報の即時性が求められるため、CMSの導入などによって誰もがテキストを編集し更新可能である。そのような環境においては特に誤字脱字や文章表現が問題になることも多い。Webコンテンツは印刷媒体と異なり公開されてから修正が容易だが、編集時には気づかずにそのままリリースしてしまうことによって、Webサイトだけではなくブランドイメージなどにも影響を与える可能性もある。簡単であるからこそ、公開前には入念なチェック体制が必要だ。特にこのような誤字脱字や文章表現については、執筆者本人ではなかなか気づきにくいこともあるため、二重三重のロール設定（権限設定）を導入して校正を行うことでミスは未然に防ぎたい。テキストの力を最大限に引き出し、クライアントだけではなく利用者にも価値のあるサイトを作りたいものである。

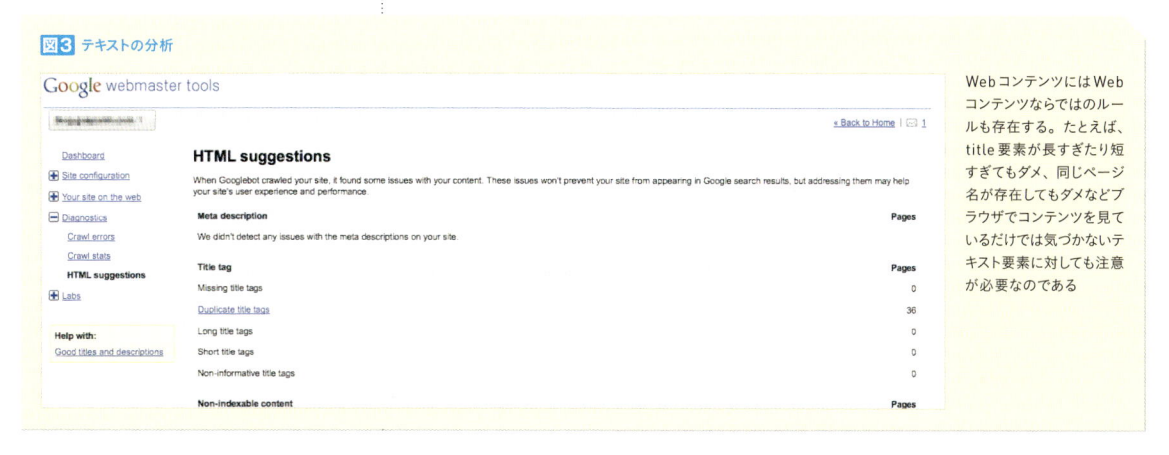

図2 キーワードの調査

検索ポータルが公開しているサービスを利用すれば、ユーザーが検索したキーワードリストだけではなく、自サイトのコンテンツでキーワードの対象となっている文字列を確認することもできる

図3 テキストの分析

WebコンテンツにはWebコンテンツならではのルールも存在する。たとえば、title要素が長すぎたり短すぎてもダメ、同じページ名が存在してもダメなどブラウザでコンテンツを見ているだけでは気づかないテキスト要素に対しても注意が必要なのである

Article Number **101**

Webで使用する画像素材について

現代のWebコンテンツはもはやテキストだけで構成されたものを探す方が困難である。情報の一要素として提供すべき画像だけでなく、Webサイトの視覚的な演出のための画像もふんだんに利用されている。環境が混在するWebの世界では、画像はプラットフォームを限定しないファイル形式を使用するのが基本だ。ここでは、一般的に利用される画像形式とその特徴、制作の現場において今後変わりそうな流れにも触れておきたい。

制作

Keywords　**A** 画像　**B** GIF　**C** JPG　**D** PNG　**E** アルファチャンネル

基本となる画像形式は、GIF／JPG／PNGの3種類

A インターネットはさまざまなOS環境が混在するため、**画像**に限らず使用できるファイル形式は極力環境依存しないものに限られている。一口に画像といっても、そのファイル形式は実にさまざまだ。OSの違いによって利用できるアプリケーションが異なることも多く、Webに限らずインターネットでのファイルのやりとり全般でそれらの独自形式などは使用しない方が賢明である。たとえば、WindowsのBMP形式 **用語1** は今ではデバイスが異なってても開くことが可能だが、あくまでもWindows標準の画像形式である。

このように環境依存しない、かつネットワークという限られた帯域を伝送するためには圧縮技術によってファイルサイズを小さくできる方がよい。そこで広くWebの世界

B-D で利用されている形式は、「**GIF**」、「**JPG**」（JPEG）、「**PNG**」の3種類となっている。GIF形式は画像の色数を256色以下に抑えるという圧縮形式であるため、色数の比較的少ないイラストや文字だけが含まれるボタンなどでよく利用される。GIFは、任意の色を指定して透過する画像を作ったり、アニメーションをサポートしている。一方のJPG形式は、減色してデータサイズを小さくするという圧縮方法ではないため、フルカラーの写真などをWebコンテンツに配置する際によく用いられる。しか

用語1 BMP形式
BMP（ビットマップ）形式は、Windowsにおける標準の画像フォーマット。フルカラーの画像は圧縮されていないため、そのままではサイズが大きくなってしまう。

図1 Webで広く利用されている画像ファイル形式

256 color
文字が主体（または色数の少ないイラスト）　　フルカラーの写真やグラデーション

GIF
JPG
PNG 8
PNG 24 / PNG 32

画像の内容によって適切なファイル形式は異なるので必ずしもこのとおりになるわけではないが、色数が少ない文字が主体の画像やイラストなどは色数がファイルサイズの基準となるGIFやPNG 8が適している。フルカラーの写真やグラデーションが含まれるものはJPG形式の方がクオリティとデータサイズのバランスが取りやすいはずだ

用語2 非可逆圧縮
JPG形式のように一度圧縮して保存をすることで元画像の品質に戻すことができない圧縮のこと。TIFFのLZH圧縮などのように品質に影響を与えず元画像と同じ状態になる圧縮は可逆圧縮と呼ばれる。

用語3 アルファチャンネル
デジタル画像データの透過度情報を保存するデータ領域。透過度情報はアルファ値と呼ばれ、100％の透明度（無色）から、0％の透明度（背景の色をまったく通さない）まで設定できる。コンピュータやWebでは色情報としてRGBの3つのチャンネルで色を表現するが、それに加えて透明度を表現する場合にはこれにアルファチャンネルを加え、4つの情報の組み合わせで一つの点を表現する。

注1
Internet Explorer 6.x以下では、PNG 24やPNG 32の表示をサポートしていないためその利用があまり進んでいないのが現状。

注2 バナーのデータサイズ
ポータルサイトなどのバナー広告の掲載条件は非常にシビアだ。掲載サイトの広告制作基準にもよるが、一般的にGIFやJPG画像のバナーで10K〜15K以内、Flashバナーに関しても極端に大きなデータサイズが認められているわけではない。

注3 パフォーマンス
回線環境のブロードバンド化が進むにつれ、コンテンツの内容は肥大化して表現手法も多様化している反面、Webページの表示スピードは短かい方がよいとされている。最適な画像形式の選択、不要なデータ領域を削除することで少しでも転送サイズを減らそうという動きがある。

し、JPGは一度圧縮してしまうと二度と元の状態に戻すことのできない**非可逆圧縮 用語2** 形式であるため、その使用時には注意が必要だ（元ファイルは別の形式で保存しておくなど）。

最後のPNG形式は、特許問題を抱えていたGIF形式の代替となる画像形式として生まれてきた経緯を持つ。PNGは、GIFと同じように256色以下に色数を抑える「PNG 8」、フルカラーを利用できる「PNG 24」とそれに**アルファチャンネル 用語3**（透明度）をサポートする「PNG 32」など用途によって使い分けが可能な形式となっているのが特徴だ **注1**。また、GIFよりもPNG 8の方が若干ではあるが圧縮効率が高いため、ブラウザの表示パフォーマンスをあげるためによく利用されている **図1**。

用途に合わせて最適な画像形式を選択する

前述のようにWebコンテンツ中で主として利用される画像形式は3種類に限られるが、必ずしもすべてをGIF、JPG、PNGで統一すればよいというわけではない。

それぞれの形式には前述のように基本となる適材適所の用途があるが、画像の内容次第では、どちらを使っても問題ない場合も多いのも事実だ。実際には圧縮後のファイルサイズとクオリティ面を天秤にかけたうえでの判断になる。

たとえば、写真素材は内容によってGIF形式で圧縮しても見た目には差が出ないこともある（色数が少ない、モノクロ256階調である場合など）。ただし、見た目は同じでもファイルサイズには差が出るので、転送データ量との兼ね合いで選択することになるはずだ。

また、ポータルサイトへ掲載するバナーなどは、現状GIFやJPG形式での提出が基本となっているが、掲載サイズ（縦横の大きさ）の割にはかなりシビアにデータサイズ制限がかかってくる **注2**。JPGは圧縮率を調整することでファイルサイズを小さくできるが、その独自の圧縮手法の関係で圧縮率を高くすればするほどブロック上のノイズが表出してしまう。そのため、写真だけではなく文字も含まれるような画像の場合は、JPGで比較的圧縮率を低めにする（データサイズを大きくする）か、文字の視認性を重視してGIFでの圧縮に切り替えるなどの選択が必要になってくる。クオリティだけを求めればよいというわけではなく、ネットワークをデータが流れていくというインターネットの性質をも考慮したうえで、その双方をうまく兼ねられる最適な画像形式を選択しなければならないのである（次ページ **図2**）。

今後はGIF／JPGよりもPNGが主流に？

現状の日本のWebサイトでは、利用者のWebブラウザのシェアの関係もあってコンテンツ中でPNG形式（PNG 24やPNG 32）の使用頻度はかなり少ない。しかし、このPNG形式が利用できるようになれば、今後の制作過程を大きく変えてくれる可能性も高いのだ。

PNG 8に関して言えば、現在でも多くのブラウザでサポートする形式でGIFと同じ扱いができるだけでなく、その圧縮効率の高さからパフォーマンスを重要視するサイトではよく利用されている **注3**。PNG 24やPNG 32は、フルカラーの画像を劣化なしで取り扱うことができるためファイルサイズ自体は大きくなってしまうものの、背景色に左右されない透過画像が配置できるという利点がある。特にPNG 32はアルファチャンネルをサポートしているため、段階的に透明度が高まっていくような画像

が用意できる。これはこれまで背景色が混在する場合では、GIF形式で透過の画像を使ってもうまく表現できないため複数の画像ファイルに切り出してから配置していたような処理は、アルファチャンネルを設定した単一のPNG画像だけで処理できるということだ。これにより背景の色や写真が変わっても何も修正する必要はない。現在、モダンブラウザ 用語4 の多くはアルファチャンネル付きの透過PNGをサポートしているため、世界レベルでは透過PNGを使用しているWebサイトは増えている。ただし、Intenet Explorerの6.x以下への対応を考えた場合は、その置き換えとなる仕組みを組み込む必要があるだろう（背景画像を別にする、JavaScriptライブラリなどを利用する、など）図3。

用語4 モダンブラウザ
Web標準に準拠したブラウザのこと。おおよそSafari、Opera、Firefoxなどがその代表格。

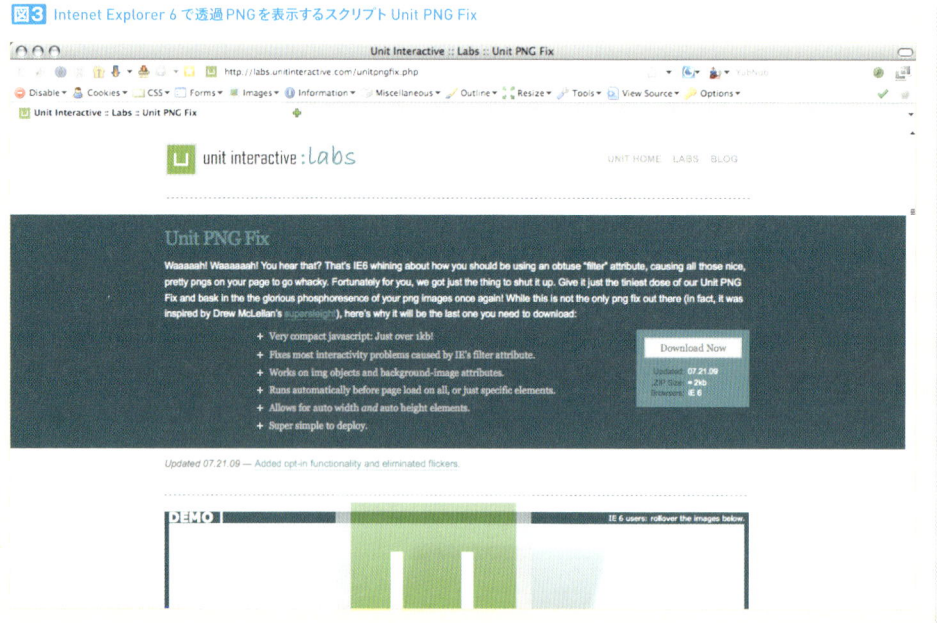

図3 Intenet Explorer 6で透過PNGを表示するスクリプト Unit PNG Fix

アルファチャンネルを持った透過のPNG形式は、視覚的な演出を高めたWebコンテンツの制作にうってつけだが、Internet Explorer 6.x以下で表示できない。そこで擬似的に対応させるために、応急処置的にJavaScriptライブラリなどが利用されている（図は「Unit PNG fix」）。

図2 GIF、JPG、PNGの違い

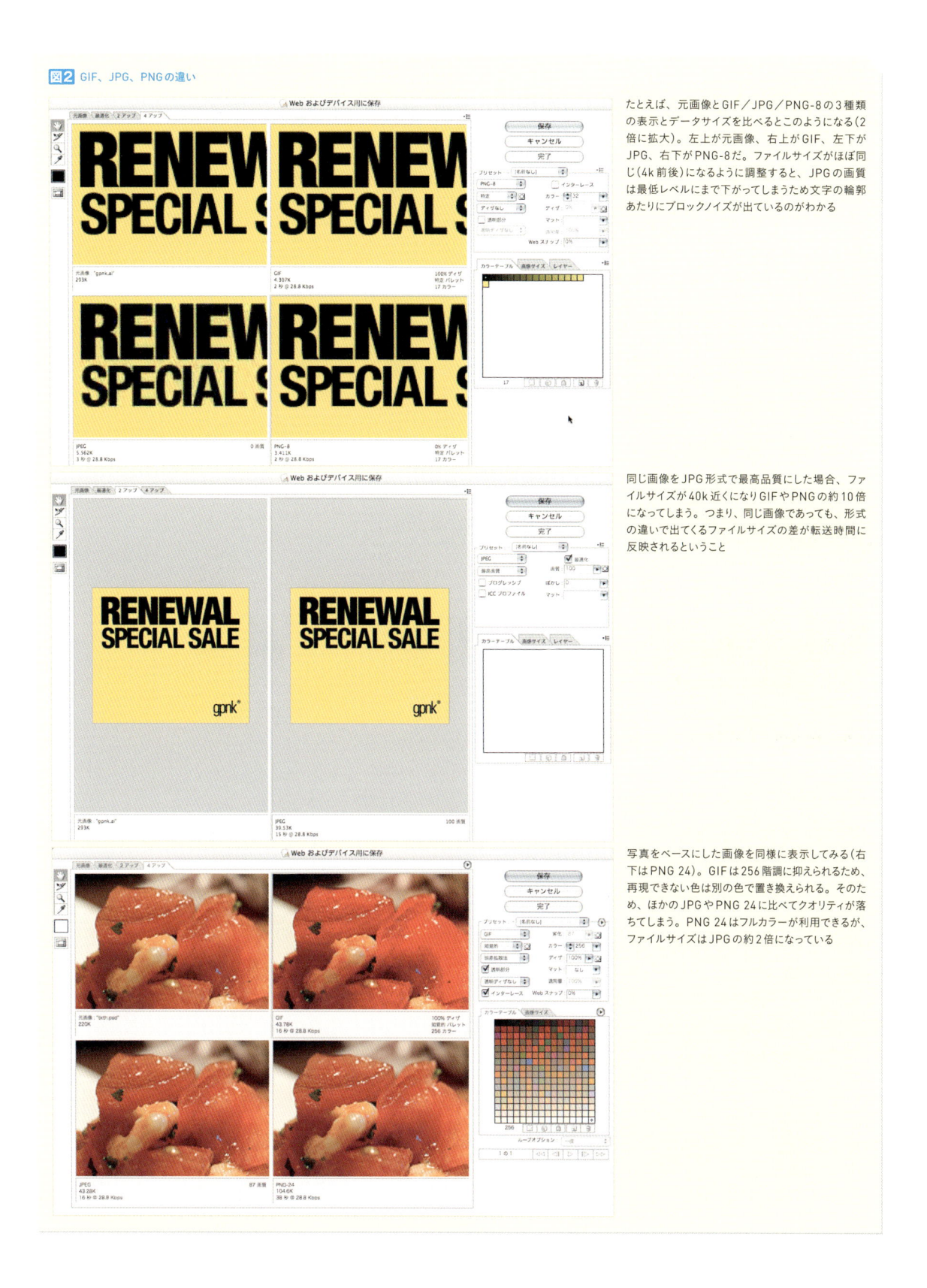

たとえば、元画像とGIF／JPG／PNG-8の3種類の表示とデータサイズを比べるとこのようになる（2倍に拡大）。左上が元画像、右上がGIF、左下がJPG、右下がPNG-8だ。ファイルサイズがほぼ同じ（4k前後）になるように調整すると、JPGの画質は最低レベルにまで下がってしまうため文字の輪郭あたりにブロックノイズが出ているのがわかる

同じ画像をJPG形式で最高品質にした場合、ファイルサイズが40k近くになりGIFやPNGの約10倍になってしまう。つまり、同じ画像であっても、形式の違いで出てくるファイルサイズの差が転送時間に反映されるということ

写真をベースにした画像を同様に表示してみる（右下はPNG 24）。GIFは256階調に抑えられるため、再現できない色は別の色で置き換えられる。そのため、ほかのJPGやPNG 24に比べてクオリティが落ちてしまう。PNG 24はフルカラーが利用できるが、ファイルサイズはJPGの約2倍になっている

Article Number **102**

映像素材と配信スタイル

ブロードバンド回線の環境が徐々に広がりを見せ始めていることにより、Webコンテンツの一部において動画を用いる機会もじわじわと増えてきている。映像素材もまた画像同様、OS環境ごとにさまざまなファイル形式が混在しているのが現状だが、Webを使ったコンテンツ配信ではいくつかの形式に絞られる。しかし、画像以上に利用者の閲覧環境に左右されやすいため、映像配信については若干の注意が必要である。

■制作

Keywords
- **A** 動画
- **B** 映像
- **C** コーデック
- **D** wmv
- **E** flv
- **F** mov
- **G** mp4（m4v）

動画コンテンツの種類とファイル形式

A ブロードバンド回線の提供エリアが広がったことや**動画**コンテンツの圧縮技術の進化により、Webコンテンツの目的や内容によっては動画を組み込んで配信する機会も徐々に増えてきている。動画をメインコンテンツとしたもので有名なWebサイトの代表格と言えばYouTubeだろう。動画コンテンツを中心に据えていないWebサイトでも、そのサイトの操作説明や商品の説明などに動画が用いられていることが多い。さて、一口に動画コンテンツというが、実は画像素材同様にファイル形式と圧縮方式が実に多種多様なメディアであることをまず覚えておきたい。特に動画コンテンツ

B の場合は、**映像**だけでなく音声も同時に扱うことが多いため、映像と音声の組み合わせを考えると気が遠くなるほどだ。

ここで問題となるのは、動画のファイル形式に加えて映像と音声ではそれぞれで圧

C 縮方式（**コーデック**）用語1 が異なることである。つまり、ある動画ファイルの形式を採用したとしても、動画エンコード 用語2 （配信用に書き出す処理）時に利用するアプリケーションのバージョンによっては、映像と音声のコーデックに相違が出るため再生時に問題が起こる場合も少なくない（以前のバージョンのプレイヤーでは再生できない、別途コーデックのダウンロードが必要など）。

現在、一般的に利用されている動画ファイルの形式は、「Windows Media Video」

D-F （.**wmv**）、「Flash Video」（.**flv**）、「QuickTime Movie」（.**mov**）、「MPEG 4」

G （.**mp4** /.**m4v**）などがあげられる。MP4以外の形式では専用のプレイヤーが必要となるが、前述したバージョンの違いによるコーデックの落とし穴が潜んでいる。さらにWindows Mediaの場合は、DRM（Digital Rights Management）と呼ばれる著作権管理の機能を付け加えることができるが、これを有効にするとWindows OS以外では再生ができなくなってしまう。誰もが閲覧できるような動画コンテンツの提供を考えた場合は、利用者のOSの選定や専用プレイヤーの有無（使用バージョン）を総合的に考えて、最適なファイル形式を選択しなければならないと言える。現在Webコンテンツの一部として公開される動画コンテンツは、Flashプレイヤーを使って再生可能なFlash Video、携帯電話をはじめとしていろいろなデバイスで対応できるMP4を採用した映像配信が増えてきている 図1 注1 。

用語1 コーデック
映像や音声の圧縮を行うための処理に使われる技術。映像、音声ともに多様なコーデックが存在している。再生側のプレイヤーが、使用されているコーデックに対応していない場合は再生ができない。

用語2 エンコード
コーデックを使って無圧縮のデータを圧縮する変換をエンコード（Encode）といい、圧縮ファイルを無圧縮ファイルに戻す変換をデコード（Decode）という。たとえば、音楽ファイルをMP3形式にするのがエンコードである。
「103 音声素材について」→P.240

注1 ブロードバンド環境を対象に動画コンテンツをオンデマンドで配信するサイトの多くがWindows Mediaを採用している。しかし、再生環境が限定されてしまうことから、それ以外の選択肢としてFlashビデオへの移行も始まっている。NHKのオンデマンド配信である「NHKオンデマンド」がFlashビデオでの配信をアナウンスしている。

動画コンテンツの配信形式

これまでインターネットを使った動画配信と言えば、Webコンテンツ中のプレイヤー埋め込みスタイルもあったものの、どちらかと言えば専用プレイヤーを介した配信が主体となっていたが、現在では、Webコンテンツの一部としてFlashの中で動画を組み込んだり、YouTubeのようにプレイヤーを表示して再生されるようになっている。いずれの場合においても、その配信形式は大きく分けて2種類しか存在しない。ひとつは配信専用サーバを使ってストリーミング形式 用語3 で再生する方法、もうひとつは一般のWebサーバにコンテンツを置いてダウンロード形式で再生する方法だ。

ストリーミング形式の配信は、リクエストと同時にデータのダウンロードが始まって順次再生されるが、転送帯域に応じて再生品質を切り替えられる特徴を持っている。ただし、動画はデータサイズが大きいので、自前の配信サーバを構築するにはネットワーク面のインフラ整備も必要になってくる。そのためストリーミング形式での配信はストリーミングを専門にホスティングする会社を利用するのが一般的だ。

一方のダウンロード形式の場合は、利用者のPCにデータが蓄積されるため、著作権保護を考えると比較的データサイズが小さい低画質の映像を配信するスタイルが主流となる。Flash Videoの場合、専用サーバを利用すればストリーミングでの配信も可能だが、一般的なWebサーバを使って擬似的にストリーミングで配信するプログレッシブダウンロードを選択することも可能だ。配信形式は、コンテンツの内容と予算、インフラなどに応じてその方法を決定しよう。

用語3　ストリーミング
データをローカル環境にダウンロードして再生する方式とは異なり、再生リクエストとともにデータの送信と再生をはじめる形式。

図1　代表的な動画ファイル形式のサイト

Windows Mediaは、圧倒的なシェアを誇るWindows環境の標準的な動画形式である。Windows OSのバージョン（プレイヤーバージョン）の差異によって再生できない場合もある。他OS環境では、プラグインやオープンソースのプレイヤーを使った再生が可能だが、DRMの機能が組み込まれた場合は再生できない

AppleのQuickTimeは、iPodの成功によりiTunesの利用者も増えているはずだ。しかし、これも最新フォーマットを採用する場合、再生環境を制限してしまう可能性もある

Adobe SystemsのFlash Videoは、Flash Playerを使って映像を再生できる。こちらも制作するFlashのバージョンによってコーデックが異なるため、場合によっては下位バージョンでの再生ができず、Flash Playerのアップデートが必要になる

MPEG 4は現在の世界標準といってもよい動画フォーマットである。PC環境ではWindows Media PlayerやQuickTime Player、オープンソースのプレイヤーを使って再生可能。携帯用の動画配信もMPEG 4をベースとした規格が採用されている

Article Number **103**

音声素材について

サイトの目的や内容によっては、Webコンテンツの一部もしくは映像素材の一部として音声データを用いる機会も少なくない。デジタルデータ化した音声素材は、映像同様目的に合わせた形式を選択し圧縮を行うことで、インターネットを経由した配信が可能となる。映像同様にさまざまな規格が乱立しているメディアであるため、ここでおさらいをしておきたい。

制作

Keywords

- **A** ストリーミング
- **B** エンコード
- **C** mp3
- **D** mp4
- **E** AAC

デジタルデータの準備と配信形式の選択

音声素材をインターネットを経由した配信で用いるために、まずは素材をデジタルデータとして変換しなければならない。最近ではボイスレコーダをはじめとした録音機器もあらかじめデジタルデータとして保存されているはずだ。一般に録音された段階の素材の段階（取り込み時）では、Windows環境のWAVEデータやMac環境のAIFFデータ 用語1 など、いずれかのOSで標準的に用いられる音声データのファイル形式になっていることが多い。

デジタルデータ化の段階で注意すべき点は、サンプリングレート 用語2 の設定ぐらいであろう。一般的にCDの音声をデジタルデータとして取り込む際には、「16Bit／44KHz／ステレオ」の状態でデジタルデータ化する。もちろんその素材の内容や使用目的によっては、ステレオ音源である必要もないため、必ずしもそのサンプリングレートにこだわる必要はない。たとえば、インタビューの音源のようなものはわざわざステレオにする必要などないというわけだ 図1 。

デジタルデータ化された素材を配信するために次に考えることは、ターゲットとなる配信対象が何か、配信するためのプラットフォームは何であるかということになる。

A 例えるなら、ブロードバンド環境を対象とした**ストリーミング**配信用のデータなのか、携帯電話へのダウンロードを前提とした配信なのか、といったことだ。それぞれの配信形式によって、当然のように利用できるファイル形式は異なってくる。

ストリーミング配信の場合は、Windows MediaやFlash Mediaといった配信プラットフォームで利用されるデータ形式、携帯電話のような帯域の限られた環境の場合はMP4などのデータ形式といったように、それぞれの用途によって最終的に用いる圧縮形式というものが存在していることは覚えておきたい。

音声データの変換とファイル形式

デジタルデータに変換した音声素材は、コンテンツの目的やターゲットにあわせて変換処理をしなければならない。配信プラットフォームにもよるが、デジタルデータ化された元の素材はほとんどの場合、そのまま専用の**エンコード**アプリケーションやFlashなどの制作アプリケーション側に読み込んで変換することが可能だ。それ以

用語1 WAVEデータ、AIFFデータ
Windows、Macintoshそれぞれの標準の音声データの形式。画像ファイルと同じようにデータは圧縮されていないため、そのままではインターネットを経由した配信には不向き。

用語2 サンプリングレート
音声等のアナログ信号のデジタルデータへの変換を1秒間に何回行なうか標本化（サンプリング）する数値。単位は「Hz」。音声ファイルについて用いられることが多い。

図1 代表的なサンプリングレート

形式	サンプリングレート
CD-DA	44.1KHz
DVD Audio	48KHz／96KHz／192KHz
Blu-ray	48KHz／96KHz／192KHz

代表的なメディアのデジタルデータ化する際のサンプリングレートは表のようになる。これ以外に、品質を問われにくい音声データなどは22.05kHzや8kHzといった帯域を使用してデジタル化することもある

外にAppleのQuickTimeプレイヤーのような素材を適切なファイル形式に変換して書き出すことができるアプリケーションも存在する。

制作ワークフローの考え方としては、制作側のアプリケーション側に元素材を読み込んで変換するのか、それとも配信形式が用いるデータとしてあらかじめ変換しておくかを前もってはっきりさせておきたい。多くの場合、それらの配信プラットフォームやエンコードアプリケーションが必要とするファイル形式で保存してあれば問題にはならないはずだ。

音声データの配信に用いられる一般的なファイル形式としては、Windows Mediaの「.wma」（Windows Media Audio）や、一般的な認知度の高い「**.mp3**」 C （MPEG-1 Audio Layer 3）、携帯電話などでも再生可能な「**.mp4**」（MPEG-4 D Audio）用語3 などがある。 E

音声データの圧縮は映像データ同様、さまざまなコーデックが存在している。ネットワークを用いた配信になるため、そのデータ転送レートをどこに設定するかがポイントだ。

データ転送レートは「ビットレート（bps）」用語4 とよばれる単位で表し、ビットレートが高くなれば高音質である反面データ量が増える。逆に、低ければ音質は下がるもののデータ量は小さくなる。つまり、使用目的にあわせてこの1秒間に転送するデータ量を選択しなければならないということになる。

ビットレートはさらに、固定化されたビットレートの場合と、MP4のようにネットワーク帯域でビットレートが可変する場合とそのファイル形式によって違いがあることも覚えておきたい 図2 。

用語3 MPEG-4 Audio
MPEG-4 Audioは、**AAC**（Advanced Audio Codec）の符号化形式を採用したもので、mp4、m4a、m4p、3gp、3g2などの拡張子で利用される。

用語4 ビットレート（bps）
単位時間あたりに何ビットのデータが送受信されるかを表す語。単位は「ビット毎秒」（bps：bits per second）を使う。

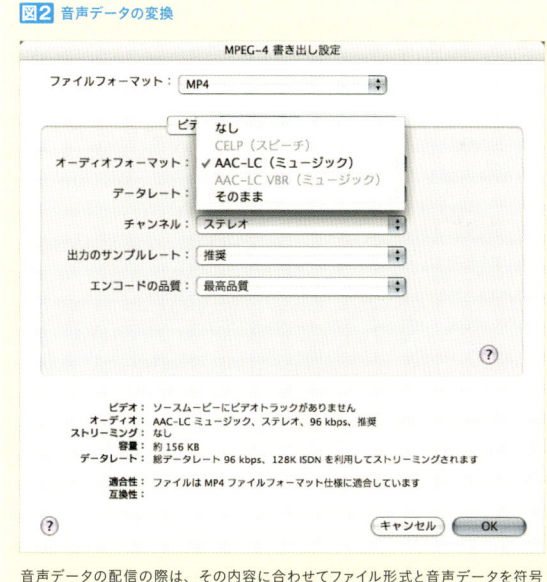

図2 音声データの変換

音声データの配信の際は、その内容に合わせてファイル形式と音声データを符号化するためのコーデックを変更することが可能である

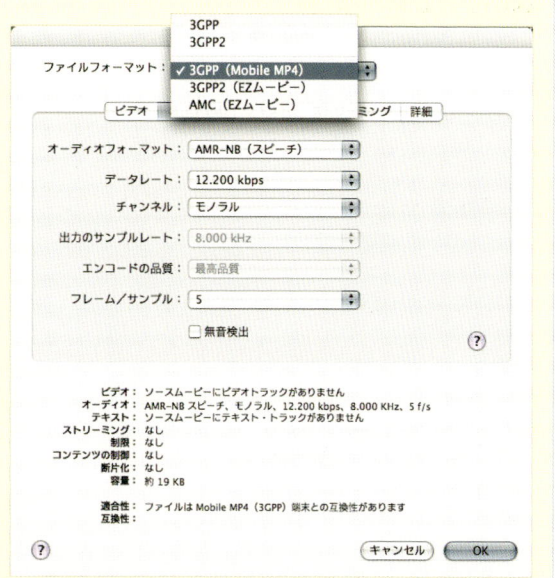

日本の携帯各社で着信メロディなどの配信形式として採用されている3gpなどの形式は、その対象に応じて拡張子が異なったり、内部にあわせてオーディオフォーマットを指定することが可能だ

Article Number 104

Webを構成するそのほかのコンテンツ

Webコンテンツを形作るための代表的な素材と言えばテキスト、画像、映像、音声であるが、それ以外にもWebを経由して配信できるデータ形式やコンテンツのもととなる素材として一般的に用いられるファイル形式がある。ここではそれらをいくつか紹介しながら、それぞれの特徴を紹介しておきたい。

|制作

Keywords　A PDF　B Web3D　C VRML　D Officeドキュメント

PDFによるデータ配信

A　Web標準技術ではないものの一部コンテンツで広く用いられるファイル形式として有名なのが、Adobe SystemsのAcrobatプレイヤーで閲覧できる「**PDF**」用語1（Portable Document Format）形式だ。コーポレートサイトのプレスリリース情報などは、HTML形式での配信とは別にこの形式のファイルをダウンロード可能にしているWebサイトも多い。

PDF形式の特徴として、制作時に使用したフォントファイルや画像ファイル、アンケートのようなフォームを埋め込むことができることがあげられるだろう。これにより、多少の表示の違いはあるにしてもほぼ同じ内容を閲覧できることになる。ただし、多くの環境で閲覧を可能にするためには、ある程度の下位互換を持たせておいた方がよいだろう。

PDFは、特定のアプリケーション以外でも作成できること、閲覧もAcrobatプレーヤーだけでなく、PDF形式を開くことが可能なアプリケーションさえインストールされていればよいこと、などが特徴だ。配信のためだけでなくコンテンツの元素材として提供される場合もあるが、表示可能なアプリケーションでのテキストの抽出、IllustratorやPhotoshopのようなアプリケーションを用いれば素材データとして活用することもできる 図1 注1 。

そのほかのWebコンテンツ

Webコンテンツの一部として配信されるデータには、Webブラウザのプラグインを追加することで再生可能な形式も多い。インターネットの発展期においてはいくつもの独自技術が登場したが、プラグインの有無が再生環境を左右することが影響してすでに過去のものとなったものも少なくない。

B　このような独自技術の中でもその表現として注目を集めたのが **Web3D** である。Web
C　上で仮想3D空間を実現する技術として、標準技術である「**VRML**」用語2（Virtual Reality Modeling Languageの略）があったが、これは現在その仕様を拡張する形でXMLをベースとした「X3D」用語3 として仕様がまとめられている。

Webコンテンツにおける3D表現は、その実装のためにサードパーティの提供する独

用語1　PDF
Adobe Systemsによって開発された、電子文書のためのフォーマット。文書を電子配信することができ、表示するデバイスの環境に関わらず、レイアウトやフォントの表示をオリジナルのまま保持・再現することが可能。表示にはAdobe Readerが必要。

注1　Acrobatの脆弱性
これまではWebブラウザやWebサーバを対象にウィルスを仕掛けたり攻撃が行われたりといったことが起きていたが、PDFファイルが多くの環境で広く用いられるようになったこともあり、最近ではAcrobatプレイヤーの脆弱性を突いたウィルスも登場している。システムのアップデート同様、こちらも最新版へのアップデートなどを定期的にチェックしたい。

用語2　VRML
WWW上で3次元グラフィックスを表現するための言語。Silicon Graphicsの技術を応用してVRML1.0仕様が策定された。その後策定されたVRML2.0ではオブジェクトに動きが加えられるようになり、VRML97として標準化されたが、仕様の複雑さや操作の難しさから、X3Dにその役割はとって代わりつつある。

用語3　X3D
Web上で3次元グラフィックスを表現するための言語のひとつで、それまで主流であったVRMLの後継となる技術のこと。VRMLの短所である、仕様の複雑さなどの短所が見直され、XMLとの連携も可能なほか、操作感も軽快になり、今後の移行が期待されている。

用語4 Shockwave
Adobe Systemsが買収したMacromediaが開発した、音声や動画といったマルチメディアのデータを再生するためのプラグイン。データ再生の技術そのものを指すこともある。Directorと呼ばれる有料のオーサリングソフトで作成するが、再生にはShockwave Playerというプラグインが必要となる。

注2 Flashをベースとした3D技術
「VizualPV3D」というアプリケーションは本格的な3D映像を作成してswfファイルに書き出しができるほか、Flash Playerで動作可能な3Dエンジン、またAdobe Flash CS4では、3Dのムービーが作成できるなどさまざまな角度から3D映像の対応が進行している。

自フォーマットを用いることが多く、有名なところでは「Cult3D」や「Viewpoint」「Shockwave」**用語4** などがあげられる。これらの3D表現は、写真だけではその細部までを伝えることが困難な製品などのコンテンツに向いているが、いずれにしてもそのコンテンツ再生のためのOS環境やマシンスペックが限定されてしまったり、プラグインの導入が必要になってしまうなど、広くコンテンツを閲覧してもらうためには障壁が多いのも事実である。最近では、Flashをベースとして3D表現を可能にする技術 **注2** も登場している。

Microsoft Officeドキュメント

Webコンテンツとしての配信というよりは、コンテンツを形作るための1素材として用いられることが多いのがMicrosoftの**Office関連のドキュメント**である。圧倒的なシェアを誇るWindows環境での標準的なドキュメントフォーマットであるがゆえに、テキスト文書はWord形式、表計算はExcel形式、プレゼンテーションドキュメントはPowerPoint形式といったものが素材として提供されることが多い。DreamweaverやContributeといったオーサリングソフトでは、Word形式やExcel形式を変換してコンテンツの一部として取り込むことが可能だ。

これらのOfficeドキュメントは、オープンソースで公開されているソフトウエアを用いれば閲覧可能なことも多いが、環境が混在するインターネットではコンテンツの配信形式としてふさわしいとは言い難い。Windows OSやOfficeドキュメントは事実上圧倒的なシェアを誇るが、その利用は慎重になるべきだと言える。

ほかプラットフォームで閲覧するためのソフトウエアとしては、「OpenOffice」やそのMac版の位置付けにあたる「NeoOffice」、Webブラウザを介してWebアプリケーションとして実行可能なGoogleの「Google Docs」などが有名だ。

図1 PDF、Web3D、OpenOffice

(左)Adobe SystemsのPDFファイルは表示用のプレイヤーアプリケーションが必要になるものの、サードパーティのアプリケーションでの閲覧やファイルの制作が可能なため、コンテンツ配信や元素材として利用される機会も多い

(左下)Webコンテンツ上の3Dデータの表現は、標準化技術よりもサードパーティの技術を採用していることが多い。図は、Web3Dの技術として有名なViewpointのWebサイト

(下)文書や表計算のファイル形式として有名なMicrosoftのOfficeドキュメントは、少なからず環境依存し閲覧に支障をきたすことも考えられるため、Webコンテンツとしての配信には向いているとは言い難い。Officeアプリケーションがない環境では、OpenOfficeのようなオープンソースのソフトウエアやGoogle DocsのようなWebアプリケーションを利用可能だ

Article Number **105**

コンテンツ素材の発注と使用について

ここまであげたWebコンテンツは、自社制作が困難な場合は外部への発注もしくは提供を依頼することになる。一般的には、文章のライティングや翻訳、写真素材の撮影やストックフォトの利用、イラスト素材の発注、Flashコンテンツのような動的な表現を用いるコンテンツなどがあげられる。個々の素材はコンテンツの内容によってテイストの違いが出ることや、発注先が得意とする内容であるかどうかを考える必要がでてくる。

▌制作

Keywords

- **A** テキスト
- **B** 写真
- **C** イラスト
- **D** ストックフォト
- **D** ロイヤリティフリー

素材の発注先の選定

コンテンツを形作るための素材は、自社内での準備が困難な場合は外部の制作会社やプロとして活躍するアーティストやクリエイターへの発注が前提となる。ここまで紹介してきたさまざまな素材は、構築するWebサイトの目的やターゲット、それ自身の持つテイストなどによって必要とされるものが異なってくる。

A たとえば、**テキスト**のライティングにしてもプロモーションを得意とする会社が仕上げる内容と技術系のドキュメントを得意とする会社が仕上げる内容は異なってくる。これは日本語の文章だけでなく、翻訳作業が必要な場合も同様であり、会社によって得手不得手があることも多い。また、昨今では検索エンジンの存在も無視できないため、人に対して訴えるテクニックに加え、検索エンジン対策までを視野に入れたテキスト素材を提供してもらうことを考える必要もある可能性は高い。

B-C **写真**や**イラスト**にしても同様で、商品撮影などの物撮りを主としたカメラマン、人物撮影が得意なカメラマン、風景写真を専門とするカメラマンなど、写真といってもカメラマンによっては得意とする被写体が変わってくる。イラストに関しては、イラストレーターの持つタッチやテイストが大きく異なることがほとんどだ。描いてもらうイラストが、Webサイトの目的や内容、ターゲット層にマッチしているかどうかが大きな問題となる。イラストレーターによっては、指定したテイストにあわせて描き上げてもらえる場合もあるため、前もって依頼時に打ち合わせなどをして具体的な指示を出すことも可能である。写真やイラストなどの発注先は、市販されている専門誌の年鑑などに連絡先が掲載されている。最適な素材の発注先の選定は、制作するコンテンツの良し悪しを左右する大きなポイントなのである。

著作権フリーの素材の利用

Webコンテンツ制作においては、外部の会社の協力を得られるほど予算が潤沢でなかったり、制作スケジュールそのものがタイトな場合も多い。そのような状況に

D-E おいては、写真やイラスト素材などを**ストックフォト** 用語1 に代表される**ロイヤリティフリー** 用語2 の素材に頼ることになるかもしれない。現在では、Webサイトから直接必要な素材を指定してダウンロード購入して利用できるようなサービスも多く公開さ

用語1 ストックフォト
広告やビジュアル表現などで、使用頻度の高い状況や被写体をあらかじめ用意した写真素材のこと。カメラマンが撮った写真を預け、広告や出版、Webなどの目的よって定められた使用料を支払うことで利用できる。著作権は撮影者かイメージを売る会社にある。

用語2 ロイヤリティフリー
ロイヤリティフリーとは、使用料は無償であるが、決して著作権が放棄されたものではない。購入者がその契約条件の範囲内でのみ利用できるもので、売却や譲渡も不可能。

Book Guide

ネットユーザーの視点で書かれた著作権ガイド。著作権の基礎知識から、正しい著作物の使いかた、引用のしかたまで、Q&A形式でわかりやすく解説している。著作権法は、法律を額面通り解釈すると非常に厳しい法律だが、著者独自の調査で「著作物を利用する側から見て、使えるもの、使えないもの」に踏み込んで解説している。

「どこまでOK?」迷ったときのネット著作権ハンドブック
中村 俊介（監修）、植村 元雄（著）
四六判／336頁
価格1,764円（税込）
ISBN9784798109428
翔泳社

用語3 著作権フリー
自由に再利用を著作権者が同意した著作物。画像やCG、イラストを集めた素材集などは著作権フリーで配布されることも多いため、利用者は使用料を気にせず利用することができる。ただし、権利者が著作権を完全に放棄してるわけではなく、自由に利用できる範囲は個別の製品によって異なる。特に商業利用については、別途著作権者の同意が必要なこともある。

用語4 ライツマネジメント
著作権の使用履歴の管理のこと。ロイヤリティーフリーとライツマネジメントの違いのひとつは使用履歴を管理しない(RF)と管理する(RM)というもの。

用語5 Flickr
写真を共有する画像投稿コミュニティサイト。
http://www.flickr.com/groups/japanese/

注1
Flickrなどの写真共有サービスでは「Creative Commons」→P.145という特定条件を満たす場合のみ利用が可能になるライセンス形態を採っていることも多い。Creative Commonsは、「商用利用可能かどうか」「作品の改変・修正を認めるかどうか」といった条件によってライセンス形態が変わる。表示されたライセンス形態の詳細な説明はクリエイティブコモンズのサイトで確認できる。

れている。

このようなサービスを利用する場合は、いくつかの注意点も存在する。それらの素材の使用範囲や権利関係には注意しておきたい。表向きは「著作権フリー」用語3「ロイヤリティフリー」が掲げられているものの、あくまではそれらの使用範囲は個人の利用に限定されていることも多い。商業利用の場合は別途問い合わせる必要があったり、媒体の使用範囲の制限がかかっていることもある。同じ会社のサービスだからといってすべてがロイヤリティフリーであるとも限らない。中には「ライツマネジメント」用語4として登録されている素材もあるため、使用前にはその権利関係や利用可能な媒体、料金などをチェックした方がよい。これはこのようなサービスに限った話ではなく、Flickr 用語5 のような写真共有サービスを利用する場合も同じだ。「どうせちょっとだからばれないよ」といった考え方は通用しない。事後に問題が発覚しトラブルになるぐらいなら、最初から正式な手続きを取って堂々と利用した方がよいのは言うまでもないことだ 図1 注1。

図1 写真のダウンロードサービス

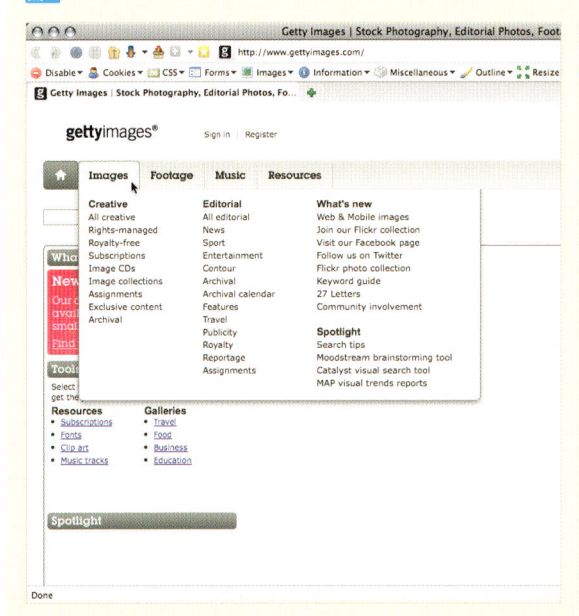

ストックフォトを提供しているサービスでは、素材ごとに「RF(ロイヤリティフリー)」や「RM(ライツマネージメント)」の区分がなされていることが多い。商用利用の際は、その使用範囲や利用料などの確認が必要だ

海外のWebサイトでは、コンテンツ素材としてFlickrのような写真共有サービスを利用している場合も多い。必ずしも掲載されている写真が自由に使えるわけではないので、その権利関係の確認や使用するための許諾などは少なからず必要になる

Article Number **106**

Webコンテンツにおける
テキストの役割と表現

Webコンテンツにおける主たる要素のひとつがテキストであることは間違いない。このテキストは本文の段落のようにひとつのテキストブロックとして形を成すものばかりではない。コンテンツの内容を端的に表した見出しテキストや利用者の次の行動を決定するナビゲーション項目などのラベルも含まれる。このテキストの表現の仕方ひとつでそこに掲載された情報だけでなく、サイト全体のわかりやすさをも左右するのだ。

制作

Keywords

- **A** 見出し
- **B** ナビゲーション
- **C** 段落
- **D** ラベリング
- **E** 略語

Webコンテンツにおけるテキストの役割

A Webコンテンツ中で果たすテキストの役割は実に大きいものだ。これは、単純な**見出し**と本文の関係にあたるようなテキストのブロックだけが対象になるわけではない。ページ内のいろいろな場所にテキストは含まれる。

B たとえば、視覚的に画像化するしないはさておき、利用者を適切な情報へと誘導するための**ナビゲーション**要素にあたるグローバルナビゲーションやローカルナビゲーション 注1 、リンクテキストやボタンであってもそこに表示されるラベルが必要不可欠だ。これはバナーなどの要素も同様。イラストや写真があることで利用者の興味や注意を引くことはできても、ただそれだけでは装飾なのか次へ繋がるボタンなのか、マウスカーソルをそれらの要素に乗せるかクリックするまではわからないものである。

C Webコンテンツはモニタで閲覧するため、流し読みされやすいメディアである。利用者は自分に関係ある内容かどうかを見出しや本文冒頭で判断しがちだ。読ませるコンテンツにするためには、見出しのテキストだけでなく本文への導入にあたる**段落**である程度内容がわかる方がベターだ。本文は、できるだけ短めの段落で複数のブロックにわけて記述するなどの工夫が必要である。

Webコンテンツを情報伝達メディアとして捉えた場合であっても、Webアプリケーション的なものとして捉えた場合のいずれであっても、そこに表示されるテキストの役割は非常に重要なものなのである 図1 。

文章表現はわかりやすさを優先する

Webは環境さえあれば誰もが閲覧できるメディアである。利用者がWebサイトに訪れる目的は実にさまざまで、そこに掲載されたコンテンツに興味があることばかりではない。たとえば、友人が勤務している会社だったり、自分の興味の対象外であったとしても話題になっているからといった理由も大いに考えられる。

情報提供サイドでいくらターゲットを選定してそこに向けた情報提示を大前提としたとしても、そこには該当しない利用者というのが少なからず存在する。仮にターゲット層に該当したとしても、Webコンテンツの操作といったリテラシーだけでなく、知

BOOK GUIDE

伝わるWeb文章デザイン100の鉄則
益子 貴寛(著)
A5判/232頁/価格1,890円(税込)
ISBN9784798008165
秀和システム

「文書の改善こそが最大のアクセスアップ法」というコンセプトのもと、文章の基本ルールから効果的なレイアウト法、魅力的な文章の書き方、文章の信頼感を高める方法、文章系コンテンツの書き方、校正の仕方まで、Webでの文章表現を実践的・網羅的に解説。

「これは「効く!」
Web文章作成&
編集術逆引きハンドブック
松下健次郎(著)、山本高樹(編集)、白根ゆたんぽ(イラスト)
A5正寸/200頁/価格2,100円(税込)
ISBN9784862670793
ワークスコーポレーション

Webサイトやパソコン、携帯電話といった媒体特性を踏まえたうえでの文章作成やコンテンツ編集について逆引きで調べることができる書籍。

Content Strategy for the Web
Kristina Halborson(著)
ペーパーバック/192頁
価格2,636円(調査時点)
ISBN9780321620064
New Riders Press
→P.233

注1 グローバルナビゲーション、ローカルナビゲーション
「043 ナビゲーションシステムとリンク表示」
→P.108

注2 HTMLのabbr要素を利用した省略語のマークアップ

アルファベットの略語などは一般的に認知されている単語だと思いこんで記述しがちだ。しかし、知らない利用者がいる可能性もゼロではないだろう。必要であれば、HTML文書のabbr要素などを使うことでその単語が略語であることを示すことが可能だ。

■ HTML
`<abbr title="Hyper Text Markup Language">HTML</abbr>`は、テキスト文書に情報としての意味を与えるためのマークアップ言語です。

title属性はマウスカーソルを重ねると内容が表示される。abbr要素は省略語であることを定義するインライン要素。たとえば「WWW」「HTTP」「HTML」など。

用語1 コーポレートサイト

企業がさまざまなステークホルダーに対して企業の顔としての役割を果たすサイト。コーポレートサイトはCIやVIを含めたブランド構築のツールとして活用されいる。

識面でのリテラシーも少なからずあることは頭に入れておきたい。

ひとつのWebサイトを構築するにあたってはクライアントとの打ち合わせや業界動向や競合サイトの調査などの段階において、特定の業界にだけ通用するような用語を耳にする機会が多くなりがちだ。そのような状況が容易に想像できるため、一般的にあまり認知されていない単語を文章中の1単語や**ラベリング**として用いてしまうことも考えられる。これは、アルファベットの**略語**のような表現も同様である。

仮に耳にする機会の多い略語であったとしても、Webサイトを閲覧するすべての利用者がそれを知っているという保証はない。たとえば、NHKのニュースでは「ATM」という単語を使う場合、その直後に必ず「現金自動預払機」といった置き換えの日本語を口にしている。同じように考えれば、いろいろな利用者が訪れる可能性のあるWebサイトでも、略語の表現を正式名称に置き換えたりHTMLのabbr要素を用いるといった、但し書きや解説を挿入した方が利用者に対しては優しくなる**注2**。Webコンテンツにおけるテキストは、その内容やターゲットがどうであれ、多くの利用者に対してできる限りわかりやすく伝えること念頭に置きたい。

サイトの性質にあった表現を

さらに、Webサイトの性格やターゲット次第では文章そのものの表現が変わってくる。**コーポレートサイト 用語1**では漢字を多く含む堅めの言い回しや文章である方が印象的によい場合も多いが、エンターテイメント系やショップといった多少柔らかい雰囲気を持ったサイトでは、あまりかっちりとしすぎた文章ではイメージとのバランスが取れないといったことも考えられる。内容によっては、漢字をひらがなに開いて表現した方がよいこともある。「宜しく御願い致します」と「よろしくお願いいたします」と書くのでは、その文章から受け取れる印象が異なってくるものだ。

これ以外にも、誤字脱字のような初歩的なミスは避けるべきであるし、文中の表記のばらつきや同じ単語の繰り返しなどもあまりよい印象は与えないため、公開前に十分にテキストの校正をしておきたい。

図1 Webコンテンツに含まれるテキスト

- ページの大見出しやタグライン
- ナビゲーションメニューのラベル
- イメージ写真のコピー
- 本文の見出しのラベル
- 本文のリード分
- 本文中のリンクテキスト
- ナビゲーションメニューのラベル
- バナー中のテキスト
- それ以外のリンクテキストのラベル

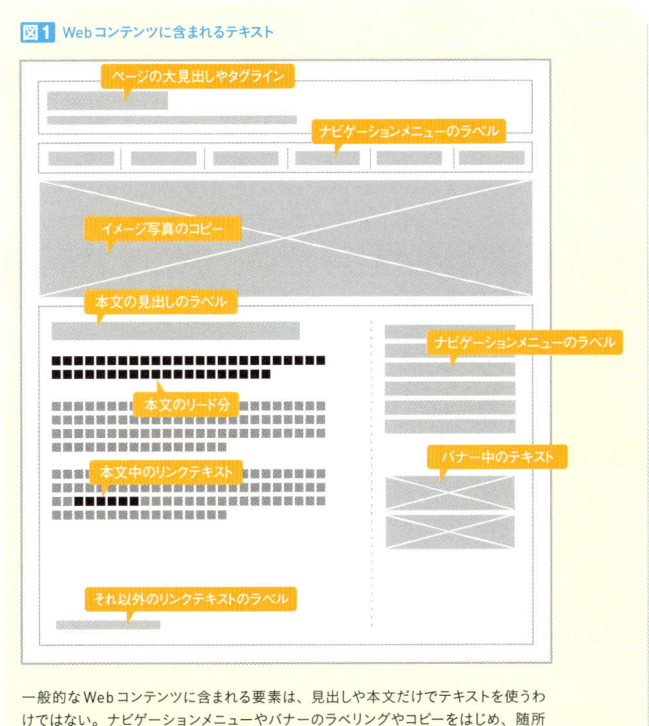

一般的なWebコンテンツに含まれる要素は、見出しや本文だけでテキストを使うわけではない。ナビゲーションメニューやバナーのラベリングやコピーをはじめ、随所にテキストが用いられそれぞれの役割を果たす。画像化するしないなどに関係なく、利用者へ情報をわかりやすく伝えたり、目的のページへ誘導するためのテキストの提示が必要なのだ

Article Number **107**

Webで利用する文字コード体系と特殊記号

世界中には、いろいろな言語が存在し、それぞれに独自の文字体系があるため、コンピュータで言語を取り扱う場合はそれぞれの言語にあわせた文字のセットが必要とされてきた。日本語も同様に文字集合を持っているが、Webでの利用時には若干の注意が必要だ。また、機種依存文字や特殊記号などは、Webブラウザ内で共通して表示できるようにあらかじめ定義されているのでこれらもあわせて覚えておきたい。

制作

Keywords　**A** キャラクタセット　**B** JIS　**C** シフトJIS　**D** EUC　**E** Unicode　**F** 機種依存文字

キャラクタセットとエンコーディング

世界中にはさまざまな言語が存在している。それぞれの言語で同じ文字を使っているわけではないことは周知の事実だ。言語による文字種の違いとその文字のひとつひとつをコンピュータで認識するためには、言語体系に応じて個別の文字にコードを割り当て、それらをひとまとめにした集合体を用意しておく方が管理しやすい。

A このひとつひとつの文字に割り当てられたコードを「文字コード」用語1、それらの集合体を「文字セット」(**キャラクタセット**) 用語2 と呼んでいる。そしてこれらを符号化 用語3 したものが「エンコーディング」である。

英語圏では、「ASCII」と呼ばれるアルファベット26文字と数字・記号を組み込んだ文字コードが基本となっている。ASCIIコードは7bitの集合体であるが、同じアルファベットを用いるとはいえ別の言語までは収納することはできない。そこでヨーロッパ圏の異なる言語にも対応できるようなキャラクタセットが「Latin1」である。

ここで問題となるのは、日本語の文字コード体系だ。日本語の場合、パソコンで取
B り扱うことのできる文字コードにはいくつか種類があり、「**JIS**」や「ISO-2022-JP」、
C パソコンや携帯電話の標準とされていた「**シフトJIS**」、Unix系の環境で用いられる

用語1 文字コード
英数字の文字コードは1バイトで表現されるが、これでは256文字しか表現できず、漢字などが表現できないため、漢字圏などでは独自に2バイト（最大65536文字）のコード体系を定めている。

用語2 文字セット（キャラクタセット）
文字の集合のことで、アルファベット、ひらがな、漢字などは文字セットといえる。コンピュータで利用できるキャラクタセットを各国の文字事情や規格に沿って定めている。

用語3 符号化
符号化とは、データ化、もしくはデータ変換と考えるとわかりやすいだろう。

図1 代表的な文字コード体系

文字コード	説明
ASCII	アルファベット26文字と数字、記号を含むコンピュータの基本ともいえる文字コード体系
Latin1	ASCIIの文字コードをベースとしてヨーロッパ圏の言語を含んだもの
JIS	JISによって規定された文字コード体系。メールなどで利用する「ISO-2022-JP」は半角カナを除去したもの
シフトJIS	JISコードを改良した文字コード体系。日本語環境における標準とされてきた
EUC	Unix環境での日本語の文字コード体系。サーバサイドのプログラムで標準的に用いられる
Unicode	ひとつのコード体系で多言語化を可能とするコード体系。Webにおいては「utf-8」のエンコーディングでの利用が進んでいる

コンピュータで文字を取り扱うためには、文字にコードを割り当てて管理する必要がある。世界中にはいろいろな言語があるため、それぞれの言語に合わせた文字の集合体が存在している

「**EUC**」などが存在している。

この文字コード体系の違いがあることによって、Web制作の現場においてはその取り扱いを間違えると文字化けなどの問題を引き起こしてしまうため、文字コードの違いをきちんと認識したうえで適切に処理しなければならない。このような文字コード体系の違いを吸収し、世界各国で共通の文字コード体系を持つものとして、現在ではパソコンのOS環境をはじめとしてWebサイトでも「**Unicode**」を使用するケースが徐々に増えてきている 図1 注1 。

HTMLでのキャラクタセットの指定

文字セットの違いは、Webブラウザ内のコンテンツに適切に指示しなければ結果として文字化けなどの問題を起こしてしまう。Webブラウザは多くのエンコーディングをサポートしているため、仮にそのエンコーディングを指定しなかったとしてもうまく表示してくれる可能性は高いが、基本は使用しているキャラクタセットを適切に指定しよう。サーバサイドでのプログラム処理で用いられる文字コードとHTML文書の文字コードが異なる場合は、そのまま中に組み込むことで文字化けなどの問題が起こるのは容易に想像できるはずだ。バックエンドのプログラムでは、このような文字コードの変換を含めた入出力処理が不可欠なのである 図2 。

機種依存文字の扱いと特殊記号の表示

さまざまなOS環境が混在するWebコンテンツでは、OS環境に依存する文字は利用すべきではない。特にコンテンツの素材として提供されるテキスト文書などには、丸数字のような特定の環境のみで正常に表示できる文字が含まれていることも多い。たとえば、「①」「②」「③」と入力したつもりであっても、ほかの環境では「(日)」「(月)」「(火)」と表示されることもある。そのように番号を冒頭に付ける必要のある情報については、HTML文書であれば「ol」要素を使うなど情報としての意味を持たせた記述の方が都合がよい。

そのほかに「¥」マークも同じである。半角の¥マークは、「\（バックスラッシュ）」として表示される場合もあるので注意したい。

このような**機種依存文字**、「¥」や「$」、コピーライト表示の「©」などはHTMLに用意された文字エンティティ（特殊記号）の記述を利用するのが望ましい。それを用いて入力した文字がすべてのブラウザで有効になるわけではないが（一部携帯電話などで©が表示できないなど）、「&」「<」「>」といったWebコンテンツ内でもよく利用される文字種については基本的にこの記述を心がけたい。文字エンティティは数値表記と文字表記での記述がサポートされているので、いずれかの使いやすいもので記述すればよいだろう 図3 。

注1
携帯電話用のコンテンツの場合は、旧機種のブラウザがシフトJISしかサポートしていないことが多いため、現在でも事実上の標準はシフトJISである。

図2 HTMLにおけるエンコーディングの指定
HTMLでは、head要素内でエンコーディング種別を指定できる。「charset="エンコーディング名"」として指定した文字コードと文書の文字コードが異なる場合は文字化けをする。

```
■HTML
<html lang="ja">
<head>
<meta http-equiv="Content-Type"
content="text/html; charset=utf-8">
<title>文書タイトル</title>
（中略）
</head>
```

図3 代表的な特殊記号とエンティティ

特殊記号	エンティティ
円マーク（¥）	&yen;
ドルマーク（$）	&dollar;
アンパーサンド（&）	&amp;
引用符（"）	&quote;
大なり（>）	&gt;
小なり（<）	&lt;
コピーライト（©）	&copy;
ハートマーク（♥）	&hearts;

機種依存文字や特殊記号は、HTMLに用意されている文字エンティティを使って入力した方がよい。ここにあげたものはほんの一部なので、市販のリファレンス書などを参考にしてほしい

Article Number **108**

Web標準に準拠したコンテンツ制作

数年前までのWebコンテンツは、ブラウザや環境の違いによる視覚的な相違を減らしたり、単なる演出効果だけを目的として、標準化された仕様を無視したコンテンツ制作がなされていた過去がある。これにはHTMLに限らずJavaScriptなども含まれるが、ここ数年で状況は大きく変化している。デバイスが多様化している現在においては、Webは標準化された技術、本来あるべき姿に回帰しそれに則った制作が一般的になっている。

制作

Keywords **A** HTML **B** CSS **C** JavaScript **D** DHTML

Web標準に準拠した制作手法とは

A Webコンテンツ制作の基本は、**HTML**タグを利用して文書のマークアップを行うことである。ただのテキストや画像しかないファイルであっても、HTMLに用意されたタグや属性を用いてテキストをマークアップすることにより、目には見えない「情報」としての意味を与えたり情報構造を伝えることが可能になる。HTMLは本来、文書に含まれる情報の意味や構造を伝える役目を担うものであり、Webブラウザに表示した際の見た目に関係する装飾指示は必要とされない（ブラウザの初期設定値が適用されて表示されるため、情報の内容や意味、情報構造の把握は可能）。

HTMLの進化の過程において採用されたいくつかの位置指定や装飾指示を目的としたタグや属性の利用、視覚情報を前提とした本来の使い方と異なるタグの使用方法は、多様化するデバイス環境において必ずしも再現できるものではない。レイ

B アウトや見た目の装飾に関する指定は、**CSS**（カスケーディング・スタイル・シート）を用いてHTMLファイルとは別に用意するべきとされている。

この手法を採用することで情報構造と装飾指示が分岐できることになり、アクセシビリティや制作時のメンテナンス性が格段に向上する結果を生む。また、HTMLだけ

C-D ではなく**JavaScript**も同様で、一時期**DHTML**として視覚的な演出効果だけを主目的として利用された過去を持っている。JavaScriptを用いること自体は問題ではないが、仮にそれが動作しない環境であっても情報が入手できるような設計をしたうえで、視覚的な演出や情報の切り替えといった効果を別途適用した方がよいということになる。Webというものは、環境に左右されない情報提供が可能なメディアであることを念頭においておきたい。

現段階で情報として意味を持つコンテンツは少なくともHTML文書中に記述された内容であり、単に視覚的な見せ方だけを追い求めたコンテンツでは情報がうまく伝達されていないといっても過言ではない**注1**。現代のWeb制作は標準化された仕様に極力準拠し、多くの閲覧環境で情報が入手しやすいような手法で構築することがスタンダードだと言える。

注1
これはFlashコンテンツにもあてはまることだ。Flashを中心としたコンテンツは、制作時に音声ブラウザに対してのアクセシビリティは確保できたとしても、HTMLファイル中での情報提供がほとんど存在しないなど、その再生が不可能な環境への配慮に欠けているサイトも多い。今現在、検索エンジンのクローラもFlashやJavaScriptで記述された内容については読み取ることができないため、少なくともhead要素内のメタ情報の記述や、コンテンツの代替要素としてnoscriptタグを使った情報提供などをしておいた方がよいと言える。

注2 要素
ここでいう「要素」は「タグ」と記述されることもある。英文の仕様書では「Element」という表記になるため、ここでは「要素」という記述をしている点に注意していただきたい。

図1 HTML文書の基本構造
HTML文書の基本構造はこのように大きく2つに分けられる。head要素の開始タグと終了タグの間には文書のメタ情報、body要素の開始タグと終了タグの間にはブラウザウィンドウに表示される実際のコンテンツを記述することになる。

■HTML
<html>
<head>
文書のメタ情報のブロック
</head>
<body>
ブラウザウィンドウに表示されるコンテンツブロック
</body>
</html>

HTMLの基本構造と書式

HTML文書は、<html>の記述(開始タグ)ではじまり</html>の記述(終了タグ)で終わるテキストファイルである。このhtml要素 注2 で挟み込まれるHTML文書は、まず大きく2つのブロックに分けて考えることができる。ひとつはHTML文書のメタ情報を記述するヘッダ部分(head要素)、もうひとつがブラウザウィンドウ内に実際に表示されるコンテンツにあたるボディ部分(body要素)である。このhead要素とbody要素それぞれに必要な情報を記述していくことになる。

head要素には、前述した文書のファイル種別やエンコーディング、タイトル、文書の概要文やキーワード、使用しているスタイルシートの場所などを記述することができる。ここに記述された内容は、検索エンジンのクローラやWebブラウザが読み取ることになる。

一方のbody要素はブラウザウィンドウで表示されるコンテンツの内容を記述するため、テキストや画像といったコンテンツの構成要素に対して、情報の種別や意味を与えたり、情報構造を明確にするためにHTMLに用意された要素(タグ)を適切に割り当てていく。この作業を一般的に「マークアップ」と呼んでいる。この情報の意味の与え方や情報構造の作り方については次の「109 HTMLを使った情報伝達と構造化」で詳しく解説する 図1 。

HTMLの種類と文書型

HTML文書は執筆段階(2009年10月)で「HTML」と「XHTML」の2つに大きく分類できる。HTMLは、HTMLのバージョン1.0から数えて現在バージョン4.01が最新となる。HTMLは、開始タグがあれば終了タグが省略できる、要素の大文字小文字の区別がされないなど、記述に関する制約が比較的少ないものとなっている。一方のXHTMLは「eXtensible Hyper Text Markup Language」の略であり、肥大化してしまったHTML4を再構築し、XML(eXtensible Markup Language)の厳密性を取り入れたバージョンとしての位置付けとなっている 注3 。現状、HTML 4.01とXHTML 1.0のいずれかを採用してサイトを構築するのが一般的だ。ただし、HTMLとXHTMLにはそれぞれ文書型がある。

ひとつめは仕様上推奨された要素や属性のみを使用したStrict型、次に推奨された要素や属性を用いるものの部分的に一部非推奨とされる要素や属性を使用したTransitional型、最後に複数のHTML文書をひとつのWebページとして構成するFrameset型に分類される。これらは制作するコンテンツのターゲットに応じて採用する文書型を選択することになる。文書型の選択はHTML文書の冒頭の文書型宣言で切り替え可能だが、基本的に厳密なStrict型で制作をはじめて、必要であればTransitionalの文書型に切り替える方がよいだろう 図2 図3 。

注3
2009年になって、XHTMLの次期バージョンにあたるXHTML 2.0の仕様策定はHTML 5に引き継がれることになり、今後はHTML 5が次期HTMLのバージョンとなっていくことが確定している。

図2 HTMLとXHTMLとの相違

XHTMLでは終了タグが省略できない
HTMLではブロックレベル要素の終了タグの省略は認められているが、XHTMLでは終了タグが必須となる

空要素は< />で閉じる
HTMLではimg要素やbr要素のように、単独のタグだけで成立する要素が存在するが、XHTMLではこれらの空要素を
のように半角スペース+「/>」の形で閉じる必要がある

要素(タグ)名、属性名は小文字で記述する
HTMLは要素名と属性名の記述に大文字小文字の区別はないが、XHTMLでは<html lang="ja">のように要素名と属性名は小文字で記述する。属性値はその区別はない

属性値は引用符で囲む
XHTMLの属性値は、<p class="属性値">のように「"」引用符を使って囲む必要がある

ここにあげた相違は基本として押さえておきたい相違点になる。XHTMLの場合はXMLの厳密性を取り入れていることもあり、記述中のミスは即不適切なXHTML文書となってしまうので注意したい

図3 HTMLとXHTMLの文書型
HTML 4.01とXHTML 1.0のいずれを採用するにしても、HTML文書の冒頭で文書型の宣言が必要になる。これらを省略した場合は、ブラウザの表示モードが下位互換モードとなるため意図しない表示結果が得られることになる。

■HTML

【Strict型】
HTML 4.01　<!DOCTYPE html PUBLIC "-//W3C//DTD HTML 4.01//EN" "http://www.w3.org/TR/html4/strict.dtd">
XHTML 1.0　<!DOCTYPE html PUBLIC "-//W3C//DTD XHTML 1.0 Strict//EN" "http://www.w3.org/TR/xhtml1/DTD/xhtml1-strict.dtd">

【Transitional型】
HTML 4.01　<!DOCTYPE html PUBLIC "-//W3C//DTD HTML 4.01 Transitional//EN" "http://www.w3.org/TR/html4/loose.dtd">
XHTML 1.0　<!DOCTYPE html PUBLIC "-//W3C//DTD XHTML 1.0 Transitional//EN" "http://www.w3.org/TR/xhtml1/DTD/xhtml1-transitional.dtd">

Article Number 109

HTMLを使った情報伝達と構造化

HTMLを利用した情報配信では、テキストや画像といったコンテンツの構成要素に対し適切なタグを指定することで情報としての意味を付与していく。これには、コンテンツだけではなくHTML自体の文書情報なども含まれる。さらに、情報をわかりやすく伝えることはもちろん、情報へのアクセスがスムーズになるようなサイト全体の構造化も必要とされる。ここでは、情報としての意味の与え方、構造化の仕方を解説しよう。

制作

Keywords　A head要素　B body要素

HTMLを使った情報伝達

Webのコンテンツ配信においてHTMLが本来持っている役割は、ただのテキストの固まりや画像としてしか意味を持たない構成要素に対し、HTMLに用意されたタグを使って「情報」としての意味を与えることで情報伝達をしやすくすることにある。「108 Web標準に準拠したコンテンツ制作」→P.250でも触れたようにHTML文書は、文書のファイルタイプやエンコーディングなどのメタ情報を記述する**head要素**、Webブラウザウィンドウ内に表示されるコンテンツ情報を記述する**body要素**の2つのブロックで構成される。ヘッダにあたる部分に関しては、ある一定の最低限必要とされる情報の記述だけで問題にならない。

しかし、コンテンツの含まれるbody要素のブロックの情報の構造化が非常に難しいものとなっている。現在のWebサイトは、黎明期のWebサイトのようなシンプルな情報構造になっていることは稀で、多くの情報が組み込まれた構造になっているた

図1 HTMLによる文書の構造化(1)

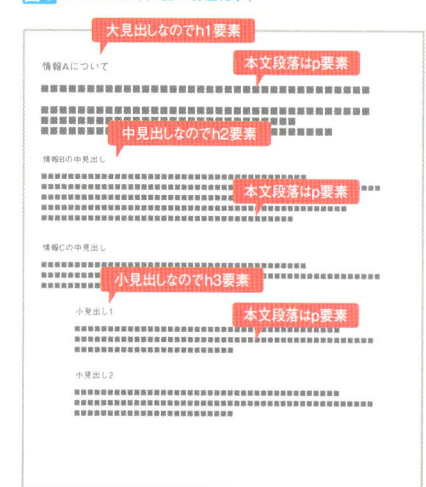

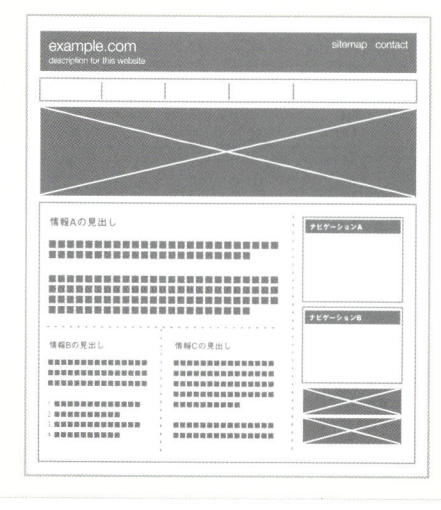

Webサイトに掲載される情報が単純なリポート形式の文書であれば、情報構造化にはあまり苦労することはない。たとえば、大見出しにはh1要素、中見出しにはh2要素、小見出しにはh3要素、本文段落にはp要素といった具合で段階的に情報構造を作り上げればよいだろう。しかし、現代のWebサイトは1ページ中に表示される情報の種別は増えていく一方だ。これをうまく構造化するのは困難を極める

めである。HTMLの記述については、その仕様に従ってタグや属性を正しく使用していれば文書的には問題とされない。しかし、Webページの情報構造はサイトの目的や内容で大きく異なるため、数学の答えのように「こうすれば正解」といったものはない。情報構造をうまく作ることができるかどうかは、利用者にとってわかりやすいサイトとなるかどうかだけでなく、検索エンジンの表示結果の位置さえも左右しかねないのである 図1 図2 。

文書のメタ情報 用語1 を指示するhead要素

HTML文書の冒頭に挿入されるhead要素には、視覚的に直接的に提示される内容はほとんどない。しかし、そこに記述される内容は、非常に重要な意味を持っている。

HTML文書のヘッダにあたるhead要素には、そのファイルがテキスト形式のHTMLファイルであることや、文字エンコーディングの種別、ページのタイトルやキーワード、説明文、制作者情報や参照すべきCSSや必要となるJavaScriptの位置指定などを記述する。それ以外にも必要に応じて内容の追加が可能だ。

これらの情報を指定するためには、meta要素やtitle要素、link要素、script要素などをその内容に応じて適宜使い分けて記述する。

最低限必要とされる内容は、文書ファイルの種別を指示するmeta要素と、ページタイトルにあたるtitle要素だけとも言えるが、それ以外のページのキーワードや説明文といった内容は適切に記述しておきたい。特にページタイトルやキーワード、説明文に関しては、サイト内すべてのページで同じ記述をしたWebサイトを見かけることも多いが、実際のサイト内のWebページはひとつとして同じものはないはずである。このような記述内容の重複は、検索エンジンの評価対象とされてしまうこともあるので、ペ

用語1 メタ情報
情報についての付加された情報のこと。文書の本文のほかに、本文には現れない作成日付や作成者情報などを付加することで、検索エンジンが拾う可能性を高める。

図2 HTMLによる文書の構造化(2)

サイトIDと説明文のブロック	`<h1>example.com</h1>` `<p>description for this site</p>`

グローバルナビゲーションブロック	`<ul>`
	`<li>ナビゲーション項目</li>`
	`<li>ナビゲーション項目</li>`
	`<li>ナビゲーション項目</li>`
	`…(中略)`
	`</ul>`

情報Aのブロック	`<h2>情報Aの見出し</h2>`
	`<p>本文1</p>`
	`<p>本文2</p>`

情報Bのブロック	`<h3>情報Bの見出し</h3>`
	`<p>本文1</p>`
	`<ol>`
	`<li>リスト項目</li>`
	`<li>リスト項目</li>`
	`…(中略)`
	`</ol>`

情報Cのブロック	`<h3>情報Cの見出し</h3>`
	`<p>本文1</p>`
	`<p>本文2</p>`

ナビゲーションAのブロック	`<h2>ナビゲーションA</h2>`
	`<ul>`
	`<li>ナビゲーション項目</li>`
	`<li>ナビゲーション項目</li>`
	`<li>ナビゲーション項目</li>`
	`…(中略)`
	`</ul>`

ナビゲーションBのブロック	`<h2>ナビゲーションB</h2>`
	`<ul>`
	`<li>ナビゲーション項目</li>`
	`<li>ナビゲーション項目</li>`
	`…(中略)`
	`</ul>`

リンクバナーのブロック	`<ul>`
	`<li>バナー画像</li>`
	`<li>バナー画像</li>`
	`</ul>`

サイトマップとコンタクトのブロック	`<ul>`
	`<li>sitemap</li>`
	`<li>contact</li>`
	`</ul>`

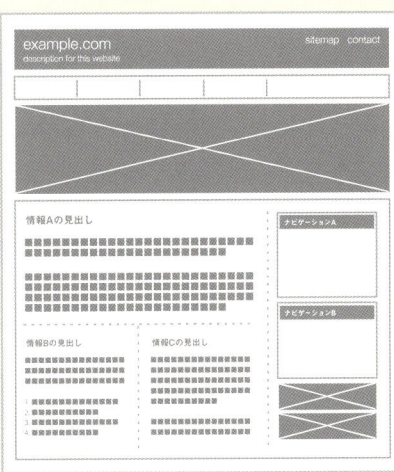

情報の内容や重要度などでこのとおりになるとは限らないが、図1のサンプルをHTML文書として構造化した例を書き出すとこのような感じだ。視覚的な配置位置にとらわれることなく、コンテンツの重要度や意味が伝わりやすい構造化が必要になる

Keywords
- **C** ブロックレベル要素
- **D** インライン要素
- **E** 文書構造化

ージごとに最適な内容を記述するように心がけたい 図3 。

コンテンツの情報を記述するbody要素

利用者の視覚に見えにくい情報であるhead要素に対し、利用者の視覚に直接的に提示される情報にあたる内容を記述するのがbody要素だ。body要素の中に記述された内容は、そのままWebブラウザウィンドウの中に表示される。この内容は、完全に視覚的な演出を排除した情報としての意味を持たせ、全体を構造化したものにしなければならない。見た目に関するレイアウトや装飾指示はCSSの役割になる。一般的なテキスト文書は、タイトルにあたる大見出しに始まり、本文の段落などが含まれた構造をとることが多い。もちろん必要に応じて、中見出しや小見出し単位で分割し、本文の段落を繋げていくこともある。情報の種別はこのような見出しや段落のテキストばかりとは限らない。時には、価格表のような表組みや箇条書きのテキスト、手順説明のような番号付きのリストといった内容も含まれる。

テキスト文書に含まれるこのようなさまざまな情報に対し、その意味や役割を与える必要がある。見出しとなる情報には<h1>から<h6>まで用意されたh要素をその重要度や意味に応じて適用し、本文の段落はp要素、箇条書きはul要素とli要素を組み合わせるなど、HTMLには内容に対し情報として意味を与えるためのタグが用意されている。視覚的な表現が施された華やかなWebサイトを見慣れているとなかなか判断しにくいかもしれないが、CSSという外見の洋服を脱ぎ去って情報の骨組みだけを見ても、そこに書かれた情報構造がはっきりとわからなければ意味はない。HTML文書は上から順にブラウザに読み込まれる。視覚的な装飾の含まれない状態でも意味が通じるような情報構造化が必要なのである 図4 。

ブロックレベル要素とインライン要素

HTML文書のbody要素内の情報構造化に際し、ひとつだけ覚えておきたい点がある。コンテンツの構成要素は、その状態において扱いが異なる。

C 見出しや本文段落など「**ブロックレベル要素**」として表示処理される要素は、ブラ

図3 head要素

head要素内には、利用者の目には入らないがWebページの基本情報として必要な情報を記述する。最低でもファイルの種別、ページタイトル、キーワード、概要文などは必要である。

■ HTML

```
<html lang="ja">
<head>
 <meta http-equiv="Content-Type" content="text/html; charset=utf-8">
 <title>ページタイトル</title>
 <meta name="keywords" content="キーワードを記述">
 <meta name="description" content="ページの内容を端的に表した概要や説明文を記述">
 <link rel="stylesheet" href="スタイルシートの場所を記述" type="text/css">
</head>
<body>
（以下略）
```

図4 文書構造化に使われる主なタグ

HTMLタグ	説明
h要素	見出しとなる内容に対し、h1からh6まで重要度に応じて段階的に使い分ける
p要素	本文の段落やテキストの一文といった内容に適用する
ul要素	順不同の箇条書きのリストを適用する。個々の項目はli要素でマークアップする
ol要素	番号付きのリストを適用する。個々の項目はli要素でマークアップする
dl要素	用語とその解説のような関係を持つリストに適用する。タイトルはdt要素、内容はdd要素でマークアップ
table要素	価格表のような表組みデータをマークアップする
address要素	著作権表示のような内容をマークアップする

一般的なWebページのコンテンツを構造化する際に用いられるHTMLタグ。情報の種別や内容に応じて、HTMLタグを使い分けて内容をマークアップし、情報としての意味や構造を明確にしなければならない。ここにあげた要素はほんの一例なので、詳しくは市販のリファレンスを参考にしていただきたい

ウザで表示した際にブラウザの横幅一杯にブロックが形作られ、それが文書構造順に下に繋がって表示される。

ブロックレベル要素の内部にはテキストや画像といった内容が含まれるが、こちらはブロックレベル要素の中の「**インライン要素**」として扱われる。ブロックの中に存在する個々のテキストが横方向に並んでいくのは、テキスト自体はインライン要素であるためだ。文字の強調やリンクといった要素も同様にインライン要素となるので覚えておきたい。また、img 要素で配置される画像はその形状からブロックレベル要素と誤解しがちだが、実際には置き換え要素でありインライン要素と同じ扱いになる。Strict の文書型では、body 要素内に直接このようなインライン要素を配置することができず、任意のブロックレベル要素に内包する必要がある。

意味の伝わる 文書構造化 用語2 を心がける

Web 制作のワークフローは、制作会社や個人などによってそのスタイルが異なる。たとえば、ラフデザインをもとに、オーサリングソフトを使って視覚的な位置情報を参考に HTML と CSS を同時に仕上げるパターンと、あらかじめ HTML 文書を作成したうえで視覚的なレイアウトや装飾を加えるパターンがある。

ここで注意したいのは、CSS が適用されようがされまいが、HTML 自体は上から順番に読まれていくということである。CSS によって視覚的には美しく仕上がったとしても、HTML 文書を上から順に読んだ場合に意味が伝わらない、サイト内の遷移を含めた操作がしにくいようでは問題となってしまう。特に昨今の Web サイトは見た目の装飾も華やかであるが、その文書内の情報構造はかなり複雑なものになっている。

視覚情報だけを頼りに HTML 文書を構造化すると思わぬ失敗を招くこともあることを覚えておいてほしい。情報として必要なものは何かを見極めて HTML 文書を構造化していくことが、制作作業の無駄を省き失敗しないポイントである 図5。

用語2 文書構造化
HTML 文書にタグをつけて構造を示す方法を採用した文書とその形式。

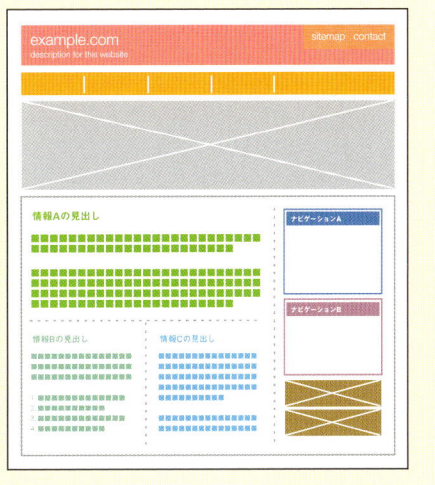

図5 同じ文書でも構造化は一とおりではない

CSS を使ってレイアウトや装飾を施せば結果として同じ画面が表示されるかもしれないが、HTML だけを取り出せば、その手法によって情報構造はいろいろなパターンになってしまう。どのような情報構造が最適なのかをしっかり考えておきたい

Article Number 110

CSSの役割と基礎知識

HTMLを使った情報配信を基本に考える場合、そこに記述された情報のレイアウトや装飾にはCSS（カスケーディング・スタイルシート）を使用する。CSSは、簡単に言えば洋服のような役割をするものだ。HTMLの装飾に関する指示をすべてCSSに任せることで、制作時の生産性だけでなく修正などのメンテナンス効率も大幅にアップする。ここでは、そのようなCSSについての基本をおさらいしておきたい。

■制作

Keywords　A CSS　B セレクタ

CSS（カスケーディング・スタイルシート）とは？

HTML文書には情報構造のみを記述するというのが、HTMLを使った情報配信の基本であることは「111 HTMLを使った情報伝達と構造化」で説明したとおりだ。HTML文書に記述されたタグは、Webブラウザの持つ初期値を使って人間が読みやすいようにある程度は成形されるが、お世辞にも読みやすいとは言い難い。実際にHTMLだけでも情報配信は成立するが、視覚的なレイアウトや装飾の持つ情報伝達の役割も大きいものだ。

そこで、HTMLで構造化された情報をそのままにしておき、装飾指示を与えるためにA 用意された仕組みが「CSS」（カスケーディング・スタイルシート）である 図1 。このように情報構造と装飾指示を分離することは、実にさまざまなメリットを生む。HTML文書の視覚情報だけを扱うCSSは、デバイスごとにその内容を切り替えることができる。つまり、デバイス特性にあわせたレイアウトや装飾表現が適用でき、異なる環境でのアクセシビリティが保たれることになる 注1 。

それだけではない。従来のHTML文書中に装飾指示をする手法では、修正が発生した場合にはたった1箇所であっても該当するHTMLをすべて修正する必要があった。しかし、CSSファイルは外部ファイルとして参照もしくは読み込みができるため、

Book Guide

**XHTML&CSSデザイン
基本原則、これだけ。**
こもり まさあき、神森 勉、小林 信次、矢野 りん（著）
B5変型判／200頁／価格2,415円（税込）
ISBN9784844359777
エムディエヌコーポレーション

CSSの基礎を学びたい人、Web標準に沿ったデザインの考え方と手法を最短で知りたい人のために、現在のWebデザインの状況や基本的な考え方、よく使われるレイアウト手法やトラブル対策まで解説したガイドブック。

注1 デバイス特性
HTML文書中のタグや属性を使ったレイアウトや装飾指示は、特定のデバイスで無視されたりすることもある。そのため、デバイスによっては内容の閲覧が困難になったりするのである。CSSを解釈できない環境に対しては、CSSを適用しなければ装飾指示を含まない形での情報提供が可能である。

図1 「CSS」（カスケーディング・スタイルシート）は装飾指示を与える

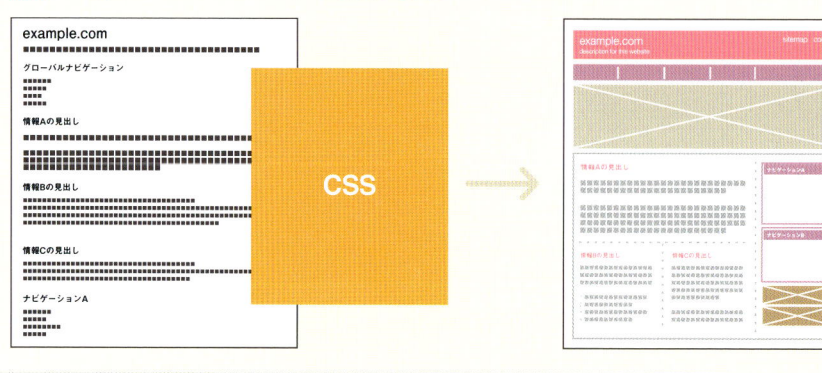

情報構造だけが記述されたHTMLはそのままでも情報の取得には支障がないが、視覚的な情報伝達効果も無視できない。そこでCSSを利用することで、情報だけのHTMLを視覚的にレイアウト・装飾できるのである。CSSは洋服みたいなものだと言えるだろう

対象CSSの変更だけで修正対応が可能になる。つまり、Webサイトのコンテンツが、100ページ、1000ページあったとしても、使用しているCSSファイルだけを変更すればよいということだ。HTMLとCSSで役割を分担することは、制作時の生産性や日々のメンテナンス作業の効率を大幅にアップさせるのである図2。

装飾対象を指定するためのセレクタ

CSSの役割はHTML文書に対してレイアウトや装飾指示を与えることだが、それにはHTML文書内の対象となる要素を任意もしくは一意で指定する必要がある。要素を指定するための指示子は「**セレクタ**」と呼ばれている。セレクタはその指示する対象によっていくつかの種類を使い分ける。セレクタの使い方次第で、記述するCSSファイルの内容は大きく変わるので注意が必要である注2。ここでは、CSSでのレイアウトや装飾をするために最低限必要なセレクタをいくつか紹介しておこう。

まず、基本中の基本とも言えるセレクタは、HTMLのタグを指定する「タイプセレクタ」である。HTML文書中で使用するタグは、ある程度種類が限定されているので1ページ内での出現頻度も高く、このセレクタは汎用性が高いものとなる。

次に、HTML文書に指定できるclass属性を使用した「classセレクタ」がある。class属性は、HTML文書中で複数指定できる属性で、元々はこのCSSを使った装飾をするために用意されている。class属性の値（class="値"）は、そのままclassセレクタ名となる。class属性を指定しない限りは適用されないので、タイプセレクタよりは汎用性は若干低いと言える。

HTML文書中の特定の場所を指定するには「idセレクタ」が利用できる。こちらもclass属性同様、HTML文書中に指定するid属性を利用したセレクタだ。id属性は、HTML文書中で1回しか利用できない属性であるため、文書中の特定の場所の指定に適している。

これらの3つのセレクタが、要素の装飾やレイアウトで使用できる基本中の基本のセレクタである。

これ以外に、HTML文書中のa要素を対象にリンクの状態によるスタイル指定が可能な「リンク疑似クラス」、HTML文書の構造の親子関係を利用した「子孫セレクタ」や「子セレクタ」、任意のセレクタをグループ化して同じスタイルを

注2
これは実際にはCSS側だけの話では終わらず、HTML文書の情報構造の作り方も多分に影響してくる。情報構造と装飾の双方でしっかりとした設計が必要だ。それにより見通しのよいスッキリしたCSSになったり、逆に見通しの悪い煩雑なCSSになることもある。

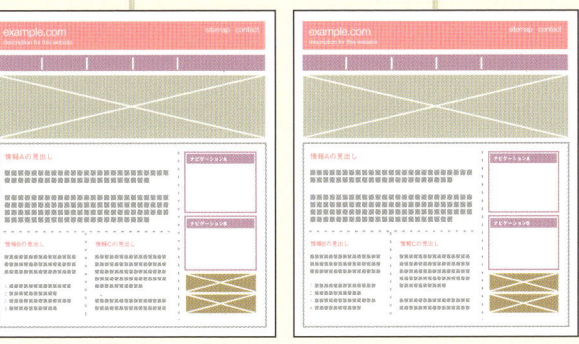

図2 装飾をCSSで管理することで生まれるメリット

CSSは外部ファイル化することができるため、同じレイアウトや装飾を適用するHTMLであれば同一のCSSファイルを適用できる。デザインの追加や修正はそのファイルのみで完結するため、生産性やメンテナンス性が格段に向上する。また、異なるデバイスには別のCSSを適用するなど、アクセシビリティも確保される利点がある

Keywords C プロパティ D ボックスモデル

適用する「グループセレクタ」などスタイル装飾に利用できるセレクタは多い図3。

セレクタの基本書式

CSSの記述は、特に難しいものではなく英単語をベースにしている簡単なものだ。基本書式は、「セレクタ名{ **プロパティ**名 : 値 }」の形である。セレクタ名は前述したように指定したい対象、プロパティ名にレイアウトや装飾に関係する決められたスタイル指示子、値にはそのプロパティで利用可能な値を指定することになっている。スタイル指示は単一であることは少なく、複数のスタイル指定を組み合わせて成立するものが多い。そのため、複数のスタイル指示を記述する場合はそれぞれのスタイル指示を「;（セミコロン）」で区切って指定する図4。
CSSは、制作時の見通しのよさを優先してスタイル指定ごとに改行して複数行で記述してもかまわないし、単一行で書くことも可能である。チーム単位での制作スタイルなどでは改行やインデントを駆使した記述が見通しはよくなるが、Webサイトのパフォーマンスを考えた場合は改行やインデントもデータの一部となるためできるだけ排除した方が転送データ量を抑えることができる。

代表的なCSSのプロパティ

スタイル指定のためのプロパティは、その目的や用途によっていくつかに分類できる。CSSに用意されたプロパティ全部を覚えることは困難かもしれないが、代表的なものだけでも覚えておきたいものだ。
CSSのプロパティを大きく分けると、レイアウト目的か装飾目的に区別できる。主にレイアウト目的で使用されるプロパティは、要素の大きさを決定する「width」や

図4 セレクタの基本書式

セレクタの基本書式はこのようになる。単一のスタイル指定とは限らないため、複数のスタイル指定をする場合は、それぞれの指定を「;（セミコロン）」で区切る。読みやすさを重視する場合は、改行などを入れながら記述してもかまわない。

■CSS

```
セレクタ名 { プロパティ名 : 値 }

セレクタ名 { プロパティ名 : 値 ; セレクタ名 {
プロパティ名 : 値 ; }

セレクタ名 {
  プロパティ名 : 値
}

セレクタ名 {
  プロパティ名 : 値 ;
  プロパティ名 : 値 ;
}
```

図3 装飾対象を指定するためのセレクタ

- タイプセレクタ：HTMLのタグを使ったセレクタ。セレクタ名には、タグ名を指定
  - 例) body{・・・}、h2{・・・}、p{・・・} など
- classセレクタ：HTML中のclass属性を指定するセレクタ。class属性の値を指定するが、クラス名の前に「.（ピリオド）」が必要
  - 例) .クラス名{・・・}、h2.クラス名{・・・} など
- idセレクタ：HTML中のid属性を指定するセレクタ。id属性の値を指定するが、id名の前に「#」を指定
  - 例) #id名{・・・}、p#id名{・・・} など
- リンク疑似クラス：a要素のリンクや訪問済みリンクを指定する。「:link」「:active」という風に「:（コロン）」を記述する
  - 例) a:link{・・・}、a:visited{・・・}
- ダイナミック疑似クラス：a要素に限らず、マウスカーソルなどの状態を指定する。リンク疑似クラス同様「:」のあとに状態を指定する
  - 例) a:hover{・・・}、a:active{・・・}、input:focus{・・・} など
- 子孫セレクタ：HTML文書の親子関係を使って段階的に要素を特定する。親子関係にあたる要素を「（半角スペース）」で区切って指定
  - 例) div p{・・・}、#header h2{・・・} など
- グループセレクタ：スタイル指示が共通するセレクタをグループ化する。スタイル指定の共通する任意のセレクタを「,（カンマ）」区切りで列挙する
  - 例) h1、h2、h3、h4、p{・・・} など

覚えておきたい代表的なセレクタ。これらのセレクタをうまく活用して、HTML文書を視覚的に表現することになる。セレクタはHTML文書中の要素を特定するためにあると覚えておこう

「height」、「margin」「padding」「border」などがあげられる。装飾目的に用いられるプロパティは目的によってさらに細分化できるが、代表的なものに「font-」で始まるフォント関連プロパティ、「text-」で始まるテキストのスタイル指示に関連するプロパティ、背景色や背景画像などの指定に関係する「background-」で始まるプロパティ、色指定に用いられる「color」プロパティなどがある。
レイアウト目的にあたるものであっても、その使い方次第で装飾指定にも影響を及ぼすので、これらのプロパティをうまく使いこなすことが大事である。

覚えておきたいCSSの特徴

CSSはHTML文書での装飾指示と異なる特徴を持っている。まず、CSSには「優先順位」が関係する。CSSファイルもHTML文書同様に上から順番に読み込まれるため、仮に同じセレクタが上下に複数存在した場合は、上のセレクタのスタイル指定が適用されたのち、下のセレクタのスタイル指定が適用されてしまう。同じスタイル指定をしていれば、あとから出現したスタイルで「上書き」されてしまうというのもCSSの特徴のひとつだ。これは、単一のCSSファイルだけではなく、複数のCSSファイルを利用する場合も同様に読み込み順が関係する。

優先順位は出現順だけの問題ではない。セレクタはその種類によって「個別性」が変わってくる。タイプセレクタは文書中に存在するタグに対して指定できるため汎用性が高いが、idセレクタは一意であるid属性を使用するため個別性は高くなる。つまり、個別性が高いものほど優先して適用されるということもあわせて覚えておこう。また、スタイル指定によっては親に指定された内容をそのまま「継承」するプロパティも存在する。代表的なものとしては、フォントサイズなどのフォント関連のプロパティや色の指定に関係するプロパティがあげられる。この継承は明示することも可能だし、上書きの特性を利用して別のスタイルに置き換えることも可能である。このようなHTMLでの装飾指示とは異なる特徴があることを頭の中に入れておきたい 図5 。

ボックスモデルを理解する

CSSでのレイアウトや装飾を行う際に覚えておきたい概念のひとつに「**ボックスモデル**」があげられる 図6 。HTML文書で使用するいくつかの要素は、ブラウザウィンドウの横幅一杯にブロックを形成するブロックレベル要素であるということは説明した（「109 HTMLを使った情報伝達と構造化」）。このブロックレベル要素は、内容だけで生成されるボックスではない。実際には、内容の周囲に目には見えない罫線（border）と罫線と内容の間に存在する余白（padding）、罫線と隣り合うほかのブロックとの間隔であるマージン（margin）が存在する。これらは、ブラウザごとに用意されたスタイルの初期設定値によって多少変化する。つまり、ひとつのボックスはこれら3つの値も含んだ大きさになるということを覚えておきたい。

ボックスモデルの概念は、実際にレイアウトや装飾をする際に必ずと言っていいほどつきまとうもので、その存在を忘れることがレイアウトの崩れや意図したデザインが適用できないなどの問題になるため注意したい。

図5 上書きされるCSS
CSSは上から順番に読み込まれるため、同じセレクタがあった場合にあとから出現した内容で上書きされてしまう。この場合は、背景色が白に上書きされることになる。

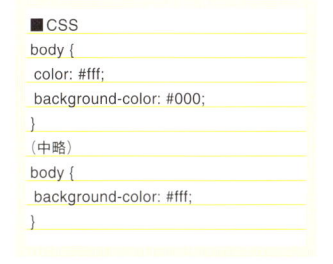

```
■CSS
body {
 color: #fff;
 background-color: #000;
}
（中略）
body {
 background-color: #fff;
}
```

図6 ボックスモデル

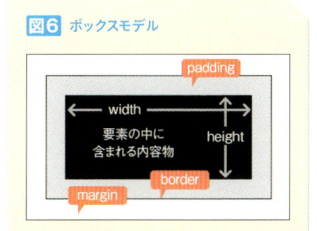

CSSのレイアウトや装飾で必ず意識することになるボックスモデルの概念図。情報を形作る内容だけではなく、ブロックレベル要素には目には見えないborder、padding、marginといったものがついていると覚えよう。情報ブロックの大きさは、単純に内容の大きさだけでなくこれらの大きさも含まれる

Article Number **111**

HTML＋CSSの基本設計

HTMLとCSSでのコンテンツ制作を効率よく進めるには、先を見据えた基本設計が非常に重要になる。生産性やメンテナンス性を高めるには、CSSのセレクタを使いこなす必要があるが、これはHTML文書のマークアップにも関わってくるものでる。しかも、ただ作ればよいわけではなく、バージョンが混在してしまったブラウザ環境への対応なども考えなければならない。ここでは、初期設計の際に考えておきたい点をあげてみよう。

制作

Keywords　**A** 記述ルール　**B** 命名規則

情報と装飾の完全分離

HTMLとCSSを使ったコンテンツ制作において生産性やメンテナンス性を高めるためには、まず情報構造と装飾指示を完全に分離した方がよい。
CSSによる装飾指示は、CSSファイルを外部化してHTMLから参照・読み込みをする方法以外に、HTML文書のhead要素内でstyle要素を使って適用する方法と、body要素内の任意の要素のstyle属性を使って適用する方法も利用できる。CSSファイルをHTML文書中に記述するいずれの方法では、制作時や修正時にHTML文書に手を入れる必要が出てくるため、生産性やメンテナンス性は格段に落ちてしまうので気をつけたいところだ **図1**。
また、視覚的な装飾が多く含まれたラフデザインをもとにしてHTMLとCSSを実装する際は、情報として必要な画像とそうでない画像をしっかり切り分けておくことが大事だ。情報として必要な画像はHTMLのimg要素で情報の一部としてマークアップし、単なる視覚効果でしかない画像はHTML文書の任意の要素の背景画像として適用することを考えたい **図2**。HTML文書中に情報として不要な画像をimg要素で配置することは、CSSの適用できない環境から見た場合に混乱を招き、アクセシビリティを低下させる可能性もある。HTML文書には情報構造のみ、装飾表現はCSSファイルで外部化することが大事なのである **注1**。

HTMLとCSSの記述ルールと命名規則

A-B 制作環境で違いはあるが、チーム単位での作業が主体になる場合はひとつのコンテンツの制作や修正を複数人で行うことも考えられる。HTMLとCSSのコーディングがそれぞれ独立していればよいが、双方を同時に誰でも変更可能な場合などは、一定の**記述ルール**や**命名規則**を決めておいた方がよいだろう。ディレクトリの構造から使用する画像が保存されるディレクトリの位置、使用する画像のファイル名の命名規則などは誰が見ても認識できるような状態であることが望ましい。
たとえば、サイト全体で利用するテンプレート画像などは「public_html/common/images/」にまとめて保存し、接頭辞として「tmpl-header-xxxx.gif」というような簡単な識別子を付けておけば、場所の特定や画像を整理する際のソートも簡単

図1 CSSの記述場所
HTMLとCSSを用いたコンテンツ配信は、情報と装飾を分離することにある。HTML文書からは装飾指示を一切排除し、外部化したCSSファイルで管理する方がよい。HTML文書中でstyle要素やstyle属性を利用するのは、結局修正時にHTML文書に手を加える必要があるため推奨できない(ヘッダ部分がテンプレート化されている場合などを除く)。

■HTML(CSSファイルを外部化した場合)
(中略)
<head>
　<title>○○○</title>
　<link rel="stylesheet" href="style1.css" media="screen">
　<link rel="stylesheet" href="style2.css" media="screen">
</head>

■HTML(CSSファイルを外部化した場合)
(中略)
<head>
　<title>○○○</title>
　<style type="text/css">
　　スタイルを記述
　</style>
</head>

注1
ASPなどのテンプレート化されたシステムでは、外部のCSSファイルは利用できないがコンテンツのヘッダ部分をまとめてテンプレートとして記述できる場合もある。そのような場合はhead要素内のstyle要素を使った指定でもよいだろう。

図3 class属性の命名規則例
スタイル指示のために利用できるclass属性は文書内に複数指定できるが、てきれば要素の情報構造上の意味や目的をもとに同じラベルを付けるような値の指定が理想的だ。「class="red-text"」のような装飾ベースの値の指定では、それがどこに指定されたものなのか第三者からはわかりにくい。

■CSS
```
<p class="eventDate">2009.10.29</p>
<h2 class="eventTitle">第○回 HTML
＋CSS講座</p>
```

図4 分割された複数ファイルの読み込み

■HTML
```
<head>
 <title>○○○</title>
 <link rel="stylesheet" href="layout.css" media="screen">
 <link rel="stylesheet" href="fonts.css" media="screen">
 <link rel="stylesheet" href="modules.css" media="screen">
</head>
```

になって見つけやすい。

これはHTML文書内の記述も同様だ。id属性やclass属性は装飾の前にその意味を考えたうえであらかじめ設定しておくのが理想的だが、どうしても装飾やレイアウト指示のために追加が必要な場合もある。そのような場合もid属性やclass属性の命名規則があった方がよいだろう。特にclass属性は、簡単にスタイルが適用しやすいこともあり意味のない値を命名しがちだ。第三者が見て作業しやすいような、思いつきではなく意味のある属性値の指定を心がけたい **図3**。

CSSファイルの最適化

CSSファイルは、制作環境や制作するサイトの規模などでその適用方法が大きく異なってくる。たとえば、大規模なサイトなどの場合は、全体のデザインやレイアウトが管理しやすいようにCSSファイルを単一ではなく、その適用範囲ごとに分割して複数のファイルとして用意することも多い。ページのレイアウトを記述する「layout.css」、フォントの指定を行う「fonts.css」、デザインや装飾指示を行う「style.css」、特定のモジュールの装飾を指示する「modules.css」などを組み合わせることで、ひとつのサイトを視覚的に表現するようなイメージだ **図4**。

このようなCSSの設計は管理がしやすい反面、HTMLを描画する際に複数のCSSをリクエストをしなければならないため、ページ表示に時間がかかってしまう可能性がある。複数ファイル化せずに単一のCSSファイルで構成することも可能だが、今度は複数人での作業が困難になったりCSSファイルの見通しが悪くなってしまうこともある。制作環境やサイトの規模などでやり方は異なるが、テスト環境では複数ファイルで作業をすすめ、公開環境では統合化した単一のCSSにするなど、それぞれの環境に最も適した方法を見つけることが大事である（次ページ **図5**）。

図2 情報として不要な画像はCSSの背景画像として配置

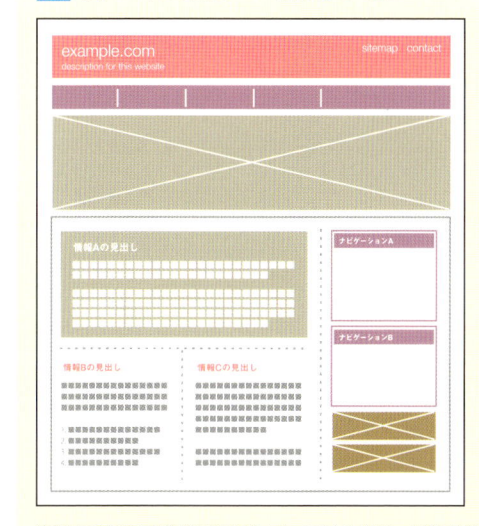

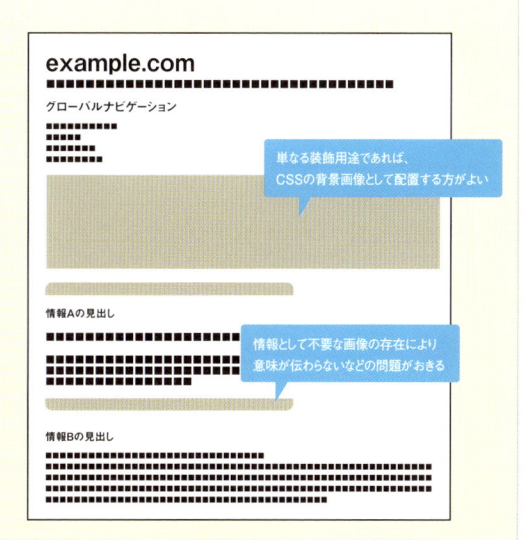

情報として不要な画像を配置することは、アクセシビリティの低下や情報の意味がわかりにくいなどの問題を引き起こす。単なる装飾用途でしかない画像などは、CSSの背景画像として配置することを考えたい

Keywords
C CSSハック　**D** バリデーション

将来を見越したCSSの設計

HTMLとCSSにおけるコンテンツ制作者が頭を抱えている問題として、Webブラウザ環境の混在がある。特に利用者の多いInternet Explorerにおいて、使用されているバージョンが複数混在していることが問題だ。Internet Explorer 6.x以前はCSSのレンダリングに関するバグが非常に多く、現在のメジャーバージョンやモダンブラウザ用のCSSではレイアウトや装飾が異なってしまうこともしばしば起きる。

しかし、現状利用者のバージョン比率でIE 6.xが多かったと仮定しても、CSSの記述はそこをベースに考えるべきではない。この先、利用者のバージョン比率が変化したら再度CSSの記述を改めなければならない可能性が高くなってしまうからだ。最も理想的な対処方法としては、現状のメジャーバージョン（8.xもしくは7.x）やモダンブラウザ用の正しいCSSを用意したうえで、下位バージョンへの対応を考えることだ。下位バージョンに視覚的な情報提供が必要な場合は、コンディショナル

C コメント 用語1 を使ったCSSの振り分けや **CSSハック** 用語2 と呼ばれる技法の利用を考えざるを得ない。CSSハックは、CSSの正しい記述とならない場合も多く推奨できる方法ではないが、現在の状況を考えればその利用は致し方ないものであるとも言える 図6 。

HTMLとCSSの検証

ページのフォーマットとなるトップページと内部の基本テンプレートなどができあがったら、一度HTMLとCSS双方の構文が正しいかどうかの検証を行いたい。これは

D 一般的に **バリデーション** と呼ばれるが、注意したいのは、あくまでHTMLとCSSが

用語1 コンディショナルコメント
条件コメントとも呼ばれる。HTML中における特定の記述により適用ブラウザを切り替える手法。

用語2 CSSハック
特定のブラウザが持っているバグや、ブラウザ間のCSSのサポートの度合いを利用して、特定のブラウザのみにスタイルを適用したり、不適用にしたりする手法。代表的なハックには「アンダースコアハック」「スターハック」などがある。

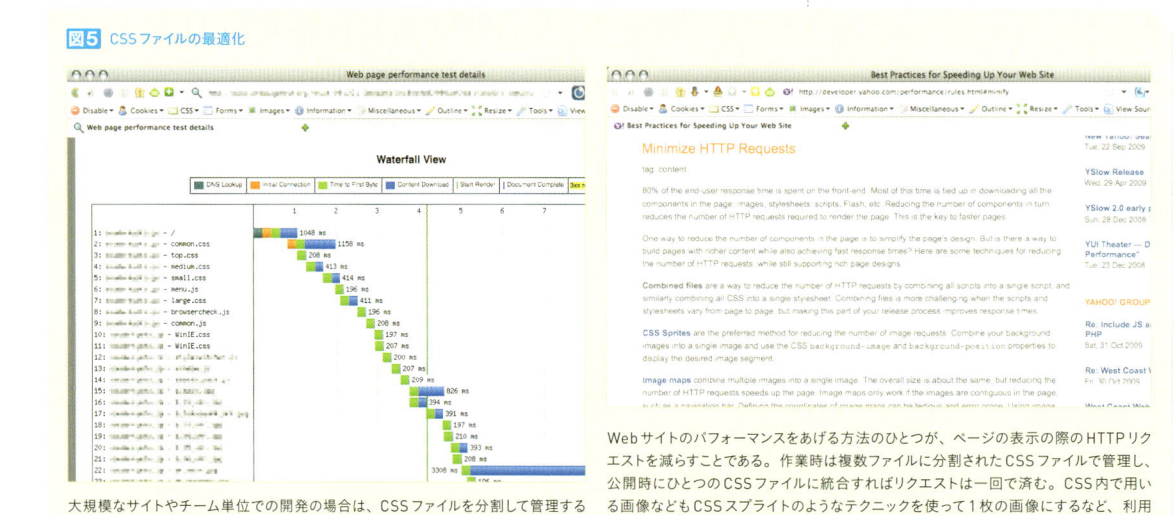

図5 CSSファイルの最適化

大規模なサイトやチーム単位での開発の場合は、CSSファイルを分割して管理する手法を採られることも多い。複数ファイルに分割することによって作業効率が高まる可能性もあるが、ブラウザ環境によっては複数分割されたCSSファイルの読み込みに時間がかかりページの表示が遅くなることもある

Webサイトのパフォーマンスをあげる方法のひとつが、ページの表示の際のHTTPリクエストを減らすことである。作業時は複数ファイルに分割されたCSSファイルで管理し、公開時にひとつのCSSファイルに統合すればリクエストは一回で済む。CSS内で用いる画像などもCSSスプライトのようなテクニックを使って1枚の画像にするなど、利用者のページ表示時間なども考えた設計が必要だ。現在、Yahoo!やGoogleではサイトの表示スピードをあげるためのヒントを公開している。図は米Yahoo!の解説ページ
http://developer.yahoo.com/performance/rules.html#num_http

仕様に則った記述ができているかどうかを判定するものであって、決して、HTML文書に書かれた内容が正しいかどうかの判定をするわけではないことだ。

バリデーションは、Webオーサリングソフトに内蔵された機能を使用するか、W3C（World Wide Web Consortium）に用意されたバリデータやAnother HTML-lint 注2 など外部のサービスを利用することになる。このような検証作業は、単なるHTMLやCSSの記述だけではなく、アクセシビリティへの配慮ができているかどうかのチェックなども必要になる 図7。

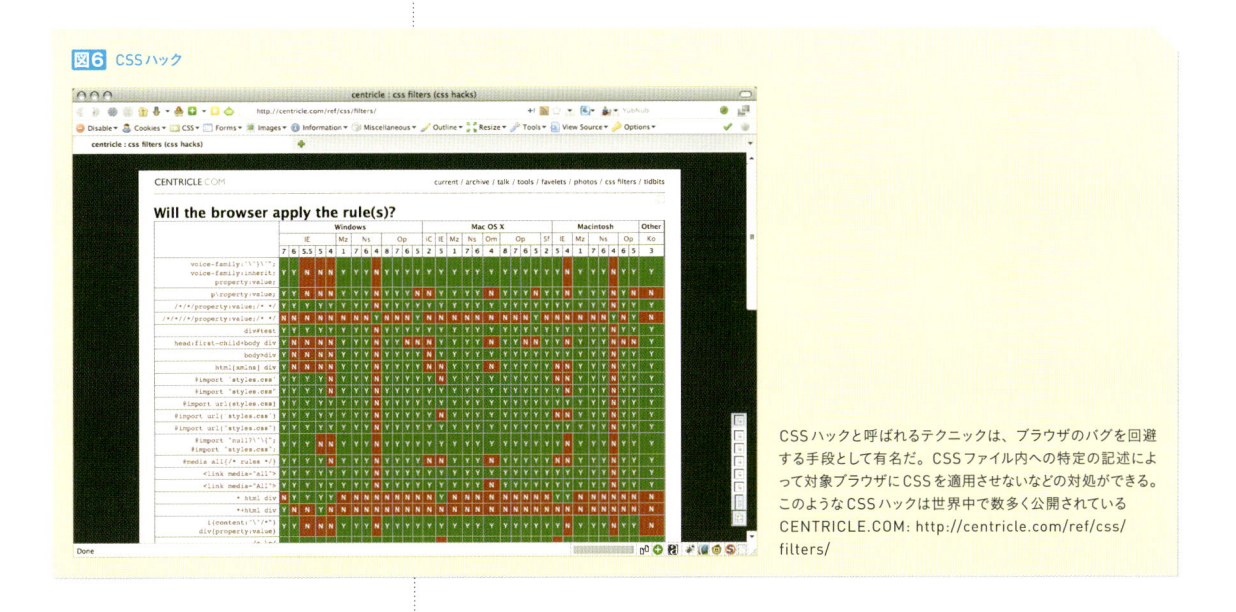

注2 Another HTML-lint
Another HTML-lintは、非営利目的であれば無償で利用できるが営利目的の利用は利用料がかかる。詳細はサイトで確認のこと。
http://openlab.ring.gr.jp/k16/htmllint/index.html

図6 CSSハック

CSSハックと呼ばれるテクニックは、ブラウザのバグを回避する手段として有名だ。CSSファイル内への特定の記述によって対象ブラウザにCSSを適用させないなどの対処ができる。このようなCSSハックは世界中で数多く公開されているCENTRICLE.COM: http://centricle.com/ref/css/filters/

図7 HTMLとCSSの検証

（左）W3C（World Wide Web Consortium）内のバリデーションサービス。HTMLやCSSの検証が可能

（右）「Another HTML-lint」はHTMLの構文検証が可能なサービスで、非営利の場合は無償で利用できる。W3Cのバリデーションサービスよりも詳細な検証ができるのが特徴

Article Number **112**

目的やターゲットに合わせた
リッチコンテンツ

Webサイトの目的やターゲットによっては、単純なHTMLとCSSによる情報配信ではなく、視覚的にインパクトを持たせて、画像や映像、音声を組み合わせたリッチなコンテンツ配信の方が効果的な場合も多い。これらの表現は、特にエンターテイメント系やキャンペーン系のサイト、ブランドサイトなどでよく用いられたが、現在ではそれら以外にもRIAのようなアプリケーションベースのコンテンツでの利用も増えている。

■制作

Keywords
- **A** 映像
- **B** RIA
- **C** JavaScript
- **D** Flash
- **E** WAI-ARIA

より華やかな表現が可能なリッチコンテンツ

HTMLとCSSだけでのコンテンツ配信でも視覚的な装飾や演出を組み込んだ表現は可能だが、**映像**や音声、クリック操作による多様なインタラクションを組み込むとなると話は別だ。静的な表現が基本となるHTMLとは異なり、クリック操作でページの遷移なしに画面が切り替わったり、動画が再生されるようなWebページは見ていて華やかだ。そのため、一般にはエンターテイメント系やキャンペーンサイトのようなWebサイトやブランドサイトなどでの利用が盛んである。

このようなリッチな表現を組み込んだコンテンツは一般的に「リッチコンテンツ」と呼ばれ、静的なHTMLでの表現とは区別されているが、今やアニメーションがただ動くというよりは、バックエンドのシステムと連携して動的にその表示内容を切り替えたり、チケットの予約システムのようなアプリケーションとして動作する**RIA** 用語1（リッチインターネットアプリケーション）へとシフトしている。

用語1 RIA
操作性や表現力に優れたWebアプリケーション全般を指す。RIAという言葉自体はMacromedia（現Adobe Systems）が直感的に操作できるFlashを指したのがきっかけとされるが、Adobe Systemsの「Adobe AIR」や、Microsoftの「Silverlight」などがこのようなWebアプリケーション開発技術に次々と参入していることから定着しつつある。

図1 FlashとGoogle Maps

（左）Adobe SystemsのFlashプラットフォームはFlashをベースとした統合開発環境である。従来のFlashを使ったコンテンツだけでなく、映像や音声の配信やサーバとの連携を組み込んだRIAの開発が可能だ

（右）JavaScriptの非同期通信を利用した有名なサイトと言えば、Google Mapsがあげられる。HTMLがベースとなっていてもJavaScriptを利用することで、よりインタラクティブなコンテンツ配信が可能になる

Book Guide

① Flashを利用する場合の検索エンジン最適化について書かれた書籍。配置方法から最適化の方法までを解説。

Search Engine Optimization for Flash
Todd Perkins（著）
ペーパーバック／278頁
価格 2,555円（調査時点）
ISBN9780596522520
O'Reilly Media
Adobe DevLibrary

リッチコンテンツを形作る技術

リッチコンテンツの視覚的な表現の実装には、HTMLとCSSをベースにして**JavaScript**を組み合わせるか、Adobe Systemsの**Flash**プラットフォームを使用する場合が多い。前者は、数年前に登場したGmailやGoogle MapsのようなAjax **用語2** と呼ばれるJavaScriptの非同期通信を利用したものが有名だ **図1**。
JavaScriptは元々HTMLの表現を補完する目的にで誕生したスクリプト言語で、ブラウザのAPI **用語3** を利用してその内容を動的に変化させることができる。そのため、実際の配信内容はHTMLがベースとなっていてもブラウザの操作ボタンを使わずに画面の切り替えが可能だ。このようなJavaScriptを使ったコンテンツは、次期バージョンのHTML 5の登場によって映像や音声ファイルを取り込みながら進化していくものと考えられる。

一方、Flashは再生のためにブラウザへのプラグインの導入が必要だが、そのシェアは圧倒的なものであり、現在のリッチコンテンツのメインストリームになっている。Flashプラットフォームとして用意されている一連の開発ツールやサーバを利用することにより、動画や音声はもちろんサーバサイドとの連携も踏まえたRIAの開発と提供が可能になると言える。

アクセシビリティの確保

ここまで紹介したリッチコンテンツにも弱点がないわけではない。利用者の環境がそれらを再生できない場合や、Webブラウザウィンドウに表示される内容を動的に変化させることが、操作に不慣れな利用者の混乱を招く可能性もゼロではない。これは総合的な意味でのアクセシビリティとして考えた場合は少々問題である。

しかし、現状のJavaScriptやFlashを使用したWebコンテンツは、その表示が不可能な場合にJavaScriptの有効化やFlashプレイヤーのインストールを促す表示だけにとどまっていることも多く、作り方を間違えれば検索エンジン対策としても不利になってしまう。

より魅力的にコンテンツを見せるため、利用者に豊かな経験をしてもらうことを考えれば、ターゲットを限定する場合もあるのも事実だ。しかし、本来Webの情報配信では利用者の環境をできるだけ制限しないことが理想であり、できる範囲内での代替要素の提供などが必要とされている。JavaScriptを使ったRIAの提供を考えた場合には操作に支障をきたすこともあるため、現在 「**WAI-ARIA**」というアクセシブルなRIAを提供するための仕様が策定中である **図2**。

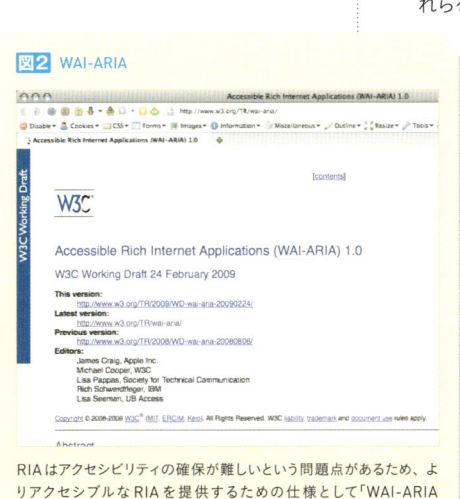

用語2 Ajax
「Asynchronous JavaScript + XML」の略称。2005年2月18日にジェシー・ジェームス・ギャレットが書いた記事が初出と見られる。JavaScriptのHTTP通信機能を使って、既存の枠組みにとらわれないインタフェースを実現するための対話型Webアプリケーションの実装形態。実際にはAjaxという技術が存在しているわけではなく、この技術の総称をAjaxと呼ぶ。Ajaxの使用例として有名なのがGoogle Maps。
「119 Ajaxについて」→P.278

用語3 API
Application Programming Interfaceの略。Webブラウザにもブラウザの機能や描画をつかさどるAPIが用意されているため、JavaScriptを使ってこのAPIを利用し内容を切り替えるといったことが可能。

図2 WAI-ARIA

RIAはアクセシビリティの確保が難しいという問題点があるため、よりアクセシブルなRIAを提供するための仕様として「WAI-ARIA（http://www.w3.org/TR/wai-aria/）」が策定中だ

112 目的やターゲットに合わせたリッチコンテンツ

Article Number **113**

JavaScriptでできること

リッチコンテンツの実装のための技術として再び注目を集めているのがJavaScriptだ。JavaScriptは、静的なHTMLにインタラクティブな表現を加えるための技術として登場した。発展期にはアクセシビリティを無視した実装などが増えたものの、近年のブラウザの標準化サポートの流れもあり再度その可能性に注目が集まっている。ここでは簡単にJavaScriptでできることを紹介しておきたい。

制作

Keywords　**A** JavaScript　**B** インタラクティブ　**C** Ajax　**D** DOM

JavaScriptとは

A-B JavaScriptは静的なコンテンツであるHTMLでの情報配信に**インタラクティブ**な表現を付与するために登場したスクリプト言語である。JavaScriptは、元々NetscapeがSun Microsystemsと協力して開発したものである。Webの発展期にはブラウザの覇権争いなどの影響もあり、制作者は異なる手法での実装を余儀なくされていたが、現在では「ECMAScript」という標準化された仕様に基づいたものとなっており、同じ流れを汲むスクリプト言語としてはFlashのActionScriptがある。

JavaScriptの特徴は、ブラウザオブジェクト（ウィンドウサイズや位置など）の操作はもちろん、WebブラウザのAPI（Application Programming Interface）の一種である「DOM」（Document Object Model）を介してドキュメント内のコンテンツを操作することができることがあげられる。そのことにより、コンテンツの動的なロードや視覚的な表現の変更などが可能になっており、現在では多くのWebアプリケーションなどで利用が進んでいる 図1 。

JavaScriptの利用シーン

発展期においてはブラウザウィンドウの操作といった過剰な表現が目に付いたJavaScriptは、Webブラウザの標準化サポートの流れとあわせてその使い方が見直されてきている。一時期、旧来のアクセシビリティを無視した実装方法が目に付いたが、最近では正しく構造化されたHTML文書を利用したインタラクティブな表現の実装が主流となっている。

また、数年前に登場したGmailやGoogle MapsのようなJavaScriptの持つ非同期通信を利用し、ブラウザのバックグラウンドでサーバとのデー**C** タのやりとりを行うことでページ内の情報の書き換えを行う「**Ajax**」も現在のWebサイトでは取り入れられる機会も増えている。

Webコンテンツ中のこのような表現はブラウザごとのJavaScriptの実装で問題が発生する場合があるが、近年そのような表現を簡単に導入できるフレームワークやライブラリが数多く公開されており、それらを導入し構築されたWebサイトも多い。特定の機能だけを付与したい場合などは、こ

BOOK GUIDE

DOM Scripting 標準ガイドブック
やさしく学ぶ、JavaScriptとDOMによるWebデザイン
ジェレミー・キース（著）、中村 享介（監修）、吉川 典秀（訳）
B5変判／352頁／価格3,045円（税込）
ISBN9784839922375
毎日コミュニケーションズ

JavaScriptの文法の確認から始まり、DOMの概念、基本的な使い方をWebデザイナーを対象に、丁寧に解説する本。JavaScriptを書くうえでおさえておかなければならない「作法」についての解説がある。JavaScriptの文法から始まり、DOMの考え方、基本的なテクニックを中心に、Webコンテンツをより魅力的にするテクニックが1冊で学べる。原書は「DOM Scripting: Web Design with JavaScript and the DocumentObject Model」。

図1 ECMAScript

JavaScriptを標準化するために設立された「ECMAScript」（http://www.ecmascript.org/）。JavaScriptだけでなく、Flashで利用されるActionScriptなどもこれをベースにしている

Book Guide

Beginning JavaScript Development with DOM Scripting and Ajax
Christian Heilmann（著）
ペーパーバック／512頁
価格3,835円（調査時点）
ISBN9781590596807
Apress

JavaScriptの基礎から、アクセシビリティを確保したJavaScriptの使い方を解説した書籍。基礎から解説されるため内容は比較的簡単なものになっている。

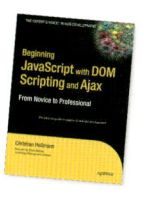

れらを用いることで開発期間の短縮をはかることが可能だ 図2。

DOMスクリプティングとは

DOMとは、Document Object Modelの略でWebブラウザの持つAPIの一種にあたる 図3。これは、JavaScriptのような言語からHTML文書などの操作を行うための橋渡しをする仕組みである。このDOMのおかげでドキュメント内のさまざまな要素を操作することが可能になる。DOMは、古くから存在していたもののブラウザごとに仕様が異なっていたため制作者の混乱を招いていた過去があるが、現在ではW3Cによって標準化されている。このDOMを用いれば、HTMLの要素や属性を追加・削除、スタイルの切り替え、マウスクリックのようなイベントを取得するといったことが可能になる。HTML文書は、html要素からはじまるツリー構造の文書構造を持っているが、JavaScriptを使って要素を操作するにはこのツリー構造をしっかりと把握しておく必要がある。つまり、DOMを使ったスクリプティングには、正しく構造化されたHTML文書の存在が不可欠であるとも言える。JavaScriptのプログラミングでは、ブラウザに用意された開発者向けの機能や拡張機能などを利用することで生産性をアップすることが可能だ。

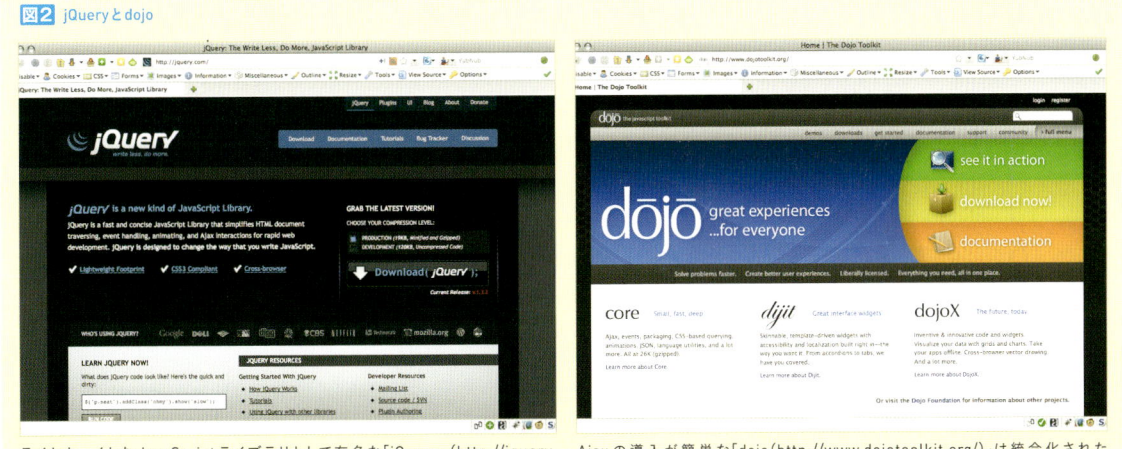

図2 jQueryとdojo

ライトウェイトなJavaScriptライブラリとして有名な「jQuery」（http://jquery.com/）。公開されたプラグインを活用することで開発期間を短縮できる

Ajaxの導入が簡単な「dojo（http://www.dojotoolkit.org/）」は統合化されたJavaScriptフレームワークとして有名だ

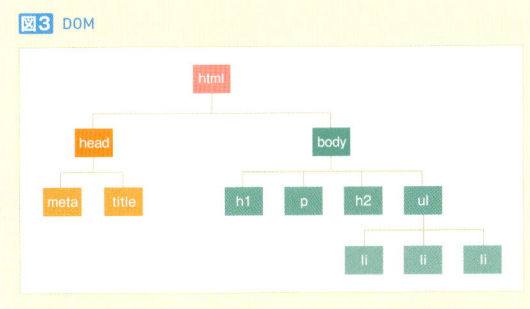

図3 DOM

HTMLは、html要素に始まりツリー構造化された文書である。正しくマークアップされた文書を用いることで、DOMを介して文書内の特定の要素へのアクセスがしやすくなる

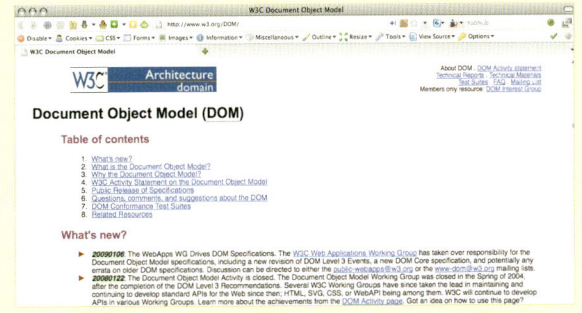

ブラウザごとに仕様がバラバラで制作者の頭を悩ませていたDOMは、現在W3Cによって標準化された仕様となっている（http://www.w3.org/DOM/）

Article Number 114

Webのアクセシビリティについて

世の中は「ユニバーサルデザイン」という概念を重要視しているが、Webサイトも決して例外ではない。本来Webは環境に依存しない情報提供が可能であるメディアであるため、多くの人が情報の入手に支障をきたさないような設計をし運用するのが理想と言える。アクセシビリティとは情報のアクセスのしやすさを指す言葉であるが、現代のWebでは可能な限りアクセシブルなサイトを構築することが求められている。

■制作

Keywords
- **A** アクセシビリティ
- **B** WAI
- **C** WCAG
- **D** JIS X 8341-3
- **E** 代替要素

アクセシビリティとは？

A「**アクセシビリティ**」という言葉は、世の中のさまざまな事柄に対するアクセスのしやすさを指すものであるが、特にWebサイトにおいてはその中の情報へのアクセスのしやすさの度合いを計る指針のひとつとなっている。Webは閲覧する環境に依存することなく、その情報を公平に取得することを可能にできるメディアである。Webサイトのアクセシビリティとは、視覚・聴覚・色覚などをはじめとした身体的なハンデや高齢者を対象として情報へのアクセスをしやすくすることとされがちだが、本来は身体的なことだけではなく、閲覧するためのデバイス環境などの存在も含めた広範なものであるということを覚えておきたい。

これらのアクセシビリティを高めるためのガイドラインとして、W3Cの内部組織である **B-C**「**WAI**」用語1（Web Accessibility Initiative）による「**WCAG**」用語2（Web Contents Accessibility Guidelines）や、JISが定める「**JIS X 8341-3**」（「高齢者・障害者等配慮設計指針─情報通信における機器、ソフトウェア及びサービス─第3部：ウェブコンテンツ」）などが存在している 図1。特に日本の場合は障害

用語1 WAI
W3Cの内部組織であるワーキンググループで、特に障害を持つ人を含めたすべての人へのアクセシビリティを目指してガイドライン（WCAG）を策定している。

用語2 WCAG
Webのアクセシビリティに関するガイドラインのこと。W3Cでアクセシビリティ関連の活動を行うWAIによって策定される。2008年12月にバージョン2.0が勧告された。

図1 WCAGとJIS X 8341-3

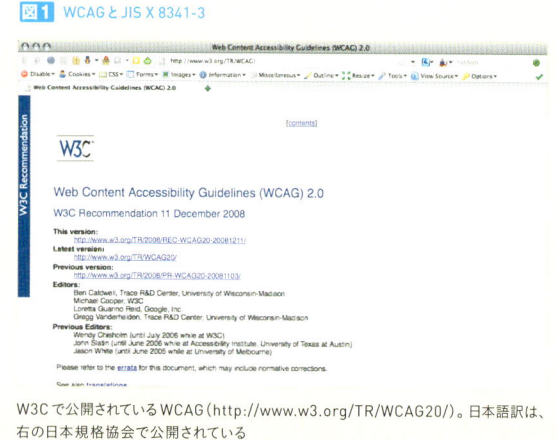

W3Cで公開されているWCAG（http://www.w3.org/TR/WCAG20/）。日本語訳は、右の日本規格協会で公開されている

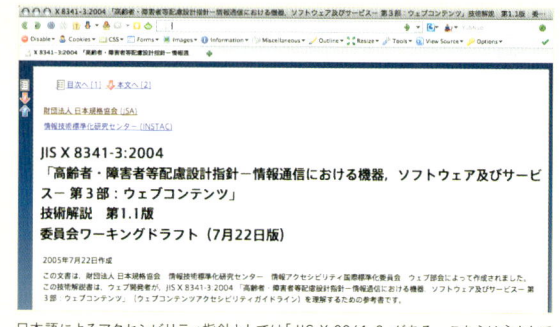

日本語によるアクセシビリティ指針としては「JIS X 8341-3」がある。こちらは主として高齢者や身体的障害を対象としている。図は日本規格協会（http://www.jsa.or.jp/stdz/instac/commitee-acc/web-tech-repo/technical-report.html）で公開されているコンテンツ

や高齢者を考慮した内容になっているが、前述したようにアクセシビリティを確保すべき対象はそこだけではない。多様化するデバイス環境や特定の技術が利用不可能である環境を含めたうえで考えるべきことである。ガイドラインに記載された内容を守ることは義務ではないが、それらを参考にして可能な限りアクセシブルなWebサイトを提供することが理想である。アクセシビリティの高いWebサイトは、対象となる環境だけではなく、健常者を含めた多くの環境に対しても使い勝手や情報のアクセスがしやすくなるものであるということを覚えておきたい。

よりアクセシブルなWebサイトへ

前述したようにアクセシビリティの本質は、環境に左右されない情報へのアクセスのしやすさということになる。アクセシブルなWebサイトを設計するには、標準化されたWeb技術を仕様に則って正しく利用することが一番簡単で確実な方法だ。WCAGやJIS X 8341-3などのガイドラインには、特に難しいことが記載されているわけではない。環境によってはコンテンツが表示されなかったり、その視聴に困難をきたす可能性があることを踏まえた設計、もしくは対策が必要になる旨が記載されている。Webの閲覧環境は、必ずしも画像やFlash、JavaScriptを使用した視覚的な表現が可能なブラウザばかりではないし、接続回線の環境にしてもすべての利用者がブロードバンドとも限らない。ほかにもフォントサイズが固定化され、ユーザー側の操作で変更できない場合などは、そのコンテンツの閲覧に支障をきたすことも考えられる。そのため、特定の環境に依存する可能性のある情報に関しては、その内容の取得に支障をきたさないような代替コンテンツの提供やユーザー側の環境を優先した設計などが必要とされる。

サイトの目的やターゲットによっては、特定の環境だけで閲覧可能な情報提供をすることも考えられる。しかし、別の環境から見た場合には、**代替要素**もなくただ真っ白の画面しか表示されないようでは失格だ。実際、検索エンジンのクローラが現時点でそのようなコンテンツを読み取れないため、検索エンジンの結果表示に与える影響も大きい**注1**。特定のコンテンツが再生できない環境の存在を考えれば、できる範囲でHTMLによる代替要素の提示が必要であることは言うまでもない。新規Webサイトの企画時には見た目の華やかさや楽しさだけでなく、最低限のアクセシビリティを確保した設計が必要なのである**注2**。

また、既存のWebサイトをよりアクセシブルにする場合は、ガイドラインに記載された内容をすべて対応することが困難であることも多い。このような場合は、最低限対応すべき内容とその可能な範囲を考えたうえで、フェーズを切って段階的に対応していくことも可能である。制作したコンテンツの対応状況を確認するためのツールは、Webオーサリングソフト内のチェックツールや富士通株式会社が公開している「富士通アクセシビリティ・アシスタンス **図2**（http://jp.fujitsu.com/about/design/ud/assistance/）」のツール群などがある。

注1
検索結果の順位を決めるアルゴリズムからリンクポピュラリティがなくなるとは考えにくいが、仮にHTMLコンテンツとしての内容のみの判断になった場合、現状のサイトの作り方では問題のあるサイトが多いのも事実だ。最低限head要素の概要文（description）の記述や、noscript要素を使ったサイトの内容の提示ぐらいは考えた方がよいだろう。

注2
JavaScriptによる演出を使用する場合も、リンクURLとして「#」や「javascript:〜;」を記述すると検索エンジンのクローラやJavaScriptに対応できないブラウザではリンクが辿れない。JavaScriptを使用することは悪いわけではなく、どのようなブラウザでもリンクが辿れるような記述をしたうえでclass属性などを使って演出効果を適用した方がよいのである。

■HTML
```
<a href="javascript:JavaScriptのファンクション('http://example.jp/');">リンクテキスト</a>

<a href="#" onclick="JavaScriptのファンクション('http://example.jp/'); return false;">リンクテキスト</a>
↓
<a href="http://example.jp" class="クラス名">リンクテキスト</a>
```

図2 富士通アクセシビリティ・アシスタンス

富士通株式会社では、「富士通アクセシビリティ・アシスタンス」としていくつかのツールを公開している。JIS X 8341-3だけではなく、Webサイトの色表現をチェックツールなどもある

Article Number **115**

サイト構築に利用するさまざまなツール

Webサイト構築では、その段階に応じてさまざまな制作ツールを利用することになる。HTMLやCSSを記述するためのWebオーサリングソフトウエアやテキストエディタ、画像を編集するためのグラフィックソフトウエアだけではなく、Flashコンテンツの制作やWebサーバへのアップロードに使用するツールなどもあげられる。ここでは、いくつかの代表的なツールを紹介しておこう。

|制作

Keywords

A オーサリングソフトウエア　　**B** テキストエディタ
C FTP　　**D** ターミナルソフトウエア

オーサリングソフトウエア

Webサイト構築では、実際の配信コンテンツの制作を行うために目的にあわせた専用の**オーサリングソフトウエア** 用語1 を使用する機会が多いだろう。HTML＋CSSでのコンテンツ制作に使用する代表的なアプリケーションとしてはAdobe Systemsの「Dreamweaver」やMicrosoftの「Expression Web」が有名だ。これらのアプリケーションを使用すれば、GUI 用語2 （グラフィカル・ユーザー・インターフェイス）による感覚的なコンテンツ制作が可能になる。

HTML＋CSSを使ったコンテンツ制作では、先にあげた専用のオーサリングソフトウエアではなく専用の**テキストエディタ**を使用することも可能だ。HTMLやCSSだけでなく、JavaScript、PHP、Perlなど多くの言語に対応した統合開発環境であるIDE（Integrated Development Environment）もある。IDEでは「Eclipse」や「Komodo IDE」「Aptana」が有名だ。テキストエディタでは、Windows環境の「Vim」や「EmEditor」、Mac環境の「mi」や「Coda」「skEdit」などがあげられる。これらはプラグインなどを必要に応じて導入することで機能を拡張できるものが多いため利用者も多い。

Flashコンテンツの制作でデザイナーが利用するアプリケーションでは「Flash」が有名なところだが、ActionScriptをベースとした開発では「Flex Builder」やサードパーティ製の「FlashDevelop」などが知られている 図1 1 2 3 。

グラフィックエディタ

Webコンテンツで使用する画像要素の作成には、グラフィック専用のエディタアプリケーションを使用する。代表的なアプリケーションとしては、Adobe Systemsの「Illustrator」「Photoshop」「Fireworks」が有名だ。Illustratorはベクターベースのアプリケーションであり、ロゴやイラストの作成だけではなく企画段階で使用するワイヤーフレームなどの制作にも向いている。Photoshopは、写真の編集や加工に特化したアプリケーションであるが、こちらもサイトのラフデザインや素材の制作に利用されている。Fireworksは、**ベクターとビットマップ** 用語3 の双方が扱えることやほかのAdobe Systemsのアプリケーションとの連携、PDFによるサイトコ

用語1 オーサリング
CD-ROMやDVDなどのコンテンツや映像編集など制作において、内容を編集し組み立てていく工程のこと。Webコンテンツにおいても、情報整理とHTMLの設計、CSSでの装飾といった流れで制作が行われるため、専用のソフトをオーサリングソフトウエアと呼ばれる。

用語2 GUI
Graphical User Interfaceの略。情報をグラフィカルに表現し、マウスポインタなどで直感的な操作を提供するユーザーインターフェイス。命令文を入力して実行するキャラクタユーザーインターフェイス（CUI）に比べ直感的に操作できる。

用語3 ベクター、ビットマップ
Illustratorのデータのように数式で処理でき拡大縮小時もデータが劣化しないデータをベクターデータ、Photoshopで扱う画像のような点（ドット）で構成されたものをビットマップデータと呼ぶ。

用語4 GIMP
GNU Image Manipulation Program の略。読み方は「ギンプ」。GNU GPLの下で配布されているビットマップグラフィック編集・加工ソフトウエア。1995年にSpencer KimballとPeter Mattisが開発。非常に高機能なアプリケーションでPhotoshopにも遜色のない機能を備える。

用語5 アドオン
拡張機能のこと。その導入にはアプリケーション自体がアドオンの追加を前提としている必要がある。Webブラウザのプラグインもアドオンの一種。

用語6 プロトコル
ネットワーク間での通信手段の定義。代表的なインターネットプロトコルとして、「HTTP」「FTP」「SMTP」「POP3」「IMAP」などがある。

用語7 クロスプラットフォーム
異なる複数のデバイスやOSにアプリケーションが幅広く対応していること。またはその技術。

用語8 ターミナル
ユーザーインターフェイスに特化したデバイスや、アプリケーション。または入出力に特化してネットワークの向こうに動作を要求するデバイスやアプリケーションのこと。

ンテンツのパッケージ化なども可能である。

これらの商用アプリケーション以外に、オープンソースソフトウエアとして公開されている「Inkspace」や「GIMP」**用語4** なども利用可能だ。ワイヤーフレームや簡単なモックアップの作成では、「Microsoft Visio」「Omni Graffle」「Balsamiq Mockups」、Firefoxのアドオン **用語5** として動作する「Pencil」などを使ってみてもよいだろう 図1 ④⑤。

そのほかのアプリケーション

Web制作の過程は単純な制作のみというわけではなく、公開できる状態になったコンテンツは **FTP** プロトコル **用語6** などを使用して、Webサーバにアップロードしなければならない。そのときに一般的に用いられるアプリケーションは「FTPクライアント」と呼ばれている。FTPの機能はDreamweaverなどのオーサリングソフトウエアに内蔵されている場合もあるが、アップロード時に使用する特定のプロトコルに対応していないこともある。 ◀ C

そのため、使用するプロトコルに対応した専用のクライアントも準備しておきたい。代表的なFTPクライアントとしてはWindows環境では「WinSCP」「FFFTP」、Mac環境では「Cyberduck」「Transmit」などがある。ただし、クライアントによってはFTPSやSFTPのようなプロトコルに対応していないこともある。クロスプラットフォーム **用語7** で利用でき、さまざまなプロトコルが利用できるFTPクライアントとしては「FileZilla」が有名である。

また、場合によってはサーバ内のファイルの移動やコピーなどを行うことも考えられるため、SSH（Secure SHell）での接続してサーバ内をターミナル **用語8** で操作できるアプリケーションなどが必要になるかもしれない。代表的な **ターミナルソフトウエア** としては、Windowsの「PuTTY」や「TeraTerm」「Poderosa」、MacのOS Xに標準搭載されている「ターミナル」などが有名なところだ 図1 ⑥⑦。 ◀ D

図1 ツールとサイト

① HTML＋CSSコンテンツのオーサリングソフトウエア
Adobe Dreamweaver http://www.adobe.com/jp/products/dreamweaver/
Microsoft Expression Web http://www.microsoft.com/japan/products/expression/products/web_overview.aspx

② さまざまな言語に対応したIDEやテキストエディタ
Eclipse http://www.eclipse.org/
Komodo IDE http://www.activestate.com/komodo/
Aptana http://www.aptana.org/
Vim http://www.vim.org/
EmEditor http://jp.emurasoft.com/
mi http://mimikaki.net/
Coda http://www.panic.com/jp/coda/
skEdit http://www.skti.org/skedit/

③ Flashコンテンツのオーサリングソフトウエア
Flash http://www.adobe.com/jp/products/flash/
Flex Builder http://www.adobe.com/jp/products/flex/
FlashDevelop http://www.flashdevelop.org/

④ グラフィックエディタ
Illustrator http://www.adobe.com/jp/products/illustrator/
Photoshop http://www.adobe.com/jp/products/photoshop/
Fireworks http://www.adobe.com/jp/products/fireworks/
Inkspace http://www.inkscape.org/
GIMP http://www.gimp.org/

⑤ それ以外の専用ツール
Microsoft Visio http://office.microsoft.com/ja-jp/visio/FX100487861041.aspx
Omni Graffle http://www.omnigroup.com/applications/omnigraffle/
Balsamiq Mockups http://www.balsamiq.com/products/mockups
Pencil http://www.evolus.vn/Pencil/

⑥ 代表的なFTPクライアント
WinSCP http://winscp.net/
FFFTP http://www2.biglobe.ne.jp/~sota/
Cyberduck http://cyberduck.ch/
Transmit http://www.panic.com/jp/transmit/
FileZilla http://filezilla-project.org/

⑦ 代表的なターミナルソフトウエア
PuTTY http://www.chiark.greenend.org.uk/~sgtatham/putty/
TeraTerm http://ttssh2.sourceforge.jp/
Poderosa http://ja.poderosa.org/

Article Number 116

Webアプリケーション構築言語の種類と特徴

Webシステムの開発言語には、.NET、Perl、PHP、Ruby、Python、JavaScript、ActionScript、そのほかさまざまなものがあるが、これから開発するWebシステムに最適なプログラム言語を選ぶ必要がある。ここでは、Webシステムの開発に使われる主なプログラミング言語と、その特徴を説明しておこう。

開発
テスト

Keywords

A サーバサイドスクリプト
B クライアントサイドスクリプト

サーバサイドスクリプトとクライアントサイドスクリプト

Webアプリケーションを構築するための開発言語は大きく2種類に分類することが可能だ。ひとつは、Webサーバ側で処理を行うことを基本とする「**サーバサイドスクリプト**」**用語1**であり、一般的にはプログラミング言語として認知されている。もうひとつは、Webブラウザ内での処理を基本とする「**クライアントサイドスクリプト**」**用語2**である。制作するWebサイトやWebアプリケーション、開発サイドの環境などによって使用する言語は異なってくるが、制作するアプリケーションの内容や目的に応じて最適な言語を選択するようにしたい。ひとつの言語だけの選択肢に固執してしまうことが、かえって制作期間やコストの増大を招くこともあるので注意が必要だ。

環境による選択肢の違い

実際にWebアプリケーションの開発を行う言語の選択では、「環境」による違いも考慮しなければならない。各プログラミング言語やスクリプト言語は、特定のWebサーバでしか動作しないものや、特定のWebブラウザでは複数の処理を記述しないと動作しないなどといったこともある。そこで言語の選択時に考えておきたい点をいくつかあげてみよう。

■ Windowsサーバか、Linuxサーバか

Webサーバコンピュータの基本ソフトが、Windowsかそれ以外であるかで大きく分かれる。Windowsサーバの場合、同じMicrosoftの開発言語「**.NET（ドットネット）**」**用語3**が最も力を発揮することができるが、逆にそれ以外の環境では動作しない。PHP**用語4**や、Ruby**用語5** **図1**などは、Windowsサーバでも動作はできるものの、やはりLinuxなどの基本ソフトと相性がよく、あまり利用しやすいとは言えない。ホスティングサービスでは、いずれかの基本ソフトの選択肢が用意されている場合もあるが、世界的に見てもオープンソースのWebサーバソフトであるApache**用語6**のシェアが圧倒的に多い。

■ Webブラウザのバージョン

クライアントサイドスクリプトの場合はさらに環境が複雑だ。現在は基本的に

用語1 サーバサイドスクリプト
Webサーバ側にインストールして使用する言語。システム側での処理を行い、処理したデータをクライアントに送り返す流れになる。代表的な言語として、「Perl」「.NET」「PHP」「Python」「Ruby」などが有名だ。

用語2 クライアントサイドスクリプト
サーバサイドではなく、Webブラウザのようなクライアント環境でスクリプトの処理を行う言語。代表的な言語としては、Webブラウザで動作する「JavaScript」やFlash（Flash Player）内で動作する「ActionScript」などがあげられる。

用語3 .NET
Microsoftが2000年7月に発表した、ネットワークベースのアプリケーション動作環境を提供するシステム基盤。同社の「Windows DNA」戦略をさらに進化させたもの。

用語4 PHP
動的にWebページを生成するWebサーバの拡張機能のひとつ。また、そこで使われるスクリプト言語。正式名称は「PHP: Hypertext Preprocessor」。また、言語仕様やプログラムはオープンソースソフトウエアとして無償で入手することができる。

用語5 Ruby
まつもとゆきひろ氏によって開発されたオブジェクト指向のスクリプト言語。オープンソースソフトウエア（OSS）として無償で提供されており、ダウンロードして利用することができる。また、UNIX、Linux、Windows、Mac OSなど、さまざまなプラットフォーム上で動作させることができる。

用語6 Apache
Webサーバソフトウエア。オープンソースソフトウエア（OSS）として無償で提供されている。1995年にNCSA httpd 1.3をベースに開発が始まり、UNIX系OSを中心に幅広い人気を獲得した。元々NCSA httpdのパッチ（patch）集として公開されていたが、途中から単体のWebサーバソフトとして公開された。

JavaScriptはどんなWebブラウザでもほぼ共通した仕様で開発できるようになっているが、それは最新のバージョンに限った話だ。たとえば、Windows XPでInternet Explorer 6などを使い続けているユーザーに対しても、Webシステムを正常に提供するためには開発時に該当ブラウザへ配慮した開発を行わなければならない。

■プラグインの有無

もうひとつの代表的なクライアントサイドスクリプトである「ActionScript」は、Adobe SystemsのFlash上で用いるプログラミング言語である。Flashで制作し書き出されるswfは、通常Webブラウザ単体では動作しない。利用者が別途Flash Playerをインストールすることで初めて閲覧が可能になるものだ。さらに、Flash Playerにもバージョンがある点にも注意したい。必ずしも新しいバージョンに移行しているユーザーばかりとは言い切れないため、利用者の使用バージョンを確認する、必要に応じてプラグインをアップデートする処理を加えるなど、開発時に注意しておきたい点もある。

このように、Webシステムのプログラミング言語は、さまざまな要因を考え合わせて選ばなければならない。はじめの設計段階で、想定されるユーザーの層やサポートする環境の決定、それらのユーザーへの対応（代替手段を準備するか、新しいバージョンへの移行を促すかなど）を考慮しなければならないと言える。

技術に依存しすぎない選択を

どの開発言語がふさわしいかは、技術ありきで考えるべきではない。開発を依頼する制作会社によって得意とするプログラミング言語があるのも事実だ。その会社の得意とする開発言語でシステムを構築することは可能だが、サイトの内容によっては別のプログラミング言語を使用した方が作業がスムーズになったり、開発コストや期間が少なく抑えられる場合も考えられる。特にディレクションという立場で開発会社を選定する際には、プログラミング言語の違いなどを十分に認識して最良の選択を行えるようにしたいものだ。

新しいプログラミング言語の場合、それまでの問題点などを解決して非常に優れた言語に仕上がるため開発コストを節約することができると思いがちだが、かえって採用コストや教育コストなどがかさんでしまうこともある。

どんなに優れたプログラミング言語であっても、操ることができるプログラマーがいなければWebシステムを作り上げることはできないし、流行にとらわれて開発することが最適な結果を得られるわけではない。プログラミング言語は、開発期間やコストなどにも着目しながら、あまり技術に依存しすぎないようにして制作するWebアプリケーションに最も適した言語を採用するようにしたい。

図1 RubyとRuby on Rails

まつもとゆきひろ氏が開発されているRuby（http://www.ruby-lang.org/ja/）は、WebアプリケーションフレームワークRuby on Railsの登場で一気に注目を浴びた

Ruby on Rails（http://rubyonrails.org/）

Article Number **117**

クライアントサイドスクリプト

クライアントサイドスクリプトは、クライアント環境であるWebブラウザ内で動作するスクリプト言語で、代表的なものとして「JavaScript」や「ActionScript」があげられる。本来静的なページであるはずのHTML内のデータをユーザー操作によって動的に変化させたり、操作性やインタラクティブ 用語1 性を高めるために利用されることが多い。

Keywords

- A アニメーション
- B インタラクティブ
- C JavaScript
- D ActionScript
- E ECMAScript

クライアントサイドスクリプトでできること

クライアントサイドスクリプトでできることをあげてみよう。

■画面をあとから書き換える

通常、HTMLのみで作られたいわゆる静的なページでは、一度画面を表示したあとは再読み込みをしたりページを遷移しないと表示されている情報を書き換えることができない。これはクライアントサイドスクリプトを利用すれば、ユーザー操作によるページ遷移なしで画面を書き換えることができるため、表示された情報を書き換えたり隠したりといったことが可能になる 図1 。

A ■アニメーション効果を付ける

たとえば、ある情報ブロックをフェードアウトしながら消したり、画面の横からスライドするような動きでコンテンツを切り替えるといったアニメーション効果を付与することができる。画面に動きを出すことで楽しさを演出したり、目立たせたい情報・いらない情報を出し分けることができる 図2 。

■マウスの位置やキーボードの状態を監視する

マウスが移動したことや、キーボードのあるキーが押されたことなどを監視すること

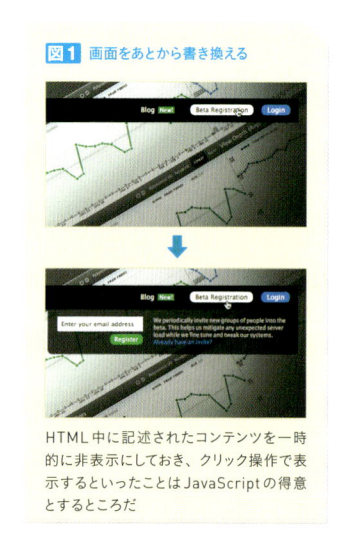

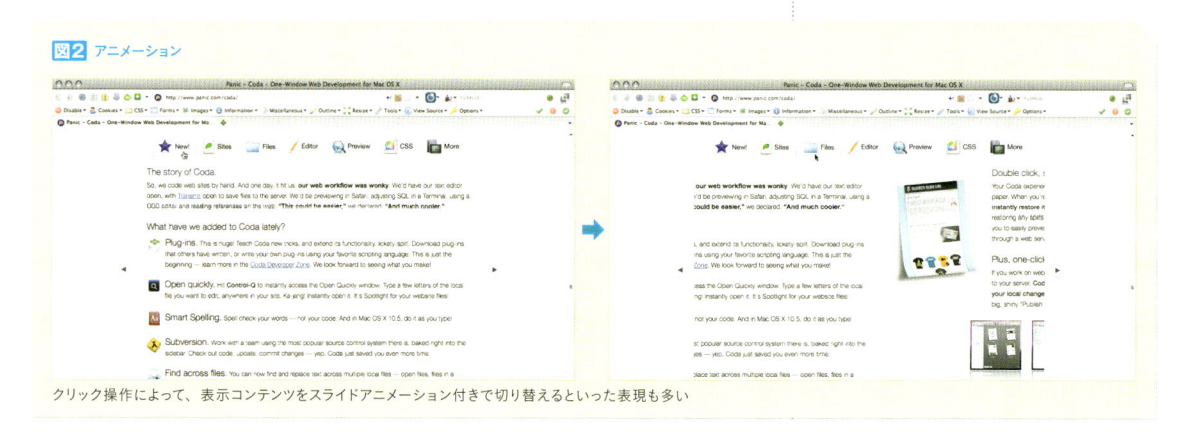

図1 画面をあとから書き換える

HTML中に記述されたコンテンツを一時的に非表示にしておき、クリック操作で表示するといったことはJavaScriptの得意とするところだ

図2 アニメーション

クリック操作によって、表示コンテンツをスライドアニメーション付きで切り替えるといった表現も多い

ができるため、その状態にあわせてコンテンツを変化させるといったことも可能だ。マウスのドラッグ操作を使った例としてはGoogleのGoogle Maps 図3 、キー入力による操作例はGmailがあまりにも有名だ。

クライアントサイドスクリプトは、このように **インタラクティブ** 用語1 な表現を付け加えることも可能であるため、Webサイトのインターフェイスをリッチな表現にしたり、利用者にその操作を楽しませるといった演出をすることもできる。

クライアントサイドスクリプトの種類

クライアントサイドスクリプトとして代表的な「**JavaScript**」と「**ActionScript**」について、それぞれの特徴をあげてみよう。

■ JavaScript

クライアントサイトスクリプトで最も代表的なものがJavaScriptだ。元々はFirefoxの前身と言えるNetscape Navigatorで静的なHTMLを補完するスクリプト言語として用意された言語だ。しばらくの間「JavaScript」とMicrosoftのIEで動作する「JScript」といった異なるスクリプトが存在していたが、のちにEcmaインターナショナル 用語2 によって「**ECMAScript**」(エクマスクリプト)として標準化され、現在では多くのWebブラウザで利用されている。そのためWeb標準技術とも親和性が高いだけでなく、iPhoneや、Android端末などのいわゆるスマートフォンでも利用することができるため、HTML5の登場とともにますますWebアプリケーションの開発に用いられる可能性が高いと言える。日本の携帯電話に搭載されている携帯コンテンツ用のブラウザでは一部を除いてほぼ利用することができない。

■ ActionScript

ActionScriptは、Adobe Systemsが同社の「Flash」や「Flex」向けに用意したスクリプト言語で、現在はECMAScriptに準拠したActionScript 3.0となっている。「Flash Player」プラグインがインストールされていれば、Webブラウザ内でコンテンツを再生することができる。2009年現在で90％以上のPCユーザーが利用できるといわれている。リリース当時はアニメーション作成ツールとしてのイメージが強かったFlashであるが、現在ではActionScriptを利用したインタラクティブ性を高めたWebサイトコンテンツの提供や、高度なWebアプリケーションやデバイスの組み込みインターフェイス設計なども行えるようになった。また、携帯電話やPDAやゲームといったデバイスで利用に最適化された「Flash Lite」の登場により、その利用範囲の幅はますます広がっている。

JavaScriptとActionScriptは、ECMAScriptをベースとした同じくクライアントサイドスクリプトと言えども、それぞれに特徴がある。Webアプリケーションの開発においては、単体でどちらかを選ぶというよりはサイトのターゲットや内容にあわせて最適な技術を採用する、もしくは共存させて使い分けるといった考えも必要だ。

用語1 インタラクティブ
「Interactive」という英語で、「相互作用」などの意味がある。Webの世界などでは、「対話型」などと訳され、ある操作などに即座に反応する様子を指す。

用語2 Ecmaインターナショナル
情報通信システムにおいての標準化団体(http://www.ecma-international.org/)。標準化団体で一般的なものに「JIS」があり、JIS規格に沿ったものであれば、どのメーカーのエンピツでも太さが同じだ。つまり、標準化された「ECMAScript」に沿っていれば、どんなメーカーが開発したWebブラウザでも共通であると言える(ただし、実際にはWebブラウザごとに若干のクセはある)。

図3 Google Maps 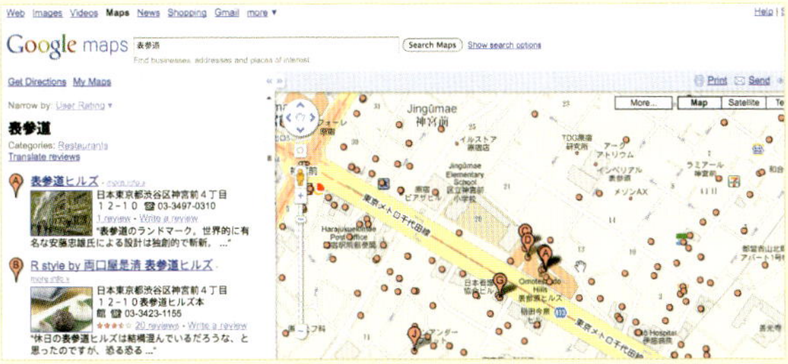
Googleの「Google Maps」ではマウスのドラッグ操作による表示情報の更新やダブルクリックによる拡大などが実装されている。また、同社のメールサービス「Gmail」ではキーボードのショートカット操作が可能だ

Article Number 118

サーバサイドスクリプト

クライアントサイドスクリプトがWebブラウザをはじめとしたクライアント環境で動作するのに対し、Webサーバをはじめとしたシステム側でプログラム処理を行いデータを返信する際に用いられるものがサーバサイドスクリプトである。サーバサイドで動作するプログラム言語は種類も豊富であり、Webアプリケーションの規模やシステム要件などで使用する言語が変わってくる。ここではいくつかの代表的なプログラム言語を紹介してみよう。

Keywords
- A データベース
- B Perl
- C PHP
- D Java
- E Ruby
- E Python

サーバサイドスクリプトとは

サーバサイドスクリプトとは、Webサーバをはじめとしたシステム側において動作するプログラミング言語一般を指す。古くからPerlやC言語のCGI（Common Gateway Interface）用語1を使ったメール送信処理やBBS用語2のような掲示板、ショッピングカートなどがWeb上では運用されてきた。PerlやC言語以外にも、JavaやPHP、Ruby、Pythonというようにシステム開発で利用するプログラム言語の種類は多く、言語とWebサーバの組み合わせによってはCGIとして動作するものもある。Webアプリケーションという意味でのサーバサイドプログラムとは、一般的にWebブラウザから送信されたデータを適切な形に変換し、**データベース**システムへの登録と更新処理を行い、その結果をWebブラウザに送り返すような一連の流れを担うものである。ただし、必ずしもWebブラウザにデータを返信するだけではなく、システム内でのファイルの処理やデータのバックアップのような作業を自動化するためのプログラムなども存在する。システム開発で採用するプログラミング言語は、Webサイトの規模や既存のシステムとの連携やメンテナンス性、開発期間やコスト条件など案件に応じて変わってくるものである。ここからは代表的なプログラミング言語をいくつか紹介しておこう。

Perl

ラリー・ウォール氏によって開発されたプログラミング言語図1。Webサイトでは、古くからBBSやチャットシステムをはじめとしたCGIやテキストの処理系のシステムとして利用されており開発者も多い。ライブドアやmixiといった大手サイトでもバックエンドとしての動作実績がある言語である。Webアプリケーションとして動作させる場合は、使用するOSやWebサーバとの組み合わせによって実行形式のCGIを利用したり、サーバのモジュールとして動かすこともできる。

また、Perlはライブラリやモジュールを使用して機能を追加できる。Perlの開発者の手によって制作されたさまざまなモジュールは、「CPAN」と呼ばれる管理組織に登録されており、必要なモジュールを任意に選択しインストールすることで制作作業を効率化することが可能だ。

用語1 CGI
Webページの内容を動的に変化させたい場面で使われる仕組み。Perlなどの言語で記述されたプログラムをWebサーバ上で動作させ、その結果をHTTPを介してWebブラウザに返すというもの。
「050 Webシステムとは」→P.124

用語2 BBS
参加者が自由に投稿し、それが連なっていくことでコミュニケーションできる電子掲示板のこと。掲示板はシスオペとよばれる掲示板の管理者がタイトルやテーマなどを決め、参加者が内容に沿った書き込みをしていく。投稿は時系列あるいは記事の参照関係をもとに並べられ、参加者が一覧できるように表示される。

図1 Perl

Webアプリケーションの開発言語として古くから有名なPerl（http://perl.org）。有志の手によって公開されているさまざまなモジュールはCPAN（http://cpan.org）に登録されており、CPANシェルを介してダウンロード／インストールすることもできる

図2 PHP

文法の容易さから人気の高いPHP（http://php.net）もWebアプリケーション開発によく用いられているプログラミング言語のひとつ。HTML文書内へ埋め込んだコードを動的に実行することができる

注1 Ruby
「116 Webアプリケーション構築言語の種類と特徴」→P.272

PHP

PHPは、静的なHTMLデータを動的に生成する目的で登場したプログラミング言語で「Personal Homepage Tools」がそもそもの語源である**図2**。現在の正式名称は「PHP: Hypertext Preprocessor」である。PHPは、CGIやWebサーバのモジュールとして動作する。PHPの特徴として、HTML中に埋め込んだコードを実行してWebブラウザに送信することができるため、埋め込み型のサーバサイドスクリプトと分類されることもある。文法自体は平易であることから初心者でも習得しやすいとされており、最近では「LAMP（Linux／Apache／MySQL／PHPの頭文字を取ったもの）」と呼ばれるWebアプリケーションの制作・実行環境における開発言語としても用いられている。

Java／Java Servlet／JSP

Javaは、Sun Microsystemsによって開発されたオブジェクト指向型のプログラミング言語である。プラットフォームに依存しない開発と実行が可能な点が特徴のひとつとしてあげられる。Webアプリケーションとして動作させる場合は「Java Servlet」や「JSP（JavaServer Page）」を用いる。このサーブレットを実行するための環境はWebコンテナと呼ばれ、有名なところではApache TomcatやIBM WebSphere Application Serverなどがある。JSPもPHPなどと同様にHTMLに埋め込まれたコードを実行し、その結果をWebブラウザに送信する仕組みである。このような基盤言語としてJavaを用いたシステムには、ショッピングカートやチケットの予約システム、オンラインバンキングなどがある。

そのほか、注目を集めるプログラミング言語

ここまで紹介したプログラミング言語以外に「Ruby」**注1**や「Python」**図3**にも注目が集まっている。Rubyは日本人のまつもとゆきひろ氏によって開発されたオブジェクト指向型言語だが、Webアプリケーションフレームワークである「Ruby on Rails」の登場により一躍注目を集めることになった。国内では「Cookpad」のバックエンドとして採用されているようだ。一方のPythonもRubyと同じオブジェクト指向型言語にあたり、こちらは欧米を中心に人気のあるプログラミング言語である。Pythonは可読性に優れており、モジュールによる拡張が可能なためいろいろなアプリケーションで利用されることも多い。Googleが公開している処理系のスクリプトなどもPythonを利用して書かれている。

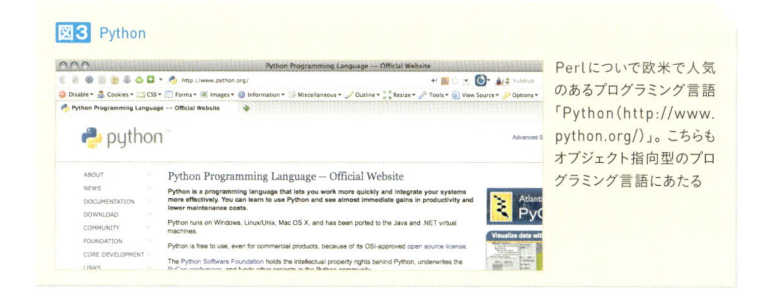

図3 Python

Perlについで欧米で人気のあるプログラミング言語「Python（http://www.python.org/）」。こちらもオブジェクト指向型のプログラミング言語にあたる

118 サーバサイドスクリプト

Article Number 119

Ajaxについて

サーバサイドスクリプトと、クライアントサイドスクリプトにはそれぞれ相反する特徴があった。従来は、主にサーバサイドスクリプトのみで作られたWebシステムが多く、操作性に難があった。それを克服したのが「Ajax」という技術だ。これにより、Webシステムの操作性は飛躍的に向上し、可能性が一気に広がった。

開発
テスト

Keywords
- **A** JavaScript
- **B** 非同期
- **C** インタラクティブ
- **D** Flash

Ajaxとは

Ajaxは「Asynchronous JavaScript + XML」の頭文字を取った略語であり、直訳すると「**JavaScript**とXML 用語1 で実現する**非同期**（通信）用語2」という意味になる。Ajaxは、Googleが「Google Maps」や「Google Suggest」で採用したことによって一気に火が付くことになり、その後現在のWebシステムの構築手法のひとつとして注目されている。技術的な意味でのAjaxは、あくまでもWebサーバ側とWebブラウザに表示されたコンテンツの間において行われる非同期通信によって情報を取得もしくは更新するといった手法を指し、単なるクリック操作によるコンテンツの切り替えやアニメーション表現などは厳密にはAjaxとは呼ばない。

従来型のWebアプリケーションからAjaxへ

Webアプリケーション開発においては、「サーバサイドスクリプト」と「クライアントサイドスクリプト」があることは前項までで紹介した。しかし、サーバサイドのプログラムは、クライアントサイドによる「送信」という動作が発生するまでは、データを処理しそれをクライアントに再度送り返すことはできない。つまり、データが送信されてくるまではページの描画や更新を行うことができないことになる。一方のクライアントサイドのスクリプトは、キーボードショートカットやマウスのドラッグ操作による画面の切り替えや更新を動的に行うことはできるものの、それ自体では通信によるデータ処理や結果の保存ができないため、それ単体で本来の意味でのWebアプリケーションとして機能することはない。つまり、Webアプリケーションとして動作させるためには、利用者のデータの送信によってサーバサイドで処理された結果をWebブラウザ側に送信しコンテンツを再描画するという流れが必要になるわけである。このようなWebアプリケーションとして必要なデータ処理の一連の流れを、利用者の目に見えない部分においてJavaScriptの非同期通信処理を利用することで、サーバサイドスクリプトと連携ができるようにした。これがAjaxなのである 図1 。

Ajaxでできること

Ajaxを利用すると、たとえば次のようなことができる。

用語1 XML
ExtensibleMarkupLanguageの略。文書やデータの意味や構造を記述するためのマークアップ言語のひとつ。1998年にW3Cにより勧告された比較的新しい言語。

用語2 非同期通信
非同期通信は、電話と同様にお互いが同じタイミングで通信をしあえる仕組みだ。対する「同期通信」はトランシーバーなどと同様で、一方が話をしている間はもう一方は話すことができず、聞くことしかできないという仕組みである。Ajax以前のWebシステムは「同期通信」であった。そのため、画面が表示されている間は通信ができず、「送信」ボタンを押して通信している間は、画面は真っ白だったり、操作を受け付けない状態になっていた。Ajaxで、これが解消され、操作をしながら通信ができるようになったというわけだ。
「053 RIA・AjaxでかわるWebシステムの重要性」→P.130

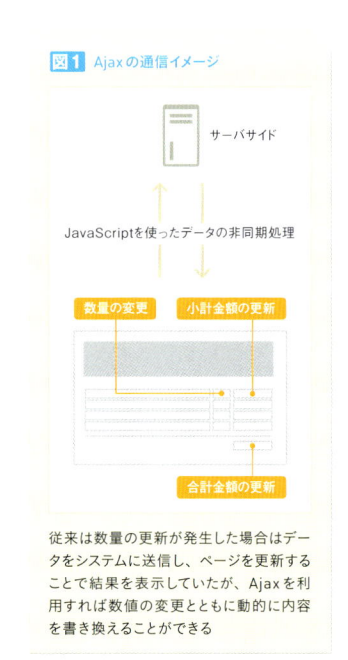

図1 Ajaxの通信イメージ

従来は数量の更新が発生した場合はデータをシステムに送信し、ページを更新することで結果を表示していたが、Ajaxを利用すれば数値の変更とともに動的に内容を書き換えることができる

■再読み込みをせずに、最新情報を通知する仕組み

たとえば、Webメールなどの場合画面を開いたままにしておくと、自動的に新しいメールが到着している。これは、Ajaxによって数分に一度の割合で、サーバに定期的にアクセスをして新しい情報を取得し、画面を書き換えているのだ。このほかにも、ショッピングカートの商品数を変えると同時に自動的に小計額を再計算させるといったような、これまでは一回サーバへの送信処理とページの更新が必要だったこともAjaxを利用することで動的に変化させることができる。

■フェードイン 用語3 やスライドイン 用語4 によって表示される情報

タイトルをクリックして、その内容が表示されるときに画面が切り替わったりするのではなく、その場でなめらかなアニメーションとともに情報が表示されたり、画面がだんだん暗くなって情報が消えていくといった、さまざまな演出を加えることができる。

■ドラッグドロップ、キーボードショートカットによる操作

配列されているアイテムを、マウスでドラッグ＆ドロップするだけで順番を並べ替えることができる。キーボードの矢印キーでも可能で、「送信」という操作を行わずに、データの加工ができる。

このように、これまでのWebシステムでは考えられないような操作性、利便性を実現することができる。これからのWebシステムでは必須の技術と言えるだろう。

AjaxとFlash

フェードインなどの演出や、マウス・キーボードの操作による**インタラクティブ**な反応は、これまで**Flash**が得意としていた分野である。Flashは、Webサイトのデザインを HTMLなどの制約を越えて自由に行えるうえに、なめらかなアニメーションを作成することもできる。その反面、閲覧には「Adobe Flash Player」というプラグインソフトが必要で、現状ではモバイルなどの環境にも弱い。

対してAjaxは、Webブラウザを介しWebの標準技術の上に乗る形で実装することができるという利点がある。Flashがそれまでのウェブの概念を覆す新しい体験を提供するのに対し、AjaxはそれまでのWebを生かしながらより便利なものを提供すると言えるだろう。

たとえば、Googleは同社のアクセス解析ツール「Google Analytics」用語5 において、グラフの描画にはFlashを、それ以外の各所にはAjaxを利用している 図2。このように、両者を組み合わせて良いところを使うという使い方が今後増えていくだろう。情報提供にどちらの手法が適しているかをしっかりと見極めて判断したい。

用語3 フェードイン
主に映像編集技術の用語で、映像が徐々に現れたり、音楽の音量がだんだん大きくなってたりする効果や手法のこと。

用語4 スライドイン
文字どおり、映像が横から中央に向かって現れる手法のこと。

用語5 Google Analytics
Googleが提供しているアクセス解析ツールの名称。分析データは、ページビュー数やユニークユーザー数といった基本的機能をはじめ、新規ユーザーの割合や直帰率、あるいはユーザーを特定の行動まで誘導できたコンバージョン率といった、各業務担当者を意識した指標が数多く用意されている。リポート画面などにはAjaxの技術が多用されいる。

図2 Google Analytics

Webサイトのトラフィックや広告効果などさまざまな分析がグラフ化され、視覚的に確認できる（利用にはGoogleアカウントが必要）

Article Number 120

Webサービス（Web API）の基礎とマッシュアップ

Webサービス（Web API）は、ある情報をユーザーにそのまま提供するのではなく、XMLなどのデータで提供しているサービスのことだ。これを利用すれば、他社の有用な情報を、自由に利用して新たなサービスを展開することができる。さらに、それらを組み合わせてより便利なサービスを提供することを「マッシュアップ」と呼ぶ。

Keywords　**A** Web API　**B** Amazon　**C** マッシュアップ

WebサービスとWeb API

A WebサービスとWeb API【用語1】は、同じような意味として使われる。従来は「Webサービス」と呼ばれていたが、Webサービスは「ユーザー向けのサービス」、あるいは「Webでサービスを提供すること」を指すようにも取れるので紛らわしいことから、最近ではWeb APIと呼ばれることのほうが多い。

たとえば、「Web制作」に関する書籍をリストアップしたいという場合、通常であれば書籍の一覧などを見ながら、それを書き写したり、コピー＆ペーストでそれぞれのデータをコピーして利用するしかなかった。しかも、その後価格が変わったり、絶版になった場合には、その都度データを書き換えなければならない。

B しかし、このような書籍の情報は、現在 **Amazon** がWeb APIの仕組みを利用して公開をしている 図1 。たとえば、これを利用すれば「Web 制作」というキーワードを通知するだけで、それに関する最新のデータを利用することができるのだ。

このような動的な通信処理の基盤にあるのは「XML」である。XMLは「メタ言語」とも呼ばれるマークアップ言語の一種で構成されている。このXMLを、プログラムを介して解析することによって、その中に含まれる各種データを取り出すことができるのである。

現在、同じようにWeb APIを提供しているサービスとしては、Googleの「Googleマップ」や「Google Analytics」、リクルートの「じゃらん」「ホットペッパー」、価格.comの「食べログ」など、さまざまな企業がある。

Web APIを利用するメリット

このようなWeb APIを利用すると、次のようなメリットがある。

■データを収集する必要がない

たとえば、先のように書籍の情報を提供したり、ホテル、飲食店、地図情報などを提供する場合でも、自らでデータを収集する必要がない。プログラムさえ構築すれば、その日から数万件というデータを対象にして、サービスを提供することができるというわけだ。

用語1 API
Application Programming Interface の頭文字で、アプリケーション（Webシステムのことなどを指す）を制作するための窓口となるものを指す。

図1 Amazon

たとえば、Amazonなどは商品情報のデータをAPI経由で取得することが可能になっている

用語2 マッシュアップ
元は音楽用語で複数の音源を組み合わせる手法の名前。そこから転じて、複数のWeb APIを組み合わせて、ひとつのWebシステムを構築することをこのように呼ぶ。

■ **データが常に最新で、信頼性がある**

また、もし苦労してデータを収集したとしても、閉店した場合や内容が変わった場合に、それぞれを追いかけて修正しなければならない。しかし、Web APIを提供しているようなWebサイトは、それらの情報がビジネスのメインコンテンツであるため、常に最新で正しい情報に更新しており、それを無条件で利用できるというわけだ。

■ **組み合わせることができる**

たとえば、Googleマップの地図上にじゃらんのホテル情報を掲載し、ホテルの名前をクリックすれば付近のガイドブックの書籍情報をAmazonから取得し表示する、といったような複数の情報を組み合わせることでまったく別のサービスを提供することもできる。これを「**マッシュアップ**」**用語2** **図2**といい、アイデア次第で非常におもしろいサービスを提供できる可能性を秘めている。

Web APIを提供するメリット

それでは、逆にWeb APIを提供しているサイトは、どのようなメリットがあるのだろうか。

■ **自社サイトへの誘導**

たとえば、Amazonの書籍情報には、Amazonの購入用URLが含まれている。書籍の詳細情報を見たければ、そのURLをクリックしてAmazonのページで閲覧することになる。こうすることで、Amazonへの訪問者が増え、また購入者が増えるかもしれない。

■ **Web APIでの収益**

一部のWeb APIは、有料で提供されている場合がある。たとえば、個人が無償のWebサイトを制作する場合は無料だが、法人であったり、収益を生むサイトの場合は料金が発生するといったライセンス形態もある。こうすることで、Web APIを提供している企業は、自社のデータでのもうひとつの収益モデルができあがることになる。提供を受ける側は、それによって信頼性の高いデータを自社でメンテナンスする必要がないため、両者にメリットがあるというわけだ。

Web API利用の注意点

Web APIを利用する際は、必ずライセンス情報や利用規約を確認しよう。利用方法に制限があったり、1日のアクセス数に上限があったりすることがある。また、文書による申請があったり、先のとおり有料のものもあるので、注意が必要だ。

また、Web APIの利用は必ずしもメリットばかりではない。他社の公開しているサービスに依存するという性格上、提供側のメンテナンスやシステムトラブル、またはネットワークトラブルによってデータが取得できないといった問題が起こる可能性もゼロではないということも頭に入れておきたい。

図2 Mashup Awards

公開されているWeb APIを利用して新しいサービスを構築することは、国内外を問わず盛んに行われてる。国内では「Mashup Awards (http://mashupaward.jp/)」なども行われている

Article Number 121

フレームワークとライブラリ

最近のプログラムでは、ゼロから作り始めることはあまりない。データベースとのアクセスや、フォームの処理、電子メールの送信などWebシステムが行う作業は定型的なものについては、「ライブラリ」や「フレームワーク」という形で公開されているものを利用して効率的にプログラムを作成していくことができるようになってきている。

開発
テスト

Keywords　A フレームワーク　B ライブラリ　C ライセンス

フレームワークとライブラリ

プログラムは、データベースと接続をするパーツ、電子メールを送信するパーツ、日本語を正常に扱えるようにするパーツなど、多くのパーツから構成される。このようなパーツのことを「ファンクション」用語1や「メソッド」用語2、「モジュール」用語3などと呼ぶ。自身で制作することももちろんできるが、ほかの人が作ったものを組み込むこともできる。自分で作ったモジュールを公開して他人に使ってもらうことも可能だ。このようなモジュール類をひとまとめに公開したものが「**フレームワーク**」や「**ライブラリ**」用語4と呼ばれるものだ。元は、欄外の用語のとおり、違うものを指していたが、現在ではフレームワーク的なものも「ライブラリ」と呼ばれることも多く、両者の違いはあいまいになってきている。

フレームワークやライブラリを使うメリット

ライブラリやフレームワークを利用するメリットには次のようなものがある。

■ **開発が楽になる**
開発するプログラムによっては、データ通信処理などで定型処理を記述することもある。このような定型化された処理はライブラリなどを利用することによって開発時間を短縮し、ほかの部分の開発に力を注ぐことができることになる。

■ **バグを減らすことができる（場合が多い）**
ライブラリやフレームワークは、すでに十分なテストを経て公開されているため、その部分でバグが発生する可能性が低く、全体としてのバグを減らすことができる場合が多い。ただし、時にはライブラリ自体にバグが含まれていることもある。多くの利用者のいるライブラリはバグの発見や修正なども頻繁に行われるため利用するメリットとして大きい。しかし、自分で制作していないプログラムであるということは、問題があった場合に原因の究明などに戸惑う可能性もあるため、ライブラリ全体の構成などはある程度確認しておきたいものだ。

■ **ほかの人にも利用しやすい**
公開されたライブラリはドキュメント類も整備されていることが多く、使ったことがある人も多いため、保守も楽だ。

用語1 ファンクション
function＝関数。ある値を引数として受け取り、一定の処理を行い結果を戻り値として返す命令群のこと。表計算ソフトやデータベースソフト、プログラミング言語で利用されている。

用語2 メソッド
オブジェクト指向プログラミングにおいて、各オブジェクトが持っている自身に対する操作。オブジェクトは「データ」と「手続き」から成っているが、その「手続き」の部分に当たる。

用語3 モジュール
機能単位、交換可能な構成部分という意味の英単語。工学などにおける設計上の概念で、システムを構成する要素となるもの。いくつかの部品的機能を集め、まとまりのある機能を持った部品のこと。

用語4 ライブラリ
あるプログラムを、ほかから利用できるようにモジュール化し、複数のモジュール部品をまとめたもの。ライブラリ自体は単独で実行することはできず、ほかのプログラムの一部として動作する。

代表的なフレームワーク／ライブラリ

ここでは、代表的なライブラリをいくつか紹介しよう。

■ Struts 図1

Java言語で代表的なフレームワークのひとつ。Java自体は非常に多くの分野で利用できるように、非常に取っつきにくい構成になっている。そのため、JavaでWebシステムを開発する際には、フレームワークは必須のものと言える。

■ Zend Framework

PHPを開発しているZend Technologiesが提供しているPHP向けのフレームワーク（http://framework.zend.com/）。PHPは、元々Webシステム向けに開発されているため、シンプルな構成ではあるが、大規模なWebシステムを構築する場合には、フレームワークが便利だ。

■ CakePHP 図2

同じ、PHP向けのフレームワークで、こちらはできるだけ簡単に開発ができるように作られている。初心者がPHPの学習をするのにも優れている。

■ jQuery 図3

JavaScript向けで代表的なライブラリのひとつ。CSSに似た書式で記述ができるため、HTMLやCSSを覚えたWebデザイナーでも操ることができ、愛用者が多い 図4 。

■ Yahoo! UI Library

米Yahoo!が開発した、JavaScript向けのライブラリ（http://developer.yahoo.com/yui/index.html）。

■ Progression

Flashアプリケーションを開発するためのフレームワーク（http://progression.jp/ja/）。

フレームワーク／ライブラリを利用する際の注意点

フレームワークやライブラリを利用する際の注意点を紹介しよう。

■ 常に最新版をチェック

「メリット」のところで少し紹介したが、ライブラリによっては、そのライブラリ自体にバグが含まれていることがあり、さらにそれがセキュリティ的に危険性が高い、いわゆる「セキュリティホール」であることもある。

そのようなバグを含んだままのライブラリを利用していると、攻撃の対象となってしまうため、必ず最新情報を確認して保守する必要がある。

■ ライセンスに注意する

各ライブラリはさまざまなライセンスで公開されている。商用利用も可能なものがほとんどだが、中には商用利用は有料であったり、利用した場合はプログラムの隠蔽ができない（ソースコード公開の義務）など、業務では利用しにくいライセンスであることも多い。そのようなライブラリを、ライセンス違反の状態で利用し続けることのないよう、注意が必要だ。

これらに注意をしながら、ライブラリをうまく活用して効率よくプログラムを開発していこう。

図1 Struts
Apacheプロジェクトのサブプロジェクトである Jakartaプロジェクトで開発されているWebアプリケーションフレームワーク
http://struts.apache.org/

図2 CakePHP
PHP用のフレームワーク。Ruby On Railsの影響を受けて開発された。初心者がPHPを学習するのにも向いている
http://cakephp.jp/

図3 jQuery
JavaScriptライブラリとして有名（「113 JavaScriptでできること」→P.266）
http://jquery.com/

図4 Dojo
JavaScriptフレームワークとしては、Ajaxを利用したWebアプリケーションの開発なども可能な Dojoなどもある
http://dojotoolkit.org/

Article Number **122**

ソースコード自動生成への応用

「121 フレームワークとライブラリ」は、すでにあるプログラムコードを活用し、効率よく開発を行おうという話だったが、これを発展させた考え方が「ソースコードの自動生成」だ。つまり、ツールを利用することでプログラマーの手を煩わせることなく、プログラムを自動的に作成してしまうという方法である。

■開発
■テスト

Keywords A MVCモデル　B CRUD　C Ruby on Rails

古くからあった自動生成

プログラムの自動生成という考え方は古くから存在しており、試行錯誤が繰り返されていた。しかし、なかなか実用になるものはなく、理想論として語られるに留まり、現実にはプログラマーが手作業でプログラムを書くという作業が主流であった。唯一、自動生成できるものとして、データベースの構築用 SQL 用語1 などは実用的に活用されてきた。データベースの設計作業を行った設計書から、テーブルの構築に利用する SQL を自動生成して、そのまま実際のデータベースに反映させることができるというものだ 注1 。しかし、そのデータベースを扱うためのプログラムは別途開発しなければならず、プログラマーを助ける程度の役割でしかなかった。

ふたたび注目された自動生成

近年、Web システムが成熟するにつれて、ふたたび自動生成に注目が集まるようになってきた。その理由を紹介しよう。

■MVC モデルによる、複雑なファイル構成

A **MVCモデル** 用語3 を採用した場合、ひとつの機能を生成するにもファイルがいくつも必要になり、さまざまなフォルダにそれらを配置しなければならない。
また、各ファイルには記述する内容がある程度定型化されていて、毎回手で記述するには手間がかかってしまう。そこで、自動生成によって必要な情報だけを指定することで、必要なファイルをまとめてしまうという機能だ。

■管理画面を自動で準備する

一般に公開する Web システムは、利用者のためにデザインや使い勝手をよく考えなければならないが、管理者だけが利用する「管理画面」などはデザインに凝る必要もなく、それよりはコストや時間を削減したいという要望も強い。また、管理画面、**B** いわゆる **CRUD** 用語4 機能」は、やることもそれほど違いはなく、これらを一気に自動生成することで、手間を省くという方法だ。

このように、定型化されたものやすばやく作りたいものを機械化して生成するというのが現代の自動生成だ。やはり、プログラマーを不要とするものではなく、どちらか

用語1 SQL
Structured Query Language（構造化問合せ言語）。データベースの定義や操作などを実現するための言語のひとつ。リレーショナル型データベース言語として ISO 及び JIS において規格化されており、リレーショナル型データベースの事実上の標準として位置付けられている。

注1 開発ソフト「Eclipse」のプラグインとして、ER 図から SQL を自動生成する「Clay Mark II」（http://www.azzurri.jp/ja/clay/）などがある。

用語3 MVCモデル
ソフトウエアの設計モデルのひとつ。処理の中核を担う「Model」、表示・出力を司る「View」、入力を受け取ってその内容に応じて View と Model を制御する「Controller」の 3 要素の組み合わせでシステムを実装する方式。

用語4 CRUD
データベース管理システム（DBRS）に必要とされる 4 つの主要な機能である「作成（Create）」「読み出し（Read）」「更新（Update）」および「削除（Delete）」の頭文字をとったもの。

用語5 Ruby on Rails
スクリプト言語Rubyにより構築された、オープンソースのWebアプリケーションフレームワーク。RoRまたは単にRailsと呼ばれる。デンマークのDavid Heinemeier Hansson氏によって開発された。オープンソースとして公開されている。MVCアーキテクチャに基づいて構築されている。

用語6 scaffold
足場、絞首（断頭）台という意味のある英語。Webアプリケーションのひな形となるアプリケーションを作り上げる機能。

用語7 CakePHP
PHPで記述されたWebアプリケーションフレームワーク。PHP4、PHP5に対応。Ruby on Railsの影響を受けている。→P.283

用語8 ZendFramework
PHPのコアであるZend Engineの開発元であるイスラエルのZend Technologiesを中心とするPHP Collaboration Projectの一環として開発が進められているPHPアプリケーションのためのフレームワーク。オープンソースとして公開されている。→P.283

と言えばプログラマーを助け、開発効率を上げるための方法に過ぎないと言える。

自動生成の実例

■ Ruby on Rails

Ruby on Rails **用語5** では、開発環境をインストールすると自動的に、いくつかのソフトウエアがインストールされる。ソフトウエアといっても、見た目に派手なものではなく「コマンドライン」と呼ばれる、キーボードから操作をする非常に基本的なソフトだ。この中で「scaffold」**用語6** というコマンドを利用して、対象のクラス名等を指定すると、ソースコードの自動生成が始まる **図1**。

また、この時、自動的にデータベースを構築するためのSQLも生成されるため、このコードをデータベースに反映させ、生成されたプログラムと接続をすれば、基本的なCRUD機能が完成するというわけだ。

ただし、「scaffold」という英語が「足場」といった意味であることからもわかるとおり、ここで作られるのはあくまでも基本的な機能のみであり、実際には生成されたソースコードを自らで改造をしながら、実際のプログラムに仕上げていくことになる。

このようなアプローチは、ほかにもCakePHP **用語7** や、Zend Framework **用語8** でも同様のことが行えるようになっている。

■ Dreamweaver

すこし、違ったアプローチとしてはAdobe Dreamweaverの例があげられる。

このソフトでは、「アプリケーション」という機能があり、やはりソースコードの自動生成を行うことができる。

あらかじめデザインしたフォームに対して、送信先やデータベース、行う機能を等をマウスで指定していくことで、PHPやASP等のソースコードから指定されたものをはき出すというわけだ。

サーバなどを正しく設定しておけば、Dreamweaver内で動作を確認したり、データベースの内容を確認したりすることも可能だ。プログラムを極力隠した形で実現をしようとしており、プログラマーでなくても操作が可能であるという点で面白いアプローチと言えるだろう。

ただ、生成されるプログラムはセキュリティなどを十分考慮したプログラムであるとは言えず、一般に公開するようなWebサイトで利用するのは避けた方がよいだろう。

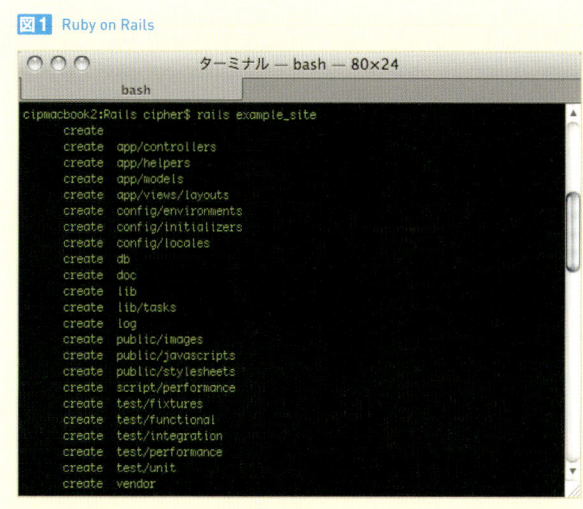

図1 Ruby on Rails

Ruby on Railsでは特定のコマンド操作によって、Webアプリケーション開発に必要なファイルが自動的に生成される仕組みが搭載されている

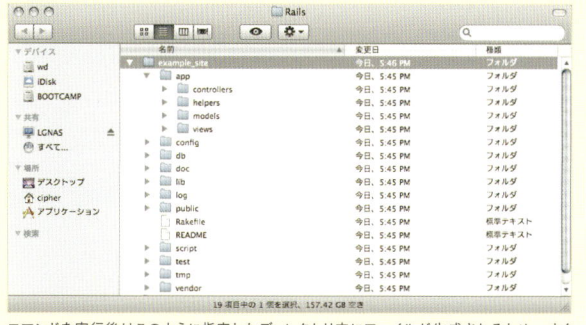

コマンドを実行後はこのように指定したディレクトリ内にファイルが生成されるため、すぐに開発に着手できる

Article Number **123**

セキュリティホールと防衛手法

完成したプログラムは、設計作業で決められた仕様に沿って動作しているかどうか、また、予想外の操作によって正常に動作しなくなる、いわゆる「バグ」が含まれていないかなどを検査する必要がある。中でも重要なのは、機密情報が盗み出されてしまうような、いわゆる「セキュリティホール」がないかを検査することだ。ここでは、それらの手法を紹介しよう。

開発
テスト

Keywords
A クロスサイトスクリプティング　**B** SQLインジェクション
C ブルートフォース　**D** 脆弱性診断

セキュリティホールとそのリスク

Webシステムでは、日々さまざまな情報が登録されていく。その中には、顧客の電子メールアドレスや住所などの個人情報、場合によってはクレジットカード番号などの甚大な被害に結びつく可能性のある極めて重要な情報も含まれている場合もある。そのため、Webシステムを管理するにあたっては、これらの情報を保護できるようにセキュリティ対策を万全に行わなければならないのは当然だ。しかし、人間が行う作業において「完璧」という言葉は存在しない。どうしてもプログラムの設計ミスや単純な設定ミスなどで「抜け穴」が作られてしまう。これが**セキュリティホール** 用語1 というわけだ。

■ ドキュメントルート内に置かれた機密情報

入力された個人情報をファイルとして保存をしておく場合に、そのファイルに対してリンクしているファイルがひとつもなければ、誰にも見つからないと思い込んでしまいがちだ。しかし、Webサーバ内の公開エリアに置かれたファイルであれば、URLを指定することで簡単に見つけることが可能である。もちろん、保存したファイル名やフォルダ名がわからなければアクセスされることはないが、Webサーバの設定ミスなどでディレクトリ内が閲覧可能になっていることも考えられる。国内でよく起きている漏洩事件は、これが原因であることも多い。これはWebサーバの公開エリアにあたる「**ドキュメントルート**」 用語2 内にファイルを保存していることが原因だ。このフォルダ以下のファイルやフォルダは誰もがアクセスすることができるため、機密情報などのファイルはこのドキュメントルートよりも上位のフォルダに保存する必要がある。最近のホスティングサービスでは、ちゃんとドキュメントルート外のフォルダも準備されている場合があるため正しく活用したい。

■ クロスサイトスクリプティングとSQLインジェクション

A フォームからユーザーの情報を入力してもらうようなWebシステムの場合、受信する情報をしっかりと検査しないと発生する可能性があるのが「**クロスサイトスクリプティング**」だ。これは、本来入力フォーム内に、JavaScriptなどのスクリプトを記述することで、そのメッセージを閲覧したほかのユーザーに攻撃ができてしまうというものである。このクロスサイトスクリプティングを防ぐためには、プログラム言語で正

用語1 セキュリティホール
ソフトウエアの設計ミスなどによって生じた、システムのセキュリティ上の弱点(バグ、不具合、あるいはシステム上の盲点)。本来操作できないはずの操作(権限のないユーザーが権限を超えた操作を実行するなど)ができてしまったり、見えるべきでない情報が第三者に見えてしまうような不具合をいう。

用語2 ドキュメントルート
Webサーバ上でサイトのデータ(HTMLファイルや画像ファイルなど)を置けるディレクトリ(フォルダ)のこと。仮想ルートディレクトリとも呼ばれる。あくまでブラウザでアクセスできる最上位のディレクトリという意味。

しく対処をした形で記述をする必要がある。たとえば、フォームに入力される値はサニタイズ 用語3 （無害化）することでフォームの内容を受信しなければならない。
また、データベースに格納した情報は、Webブラウザだけでは非常に盗みづらいため、安全性は比較的高いとされている。しかし、それでもSQLに対する正しい知識がなければ、盗み出されてしまうことがある。これを「**SQLインジェクション**」という。データベースを使用したアプリケーションもセキュリティーホールにならないようなプログラミングが必要なのだ。ここ数年よく目にする事件はこれらによって引き起こされている 注1 。

■ブルートフォースアタック

Webアプリケーションに対して行われる攻撃は、複雑な攻撃パターンばかりではない。最も基本的でしかも多いものと言えば、「**ブルートフォース**」とよばれるパスワード破りや漏洩によるものも多い。たとえば、本来管理者しかログインすることができない「管理画面」は、パスワードでアクセスできるユーザーが限られているべきである。しかし、そのパスワードが同じ数字の羅列であったり、簡単に推測ができるパスワードである場合や、付箋紙のメモをしたままモニタに貼り付けてしまうなどで、漏洩するケースが多い。オープンソースのプロダクトを利用している場合、管理画面のURLや初期設定のパスワードは誰でもわかってしまう。そのため、管理画面にはパスワードのほかにIPアドレスによる制限などを加えるといったセキュリティ対策が考えられる。何よりも大切なのは、初期状態のままで利用しないことである。

防衛には、正しい知識と正しい検査

セキュリティホールは些細な設定ミスや勘違いにより引き起こされ、重大な被害に発展する可能性を秘めている。これらを防ぐには何よりも正しい知識と、正しい検査を身につけなければならない。正しい知識を身につけるには、何よりも専門書籍を当たるのが一番よい。インターネットに関する仕組みやセキュリティの基礎知識を身につけるとともに、利用するプログラム言語やデータベースシステム、Webサーバソフトウエアごとのセキュリティの知識も必要だ。また、このようなWebシステムやソフトウエアの脆弱性を突いた攻撃はいたちごっこになってしまう。インターネット上のセキュリティ情報は絶えずチェックしておきたいものだ。

Webシステムの検査を行うにあたっては、想定される攻撃方法をしっかりと試したい。ガイドラインやテスト仕様書などを作成する手助けとして、株式会社アイアクトが公開している「脆弱性診断.jp」の「セキュリティ要件書」なども参考になるだろう（http://脆弱性診断.jp/specifications/）。また、自社の検査だけでは限界があるため、検査の専門業者を利用するのもよいだろう。「**脆弱性診断**」と行ったサービスを展開している検査業者が全国に存在している。彼らにテストを依頼すると、さまざまな観点から検査をし、疑似アタック 用語4 などを通じてセキュリティホールを突き止めてくれる。

用語3 サニタイズ
sanitize＝「消毒する」、「衛生対策を実施する」を意味する。HTMLに埋め込むデータについて、外部からの操作によって受け手に悪影響を及ぼす動作をさせないように編集してしまうこと。

用語4 疑似アタック
コンピュータやネットワークのセキュリティを、実際に攻撃を行いながら検証していくテスト方式のこと。

注1 SQLインジェクションの例
❶ は、データベースの「members」という個人情報が含まれているテーブルから、ID番号を指定して1件を取り出すというプログラムだ。「$_GET」という記述は、URLに次のように指定した値を参照している。

http://example.com/user.php?id=3

これでID番号が3のユーザーを呼び出せる。しかし、ここに極めて危険なセキュリティホールが潜んでいる。
このままではURLにある記述をすると、データベースに保存されたすべてのデータが盗み出されてしまう可能性があるため、❷ のようにプログラムを変更して、安全性の高いプログラムにしなければならない。こうすることで、安全性を確保することができる。

---

❶ `mysql_query('SELECT * FROM members WHERE id=' . $_GET['id']);`

❷ `mysql_query('SELECT * FROM members WHERE id=' . mysql_real_escape_string($_GET['id']));`

Article Number **124**

性能評価

正しく動作することを確認し、セキュリティホールをなくすことはたいへん重要だが、「実用性」を考えるともうひとつ大切な要素がある。それが「パフォーマンス」だ。利用者がストレスを感じずに処理を行うことができる性能を保つことも重要な要素のひとつである。パフォーマンスを向上させるには、闇雲にサーバを増やしたり、増強することだけではない。まずその原因となる「ボトルネック」を見極め、適切に対処をすることがポイントだ。ここでは、計測の方法や解消の方法を紹介しよう。

Keywords A ▶ YSlow! B ▶ 負荷検査 C ▶ ボトルネック

パフォーマンスの計測方法

Webシステムの利用者は、ひとつひとつの処理に時間がかかっているとストレスが徐々にたまり、「使いにくい」と感じるだろう。3秒よりも1秒、1秒よりも0.5秒といった具合に、処理に「早さ」が求められるのだ。Webシステムのパフォーマンスを計測するにはいくつかの方法がある。

■表示速度検査

Webページの呼び出しを開始してから、実際に表示されるまでの時間を計測するものだ。ストップウォッチなどを使って計測をすることもあるが、「**YSlow!**」**図1**などのソフトウエアを用いると、自動的に計測をするとともに、どんなファイルがどのくらい時間がかかっているのかなども分析することができる。

■プログラム処理速度検査

各プログラムにどの程度時間がかかっているかの検査だ。これも、開発ツールなどで検査をすることもできるが、プログラムを用いて検査をすることもできる。PHPで記述するとしたら、たとえば次のようになる**注1**。

```
print(date('H:i:s'));
example();
print(date('H:i:s'));
```

1行目と3行目は「現在の時刻を表示する」というプログラムで、それに挟まれた形で検査対象のプログラムが記述されている。これにより、その処理にどの程度時間がかかったかを検査する手法だ。

■DB問い合わせ速度検査

データベースに問い合わせをしてから、結果が得られるまでの検査はデータベースのシステムがあらかじめ検査ツールを準備している場合がある。たとえば、MySQLでは、コマンドラインでSQLを実行すると、処理にかかった時間が表示される。また、EXPLAINという分析のためのSQLをあわせて記述することで、どこに原因があるのかなどを探ることができる

```
EXPLAIN SELECT * FROM table1;
```

図1 YSlow!

YSlowはYahoo! Developer Networkで提供されているパフォーマンス計測ツール。Firefoxのアドオンとなっている
http://developer.yahoo.com/yslow/

注1
ここで例に出しているプログラムは、PHPの「print」及び「date」ファンクションを使った例だ。「example()」というのは自作のプログラムで、ここに時間がかかっていることが予想された場合に時間を測るというわけだ。実際に動作をさせると、次のような出力が得られる。

16:01:12
16:01:17

これにより、「example」という処理には5秒の時間がかかっていることがわかるわけだ。

■負荷検査

1人がそのWebシステムを利用している状態では遅くなくても、多人数が利用し始めると遅くなってしまうというケースも考えられる。そこで、実際に多人数で利用をしてみたり、擬似的に多量のアクセスが来たように試みることができるソフトウエア注2などを用いて、「**負荷検査**」を行う。

ボトルネックの特定と解消

以上のようにパフォーマンスを検査することによって、何が原因で遅くなっているのかという「**ボトルネック**」用語1が明らかになってくる。次はそれを解消することになる。解消の仕方にはいくつか考えられる。

■SQLの組み替え、構成の変更

ボトルネックがデータベースにある場合、テーブルの構成に問題があったり、SQLの書き方に問題があることがある。「071 データベース設計」で紹介した「正規化」を進めすぎてしまうと、テーブルとしての効率は良くなるがパフォーマンスが悪くなることがある。速度のためには、多少のデータ量を犠牲にして、効率の悪いテーブル構成にすることも考える必要がある。

■プログラムの組み替え、非同期

プログラムがボトルネックである場合は、より速いプログラムに組み替えたりして解消する。しかし、処理の内容によってはどうしても時間のかかるものもあるため、そのような場合は「非同期通信」(「119 Ajaxについて」→P.278)を用いて、ユーザーに時間がかかることを明示したうえで、処理をするというのもひとつの方法だ。

■ハードウエアによる解消

データベースやプログラムを十分にチューニングしてもなお、パフォーマンスが上がらない場合、または負荷が増大してパフォーマンスが悪くなってきた場合には、ハードウエアをグレードアップするしかないだろう。たとえば、Webサーバを複数台準備をして、「ロードバランサー」用語2と呼ばれる機器を介在させることで、負荷を分散させることができる。

さらに、データベース専用のサーバを準備する「DBサーバ」や、時間のかかる処理を専門に行う「アプリケーションサーバ」用語3など、役割ごとにサーバを準備する方法など、ハードウエアの構成にもさまざまな種類がある。

注2 負荷検査のツール
以下のようなものがある。
オープンソース
・OpenSTA (http://www.opensta.org/)
・Apache JMeter (http://jakarta.apache.org/jmeter/)
製品
・HP LoadRunner (https://h10078.www1.hp.com/cda/hpms/display/main/hpms_content.jsp?zn=bto&cp=1-11-126-17^8_4000_306__)

用語1 ボトルネック
問題の原因となることで、特に処理やスケジュールなど「時間」がかかわる問題の原因となる際に使われる言葉。瓶の口が、本体よりも細くなっていて水がなかなか出てこないことから、この言葉がついた。

用語2 ロードバランサー
負荷分散(Load balancing)を行う装置のことで、専用のサーバコンピュータであったりソフトウエアのものもある。これを導入すると、2台以上のサーバがリクエストを処理しながら、利用者からは「1台のサーバコンピュータ」とみなされるようになるため、面倒な作業を必要とすることなく負荷を弱めることができる。

用語3 アプリケーションサーバ
「アプリケーション」には、パソコン上のソフトウエアのことを指すことが多いが、ここでは「専門的な処理を行うプログラム」といった意味で使われている。Webサーバでは処理しきれない、時間のかかるプログラムを専門に行う。プログラムをそれに対応できるように作らなければならないため、あとから変えるというのは困難であり、設計の段階で考慮に入れることが必要だ。

運用監視

Webシステムの稼働中は、CPUやメモリの状態を沿革で監視できるシステムなどを用いて、負荷の状況を監視することもある。また、設定した数値以上のCPU稼働率、またはメモリの残り容量の減少などが起こった場合は、担当者の携帯電話を鳴らすなどの「アラート」を設定することなどもできる。こうして、Webシステムのパフォーマンスの低下やシステムの停止を防ぐことが重要だ。

図2 MySQLのEXPLAINコマンド

```
mysql> EXPLAIN SELECT * FROM wp_posts p LEFT JOIN wp_comments w ON p.ID=w.comment_post_id WHERE p.post_author='h2ospace';

| id | select_type | table | type | possible_keys | key          | key_len | ref         | rows | Extra       |
|  1 | SIMPLE      | p     | ALL  | NULL          | NULL         | NULL    | NULL        |  933 | Using where |
|  1 | SIMPLE      | w     | ref  | comment_post_ID | comment_post_ID |    8 | h2ospace.p.ID |   15 |             |

2 rows in set (0.00 sec)

mysql> ALTER TABLE wp_posts ADD INDEX (post_author);
Query OK, 933 rows affected (0.15 sec)
Records: 933  Duplicates: 0  Warnings: 0

mysql> EXPLAIN SELECT * FROM wp_posts p LEFT JOIN wp_comments w ON p.ID=w.comment_post_id WHERE p.post_author='h2ospace';

| id | select_type | table | type | possible_keys | key          | key_len | ref         | rows | Extra       |
|  1 | SIMPLE      | p     | ref  | post_author   | post_author  |    8 | const       |    1 | Using where |
|  1 | SIMPLE      | w     | ref  | comment_post_ID | comment_post_ID |    8 | h2ospace.p.ID |   15 |             |

2 rows in set, 1 warning (0.00 sec)
```

EXPLAINコマンドでは、SQLの実行が遅い原因を探ることができる。ここでは、最初の行に「ALL」と記述されている部分があり、ここが遅い原因。これを解決するための「インデックス」を作ったあとで改めて同じSQLを実行すると、「ref」に変化している。これで効率のよいSQLとなる

Column 02

音声を活用するUIの可能性

PCとスマートフォンの違いはそのサイズや利用シーンに留まらない。PCは音声を入力するための基本的な装置がデフォルトで備わっていないケースが多く、音声を情報として扱うことが苦手だ。スマートフォンの場合、通話が機能の中心なだけに、そこで音声を情報として活用するのは容易である。

Googleは2009年の始めに、音声を情報として扱うサービスとして「Google Voice」図1 を発表した。Google Voiceの構想は、Googleが電話会社のような役割を担うと考えると理解できる。インターネット経由で音声をやりとりするIP電話の利用者を取り込んで通話を安価にするサービスだ。

ただのIP電話ならSkypeなど先駆者が多く市場に存在するが、既存のサービスと大きく異なるのはGoogle Voiceが音声通話を文字情報に変換する機能を持っていることだ。つまり、会話が文字になることで、これまでGoogleが屋台骨として培ってきた「検索機能」で会話が扱えるようになるのである。音声が文字列になれば、アプリケーション起動などの機器に対する命令も音声でこなすことが可能になる。電話の向こうのエージェントと会話するように命令を与え、サービスを動かす。そんなSFのような世界が想像できるのではないだろうか。

もちろんスマートフォンとの連携も視野に入れたサービスとなっており、Googleが2010年初頭に発表したAndroidプラットフォーム対応自社製スマートフォン「Nexus One」図2 はGoogle Voiceの機能を搭載した。本機能を通して入力したボイスメールはデータとなりクラウド側に蓄積される。のちに検索の対象とできるため、端末の上から必要な送信者の発言だけをソートするといった使い方ができる。

こうした新しい仕組みを取り入れたアプリケーションはますます普及することが予測できる。文字入力の代わりに音声を使って入力を行うアプリの画面遷移状態など、これから制作側がいちから考えなければならないことはたくさんある。そろそろ音声を使ったUIの可能性などを整理する必要がありそうだ。

図1 Google Voiceの説明サイト

http://www.google.com/googlevoice/about.html

図2 nexus oneの紹介サイト

http://www.google.com/phone/

Part

3

効果検証
運営
運用
サイト評価
リニューアル
システム監視・リニューアル

See ──
Webの効果・検証・保守。
解析とリニューアルなど

サイトをプランニングして、制作したとしても、
その効果の検証なくしてプロジェクトの達成はない。
Part3では、アクセス解析の意味から分析ツールの見極め方、
評価のポイント、運用時のユーザビリティテストやリニューアルについて、
そしてセキュリティ監視や問題点の改善までにいたる
Webサイト最適化のための詳細を解説。

Article Number 125

Webマーケティングを検証するためのポイント

効果検証
運営

Webマーケティングへの投資は年々増大を続け、日本でのネット広告の規模は2008年時に4マス 用語1 のテレビ広告・新聞広告に次ぐ3番手にある。イギリスでは2009年度にネット広告がテレビ広告を抜くのではないかと言われている（2009年上半期にはすでにネット広告がテレビを抜いている）図1。このようなWebマーケティングの投資増大に対して、やりっ放しな施策ではなく、効果をきちんと検証する機運がこれまで以上に高まっている。

Keywords
- A コンバージョン（CV）
- B CTR
- C CPA
- D KPI
- E PDCAサイクル

Webマーケティングが既存メディアのマーケティング活動に比べて優れている点はいくつかあるが、数値検証できるという点もそのひとつであろう。

A Webマーケティングの効果検証において最も重要な指標のひとつに「**コンバージョン（CV）**」があげられる。コンバージョンとは、Webサイトにおけるゴールであり成果である。コンバージョンはECであれば商品の購入であり、リード・ジェネレーション 用語2 ・メディアであれば会員登録や資料請求、見積もり算出などがコンバージョンにあたる。どれほどのアクセスを集めてもコンバージョンにいたらないサイトの投資価値は薄いと言わざるを得ない。コンバージョンは投資対効果をはかるうえで基本となる指標である。

訪問者をコンバージョンまでいたらせるためには、各ポイントにあるハードルを越えてもらうことが目標となる。Webマーケティングで考えれば、まずサイトに誘導するために広告を見てもらわなくてはならず、その広告を訪問者のモニタ画面に表示させなければならない。つまりインプレッションが高いということが目標になり、越えるべき最初のハードルとなる。

B しかし、広告を見てもらっただけでは意味をなさず、サイトに訪問してもらわなければならない。つまり、第2のハードルとして **CTR（Click Through Rate）** 用語3 といった指標が重要になるだろう。

サイトに誘導しても、商品やサービスの情報を見てもらえないのでは数秒で直帰されてしまう。これではコンバージョンに至るにはほど遠い。ここでは直帰率や滞在時間といったものが重要な指標になる。

C 各ハードルを越え、コンバージョンにいたったとしても、投資に対して最終的にコンバージョンにいたった数を表す **CPA**（Cost Per Acquisition）用語4 といったものも重要になる。

このようなマーケティングの効果検証には、後述するアクセス解析ツールが重要な役割を担うことになるが、各ポイントにおいて次に述べるKPIを設定することも重要な運営者側の対策のひとつとなる。

KPIの設定

D Webマーケティングの効果検証では **KPI**（Key Performance Indicator）の設定

用語1 4マス
4大マスメディアのことを指す。テレビ・新聞・雑誌・ラジオの4つのマスメディアの総称。

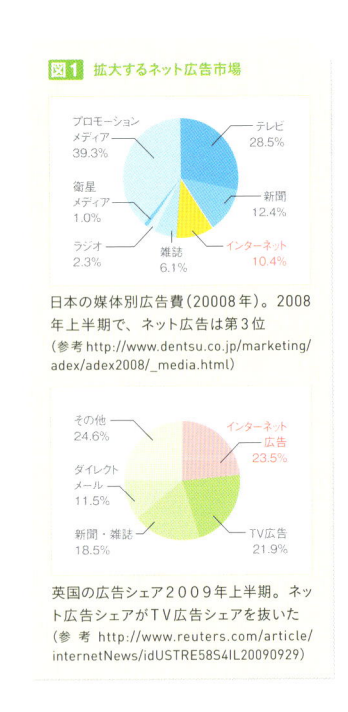

図1 拡大するネット広告市場

プロモーションメディア 39.3% / 衛星メディア 1.0% / ラジオ 2.3% / 雑誌 6.1% / インターネット 10.4% / 新聞 12.4% / テレビ 28.5%

日本の媒体別広告費（20008年）。2008年上半期で、ネット広告は第3位
（参考 http://www.dentsu.co.jp/marketing/adex/adex2008/_media.html）

その他 24.6% / ダイレクトメール 11.5% / 新聞・雑誌 18.5% / TV広告 21.9% / インターネット広告 23.5%

英国の広告シェア2009年上半期。ネット広告シェアがTV広告シェアを抜いた
（参考 http://www.reuters.com/article/internetNews/idUSTRE58S4IL20090929）

用語2 リード・ジェネレーション
新規顧客（企業も個人も）を獲得するための手法で、顧客情報を獲得し、提案営業など行い購買に結びつける活動全般を指す。Interactive Advertising Bureauの発表によれば2007年のアメリカのネット広告の中でリード・ジェネレーション広告はインターネット広告費の市場の中で4番目に位置する規模を持つ。ワーズ・デミング（William Edwards Deming）が提唱した理論である。この考え方は、製造プロセス品質改善などに広く用いられており、ISO9000やISO14000などに取り入れられている。

用語3 CTR
広告が表示された回数と、その広告がクリックされた数の割合。

BOOK GUIDE

エマソン妥協なき経営
44年連続増収を可能にしたPDCAの徹底

副題にもあるとおりPDCAについて、経営という立場からそのサイクルを回していくことの重大さが描かれている。本書は27年間米国エマソン・エレクトリック社のCEOを務めたチャールズ・F・ナイト氏による著作で、同氏はそのCEO在任中に売上高は150億ドルと15倍以上、純利益は14億ドルと18倍以上に拡大させた。PDCAの徹底を違った角度から見てもらうのに推薦する一冊。

チャールズ・F・ナイト、ディヴィス・ダイヤー（著）、浪江 一公（訳）
四六判／355頁
価格 2,310円（税込）
ISBN9784478004302
ダイヤモンド社

用語4 CPA
Cost Per Acquisition。サービスや商品の購入・会員登録といったコンバージョン1件獲得に対する費用を指す。CPAの数値が小さいほど有効的な投資であると判断できる。

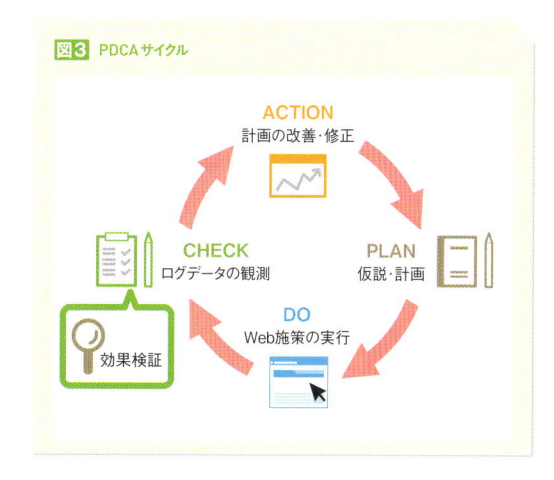

用語5 PV
どれだけそのページがリクエストされたかを表す指標。
「127 アクセス解析(2)混同しやすい指標の違い」→P.296

が重要になる。KPIとは、業務の達成度合いを定量的に表すための指標のことで「重要業績指標」と訳される。KPIの設定は、成果を左右する項目が評価指標になることが重要だ。ゆえにPV 用語5 が増えて単純に喜んでいるのは間違いである。もっとも、広告収入をもとに運営されるメディア系のサイトであれば、PVの増大はKPIの指標となる。一方カスタマーサポート系のトラブル解決系のサイトであれば、トラブル解決ページに速やかにたどり着くことが重要になるので、1人当たりのPVが減少することがKPIの指標となる 図2。

ゴールに対して何が改善に導くのかを考慮した設定が重要である。このKPIの達成度合いをWebマーケティングの効果検証として取り組むことが、サイト改善の道筋を示すことになる。

PDCAサイクルの一環

Webマーケティングの効果検証は **PDCAサイクル** 図3 のCの部分に当たる。このPDCAサイクルを回すことがゴールへの近道となる。

「PDCAサイクル」のP＝PLANは目標を到達させるための第一段階であり、目標を設定してそれを実現するためのプロセスを設計（改訂）する状態である。D＝DOは計画を実施し、そのパフォーマンスを測定する状態である。C＝CHECKは測定結果を評価し、結果を目標と比較するなど分析を行う。A＝ACTはプロセスの継続的改善・向上に必要な措置を実施する。ACTが行われたのち、PLANに戻りこのサイクルを回すことがPDCAサイクルを回すということになる。このPDCAのサイクルを小さく早く回すことが、成果を最大化する近道である。

図2 WebマーケティングKPIと、効果測定のイメージ

施策A、B、C
→ 広告表示 インプレッション
→ CTR計測：CTRが高い広告＝ユーザー認知度が高い広告
→ Webサイト訪問数 PV
→ コンテンツ閲覧・検討 滞在時間
→ 購買 コンバージョン
→ CPA計測：施策A、B、CでCPAが低い施策＝投資対効果が高い施策

- インプレッション：クリエイティブ広告がブラウザに表示された回数
- CTR（Click Through Rate）：配信したクリエイティブ広告のうち、クリックされた割合
- PV（Page View）：ブラウザでWebページを表示した回数
- 滞在時間：訪問したユーザーが、対象サイトにどの程度留まっているかを表した時間
- コンバージョン(CV)（Conversion）：Webサイトを訪問したユーザーのうち、問い合わせや会員登録、購買など利益につながるアクションをした数
- CPA（Cost Per Action）：1コンバージョンにかかった費用

図3 PDCAサイクル

- ACTION：計画の改善・修正
- PLAN：仮説・計画
- DO：Web施策の実行
- CHECK：ログデータの観測／効果検証

Article Number 126

アクセス解析（1）
アクセス解析とは

今日Webサイトを所有している企業では、アクセスログ解析を行うことはすでに当たり前といっても過言ではない状況にある。それもそのはずWebサイトを訪れるユーザーのアクセスログは企業の担当者にとって宝にも等しい情報なのだから、当然と言えるだろう。ここではアクセス解析で取得できる基本情報などを掲載しているので、確認していただきたい。

効果検証
運営

Keywords
A アクセス解析　B Google Analytics　C サーバログ型　D ビーコン型　E パケットキャプチャ型

アクセス解析とは

A-B 「**アクセス解析**」というと、**Google Analytics** 用語1 やSiteCatalyst（サイトカタリスト）などを思い浮かべる方も多くいることだろう。しかし、ひとくちに「アクセス解析」といっても、実は数種類の方式があるのをご存じだろうか。**サーバログ型**・
C
D-E **ビーコン型**・**パケットキャプチャ型**といった方式があるのだ 注1 。どの解析方式をとっても、Webサイトに訪れたユーザーのログデータをもとに、サイト内でのユーザーのアクションを解析することに違いはないのだが、実はそれぞれの方式で得意不得意がある。

データは保存するだけではごみ同然

ユーザーのアクションを知ることにより、Webサイトの効果検証やその改善、Web広告の投資に対し、コンバージョンやサイト訪問ユーザー数などのCPA 注2 を知ることができる。つまりWebマーケティング施策を行ううえで、経験や勘だけでなく定量的 用語2 なデータをもとに改善を行うには、アクセス解析と向かい合うことは必須なのである。
ただし、アクセス解析のデータは、「そのままある」だけでは何の役にも立たない。いかに重要なデータといえども、データはデータである。なぜこのようなことを言うのかといえば、実際高価なアクセス解析ツールを導入しても、それだけで満足してしまうような、もしくは導入当初だけ数字を追うような状況に遭遇することも多々あるのである。あくまでもデータを継続的に追いかけ検証することが重要なのだ。データを蓄積し、そのデータを解析することで、課題や効果の検証が初めてできる。そうして初めてアクセスログデータが宝の山と変わるのだ。

アクセス解析の基本的な視点

アクセスログ解析を行ううえで、基本となる考え方がある。それはサイトを訪れたユーザーが、① いつ ② 何人 ③ 何を求めて ④ どこから訪れているのかということだ。いついかなるときも常に意識しなければならない。
たとえば、Aというサイトをアクセス解析したところ、平日（①-1）のPVが平均1,000

用語1 **Google Analytics**
Webビーコン型のアクセス解析ツールの代名詞であるとともに、高水準のアクセス解析ツールであるにも関わらず無料と、ほかのベンダーには驚異的な解析ツールである。もっとも無料で使うには一定の制限がある。

注1 サーバログ型・ビーコン型・パケットキャプチャ型
「129 アクセス解析ツールの方式と選び方」
→P.300

注2 **CPA**
「125 Webマーケティングを検証するためのポイント」→P.292

用語2 **定量的**
量や比率などの数値の側面から判断する際に用いられる。「定量的」と対をなすのが「定性的」という概念である。

BOOK GUIDE

1 基礎的な内容が多く初めてアクセス解析に携わる方にお勧めしたい一冊である。コツ的な部分から、アクセス解析の数値に触れ解説していくなど臨場感を持って勉強することができる。データを解析し続けることの重要さに気づく一冊。

ウェブ解析力
ROI（投資対効果）を最大化するアクセス解析の実践的ノウハウ90
村上 知紀、手崎 佳充（著）
A5判／208頁
価格2,205円（税込）
ISBN9784798119564
翔泳社

（②-1）で、休日（①-2）のPVは平均250（②-2）であった。初めて訪れるユーザーの72%（②-3）は「新橋 居酒屋」（③）というキーワードでYahoo!（④-1）から85%、Google（④-2）から13%、Being（④-3）から2%の割合で訪れている。

では、このサイトAの会員に対してメールマガジンを配信する場合には平日にメルマガを配信すべきなのか休日にメルマガを配信すべきなのか？

このサイトAに対してリスティング広告を行う場合、Yahoo!とGoogleどちらにリスティング広告 **用語3** を掲載した方が直近の効果が高そうか？ ① いつ ② 何人 ③ 何を求めて ④ どこから訪れているのかを意識的にデータをチェックすることによって自ずと答えは現れるはずである 図1 。

最低限、この ① いつ ② 何人 ③ 何を求めて ④ どこからの4つのチェック項目を意識しつつ、今までの経験や勘にだけ頼ることなく定量的データを元に未来への道筋をロジカルに構築してもらいたい。

また、アクセス解析データは数日の短期的な視点で一喜一憂するのではなく、数週間数カ月単位で見ることも重要である。

アクセス解析で取得できるデータは多数にのぼる

また、アクセス解析では、この4つの視点だけでなく、より細かく多くの情報の入手が可能である。たとえばどの地域からサイトを見に来ているのか、どのページで訪問者はサイトから離脱してしまうのかなど、主だった解析可能な要素をまとめて掲載するので、あわせてチェックしていただきたい 図2 。繰り返しになるがデータは蓄積するだけではそれ以上の価値もそれ以下の価値もない。分析してこそただの数値の羅列であるデータの山が、宝の山に変わるのだ。

用語3 リスティング広告
検索サイトに広告費用を支払うことで、指定したキーワードの検索結果画面に表示されるインターネット広告。「AdWords」やオーバーチュアの「スポンサードサーチ」などが代表的である。

図1 アクセス解析の基本的な視点

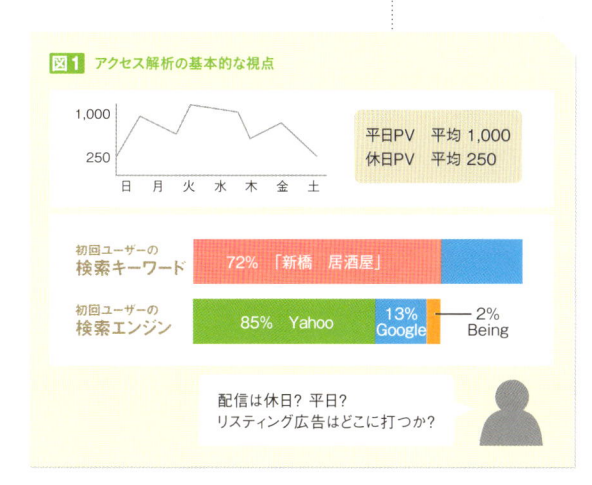

平日PV　平均 1,000
休日PV　平均 250

初回ユーザーの検索キーワード：72% 「新橋 居酒屋」
初回ユーザーの検索エンジン：85% Yahoo、13% Google、2% Being

配信は休日？平日？
リスティング広告はどこに打つか？

図2 アクセス解析　取得項目一例

アクセス状況
・滞在時間
・日別、月別、曜日別訪問者数
・月別訪問者数
・ファイル、URLごとでの人気のアクセス数
・訪問回数
・前回訪問日時
・初回訪問日時
※クッキー対応ブラウザの場合のみ

ユーザーのサイト内回遊状況
・セッションごとのサイト内回遊状況
・入り口ページ
・出口（離脱）ページ

ブラウザの情報
クライアント環境など
・ユーザーエージェント
・OS
・解像度
・JavaScriptのオン・オフ

リファラー（参照元）
・リンク元サイトURL
・リンク元URLがない場合の訪問者数
・検索エンジンに含まれる検索キーワード
・使用された検索エンジン

Article Number 127

アクセス解析（2）
混同しやすい指標の違い

アクセス解析は、今日では各社が提供しているツールを使用してログデータの解析を行っていくのが一般的だ。これらのツールを利用して、「現状のWebサイトで何が起こっているのか」を定量的なデータとして可視化 用語1 し、数多くの指標を分析することになる。ここでは基本的な指標である『PV』『セッション』『ユニークユーザー』について解説する。これらを混同してしまう初心者も多いので注意しよう。

効果検証
運営

Keywords
- **A** PV
- **B** セッション
- **C** ユニークユーザー
- **D** リピート

PV（Page View）

A PVは最も基本的で、核ともいえる指標である。PVとは「Page View」の頭文字からなるもので、どれだけそのページがリクエストされたかを表す指標である。言い換えれば、何回そのページを開いて貰えたかということだ。PVが多ければ、それだけ多くの人に見て貰えた可能性を示す指標である。

しかし、PVが多いからといって単純にそのページが良いページとはいえない。実際どれくらい見てもらえたのかは、滞在時間を見なければわからない。PVが高いページであってもマイナスなこともありうるのだ。たとえば、そのページまでの導線がよくできていて、多くの訪問者を誘導することには成功しているが、訪問者はそのページには欲しい情報がないと判断してすぐにページ外へ「離脱」用語2 してしまう、というようなこともある。PVはひとつの重要な指標だが、多くの指標と「クロス分析」用語3 することが必要だ。TOPページやサイトの総PVだけでなく各ページのPVもチェックしよう。

セッション

B PVと混同しやすいものにセッション数がある。「セッション」とは基本的なアクセス単位のひとつであり、「Webサイトに訪問してから離脱するまでの一連の行動」を示す。

たとえば、Aさんが10ページ見てサイトから離脱し、20分後、再び5ページ見てサイトから離脱したとしよう。その際のセッションとPVの表し方は2セッション15PVとなる。

メディア系のWebサイトではPVは常に重要な指標のひとつであるが、「WebサイトのPV」とはセッション数×1セッションあたりのPVとなるので、PVを上げたい場合に、セッション数を増やすのか、もしくは1回の訪問でのPV数をあげるのか、方針をよく考えて取り組むことが必要である。

ユニークユーザー

アクセス解析を行ううえで、セッションと混同しやすい指標にユニークユーザー数が

用語1 可視化
我々が直接「見る」ことのできない現象や事象を、「見る」ことのできるもの（画像・グラフ・図・表など）に変換することをいう。「見える化」とも表現されることが多い。

用語2 離脱
アクセス解析上、自社サイトから外部サイトへ移動してしまうことを離脱という。この離脱が高い場合はマイナスな指標である。全体の内、離脱してしまったユーザーの割合を離脱率という。

用語3 クロス分析
ひとつの項目だけを分析するのではなく、2〜3の項目に着眼し、データの分析を行うことをクロス分析という。1〜2の項目を縦軸にとり、別項目ひとつを横軸に置き、縦軸と横軸を掛け合わせて分析を行う。

Book Guide

①すぐに実践できる現場のノウハウを集めたWebマーケティングの教科書。Webマーケティングにおける難題・ジレンマ解消の参考になるように、失敗しないように計画を立て、なおかつ、あまりコストをかけずに集客が望める方法を解説している。戦略策定からWeb広告など幅広く扱っているが、アクセス解析について初心者にわかりやすく記述しているので、ぜひ参考にしていただきたい。

ムダを省き効果を最大にする Webディレクションの手法80
原田 学史、石井 研二、池田 紀行、茂出木 謙太郎（著）
B5変型判／208頁
価格2,520円（税込）
ISBN9784844360704
エムディエヌコーポレーション

ある。「**ユニークユーザー**」とは一定期間（特定の期間）内にサイトに訪れたユニーク（独自の）ユーザー数である。ユニークユーザー数が多ければ、実際に多くの人に見てもらえているといえる。　**C**

たとえば、AさんがサイトXを一定期間内に2回訪れたとしよう。その場合ユニークユーザーであるAさんは1人なのでユニークユーザー数1となり、AさんはサイトにXに2回訪れているのでセッション数は2となる **図1**。

アクセスログ解析を行っていると、「ユニークユーザー数とセッション数が大きく乖離しているデータ」や、反対に「ユニークユーザー数とセッション数がほぼ同数値のデータ」と遭遇する機会がある。このようなデータから、どのようなサイトと説明することができるだろうか？

前者のようなパターンがアクセスログ解析上示された場合、そのサイトは**リピート** **用語4** 率が高いサイトと判断でき、反対に後者のようなパターンが示されていたのなら、そのサイトは現状リピート率の低いサイトであるといえるだろう。このようにセッションとユニークユーザーの関係からリピートの相関関係がうかがえるのだ **図2**。　**D**

経験の浅いスタッフの中には、セッションをよく見ないでアクセスログ解析を進めるケースが見受けられる。PVやユニークユーザー数と同様重要な指標であるので、見落とさないようにアクセスログ解析に取り組んでいただきたい。

用語4 リピート
アクセス解析上、リピートとは一定期間内にサイトへ繰り返し訪れるユーザーのことを指し、リピートユーザーといわれる。セッション数 - ユニークユーザー数＝リピート数である。

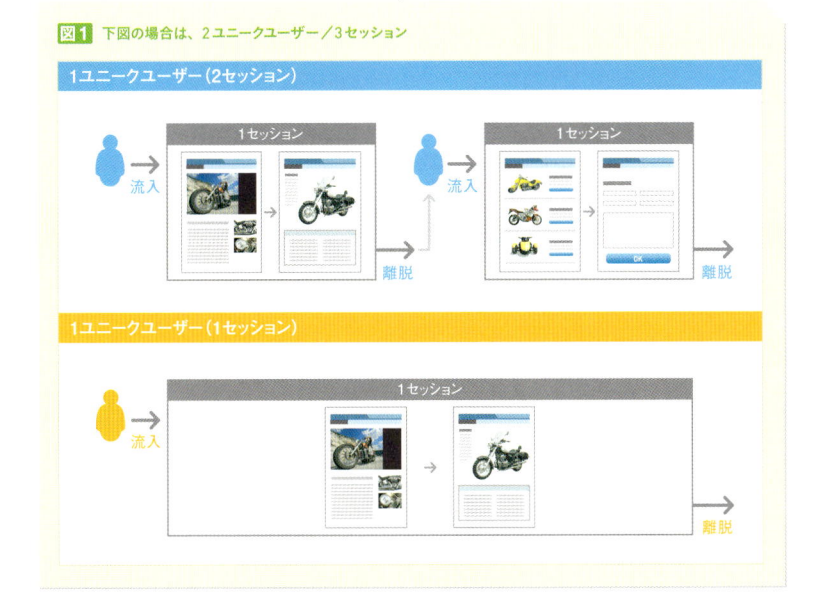

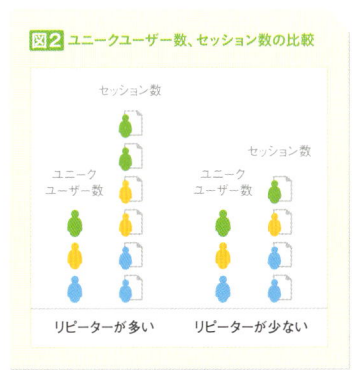

図1 下図の場合は、2ユニークユーザー／3セッション

1ユニークユーザー（2セッション）
流入 → 1セッション → 離脱
流入 → 1セッション → 離脱

1ユニークユーザー（1セッション）
流入 → 1セッション → 離脱

図2 ユニークユーザー数、セッション数の比較

リピーターが多い　　リピーターが少ない

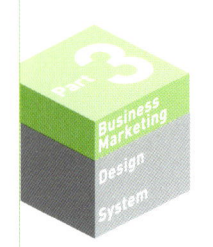

Article Number **128**

アクセス解析（3）
滞在時間と直帰率

Webサイトの良し悪しを定量的に判断するうえでPVは重要な指標として注目されてきたが、2000年代半ばごろから、大げさにいえばPVこそが唯一無二の重要指標だという流れから、サイトの滞在時間こそが重要な指標であるというセオリーが広まった。これは至極当然な話である。ただし滞在時間が長ければすべてのサイトにとって良いことだとは言えないので注意が必要だ。

効果検証
運営

Keywords
- **A** 滞在時間
- **B** Yahoo!
- **C** Google
- **D** 直帰率
- **E** ランディングページ
- **F** LPO

PVは変わらず重要な指標であり、広告収入で利益を上げるサイトであれば、このPVの下降は死活問題である。しかし、PVだけでサイト内のユーザーの状況を判断するには、おおざっぱすぎるというのが最近の考え方だ。いかに多くのページをユーザーに開いてもらっていたところで、その中身を見ていないのでは意味がない。この点、PVはあくまでもリクエストされた回数なので、実際どれくらいそのページの中身を見てくれたかまでは、教えてはくれないのである。

たとえば、動画【用語1】【図1】が表示されるページがあったとしよう。動画の時間は1分30秒とし、最も伝えたい重要な内容は後半の30秒にあるとする。しかし、そのサイトの訪問者の平均**滞在時間**が23秒しかなかったとすると、仮にPVが高くて、PVから見て極めて高い評価を与えることができたとしても、その動画からユーザーへ到達する情報の深度は手放しでほめられるものではないということになる。このように、滞在時間は、情報がしっかりと伝えられているのか測るうえで、非常に重要な項目のひとつとなる。

A

【用語1】動画
リッチコンテンツのひとつで、映像をサイトに表示させ訴求力を高めるためなどに使われる。また代表的なサイトとしてYoutubeやニコニコ動画があげられる。一般的に動画の離脱が顕著になるのは開始から30秒ほどで、ユーザーはその間に良し悪しを判断しているといえるだろう。

滞在時間の落とし穴

滞在時間が長いことは一般的に良いことなのだが、必ずしもそうとはいえない場合もある。目的に応じてこの滞在時間は違った意味を持つことになるので注意が必要だ。

B-C 日本における検索エンジンの両雄**Yahoo!**と**Google**の話が非常に興味深い。Yahoo!はその関連するコンテンツなどを含めて、Yahoo!で多くの時間を費やしてほしいとユーザーに願うのに対し、Googleはユーザーの目的地（検索ページ）にすばやく移送することを良しとし、滞在時間が短いことがGoogleにとって良いことだというのだ。

これはどちらが正しくどちらが間違っているというわけではなく、目的に対しての指標のとらえ方の問題である。一般に、情報をより詳しく知ってほしい、時間をかける

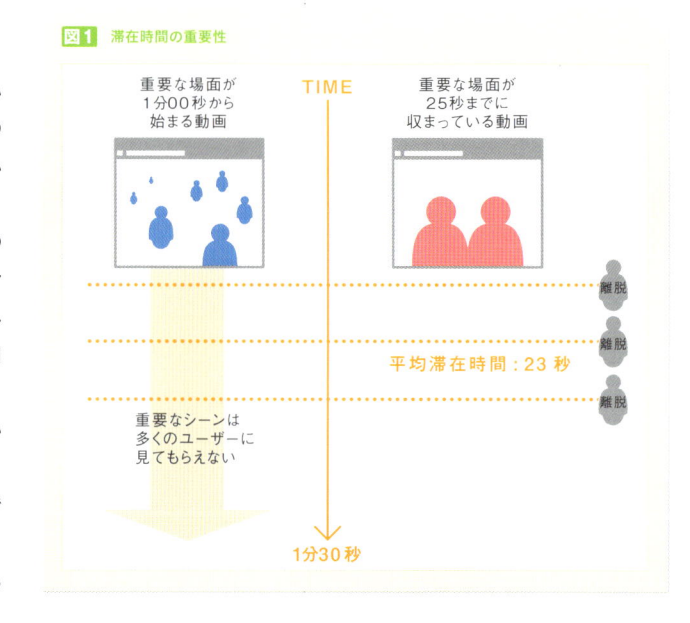

図1 滞在時間の重要性

重要な場面が1分00秒から始まる動画

重要な場面が25秒までに収まっている動画

TIME

離脱
離脱
平均滞在時間：23秒
離脱

重要なシーンは多くのユーザーに見てもらえない

1分30秒

BOOK GUIDE

① 本書では、「ユーザーを直帰させない」、「滞在時間を延ばすためには」といった課題について、正面からとりくんでいる。本書は一貫してマーケティング観点からの提起がみられるのが興味深い。徹底的に練りこまれたユーザビリティについての見解は教科書として常に手元に置いておきたい一冊と仕上がっている。

ユーザー中心ウェブサイト戦略
仮説検証アプローチによる
ユーザビリティサイエンスの実践
株式会社ビービット武井 由紀子、遠藤 直紀(著)
A5判／352頁
価格2,940円(税込)
ISBN9784797333527
ソフトバンククリエイティブ

だけの価値をサイトのページに持たせたいというのは正しいことだ。しかし、商品検索などのように、目的のページに誘導させるべきページで、滞在時間を引き延ばしてしまうことは、ユーザーが迷っているとも考えられ、マイナス材料になるだろう。この場合滞在時間が長いことは喜ぶべき点ではなく、悲しむべき数値ととらえなければならない。検索目的のページでの滞在時間の増大は、より直感的にページを作らなければいけないという改善ポイントを示すことになる。

直帰率

「**直帰率**」 図2 とは、セッションに対して1Pだけ見てサイトから離脱してしまう割合である。直帰率が高いことはマイナスな情報で、改善するポイントとしてあげられる。直帰率が高い場合は、ユーザーが望むべき情報と、サイトに掲載されている情報とのミスマッチが影響している可能性が高い。そこでサイトの**ランディングページ**（初めて着地するページ）を最適化させることが重要になり、後述する**LPO（Landing Page Optimization）** 用語2 を実施し、直帰率を軽減させる対策が必要となる。◀ D

◀ E

◀ F

一方で、直帰率が自然と高くなってしまうWebサイトの形態もある。ブログ 用語3 などの更新性が極めて高いサイトなどだ。そのブログが爆発的な広がりを続けているならば直帰率が極めて高いといった傾向は表れないだろうが、リピーターをつけた一般的な企業ブログ 用語4 などでは、基本的に新しく更新されたエントリーを見て離脱する行動が一般的なため、直帰率が高くなっても不思議なことではない。より多く見てもらえるための工夫は必要かもしれないが、最重要改善課題ではないので、ほかの種類のサイトと比べてあわてるということがないようにしておこう。

用語2 LPO
Landing Page Optimizationの頭文字からなる。最初に着陸したページ＝ランディングページを、ユーザーのニーズにマッチングさせ、直帰率を低減させコンバージョンを高めるための対策である。
「133 ランディングページの最適化とそのチェックポイント」→P.308

用語3 ブログ
世界にあるブログの半数以上は日本語によって書かれたものであるという調査データがある。そのうちの7割程度は広告目当てのスパムブログであるともいわれている。日本のブログは日記形式が多く、海外のものはジャーナリズム的だとの批評が多い。

用語4 企業ブログ
2006年前後から流行した企業ブログであるが、直接的な効果を見いだせず閉鎖もしくは閉店休業しているブログも多い。実際はSEO的な観点からも価値があり、また良書と呼び声高い「グランズウェル」では上場企業の役員の書いているブログの価値を金額に表して解説されているので興味深い。などといいながらこの稿の筆者である私のブログの更新頻度が低いのはさらに興味深い。
「ビジネスゆるログ」
http://blog.creativehope.co.jp/yuru_log/

図2 直帰率

たとえば同じ「ショッピングサイト」でもニーズと合わなければ直帰する可能性が高い

Article Number **129**

アクセス解析ツールの方式と選び方

アクセス解析は、専用のツールを使って行うのが今日では一般的だが、市場では多くのアクセス解析ツールがひしめきあっており、どのツールを利用すればいいか迷ってしまうのではないだろうか？ 本稿では、解析方式を踏まえ、自社に合ったアクセス解析ツール導入のヒントとなるよう解説をしていく。

効果検証
運営

Keywords
- A サーバログ型
- B Webビーコン型
- C パケットキャプチャ型
- D Google Analytics

「解析ツールの方式」とは

アクセスログ解析ツールといえば、現在多くのサイト運営者に利用されているGoogle AnalyticsやSiteCatalyst（サイトカタリスト）、RTmetrics（RTメトリックス）など、各ベンダーが提供しているツールを思い浮かべることとは思うが、ツールによってアクセスログ解析の手法として3つの方式があることはご存じだろうか。「サーバログ型」「Webビーコン型」「パケットキャプチャ型」と呼ばれるものである。それぞれの方式には特徴があり、得意不得意がある。簡潔に説明しよう。

A **サーバログ型**の解析方式は、Webサーバに残るアクセスログを任意の期間ごとに保存し、対象とするページについて解析をする。リアルタイムな解析は難しい。

図1 アクセスログ解析の方式

サーバログ型
ユーザーIPアドレスのアクセス情報を任意の期間ごとにWebサーバに保存し解析する

Webビーコン型
Webページ内に埋め込まれた画像やJavaScriptなどのタグがユーザーのブラウザに読み込まれることで、アクセス情報がデータ取得サーバに送信され、解析される

パケットキャプチャ型
自社のデータセンターに専用のサーバを置き、ネットワーク通信の監視を行う。情報のひとまとまり（パケット）を取得・保存し、解析する

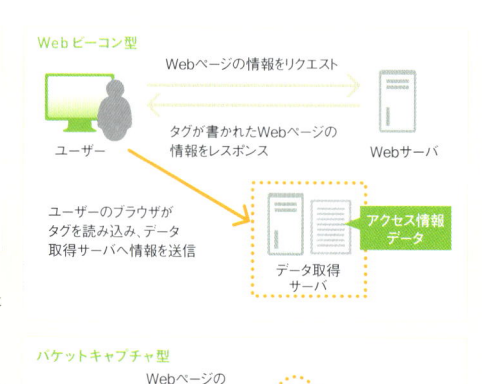

BOOK GUIDE

① 本書は、アクセス解析は何のために必要であるのかという本質的な部分から、アクセス解析ソフトとサービスの選び方・使い方など最低限知っておいた方がいい知識的な部分にもフォーカスを当てアクセス解析を解説している。やや初心者向きではあるが、初めて学ぶ人にも、ある程度実務経験がある方にもお勧めできる一冊である。

新版 アクセス解析の教科書
費用対効果がみえる
Webマーケティング入門
石井 研二（著）
A5判／312頁
価格 2,310円（税込）
ISBN9784798120331
翔泳社

Webビーコン型の解析方式は、Webページ内に画像やJavaScriptなどのタグを埋め込み、そのタグを読み込むことで解析サーバに情報が伝達される。アクセスログの解析はほぼリアルタイムに計測できる。 **◀ B**

パケットキャプチャ型は、自社のデータセンターに専用のサーバを置き、ネットワーク通信の監視を行う。情報のひとまとまり（＝パケット）をすべて取得・保存し、リアルタイムで解析することが可能な特徴をもつ 図1。 **◀ C**

各方式のメリット・デメリット

簡単に各方式を説明したが、それぞれにメリット・デメリットといったものがある。どの方式のアクセス解析ツールを導入するのかは、何を重要視するのかによって変わってくる。方式をひとつの根拠とし、また予算などとも照らし合わせ各自にあったものを導入しよう 図2。

Webビーコン型の**Google Analytics**に代表されるように、無料ツールであっても、有料ツール並みの性能を有するツールもある。よって一概に無料ツールが有料ツールに性能的に必ずしも劣るわけではない。しかし無料のツールは有料のものよりも制限があるのが一般的で、1か月に解析できるPV数の上限やデータ保持期間の制限などがあるので、自社にマッチしたものを選び、かつ短所を補う形で複数ツールをあわせて導入することも念頭に検討してほしい 図3 注1。 **◀ D**

注1
一般的にアクセス解析を行っている企業では、ひとつのサイトに複数のアクセス解析ツールを導入するのが定着してきている。その解析方式にもよりけりな面が当然あるのだが、数値がツールにより若干異なるので、ツールを2つ導入し補完しあう企業が多くなってきている。

図3 解析ツールの種類（一例）

●サーバログ型
SiteTracker
http://www.sitetracker.jp/

●Webビーコン型
Google Analytics
http://www.google.co.jp/intl/ja_ALL/analytics/

●パケットキャプチャ型
RTmetrics
http://www.auriq.co.jp/rt/
Urchin
http://www.runexy.co.jp/enterprise/urchin/outline/
Omniture SiteCatalyst
http://www.sitecatalyst.jp/
Visionalist
http://www.visionalist.com/

参考：
http://web-tan.forum.impressrd.jp/e/2007/12/10/2004#note05

図2 各方式のメリット・デメリット

サーバログ型	Webビーコン型	パケットキャプチャ型
メリット ・今までためたログデータを解析することができるので、ツール導入以前のアクセスログ解析が可能である ・画像などファイルのファイルへのアクセス解析が可能である ・モバイルサイトの解析が可能である ・Webサイトの修正が不要である	**メリット** ・タグの埋め込みを行えばアクセス解析が可能なので、導入の手間が少ない ・一般的に無料～低コストで導入が可能である ・ほぼリアルタイムでの解析が可能である ・Flashの遷移状況が把握できる	**メリット** ・通信データを直接読み込むため多くの情報を得ることができる ・リアルタイムの解析が可能である ・Webページの修正が不要
デメリット ・リアルタイムの解析が難しい ・Webサーバが複数ある場合の集計が苦手である ・アクセス数が増えると解析に時間がかかる ・リピートユーザーの解析が苦手である	**デメリット** ・JavaScriptをオフにしている場合など情報の取得が行えない ・計測対象ページすべてにタグをはる必要があり、手間がかかる ・ツール導入以前の解析を行うことができない	**デメリット** ・導入コストが高い ・ツール導入前の解析ができない ・ネットワークに手を加える必要がある

Article Number 130

アクセス解析の分析項目とその分類

Web解析の分析ゴールというと、現状では施策の効果検証がそれとされるケースが多い。短期的な視点ももちろん必要で重要なことではあるが、ユーザー行動のモデル化をすることが長期的な戦略の基軸として最も重要になる。自社サイトの来訪者の行動を把握することによって、顧客を立体的にとらえ、長期戦略の礎にすることが可能となるのだ。

効果検証
運営

Keywords
- A デモグラフィック変数
- B 直帰率
- C 平均滞在時間
- D ランディングページ
- E リファラー
- F SEM
- G 定点観測

A Web解析では基本的に訪問者の**デモグラフィック変数** 用語1 のようなプロファイルをすべて取得することはできないが、訪問者の回遊行動そのものをプロファイルとして、「誰」が「どのような動機／場面で」行動しているのか、数字を読み取って推測することが可能である。以下にWeb分析に用いられる主な項目と、そのデータから読み取れる代表的なユーザー傾向やサイトの問題点をあげていこう。

① **アクセスアウトラインの分析をすることが必要で、サイト訪問者の全容がおおまかに把握できる。チェックする項目は以下のものになる。**

B ・全体のPV ・訪問者数 ・検索エンジンからの訪問比率 ・**直帰率**
C ・**平均滞在時間** 注1

アクセスアウトラインの分析をすることで、サイト訪問者の全容がおおまかに把握できる。直帰率・平均滞在時間を分析することで、ページの良し悪しを判断することが可能だ。基本的な状況把握に適している。

② **ユーザー行動の分析**

D ・**ランディングページ** 注2 ・離脱ページ ・主要ルートのページ別離脱率
・ランディングページ別滞在時間

ユーザー行動の分析をすることで、ページ単位での強みや弱点を把握することができる。また、シナリオの強み弱みも合わせて把握することが可能だ。

③ **キーワード・参照元の分析**

・リファラー元 ・ノーリファラー比率 ・検索キーワード

参照元を分析することで、訪問者はどこからサイトに訪れているか、訪問者は何を目的としてサイトに訪れているかといった状況分析が可能だ。**リファラー** 用語2 を把握することで、たとえばISP 用語3 ポータルなどのインターネット初心者が多いサイトからユーザーの多くが来訪しているのであれば、それほどリテラシー 用語4 が高くないユーザー向けのサイト設計にする必要があるなどの検証ならびに対策が可能だ。リファラーなしのユーザーが多い場合は、基本的にブックマークやメルマガなどから

F のリピーターが多いといえる。また、**SEM**対策にも有効な検証になる。

④ **ページ別分析／コンバージョンレート分析**

・トップページ階層遷移先比率 ・ランディング別コンバージョンレート

用語1 デモグラフィック変数
マーケティングで一般的に使われている分類の仕方。分類内容は、性別・年齢・職業・家族構成・所得・学歴・世代・人種・国籍・宗教など。

注1・2 直帰率、滞在時間、ランディングページ
「128 アクセス解析（3）滞在時間と直帰率」
→P.298

用語2 リファラー
アクセスログに記載されている項目のひとつで、ファイルを取得する直前に閲覧していたページのURLを指す。つまり、ユーザーがあるWebページを訪れる際に経由したWebページであり、Webページに訪れる直前にどのWebページを見ていたかという「参照元」のページを表す。

用語3 ISP
インターネットサービスプロバイダの略で、代表的な企業にOCNやYahoo!BBなどがある。一般的にはプロバイダと呼ばれている。

用語4 リテラシー
リテラシーとは本来読み書きする能力を表すが、ITリテラシーやインターネットリテラシーなどのような、××リテラシーという表現をした場合、××を使いこなす能力といったような意味合いで使われる。

用語5　時系列的定点観測
時系列定点観測とは、ある一点のときと別のある一点のときとを比較することを指す。この時系列による定点観測は一カ月単位で比べてもよいのだが、季節要因などが混入する場合は注意が必要である。

図1　Webサイトの分析で仮説を立てる

❶ アクセスアウトライン分析
観測例：主要ルートのページ別離脱率
- 新しいページを作成後、平均滞在時間が伸びている
- 新しいページは来訪者によく読まれているようだ

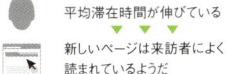

❷ ユーザー行動分析
観測例：主要ルートのページ別離脱率
- 会社にとって、重要な位置付けのページなのに、離脱が多いな
- 導線の設計は来訪者に適しているだろうか？ 設定ターゲットと実際の来訪者が違う可能性もあるな

❸ キーワード・参照元の分析
観測例：検索キーワード
- 「ペプチコーラ」と「炭酸飲料」で検索している来訪者グループがある
- 潜在的な商品購入ニーズがある炭酸飲料の来訪者には、商品魅力を伝える情報を用意しよう

❹ ページ分析／コンバージョン分析
観測例：検索ワード別コンバージョンレート
- 検索ワードAとBの来参照射を比較すると、Bの方がコンバージョンが低い
- Bの来訪者に対して、購入にいたるまでに、信頼できる情報が不足しているのでは

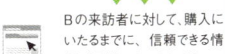

❺ 時系列比較
観測例：時間帯
- 昼から夕方にかけてのアクセスが多いな。主婦層が来訪しているようだ
- 主婦が楽しめるコンテンツを設置してみよう

❻ 来訪者情報分析
観測例：ビジネスドメイン比率
- ビジネスドメインでの利用が多く、仕事で利用されているようだ
- ビジネスマンが使いやすい、Web設計・デザインが望ましい

BOOK GUIDE

Googleのエバンジェリストが教えるWebサイトの最適化についての教本。戦略を立てるうえでの基礎となる解析についても「Webanalytics戦略の成否を分ける重要な要素」「Webanalyticsの基本事項」「Web analyticsの基礎と基本的指標」と力を入れて解説している。見落としがちな部分ではあるが、戦略を立案するうえで見落としてはならないものを改めて示してくれる一冊。

Webアナリスト養成講座
アビナッシュ・コーシック（著）、衣袋 宏美（監修）、内藤 貴志（訳）
A5判／512頁
価格 3,150円（税込）
ISBN9784798117898
翔泳社

- リンク元別コンバージョンレート
- 検索ワード率コンバージョンレート

どのようなサイト内の回遊がコンバージョンに有効なのか理想的な回遊と問題個所の把握に有効な分析である。

❺ 時系列比較分析
- 曜日
- 休日祝祭日と平日の比較
- 時間帯
- 時系列訪問
- 広告キャンペーンの露出前後の時系列**定点観測** 用語5

時系列を念頭に置いた分析を行うことで、ビジネスマンが多いであるとか主婦が多いであるとかの推測が可能だ。また、それらをもとにメルマガ・広告の出稿を適切なタイミングで行うことが可能だ。広告キャンペーンを行った前後での時系列的定点観測を行えば、どれほどの効果があったのか一目瞭然である。

❻ 来訪者情報分析
- ISPドメイン比率
- ビジネスドメイン比率
- ブラウザ種別比率
- 国別比率

来訪者の利用ブラウザ環境であったり、どの国からアクセスしているのかであったり、ビジネスマンが来ているのか、個人として来訪しているかなど、これらの情報からサイトの環境・言語・コンテツの対策を立てることが可能となる。

これらの項目のデータを取得したとしても、眺めているだけではただの数字に過ぎない。データからユーザーがどのような人たちであるのかを読み取り、複数の仮説を立てて検証していくというスタンスが必要になる 図1。

なお、❹のコンバージョン分析については、会員登録・資料請求・商品購入などゴールに結びついた率を測定するものであるので、目標を設定して施策を行うことが必要である。PVだけが高くてもコンバージョンに結びつかないことには意味がない。「目標PV×目標コンバージョンレート＝目標コンバージョン数」の式で目標数を算出し、PV数を増やすか？ コンバージョンを向上させるか？ コストと効率を検討し、施策を決定していただきたい 図2。

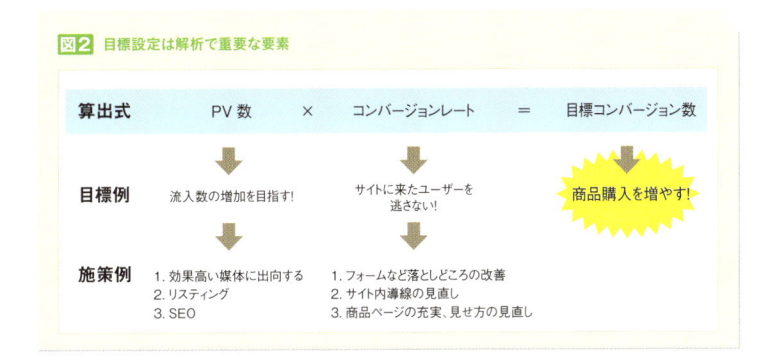

図2　目標設定は解析で重要な要素

算出式	PV数	×	コンバージョンレート	＝	目標コンバージョン数
目標例	流入数の増加を目指す！		サイトに来たユーザーを逃さない！		商品購入を増やす！
施策例	1. 効果高い媒体に出向する 2. リスティング 3. SEO		1. フォームなど落としどころの改善 2. サイト内導線の見直し		1. 商品ページの充実、見せ方の見直し

Article Number **131**

ネット視聴率の現状と生かし方

インターネット視聴率とは、モニターの年齢・性別・住所・接続回線などの属性情報に基づいて、インターネットの利用動向を調査した数値指標のことをいう。調査手法は、テレビの視聴率調査と同じように、モニターのパソコンに測定用ソフトウエアをインストールしてもらうことで行われる。本稿では、このインターネット視聴率についての概要、およびその活用時に留意すべき点について記述したい。

|効果検証
|運営

Keywords　A インターネット視聴率　B パネル　C ASP　D アレクサ

専門の会社によるインターネット視聴率調査

A 日本国内において、**インターネット視聴率**のデータを提供している代表的な調査会社は、ネットレイティングス 用語1 とビデオリサーチインタラクティブの2社である。
B 前者は職場利用者パネルや測定データの国際比較などの点に、また、後者は**パネル**へのアンケートに基づく、より詳細な利用者属性分析の点で、それぞれ特長がある。近年では、これに米国インターネット視聴率調査会社の大手である**コムスコア** 用語2 が日本支社を設立したほか、サイボウズ、NTTデータなどの国内企業によっ
C て調査データが提供されている。これら調査会社からの数値データは、**ASP** 用語3 方式で提供される。

データの取得方法としては、ランダムに選定されたモニターに、居住地、年齢、性別、年収といった基本的な属性情報を登録したうえで、視聴率測定用の専用ソフトウエアをパソコンにインストールしてもらうことで行われる。これにより、サイトのアクセス状況はもとより、いつ、どこで、誰が、どんなWebサイトを見ているのかといった、サイトに対するユーザーの行動が把握できるのである。

このようなモニターの属性情報が負荷された解析データは、通常のアクセス解析ではわからない、属性に基づく細かい視聴行動を把握するのに役立つといえよう。

無償のインターネット視聴率データ

一方で、無償のインターネット視聴率データも提供されている。その代表的な存在
D が**アレクサ** 用語4 （Alexa）だ。アクセス数とともに、年代、最終学歴、性別、子供の有無、家庭・学校・職場いずれからのアクセスかの基本情報が提供される。アレクサのデータ取得方法は、ユーザーに測定用のツールバーをインストールしてもらうユーザー参加方式とでもいう独特な手法になる。ネットレイティングスやビデオリサーチインタラクティブのモニターになりたくてもなることは困難だが、アレクサのモニターにはなりたい人は、アレクサに閲覧サイトの情報を提供することを了承し、ツールバーを導入すれば誰でもなれるのである。

無償でそのようなデータが提供されていることをありがたいと思うWebマーケティング担当者は多いかと思われる。しかし、このような無償提供のデータを鵜呑みにす

用語1 ネットレイティングス
ネット視聴率の第一人者であり、国内にもネット視聴率調査の仕事を請け負う企業は多くあるが、そのほとんどのデータ元は同社が取得した情報であるといっても過言ではない。

用語2 コムスコア
アメリカのネットリサーチ会社として名をはせる同社だが、いち早くWebサイトの重要指標として滞在時間が重要な指標になるといち早く世界に発信した会社でもある。

用語3 ASP
ASPはアプリケーション・サービス・プロバイダと呼ばれるものでアプリケーションソフトをインターネットを経由して顧客に提供する事業者のことを指す。アフィリエイト広告をネットワーク配信するASP（アフィリエイト・サービス・プロバイダ）とは別。

用語4 アレクサ
無料でデータを提供しているネットリサーチ会社として名をはせている同社だが、世界No.1のオンライン書店であるアマゾン・ドットコム（Amazon.com）が1999年に買収し子会社となった。

BOOK GUIDE

① かつてネットレイティングスに在籍していた衣袋宏美氏による「インターネット視聴率」にのみ内容をフォーカスした専門書、かつインターネット視聴率の入門書でもある。ネット上の利用者動向を測るうえで重要な情報となるインターネットネット視聴率について、その集計方法からデータの読み解き方までを丁寧に解説している。

ネット視聴率白書 2008-2009
衣袋 宏美(著)
A4判／424頁
価格 5,460円(税込)
ISBN9784798117447
翔泳社

ることは危険である。元々、2000年頃までのアレクサ集計データは、ブラウザに内蔵されていたデータ収集ツールをもとに測定されていたのだが、その後、ブラウザ各社がその機能をデフォルトで搭載しなくなったため、アレクサはツールバー配布によるデータ集計方法に切り替えた経緯がある。

つまり、アレクサのデータ提供者が何人いるのかは非公開のためわからないが、たとえ100万人いたとしても、それは意図的な100万人分のデータであるため、無作為にサンプリングされた1万人のデータとでは、精度において大きな差が出る。事実、Googleの検索品質チームで働き、SEOの分野で著名なマット・カッツ氏が、2006年、自身のブログでアレクサのトラフィックデータの異常さを指摘したことは有名である。

このように、アレクサのような無償提供データも第三者調べのデータではあるので、データに偏りがある以上、参考程度にとどめておくべきといえよう。つまり、正確なインターネットの接触者情報が必要な場合、精度の高い有償の視聴率調査データが必要になるのである。

広告代理店、もしくは企業の広告担当者においては、各種媒体の定量評価は身近な業務である。ただし、Webサイト運営やプロモーション選定において無料のデータをそのまま利用することはせず、あくまで有料で提供されるデータの比較参照程度として活用することが望ましいだろう。

これらインターネット視聴率データの正しい活用をすれば、競合サイトとの潜在顧客層の重複度合いなどの把握や、リーチ獲得のために有効な手段の選定、ターゲット検証などのプランニングが可能になる。また、常日頃より競合社の定点観測をしていれば、成功したキャンペーンの把握やそれをもとにした自社キャンペーン案の企画、また、ランキングへの初登場をチェックすることで新興インターネットサービスの把握や、出稿先の開発なども可能になるのである 図1 図2 。

図1 ネット視聴率サービス

活用メリット
- リーチ獲得手段設定、出向先の開発
- 競合サイト比較、ターゲット検証
- 競合キャンペーン調査と自社キャンペーン企画開発

モニターデータ取得方法
● 有償の視聴率
- モニターはランダムに選定
- 属性情報をモニターが登録
- 視聴率測定用の専用ソフトウエアをインストール

● 無償の視聴率
- モニター自身が申し込み
- 属性情報をモニターが登録
- 視聴率測定用のツールバーをブラウザにインストール

図2 視聴率調査

モニター → サイトA、サイトB、サイトC
Webサイトへの訪問頻度、利用時間
用いた検索キーワード、
どんなサイトを利用したか…等

Article Number 132

エキスパート（ヒューリスティック）評価の着眼ポイント

エキスパート評価は、短期間で一定以上のサイト改善ポイントを浮かび上がらせるのに適した評価・調査方法だ。このエキスパート評価を行うことで、サイト運営者側だけでは気づけなかった問題・ユーザビリティの問題を明確に把握することができる。プロデューサー・ディレクターは最低限この評価視点を持つことが仕事を行う前提条件になる。サイト運営者側にとっては大がかりな調査予算を投入する前に、エキスパートによる診断を受けることを提案する。

効果検証
運営

Keywords

- A エキスパート評価
- B ヒューリスティック評価
- C ユーザビリティ
- D アクセシビリティ
- F IA
- E ペルソナ
- G ブランディング

エキスパート評価とは

Webサイトの評価分析は、コンサルティング会社・Webインテグレーション会社・広告代理店などのさまざまな会社が、さまざまな手法で行っているが、現在大きく分けて3つの評価・分析パターンがある。それは、Ⓐ アクセス解析、Ⓑ ユーザーリサーチ評価、Ⓒ **エキスパート評価（ヒューリスティック評価）** である。

Webサイトの評価分析において最もポピュラーとなり、現在多くの企業が導入にしているものが Ⓐ のアクセス解析である 注1。アクセス解析はログデータ、定量的データをもとに行う評価手法である。Ⓑ のユーザーリサーチに関しては、Webサイトを会員ないし来訪者や一般のインターネットユーザーにアンケートを用いて調査し、実際にWebサイトを触ってもらい、どのような行動を起こすのかなどユーザーを被験者とし、その行動・声から調査する評価手法である。

Ⓒ のエキスパート評価は「ヒューリスティック評価」と呼ばれているもので、読んで字のごとくエキスパート＝専門家が評価するものであり、実際このエキスパート評価を行うのはWebプロデューサー・ディレクターやWebコンサルタント、Webアナリストなどの専門家になる。アクセス解析・ユーザーリサーチが定量的な評価分析手法であるのに対し、エキスパート評価は定性的な評価分析手法である。Webサイトの評価を専門家が行うので、その専門家が明確な基準・評価視点を持っていなければ、評価されるサイトにはとっては致命傷になる。

エキスパート評価の着眼視点

エキスパート評価を行う際にはいくつかの基準を持ち、評価していく必要がある。評価視点は企業・担当者によってさまざまであるが、Webサイトのエキスパート評価視点として概ね ① **ユーザビリティ** 用語1・**アクセシビリティ** 用語2 評価視点、② 競合比較評価視点、③ **IA**（Information Architecture）評価視点、④ ユーザー・**ペルソナ** 注2・シナリオ評価視点、⑤ ブランド評価視点、の5パターンは必須項目となる 図1。さらにこの評価視点から項目が数十に分かれ、最終的には数百のチェック項目にいたる。

注1 アクセス解析
「126 アクセス解析（1）アクセス解析とは」
～「130 アクセス解析の分析項目とその分類」
→ P.294〜303

用語1 ユーザビリティ
そのページの訪問者がどれだけ快適に操作できるかを意味する。サイト内の文章や画像やリンクなどの各要素の「わかりやすさ」「大きさ」や「配置」「覚えやすさ」「ページの読み込み時間」などの視点から評価することができる。

用語2 アクセシビリティ
アクセシビリティとは、主に高齢者やハンディを持つ人達にとって、どの程度利用しやすいかという意味で使われることが一般的である。視覚にハンディを持っている方達に対しては、読み上げソフトに適したレイアウトや記述方法が求められている。Webアクセシビリティについては、W3Cによって「WCAG」（Web Content Accessibility Guidelines）という指針が提唱されている。
「114 Webのアクセシビリティについて」→ P.268

注2 IA、ペルソナ
「036 Webサイトの出来不出来を左右する情報アーキテクチャとは何だろう」→ P.086
「037 ペルソナとユーザーシナリオ」→ P.090

BOOK GUIDE

1 ペルソナに関するテクニックを示してくれる教本。「顧客の視点で考えろ」というスローガンはあっても、具体的にどうしていいのか見当がつかないなどということはないだろうか。本書はペルソナを通じた、顧客理解の仕組みの方法を提示してくれるほか、ユーザーの情報を製品・サービスの仮想ユーザーである「ペルソナ」に変換する方法を紹介する。優れたサービスを作るために、「ペルソナ」を活用するテクニックやツールも紹介している。

ペルソナ戦略
マーケティング、製品開発、デザインを顧客志向にする
ジョン・S・プルーイット（著）、秋本芳伸（訳）
A5判／321頁
価格 2,520円（税込）
ISBN9784478000410
ダイヤモンド社

---

① 「ユーザビリティ・アクセシビリティ評価視点」は、Webサイトの利用しやすさ（わかりやすさ・見やすさ・探しやすさ）や閲覧者・閲覧者のブラウザ環境など考慮し評価する。

② 「競合比較評価視点」は、競合サイトまたは代替サイトと比較し、機能面・コンテンツ表現力などをスコアリング評価する。多くの項目でクロスする。

③ 「IA（Information Architecture）評価視点」は、Webサイトの情報構造やその明快さ、導線などを評価する。

④ 「ユーザーペルソナ・シナリオ評価視点」は、ペルソナを作り上げ、シナリオに沿った回遊・行動を評価する。

⑤ 「ブランド評価視点」とは、統一した表現・クリエイティビティ・訴求力など、また認知・愛着・信頼・体験など **ブランディング** 注3 要素の評価となる。

短期間で成果を導き出すには、アクセス解析評価・ユーザーリサーチ評価とエキスパート評価を組み合わせることで、弱点を補い成果を最大化することができる。アクセスログの解析をしたうえで、エキスパート評価を行うのが一般的であり、また精度を向上させるためにも必要な組み合わせだ。

また、ユーザーリサーチでアイトラッキングテスト 図2 などを行えば、アクセス解析では測りえない、サイトを訪れたユーザーの視線を見ることができ、ターゲットが高齢者やインターネット初心者向けのサイトであれば、ネットリテラシー 用語3 が高くないユーザーにユーザビリティ調査を手伝ってもらうことで、プロでは思いもつかない行動やモチベートが浮上するのである。

注3 ブランディング
「026 ブランディングとインターネットの活用」
→P.062

用語3 ネットリテラシー
リテラシーとは本来読み書きする能力を表すが、ITリテラシーやインターネットリテラシーなどのような、「××リテラシー」という表現をした場合、「××を使いこなす能力」といったような意味合いで使われる。

図2 アイトラッキング 軌跡イメージ

図1 エキスパート評価5大項目
- ユーザビリティ・アクセシビリティ評価視点
- 競合比較評価視点
- IA（Information Architecture）評価視点
- ブランド評価視点
- ユーザーペルソナ・シナリオ評価視点
- ヒューリスティック評価

Article Number **133**

ランディングページの最適化と
そのチェックポイント

現在のWebマーケティングを取り巻く環境は、以前と比べ敏感だ。投資に対する効果がより一層求められている状況であり、ただ「それらしい見込み客」をサイトに誘導しPVを向上させただけでは、手放しで喜べない状況になっている。いかに1件でも多くのコンバージョンを得るかはサイト運営者にとって重要な課題となっている。LPOはまさにこの1件でも多くのコンバージョンを得るための施策のひとつといえるだろう。

効果検証
運営

Keywords
- **A** LPO
- **B** ランディングページ
- **C** コンバージョン
- **D** 直帰率
- **E** CTR
- **F** A／Bテスト

「LPO」とは

A **B** **C**
「**LPO**」（Landing Page Optimization）とは、自然検索やリスティング広告から、さまざまなニーズを持ったユーザーの「最初に着陸したページ」=「**ランディングページ**」を、ユーザーの ① ニーズにマッチングさせ、② 滞在時間を延ばし、③ 情報を閲覧してもらい、④ **コンバージョン** 注1 を高める対策である。

かつては、Webサイトに誘導する場合、さまざまなニーズを持つユーザーであってもTopページにユーザーを誘導するのが主流であり、いわゆるランディングページは企業やブランドのTopページであった。しかし今日では、Web上のコンテンツ量の増加もあいまって、ユーザーは自身の求める情報と、たどり着いたサイトの情報が違うと感じれば、サイトからものの数秒で離脱してしまう。かつては、判断を下すのに要する時間は7〜8秒ともいわれていたが、「私の求める情報とは違う」とユーザーに判断されれば、現実にはその半分の3〜4秒でページから離脱してしまう。

ユーザーのニーズとマッチしていないと判断されたページの直帰率は、アクセス解析によって顕著な数字となり示される。せっかくお金をかけて集めたユーザーを、ものの数秒で8割〜9割逃してしまうということも、なんら珍しい話ではない。

また、たとえ実際に訪問者のニーズにマッチする情報をサイト内に有していたとしても、訪問者は、隅から隅まで情報をチェックするような、サイト運営者側に気を使ったような行動をするわけではないのだ。

それでは、ランディングページを構築ないしは改修する際にはどのような点に注意を払えばよいのだろうか。

① **訪問者の検索したワードがキービジュアルなど目立つ場所に表示されていること。**
一見単純な対策だが、ワードや画像を表示することによって、訪問者が直感的にニーズとマッチングしていないと判断してしまうことは少なくなるだろう。実際、**直帰率** 注2 が半減した例など枚挙にいとまがない。

② **ランディングページの情報が、訪問者の知りたい情報とマッチしたページであること。**
訪問者が検索したキーワードについて書き込まれたページであること。この情報は次ページへの導線として機能する。

注1 コンバージョン
「125 Webマーケティングを検証するためのポイント」→P.292

注2 直帰率
「128 アクセス解析(3)滞在時間と直帰率」→P.298

Book Guide

本書は、書籍タイトルからもわかるとおりGoogleアドワーズやOvertureスポンサードサーチについて解説されたSEMの入門書なのだが、そのSEMの効果を高めるための受け皿としてLPO（ランディング・ページ・オプティマイゼーション）についてのノウハウも紹介されており、是非とも手にとって頂きたい一冊である。

SEM：検索連動型キーワード広告
Googleアドワーズ＆Overtureスポンサードサーチ対応 Web担当者が身につけておくべき新・100の法則。
大内範行、岡本典子、齊藤康祐（著）
B5変型判／224頁
価格2,100円（税込）
ISBN9784844325185
インプレスジャパン

③ **情報を深堀させるための次ページへの導線が明確であること。**
LPOは、訪問者のニーズ（求める情報）とランディングページのマッチングを行うだけでなく、本質的なゴールであるコンバージョンへの導線も明確に確保しなければならない。

④ **訪問者に不信感を与えない、信頼感を与えることができるページであること。**
怪しい、怖いなどと思われてしまうと、コンバージョンにつながりづらいだけでなく訪問者は直帰してしまう。

⑤ **表示に時間がかからないページであること。**
表現力を高め訪問者に訴求したい気持ちはわかるが、訪問者はその求める情報を詳しくは知らない可能性もある。ページ表示に時間がかかった結果、訪問者を逃がしては意味がない。表示までに時間を要するような、表現力を高めたコミュニケーションをとりたいのなら、LPから先の導線で行うことを推奨する 図1 。

評価方法の決定／テストの実施

ランディングページのKPI 用語1 として掲げる指標は、直帰率の改善になるだろう。この直帰率を指標として改善に取り組む。そのほかの指標として、特定リンクのCTR 注3 や、そのページから流入した訪問者のコンバージョンレートが考えられる。
ランディングページの検証手法として一般的に用いられるのがA/Bテスト 用語2 だ。基準となるAのランディングページと、別の対策を行ったBのランディングページを用意し、A/Bどちらの直帰率が低いのか、または向かわせたいページに進んでくれるのかを検証することができる 図2 。Aという基準に対し変更箇所は1点から、せいぜい3点ほどに抑えた方がよい。あまりに多くのポイントを変更してしまうと、何が要因で直帰率が改善したのかわからなくなるからだ。どうしても複数個所を変更してテストを行いたいのであれば、多変量解析 用語3 を用いて検証するのがよい。

用語1 KPI
Key Performance Indicatorの頭文字からなり、業務の達成度合いを定量的に表すための指標のことで「重要業績指標」と訳される。
「125 Webマーケティングを検証するためのポイント」→P.292

注3 CTR
「125 Webマーケティングを検証するためのポイント」→P.292

用語2 A/Bテスト
スプリット・ラン・テストとも呼ばれている。A/BテストはWebページでは、レイアウトやデザインなどを対象に実施される。効果の高いランディングページを検証するためにLPOにおいてA/Bテストの活用が盛んである。

用語3 多変量解析
多くの変数から成立するデータを解析する手法を指す。ある現象に対し、その現象を構成する原因を究明する、または、その現象が今後どのように変遷するか予測するもので、クラスター分析・重回帰分析・判別分析・因子分析などの分析手法が存在する。

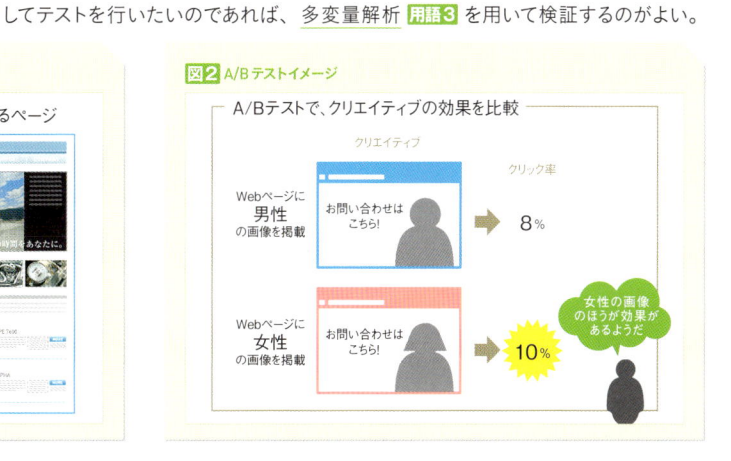

図1 LPの概念図

図2 A/Bテストイメージ
A/Bテストで、クリエイティブの効果を比較
クリエイティブ／クリック率
Webページに男性の画像を掲載 お問い合わせはこちら! → 8%
Webページに女性の画像を掲載 お問い合わせはこちら! → 10%
女性の画像のほうが効果があるようだ

Article Number **134**

企業におけるWebサイトの運営ポイント

企業がWebサイトを運営するにあたり、注意すべき視点がある。それは、個人がブログを運営するのとは異なり、自らの気分のまま運営することが許されないという点だ。企業のWebサイトは何のために存在するのかを改めて提言させていただきたい。加えて本稿では現在注目されているCSRや一定規模以上の企業には必須ともいえるサイトガバナンスについて簡潔に説明を加えた。

効果検証
運営

Keywords

- A　コミュニケーション
- B　ステークホルダー
- C　CSR
- D　サイトガバナンス

企業のWebサイトは何のため?

そもそも企業にとってWebサイトは何を目的として存在させているのだろうか? 企業にとってWebサイトは顔であり、その企業の姿勢を伝えるために存在する。使い古された言葉かもしれないが、企業のWebサイトは**コミュニケーション**のための場所なのだ。

企業に関わる人々つまり**ステークホルダー** 用語1 図1 は多くの情報を元にその企業の製品やサービスを知ることになるが、企業姿勢や企業の魅力を知るうえで参考にする重要なソースのひとつが企業のWebサイトである。製品やサービスの魅力を最大限訴求することはもちろん重要なことなのだが、Webサイトという特性上、その企業のあり方や社会貢献など伝えていくことも企業におけるWebサイト運営において重要な課題であり、コンプライアンス 用語2 やコミュニケーションを疎かにすることで、どれほどの企業価値のマイナスを引き起こすのか理解すべきである。

企業コミュニケーションの場として

企業によっては電話番号をあえてユーザーに探しづらく掲載し、顧客からのクレーム電話は対応するのはコストになるから逃れようといった姿勢の(しかもそれが賢い選択だと考える)企業も少なくないのだから驚きである 図2 。少なくとも企業のWebサイトは何のために存在しているのかゴールを再度明確にする必要があるだろう。Webサイトはコミュニケーションの場ということを放棄し続けるのであれば何のために存在するのかを考えなおす必要がある。目標として設定する項目には「定性的」な目標ではなく、「定量的」なデータを基とすることにより、客観的な評価に基づく運営が可能になる。

「CSR」とは

現在コンプライアンスを徹底することとともに、企業活動で力を入れられているのが「**CSR**」である。「CSR」とは「Corporate Social Responsibility」の頭文字からなり、日本では「企業の社会的責任」と訳されるのが一般的だ。CSR活動はステークホルダーへの説明責任と国連のグローバル・コンパクト 用語3 において提唱

用語1　ステークホルダー
企業に関する利害関係者のことを指す。利害関係者といえば具体的には、顧客や株主・債権者などを想像しがちだが、企業活動を行ううえで関わるすべての人を指し、従業員はもちろんのこと地域住民や官公庁なども含まれる。

図1　ステークホルダー

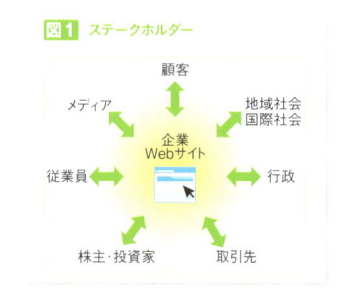

顧客／地域社会・国際社会／行政／取引先／株主・投資家／従業員／メディア　→　企業Webサイト

用語2　コンプライアンス
法令・倫理など、その属する人間は遵守するための理念であり、大手企業の不祥事などが相次ぎ、その徹底化が叫ばれている。

用語3　グローバル・コンパクト
当時、国連事務総長であったコフィー・アナンによって1999年に提唱された理念であり、GCなどと短縮して呼ばれることもある。2009年10月8日時点で、世界で7,765社の企業が賛同しており、世界での日本の参加団体順位は20位で、アジアの中では中国・インド・インドネシア・韓国につぐ5位である。

BOOK GUIDE

1 CSR「企業の社会的責任」といえば、日本では環境対策が目につくことが多い。CSRの取り組み方はアメリカとヨーロッパでは異なる傾向を見せている。本書は、ヨーロッパのCSRの取り組みについてまとめられたもので、社会の持続的発展のために、失業者や発展途上国からの労働者の人権に関わる労働問題を軸に紹介している。

ヨーロッパのCSRと日本のCSR
何が違い、何を学ぶのか。
藤井 敏彦（著）
A5判／224頁
価格 2,310円（税込）
ISBN9784817191601
日科技連出版社

されている環境、人権、労働、腐敗防止を軸に10カ条が世界の企業市民として行うべきこと、守るべきこととまとめられているので参考になるだろう。

その会社には何ができて何が業務と関係し、「誰に」「何を」「見せ」インパクトを与え、「共感」してもらうか考えたWebサイトの表現を心がける必要がある。活動はすばらしいのだが、たとえばIT企業が砂漠に木を植えましたと言われても、ごく一部のステークホルダー以外ピンとこないし、多くのステークホルダーは価値を感じないどころか、ご機嫌伺いにしか感じないことだろう。その活動と企業の因果関係を表現することは重要な責務となるだろう。

サイトガバナンス

企業においてサイトを寄せ集めではなく全社的に統一して管理していく**サイトガバナンス**の観点は、一定以上規模の企業では業務上必須のこととなりつつある。かつては広報部などが主幹となり、企業情報発信の場として始まった企業Webサイトは、Webマーケティングが浸透するに伴い、各ブランド担当や事業部ごとにWebサイトを制作、運営することが多くなり、その結果、Webサイトのデザインはもとより、インフラ・品質基準・システム・外注ベンダーなどがそれぞれの基準や管轄になり、企業としての一貫性が保てなく非効率を生みだしていた。

このような背景のもと、各事業部間でのシナジーや統一的なブランド訴求、インフラコストの効率化などを目的とし、サイトガバナンスというコンセプトの下でサイトの均質化や統括が進んでいる。実際多くの企業でサイトガバナンスに基づき、サイト運営のガイドラインやCMSの導入などが行われている。企業によってサイトガバナンスの取り組みの形態はさまざまだが、Web専従部門を作り、トップダウン方式で各部門のコンテンツオーナーやWebサイト担当者をコントロール下におくケースもあれば、CMSを導入してコンテンツオーナーに裁量を与えるといったケースも見受けられる 図3 。

サイトガバナンスの観点から、Webサイト運営の課題について、改善すべき課題を運営計画に落とし込むことで、サイト全体の品質を維持しながら改善していくことを可能とする。また、うまく機能させるには各セクションの協力が得られるようなプロセスを作ることも重要である。

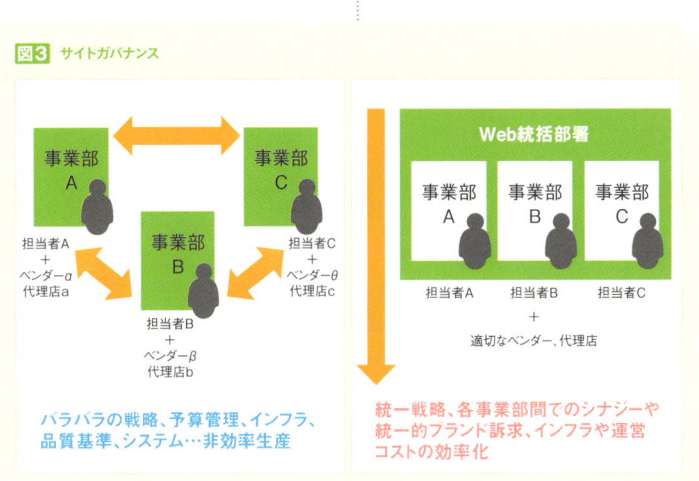

Article Number **135**

運用保守ルールとガイドラインを作成しよう

Webサイトの運用保守にはガイドラインが必要だ。運用のためのルールを設定し、情報を共有しておかないと、トラブルが発生しやすくなってしまう。運用ルールの必要性については、サイトの規模は問わない。小規模なサイトであっても、ガイドラインを作成しておいたほうが業務の効率化につながる。また、ガイドラインの不備については、実際に運用してから気づくことも多いので、随時アップデートできる柔軟性をもたせておくとよい。

運用
サイト評価
リニューアル

Keywords
- **A** サイトの目的
- **B** 運用コスト
- **C** 外部委託
- **D** CMS
- **E** 形式知

Webサイト担当者の仕事

Webサイトは、公開後の適切な運用によって成功に導くことができる。工業製品のような「完成品」ではないため、育てるという意識が必要だ（Webサイトは、永遠のベータ版と呼ばれる）。公開、運用、検証、評価、改良、公開というプロセスを繰り返しながら、**サイトの目的**を達成させる 図1 。Webサイト運用の担当者およびスタッフの手腕が試されるのである。

大規模なサイトであれば、運用業務を専門の会社にアウトソーシングし、日々の更新や定期的なメンテナンスを任せることが可能だが、中小企業のサイトなどはWebサイトの担当者が中心となって、運用業務を遂行しなければならない。

担当者の仕事は、情報の更新作業だけではなく、利用者からの問い合わせや意見、苦情などを受け付け、真摯に対応しながら、サイトの問題点を明確にしていく必要がある。このプロセスで得たデータが、のちのリニューアル計画などに生かされるので、軽視できない重要な仕事だといえる。

注意しなければいけないのは、担当者が決まっておらず、複数の人が通常業務と兼務するような体制で運用する場合だ。うまく役割分担できればよいが、あいまいなまま進めていると、間に合わせの粗雑な仕事になってしまう可能性があるので注意しなければならない。

運用コストと業務領域

サイトが小規模であれば、1人の担当者で遂行可能だが、大きな企業のサイトなどは、各部門ごとにWebサイトが構築されるなど、構造も複雑で**運用コスト**も大きくなる。通常、特別なプロモーションサイトなどは別予算で組まれるが、定常的な更新作業などは決められた予算のなかで実行することになる（**外部委託**できなければ、社内の業務として遂行するしかない）。ただし、予算が少ないからといって、更新頻度を落としたり、サイト利用者からの問い合わせを制限することはできない（手を抜けば、サイトの目的を達成できない）。つまり、運用コストについては中長期の計画で明確にしておく必要がある。

基本的な運営保守については、**CMS** 用語1 （Content Management System：

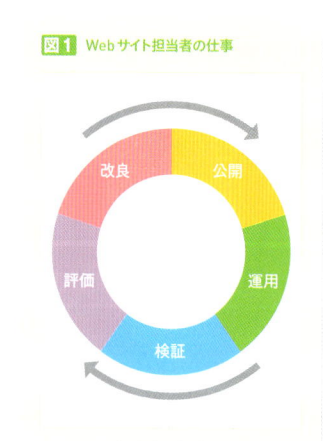

図1 Webサイト担当者の仕事

Webサイト担当者の仕事は、公開、運用、検証、評価、改良、公開といったサイクルを継続的に実施していくこと。特に、「検証」と「評価」は、サイトの質的向上を実現するための重要なプロセスである

用語1 CMS
CMSは、Content Management System（コンテンツマネージメントシステム）のことである。テキストや画像などの「コンテンツ」とスタイル（デザイン、レイアウトなど）を分離し、データベースで管理、自動配信できるシステム。高機能なブログも簡易CMSとして捉えることができる。

BOOK GUIDE

Web 関連の書籍やムックは、制作者を対象としたものが多いが、このシリーズは Web 担当者の視点で構成されており、有益な情報が得られる。特に、運用保守のガイドラインなど、あまり公開されていない事例についても記事で取り上げているので参考になる。

Web 担当者 現場のノウハウ
（インプレスムック）
A4変形判
価格1,280円（税込）
インプレスR&D

コンテンツマネージメントシステム）の導入によって対応できるが、更新する情報の内容は担当者が管理し、発信しなければならない。情報（ニュースリリースや記事原稿）の収集、更新の設定、アクセスログ解析およびコンバージョンの管理、利用者からの問い合わせに対応するなど、業務領域は多岐にわたる。サイトの担当者には、Webについての最低限のスキルが要求されるが、各部門とのやり取りを潤滑に進めるためのコミュニケーション能力も問われる 図2 。

運用・保守ガイドラインの作成

サイトの運用・保守にはガイドラインが必要だ。ルールを設定し、運営保守に関する情報を共有しておかないと、トラブルが発生しやすくなる（特に一貫性のないガイドラインは、混乱させる原因になってしまう）。

また、担当者が何らかの事情で退社した場合の業務引き継ぎにも、ガイドラインの有無が強く影響する。運用・保守の業務内容が担当者だけのノウハウになってしまうと、後任者に伝承しにくいため、ガイドラインをベースにして「**形式知**」 用語2 として残しておく必要がある。

作成しなければならない運用ガイドラインには、コンテンツ（記事の仕様など）のガイドライン、表記ガイドライン、更新手続きのガイドライン（更新マニュアル）、デザインのガイドライン、ユーザビリティおよびアクセシビリティのガイドライン、ユーザー対応のガイドラインなどがある。

導入しているCMSの機能によって簡素化できる部分もあるので、サイトの規模や運営に関わるスタッフ、予算などを考慮しながら、決定していく。ガイドラインは、サイトが公開される前に作成しておく必要があるが、運用しながら随時アップデートできる柔軟性をもたせておくとよいだろう（対応不能になったルールは更新したほうがよい）。オンラインサービスなどを活用して、ガイドラインをシェアできる仕組みを構築しておけば、ルールを改定した場合でも迅速に伝えることができる 図3 。

図2　Webサイト担当者の業務領域

- 情報（ニュースリリースや記事原稿）の収集
- 更新の設定
- アクセスログ解析およびコンバージョンの管理
- 利用者からの問い合わせに対応

Webサイト担当者が、対応しなければならない業務領域は広い。運用保守のガイドラインがないと、その場の対応に追われ、トラブルが発生しやすくなるので注意が必要だ

用語2　形式知
形式知とは、言葉や文字（文章）、イメージ（図表や絵、写真）、数式などで伝達可能な（客観的な）知識のことである。言葉や文章などで伝えられない知のことを暗黙知と呼ぶ（自転車の乗り方などがわかりやすい例である）。

図3　運用・保守のガイドライン

運用・保守のガイドライン
- コンテンツ（記事の仕様など）のガイドライン
  ・記事のフォーマット、編成のルールなど
- 表記ガイドライン
  ・文章表現、文章構造、固有名詞、記号の使用基準など
- 更新手続きのガイドライン（更新マニュアル）
  ・データのやり取り、チェック体制、確認方法など
- デザインのガイドライン
  ・配色のルール、写真の補正、レイアウトのルールなど
- ユーザビリティに関するガイドライン
  ・ユーザビリティポリシー
- アクセシビリティに関するガイドライン
  ・アクセシビリティポリシー
- ユーザ対応のガイドライン
  ・顧客対応、対応マニュアル、障害対応など
- 法規に関するガイドライン
- アウトソーシングに関するガイドライン
  ・社外発注のルールなど

Article Number **136**

日常的なサイトのチェックとユーザー対応

日々の運用、保守、管理業務を効率化するには、CMSやアクセスログ解析ツールを活用する。これらのツールをきちんと理解し、使いこなすことで作業の負担を軽減し、効率化を可能にすることができる。小規模なサイトであれば、無料で使えるツールを導入してもよい。ユーザー対応も手を抜けない重要な仕事だが、BBS（掲示板）やSNS（コミュニティ）の運営、不正アクセス対策などには、専門の監視サービスを活用したほうがよいだろう。

運用
サイト評価
リニューアル

Keywords　A CMS　B アクセスログ解析ツール　C 広告効果測定ツール　D SSLサービス　E メール配信システム　F 投稿監視サービス　G 不正アクセス監視サービス

サイト管理者向けのツールを活用

Webサイトは運用業務がスタートしてから、検証、評価、改良、公開というプロセスを繰り返し、サイトの目的を達成していく。このプロセスで得たさまざまなデータが、のちのリニューアル計画などに生かされるため、安易に進められない重要な仕事だという認識が必要だ。さらに、ユーザーからの問い合わせや苦情などにも（決められたガイドラインに沿って）対応しなければならない。メールマガジンの発行やSNSを対象としたコミュニケーション活動なども管理業務に含まれる。

Webサイトの担当者が担う運用、保守、管理の業務は多岐にわたるため、できるだけ効率的に進められるように準備しておく必要がある。効率化の肝となるのが、

A-B **CMS**や**アクセスログ解析ツール** 注1 である。これらのツールをきちんと理解し、使いこなすことで作業の負担を軽減し、効率化を可能にする。

小規模なサイトであれば、無料で使えるサイト管理者向けのツールを導入してもよい。たとえば、Googleが提供している「ウェブマスターツール」（www.google.com/webmasters/tools/）やYahoo!の「サイトエクスプローラー（サイト管理者向けツール）」（siteexplorer.search.yahoo.co.jp）などがある。サイトに関する各種レポートの参照や統計および診断情報などを得ることができる。

C-E そのほか、**広告効果測定ツール**や**SSLサービス** 用語1 、**メール配信システム**などがあり、これらのツールやサービスを組み合わせることで、運用、管理などの業務が飛躍的に向上する。

運用業務を効率化するCMS

日々の運用業務には、サイトのメンテナンスも含まれるが、効率的に進められるかどうかはCMSをどう活用するかで決まってくる。CMSは、Content Management System（コンテンツマネージメントシステム）のことで、「コンテンツ」と「デザイン」を分離し、情報をデータベースで管理することができる。CMSによって、サイトの一貫性が保証され、ページ更新のワークフローも簡単に構築できるため、企業では必須のシステムとして導入されている 図1 。

用語1 **SSLサービス**
SSL（Secure Sockets Layer）とは、セキュリティを高め、暗号化して送受信するプロトコルのことである。SSLサービスを導入することで、データの盗聴や改ざんを防ぐことができる。ショッピングサイトだけではなく、アンケートやキャンペーンの申し込みページ、メールマガジンの登録ページ、お問い合わせのページなどにも必要である。

注1 **アクセス解析ツール**
「129 アクセス解析ツールの方式と選び方」
→P.300

図1 **CMSの利点**

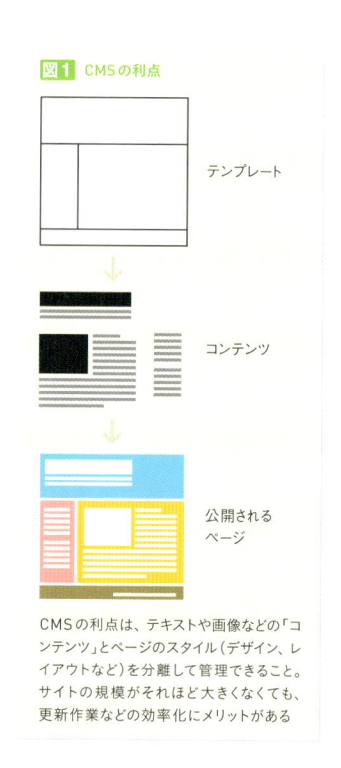

CMSの利点は、テキストや画像などの「コンテンツ」とページのスタイル（デザイン、レイアウトなど）を分離して管理できること。サイトの規模がそれほど大きくなくても、更新作業などの効率化にメリットがある

BOOK GUIDE

① Webサイトの安全を維持するためには、セキュリティ対策に関する幅広い知識が必要になってくるが、開発者を対象とした専門書の解説は難解で理解しにくい。この書籍は、Web担当者向けに書かれているため、具体的な事例も多く、とてもわかりやすい。

ホームページ担当者が知らないと困るWebサイトセキュリティの常識
小島 範幸（著）
A5判／248頁
価格1,764円（税込）
ISBN9784883375684
ソシム

ページのリンク切れや古い情報が放置されるといった問題もCMSのリンク管理機能によって解決できる。ファイル名を変更すると、リンク先のファイルも自動的に書き換わり、削除すると警告を表示してくれる。外部リンクについても、リンク切れをチェックするので、放置される心配はない。小規模なサイトであれば、担当者が目視で作業可能だが、誤操作や見落としがないように何度も確認しなければならない。その作業に費やす時間とコストを考えると、CMSを導入したほうがよい場合もある。CMSには高機能な商用版だけではなく、無料で使えるオープンソースのCMSもあるので、先行事例などを調べて判断するとよいだろう。日常の運用業務を効率化するポイントは、サイトに適したCMSやアクセスログ解析ツールを選び、必要な機能を理解して、使いこなすことである **図2**。

サイトの安全を維持する監視サービス

Webサイトの担当者が、日々の管理業務で苦慮しているのは、ユーザー対応ではないだろうか。問い合わせや苦情などは迅速に対応し、必要に応じてサイトのFAQ（「よくある質問」と表記される）に加えたり、改善点としてリニューアル計画に生かすなど、場当たり的な対応ではこなせない仕事が多い。

サイト内でBBS（掲示板）やSNSなどのコミュニティを運営している場合は、利用者の発言についてのガイドラインを作成し、誹謗中傷や名誉棄損にあたる書き込みにも対応しなければならない。ただし、投稿監視は、高コストになってしまうため、アウトソーシングする場合が多い。専門の会社に依頼すれば、24時間365日の監視が安価な費用で可能になる。

サイト内でのコミュニケーション活動には、リスクマネジメントが重要になってくるが、外部の専門サービスを導入することでサイトの安全を維持することができる。**投稿監視サービス** ◀**F** は、BBSの書き込みやSNSで投稿される日記、コミュニティでの発言、ブログのコメント、トラックバックなどに対応してくれる。不正アクセスの対策についても同様のサービス（**不正アクセス監視サービス** **用語2**）◀**G** がある **図3**。

図2 CMSの選択

CMS
| 商用CMS | オープンソースCMS |
| 個人 |
| ビジネス |
| コミュニティ |
| 教育 |

CMSは、サイトの規模や目的、内容によって選択したほうがよい。事前に、先行事例を調べたり、複数のCMSを試用し、十分に比較しながら検討することをお奨めしたい

用語2 不正アクセス監視サービス

不正アクセス監視サービスとは、24時間365日、不正アクセスやハードウエアの状態を監視してくれるサービスのことである。安価な費用で、サイトの安全を維持することができる。セキュリティ対策（脆弱情報）のリポートや月ごとの統計報告なども提供される。

図3 運用、保守、管理業務で使われるツール・サービス

CMS
Content Management System
コンテンツマネージメントシステム
- コンテンツ管理
  ページの更新、デザインの変更
  サイト階層構造管理
  リンク切れチェック
- 承認ワークフロー
- スケジューリング
  公開スケジュール管理
- 顧客とのメール送受信
- コミュニティ機能

その他のツール、サービス
SEO診断ツール
広告効果測定ツール
メール配信システム
オンラインストレージ

アクセスログ解析ツール
- アクセス分析
- 経路分析
- 集客力分析
- ROI分析

SSLサービス
- データの盗聴や改ざんを防止
  ショッピングサイト、アンケートやキャンペーンの申し込みページ、メールマガジンの登録ページ、お問い合わせのページなどに適用

不正アクセス監視サービス
- 不正アクセスやハードウエアの状態を監視

投稿監視サービス
- BBSやSNSなどを運営している場合

Article Number **137**

運用時のユーザビリティテスト

Webサイトは開発期間が終了しても「完成品」とはならない。むしろ、公開後の運用と評価によってプロジェクトを成功に導くことができる。サイト利用者の満足度を高め、成果を上げるには、日々の運用と検証の繰り返しが必要だ。特に、アクセスログ解析やユーザビリティテストは重要。ユーザビリティテストは、「サイト目的の明確化」、「検証内容および検証方法の決定、実施」、「サイトの評価と改善案」などのプロセスで構成される。

運用
■サイト評価
リニューアル

Keywords
- **A** 効果検証
- **B** サイト目的の明確化
- **C** 集客力
- **D** リピーター率
- **E** コンバージョン率
- **E** 費用対効果

日々の運用と検証の繰り返しが重要

Webサイト構築のプロセスにおいて、ユーザビリティテストは不可欠なものである。Webサイトは、戦略に沿ってプロトタイプが作成され、ユーザビリティテストやアンケート調査、要件定義などの作業を経て、公開される 図1 。

長い時間をかけ、「やっとリリースされた」と思っても、これで「完成」したわけではない。サイト利用者の満足度を高め、成果を上げるには、日々の運用と検証の繰り返しが必要となる。

A 開発時には、ユーザビリティテストを実施し、入念に検証しているはずだが、（**効果検証**として）同様のテストは運用時にも欠かせない。Webサイトの場合、対面や電話などから直接ユーザーのフィードバックを得られないため、効果検証を限定的な手段だと捉えてしまい、意外と軽視されているようだ。通常業務の合間に組み込まれ、ほとんど時間のとれない状況に置かれているサイト運営者も少なくない。

B 運用時のユーザビリティテストは、「**サイト目的の明確化**」、「検証内容の決定」、「検証方法の決定」、「検証の実施」、「サイトの評価と改善案」の5つのプロセスで構成される 図2 。

サイト目的の明確化と検証の実施

ひとつ目の「サイトの目的」には2つの側面があり、きちんと把握しておく必要がある。たとえば、「売り上げをもっとアップさせたい」という目的もあれば、「経営陣や他部署に対してのエバンジャライズ（啓蒙）」といった社内におけるアプローチ戦略もある。

C-E 2つ目の「検証内容」は、サイトの目的から導き出される。「売り上げアップ」であれば、**集客力**や**リピーター率** 用語1 、伝播力、**コンバージョン率** 用語2 向上などが達成されていなければならないので、訪問者数やページビュー、サイトまでの到達経路、資料などの請求数、コンバージョン率などを検証することになるだろう。

3つ目の「検証方法」は、アクセスログ解析をセットにしたユーザビリティテストである（ユーザーの行動履歴と行動の動機を関連付けながら把握することが可能）。アクセスログ解析のスケジュール（例：月1回）、ユーザビリティテストのスケジュー

図1 Webサイト構築のプロセス

戦略
↓
プロトタイプ
↓
ユーザビリティテスト
アンケート調査
↓
要件定義
↓
公開

Webサイトの構築は、戦略に沿って進められ、公開までさまざま工程を経る。しかし、「公開」して終わりではない。むしろ、公開後の運用と検証の繰り返しがサイトの目的を達成させる重要な作業になる

用語1 リピーター率

リピーター（repeater）とは、店舗や公演などに何度も繰り返し訪れる顧客のことである。リピーター率は、新規の顧客がどのくらいリピーターになるのかを表す。リピート率とも呼ばれる。Webサイトの効果検証でも同様に使われる。

用語2 コンバージョン率

コンバージョン率もしくはコンバージョンレート（conversion rate）は、商用サイトの利用者で、資料請求や会員登録をしたり、実際に商品を購入した人の割合である。1,000人訪問して100人が商品を購入した場合、コンバージョンレートは10％となる。
「125 Webマーケティングを検証するためのポイント」→P.292

BOOK GUIDE
ユーザー中心ウェブサイト戦略
仮説検証アプローチによる
ユーザビリティサイエンスの実践
株式会社ビービット武井 由紀子、遠藤 直紀(著)
A5判／352頁／価格2,940円（税込）
ISBN9784797333527
ソフトバンククリエイティブ
→P.299

用語3 グループインタビュー
グループインタビューは、複数の調査対象者を集め、モデレーターの進行によって実施されるインタビューのことである。1グループは5～10名程度で、座談会の形式で進められる。専門の会社に依頼して実施されることが多い。

ル（例：年間4回）を決定して、4つ目の「検証の実施」で実行される。

テスト人数は20名程度が理想だ。開発時のテストと違い、どこでも容易にテストできるため、ターゲットユーザーに相当する人を集めるのは、それほど難しくはないだろう。テストに参加するユーザー1人にモデレーターと記録担当の2人がついて進行する。会員登録が必要なECサイトなどIDやパスワードが必要な場合は、事前にテスト用のアカウントを発行できるように準備しておく 図3 。

目的を達成する時間、達成率などを中心に観察し、ユーザーのニーズを満たしているかどうか総合的に検証する。アクセスログ解析で行動パターンを読み、ユーザビリティテストで行動の動機やニーズを探る。この繰り返しによって、検証精度が向上し、問題点が浮き彫りになってくる。逆の言い方をすれば、安易なテストをいくら続けても問題も改善点も見えてこない。

公開してからが本当のスタート

最後の「サイトの評価と改善案」では、テストの結果をリポートにまとめ（視覚化および数値化）、現在の問題点を明らかにしていく。改善すべき点は、検証内容と照らし合わせながら考えていくとよいだろう。

ユーザビリティテスト以外では、アンケートによる調査や**グループインタビュー** 用語3 なども有効だが、得られるデータの精度には限界がある。これらの方法は、あくまでもユーザビリティテストを補足するための検証だと意識しておこう。前述したとおり、サイト公開後のユーザビリティテストは軽視されていることが多く、サイトの担当者が通常業務の限られた時間内で対応していたり、あまりコストをかけられない場合が多い。

Webサイトは、公開してからが本当のスタートだと捉え、公開前から運用時のスケジュールを考えておくことが重要である。結果的に、**費用対効果**の高い検証・改善作業になるはずだ。 ▶F

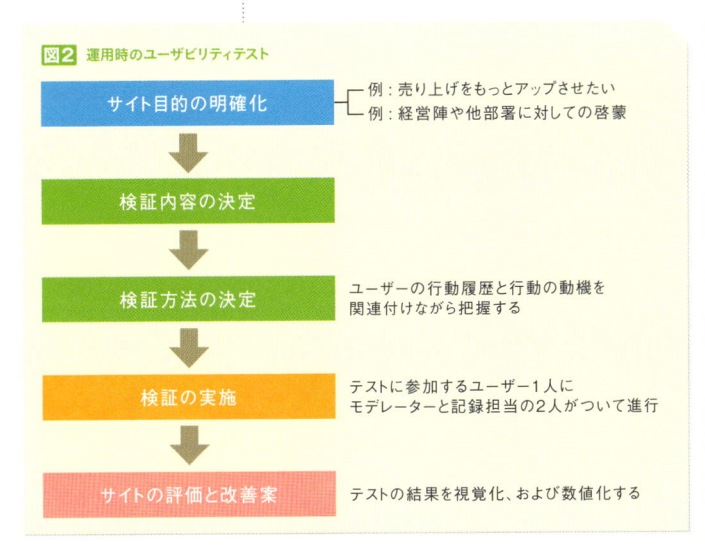

図2 運用時のユーザビリティテスト

サイト目的の明確化 — 例：売り上げをもっとアップさせたい
例：経営陣や他部署に対しての啓蒙
↓
検証内容の決定
↓
検証方法の決定 — ユーザーの行動履歴と行動の動機を関連付けながら把握する
↓
検証の実施 — テストに参加するユーザー1人にモデレーターと記録担当の2人がついて進行
↓
サイトの評価と改善案 — テストの結果を視覚化、および数値化する

図3 ユーザビリティテストの例

ユーザー／モデレーター／記録担当

運用時のユーザビリティテストでは、20名程度を対象にするとよいだろう。ユーザー1人に、モデレーターと記録担当がつき、進行させる

Article Number **138**

デザインリニューアル案作成

Webサイトのリニューアルは、運用時のアクセスログ解析とユーザビリティテストによって、サイトを評価し、改善案を導き出すプロセスを経て実施される。デザインのリニューアルは、「見る」（視認性に関わる問題解決）、「読む」（可読性）、「使う」（利便性）の3つの視点から検討する。ワークフローは、検証、改善案やリニューアルプランの策定、デザイン案の承認、ビジュアルデザインとコーディング、公開、という流れになる。

運用
サイト評価
リニューアル

Keywords

- **A** アクセスログ解析
- **B** ユーザビリティテスト
- **C** 視認性
- **D** 可読性
- **E** 利便性
- **F** UI（ユーザーインターフェイス）

リニューアルの目的を明確にする

Webサイトの構築は、開発期間が長く、さまざまなプロセスを経て公開されるが、市販される製品のように「完成品」にはならない。むしろ、運営スタッフやWebの担当者にとっては公開してからが本番だ。日々の運用と検証を繰り返しながら、サイトの問題点を洗い出し、改善への道筋を示していく必要がある。小さな修正や個別のアップデートで済む場合もあれば、大規模なリニューアルを実行しなければならないこともある。

一般的に、リニューアル（renewal）といえば、店舗などの改装や改修などを表す。たとえば、リニューアルオープンの場合、専門の会社が立地調査や商圏内のマーケット規模などを分析し、投資額や損益予測などを算出したうえで実行される。Webサイトのリニューアルも同じである **図1**。サイトの公開後、半年経ってもアクセス数が伸びない、売上にも貢献していないという結果が出た場合、リニューアルの計画が必要となる。ただし、何の根拠もないまま、一部の関係者が「たぶんデザインが良くないから」、「コンテンツの更新頻度が低いから」など、主観的に判断してはいけない。運用時の **アクセスログ解析** と **ユーザビリティテスト** **注1** によって、サイトを評価し、改善案を導き出していくプロセスが必須となる。

A-B

「見る」「読む」「使う」の3つの視点

老舗のWebサイトなどは、何度も大規模なリニューアルを実行しながら、サイトの目的を達成させ、利用者の満足度も向上させている。インターネット・アーカイブ（www.archive.org）で企業サイトなどをチェックしてほしい。大規模リニューアルの軌跡を追っていくことが可能だ（例：BBC News—http://web.archive.org/web/*/news.bbc.co.uk は1998年から確認できる）。

サイトのリニューアルは、利用者からの問い合わせや意見、アクセスログの解析、年に数回実施されるユーザビリティテストによって集められたデータをもとに、ディスカッションを行い、協業体制で進められる。運営事務局の担当者や外部ベンダー、Webディレクター、デザイナーなどがデータを共有しながら、各々の視点から改善

注1 アクセスログ解析、ユーザビリティテスト
「126 アクセス解析(1)アクセス解析とは」→ P.294から「130 アクセス解析の分析項目とその分類」→ P.302
「137 運用時のユーザビリティテスト」→ P.316

図1 リニューアル(renewal)

修繕　改築

増築

サイトリニューアルの具体的な作業（小さな修正、個別のアップデート、大規模リニューアルなど）は、店舗の修繕、改築、増築などをイメージすると理解しやすい

BOOK GUIDE

1 サイトのリデザインについては、専門誌で特集されることはあっても、体系的に書かれた解説本は意外と少ない。この書籍は、(テクニックや技術については書かれていないが)デザインリニューアル案を作成するときの、準備や考え方などを学ぶことができる。

Web ReDesign 2.0:Workflow that Works (2nd Edition)
Kelly Goto、Emily Cotler(著)
ペーパーバック／296頁
価格 4,583円(調査時点)
ISBN9780735714335
Peachpit Press

案を考えていく。

デザインのリニューアルについては、「見る」、「読む」、「使う」の3つの視点から検討していくとよいだろう。「見る」は主に**視認性** 用語1 に関わる問題解決、「読む」は**可読性** 用語2 、「使う」は**利便性** 用語3 である。ただし、この3つは密接に関係しているので、分断しないように注意しなければならない。たとえば、ユーザビリティを改善したいなら、**UI(ユーザーインターフェイス)**だけではなく、ビジュアルデザインの効果なども加味していくことが必要だ 図2 。

▶ C
▶ D-E
▶ F

デザインリニューアル案作成の流れ

デザインリニューアル案の作成で注意しなければならないのは、今まで築いてきたサイトのブランドやデザインの一貫性を壊さないことである。いくら改善策をデザインに反映しても、利用者に違和感を持たれてしまうと逆効果になってしまう場合がある。サイトの"使いにくさ"に慣れてしまった利用者に、「リニューアル前の方が良かった」と感じさせてしまうのは問題だ。「とても使いやすくなった」と満足してもらうデザインにしないといけない。このような問題については、ユーザビリティテストで回避することができる。

リニューアルのワークフローは、規模によって大きく異なる。

大規模なサイトのリニューアルは、日々の検証と年数回のユーザビリティテストから問題点を明らかにし、ディスカッションによって改善案やリニューアルプランを策定。デザイン案を作成して承認を得たら、ビジュアルデザインやコーディングが進められ、リニューアル公開となる。

小規模なサイトの場合は、携わる人の数やコストによって、複数のプロセスを束ねることになる。解決策を検討しながらデザイン案が進められ、すぐに実制作を進めてしまう場合もあるが、扱う情報が少ない分、ワークフローも臨機応変に調整することができる。

いずれにしても、サイトの問題点が明確になっており、改善案がきちんと出揃ったうえで、デザインリニューアル案の作業に入るのが基本だ。

用語1 視認性
視認性は「見やすさ」の度合いを表す。欲しい情報をすぐに探すことができ、一目で把握できるページは、視認性が高い。情報が適切に分類されておらず、どこに何の情報があるのか一目で把握できないページは視認性が低い。

用語2 可読性
可読性は「読みやすさ」の度合いを表す。文字サイズや行間、マージンなどが適切に指定されたページは可読性の高い「読みやすい」ページとなる。文字が小さすぎたり、背景に溶け込んで読みにくい場合は可読性の低いページになってしまう。

用語3 利便性
利便性は「使いやすさ」の度合いを表す。製品やサービス、住環境など、さまざまな分野で使われる。簡単な操作でスムーズに登録できたり、商品を購入できるWebサイトは利便性が高い。参照ページが多かったり、手続きが簡素化されていないWebサイトは利便性が低い。

図2 デザインリニューアル案作成の流れ

日々の検証と年数回のユーザビリティテスト
→ 問題点を明確にする

ディスカッション
→ 改善案やリニューアルプランを策定する

デザイン案の作成
- 見る (視認性に関わる問題解決)
- 読む (可読性に関わる問題解決)
- 使う (利便性に関わる問題解決)

→ ・具体性 ・一貫性 ・簡潔性 ・操作性 ・魅力

デザイン案の承認

ビジュアルデザイン／コーディング

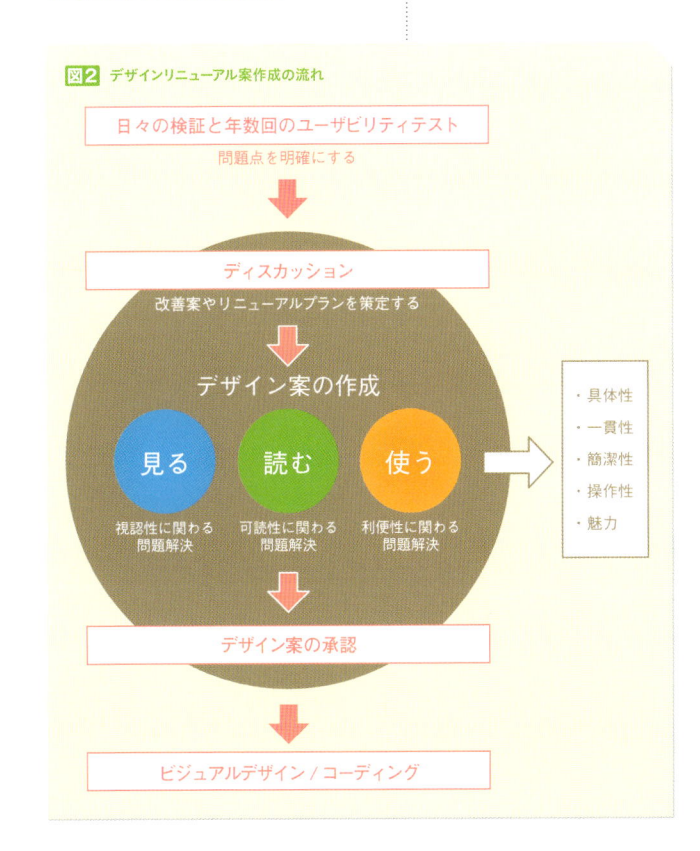

Article Number **139**

コンテンツリニューアル案作成

コンテンツの要素には、テキストやイメージ、動画などがあり、編集作業によって伝達可能な情報として公開される。サイトの利用者はデザインではなく、コンテンツの閲覧が目的だ。サイトのリニューアル計画は、デザインとコンテンツに分けることができるが、密接に関係しているため切り離して考えることはできない。デザインの問題点としてあげられていても、コンテンツのリニューアルによって問題解決できることもあるからだ。

運用
サイト評価
リニューアル

Keywords　**A** 情報の優先度　**B** レベル分け　**C** 一貫性　**D** 検索性　**E** ビジュアルデザイン

コンテンツのリニューアルとは

リニューアルには「デザイン」と「コンテンツ」の2つのガイドラインがあり、密接な関係性を保ちながら作業が進められる。店舗なら、改修（内装・外装など）が「デザイン」のリニューアル、陳列する商品の改善が「コンテンツ」のリニューアルとなる。

多くの利用者から「目的の商品が見つからない」、「購入の手続きが分かりづらい」、「情報が足りない」といった意見が届いた場合、提供しているコンテンツの見直しを検討する必要がある。利用者に提供する情報が本当に揃っているか、使いたい **情報の優先度** が設定されているか、情報を適切なレベルに分けているか、といった3つの視点でチェックを実行しなければならない。

B たとえ提供するすべての情報が揃っていても、優先度を設定して、**レベル分け**を行っていないと探しにくい。伝えたい重要な情報が20あった場合、これを同列に並べるだけでは、（数が多すぎて）見落とす可能性が高くなる。情報をいくつかのグループに分け、区別しやすい"情報のかたまり"として提供しなければ、「必要な情報は揃っているのに、なかなか見つからない」、あるいは「情報が載ってないのでは？」などと思われてしまう 図1 。

デザインとコンテンツの関係

コンテンツのリニューアルは、日々の運用と検証の繰り返しによって計画される。利用者からの問い合わせや意見、アクセスログ解析のデータ、定期的に実施されるユーザビリティテストなどで、公開したサイトの問題点が明らかになり、改善策などを検討することになる。これらのプロセスを経て、デザインおよびコンテンツのリニューアル計画がスタートする。何の根拠もないまま、なんとなく「そろそろコンテンツをリニューアルする時期だから」という進め方だと、目的があいまいになり、効果も期待できないので注意しなければならない。

「デザイン」と「コンテンツ」は密接で切り離して考えることはできない。たとえば、「サイトが使いにくい」という利用者からの苦情があった場合、デザイン（ナビゲーションなど）の改善に目が向いてしまうが、コンテンツに手を加えることで解決する

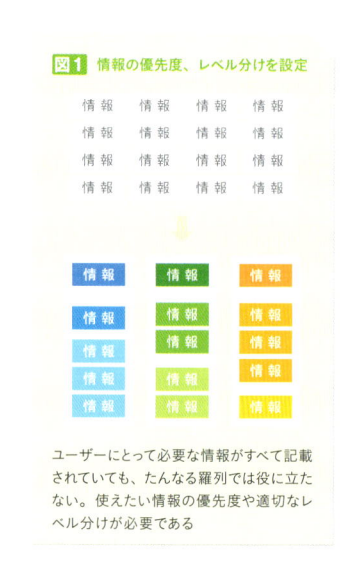

図1 情報の優先度、レベル分けを設定

ユーザーにとって必要な情報がすべて記載されていても、たんなる羅列では役に立たない。使えたい情報の優先度や適切なレベル分けが必要である

BOOK GUIDE

1. Webデザインについての基礎知識やテクニックの記事で構成されているので、リニューアル案の作成に直接関連した記事はないが、"型"で分類されたデザインパターンからコンテンツリニューアルのさまざまなヒントを得ることができる。

新版 プロとして恥ずかしくないWEBデザインの大原則
MdN編集部（編）
A4変型判／160頁
価格 1,890円（税込）
ISBN9784844360742
エムディエヌコーポレーション

こともある。わかりやすい例としては、参照リンクの設置方法などがあげられる。記事の関連リンクはメニューにまとめておくと、見つけやすいし、すべてのページで**一貫性** 用語1 のあるユーザビリティを提供できるが、量が多くなると**検索性** 用語2 が低下してしまう。ナビゲーション単体としては優れていても、トータルの評価で「使いにくい」という声が出てくる。このような場合は、コンテンツの中に参照リンクを設置していくことで、（わざわざ視線を動かしてメニューから探す必要がなくなり）操作性が大幅に向上する。つまり、デザインの問題点としてあげられていても、コンテンツのリニューアルによって問題を解決できるのである。

コンテンツリニューアルの作業

コンテンツの要素には、テキストやイメージ（写真や図版）、動画などがあり、デザイナーによる「編集」作業によって「読みやすさ」や「見やすさ」を提供している。コンテンツのリニューアルには、「ページ全体の文字量を減らす」、「難しい用語は使わないようにする」、「イラストなどのビジュアル要素を増やす」といった直接編集が多いため、担当者、デザイナー、ライターとの情報共有やディスカッションなどが重要になってくる。公開後の作業なので、一から作ることは少ないが、既存の情報をどう変更するか（あるいは何を追加すればよいのか）考えなくてはならない。**ビジュアルデザイン**は、サイトの印象を決める重要な要素なので、リニューアルでサイトの見た目が大きく変わると、利用者の反応も大きい。公開後、すぐに「リニューアル前の方が良かった」、「かっこわるくなった」などと言われてしまうこともあるだろう。リニューアルも公開して終わりではなく、利用者の反応や検証を繰り返して、必要なら小さなアップデート作業を行っていく心構えが必要だ 図2 。

用語1 一貫性
一貫性とは矛盾をなくすことである。Webサイト内で異なったページフォーマットが混在していると一貫性が低下し、まとまりのない印象を持たれてしまう場合がある。ナビゲーションやレイアウト、配色、テキストの設定など、ルールを決めて統一することで一貫性を維持することができる。

用語2 検索性
検索性とは、簡潔にいえば「情報の探しやすさ」である。技術的に検索機能を高めることだけではなく、デザイン面でも使われる言葉。ページを見て、どこにどのような情報があるのか把握しやすいデザインは、検索性が高く使いやすい。

図2 コンテンツリニューアル案の作成

リニューアル：利用者からの問い合わせや意見、アクセスログ解析のデータ、定期的に実施されるユーザビリティテストによって明らかになった問題の改善

デザイン
- ナビゲーション
- ビジュアルデザイン
- ユーザビリティ
- アクセシビリティ

  - ページの長さ、1ページに含まれる情報量は適切か？
  - スクロールとページングは適切か？
  - 水平方向のスクロールが発生していないか？
  - 下位レベル・ページへの直接リンクは考慮されているか？
  - PDFファイルの直接リンクには説明があるか？
  - 日本語以外の言語はサポートしているか？

  - 見出しのマークアップにh1～6要素が使われているか？
  - 意味を持つ画像に代替テキストが記述されているか？
  - 装飾画像はimg要素で表示していないか？
  - 代替テキストは適切か？
  - テーブルは音声読み上げを考慮しているか？
  - 色だけで情報を伝えていないか？
  - 文字のスタイルだけで情報を伝えていないか？
  - 単語の間にスペースが入っていないか？
  - 複数のページに同じタイトルを付けていないか？
  - 新規ウィンドウを開くリンクには説明があるか？
  - キーボードでも操作できるように配慮されているか？
  - フォームの構成部品にlabel要素が使われているか？

コンテンツ
- 利用者に提供する情報は揃っているか？
- 情報は適切なレベルに分けてあるか？
- 伝えたい情報の優先度が設定されているか？
- 最新更新の日付が示されているか？
- すべてのページに適切なタイトルが付いているか？

  - 記事コンテンツの改変・入れ替え・追加など
  - ビジュアルコンテンツの改変・入れ替え・追加など
  - インタラクティブコンテンツ（Flash、Ajaxなど）の改変・入れ替え・追加など
  - 動画コンテンツの改変・入れ替え・追加など
  - インフォメーションコンテンツの改変・入れ替え・追加など

Article Number **140**

リソース監視、セキュリティ監視・対策

Webシステムの運用がスタートすると、訪問者が毎日のようにアクセスして利用していく。そのときに欠かせないのが「監視」業務だ。ここでは、監視すべき内容や監視の方法について紹介しよう。

システム監視・リニューアル

Keywords
- A システムリソース
- B システム監視
- C RRDtool
- D 不正アクセス
- E IDS

Webシステムの監視業務

Webシステムは、ほとんどの場合「24時間、365日」の稼働が前提となる。特に、オンラインショッピングサイトなど、Webシステムの存在が企業の売り上げの要となっている場合には、システムの停止は機会損失以外のなにものでもない。定期的なメンテナンス以外は、どんなことが起きても落ちないようなシステム作りが必要になってきている。

Webシステムが落ちる理由とは？

Webシステムが利用不能になる場合は、いくつかの原因が考えられる。

A ■ **システムリソース**不足

大手ポータルサイトやTVCMなどで紹介されたことにより、Webシステムに一時的に大量のアクセスがあった場合など、急激なアクセス数の上昇によりアクセスが不能になる場合がある。この症状は一般的なWebサイトやWebシステムで頻繁に起きている現象だ。ほかにもサーバ側でのプログラム処理によってCPUやメモリが不足してしまい、動作不能に陥ることもある（共有ホスティングなどではあまりに負荷がかかる場合、使用リソースの制限がかかることもある）。

■ **プログラムのバグ**

プログラムにバグが潜んでおり、ある特定の動作を行うと操作不能に陥るといった場合がある。慎重にテストを行っても、想定外の操作を行った場合などで発生してしまうことがある。

■ **DDoSや不正アクセス**

一般に公開されているWebサーバやシステムは、昼夜を問わずクラッカーのいたずらの的にされている。たとえば、「DDoS」**用語1**と呼ばれる攻撃は世界中のコンピュータから大量のアクセスを行いWebシステムそのものに負担をかけることだ。そのほか、Webシステムの稼働するサーバに対して、ポートスキャン**用語2**を実行したり特別なプログラムでシステム上の不備を調べる行為によって、本来のアクセス以外の原因で負荷がかかるようなこともある。

用語1 DDoS (Distributed Denial of Service)
DDoS(DoS)攻撃とは、特定のホストコンピュータに対して大量のパケットを送信することでサービスの動作を不能にすることを指す。DDoSの場合は、世界中にあるウィルス感染やクラッキングなどによって支配下となった踏み台と呼ばれるコンピュータを使ってホストコンピュータに攻撃を加える。その発信源は数千や数万といった単位になるためIPアドレスでの特定が非常に困難になるため、通信経路の遮断などの対策が取りにくいものである。

用語2 ポートスキャン
WebサーバやWebシステムでは、さまざまなサービス（プログラム）が動作している可能性が高い。中には潜在的なセキュリティーホールを抱えたプログラム、適切なバージョンアップがされないまま放置されたプログラムなどが稼働していることもある。そのため、クラッカーなどはWebシステムを乗っ取るために、このような既知の脆弱性を突いて攻撃をしかけるために、そのようなプログラムが使用するポート番号をチェックする行為をポートスキャンと呼んでいる。

図1 MUNIN

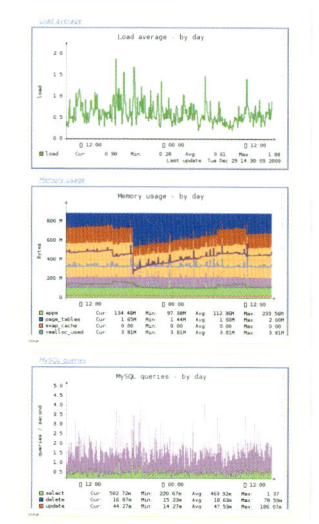

RRDtoolをベースにシステムの状態をグラフ表示できる「MUNIN」。システムリソースを監視することで、Webシステムが正常化どうしているかどうかをチェックできる

リソース監視と対策

このようなさまざまな原因によって引き起こされるシステムトラブルは、できることなら未然に防ぎたい。そこで重要になるのが**システム監視**である。特に重要なのはWebシステムの動作するシステムのリソース監視だ。システムリソースやネットワークリソースを監視するツールは「**RRDtool**」と呼ばれ、オープンソースなどのソフトウエアとして広く公開されている。有名なものに「Cacti」（http://www.cacti.net/）や「MUNIN」図1（http://munin.projects.linpro.no/）などがある。ツールによっては、同一マシンで動作する複数のドメイン別、拠点の異なるサーバの監視を行うことも可能である。メモリ不足などが原因であれば再起動を行うことで一時的に回復できる場合もあり、ホスティングサービスによっては、iPhoneでもシステム監視やサーバの再起動ができるところもある図2。自社内での管理ができない場合は、システムのリソース監視を代行し、アクセスが不能になった場合やシステムが異常な値を示した際に電話やメールで通知してくれるサービスもあるので利用を検討したいところだ。リソース不足に起因するトラブルを回避するには、リソースの増強や負荷分散を考えたシステム構築を行う方が賢明だ。

セキュリティ監視と対策

日夜意図せぬ攻撃にさらされるWebシステムにおいては、セキュリティ面での監視も重要になってくる。ポートスキャンや**不正アクセス**を試みる行為は、専用のソフトウエアで対応することができる。このような侵入検知のためのソフトウエアは、「**IDS**（Intrusion Detection System）」と呼ばれている。代表的なIDSには「Snort（http://www.snort.org/）」や「PortSentry（http://sourceforge.net/projects/sentrytools/）」などがある。これらは設定ファイルをもとに既知の攻撃を未然に防いだり、ソフトウエアによっては通信経路そのものを遮断できる。システム内のファイルの改ざんを未然に防ぐためには、「Tripwire（http://www.tripwire.co.jp/）」や「chkrootkit（http://www.chkrootkit.org/）」のようなソフトウエアをあらかじめインストールしておくことも考えたい。Webシステム内の不備をチェックするようなアクセスに対しては、.htaccessファイルでアクセスを事前に拒否することも可能だ注1。

緊急対策と恒久対策

監視は非常に重要な業務ではあるが、何らかの異常が発生するたびに場当たり的な対応をしていたら、Webシステムの保守は非常にたいへんなものになってしまう。監視はシステムの異常を発見するために必要なことだが、異常が発生した際にはツールを駆使して原因を突き止め、「恒久対策」を施すことが重要だ。アクセス数が大幅に上がっている場合は、どのような経路でアクセスされたのか、何を見てアクセスされたのかなどを分析することも必要になる。ニュースリリースや大手ポータルサイト、TVCMなどによる影響であれば、サーバを増強し負荷分散を考えるなどといった具体的な対策も導き出せるはずだ。

図2 Webサイト監視サービス

Webサイトをリモートで監視するサービスも存在している。中にはアクセス解析ついでにサイトの状態をリポートしてくれるサービスもある

ホスティングサービスによっては、iPhoneからサーバの再起動なども可能

注1 .htaccessファイル
Webシステムへの不要なアクセスを防ぐためには、.htaccessファイルを使ってブラックリストを作成し、特定のIPアドレスやUserAgentをあらかじめ拒否するといったこともできる。

```
■.htaccessファイルの記述例
# BLACKLISTED USER AGENTS
SetEnvIfNoCase User-Agent ^$ keep_out
SetEnvIfNoCase User-Agent "Y\!OASIS\/TEST" keep_out
SetEnvIfNoCase User-Agent "libwww\-perl" keep_out
SetEnvIfNoCase User-Agent "libwww" keep_out
SetEnvIfNoCase User-Agent "DotBot" keep_out
SetEnvIfNoCase User-Agent "Jakarta.Commons" keep_out
SetEnvIfNoCase User-Agent "MJ12bot" keep_out
SetEnvIfNoCase User-Agent "Nutch" keep_out
SetEnvIfNoCase User-Agent "cr4nk" keep_out
SetEnvIfNoCase User-Agent "MOT-MPx220" keep_out
SetEnvIfNoCase User-Agent "SiteCrawler" keep_out
SetEnvIfNoCase User-Agent "SiteSucker" keep_out
SetEnvIfNoCase User-Agent "Doubanbot" keep_out
SetEnvIfNoCase User-Agent "Sogou" keep_out
<Limit GET POST>
Order Allow,Deny
Allow from all
Deny from env=keep_out
</Limit>
```

Article Number **141**

システムの不具合修正と機能追加

Webシステムの運用が始まると、利用しているユーザーから日々、不具合の報告や、使い方に対する質問、機能のリクエストなど、さまざまな声が届くようになる。これらの声を反映して、よりよいシステムにしていくのは非常に大切なことであるが、うまく意見を調整していかないと、思わぬトラブルになってしまうこともあるので注意が必要だ。ここでは、Webシステムの改良やリニューアルについて紹介していこう。

システム監視・リニューアル

Keywords
- **A** 不具合報告
- **B** 情報漏洩
- **C** 機能リクエスト

A 不具合報告への対処

Webサイトを公開・運用していくと、利用者からの不具合に関する報告などが発生することも多い。そのような利用者の声については、できるだけ迅速に対応することが必要である。報告される不具合の内容は、単純な操作ミスなども含まれるが、サイトの運用にあたってはサポートも重要な職務だ。時には、Webサイトが利用できなくなったり、**情報漏洩**の可能性が高いシステムトラブルが発生していることも考えられる。このような不具合の報告を受けた場合の対処法を紹介しよう。

■内容の把握と再現性の確認

まずは、報告された内容が実際にシステムの不具合であるかどうか、どのような操作によって引き起こされるかを把握することが必要になる。必ずしもそれが不具合であるとは限らない。利用者の操作ミスや単純な勘違い、パソコンに異常が発生している場合などもある。特に携帯コンテンツなどは、キャリアや機種ごとの違いによって不具合が頻出しやすい。不具合の内容や利用環境を正確に把握し「再現性」を検証することからはじめたい。再現性のないものであれば、Webシステムには異常がないことになるが、何度も同じような報告を受ける場合などは、インターフェイスや機能がわかりにくいといったことも考えられる。これらも不具合のひとつと考えれば、場合によっては改良すべきポイントのひとつであることは確かだ。当然のことながら、報告された不具合が再現性のあるものであれば、迅速な対応をしなければならないのは言うまでもない 図1。

■被害状況の把握と修正計画

不具合がWebシステムのバグによるものであれば、すぐに現状の被害状況の把握に努めたい。情報漏洩 用語1 の可能性があるような深刻な不具合に関しては、早急にシステムを停止するなどの措置が必要だ。原因がプログラムのバグであった場合、報告を受けたその箇所だけを修正すればよいとは限らない。報告があがる前までに同じ操作をした利用者にはもれなく、同じ現象が発生している可能性が高くなってしまう。利用者がそれに気がついていないこともあれば、報告が面倒といった理由でそのままにしているケースもある。できれば過去のデータをさかのぼって調査するべきだろう。仮に情報漏洩などの深刻な問題が発生した場合は、「何件の情報が、ど

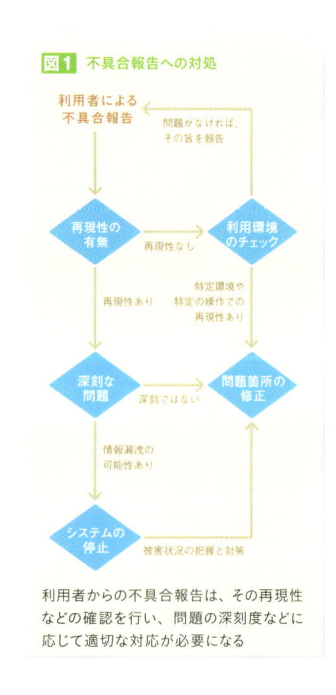

図1 不具合報告への対処

利用者からの不具合報告は、その再現性などの確認を行い、問題の深刻度などに応じて適切な対応が必要になる

用語1 情報漏洩

個人情報などが外部に流出すること。Webサイトの設定ミスやシステムの脆弱性以外に、運営管理にあたる人間によって引き起こされるケースも増えている。

のような経路で、どこに流出したのか」を正確に把握する必要があるはずだ。それと同時に適切にシステムを停止するなどの措置を行い、システムをどのように修正するかを計画しよう。システムの不具合は、その現状をしっかりと把握して適切な対処を行うことが必要になる。特に最近ではオープンソースのソフトウエアなどの利用も増えている。それらの持つ脆弱性によって引き起こされる問題もあることは認識しておきたい。運用するシステムは作って終わりではない。問題が起きてからでは遅いということを肝に銘じておこう。

機能リクエストへの対処

利用者から不具合報告ばかりが届くわけでもない。時には「こうなっていた方がよい」「こんな機能が欲しい」という、いわゆる「**機能リクエスト**」が寄せられることもある。制作した側としては、すぐにでもその機能を搭載して利用者に使ってもらいたくなるかもしれない。しかし、このような機能リクエストとその対応（実装）でもいくつか考えておきたいことがある。

■ **新たなバグの温床**

機能を追加した場合、それまで発生していなかったようなバグが新たに発生する可能性があり、それによって安定性が損なわれることがある。特にネットワークを介したアクセスになるWebサイトである。機能を追加したことによる負荷なども生じる。また、頻繁に機能を追加することによって利用者は使いにくいと感じてしまう可能性もある。ユーザーを多く抱えるWebサイトが大規模なリニューアルを差し控えるのは、利用者の利便性を考えた結果でもあるのだ。利用者のインターネットやWebに関するリテラシーは、制作側が想像するほど高いとは言い難い。ちょっとした見た目の変更であっても、即「使いづらい」という声が出てくるものである。

■ **利用者同士の意見の相違**

Webサイトの使いやすさは、利用者のリテラシーや考え方によって評価が変わってしまうため、同じ機能でも感じ方が違う場合がある。ある利用者から「この機能が使いにくいので変えてほしい」とリクエストされたからと、安易に作り替えてしまったら「前の方がよかった」といった意見を寄せる利用者も必ずいる。そのため、機能を追加したり、一部の挙動を変更するような機能リクエストの場合は、本当に実現してよいかなどを制作側で話し合ったり、テスト環境に機能を実装して確認する必要があるといえる。時には、機能追加後のサイトを一部の利用者にだけ利用してもらい、そのリポートを集めたうえで修正を加えてリリースするなどが考えられる。これは、実際にYahoo!などでも採用されている手法だ **図2**。

■ **高機能化によるWebシステムの複雑化**

高機能化と複雑さは紙一重で、あまりにさまざまな機能を詰め込んでしまうのは考えものだ。サイトの機能が高機能化していくのは必然であるが、複雑化してしまうことは時に問題となる。リテラシーの高い利用者は、高機能化すれば楽になると考えてしまう傾向が強い。しかし、新しくそのWebサイトを使い始める利用者にとっては、あまりに複雑なものは使いにくいと感じられてしまい、利用者が思ったように伸びない可能性も高くなる。提供側としては本当にその機能がWebシステムに必要かどうかをしっかり話し合い、見極めてから必要最低限の機能を加えていく方がよいだろう。

図2　利用者からの使用リポートを募る

たとえば、Yahoo! JAPANなどの大手サイトでは、機能追加したコンテンツなどを無作為に抽出した一部の利用者に使ってもらったり、実装前のβ版として公開してアンケートをとって実際のサイトの機能に反映している

Article Number 142

Webサイトのバージョン管理

Webサイトは、作り上げたら完成というわけではない。どれだけ仕様書やシステム設計書などを作り込んだとしても、動き出して初めてわかる不具合や使いにくい部分というのが出てくる。そこで必要になるのが、Webサイト全体の「バージョンアップ」だ。機能を改善したり、必要な機能を追加することにより使いやすいWebサイトへと成熟していくのだ。

システム監視・リニューアル

Keywords
- A バージョンアップ
- B バージョン管理
- C Subversion

A Webサイトのリニューアル（バージョンアップ）

Webサイトにおいては、システムの不具合の修正や細かな改良など、機能の追加ではなく原状の回復・維持を目的としたマイナーアップデートは頻繁に行われる。また、利用者からの機能追加リクエストや、開発当時に見送られた機能などを実装することで、Webサイト自体の機能を拡張するようなメジャーバージョンアップもある。このようなリニューアルともいえる大規模なバージョンアップの際は、利用者にとっても機能やそれにともなうインターフェイスなどが変わるため、あらかじめ利用者側への告知や操作方法の解説を行うなど周到な準備が必要となってくる。

αバージョンとβバージョン

Webサイト全体の機能の追加や削除など大きな変更を伴うバージョンアップでは、予期せぬ不具合が発生したり、正常に利用できないというようなトラブルが発生しやすく、業務に支障をきたす場合もあるため慎重に行いたい。といっても、開発段階においてすべての不具合を確実になくすのは現実的に難しく、運用してみて初めてわかることもある。そこでよく利用されるのが「αバージョン」「βバージョン」という区分けである。

αバージョンとは、開発中あるいは開発直後のバージョンに付ける記号で、バージョン番号などのあとに「α」を付記する。テスト環境において運用実験をしたり、利用者を限定する形でユーザーテストを行う段階を指す。この段階を経て、不具合の修正や機能の追加を行ったうえで、次のステップであるβバージョンへと移行する。βバージョンでは、一般の利用者に開放して広く使用してもらう場合もあるが、まだ不具合が含まれている可能性が高いので、実際の運用に利用するのは推奨されないことを示す。そのような意図を理解できる利用者に実際の運用に近い形で試してもらいながら不具合を見つけ出したり、リポートを出してもらうという段階だ。ここで不具合が見つからなければ正式バージョンへと移行する。

図1 Subversion

Subversionによって管理されるリポジトリ／ローカルの作業ディレクトリ／修正もしくは変更したファイルをコミット／必要ファイルを修正／作業用のコピーを取得

バージョン管理システムでは、リポジトリを作成しデータを保存・管理する。開発者はローカルの環境に作業用のコピーを取得し、変更したファイルをリポジトリに戻すといった流れで作業を進める。特に複数人が同時に作業するような場合は、リポジトリ内のデータがリビジョンによって管理されるため、不用意な上書きやコードの消失といったトラブルを避けることができる

一時期、Webシステムは「常に進化を続けている」という意味で、サイト名に「β」を付けたWebサイトが多く見られた。たとえば、mixiやGmailなどは長く「βバージョン」という位置付けで運用されていたが、現在ではどちらもβが外れている。

バージョン管理とロールバック

番号によってバージョンを厳密に管理していけば、一元的にスムースにバージョンアップしていくことができそうだが、実際にはそううまくはいかない。

たとえば、バージョン1.0.0に不具合が発見されたので、1.0.1にバージョンアップしたとしよう。一方で開発中のバージョン2.0.0にも同様の不具合があるとしたら、こちらも修正してマイナーバージョンアップしなければならない。

また、新バージョンリリース後に重大な不具合が発見され、運用を続けることができないというような事態になれば、一時的に旧バージョンに戻さなければならないこともある。このように最新の状態から以前の状態に戻すことを「ロールバック」用語1 という。また、定期的にシステム全体のバックアップ（スナップショット 用語2）を保存し、不具合が発生した際にそれ以前の状態に戻せるようにすることもできる。

このようにWebサイトの開発や運用に際しては、その状態やバージョン管理も複雑になってしまう。そこで活躍するのが「バージョン管理システム」だ。これを利用すれば、このような複雑なバージョン管理をシステム側でコントロールすることができる。代表的なバージョン管理システムとしては、「CVS」用語3 や「Subversion」、Linuxの開発者の手による分散型のバージョン管理システムである「Git」用語4 などが有名だ。中でもSubversion 図1 は、プログラムやシステム開発の現場だけでなく、Webオーサリングソフトを介しても利用できるためWeb制作会社などでも用いられている 図2。

バージョン管理システムの仕組み

バージョン管理システムの仕組みを簡単に紹介しておこう。バージョン管理システムの多くでは、「リポジトリ」用語5 と呼ばれるディレクトリに開発中のWebサイトまたはシステムのコードを格納する。ここには、ディレクトリ以下に配されたコードだけでなく、その変更履歴なども保存される。

実際の手順としては、このリポジトリから最新の作業用のコピーをローカルに取得（チェックアウトという）し、ローカルで変更したデータをリポジトリに戻す（コミットまたはチェックインという）という流れになる。このとき、必要に応じてファイルをロックする、修正箇所の差分を確認する、ファイルをマージするといったことも可能である。このような作業履歴は、バージョン管理システムのリビジョン番号によって管理される。

このような仕組みであるため、複数人での開発におけるファイルの上書きやコードの消失のような深刻な事態はさけることができる。さらに、メインの開発と並行して別バージョンの開発を行う際には「ブランチ（枝という意味）」用語6 を作成し、メインとは切り離して新たな開発を続行することも可能になっている。

用語1　ロールバック
直訳は巻き戻し。前の状態に戻すこと。主にデータベースなどの更新作業中に障害発生等で更新を中断したときに更新前の状態にまで戻ることをいう。

用語2　スナップショット
開発中のプログラムのソースファイルや、稼働中のデータベースファイルなどを、特定のタイミングで抜き出したもの。

用語3　CVS
ファイルのバージョンを管理するアプリケーションソフト。主としてプログラムの開発作業などに使用されるが、CVS自体はどんなファイルでも管理できる。オープンソースで開発されており、その過程はCVSで管理されている。

用語4　Git
プログラムなどのソースコード管理を行う分散型バージョン管理システム。Linuxカーネルのソースコード管理を目的として、Linus Benedict Torvaldsによって開発された。

用語5　リポジトリ
元々「貯蔵庫」や「資源のありか」といった意味の英単語。アプリケーション開発の環境において、アプリケーションやシステムの設定情報がまとめて記録されているファイルやフォルダのこと。また、複数の開発者が参加する状況でソースコードや仕様に関する情報をまとめて保管してくれるシステムなどを指す。

用語6　ブランチ
枝、支流、支店、支線、分岐、などの意味を持つ英単語。特に、ソフトウエアのソースコードのバージョン管理などにおいて、主流の系統から枝分かれした別の系統のコード群のことをブランチという。この場合、主流となっている系統を「トランク」（trunk：幹）と呼ぶ。

図2　Adobe Dreamweaver 
プログラマーやシステム開発の現場では古くから用いられていたバージョン管理システムは、コマンドラインの操作だけでなく、最近ではGUIを使ったSVNクライアントや「Dreamweaver」でもファイルのチェックイン・チェックアウトができるようになっている

Article Number **143**

ユーザーテスト

Webシステムはどれほど緻密に設計したとしても、利用者は設計者や開発者が思いも寄らなかった行動を取ったりするものだ。ちょっとした言葉の使い方で、利用者に理解してもらえない、うまく使ってもらえないというようなこともある。Webシステムは利用者が操作する場面が非常に多く、迷ったり、勘違いしたりといったことがたびたび起こってしまう。そこで重要なのが、実際の利用者を呼んで行う「ユーザーテスト」だ。前提知識のない利用者に体験してもらうことで、見落としていた問題点が浮き彫りになってくる。

システム監視・リニューアル

Keywords

- **A** タスクリスト
- **B** ツールチップ
- **C** グレーアウト
- **D** ハイライト

ユーザーテストとは

ユーザーテストは、Webシステムを開発チームとは別の一般の利用者に体験してもらい、その挙動を観察したり、感想をヒアリングすることで、システムの問題点を洗い出す作業だ。「137 運用時のユーザビリティテスト」→P.316 でも紹介した「ユーザビリティテスト」と同じような意味合いではあるが、たとえば、オンラインショップのシステムの管理画面は、商品を管理する「ショップオーナー」しか利用しないため、さまざまな利用者に利用してもらう必要はない。使ってもらう本人にテストをお願いすればよいだろう。

ユーザーテストの手順① 「タスクリスト」の作成

A ユーザーテストを行うには、まず「**タスクリスト**」用語1 図1 を準備する。これは、テスト被験者に行ってもらう行動のことで、たとえば「○○という商品を登録する」とか、「2009年11月の月間売り上げデータをダウンロードする」といった内容が記載されたリストだ。さらに、「月末になったため、今月の売り上げのリポートを出し、来月の新商品である○○と××を追加する。また、△△は季節商品のために非表示とする」など、ある場面を想定した一連の作業がタスクとなる場合もある。

タスクリストを作る際のポイントとしては、内容を具体的に記述することだ。単に「売り上げデータをダウンロードする」というタスクでは、人によって日別のものや、年間の売り上げデータをダウンロードしてしまうかもしれない。これではやはり、正確なテストが行えないため、具体的な内容を記述するというわけだ。

用語1 タスクリスト
ここでのタスクは「仕事」というよりは、「課題」「ミッション」といった意味合いが強い。場合によっては「課題リスト」や「シナリオ」等と呼ばれる場合もある。

図1 タスクリストの例

タスクNo.	カテゴリ	タスク	達成	被験者コメント	スタッフコメント
1	商品管理	○○という商品を登録する			
2		○○という商品を削除する			
3		××という商品の価格を200円に変更する			
4	リポート	2009年11月の月間売り上げデータをダウンロードする			

タスクリストはExcel等で作成し、実際のテストの際にコメントなどを記入していくとよい

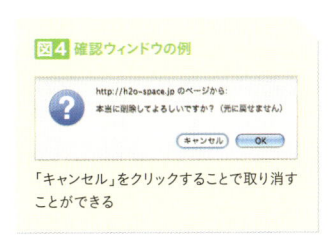

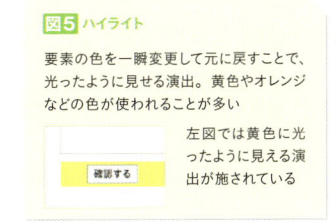

ユーザーテストの手順② テスト

被験者とタスクシートが決まったら実際のテストを実施しよう。Webシステムのユーザーテストの場合、「アイトラッキング」**用語2** などは必要性が低いため、専門的な機器やソフトは必要とせず、むしろ実際にその利用者が利用するパソコンでテストをしたほうが自然な動作が確認できてよいだろう。ビデオカメラと録音機材があれば、記録のために利用するとよい。

テストは、スタッフと被験者が並んで座り、スタッフが誘導する形で進めていく。誘導とはいっても、スタッフが伝えるのはタスクの内容のみであり、具体的な操作手順や利用者が操作を間違えたときに指摘をするといったことはない。

タスクが完了したり、操作を間違えてわからなくなってしまった場合などは、タスクを終了とし、わかりにくかった部分はないか、なぜ間違えてしまったのか等をヒアリングする。この作業を数人、繰り返し行っていこう。

ユーザーテストの手順③ リポートの作成と考察・改善

ユーザーテストが完了したら、その結果をリポートとしてまとめていく。各タスクごとの達成率を出し、脱落した人が多かったタスクについては、改善する必要があるだろう。主な改善の方法としては次のようなものがある。

■文言の内容および位置

多くの場合、Webシステム内での説明が不足していることが多い。また、説明がされていたとしても、利用者の目に触れにくい場所だったりすると見てもらえない。

そこで、注意書きをボタンのそばに記載したり、マウスカーソルのそばにメッセージが表示される「**ツールチップ**」**図2** を利用するなどしてわかりやすく表示するとよいだろう。 ◀ **B**

■誤操作を防ぐクッション

利用者はボタンがあると、心理的にクリックしたくなってしまい、必要以上にクリックする傾向が強い。また、テキストエリア内でEnterキーを叩くと、送信ボタンをクリックしたのと同じ効果になるため、これも誤操作の原因となる。そこで、たとえば登録画面であれば、必須項目に情報がすべて記入されるまでは、「登録」ボタンを **グレーアウト** **図3** にして、クリックできない状態にしたり、クリックすると確認ウィンドウが表示されて「本当に続けてよろしいですか？」といった確認を表示する **図4** など、クッションをおくことで、誤操作を防ぐことができる。 ◀ **C**

■変化をわかりやすく

利用者は、マウスをクリックしたりキーボードを打ち込むなどの作業があると、目線がカーソル位置に集中してしまい、それ以外の場所が見えなくなることが多い。そのため、マウスをクリックしたタイミングで画面内に変化が起こっても気がつかないこととなどもある。そこで、画面が変化したときにAjax等を用いて「**ハイライト**」**図5** という演出を施したり、フェードをしたりなどのエフェクト効果を加えることで、注目されやすくなることもある。 ◀ **D**

このように、さまざまな解決手法がある。各問題点に対し、どのような方法で改善が行えるかを考察するとよいだろう。

用語2 アイトラッキング
視線の動きという言葉にできない無意識の行動をもとにユーザビリティを分析し、これにより、Webサイトを改善しようとするもの。→P.307

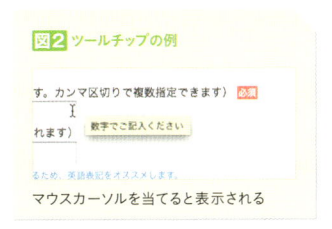

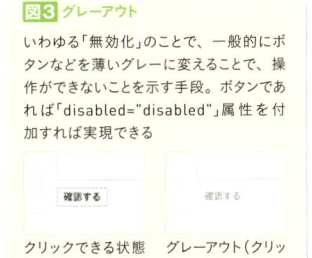

図2 ツールチップの例
マウスカーソルを当てると表示される

図3 グレーアウト
いわゆる「無効化」のことで、一般的にボタンなどを薄いグレーに変えることで、操作ができないことを示す手段。ボタンであれば「disabled="disabled"」属性を付加すれば実現できる
クリックできる状態 / グレーアウト（クリックできない）

図4 確認ウィンドウの例
「キャンセル」をクリックすることで取り消すことができる

図5 ハイライト
要素の色を一瞬変更して元に戻すことで、光ったように見せる演出。黄色やオレンジなどの色が使われることが多い
左図では黄色に光ったように見える演出が施されている

Article Number **144**

新システムへの移行

システムのバージョンアップは、テストではうまくいったとしてもそう簡単に現行システムから移行することはできない。公開作業の際は、データの入れ替え作業などで時間がかかってしまうし、使い勝手も変わってしまう場合もあり、利用者が混乱する恐れがある。しっかりと計画を立て、確実に移行作業を行っていく必要があるだろう。

システム監視・リニューアル

Keywords　A 一括移行　B 段階移行　C 平行運用

移行の方法

新しいWebシステムへの移行には、いくつかのやり方がある。Webシステムの用途、規模などにあった最適な方法を考えよう。

A ■一括移行 図1

一括移行は、現行のWebシステムを停止して、すべてを新システムに入れ替えるという、最も手間のかからないシンプルで基本的な方法だ。

しかし、現行のWebシステムを停止するというのがネックで、Webシステムの用途や種類によっては、停止できない場合がある。また、停止できるとしても、アクセスの少ない深夜や休日のみということもある。一般の顧客が利用するWebシステムでは、前もってシステム停止時間を通知し、システム再開日時には確実に再開できるようにしなければならないので、時間との勝負になる。もし、移行作業中に重大なトラブルが発生したりすると、Webシステム自体が稼働できなくなってしまうため、その点でリスクも大きい方法である。

B ■段階移行 図2

Webシステムを機能ごとに切り分けるなどして、何度かに分けて移行する方法だ。Webシステムの停止時間を短縮し、段階ごとの移行作業も短時間で済むなどの利点がある。

しかし、段階的に移行できるようにシステムを開発しなければならないことや、移行をするたびに詳細な検査が必要になることなどから、移行の準備と検査に手間がかかる。また、移行期間も長くなってしまうため、エンジニアの負担が大きく、その分のコストもかかってしまうという欠点もある。

C ■平行運用 図3

新しいWebシステムを、現行のシステムとは別のWebサーバ上に開発し、利用者に利用してもらうという方法だ。新システムに不具合が出たり、業務に支障が出た場合は、現行のシステムを引き続き使うことも可能で、リスクは非常に低い。ある程度新システムが落ち着いてきたら、現行システムの閉鎖計画を立てて、閉鎖すればよい。

ただし、現行のシステムで入力されたデータと、新システムで入力されたデータの整

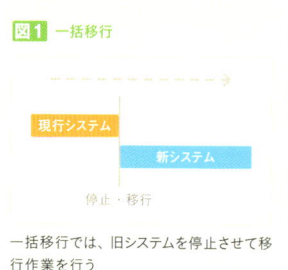

図1 一括移行

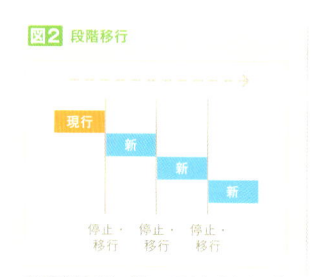

一括移行では、旧システムを停止させて移行作業を行う

図2 段階移行

段階移行では、新システムを何度かに分けて移行させる

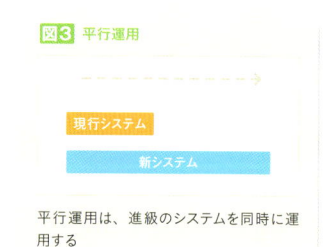

図3 平行運用

平行運用は、進級のシステムを同時に運用する

合性を取らなければならず、その分の余計な開発が必要になる可能性がある。また、現行システムと新システムの両方を保守しなければならないため、その分手間も増える。さらに、Webサーバなどのハードウエア機器も余計に準備しなければならないためコストもかかる。

このように、各移行方法にはそれぞれメリットとデメリットがあるので、ベストな選択は、対象となるWebシステムの用途、種類などによって異なる。コストや手間、リスクのバランスを考えて最適な方法を選択しよう。

移行計画とツール開発

Webシステムの移行は大きな負担やリスクが発生する作業であり、場合によっては開発全体の30%〜40%が移行に関わる工数となってしまうこともある。しかも、移行作業は時間が限られているため、慎重かつスピーディに作業を行えるように「移行計画書」を整えることが重要だ。

■移行計画書 図4

移行計画書とは、その名のとおり、Webシステムに移行作業をあらかじめ計画を立てて書類に落とし込んだものだ。移行作業をいつ、どのように行うかといったことを記述していく。移行作業は、ユーザーにとってもWebシステムが利用できなくなったり、リスクが発生したりするなど、影響の大きい作業であるため、計画書はわかりやすく、詳細に記述をしてユーザーとも共有しておく必要がある。一括移行を採用する場合などは、移行作業に分単位のスケジュールが必要になる場合もある。作業のやり残しや、チェック漏れがないように、しっかりと確認をして記載していこう。

また、「リハーサル」を行う場合もある。実際の環境に近いテスト環境を準備しておき、本番さながらの作業を行ってみるというわけだ。このとき、ストップウォッチなどを準備して、作業にかかる時間が計画書どおりであるかなどをチェックする。

■ツール開発

場合によっては、Webシステムを移行するための「移行ツール」を開発する必要がある。たとえば、データベースの構造が新システムで変わるのでデータを移行する必要があるというような場合に、膨大なデータを手作業で移行していては手間がかかりすぎてしまう。このようなときは一括して移行できるようなツールを開発したほうが効率的だろう。

移行ツールの開発は、本来のWebシステムに比べて、軽視されがちで開発があと回しになったり、テストが十分に行われず、実際の作業で正常に動作しないといったこともある。詳細設計時などに、移行ツールのことも考えた設計を行い、しっかりと開発していく必要がある。

図4 移行計画

INDEX

記号
- @font-face ... 218
- .flv ... 238
- .m4v ... 238
- .mov ... 238
- .mp3 ... 241
- .mp4 ... 238, 241
- .NET ... 272
- .wma ... 241
- .wmv ... 238

数字
- 3C分析 ... 031
- 3つの基本戦略 ... 031
- 4C ... 037
- 4マス ... 039
- 5W2H ... 039
- 5つの力 ... 030
- 9つの柱 ... 182

A
- A/Bテスト ... 309
- AADL ... 151
- abbr要素 ... 247
- Acrobat ... 242
- ActionScript ... 266, 275
- address要素 ... 254
- AIDA ... 041
- AIDMA ... 041
- AIFF ... 240
- AISAS ... 041
- AISCEAS ... 041
- Ajax ... 130, 265, 278
- alt属性 ... 231
- Amazon ... 081
- Android ... 134
- Another HTML-lint ... 263
- Apache ... 272
- ASCII ... 248
- ASP ... 055
- ASP.NET ... 169
- ASP方式 ... 304

B
- BI ... 062
- bing ... 196
- BMP ... 234
- body要素 ... 251, 252, 254
- border ... 259
- bps ... 241

- Browsersize ... 226
- B to B ... 052
- B to C ... 052

C
- CakePHP ... 283
- CGI ... 124, 276
- CGM ... 056
- CI ... 212
- classセレクタ ... 257, 258
- class属性 ... 257
- CMS ... 211, 312, 314
- COCOMO ... 188
- CPA ... 292
- CPAN ... 276
- CPA販売 ... 195
- CPC販売 ... 195
- CPM ... 185, 186
- CPM販売 ... 195
- Creative Commons ... 145
- CRUD ... 284
- CSR ... 061, 310
- CSS ... 250, 256
- CSSの記述ルールと命名規則 ... 260
- CSSのプロパティ ... 258
- CSSハック ... 262
- CSSファイルの最適化 ... 261
- C to C ... 052
- CTR ... 292
- cufón ... 218
- CV ... 292

D
- DB ... 164
- DDoS ... 322
- dl要素 ... 254
- dojo ... 267
- DOM ... 267
- DRM ... 238

E
- ECMAScript ... 266, 275
- ECサイト ... 081
- ECビジネス ... 052
- ER図 ... 167
- EUC ... 248
- EV法 ... 189
- eコマース ... 052

F
- FDD ... 141
- Firefox ... 221
- Fireworks ... 211
- Flash ... 208, 265
- Flash Video ... 238
- Flickr ... 245
- FP法 ... 188
- FTPクライアント ... 271

G
- GIF ... 234
- GNU General Public License ... 145
- Google ... 080
- Google Analytics ... 294, 301
- Google Chrome ... 134
- Google Maps ... 265, 275
- Google Voice ... 290
- GPS ... 132

H
- head要素 ... 251, 252
- height ... 259
- HSB ... 221
- HSV ... 221
- HTML ... 250, 252
- HTML 5 ... 209
- HTMLの記述ルールと命名規則 ... 260
- HTMLモックアップ ... 158
- html要素 ... 251
- HTTP ... 010
- h要素 ... 254

I
- IA ... 086
- IAB ... 195
- ICCカラープロファイル ... 220
- IDE ... 168
- IDS ... 323
- idセレクタ ... 257, 258
- Illustrator ... 211
- img要素 ... 255
- iPhone ... 020, 134
- IPアドレス ... 010
- IR ... 060
- IR情報サイト ... 061
- ISO9001 ... 175
- ISO9241-11 ... 092
- iモード2.0 ... 135

J
- Java ... 169, 277
- Java Servlet ... 277
- JavaScript ... 265, 266, 275
- JIS ... 248
- JIS X 8341 ... 175
- JIS X 8341-3 ... 268
- JPG ... 234
- jQuery ... 267, 283
- JSP ... 277

K
- KBF ... 031
- KJ法 ... 048
- KPI ... 045, 292
- KSF ... 031

L
- LAMP ... 277
- LATCH ... 096
- Latin1 ... 248
- LPO ... 299, 308

M
- margin ... 259
- MECE ... 051
- meta要素 ... 253
- Microsoft Office Project ... 185
- Microsoft Officeドキュメント ... 243
- mixi ... 081
- Monospace ... 218
- MPEG 4 ... 238
- MPEG-1 Audio Layer 3 ... 241
- MPEG-4 Audio ... 241
- MVCモデル ... 284

N
- NDA ... 071
- NLP ... 025

O
- ol要素 ... 254

P
- padding ... 259
- PDCAサイクル ... 045, 293
- PDF ... 242
- PDM ... 185
- Perl ... 169, 276
- PERT ... 185
- PEST ... 030
- Photoshop ... 211
- PHP ... 169, 272, 277
- PIPの法則 ... 066
- PMBOK ... 190
- PMI ... 185
- PNG ... 234
- PR ... 060
- Progression ... 283
- PV ... 293, 296
- Python ... 277
- p要素 ... 254

Q
- QRコード ... 199
- QuickTime Movie ... 238

R
- RDB ... 164
- RFI ... 023
- RFP ... 022
- RFQ ... 023
- RIA ... 130, 264
- RRDtool ... 323
- Ruby ... 272, 277
- Ruby on Rails ... 169

S
- S/N比 ... 217
- SaaS ... 054
- Safari ... 134
- Sans-serif ... 218
- SEO ... 196
- Serif ... 218
- sIFR ... 218
- SMART ... 045
- SMO ... 057
- SNS ... 056, 081
- SOW ... 023
- SQL ... 165
- SQLインジェクション ... 287
- sRGB ... 221
- Struts ... 283
- Subversion ... 327
- SWOT分析 ... 036
- SysML ... 151

T
- table要素 ... 254
- TCP/IP ... 010
- TDD ... 141
- title要素 ... 253
- Twitter ... 080

U
- UCD ... 034
- UI ... 104
- ul要素 ... 254
- UML ... 152
- Unicode ... 248
- Unit PNG fix ... 236
- UX ... 087

V
- VI ... 212
- VRML ... 242

W
- W3C ... 011, 208
- WAI ... 268
- WAI-ARIA ... 265
- WAVE ... 240
- WBS ... 074
- WCAG ... 268
- Web2.0 ... 040
- Web3D ... 242
- Web API ... 280
- Web解析 ... 032
- Webサイトにおけるワイヤーフレーム 100
- Webビーコン型 ... 301
- Web標準に準拠した制作手法 ... 250
- Webブラウザの仕組み ... 011
- Webマーケティング ... 040
- Webマスター ... 016
- width ... 258
- Windows Media Audio ... 241
- Windows Media Video ... 238
- Windows Mobile ... 134
- Windows Phone ... 134
- WWW ... 010

X
- X3D ... 242
- XHTML ... 251
- XMLサイトマップ ... 197
- XP ... 140

Y
- Yahoo! ... 080
- Yahoo! UI Library ... 283
- YouTube ... 056
- YSlow! ... 288
- YST ... 196

Z
- Zend Framework ... 283

INDEX

あ
- アーキテクチャ記述言語 ……… 151
- アーキテクチャ設計 ……… 148
- アートディレクター ……… 018
- アイスブレーク ……… 046
- アイソレーションエリア ……… 111
- アイトラッキングテスト ……… 307
- 相見積もり ……… 068
- アカウント ……… 018
- アカウントマネージャー ……… 016
- アクセシビリティ ……… 268
- アクセシビリティ対応方針 ……… 110
- アクセス解析 ……… 294, 296, 298
- アクセス解析ツール ……… 300
- アクセス解析で取得できるデータ ……… 295
- アクセス解析の分析項目 ……… 302
- アクター ……… 154
- アクティビティ図 ……… 152
- アジェンダ ……… 046
- アジャイル開発 ……… 139, 140
- アテンション・マネジメント ……… 066
- アフォーダンス ……… 106
- アフォーダンスデザイン ……… 092
- アプリケーションとしてのUI ……… 104
- アルファチャンネル ……… 235
- アレクサ ……… 304
- 暗号化 ……… 171

い
- イテレーション ……… 140
- 委任契約 ……… 070
- 色温度 ……… 220
- 色空間 ……… 220
- インターネットオークション ……… 052
- インターネット広告 ……… 041, 194
- インターネット視聴率 ……… 304
- インタラクション ……… 105
- インタラクションデザイン ……… 228
- インタラクティブデザイン ……… 228
- インフォメーションアーキテクト ……… 018, 086
- インフォメーションデザイン ……… 093
- インプレッション効果 ……… 194
- インプレッション保証型 ……… 195
- インライン要素 ……… 255

う
- ヴァネヴァー・ブッシュ ……… 010
- ヴィジュアル・アイデンティティ ……… 212
- ウォーターフォールモデル ……… 028, 138

- 請負契約 ……… 070
- 運用コスト ……… 312
- 運用時のユーザビリティテスト ……… 316
- 運用・保守ガイドライン ……… 313
- 運用、保守、管理業務で使われるツール・サービス ……… 315

え
- 映像素材 ……… 238
- エキスパート評価 ……… 306
- エクストリームプログラミング ……… 140
- エスノグラフィ ……… 091
- 絵文字 ……… 133
- エリアの定義 ……… 100
- 演繹法 ……… 051
- エンコーディング ……… 248
- エンコード ……… 238

お
- オーサリングソフトウエア ……… 270
- オープンソース ……… 144
- オッカムの剃刀 ……… 217
- オプトアウト、オプトイン ……… 203
- オリエンテーション ……… 024
- 音声素材 ……… 240

か
- カードソーティング ……… 096
- 概算見積もり ……… 068
- 外注管理 ……… 192
- 外部システムインターフェイス設計 ……… 161
- 外部設計 ……… 148
- カウンセリング ……… 025
- 確定見積もり ……… 068
- 瑕疵担保期間 ……… 071
- カスケーディング・スタイルシート ……… 256
- 画像素材 ……… 234
- 画面設計 ……… 149, 156
- 画面遷移図 ……… 156
- カラープロファイル ……… 220
- カラーマネジメントシステム ……… 220
- カラムレイアウト ……… 222
- ガント・チャート ……… 185
- ガンマ値 ……… 220

き
- キーワードの分析 ……… 197, 302
- 企業サイト ……… 081
- 企業ドメイン ……… 030
- 企業内ポータルサイト ……… 081

- 機種依存文字 ……… 111, 249
- 議事録 ……… 047
- 帰納法 ……… 051
- 機能リクエスト ……… 325
- 規模の経済 ……… 054
- キャラクタセット ……… 248
- キャリアアップ ……… 198
- 業界構造分析 ……… 030
- 業界動向調査 ……… 026
- 業務委託契約書 ……… 070

く
- グーテンベルグ・ダイヤグラム ……… 214
- クチコミ ……… 056, 200
- クライアントコンピュータ ……… 126
- クライアント／サーバモデル ……… 126
- クライアントサイドスクリプト ……… 272, 274
- クラス図 ……… 152
- クラス設計 ……… 162
- クラッシング ……… 187
- グラフィックエディタ ……… 270
- クリエイティブディレクター ……… 018
- クリック保証型 ……… 195
- グリッドシステム ……… 215, 222
- グリッド図 ……… 042
- クリティカル・パス ……… 186
- グループインタビュー ……… 317
- グループセレクタ ……… 258
- グローバルナビゲーション ……… 108
- クロスサイトスクリプティング ……… 286
- クロス分析 ……… 296

け
- 経営戦略 ……… 030
- 形式知 ……… 313
- 携帯電話 ……… 132
- 契約書 ……… 070
- 結合テスト ……… 172
- 検索エンジン ……… 080, 196
- 検索エンジン最適化 ……… 196
- 検索エンジンスパム ……… 197
- 検索連動型広告 ……… 194
- 現状サイト・競合サイト分析 ……… 026
- 検証内容の決定 ……… 316
- 検証の実施 ……… 316
- 検証方法の決定 ……… 316

こ
- コーチング ……… 025

コーデック	238	
コーポレイトサイト	081	
コーポレート・アイデンティティ	212	
コーポレート・コミュニケーション	060	
コーポレートサイト	060	
コア・コンピタンス	030	
広告スペックの標準仕様	195	
行動ターゲティング広告	194	
高齢者・障害者等配慮設計指針	268	
ゴシック体	218	
個人情報保護法（個人情報の保護に関する法律）	170	
個人情報漏洩保険	171	
コスト管理	189	
コスト積算	188	
個体識別番号	132	
コピーライター	019	
個別計画	072	
コミュニケーションミックス	039	
コミュニケーションカウンター	182	
コミュニケーション管理	190	
コミュニケーション計画	075, 190	
コミュニケーション戦略	038	
コミュニティサイト	081	
コムスコア	304	
コンセプトドキュメント	076	
コンセプトメイキング	076	
コンディショナルコメント	262	
コンテクスト	088	
コンテクストナビゲーション	109	
コンテンツ	082, 230	
コンテンツの重み付け	100	
コンテンツの組織化	094	
コンテンツの分析	094	
コンテンツリニューアル	320	
コンバージョン	292	
コンバージョンレート分析	302	
コンポーネント図	153	

さ

サーバコンピュータ	126	
サーバサイドスクリプト	272, 276	
サーバログ型	300	
サービス型のソフトウエア	054	
サイトガバナンス	311	
サイト管理者向けのツール	314	
サイトの評価と改善案	316	

サイト目的の明確化	316	
採用情報サイト	061	
作業手順設定	184	
作業の定義	184	
作業範囲	074	
作業範囲記述書	023, 192	
サンプリングレート	240	
参照元の分析	302	

し

シーケンス図	153	
ジェシー・ジェームス・ギャレット	089, 182	
ジェローム・マッカーシー	037	
視覚伝達デザイン	214	
時系列定点観測	303	
時系列比較分析	303	
システムアーキテクト	019	
システムエンジニア	019, 136	
システムテスト	172	
システム要件定義	142	
システム要件定義書	143	
子孫セレクタ	257, 258	
下請契約	176	
下請代金支払遅延等防止法	193	
シフトJIS	248	
重要業績指標	293	
受託開発型ソフトウエア	054	
準委任契約	070	
詳細サイトマップ	098	
詳細設計書	163	
情報アーキテクチャ	086	
情報探索行動	214	
情報提供依頼書	023	
情報と装飾の完全分離	260	
情報の配布	190	
所要期間見積もり	184	
シングルテナント方式	055	
進捗管理	192	
進捗報告	190	

す

スクラム	141	
スケーラビリティ	150	
スケジュール管理	184	
スケジュール作成	184	
スケジュールの表記方法	185	
スコープ計画	072, 074	
スコープ定義	188	

ステークホルダー	060	
ステンシル	103	
ストックフォト	244	
ストリーミング形式	239	
スパイラルモデル	138	
スマートフォン	020, 134	

せ

成果報酬型	195	
正規化	166	
制作ディレクター	019	
脆弱性診断	287	
静的コンテンツ	083	
セキュリティ監視	323	
セキュリティホール	286	
セグメンテーション	042	
セッション	296	
セレクタ	257	
セレクタの基本書式	258	
戦略フレームワーク	030	

そ

想定環境	110	
ソーシャルネットワーキングサービス	056	
ソーシャルメディア	056	
ソーシャルメディア最適化	057	
属性ターゲティング広告	194	
素材の管理	084	
ソフトウエア・アーキテクチャ設計	150	

た

ターゲットユーザー	082	
ターゲティング	042	
ターゲティング配信	203	
ターミナルソフトウエア	271	
ダイアグラム	098	
滞在時間	298	
代替テキスト	231	
代替要素	269	
ダイナミック疑似クラス	258	
タイプセレクタ	257, 258	
タイポグラフィ	218	
単体テスト	172	

ち

超概算見積もり	068	
帳票設計	160	
直接契約	176	
著作権フリー	244	
直帰率	299	

INDEX

つ
- ツリー図 …… 042

て
- データ管理環境 …… 084
- データベース …… 164
- データベース設計 …… 166
- 提案依頼書 …… 022
- 提案書 …… 064
- 定性調査 …… 033
- 定量調査 …… 033
- ディレクトリ型検索エンジン …… 080
- テキストエディタ …… 270
- テキスト素材 …… 232
- デザイナー …… 018
- デザインガイドライン …… 110
- デザインカンプ …… 210
- デザインコンセプト …… 110
- デザインパターン …… 105
- デザインリニューアル …… 318
- テスター …… 136
- テスト駆動開発 …… 140, 141
- デバイスフォント …… 218
- デバッガー …… 136
- デベロッパー …… 019
- デモグラフィック変数 …… 302

と
- 統一モデリング言語 …… 152
- 透過PNG …… 236
- 動画コンテンツ …… 238
- 統合開発環境 …… 168
- 投稿監視サービス …… 315
- 導線分析 …… 033
- 動的コンテンツ …… 083
- 等幅 …… 218
- 特定電子メールの送信の適正化等に関する法律 …… 203
- トラフィック効果 …… 194
- ドロップシッピング …… 052

な
- 内部設計 …… 162
- なぜなぜ5回 …… 050
- ナビゲーションシステム …… 108
- ナビゲーションとしてのUI …… 108

に
- ニュースリリース …… 204
- 人間中心設計 …… 093

ね
- ネットブランディング …… 063
- ネットレイティングス …… 304

は
- バージョン管理 …… 327
- パーマリンク …… 057
- 配色設計 …… 220
- 配色ルール …… 221
- 配置図 …… 153
- ハイパーテキストシステム …… 010
- バイラル・マーケティング …… 056
- ハイレベルサイトマップ …… 095
- パケットキャプチャ型 …… 301
- パケット通信 …… 133
- 派遣契約 …… 070
- パッケージ型ソフトウエア …… 054
- バッチ設計 …… 161
- ハニカム構造 …… 225
- パフォーマンスデザイン …… 093
- バランス・スコアカード …… 044
- バリデーション …… 262
- バリュー・チェーン …… 037
- パンくずナビゲーション …… 109

ひ
- ピーター・モービル …… 225
- ヒアリング …… 024, 142
- ヒアリングシート …… 024
- 非機能要件定義 …… 161
- ビジネスエスノグラフィ …… 091
- ビジュアルデザイン …… 214
- ビジュアルボキャブラリー …… 096
- ビットレート …… 241
- ビデオリサーチインタラクティブ …… 304
- 非同期通信 …… 131, 278
- 秘密保持契約 …… 071
- ヒューリスティック評価 …… 306
- 標準値法 …… 188
- ピラミッド・ストラクチャー …… 050
- 品質管理 …… 174

ふ
- ファシリテーター …… 046
- フィッツの法則 …… 107
- フォント …… 111
- フォントフェイス …… 218
- 不具合報告 …… 324
- 富士通アクセシビリティ・アシスタンス …… 269
- 不正アクセス監視サービス …… 315

- プッシュ型のコンテンツ …… 083
- 物理設計 …… 166
- プライバシーマーク制度 …… 175
- ブラックボックステスト …… 172
- ブランディング …… 062, 212
- ブランド …… 062
- ブランド・アイデンティティ …… 062
- プランナー …… 018
- ブルートフォース …… 287
- プル型のコンテンツ …… 083
- フルフィルメント …… 053
- フレームワーク …… 168, 282
- ブレインストーミング …… 048, 078
- プレグナンツの法則 …… 216
- プレスリリース …… 204
- プレゼンテーション …… 066
- プログラマー …… 019
- プロジェクト完了手続き …… 191
- プロジェクト企画 …… 072, 073
- プロジェクト計画 …… 072
- プロジェクト計画書 …… 072, 075
- プロジェクト・スコープ …… 074
- プロジェクト体制 …… 182
- プロジェクトマネージャー …… 016, 018
- プロデューサー …… 018
- プロトタイプ …… 210
- プロトタイプモデル …… 138
- プロモーションサイト …… 081
- 文書構造化 …… 255
- 文書構造最適化 …… 197

へ
- ページタイプ …… 099
- ページ単価方式 …… 188
- ページ別分析 …… 302
- ペーパープロトタイピング …… 103
- ペルソナ …… 090
- 変更管理手順 …… 075

ほ
- ポータルサイト …… 080
- ポートスキャン …… 322
- ポジショニング・マップ …… 037
- 補足型ナビゲーション …… 109
- ボックスモデル …… 259
- ボトルネック …… 289
- ホワイトボックステスト …… 172

ま
- マークアップ ………………… 251
- マークアップエンジニア ……… 019
- マーケティング ………………… 036
- マーケティング・コミュニケーション戦略 ……………… 038
- マーケティングの4P ………… 037
- マイクロペイメント …………… 053
- マインドマップ ………………… 078
- マクロ環境分析 ………………… 030
- マッシュアップ ………………… 281
- まつもとゆきひろ ……………… 169
- マルチカラムレイアウト ……… 222
- マルチテナント方式 …………… 055

み
- 見積もり依頼書 ………………… 023
- 見積書 …………………………… 068
- 明朝体 …………………………… 218

め
- メール・マーケティング ……… 202
- メールマガジン ………………… 202
- メタ情報 ………………………… 253
- メタファー ……………………… 106
- メディア・ミックス …………… 039
- メディアレップ ………………… 195
- メンタルモデル ………………… 105
- メンテナンス …………………… 178

も
- 文字コード ……………………… 248
- 文字セット ……………………… 248
- 文字詰め ………………………… 219
- モックアップ …………………… 156
- モデレーター …………………… 046
- 元請下請逆転契約 ……………… 176
- モバイルeコマース …………… 058
- モバイルコンテンツ …………… 058
- モバイル・マーケティング …… 198

や
- ヤコブ・ニールセン …………… 225

ゆ
- ユーザーアンケート …………… 035
- ユーザーインターフェイス計画 ……………………………… 104
- ユーザーインターフェイスデザイン ………………………… 224
- ユーザーエクスペリエンス … 087, 092
- ユーザー機能駆動開発 ………… 141
- ユーザー行動の分析 …………… 302
- ユーザーシナリオ ……………… 091
- ユーザー中心デザイン ………… 034
- ユーザー調査 …………………… 034
- ユーザーテスト ………………… 328
- ユーザーニーズ ………………… 083
- ユーザビリティ … 034, 087, 092, 224
- ユーザビリティデザイン ……… 092
- ユーザビリティテスト ………… 316
- ユーザビリティルール ………… 110
- ユースケース図 …………… 152, 155
- ユースケース分析 ……………… 154
- ユニークユーザー ……………… 296

よ
- 要求定義 ………………………… 028
- 要求定義書 ……………………… 028
- 要件定義 ………………………… 028
- 要件定義書 ……………………… 028
- 予算設定 ………………………… 188
- 予実管理 ………………………… 189

ら
- ライツマネジメント …………… 245
- ライブラリ ……………………… 282
- 来訪者情報分析 ………………… 303
- 楽天 ……………………………… 081
- ラフスケッチ …………………… 101
- ラベリング ……………………… 096
- ラリー・ウォール ……………… 276
- ランチェスター戦略 …………… 031
- ランディングページ ……… 299, 308

り
- リード・ジェネレーション …… 292
- リスクマネジメント …………… 187
- リソース監視 …………………… 323
- リソース計画 ……………… 075, 188
- 離脱 ……………………………… 296
- リチャード・S・ワーマン …… 086
- リッチコンテンツ ……………… 264
- リピート率 ……………………… 297
- リファクタリング ………… 140, 173
- リファラー ……………………… 302
- 流入経路分析 …………………… 032
- リレーショナルデータベース … 164
- リンク疑似クラス ………… 257, 258

れ
- レイアウトパターン …………… 222
- レギュレーション ……………… 110
- レスポンス効果 ………………… 195
- レンダリング …………………… 011

ろ
- ロイヤリティフリー …………… 244
- ローカルナビゲーション ……… 109
- ロゴタイプ ……………………… 212
- ロゴマーク ………………… 111, 212
- ロジカル・シンキング ………… 050
- ロジックツリー ………………… 050
- ロバート・ラウターボーン …… 037
- ロボット型検索エンジン ……… 080
- 論理設計 ………………………… 166

わ
- ワールド・カフェ ……………… 048
- ワイヤーフレーム ………… 100, 210

PROFILE

■ 監修・執筆

松岡 清一（まつおか せいいち）
監修・Introduction 執筆
株式会社 FIXER 代表取締役社長
証券会社システム、自治体情報化コンサルティングを担当したのち、インターネット事業へシフト。以来、インターネットの黎明期からさまざまなビジネスへの活用、応用を試み、常に最新技術を取り入れたWebサイトをプロデュースし続けている。現状分析から企画立案、要件定義、情報デザイン、システム構築、そして運用までをトータルにプロデュースすることで、Webサイトの効果と可能性の最大化を実現している。インターネットインフラを「日本の水道のように」安心して自由に使えるものにすることを目標に高画質動画配信サイトをはじめ、良質なコミュニケーションを実現するための低コスト高パフォーマンスなシステム基盤の構築を目指している。

■ 執筆

池田 吉宏（いけだ よしひろ）
Introduction
1976年生まれ。Webを中心に、広告企画制作及び編集業務などを経て2007年より（株）電通レイザーフィッシュにて勤務。クライアントのブランド価値を上げるためのアカウントプランニングを行う。

古田 理恵（ふるた りえ）
Introduction
1983年生まれ。2007年4月（株）電通レイザーフィッシュ入社。主にWebディレクターとして、キャンペーンサイトやコーポレートサイト等の企画・制作を担当。

堀内 敬子（ほりうち たかこ）
Part1 Business & Marketing
九州出身、1976年生まれ。
有限会社 PLACES、代表取締役／ディレクター／デザイナー。雑誌編集、Web制作会社勤務、フリーランス等を経て、2005年にWeb制作会社を設立。書籍「現場のプロから学ぶ XHTML＋CSS」「Webデザイン 知らないと困る現場の新常識100」を共著で執筆。雑誌連載・記事執筆、講演等。
http://places-inc.com/

板垣 洋（いたがき ひろし）
Part1 Design
大学院にて航空宇宙工学を専攻、卒業後に公共事業の大規模プラントの設計及びマネージメント業務に携わる。十余年に渡り経験したマネージメントスキルをソフトウェア開発の現場で活かすべく（株）セカンドファクトリーに参画し、品質管理、アサイン／リソースマネジメント、プロジェクトマネジメント業務に従事している。

有馬 正人（ありま まさと）
Part1 Design
大学在学中に南アジア諸国でのNGO活動を経験し、自らのコアとなるスキルを身につける必要性を痛感する。卒業後、Web業界での"ものづくりスキル"を身につけることを目指し、（株）セカンドファクトリーに参加する。現在はエクスペリエンスデザイナーとして活動中。

井原 亮二（いはら りょうじ）
Part1 Design
（株）セカンドファクトリーにてエクスペリエンスデザイナーとして要求分析や情報設計を行う傍らで、プロジェクトのマネージメントや社員教育などを担当。Webの領域を超えて、次世代デジタルデバイスにおいても重要な役を担うユーザーインターフェイスをデザインしている。

新谷 剛史（あらや たけふみ）
Part1 Design
大学院中退後、ネットワーク管理者を経て（株）セカンドファクトリーへ。SharePointのUIカスタマイズやアプリケーション開発に携わる傍ら、技術営業としてディレクションを含むお客様へのフォロー、コンサルティング、トレーニング等を行う。『XHTML＋CSS プロが教える"本当の使い方"』（共著・MdN）ほか多数執筆。

小川 達樹（おがわ たつき）
Part1 Design
大学在学中にUI、Webユーザビリティに興味を持ち、HTML、CSSを独学で習得。そのスキルを武器に4年時にアルバイトとして（株）セカンドファクトリーに参加。大学卒業後、正社員として入社し、現在はエクスペリエンスデザイナーとしてユーザーがハッピーになるようなエクスペリエンスを提供できるUIを日々探究している。

矢島 京子（やじま きょうこ）
Part1 Design

大学在学中に情報デザイン学科を専攻し、体験のデザインやインタフェースデザインを学ぶ。大学卒業後、（株）セカンドファクトリーに入社。エクスペリエンスデザイナーとして、画面設計やヴィジュアルデザインを担当。エンタープライズシステムUIなどの案件を中心に、自社コーポレートイメージ表現にも携わる。

たにぐち まこと
Part1 System　**Part2 System**　**Part3 System**

ソネットエンタテインメントにてWebプログラマを経験後、Web制作会社、「株式会社エイチツーオー・スペース」を設立、代表取締役。主な著書に「基本からしっかりわかるAdobe Spryプログラミングブック（毎日コミュニケーションズ）」や、「Dreamweaver PHPスターティングガイド（毎日コミュニケーションズ）」など。

久保 靖資（くぼ やすし）
Part1 System

雑誌・書籍編集、PCゲームのディレクション業務を経て、現在（株）エクスパでWebサイト構築に従事。CMS導入をはじめ、企画から制作・運用までワンストップでのソリューションを提供する傍ら、WebCreators誌などで執筆活動も行う。
URL. www.xpa.jp

こもり まさあき
Part1 System　**Part2 Design**　**Part3 System**

1972年生まれ。フリーランスデザイナー。DTP関連業務を経てインターネット黎明期よりWebサイト構築などに関わる。
現在は、ネットワーク関連業務からライブ撮影まで多岐にわたり活動中。『XHTML＋CSSデザイン　基本原則、これだけ。』（共著・MdN）、『Webデザイン 知らないと困る現場の新常識100』（共著・MdN）他、執筆多数。

藤沢 聡明（ふじさわ としあき）
Part2 Business & Marketing

大阪府出身、1970年生まれ。ワイノット（株）にてウェブサービスプロデューサー、マイクロソフト（株）にてビジネスデベロップメントマネージャーとして提携企業とのサービス企画や事業計画の立案、アド・プロダクト・スペシャリストとしてオンライン広告の新規開発や広告ソリューションのエバンジェリスト活動等を経て、2009年よりフリーランスのウェブビジネスコンサルタント。

境 祐司（さかい ゆうじ）
Part3 Design

インストラクショナル・デザイナー。講座企画、IDマネジメント、記事執筆、講演などの活動。主な著書は『Webデザイン50の原則』（ソフトバンククリエイティブ）、『速習Webデザイン FLASH CS4』（技術評論社）、『Webデザイン＆スタイルシート逆引き実践ガイドブック』（ソシム）、『ネタ帳デラックス Flashテクニック』（共著／MdN）、『Flash逆引き事典』（共著／翔泳社）など。
URL:http://design-zero.tv/2010/

原田 学史（はらだ たかふみ）
Part3 Business & Marketing

大学時代よりネットビジネスを手がけ、大手インターネット企業、Webコンサルティング企業を経て、中小企業から大手企業まで、Webマーケティング支援やWeb戦略の立案・運用、さらに新規ビジネス立ち上げなども行うWebプロデューサー兼コンサルタント。書籍「現場で使えるWebディレクションの手法」（MdN）を共著で執筆。メディア取材・寄稿、講演・セミナー等。

矢野 りん（やの りん）
各Part末 Column

北海道生まれ。女子美術大学芸術学部芸術学科卒。さまざまな講義活動を通してのサイトデザインのトレーニングのかたわら、執筆活動も行う。著書に「デザインする技術」「WEBレイアウト・セオリー・ブック」「Webレイアウトの『解法』」（以上、エムディエヌコーポレーション）、「WEBデザインメソッド―伝わるコンテンツのための理論と実践」（ワークスコーポレーション）などがある。日経BP社 ITpro Select「Strategic Web Design」編集担当。東海大学短期大学部非常勤講師。
http://yanorin.blogspot.com/

制作スタッフ

監修	松岡清一
本文執筆	松岡清一、池田吉宏、古田理恵、堀内敬子、板垣洋、有馬正人、井原亮二、新谷剛史、小川達樹、矢島京子、たにぐちまこと、久保靖資、こもりまさあき、藤沢聡明、境祐司、原田学史、矢野りん（執筆順）
装丁・本文デザイン	小山田 那由他（Aleph Zero, inc.）
DTP	ピーチプレス（芹川宏）
カバーイラスト	戸田英毅
本文イラスト	貫名泰彦（Tart Design）、中島由芳子
編集協力	ピーチプレス（芹川宏）、久保靖資
編集長	後藤憲司
編集	泉岡由紀

標準ウェブ制作完全ガイド

プランニングからデザイン、そしてシステム構築まで。
Webの「仕事」がトータルに理解できるプロフェッショナル養成講座。

2010年3月1日　初版第1刷発行

監修	松岡清一
発行人	藤岡 功
編集人	山口康夫
発行	株式会社 エムディエヌコーポレーション 〒102-0075 東京都千代田区三番町20 http://www.MdN.co.jp/
発売	株式会社 インプレスコミュニケーションズ 〒102-0075 東京都千代田区三番町20 TEL：03-5275-2442　FAX：03-5275-2444（出版営業）
印刷・製本	株式会社リーブルテック

Printed in Japan
© 2010　Seiichi Matsuoka, Yoshihiro Ikeda, Rie Furuta, Takako Horiuchi, Hiroshi Itagaki, Masato Arima, Ryoji Ihara, Takefumi Araya, Tatsuki Ogawa, Kyoko Yajima, Makoto Taniguchi, Yasushi Kubo, Masaaki Komori, Toshiaki Fujisawa, Yuji Sakai, Takafumi Harada, Rin Yano.　All rights reserved.

本書は著作権法上の保護を受けています。
著作権者および株式会社エムディエヌコーポレーションとの書面による事前の同意なしに
本書の一部あるいは全部を無断で複写・複製、転記・転載することは禁止されています。
定価はカバーに表示してあります。

[カスタマーセンター]
造本には万全を期しておりますが、万一、落丁、乱丁がございましたら、
送料小社負担にてお取り替えいたします。お手数ですが、エムディエヌカスタマーセンターまでご返送ください。

株式会社エムディエヌコーポレーション カスタマーセンター
〒102-0075　東京都千代田区三番町20
TEL:03-4334-2915

[内容に関するお問い合わせ]
株式会社エムディエヌコーポレーション カスタマーセンター メール窓口
info@MdN.co.jp
本書の内容に関するご質問は、Eメールのみの受付となります。メールの件名は「標準 ウェブ制作完全ガイド 質問係」、本文にはお使いのマシン環境（OS、搭載メモリなど）をお書き添えください。電話やFAX、郵便でのご質問にはお答えできません。ご質問の内容によりましては、しばらくお時間をいただく場合がございます。また、本書の範囲を超えるご質問に関しましてはお答えいたしかねますので、あらかじめご了承ください。